21 世纪高等院校电气信息类系列教材

电 机 与 拖 动

第 2 版

刘 玫 孙雨萍 编 著

机械工业出版社

本书共9章,包括电机理论中常用的基本知识和基本定律、直流电机、直流电动机的电力拖动、变压器、异步电动机、三相异步电动机的电力拖动、三相同步电机、控制电机、电动机容量的选择等内容。书中简要介绍了"电机与拖动"课程中常用的基本知识和基本定律,着重讲述了各类电动机和变压器的基本结构、基本工作原理、内部电磁关系及工作特性等;重点讨论了电力拖动系统的起动、调速及制动时的运行性能与相关问题,并对电动机的容量选择进行了一般介绍。

本书可作为自动化、电气工程及自动化、机电一体化等相关专业的本科教材,也可供相关专业的工程技术人员参考。

图书在版编目(CIP)数据

电机与拖动/刘玫,孙雨萍编著. —2版. —北京:机械工业出版社,2016.8(2022.7重印)

21世纪高等院校电气信息类系列教材

ISBN 978-7-111-55283-3

Ⅰ. ①电… Ⅱ. ①刘… ②孙… Ⅲ. ①电机—高等学校—教材②电力传动—高等学校—教材 Ⅳ. ①TM3 ②TM921

中国版本图书馆CIP数据核字(2016)第261790号

机械工业出版社(北京市百万庄大街22号   邮政编码100037)
策划编辑:时 静 责任编辑:时 静
责任校对:刘怡丹 责任印制:邰 敏
北京中科印刷有限公司印刷
2022年7月第2版第6次印刷
184mm×260mm·24印张·600千字
标准书号:ISBN 978-7-111-55283-3
定价:69.00元

电话服务   网络服务
客服电话:010-88361066 机 工 官 网:www.cmpbook.com
        010-88379833 机 工 官 博:weibo.com/cmp1952
        010-68326294 金 书 网:www.golden-book.com
封底无防伪标均为盗版 机工教育服务网:www.cmpedu.com

出 版 说 明

  随着科学技术的不断进步，自动化水平和信息化水平的长足发展，社会对电气信息类人才的需求日益迫切、要求也更加严格。在教育部颁布的"普通高等学校本科专业目录"中，电气信息类（Electrical and Information Science and Technology）包括电气工程及其自动化、自动化、电子信息工程、通信工程、计算机科学与技术、电子科学与技术及生物医学工程等子专业。这些子专业的人才培养对社会需求、经济发展都有着非常重要的意义。

  电气信息类专业及学科的迅速发展，给高等教育工作带来了许多新课题和新任务。在此情况下，只有将新知识、新技术和新领域逐渐融合到教学和实践环节中去，才能培养出优秀的科技人才。为配合高等院校的教学需要，机械工业出版社组织出版了这套"21世纪高等院校电气信息类系列教材"。

  本套教材是在对电气信息类专业的教育情况和教材情况调研与分析的基础上组织编写的，期间，与高等院校相关课程的主讲老师进行了广泛的交流和探讨，旨在构建体系完善、内容全面新颖且适合教学的专业材料。

  本套教材涵盖多层面专业课程，定位准确，注重理论与实践、教学与教辅的结合，在内容的叙述上力求准确、通顺、简明扼要，适合各高等院校电气信息类专业的学生使用。

机械工业出版社

前　言

根据自动化类专业的特点与现阶段教学改革的要求，作者结合多年来在"电机学"及"电力拖动"课程的教学实践中所积累的教学研究成果，编写了本教材。力求做到教材内容由浅入深、通俗易懂、理论联系实际，将经典内容与最新成果结合起来，使学生既能掌握经典内容，又能了解电力拖动领域的最新研究动态和成果。

本书共9章，主要包括4大部分：电机学；电力拖动；控制电机；电力拖动系统中电动机的选择。主要内容有：直流电机、变压器、交流电机、同步电机及控制电机的基本结构、基本工作原理、内部电磁关系、基本方程式、工作特性等。着重分析了各种电动机在带负载状况下的起动、制动与调速时的运行性能及相关问题，并通过实验和仿真以加深对相关内容的理解。另外，对于电力拖动系统中电动机容量的正确选择进行了一般介绍。

本书的主要特点有：

1) 将"电机学"与"电力拖动"课程有机地结合为一个整体，在论述了每一种类型电机的工作原理后，接着论述该类电机拖动负载的运行性能，较好地进行了内容衔接，使学生接受内容顺畅，且节省授课时间。

2) 侧重于基本理论知识、计算方法及分析方法的阐述，并注意将上述三种基本知识应用到实际的电力拖动系统中。

3) 采用了参考国外教材并与国内教材相结合的编写方式。吸收了国外教材中先进的思想和内容，结合我国教学体系的具体情况和国内教材的体系结构，使得本书既保持内容的先进性又符合国内的教学体系。

4) 为使本书内容与工程实际紧密结合，在有关章节中给出了工程实例，使基础理论和工程实践相结合。

5) 书中引入了本学科领域的先进成果，如三相笼型异步机的软起动、无刷直流电机、直线电机等内容，使学生能了解电力拖动领域的最新研究动态和成果。

6) 每一章都单独安排了内容简介、本章重点、本章难点、本章小结、思考题以及练习题等内容，使学生有的放矢地学习，方便复习和练习。

本书配有多媒体课件。

本书是在作者原讲稿的基础上编写而成的，参考并汲取了国内外许多优秀教材中的精华和营养，在此向所有参考文献的作者表示衷心的感谢。

本书绪论及第1、2、3、6、7、9章由刘玫教授编写，第4、5、8章由孙雨萍教授编写。研究生张婧宇进行了部分绘图和排版工作，研究生李凤鸣、陈燕、衣文凤进行了部分文稿的录入工作，在此一并表示感谢。

本书可作为自动化、电气工程及自动化、机电一体化等相关专业的本科学生的教材；对于从事运动控制领域的工程技术人员，本教材也有一定的参考价值。

由于作者水平所限，书中难免有不妥和错误之处，恳请读者批评指正。

作　者
2016 年 4 月

目　　录

绪　　论

0.1　电机与电力拖动系统

电机是一种机电能量转换装置。以电磁场作为媒介将电能转换为机械能拖动机械负载，实现旋转或直线运动，这种类型的电机称为电动机；将机械能转变为电能，给用电负载供电，这种类型的电机称为发电机。

电机的类型很多，图 0-1 所示为按其功能和用途进行的分类。

用电动机拖动生产机械的拖动方式称为电力拖动，也称电气拖动。由电动机、生产机械及相关元件组成的系统称为电力拖动系统，其组成原理如图 0-2 所示。电力拖动系统一般由电动机、生产机械、传动机构、控制装置和电源 5 部分组成。电动机的作用是将电能转换为机械能，为生产机械提供动力，是生产机械的原动机；生产机械是直接进行工作的装置，在电动机的驱动下完成生产任务；传动机构的作用是在电动机和生产机械之间实现功率传递及速度与运动方式的配合，有时也可以不通过传动机构，将电动机直接与生产机械连结（如图 0-2 中虚线所示）；控制装置的作用是根据生产工艺要求控制电动机的运行，从而控制生产机械的运行；电源是向电动机和控制装置提供电能的设备。

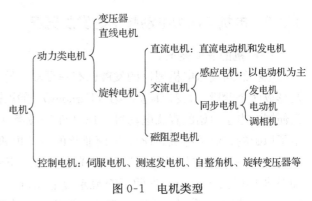

图 0-1　电机类型

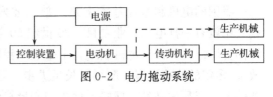

图 0-2　电力拖动系统

0.2　电机与电力拖动系统在国民经济中的作用与发展趋势

0.2.1　电机与电力拖动系统在国民经济中的作用

在工农业生产、国防事业和人们的日常生活中，电能是最重要的能源之一。与其他能源相比，电能具有转换经济、传输和分配容易、使用和控制方便等优点。

电能通常是由其他形式的能量转换而来的，其中将机械能转换为电能的装置就是发电机。

电能的传输和分配离不开变压器。发电厂发出的电能通过电力网能够实现远距离传输，一般发电机输出的电压为 10～20kV，为了实现电能的远距离传输、减少传输损耗，常用变压器将发电机发出的电压升高至 110kV、220kV、330kV 或 500kV，甚至更高。电能被输送到用电地区后，要经过变压器将电压降至用户要求的数值，才能供用户使用，如 220V、380V、6kV 和 10kV 等。通过电力网和变压器的升压及减压作用，能够很方便地实现电能的传输和分配。

电能的利用就是将电能转换为其他形式的能量。利用电动机将电能转换为机械能，拖动生产机械工作是电能利用的一个重要方面。用电动机拖动生产机械所组成的系统称作电力拖动系统。电力拖动系统具有如下优点：传动效率高、运行经济；电动机种类和规格繁多，能满足不同生产机械的需要；电力拖动系统的操作和控制方便，能实现自动控制和远距离控制。

在现代工业企业中，几乎所有生产机械都是由电动机拖动的，如各种机床、生产线、风机、水泵等。可以毫不夸张地说，没有电动机、没有电力拖动技术，就没有现代化工业。可见，电机和电力拖动技术在国民经济中具有极其重要的作用。

0.2.2　电机与电力拖动技术的发展概况

1. 电机的发展概况

电机的问世与电机理论的发展已有一百多年的历史，经历了直流电机与交流电机的产生及形成两个阶段。1821 年法拉第（Faraday）首次发现了载流导体在磁场中受力的现象，不久便制造出了原始的直流电动机。1831 年法拉第（Faraday）又发现了电磁感应定律，制造出了原始的直流发电机。1837 年商业化的直流电机问世。在 19 世纪 80 年代以前，直流电机的应用一直占主导地位。1885 年费拉里斯（Ferraris）制成了第一台两相感应电动机，1888 年特斯拉（Tesla）发明了交流感应电动机。1889 年多利夫-多布罗夫斯基（Doliv-Dobrovsky）提出了采用三线制的建议，并设计和制造了三相感应电动机。直到 20 世纪初，交流三相制在电力工业中占据了绝对统治地位。

我国的电机制造业基本上是解放后才发展起来的。第一个五年计划期间的"156 项工程"中就有一批电机工业项目。20 世纪 50 年代前后建成了如上海电机厂、哈尔滨电机厂及沈阳变压器厂等大型电机制造骨干企业。我国电机产业经过 60 多年的发展，特别是改革开放 20 多年的快速发展，取得了长足进步。目前，我国电机行业已经形成了一整套完整的业务体系，产品的品种、规格、性能和产量都已基本满足我国国民经济的发展需要。我国中小型电动机保有量已经达到 16 亿千瓦，成为世界上最大的中小型电动机生产、使用和出口大国。但是我国的电机制造业与美、俄等国家的先进水平相比，尚有一定的差距。

当前，电机制造业的发展主要有如下几大趋势。

1）单机容量不断提高：随着电力工业的不断发展，发电机和变压器的单机容量不断增大，这是电机制造业的重要趋势。

2）中、小型电机技术和经济指标不断提高：当前，电机制造厂家已经广泛使用计算机辅助设计和计算，能够在优化设计基础上得到最优设计方案和足够精确的数学模型，使得设计技术不断完善。另外，新工艺和新材料的研制成功，都促进了电机技术和经济指标的不断提高。

3）应用范围不断扩大：为适应各种不同的工作要求，电机的系列和品种不断增加。除了一般用途的电机之外，还有许多特定用途的电机，如防爆电机、矿用电机及潜水电机等。

4）新型电机不断出现：近年来，新型电机的研制成功使得电机制造业的水平大大提高，如无刷直流电机、开关磁阻电机以及直线电机等。

2. 电力拖动系统的发展概况

电力拖动系统的前期是"成组拖动",即一台电动机拖动一组生产机械。这种拖动方式的传动损耗大、效率低、控制不灵活,无法满足某些生产机械的起动、制动、正反转及调速等方面的要求。20世纪20年代开始采用"单电机拖动",即单台电动机拖动单台生产机械。这种拖动方式的缺点是机械传动机构较复杂。现在广泛使用的是"多电动机拖动",即单台设备中采用多台电动机,大大简化了电力拖动系统的结构,每台电动机都可以单独进行控制,很好地满足了生产工艺的要求。

1959年,统一的机电能量转换理论为基础的完整体系由怀特(White)和伍德森(Wodaon)提出,并逐步建立起来。进入20世纪60年代以后,电力电子技术和计算机技术的应用,给电力拖动领域带来了飞速发展,电力电子器件组成的大容量直流电源被设计制造出来,它可以完全取代直流发电机,使直流电动机具有更加优良的调速性能。与此同时,还出现了高性能价格比的变频电源,使交流电机得到高工作精度、宽调速范围等较高的性能指标成为可能。1970年,勃拉希克(Blaschke)提出了异步电机磁场定向控制方法(矢量调速),使交流电机可以得到与直流电机相媲美的调速性能。随着交流电机矢量控制在理论上和实践中的不断完善、直接转矩控制和无位置传感器控制思想的不断出现,电机理论控制技术得到了飞速发展。

随着电力电子技术、计算机控制技术、微电子技术、信号检测与处理技术及控制理论的发展,电力拖动系统正朝着网络化、信息化及智能化的方向飞速发展。

电机拖动这门"经典的传统技术"正在现代化生产和生活中焕发出更加璀璨的光彩。

0.3 本课程的性质、内容和任务

本课程的性质为自动化及其相关专业的专业基础课。

本课程主要研究电机学和电力拖动系统中的基本结构、工作原理、基本电磁关系、基本方程式及运行性能等相关基础知识,是"电机学"及"电力拖动基础"课程的有机结合。有关闭环控制系统的相关问题不属于本课程的范围。

本课程具有承前启后的作用,学好本课程需要掌握如"数学""电路""电磁学"和"力学"等基础知识;学好本课程可为后续课程如"运动控制系统"(包括交、直流调速系统以及位置伺服系统)"电气控制技术"等打下基础。

在运动控制系统中,电动机是其执行机构,电动机的结构原理决定了运动控制系统的设计方法和运行性能。不能很好地掌握各种电机的基本原理和运行性能,就不能透彻地分析系统的动态及静态性能;不能合理地设计和调试各类电力拖动系统;不能很好地学习后续的各门课程。

本课程的内容:

第1章 作为预备知识,对有关电路和磁路的基本知识做了简要复习。介绍了磁场的基本物理量,磁路和电路的基本定律,即安培环路定律、电磁感应定律、电磁力定律及电路定律;最后对铁磁材料的基本特性和损耗进行了详细的分析。

第2章 主要介绍了直流电机的工作原理、结构及额定数据,分析了电机电枢绕组的组成和磁路系统的特点,推导了直流电机的基本方程式。对于直流发电机,重点介绍了其工作特性和并励直流发电机的自励条件;对于直流电动机,重点介绍了其工作特性和机械特性;

最后对直流电机的换向问题进行了简要说明。

第3章 首先介绍了电力拖动系统的动力学基础，内容包括单轴电力拖动系统的运动方程式、多轴系统的折算；然后讨论了各类典型负载的负载转矩特性及电力拖动系统的稳定性问题，针对电力拖动系统的动态运行状态进行了一般分析；最后重点讨论了他励直流电动机的起动、调速和制动方法与性能，并举例分析了直流电力拖动系统在工程实践中的应用。

第4章 首先介绍了变压器的基本结构及额定值；然后以双绕组单相变压器为例，分析变压器的工作原理以及空载和负载运行时变压器内部的电磁关系，并在此基础上推导出变压器的基本方程式、等效电路和相量图；给出了变压器参数的测定方法，对变压器的运行特性进行了分析。对于三相变压器，仅对其特有的问题即变压器的磁路系统、电路系统及对电动势波形的影响进行了分析，最后分析了变压器的并联运行及其他用途的变压器。

第5章 首先介绍了三相异步电动机的基本结构，进而对其核心部件三相异步电动机的定子绕组及交流绕组的连接规律进行分析，然后对交流绕组产生的单相磁势和三相磁势的性质及计算进行分析，并给出了在正弦分布的旋转磁场作用下交流绕组感应电动势的分析方法。在此基础上分析了三相异步电动机的工作原理及运行状态，重点对三相异步电动机的基本电磁关系进行了分析，从而推导出三相异步电动机的基本方程式、等效电路和相量图，最后对异步电动机的参数测定和工作特性进行了分析，并简要介绍了单相异步电动机。

第6章 首先分析了三相异步电动机的机械特性。然后讨论了由三相异步电动机组成的电力拖动系统的运行性能和相关问题，如三相异步电动机的各种起动、调速和制动方法，重点分析了其运行原理、机械特性以及运行性能等相关问题。

第7章 首先介绍了三相同步电机的结构、工作原理与额定数据。然后详细地分析了三相同步电动机的内部电磁关系及方程式，如电枢反应、电势平衡方程式、等效电路与相量图。对三相同步电动机的两条重要特性，即三相同步电动机的矩角特性和 V 形曲线进行了重点讨论。最后针对三相同步电动机不能自行起动的问题，简要介绍了三相同步电动机的起动方法。

第8章 介绍了几种在控制系统中常用的控制电机，主要对这些电机的结构、工作原理及运行特性进行分析，了解其应用场合以便在控制系统中正确地使用这类控制元件。

第9章 主要介绍了电力拖动系统中电动机的容量选择。首先分析了电动机的发热和冷却过程，着重讨论了按发热观点的平均损耗法与等效法的原理，在此基础上分别介绍了连续工作制、短时工作制及断续周期工作制电动机容量的选择问题。从工程应用出发，介绍了选择电动机功率的工程方法（统计法或类比法）。最后简要介绍了电动机的种类、结构形式、额定电压与额定转速的选择方法等有关内容。

通过本课程的学习，应该掌握以下方法：理论分析方法、计算方法、试验方法、工程分析和计算方法，并能够用基本理论和方法解决实际问题。

0.4 本课程的学习方法

本课程是一门专业基础课，但同时又是一门实践性很强的独立课程。本课程的内容相对比较多，包括直流电机及拖动、变压器、交流电机及拖动、同步电机、控制电机及电动机容量的选择；考虑到电机是实现电能与机械能转换的装置，而电能与机械能的转换是通过电磁场完成的，因此要了解和熟悉电机的各种特性，就需要分析电机内部的电磁过程。

因此，要学好本课程必须有一个好的学习方法。建议学生在学完每一小节或相对完整的一个知识点后要搞清楚三个"是什么？"

1. **要解决的问题是什么？**

明确目标，抓住要解决问题的重点。

2. **解决问题的思路和方法是什么？**

本门课程中有些问题的解决是很繁杂的，如直流电机、异步电动机及同步电机的磁场问题等。因此在解决问题的过程中思路必须清晰，方法必须正确。

解决问题的方法是多种多样的，本课程涉及到对系统的基本指标要求与实现的方法等问题，因此要用系统的观点看问题，既要以物理概念和常规计算为主进行严密的理论推导，又要用工程方法进行问题的分析和计算。实际问题往往是比较复杂的，几种因素有可能纠合在一起，如果按常规方法进行严密的推导，往往在中途就难以进行下去，最终得不到能用的结果，这时需要用工程的观点和方法将问题简化，找出主要矛盾，忽略一些次要因素；然后用基本理论和计算方法加以解决，这样做所得到的结果，往往能够比较正确地反映实际情况。

3. **解决问题后的结论是什么？**

问题的结论是最重要的，本课程中由于很多问题的推导过程难且繁杂，可以要求对推导过程做一般了解，但结论应重点掌握。这样做的目的是抓住重点，不要纠缠繁杂且不是很重要的细节。

"电机与拖动"是一门原理性和实践性都很强的课程，学习本课程要做到理论联系实际。既要有扎实的基础理论知识，又要有从工程观点出发分析和解决实际问题的能力，这样才能进一步学习和研究运动控制系统。

第1章　电机理论中常用的基本知识和基本定律

【内容简介】

本章首先介绍磁场的基本物理量，包括磁感应强度 B、磁通量 Φ 及磁场强度 H；然后介绍磁路和电路的基本定律，即安培环路定律、电磁感应定律、电磁力定律及电路定律；最后对铁磁材料的基本特性和损耗进行详细分析。

【本章重点】

安培环路定律、磁路的欧姆定律、电磁感应定律、电磁力定律、电路定律，以及这些基本电磁定律的使用。

铁磁材料磁化曲线的特点，铁磁材料的损耗，以及影响损耗的有关参量。

【本章难点】

电磁感应定律、磁路的欧姆定律及其使用注意事项。

电机是一种机电能量转换装置，发电机将机械能转换成电能，电动机将电能转换为机械能，变压器则是将一种电压的电能转换成另一种电压的电能。但无论是发电机、电动机或是变压器，其工作原理都是建立在电磁感应定律、电磁力定律等基本定律基础上的。分析内部的电磁关系及运行原理则要经常使用安培环路定律、电路定律、铁磁材料的特性及损耗等基础知识。

1.1　磁场的基本知识

1.1.1　电流的磁效应

电流的磁效应是：只要导线中有电流就会在其周围产生磁场，即所谓的电生磁。一般用磁感应线（磁力线）来描述磁场。图 1-1 表示了长导线、环形导线和螺线管载流时的磁感应线分布。由图 1-1 可见，磁感应线都是围绕电流的闭合曲线，其回转方向和电流方向之间的关系符合右手螺旋定则。

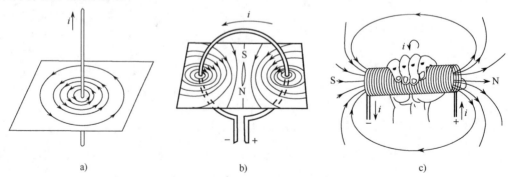

图 1-1　载流长导线、环形导线和螺线管的磁感应线

a）长导线　b）环形导线　c）螺线管

1.1.2 磁路的几个基本物理量

1. 磁感应强度 *B*

为了表征磁场的特性，常用磁感应强度 *B* 来表示磁场的强弱。*B* 是一个矢量，磁场中任一点的磁感应强度 *B* 的方向是通过该点磁感应线的切线方向，磁感应强度 *B* 的大小为通过该点与 *B* 垂直的单位面积上磁感应线的数目。因此，磁场强的地方磁感应线密，磁感应强度 *B* 大，反之则 *B* 小。磁感应强度 *B* 的单位是特〔斯拉〕（T）。

2. 磁通量 *Φ*

穿过某一截面积 *S* 的磁感应强度 *B* 的通量，即穿过某截面积 *S* 的磁感应线的数目称为磁感应通量，简称磁通，其表达式为

$$\Phi = \int_s B \mathrm{d}s \tag{1-1}$$

磁通的单位为韦〔伯〕（Wb）。

设磁场是均匀的，且磁场与截面垂直时，式（1-1）可简化为

$$\Phi = BS \tag{1-2}$$

由式（1-2）可知，在磁场均匀且磁场与截面垂直的条件下，磁感应强度 *B* 的大小可用下式表示

$$B = \frac{\Phi}{S} \tag{1-3}$$

式（1-3）表明，磁感应强度 *B* 为单位面积的磁通量，因此，磁感应强度 *B* 又称为磁通密度，其单位可以为 T 或 $\mathrm{Wb/m^2}$，它们之间的关系为 $1\mathrm{T} = 1\mathrm{Wb/m^2}$。

3. 磁场强度 *H*

表征磁场性质的另一个基本物理量是磁场强度 *H*，它也是一个矢量，其方向与 *B* 相同，其大小为磁通 *Φ* 除以导磁介质的磁导率 *μ*，即

$$H = \frac{\Phi}{\mu} \tag{1-4}$$

磁导率 *μ* 是反映导磁介质导磁性质的物理量，磁导率越大的介质，其导磁性能越好。*μ* 的单位为亨/米（H/m）。

真空的导磁率为 $\mu_0 = 4\pi \times 10^{-7}\mathrm{H/m}$，是一常数。其他导磁介质的磁导率 *μ* 通常用 μ_0 的倍数表示，即

$$\mu = \mu_r \mu_0 \tag{1-5}$$

式中，μ_r 为铁磁材料的相对磁导率，其值约为数百到数千，如硅钢片的 μ_r 为 6000～7000，但不是常数。在同样大小的电流下，铁心线圈的磁通比空心线圈的磁通大得多，这就是电机和变压器通常都用铁磁材料来制造的原因。磁场强度 *H* 的单位为安/米（A/m）。

1.2 安培环路定律

安培环路定律是：在磁场中，沿任一闭合回路的磁场强度 *H* 的线积分等于该闭合回路所包围的所有导体电流的代数和，其数学表达式为

$$\oint_l H \mathrm{d}l = \sum I \tag{1-6}$$

式中　$\sum I$——该磁路所包围的全电流。

因此，安培环路定律也称作全电流定律。当导体电流的方向与积分路径的方向符合右手螺旋关系时为正，如图 1-2 中的 I_1 和 I_3，反之为负，如图 1-2 中的 I_2。

工程应用时为了简化计算，通常把磁路分成若干段，使每一段的磁场强度 H 为常数，则线积分 $\oint_l H \mathrm{d}l$ 可用和式 $\sum H_k l_k$ 代替，安培环路定律可以表示为

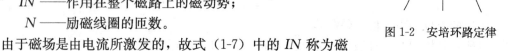

$$\sum H_k l_k = \sum I = IN \quad (k = 1, 2, 3, \cdots) \qquad (1\text{-}7)$$

式中　H_k——第 k 段的平均磁场强度；

　　　l_k——第 k 段的平均长度；

　　　IN——作用在整个磁路上的磁动势；

　　　N——励磁线圈的匝数。

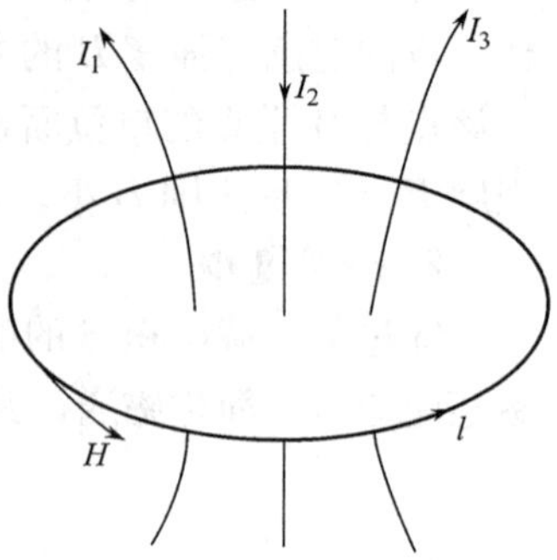

由于磁场是由电流所激发的，故式（1-7）中的 IN 称为磁

图 1-2　安培环路定律

动势，而 $\sum H_k l_k$ 通常称为磁压降。式（1-7）表明，沿着磁场中任一闭合磁路，其总磁动势等于总磁压降。

1.3　磁路的欧姆定律

对于图 1-3a 所示的磁路，根据式（1-7），有

$$H_1 l_1 + H_2 l_2 = Ni$$

将 $H = \dfrac{B}{\mu}$ 及 $B = \dfrac{\Phi}{S}$ 代入上式，得

$$\frac{\Phi}{\mu_1 S_1} l_1 + \frac{\Phi}{\mu_2 S_2} l_2 = \Phi R_{m1} + \Phi R_{m2} = Ni = F \qquad (1\text{-}8)$$

$$R_{m1} = \frac{l}{\mu_1 S_1}、R_{m2} = \frac{l}{\mu_2 S_2}$$

式中　R_{m1}、R_{m2}——第一段和第二段磁路的磁阻；

　　　ΦR_{m1}、ΦR_{m2}——第一段和第二段磁路的磁压降；

　　　F——整个磁路的磁动势。

由式（1-8）得

$$\Phi = \frac{F}{R_{m1} + R_{m2}} \qquad (1\text{-}9)$$

推广到 k 段磁路，有

$$\Phi = \frac{F}{R_{m1} + R_{m2} + \cdots + R_{mi} + \cdots + R_{mk}} = \frac{F}{\sum R_{mi}} \qquad (1\text{-}10)$$

式（1-10）为磁路的欧姆定律，它表明无分支磁路中的磁通 Φ 与磁动势 F 成正比，与磁路中的总磁阻 $\sum R_{mi}$ 成反比。这与闭合电路中电流与电动势成正比、与电路的总电阻成反比类似，其类比等效电路如图 1-3b 所示。

由磁阻的表达式 $R_{mi} = \dfrac{l_i}{\mu_i S_i}$ 可知，各段磁路的磁阻与磁路的长度成正比，与磁路的面积

和磁导率成反比。由于铁磁材料的磁导率比真空大得多，因而前者的磁阻比后者小得多。由于铁磁材料的磁导率不是常数，因而其磁阻也不是常数。有时使用磁导 Λ_m 来计算磁路，它和磁阻 R_m 互为倒数关系，即 $\Lambda_m = \dfrac{1}{R_m}$。

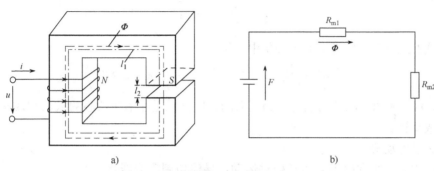

图 1-3 磁路中的欧姆定律

a) 磁路   b) 类比等效电路

磁路中的欧姆定律在电机中应用很广，它是电机和变压器磁路的计算基础。

1.4 电磁感应定律

设一线圈位于磁场中，当该线圈中的磁通发生变化时，线圈中将有感应电动势产生。感应电动势的大小与线圈的匝数 N 和线圈所交链的磁通对时间的变化率 $d\Phi/dt$ 成正比，其实际方向由楞次定律确定，即电磁感应定律。当按惯例规定电动势的正方向与产生它的磁通的正方向之间符合右手螺旋关系时，如图 1-4 所示，感应电动势的公式为

$$e = -N\frac{d\Phi}{dt} = -\frac{d\psi}{dt} \tag{1-11}$$

式中，ψ 称为磁链，它表示 N 匝线圈所匝链的总磁通，即

$$\psi = N\Phi \tag{1-12}$$

根据楞次定律，图 1-4 中当 $d\Phi/dt > 0$ 时，e 的实际方向为 A 端为正，X 端为负，e 的实际方向和正方向相反，e 为负；同理，当 $d\Phi/dt < 0$ 时，e 为正，可见，e 总是和 $d\Phi/dt > 0$ 的方向相反，故式 (1-11) 的右边要加一负号。若选取 e 的正方向相反时，则式 (1-11) 中不加负号。

在电机和变压器中产生感应电动势的情况主要有两种：

(1) 变压器电动势

在变压器中，磁通本身是由交流电流产生的，也就是说磁通本身是随时间变化的，这时产生的感应电动势称为变压器电动势，按图 1-4 所示的正方向，其感应电动势的公式为

$$e = -N\frac{d\Phi}{dt}$$

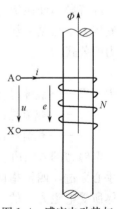

图 1-4 感应电动势与磁通的正方向

线圈中流过单位电流所产生的磁链为线圈的电感 L（自感），即

$$L = \frac{\psi}{i}$$

当电感 L 为常数时，感应电动势的公式可改为

$$e = -N \frac{\mathrm{d}\Phi}{\mathrm{d}t} = -\frac{\mathrm{d}\psi}{\mathrm{d}t} = -L \frac{\mathrm{d}i}{\mathrm{d}t} \qquad (1\text{-}13)$$

根据磁路的欧姆定律，磁通为

$$\Phi = \frac{Ni}{R_{\mathrm{m}}} = Ni\Lambda_{\mathrm{m}}$$

将上式及式（1-12）代入 $L = \psi/i$ 中，得

$$L = \frac{\psi}{i} = \frac{N\Phi}{i} = \frac{N(Ni\Lambda_{\mathrm{m}})}{i} = N^2 \Lambda_{\mathrm{m}} = N^2 \frac{\mu S}{l} \qquad (1\text{-}14)$$

式（1-14）表明，电感与励磁线圈匝数的二次方、磁导率和铁心的截面积成正比，与磁路的长度成反比。

（2）运动电动势

在电机中，绕组和磁场之间有相对运动，导体切割磁力线而在其中产生感应电动势，称为运动电动势，又称为切割电动势。若磁力线、导体与运动方向三者互相垂直，由式(1-11)可以推导出导体中的感应电动势 e 为

$$e = Blv \qquad (1\text{-}15)$$

式中　B——导体所在处的磁感应强度；

l——导体的有效长度；

v——导体切割磁力线的线速度。

感应电动势 e 的方向由右手定则判定，如图 1-5 所示。即磁力线从右手手心穿过，大拇指指向导体切割磁力线的相对运动方向，则其余四指的指向就是导体中感应电动势的方向。

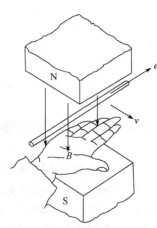

图 1-5　右手定则

1.5　电磁力定律

载流导体处在磁场中会受到电磁力的作用，这个电磁力也叫作安培力。当磁力线和导体的方向互相垂直时，载流导体所受电磁力的公式为

$$f = BlI \qquad (1\text{-}16)$$

式中　B——载流导体处的磁感应强度；

l——载流导体的有效长度；

I——载流导体中流过的电流。

电磁力的方向由左手定则判定，如图 1-6 所示。即磁力线从左手手心穿过，四指指向导体中电流的方向，则大拇指的指向就是导体所受电磁力 f 的方向。

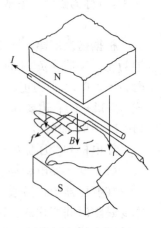

图 1-6　左手定则

1.6　电路定律

在电机和变压器内部都存在着电路，电路中各电流之间和各电压之间的关系分别符合基

尔霍夫第一、第二定律。

1. 基尔霍夫第一定律——电流定律

对于电路中任一节点，所有流入节点和流出节点的电流代数和等于零。其表达式为

$$\sum i = 0 \tag{1-17}$$

式中，若设流入节点的电流为正时，则流出节点的电流为负。

2. 基尔霍夫第二定律——电压定律

对于电路中任一闭合回路，所有电压降的代数和等于所有电动势的代数和，其表达式为

$$\sum u = \sum e \tag{1-18}$$

式中，闭合回路中各电压降 u 和电动势 e 的正方向与所选取的回路绕行方向（任选）相同时为正，相反时为负。

对于图 1-7 所示的电路，左边回路的电压平衡方程式为

$$-U_f + R_f i_f(t) + L_f \frac{di_f(t)}{dt} = 0$$

右边回路的电压平衡方程式为

$$U_a - R_a i_a(t) - L_a \frac{di_a(t)}{dt} = e_a(t)$$

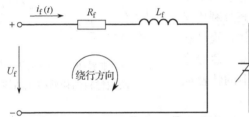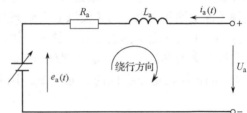

图 1-7 电路的电压平衡方程式

1.7 常用的铁磁材料及其特性

各种电机和变压器都是利用电磁感应作用进行能量转换的。为了在一定的励磁电流作用下产生较强的磁场，从而达到减小电机或变压器的体积并节约成本的目的，电机和变压器的铁心都是用导磁性良好的铁磁材料制造的。下面分别介绍铁磁材料的特性及损耗。

1.7.1 铁磁材料的磁化特性

铁磁材料一般由铁、铁与钴、钨、铝及其他金属的合金构成。铁磁材料内部由许许多多的磁畴构成，如图 1-8 所示，在未磁化的材料中，所有磁畴随意排列，磁效应相互抵消，对外不显磁性。当外部磁场施加到这一材料上时，这些磁畴将沿外磁场方向重新做有规则排列，与外磁场同方向的磁畴不断增多，其他方向上的磁畴不断减少。当外磁场足够强时，所有磁畴的方向都与外磁场相同，这时，铁磁材料被完全磁化。由磁畴产生的内部磁场与外加的磁场叠加使得合成磁场加强，从而使铁磁材料具有高导磁性能。

铁磁材料的磁化过程可用磁化曲线描述，磁化曲线是指磁场的磁通密度 B 与磁场强度 H 的关系，即 B-H 特性。

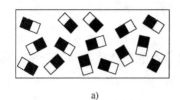
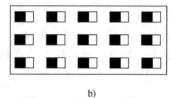

a)   b)

图 1-8　铁磁材料的磁化

a) 磁化前　b) 磁化后

在非磁性材料中，B 和 H 之间呈线性关系，如图 1-9 中的特性曲线 1，直线的斜率就是真空的导磁率 μ_0，即 $B = \mu_0 H$。

铁磁材料的磁化曲线是非线性的，图 1-9 中的特性曲线 2 为未磁化过的铁磁材料进行磁化后的 B-H 特性，称为起始磁化曲线；由图 1-9 中的特性曲线 2 可见，开始磁化时，由于外磁场较弱，所以 B 值增加较慢，对应 Oa 段；随着外磁场的增强，铁磁材料中大量磁畴转向和外磁场一致的方向，B 值增加很快，见图中 ab 段；再增加外磁场，可转向的磁畴越来越少，B 值增加得越来越慢，见图中 bc 段，这时铁磁材料逐渐饱和；至 c 点后，所有磁畴都转向和外磁场一致的方向，再增加 H，B 值基本不增加，出现了深度饱和现象。为了使铁心得到充分利用又不进入饱和，电机和变压器的铁心的额定工作点设计在其磁化曲线的微饱和区。由式 $\mu = B/H$ 可知，磁导率 $\mu = f(H)$ 的特性也是非线性的，见图 1-9 中的特性曲线 3。

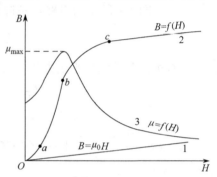

图 1-9　非铁磁材料的磁化曲线与
铁磁材料的初始磁化曲线

若铁磁材料进行正负反复磁化，B 和 H 的关系变成图 1-10 所示的 $abcdefa$ 闭合曲线，此曲线称之为磁滞回线。由图 1-10 可见，当磁化曲线中磁场强度由 H_m 逐渐减小至零时，磁通密度 B 不是零，而是剩磁 B_r，这是因为当被磁化的铁磁材料在外磁场撤除后，磁畴的排列不可能完全恢复到原始状态，对外会显示磁性。磁滞回线表明，上升磁化曲线和下降磁化曲线不重合，不同的铁磁材料有不同的磁滞回线。同一种铁磁材料，选不同的最大磁场强度 H_m 反复磁化时，可得到不同的磁滞回线，如图 1-10 所示。将各条磁滞回线在第一象限的顶点连接起来，所得到的曲线叫作基本磁化曲线或平均磁化曲线，此曲线与起始磁化曲线的差别很小，在工程上广泛使用。

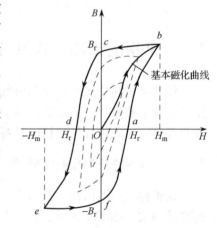

图 1-10　铁磁材料的磁滞回线与
基本磁化曲线

按照磁滞回线的宽度不同，铁磁材料可分为软磁材料和硬磁材料。软磁材料磁滞回线的宽度很窄，其 B_r 和 H_r 都很小，软磁材料的磁导率较高，在电机和变压器中常用的有硅钢片、铸钢和铸铁等；硬磁材料磁滞回线的宽度较宽，其 B_r 和 H_r 都较大，由于剩磁 B_r 大，可以作为永磁材料用，硬磁材料的磁导率较小，电机中常用的永磁材料有铁氧体、铝镍钴、稀土钴及钕铁硼等。

1.7.2 铁磁材料的损耗

1. 磁滞损耗

铁磁材料在交变磁场的反复磁化过程中，磁畴会不停地转动，互相之间产生摩擦，因此有一定的功率损耗，这种损耗叫做磁滞损耗 p_h。磁滞损耗的表达式为

$$p_h = fV \oint H dB \tag{1-19}$$

式中　f——磁场交变的频率；

　　　V——铁心的体积；

$\oint H dB$——铁心磁滞回线的面积。

一般提供完整的磁滞回线比较困难，考虑到不同的材料磁滞回线的面积不同，相同材料磁滞回线的面积取决于最大磁通密度 B_m，经实验确定，式（1-19）可表示为

$$p_h = k_h f B_m^\alpha V \tag{1-20}$$

式中　k_h——不同材料的磁滞损耗系数；

　　　α——由试验确定的指数。对于一般的电工钢片，$\alpha = 1.6 \sim 2.3$。

由于硅钢片的磁滞回线面积很小，而且导磁性能很好，故磁滞损耗小，因此电机和变压器的铁心常用硅钢片制成。

2. 涡流损耗

当通过导电铁磁材料中的磁通发生交变时，根据电磁感应定律，在铁心中将产生围绕磁通呈螺旋状的感应电动势和感应电流，简称涡流，见图 1-11a。涡流在其流通路径上的等效电阻中要产生损耗，简称涡流损耗。

根据电磁感应定律可推导出涡流损耗的表达式为

$$p_e = k_e \Delta^2 f^2 B_m^2 V \tag{1-21}$$

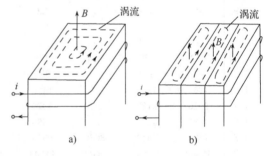

图 1-11　铁磁材料中的涡流损耗

式中　k_e——涡流损耗系数，与铁磁材料的电阻率成反比；

　　　Δ——铁心的厚度；

　　　f——磁场交变的频率；

　　　B_m——铁心中磁通密度；

　　　V——铁心的体积。

由式（1-21）可见，涡流损耗与铁心厚度、磁场交变频率的二次方、铁心中磁通密度的二次方及铁心体积成正比，与铁磁材料的电阻率成反比。为了减少涡流损耗，通常变压器和电机中的铁心使用厚度较小的硅钢片叠压而成，而不是采用整体的硅钢，硅钢片的厚度一般为0.3~0.5mm，见图 1-11b。另外，可设法提高铁磁材料的电阻率，硅钢片之间以及整个铁心都要经过绝缘处理。

3. 铁心损耗

在交变磁场作用下，磁滞损耗和涡流损耗是同时存在的，都将消耗有功功率，使铁心发热。将两者加在一起称为铁心损耗，简称铁损耗 p_{Fe}。根据式（1-20）和式（1-21），可得铁

损耗的表达式为

$$p_{Fe} = p_h + p_e = (k_h f B_m^\alpha + k_e \Delta^2 f^2 B_m^2)V \tag{1-22}$$

一般的电工钢其正常工作点的磁通密度 $1T \leqslant B_m \leqslant 1.8T$，式（1-22）可近似为

$$p_{Fe} \approx k_{Fe} f^{1.3} B_m^2 G \tag{1-23}$$

式中　　k_{Fe}——铁损耗系数；

G——铁心的重量。

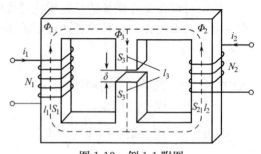

图 1-12　例 1-1 附图

例 1-1　并联磁路如图 1-12 所示，截面积 $S_1 = S_2 = 6 \times 10^{-4}$ m²，$S_3 = S_4 = 10 \times 10^{-4}$ m²，平均长度 $l_1 = l_2 = 0.5$m，$l_3 = 2 \times 0.07$m，气隙长度 $\delta = 1.0 \times 10^{-4}$ m。已知 $\Phi_3 = 10 \times 10^{-4}$ Wb，$F_1 = 350$A，求 F_2（硅钢片磁化曲线的数据见表1-1）。

表 1-1　50Hz, 0.5mm, DR510－50 硅钢片磁化曲线表

B/T	0	0.01	0.02	0.03	0.04	0.05	0.06	0.07	0.08	0.09
0.4	138	140	142	144	146	148	150	152	154	156
0.5	158	160	162	164	166	169	171	174	176	178
0.6	181	184	186	189	191	194	197	200	203	206
0.7	210	213	216	220	224	228	232	236	240	245
0.8	250	255	260	265	270	276	281	287	293	299
0.9	306	313	319	326	333	341	349	357	365	374
1.0	383	392	401	411	422	433	444	456	467	480
1.1	493	507	521	536	552	568	584	600	616	633
1.2	652	672	694	716	738	672	786	810	836	862
1.3	890	920	950	980	1010	1050	1090	1130	1170	1210
1.4	1260	1310	1360	1420	1480	1550	1630	1710	1810	1910
1.5	2010	2120	2240	2370	2500	2670	2850	3040	3260	3510
1.6	3780	4070	4370	4680	5000	5340	5680	6040	6400	6780
1.7	7200	7640	8080	8540	9020	9500	10000	10500	11000	11600
1.8	12200	12800	13400	14000	14600	15200	15800	16500	17200	18000

注：1. 表中间数值为磁场强度 H，单位为 A/m。

2. 表中最左边一列为 B 的整数部分和小数点后一位的数值，表中最上面一行为 B 的小数点后两位的数值。单位为 T。

解：1）磁路分为四段：左侧铁心段、右侧铁心段、中柱铁心段及气隙段。

2）四部分截面积：$S_1 = S_2 = 6 \times 10^{-4}$ m²，$S_3 = S_4 = 10 \times 10^{-4}$ m²（不计边缘效应）。

平均长度为

$$l_1 = l_2 = 0.5\text{m}, l_3 = 0.14\text{m}, \text{气隙长度 } l_4 = \delta = 1.0 \times 10^{-4}\text{m}_{\circ}$$

中柱磁通密度为

$$B_3 = \frac{\Phi_3}{S_3} = \frac{10 \times 10^{-4}}{10 \times 10^{-4}}\text{T} = 1.0\text{T}$$

查表 1-1 得 $H_3 = 383$A/m

又由于 $B_\delta = B_3 = 1.0$T

故中柱磁压降为

$$H_3 l_3 + B_\delta \delta / \mu_0 = (383 \times 0.14 + \frac{1.0 \times 1.0 \times 10^{-4}}{4\pi \times 10^{-7}})\text{A} = 133.2\text{A}$$

而对于左侧铁心回路，有

$$H_1 l_1 = F_1 - H_3 l_3 - B_\delta \delta / \mu_0 = (350 - 133.2) \mathrm{A} = 216.8 \mathrm{A}$$

从而得

$$H_1 = \frac{216.8}{0.5} \mathrm{A/m} = 433.6 \mathrm{A/m}$$

利用插值法查表 1-1　得 $B_1 = 1.051 \mathrm{T}$

$$\Phi_1 = B_1 S_1 = 1.051 \times 6 \times 10^{-4} \mathrm{Wb} = 6.306 \times 10^{-4} \mathrm{Wb}$$

右侧铁心回路中

$$\Phi_2 = \Phi_3 - \Phi_1 = (10 \times 10^{-4} - 6.306 \times 10^{-4}) \mathrm{Wb} = 3.69^{-4} \mathrm{Wb}$$

故

$$B_2 = \frac{\Phi_2}{S_2} = \frac{3.69 \times 10^{-4}}{6 \times 10^{-4}} \mathrm{T} = 0.615 \mathrm{T}$$

利用插值法查表 1-1 得

$$H_2 = 185 \mathrm{A/m}$$
$$H_2 l_2 = 185 \times 0.5 \mathrm{A} = 92.5 \mathrm{A}$$

最终有

$$F_2 = H_2 l_2 + H_3 l_3 + B_\delta \delta / \mu_0 = (92.5 + 133.2) \mathrm{A} = 225.7 \mathrm{A}$$

本 章 小 结

电机是一种进行机电能量转换的装置，发电机将机械能转换为电能，电动机将电能转换为机械能，变压器则是将一种电压的电能转换成另一种电压的电能。电机的工作原理及内部电磁关系和运行原理都要用到有关电和磁的基本知识和基本电磁定律。

磁场的基本物理量是磁感应强度 B、磁场强度 H 和磁通 Φ；全电流定律反映了"电生磁"的物理现象，方向由右手定则判定，其大小符合全电流定律 $\oint_l H \mathrm{d}l = \sum I$；电磁感应定律反映了"磁变生电"的物理现象，方向由右手定则判定，其大小符合电磁感应定律 $e = -N \dfrac{\mathrm{d}\Phi}{\mathrm{d}t}$；电磁力定律反映了"电磁生电"的物理现象，方向由左手定则判定，其大小符合电磁力定律 $F = BlI$；磁路的欧姆定律反映了磁通、磁势及磁阻的关系，与电路的欧姆定律相对应，广泛应用于磁路的计算中。电路的基本定律为基尔霍夫电压定律（$\sum u = \sum e$）和电流定律（$\sum i = 0$）。

电机和变压器的铁心都是使用铁磁材料制造的，铁磁材料性能的优劣将直接影响电机的运行性能。铁磁材料的磁化曲线和损耗是两个重要问题。铁磁材料的磁化曲线为磁场强度与磁通密度的关系，即 B-H 特性。磁化曲线描述了铁磁材料的磁化过程，此特性为非线性带饱和的曲线；铁磁材料的损耗称为铁损耗，是磁滞损耗和涡流损耗之和，其值符合公式 $p_{\mathrm{Fe}} = p_{\mathrm{h}} + p_{\mathrm{e}} = (k_{\mathrm{h}} f B_{\mathrm{m}}^\alpha + k_{\mathrm{e}} \Delta^2 f^2 B_{\mathrm{m}}^2) V$，铁损耗将造成功率损失并导致铁心发热。

思 考 题

1-1　变压器绕组电动势和电机绕组中的运动电动势产生的原因有什么不同？其大小与

15

哪些因素有关？

1-2 简要说明磁路的饱和现象？随着磁路的饱和，磁导率是如何变化的？

1-3 铁心中的磁滞损耗与涡流损耗是如何产生的？如何减小铁心中的铁损耗？

1-4 实际的电机和变压器的铁心一般采用硅钢片叠压而成，而不是采用整块铸钢或硅钢制成，为什么？

1-5 如图 1-13 所示，匝数为 N 的线圈与时变的磁通 Φ 交链，如果感应电动势的正方向与磁通的正方向分别如图 1-13a、b 所示，试分别写出 e 与 Φ 之间的关系式。

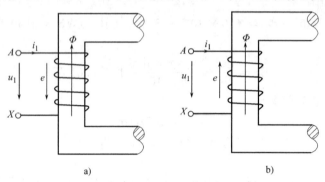

a)   b)

图 1-13 思考题 1-5 附图

1-6 起始磁化曲线、磁滞回线和基本磁化曲线是如何形成的？它们有哪些区别？

1-7 如图 1-14 所示变压器磁路中，当在一次侧线圈中施加正弦电压 u_1 时，一次侧和二次侧线圈中是否都有感应电动势？为什么？两个感应电动势与匝数之间有什么关系？当流过一次侧线圈中的电流 i_1 减小时，试标出 N_1、N_2 两个线圈中感应电动势的实际方向与输出电压的方向，并计算两个线圈感应电动势之间的关系。

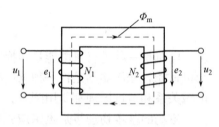

图 1-14 思考题 1-7 附图

练 习 题

1-1 某铸钢材料的圆环如图 1-15 所示，其磁化曲线数据见表 1-2。环的平均半径 $r=100\text{mm}$，截面积 $s=200\text{mm}^2$，绕在环上的线圈匝数 $N=350$。不计漏磁通。试求：

1）当圆环内磁路的磁通 Φ 分别为 $0.16\times10^{-3}\text{Wb}$ 和 $0.32\times10^{-3}\text{Wb}$ 时，磁通密度 B、磁路的磁导率 μ 分别为多少？所需的励磁电流 I 分别为多少？

2）若要求磁通为 $0.2\times10^{-3}\text{Wb}$，励磁电流 I 不大于 1.5A，则线圈匝数 N 至少应是多少？

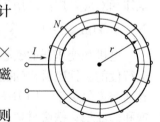

图 1-15 练习题 1-1 附图

表 1-2 铸钢的磁化曲线数据

$H/\text{A}\cdot\text{cm}^{-1}$	5	10	15	20	30	40	50	60	80	100
B/T	0.65	1.06	1.27	1.37	1.48	1.55	1.60	1.64	1.72	1.78

1-2 某硅钢片叠成的磁路如图 1-16 所示，图中尺寸的单位为 mm，线圈的匝数为 $N=800$，其磁化曲线数据见表 1-3。忽略铁心的叠片系数，试求：

1）若要求铁心中磁通为 0.8×10^{-3} Wb，励磁电流 I_f 应为多少？

2）若铁心用同尺寸的铸钢材料制成，其磁化曲线数据见表 1-2，要求铁心中磁通仍为 0.8×10^{-3} Wb，励磁电流 I_f 应为多少？比较两种材料下励磁电流有何不同？

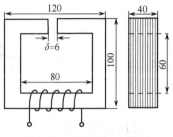

图 1-16　练习题 1-2 附图

表 1-3　硅钢片的磁化曲线数据

$H/\text{A}\cdot\text{m}^{-1}$	100	200	300	400	500	600	700	800	1000
B/T	0.6	0.8	1.1	1.25	1.38	1.48	1.52	1.6	1.64

1-3 图 1-17 所示的磁路，由具有无穷大磁导率的磁性铁心上的绕组及两个长度分别为 δ_1 和 δ_2，面积分别为 S_1 和 S_2 的并联气隙组成，忽略气隙的边缘效应。试求：

1）当绕组带有电流 i 时，通过绕组铁心中的磁通 Φ 为多少？

2）气隙 δ_1 及 δ_2 中的磁通密度 B_1 及 B_2 为多少？

3）如果气隙长度 δ_1 增大到原来的 2 倍，磁通密度 B_1 将如何变化？

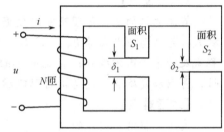

图 1-17　练习题 1-3 附图

1-4 某对称磁路的铁心尺寸如图 1-18 所示，铁心上有 3 个绕组，绕组 1 绕在铁心中柱的上方，绕组 2 和 3 绕在底部的两个铁心柱上，铁心的磁导率为 μ。试求：

1）求每个绕组的自感，并说明当气隙长度 δ 增加时，线圈 1 中的自感将如何变化？

2）求三对绕组间的互感，并说明当匝数 N 及 N_1 增加时，互感将如何变化？

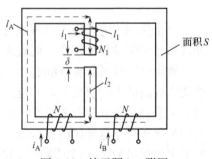

图 1-18　练习题 1-4 附图

3）当绕组 A 和 B 中通以时变电流 $i_A(t)$ 和 $i_B(t)$ 时，求出绕组 1 中的感应电动势表达式。应测量哪个参数可以判断两个同频率正弦交流电流 $i_A(t)$ 和 $i_B(t)$ 是否平衡？

第 2 章 直 流 电 机

【内容简介】

本章主要介绍直流电机的工作原理、结构及额定数据，分析电机电枢绕组的组成形式和磁路系统的特点，推导直流电机的基本方程式，包括感应电动势及电磁转矩的方程式、动态和稳态时的电压平衡方程式、转矩平衡方程式及功率流程图。对于直流发电机重点介绍其工作特性和并励直流发电机的自励条件；对于直流电动机重点介绍其工作特性和机械特性。最后对直流电机的换向问题进行简要的说明。

【本章重点】

直流电机的工作原理及额定数据；直流电机的励磁方式及电枢反应；直流电机的基本方程式，包括感应电动势 $E_a = C_e \Phi n$、电磁转矩 $T_{em} = C_T \Phi I_a$、电压平衡方程式、转矩平衡方程式及功率平衡方程式；直流电机的工作特性；直流电动机的固有机械特性和人为机械特性；并励和复励直流发电机自励建压的条件。

【本章难点】

直流电机电枢绕组的设计；直流电机带负载后的磁场（电枢反应）；直流电机换向不良产生的原因。

电机是利用电磁作用原理进行能量转换的机电装置。直流电动机的功能是将直流电能转换成机械能带动机械负载，而直流发电机的功能是将机械能转化成直流电能供给电负载。

直流电动机具有良好的起动和宽广平滑的调速性能，因而被广泛应用于对起动和调速性能要求较高的生产机械上，如电力机车、轧钢机、船舶机械、造纸机及纺织机等。直流电动机的主要缺点是制造工艺复杂、生产成本高、维护较困难及可靠性较差。但因直流电动机具有明显优于交流电动机的良好的起动和调速性能，因此，在许多传动性能要求较高的场合，直流电动机拖动系统仍占据一定的地位。

直流发电机主要用作直流电源，供给直流电动机及电解、电镀等设备所需的直流电能。近年来随着电力电子和微电子技术的迅速发展，直流发电机有逐步被电力电子整流装置所取代的趋势，但从电源的质量和可靠性等方面考虑，在一些重要的直流拖动系统中仍然采用直流发电机作为直流电源。

2.1 直流电机的工作原理

直流电机的基本工作原理基于"电磁力定律"和"电磁感应定律"两个基本定律。下面分别讨论直流电动机和直流发电机的工作原理。

2.1.1 直流电动机的工作原理

直流电动机的工作原理是建立在电磁力定律的基础上的，即载流导体处在磁场中要受到电磁力的作用，方向由左手定则判定。先考虑图 2-1 中所示的简单模型。在图 2-1 中，N-S 极为一对在空间固定不动的磁极（可以是电磁铁也可以是永久磁铁），两个磁极之间装着一个可以自由转动的铁磁材料制成的圆柱体（称为电枢），圆柱体上装有一个线圈 ax，当线圈中通以图 2-1a 所示方向的电流时，线圈 a 边在 N 极下，x 边在 S 极下，根据左手定则可判断出 a 边和 x 边导体所受到的电磁力 F_{em} 的方向如图 2-1a 所示，从而产生逆时针方向的电磁转矩，使电枢以 ω 的角速度逆时针旋转。

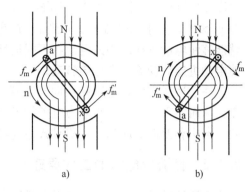

图 2-1　直流电动机简化模型

当电枢转过 $180°$，a 边在 S 极下，x 边在 N 极下（如图 2-1b 所示），则受到一个顺时针方向的电磁转矩，使得电枢顺时针方向旋转。因此电动机总是受到交变两个方向的电磁转矩，只能往复摆动。这显然不能满足电动机要朝着一个固定方向连续旋转的基本要求。

如何能使电枢朝着一个方向连续旋转呢？观察图 2-1 可见，只要两个线圈边在不同的极下能及时改变电流方向即可，这称为电流换向。如当线圈 a 边在 N 极下，x 边在 S 极下时（如图 2-1a 所示），这时电流 a 边流入，x 边流出，则产生逆时针方向的电磁转矩。当电枢旋转到 a 边在 S 极下，x 边在 N 极下时（如图 2-1b 所示），及时改变电流方向，让电流从线圈 a 边流出，x 边流入，仍产生逆时针方向的电磁转矩。如此反复，就能使电枢总是朝着一个方向连续旋转。

如何进行电流换向呢？加入一个"换向器"装置即可。如图 2-2 所示的直流电动机模型，在电枢铁心表面上固定一个与电枢铁心绝缘的导体构成的电枢线圈 abcd，线圈的头、尾端分别接到相互绝缘的两个弧形铜片上（称为换向片），由若干换向片组成一个圆柱形的换向器，在换向器上放置固定不动且与换向器滑动接触的电刷 A 和 B，电刷由石墨制成，线圈 abcd 通过换向器和电刷接到外电路直流电源上。

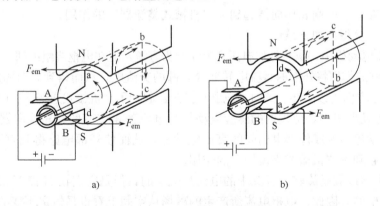

图 2-2　直流电动机工作原理

a）线圈边 ab 在 N 极下　b）线圈边 ab 在 S 极下

当外加直流电压的正端接电刷 A，负端接电刷 B 时，通电回路为 A-a-b-c-d-B，线圈边 ab 在 N 极下，其中的电流方向为从 a 到 b，受到的电磁力 F_{em} 方向向左，线圈边 cd 在 S 极下，其中的电流为从 c 到 d，受到的电磁力 F_{em} 方向向右，从而产生逆时针方向的电磁转矩，如图 2-2a 所示。当电枢转过 180°时，ab 在 S 极下，其中的电流方向为从 b 到 a，线圈边 cd 在 N 极下，其中的电流为从 d 到 c，产生的电磁转矩仍为逆时针方向，如图 2-2b 所示。这就能够使电动机线圈中的电流在不同极性下及时改变方向，从而产生同一方向的电磁转矩，使电动机连续朝着一个方向转动。

在上述过程中，电刷和换向器装置将电刷外部的直流电流转变成了线圈内部的交流电流，从而实现了换向。与电力电子技术中用电力电子器件完成"电子式逆变器"相对应，在此，电刷和换向器起到了"机械式逆变器"的作用。

2.1.2　直流发电机的工作原理

直流发电机的工作原理是以电磁感应定律为基础的，即导体运动切割磁力线从而在导体中产生感应电动势，方向由右手定则判定。

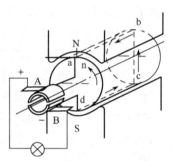

直流发电机的模型和直流电动机相同，不同的是外部条件的改变，将图 2-2 中的直流电源去掉，接一电负载（如灯泡），再用一原动机拖动电枢以某一方向恒速旋转（如逆时针旋转），如图 2-3 所示。电枢旋转时线圈边 ab 和 cd 都切割磁力线，从而在其中产生感应电动势，方向由右手定则判定。ab 边在 N 极下时产生的感应电动势方向是由 b 指向 a，cd 边在 S 极下的感应电动势是由 d 指向 c，电刷 A 与 a 端所连接的换向片相接触，所以为正极性，电刷 B 为负极性。当电枢转过 180°时，线圈边 cd 在 N 极下，感应电动势的方向为从 c 指向 d，电刷 A 仍为正

图 2-3　直流发电机的工作原理

极性，线圈边 ab 在 S 极下，感应电动势的方向是由 a 指向 b，电刷 B 仍为负极性。电刷 A 和 B 之间总是一直流电动势，流过外部负载的电流为方向不变的直流电，这就是直流发电机的工作原理。

在上述过程中，电刷和换向器装置将线圈内部的交流电动势和电流转变成了电刷外部的直流电动势和电流，从而实现了换向。与电力电子技术中用电力电子器件完成"电子式整流器"相对应，在此，电刷和换向器起到了"机械式整流器"的作用。

综上所述，可得出如下结论：

1）在直流电动机中，虽然外加电压和电流都为直流，但在电枢绕组内部，电流是交变的，靠换向器和电刷的作用将外部的直流电转变成内部的交流电，从而得到方向固定的电磁转矩，使得电枢朝一个方向连续旋转。这时，电刷和换向器起到了"机械式逆变器"的作用。

2）在直流发电机中，电枢内的感应电动势和电流都是交变的，靠换向器和电刷的作用将内部交流电动势转变成外部电刷间的直流电动势，从而使外部电路得到直流电流。这时，电刷和换向器起到了"机械式整流器"的作用。

3）虽然电枢线圈是旋转的且其中的电流是交变的，但是它们在 N 极下和 S 极下的电枢电流方向是不变的，因此，电枢电流所产生的磁场从空间上看也是恒定不变的。

2.1.3　直流电机的可逆原理

直流电机具有可逆性，由上述分析可知，同一台直流电机既可作为电动机也可作为发电机使用，只要改变外部条件即可。作为直流电动机运行时，电刷两端接直流电源，轴上接机械负载，电动机将电能转换为机械能拖动机械负载运行；作为直流发电机运行时，则要用原

动机拖动电枢运转，从电刷两端引出直流电动势对负载供电，发电机将机械能转换为电能。

2.2 直流电机的结构、额定值及主要系列

2.2.1 直流电机的结构

由直流电动机和直流发电机的工作原理可知，直流电机的结构应由定子和转子两大部分组成。直流电机运行时静止不动的部分称为定子，转动的部分称为转子（也称作电枢）。直流电机的整体结构如图 2-4 所示。

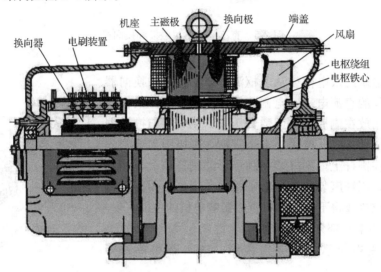

图 2-4　直流电机的结构图

1. 定子部分

定子部分由主磁极、换向极、机座和电刷装置等组成。

（1）主磁极

主磁极的作用是产生电机的磁场。主磁极由主磁极铁心和励磁绕组组成，如图 2-5a 所示。主磁极铁心一般由 1.0～1.5mm 厚的钢片叠压铆紧组成，铁心中上部套有励磁绕组的部分称为极身，下面扩展的部分称为极靴。励磁绕组由绝缘铜线绕制而成，励磁绕组线圈套在主磁极铁心上通以直流电流来建立磁场。整个主磁极用螺钉固定在机座上。

（2）换向极

换向极又称附加极，装在两相邻主磁极之间的几何中心线上。其作用是改善换向性能，其原理将在 2.8 节阐述。换向极也是由铁心和套在上面的绕组线圈制成，铁心一般用整块钢制成，当换向要求较高时用 1.0～1.5mm 厚的钢片叠压而成，如图 2-5b 所示。

（3）机座

电机定子的外壳部分称为机座。机座的主体部分作为磁极间的通路，这部分称为磁轭。机座同时用来固定主磁极、换向极和端盖，起到支撑和固定整个电机的作用。为了保证机座有足够的机械强度和良好的导磁性能，一般由铸钢件或钢板焊接而成。

（4）电刷装置

电刷装置的结构如图 2-6 所示。电刷的作用是：其一将转动的电枢与静止的外电路相连

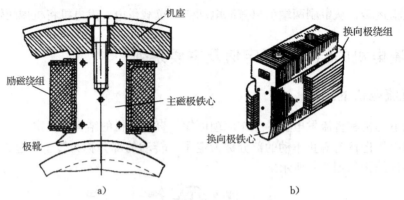

图 2-5　直流电机的主磁极和换向极

a) 主磁极　b) 换向极

接，使电流经电刷流入电枢或从电枢流出；其二是与换向器配合获得电刷间的直流电压。电刷装置由电刷、刷握及铜丝辫等组成。电刷放在刷握里，用弹簧压紧，使电刷与换向器之间有良好的滑动接触；电刷上有个铜辫，可以引出或引入电流；刷握放在刷杆上，刷杆装在圆环形的刷杆座上，相互之间必须绝缘；刷杆座装在端盖或轴承内盖上，圆周位置可以调整，如果位置放得不合理，将直接影响电机的性能。

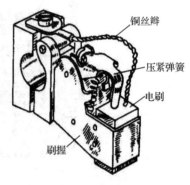

2. 转子（电枢）部分

转子部分由电枢铁心、电枢绕组、换向器和转轴等组成。

图 2-6　直流电机的电刷装置

（1）电枢铁心

电枢铁心是主磁通磁路的主要部分，用于嵌放电枢绕组。为了降低电机运行时电枢铁心中产生的涡流损耗和磁滞损耗，电枢铁心一般用 0.5mm 厚的硅钢片冲片叠压而成为一圆柱体，将其安装在转轴上。电枢的外圆开有电枢槽，槽内嵌入电枢绕组，如图 2-7 所示。

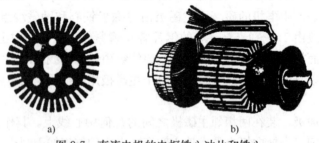

图 2-7　直流电机的电枢铁心冲片和铁心

a) 电枢铁心冲片　b) 电枢铁心

（2）电枢绕组

电枢绕组的作用是产生电磁转矩和感应电动势，是电机进行能量转化的关键部件。电枢绕组是由若干个用绝缘导线绕制的线圈组成的，各线圈以一定规律焊接到换向器上。小型电机的电枢绕组用圆截面导线绕制嵌放在梨形槽里，较大容量的电机则用矩形截面导线绕制而放在开口槽中。线圈与铁心之间以及上下层线圈之间一定要有很好的绝缘。为了防止电枢转动时线圈因离心力的作用而甩出，槽口处要加一槽楔固定。

（3）换向器

换向器的作用是将电枢绕组内部的交流电动势转换为电刷间的直流电动势。换向器是由许多互相绝缘的换向片组成的圆柱体，如图 2-8 所示。

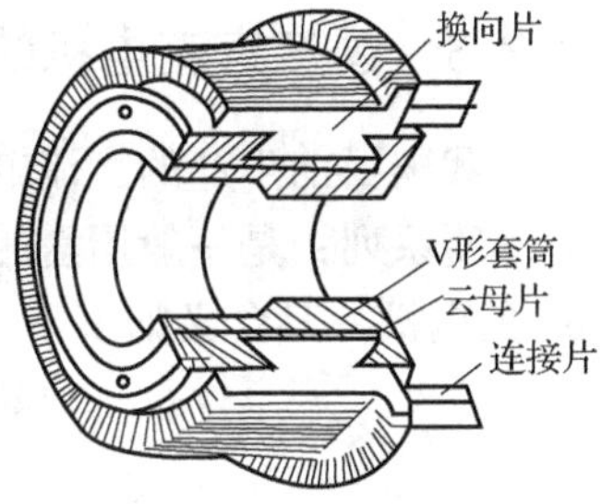

（4）转轴

转轴起转子旋转的支撑作用，需要有一定的强度和刚度，一般用圆钢加工而成。

图 2-8 直流电机的换向器

2.2.2 直流电机的额定值

为了使电机安全可靠地工作，而且有优良的运行性能，电机制造厂根据国家标准及电机的设计数据而规定的每台电机的主要数据称为电机的额定值。额定值一般标在电机的铭牌上，所以又称为铭牌数据。直流电机的额定值主要有以下几项：

（1）额定功率 P_N（kW）

额定功率是指额定状态下电机所能提供的输出功率。对电动机而言，是指它的转轴上输出的机械功率；对发电机而言，是指电刷引出端的电功率。

（2）额定电压 U_N（V）

额定电压是指电枢绕组能够安全工作的最大电压，对于电动机是电刷输出端的输入电压；对于发电机是电刷输出端的输出电压。

（3）额定电流 I_N（A）

额定电流是指电机按规定的工作方式运行时，电枢绕组允许通过的最大电流，对于并励和复励直流电动机指的是总电流。

（4）额定转速 n_N（r/min）

额定转速是指电机在额定电压、额定电流和输出额定功率运行时，电机的转速。

还有一些额定值（如额定效率 η_N、额定转矩 T_N、额定温升及额定励磁电流等），不一定标在铭牌上，可根据铭牌数据或查产品说明书获得。某些额定数据之间存在着如下关系：

对于直流发电机

$$P_N = U_N I_N \times 10^{-3} \tag{2-1}$$

对于直流电动机

$$P_N = U_N I_N \eta_N \times 10^{-3} \tag{2-2}$$

电动机轴上输出的额定转矩

$$T_N = \frac{P_N \times 10^3}{\Omega_N} = \frac{P_N \times 10^3}{2\pi n_N / 60} = 9550 \frac{P_N}{n_N} \tag{2-3}$$

式中，额定转矩 T_N 的单位为 N·m；额定功率 P_N 的单位为 kW。式（2-3）也适用于交流电动机。

直流电机运行时，若各物理量都符合其额定值，称该电机工作于额定状态。电机在额定运行状态时，其性能良好且安全可靠。

在实际运行中，电机不一定总是运行在额定状态，如果电机的电流小于额定电流，称为欠载运行，长期欠载运行效率不高，浪费能源；如果电机的电流大于额定电流，称为过载运行，长期过载运行会使电机过热，降低电机的使用寿命，甚至损坏电机。为此，选择电机时应根据负载的情况，尽量使电机工作在额定状态。

2.2.3 国产直流电机的主要系列

我国目前生产的直流电机种类很多，下面列出其主要产品系列。

Z_2系列：是一般用途的中小型直流电机，包括直流发电机和电动机。例：型号为 Z_2 — 31 的电机，其含义如下：

ZD2 和 ZF2：是一般用途的中型直流电机系列，ZD2 是中型直流电动机，ZF2 是中型直流发电机。

ZZJ 系列：是冶金辅助拖动机械用的冶金起重直流电动机。

ZQ 系列：是电力机车、工矿电机车和蓄电池供电电车用的直流牵引电动机。

ZA 系列：是用于矿井和有易爆气体场所的防爆安全型直流电动机。

ZKJ 系列：是冶金、矿山挖掘机用的直流电动机。

各个系列直流电机的详细技术指标可从电机的产品目录或有关手册中查得。

2.3 直流电机的电枢绕组

从直流电机的工作原理可知，直流电机必须有能在磁场中转动的绕组才能工作。对于电动机，处在磁场中的载流电枢绕组产生电磁转矩，拖动机械负载；对于发电机，原动机拖动电枢旋转时，电枢绕组切割磁场从而产生感应电动势，作为直流电源带动电负载。电枢绕组是直流电机实现机电能量转换的重要部分。

2.3.1 电枢绕组的一般知识

对电枢绕组的主要要求是：正、负电刷间感应电动势应尽量大；绕组所用的导线和绝缘材料尽可能节省；结构简单运行可靠。

1. 电枢绕组的元件

电枢绕组是由若干个线圈按照一定的规律组成的。由绝缘导线绕制而成的线圈称为元件，一个元件有两个有效边，其匝数为 N_y，如图 2-9a 所示，其中一个有效边嵌放在电枢槽的上层，称为上层边；另一个有效边嵌放在相距约一个极距的电枢槽下层，称为下层边。电枢槽外的部分称为元件的端部，如图 2-9b 所示。

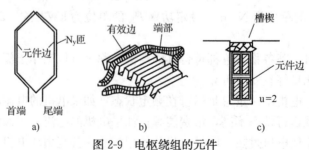

图 2-9　电枢绕组的元件

a) 元件　b) 元件端部　c) 多个元件边

一个元件有两根引出线,称为首端和尾端,它们分别接到两个换向片上,而每个换向片又与不同元件的两根引出线相连接,所以整个电枢绕组的元件数 S 应等于换向片数 K,即

$$S = K$$

因为每个元件有两个有效边,而每个电枢槽分上下两层嵌放两个有效边,所以元件数 S 应等于电枢的槽数 Z,即

$$S = Z$$

对于小容量电机,电枢直径较小,其外圆不可能冲有很多槽,往往在一个槽的上层和下层各放 u 个元件边,如图 2-9c 所示,把一个上层边和一个下层边看成一个虚槽,虚槽数 Z_u 与实槽数 Z 的关系为

$$Z_u = uZ = S = K \tag{2-4}$$

当一个槽的上层和下层各放 1 个元件边时,$u = 1$。

相邻两个异性极中心线之间用电枢铁心外圆的对应弧长表示的距离,称为极距 τ,当用槽数表示时,有

$$\tau = \frac{Z}{2p} \tag{2-5}$$

若用长度 mm 表示时,有

$$\tau = \frac{\pi D}{2p} \tag{2-6}$$

式中　D——电枢铁心的外直径(mm);

　　　p——磁极对数。

2. 节距

表征电枢绕组元件本身和元件之间连接规律的数据称为节距。下面分别介绍第一节距 Y_1、第二节距 Y_2、合成节距 Y 和换向器节距 Y_k,它们分别在图 2-10 中标出。

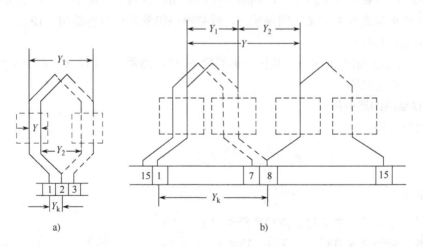

图 2-10　电枢绕组的节距

a) 单叠绕组　b) 单波绕组

(1) 第一节距 Y_1

Y_1 是同一个元件两个元件边的距离,一般用槽数表示,为了使每个元件的感应电动势最大,Y_1 应接近或等于极距 τ,有

$$Y_1 = \frac{Z_u}{2p} \pm \varepsilon = 整数 \tag{2-7}$$

式中 ε ——使 Y_1 凑成整数的一个分数。

其中，$Y_1 = \tau$ 称为整距线圈。

$Y_1 < \tau$ 称为短距线圈。

$Y_1 > \tau$ 称为长距线圈。

短距线圈和整距线圈多被采用，长距线圈因为端部长，用铜多而造成浪费，很少被采用。

（2）第二节距 Y_2

Y_2 是连接同一个换向片两个元件边的距离，或者说是第一个元件的下层边与直接相连的第二个元件的上层边之间的距离，一般用槽数表示。

（3）合成节距 Y 和换向器节距 Y_k

Y 是直接相连的两个元件的对应边距离，一般用槽数表示。

Y_k 是每个元件的首、尾端所连接的两个换向片的距离，用换向片数表示。

按照电枢绕组的连接规律不同，直流电机的电枢绕组主要可分为：单叠绕组、单波绕组和混合绕组等。下面重点介绍常用的单叠绕组和单波绕组。

2.3.2 单叠绕组

单叠绕组的连接特点是：同一元件的两个出线端分别连接到相邻的两个换向片上，即换向片节距 $Y_k = \pm 1$，相邻元件通过换向片依次相连，从而组成整个闭合绕组，后一元件的端部紧紧叠在前一个元件的端部上，故称这种绕组为单叠绕组。单叠绕组绕制时，每绕过一个元件便在电枢表面移过一个虚槽，如果 $Y = Y_k = +1$，则绕组向右移动，称为右行绕组，如图 2-10a 所示；如果 $Y = Y_k = -1$，则绕组向左移动，称为左行绕组，左行绕组每一元件接到换向片的两根端线互相交叉，用铜较多，故单叠绕组常采用右行绕组。现以一例说明单叠绕组的连接规律和特点。

例 2-1 一台直流电机的绕组数据：极对数 $p = 2$，槽数 $Z = 16$，$Z = Z_u = S = K = 16$，试设计出单叠绕组连接图。

1. 单叠绕组的展开图

（1）计算节距

极距 $$\tau = \frac{Z_u}{2p} = \frac{16}{4} = 4$$

第一节距 $$Y_1 = \frac{Z_u}{2p} \pm \varepsilon = \frac{16}{4} = 4$$

为了得到最大感应电动势，取整距绕组（$\varepsilon = 0$）。

换向器节距和合成节距 $Y_k = Y = 1$

第二节距 $Y_2 = Y_1 - Y = 4 - 1 = 3$

（2）连接元件

先画出 16 根等长、等距的实线，代表各槽元件的上层边，再画出 16 根等长、等距的虚线，代表各槽元件的下层边，并编上槽号，如图 2-11 所示。画 16 个小方块代表换向片，1号元件由 1 号换向片经第 1 槽上层（实线），根据 $Y_1 = 4$ 连到第 5 槽的下层（虚线），然后回到 2 号换向片；2 号元件由 2 号换向片经第 2 槽上层（实线），根据 $Y_1 = 4$ 连到第 6 槽的下层（虚线），然后回到 3 号换向片；照此方法依次连接完 16 个元件，组成一个闭合回路，如图 2-12 所示的元件连接次序表。

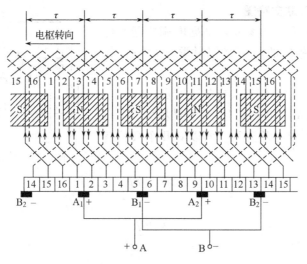

图 2-11　单叠绕组展开图

图 2-12　单叠绕组元件连接次序表

（3）画磁极和电刷

首先根据 $\tau = 4$ 均匀划分 4 个极区，再画出 4 个主磁极，主磁极的中心线应与极区的中心线重合，其宽度取（0.6～0.7）τ，其厚度应小于元件有效边的长度，习惯上规定主磁极位于电枢绕组的上方，对于 N 极，磁力线的方向是进入纸面的；对于 S 极，磁力线的方向是由纸面穿出的。

电刷的杆数与主磁极的个数相同，即为 4。电刷安放原则是：空载时，正、负电刷间获得最大感应电动势，或者说被电刷短接的元件中感应电动势应为最小，即被电刷短接的元件的两个有效边应处于磁密为零的物理中性线上。空载时，物理中性线与几何中性线重合，几何中性线为两个异性磁极的分界线。如果把电刷中心线对准主磁极的中心线，则被电刷短接的元件的元件边正好位于几何中性线处，其中的感应电动势为零。如在图 2-11 中，元件 1、5、9、13 的元件边正好处于几何中心线上，这几个元件的感应电动势为零。实际运行时，电枢在旋转，电刷静止不动，但是，被电刷短接的几个元件总是处于主磁极的几何中性线上。为简便起见，称这时电刷放在几何中性线上。如果把电刷放在换向器表面的其他位置上，正、负电刷之间的感应电动势都会被减少，被电刷短路的元件间感应电动势不是最小，对换向不利。

在电枢绕组展开图中，电刷的宽度多取一个换向片宽度，在实际电机中，考虑到石墨电刷的机械强度和电流密度不宜太大，电刷宽度多取几个换向片宽度。

当电机工作于发电机状态（本例），假设电枢的转向向左，依据右手定则确定元件中感应电动势（或电流）的方向，再将同极性的电刷 A_1 和 A_2 并联作为电枢绕组的"＋"端，电刷 B_1 和 B_2 并联，作为"－"端。如果电机工作于电动机状态，电刷的连接方式和极性都不变，电流从外电源流入电枢元件，依据左手定则确定电磁转矩的方向，电机的转向仍向左。

2. 单叠绕组的并联支路图

在绕组展开图所表示的瞬间，根据电刷之间元件连接顺序，可画出相应的电枢绕组并联电路图，如图 2-13 所示。

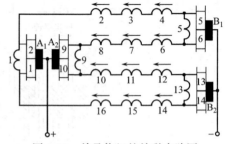

图 2-13　单叠绕组的并联支路图

由图 2-13 可见，单叠绕组具有如下特点：

1）对于单叠绕组，电刷总是把上层边处于同一主磁极下的元件串联成一条支路，所以有几个极就有几条支路，即

$$2a = 2p$$

即

$$a = p \tag{2-8}$$

式中　a——支路对数；

　　　p——极对数。

2）电刷杆数等于极数。

3）电枢总电流 I_a 为支路电流的 i_a 的 $2a$ 倍，即

$$I_a = 2ai_a \tag{2-9}$$

2.3.3　单波绕组

单波绕组的连接特点是每个元件两端所连接的两个换向片相距较远，$Y_k > Y_1$，两元件串联后形成如图 2-10b 所示的波浪形，故称单波绕组。

为了使得绕组能够连续绕下去，当顺着所有串联元件绕过电枢外圆一周后，最后一个元件的尾端应落在第一个元件的首端换向片相邻的一片上，为此，换向片间距应满足下列关系：

$$pY_k = K \pm 1$$
$$Y_k = Y = \frac{K \pm 1}{p} = 整数 \tag{2-10}$$

式中如取"－"号，则绕行一周后，比出发时的换向片后退一片，为左行绕组；若取"＋"号，则前进一片，称右行绕组。右行绕组的端线交叉，且比左行绕组端线路长，故单波绕组常采用左行绕组。

第一节距 Y_1 与单叠绕组相同，即　$Y_1 \approx \tau$。

第二节矩　$Y_2 = Y - Y_1$。

下面用实例说明单波绕组的连接规律和特点。

例 2-2　一台直流电机的绕组数据：极对数 $p = 2$，槽数 $Z = 15$，$Z = Z_u = S = K = 15$，试设计出单波绕组连接图。

1. 计算节矩

第一节距

取短矩绕组 $\qquad Y_1 = \dfrac{Z}{2p} \pm \varepsilon = \dfrac{15}{4} - \dfrac{3}{4} = 3$

第二节距 $\qquad Y_2 = Y - Y_1 = 7 - 4 = 3$

换向器节距和合成节距

$$Y = Y_k = \dfrac{k-1}{p} = \dfrac{15-1}{2} = 7$$

上式中取左行绕组。

2. 单波绕组的展开图

根据单波绕组的几个节距，参照单叠绕组的绘制步骤可画出单波绕组的展开图，如图 2-14 所示。

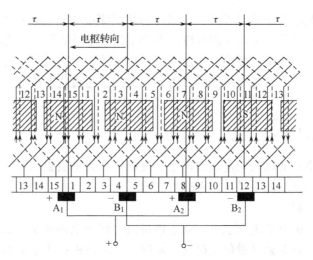

图 2-14 单波绕组的展开图

与单叠绕组的不同点是：

1）极矩 $\tau = \dfrac{Z}{2p} = \dfrac{15}{4} = 3\dfrac{3}{4}$

可见极距不是整数，即相邻主磁极中性线之间的距离不是整数。

2）单波绕组电刷的中性线也和主磁极中性线重合，电刷所短接的元件 1、5 和 9 的两个有效边也处于几何中心线上，但是该元件是通过同极性的电刷短路的。

3. 单波绕组的并联支路图

由单波绕组的展开图可得到单波绕组的并联支路图，如图 2-15 所示。

由图 2-15 可得出单波绕组的特点如下：

1）对于单波绕组，电刷总是把上层边处于同一极下的所有元件串联成一条支路，而电机的极性只有 N 和 S 两种，所以单波绕组的支路对数恒为 1，与极数无关。即

$$a = 1 \qquad (2\text{-}11)$$

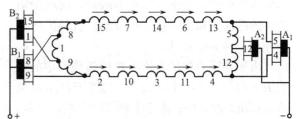

图 2-15 单波绕组的并联支路图

2）单波绕组只有两条并联支路，原理上只需安放一对电刷杆即可，但在实际电机中，

29

考虑到电刷的强度和换向器长度，仍使得电刷杆数等于极数。

3）电枢总电流 I_a 为支路电流的 i_a 的 $2a$ 倍，即

$$I_a = 2ai_a = 2i_a \tag{2-12}$$

由以上分析可知：在电机的极对数（$p>1$）、元件数以及导线的截面积相同的情况下，对于单叠绕组，其并联支路数多，单个支路里的元件数少，适用于较低电压、较大电流的电机；对于单波绕组，其支路数永远是 2，每个支路所包含的元件较多，所以这种绕组适用于较高电压、较小电流的电机。

2.4 直流电机的磁场

由直流电机的基本工作原理可知，气隙磁场是直流电机进行机电能量转换的重要介质。无论是发电机还是电动机，具有一定强度的磁场是产生足够大的感应电动势及电磁转矩不可缺少的必要条件，而且电机气隙内磁场的大小、分布及产生该磁场的励磁方式，将直接决定电机的运行性能，因此，对电机磁场的分析、了解是学习直流电机运行原理及工作特性的重要基础知识。

2.4.1 直流电机的励磁方式

主磁极上励磁绕组通以直流电流而产生的磁动势称为励磁磁动势。励磁方式是指励磁绕组的供电方式与电枢绕组的关系。按励磁方式的不同，励磁方式可以分为以下 4 种类型：

（1）他励直流电机

励磁绕组用其他的直流电源供电，与电枢绕组之间无电的联系，如图 2-16a 所示。对于小容量电机，常采用永久磁铁提供主磁场。永磁式直流电机也属于他励直流电机。

（2）并励直流电机

励磁绕组与电枢绕组并联，如图 2-16b 所示。励磁绕组电压与电枢绕组电压相等，两者的电流之和等于总电流，即 $I = I_a + I_f$。

（3）串励直流电机

励磁绕组与电枢绕组串联，如图 2-16c 所示。励磁绕组电流与电枢绕组电流相等。

（4）复励直流电机

主磁极上装有两套绕组：一组与电枢绕组并联，称为并励绕组；一组与电枢绕组串联，称为串励绕组，如图 2-16d 所示。若两组绕组产生的磁动势相同，称为积复励；若两组磁动势相反，称为差复励。

由于并励或他励直流电机励磁绕组中的电流 $I_f = (1\% \sim 5\%)I_N$，而其电压等于 U_N，所以匝数多而导线较细；由于串励绕组中的 $I_f = I_N$，所以匝数少而导线较粗。

直流电机的励磁方式不同时，其运行特性和应用场合也不同。

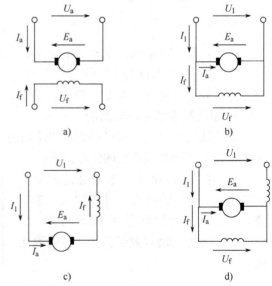

图 2-16　直流电机的励磁方式

a）他励　b）并励　c）串励　d）复励

2.4.2 直流电机的空载磁场

当直流电机空载时，对于发电机，电刷输出端不接电负载，电枢电流为零；对于电动机，轴上不带机械负载，其电枢电流接近于零，这时的气隙磁场只是由主磁极的励磁绕组产生的，亦称为空载磁场，又称为主磁场。

1. 主磁通和漏磁通

如图 2-17 所示是一台 4 极（无换向极）直流电机空载时的磁场分布图。当励磁绕组通以励磁电流时，产生磁动势 $F_f = N_f I_f$，其产生的磁通大部分经主磁极、气隙、电枢铁心、电枢磁轭及定子磁轭构成磁回路。它同时与励磁绕组和电枢绕组交链，能在电枢绕组中产生感应电动势和在轴上产生电磁转矩，这部分磁通一般用 Φ_0 表示，称为主磁通。另

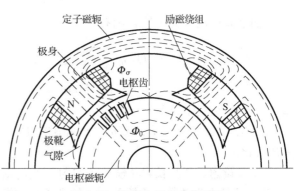

图 2-17 直流电机的空载磁场

一部分磁通 Φ_σ 只交链励磁绕组本身，不产生感应电动势和电磁转矩，称为漏磁通。这时每极总磁通 Φ 由主磁通 Φ_0 和漏磁通 Φ_σ 组成。主磁通 Φ_0 所走的路径（主磁路）气隙小、磁阻小，而漏磁通 Φ_σ 所走的路径（漏磁路）气隙大、磁阻大，所以主磁通比漏磁通大得多。一般漏磁通 Φ_σ 的数量是主磁通 Φ_0 的 15%～20%。

2. 直流电机的空载磁化曲线

直流电机运行时，要求每极下有一定数量的主磁通 Φ_0，称为每极磁通。当励磁绕组 N_f 一定时，主磁通 Φ_0 的大小由励磁电流 I_f 决定。每极主磁通 Φ_0 与励磁电流 I_f 的关系，称为空载磁化曲线，表示为

$$\Phi_0 = f(I_f)$$

直流电机的磁化曲线，可通过实验或计算电机磁路得到。如图 2-18 所示，由图可知，电机的磁化曲线与铁磁材料的磁化曲线 $B = f(H)$ 相似。这是因为主磁通的磁路绝大部分在铁磁材料中，当电机做好后，主磁通 Φ_0 与铁磁材料的磁感应强度 B 成正比，而励磁电流 I_f 与磁场强度 H 成正比。因此，直流电机的磁化曲线也具有饱和现象，其磁阻是非线性的。为了充分利用铁磁材料，又不至于磁阻太大，电机的额定工作点一般在磁路开始饱和的区域，如图 2-18 所示的 A 点。

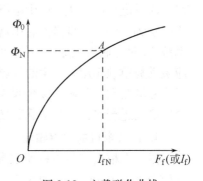

图 2-18 空载磁化曲线

3. 空载磁场气隙磁通密度分布曲线

直流电机的主磁路由 5 部分组成：主磁极，定、转子之间的气隙，电枢铁心，定子磁轭。包围主磁路的总磁动势为 $2N_f I_f = 2F_f$，其磁动势平衡方程为

$$2F_f = \sum_{i=1}^{5} H_i l_i = 2H_\delta \delta + 2H_1 l_1 + H_2 l_2 + 2H_3 l_3 + H_4 l_4$$

式中 H_δ、H_1、H_2、H_3、H_4 ——分别为气隙、电枢齿、电枢铁心、主磁铁心和定子磁轭的平均磁场强度；

31

δ、l_1、l_2、l_3、l_4——分别为气隙、电枢齿、电枢铁心、主磁极铁心和定子磁轭
的平均长度。

忽略铁心饱和影响，一般铁心中的磁阻大大小于气隙磁阻，主磁路中的磁动势主要消耗在两个气隙上，为了简化计算，忽略铁心上消耗的磁动势，于是有

$$2N_f I_f = 2F_f \approx 2H_\delta \delta$$

而上式中的 $H_\delta = \dfrac{B_\delta}{\mu_0}$，则有

$$B_\delta = H_\delta \mu_0 = \frac{N_f I_f}{\delta} \mu_0 \qquad (2\text{-}13)$$

$$\mu_0 = 4\pi \times 10^{-7} \mathrm{H/m}$$

式中，μ_0 为空气磁导率。

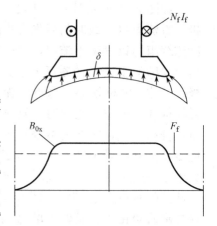

可见，当 $F_f = N_f I_f$ 一定时，气隙磁密 B_δ 与气隙长度 δ 成反比。

在极靴内，气隙长度 δ 较小且均匀不变，则气隙磁密 B_δ 较大且基本为常数。极靴两侧，气隙长度逐渐增大，气隙磁密 B_δ 明显减小，在两主磁极之间的几何中性线处，磁密为零，这时物理中性线与几何中性线重合。空载时气隙磁密分布为一礼帽形的平顶波，如图 2-19 中的特性曲线 B_{0x} 所示。

图 2-19 空载时气隙磁密分布

在图 2-19 中磁动势和磁密的方向规定为当磁力线由电枢出来而进入定子磁极时为正，反之为负。

2.4.3 直流电机的电枢反应和负载磁场

空载时，由主磁极的励磁磁动势单独产生的气隙磁密分布为一平顶波；负载时，电枢绕组中流过电枢电流 I_a，产生电枢反应磁动势 F_a，与励磁磁动势 F_f 共同建立负载时的气隙合成磁动势，F_a 的出现必然会引起原来空载时气隙磁密的大小和分布发生变化，将电枢反应磁动势 F_a 对主磁极气隙磁场的影响，称为电枢反应。分析电枢反应的思路是：先分析电枢反应磁动势单独作用时产生的气隙磁密分布情况，再假设磁路不饱和，利用叠加原理，将电枢反应磁场与空载磁场直接合起来就可得到负载时的合成磁场，最后计入磁路饱和的影响，对合成磁场进行修正，与空载磁场相比较，则可得出电枢反应的结论。

1. 直流电机的电枢磁场

因为电枢反应与电刷所安装的位置有关，因此，只讨论电刷在几何中性线上的情况。如图 2-20 所示为一台 2 极电机，设电枢绕组是整距的，电刷放在换向器的几何中性线上（为简化起见图中未画出换向器），这意味着电刷与处于几何中性线的导体相接触，由于电枢绕组各支路中的电流是由电刷引入或引出的，故图中电刷是电枢表面电流分布的分界线。在图 2-20 中，电刷轴线的上部所有元件构成一条支路，电流方向为流出；电刷轴线下部所有元件构成一条支路，电流方向为流入。根据右手螺旋定则，该电枢磁动势所建立的磁场分布如图中虚线所示，电枢磁动势的轴线在几何中性线处，与

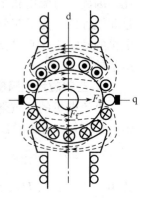

图 2-20 电枢磁场

主磁极励磁磁动势轴垂直，称励磁磁动势轴线 F_f 为直轴（用 d 表示），电枢磁动势轴线 F_a 为交轴（用 q 表示）。

尽管电枢在不停地旋转，但由于电刷相对于定子主极的位置固定（相对静止），因此，电枢磁动势与主磁极励磁磁动势一样，也是相对于定子静止不动的。

进一步分析电枢磁动势和电枢磁密在气隙中的分布情况，先讨论一个元件产生的磁动势，再将多个元件合成。假设图 2-20 中只有一个整距元件，安放在主磁极轴线处，如图 2-21a 所示，其匝数为 N_y，通过的电流为 i_a，此元件所产生的磁动势为 $N_y i_a$，由磁动势所产生的磁力线如图中所示。

假想将图 2-21a 中电枢表面展开，其展开图如图 2-21b 所示。取任一条闭合磁路，根据全电流定律可知，作用在这一闭合磁路的磁动势等于被它所包围的全电流 $N_y i_a$。若忽略铁心材料的磁压降，磁力线两次穿过气隙，则每个气隙所消耗的磁动势为 $\frac{1}{2}N_y i_a$。由此得知，一个整距元件所产生的磁动势为以两个极距 2τ 为周期、幅值为 $\frac{1}{2}N_y i_a$ 的矩形波，如图2-21b 所示。

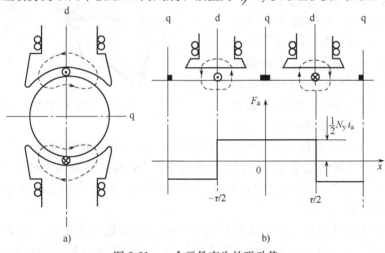

图 2-21 一个元件产生的磁动势

a) 电枢 b) 表面展开图

若每对极下有若干个元件均匀分布，每个元件产生的磁动势仍为矩形波，若干个元件产生的磁动势为这些矩形波叠加而成的阶梯波，为了分析简单起见，可近似认为这一阶梯波为一三角波。三角波磁动势的最大值在几何中性线处，主磁极中性线处磁动势为零。F_{ax} 特性如图 2-22 所示。

与分析主磁极磁密的方法相同，忽略铁磁材料上的磁压降，气隙 x 处的电枢磁动势为

$$F_{ax} = 2H\delta = 2\frac{B_{ax}}{\mu_0}\delta$$

其对应电枢磁密为

$$B_{ax} = \mu_0 \frac{F_{ax}}{2\delta} \qquad (2\text{-}14)$$

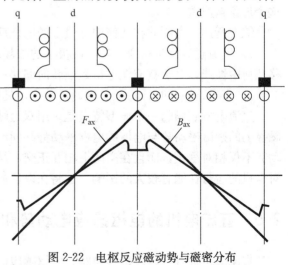

图 2-22 电枢反应磁动势与磁密分布

由式（2-14）可知，在极靴内，气隙长度 δ 小且不变，电枢气隙磁密 B_{ax} 与磁动势 F_{ax} 成正比，在主磁极间附近气隙长度 δ 较大，则电枢气隙磁密 B_{ax} 较小。所以电枢气隙磁密 B_{ax} 的分布波形呈马鞍形，见图 2-22 中的 B_{ax} 特性。

2. 直流电机负载时的气隙合成磁场

负载时的气隙合成磁场是主磁极励磁磁动势和电枢反应磁动势共同作用产生的，下面分两种情况分析。

（1）磁路不饱和时

假如磁路不饱和，可以利用叠加原理，将主磁极磁动势产生的磁场与电枢磁动势产生的磁场相加而得到合成磁场。将主磁极励磁磁密特性 B_{0x} 和电枢磁密特性 B_{ax} 直接叠加即可得到气隙合成磁密 $B_{\delta x}$ 的特性，如图 2-23 所示。

由图 2-23 可知，电枢磁场对气隙磁场的影响是：主磁极磁场与电枢反应磁场相叠加的结果，总是有半个磁极内磁力线方向相同，磁密相加（如图 2-23 中 S 极下的左半个磁极），另半个磁极内的磁力线方向相反，磁密相减（如图

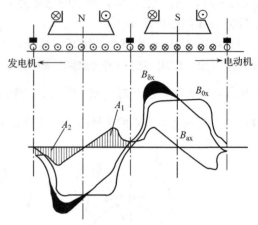

图 2-23 直流电机的电枢反应

2-23 中 S 极下的右半个磁极）。由于磁路未饱和，则一个极下增加和减少的磁力线数量相同，故气隙每极下总的磁通量不变。但是气隙磁场发生畸变，使磁密为零的物理中性线偏移几何中性线一个小角度 α，对于直流发电机为顺转向偏移，对于直流电动机为逆转向偏移。

（2）磁路饱和时

为了合理地使用铁磁材料，电机设计时铁心磁路多在饱和点附近，在增磁的半个磁极下，由于饱和的影响，磁阻增大，磁通不能增加很多，故磁通增加后的数量比不饱和时少；而在减磁的半个磁极下，饱和程度降低，磁阻减少，磁通减少较多。因此，电枢反应的结果是每极下磁通量增得少，减得多，故负载后总的磁通量比空载时要少；而且电枢电流越大，这个现象越严重。

综上所述，电刷放在几何中性线上的电枢反应影响如下：

1）气隙磁场发生畸变，半个磁极下的磁场增加，半个磁极下磁场削弱。物理中性线偏移几何中性线，对于直流发电机是顺转向偏移；对于电动机是逆转向偏移。

2）当磁路饱和时，每极总磁通量减少，具有去磁作用。

直流电机磁场的一个典型特点是采用双边励磁，即带负载后直流电机内部的磁场是由主磁极上的励磁磁动势与电枢的电枢磁动势共同产生的。其主磁极的励磁磁动势与电枢反应磁动势不仅相对静止，而且在空间上相互正交，从控制角度看，两者是完全解耦的。电枢反应对电机的运行性能有较大的影响，这将在以后的章节中阐述。

2.5 直流电机的电枢感应电动势和电磁转矩

直流电机进行机电能量转换时，电枢感应电动势和电磁转矩是两个最基本的物理量。现

分别推导其方程式。

2.5.1 直流电机的电枢感应电动势

无论是发电机还是电动机，当电枢旋转时，电枢绕组的元件边切割气隙磁力线，就会在其中产生感应电动势，经过电刷和换向器的作用，在正、负电刷间得到极性不变的直流电动势。因为电机绕组的电路为并联电路，所以电枢电动势是指电枢绕组一条支路内所有导体的感应电动势之和，也就是直流电机正、负电刷间的感应电动势。

在直流电机中，气隙中各点的磁密 $B_{\delta x}$ 是不同的，如图 2-24 所示，导体在不同的位置切割磁力线而产生的感应电动势也不同，但是电机旋转时，每根导体中感应电动势的变化规律是相同的，所以每根导体中感应电动势的平均值是相同的。为了分析推导方便，可把磁密看成是均匀分布的，取一个极距下气隙磁密的平均值 B_{AV}，从而可求得一根导体的平均感应电动势 e_{AV}，再乘上一条支路的导体数，即可得到每条支路的电枢感应电动势 E_a。

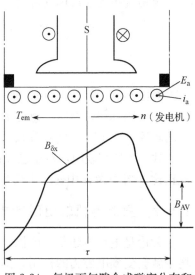

图 2-24　每极下气隙合成磁密分布和导体的感应电动势

以发电机为例推导电枢感应电动势 E_a 的方程式如下：

如图 2-24 所示，一根导体在一个极距 τ 范围内切割气隙磁密所产生的感应电动势的平均值为

$$e_{AV} = B_{AV} l v \tag{2-15}$$

式中　B_{AV}——一个极距下气隙磁密 $B_{\delta x}$ 的平均值；

　　　l——电枢导体在槽内的长度，称为有效长度；

　　　v——导体切割磁力线的线速度。

设电枢的外直径为 D_a，则电枢的外圆周长为

$$\pi D_a = 2p\tau$$

将上式代入 $v = \Omega \dfrac{D_a}{2}$ 中，可得线速度表达式为

$$v = \Omega \frac{D_a}{2} = 2\pi \frac{n}{60} \frac{D_a}{2} = 2\pi \frac{n}{60} \frac{p\tau}{\pi} = 2p\tau \frac{n}{60} \tag{2-16}$$

式中　Ω——电枢旋转时的机械角速度。

又知每极下的总磁通量为平均磁密 B_{AV} 与每极面积 $l\tau$ 的乘积，即

$$\Phi = B_{AV} l \tau$$

从而有

$$B_{AV} = \frac{\Phi}{l\tau} \tag{2-17}$$

将式（2-16）及式（2-17）代入式（2-15），可得

$$e_{AV} = B_{AV} l v = \left(\frac{\Phi}{l\tau}\right) l \left(2p\tau \frac{n}{60}\right) = 2p\Phi \frac{n}{60} \tag{2-18}$$

每条支路的总导体数为 $\dfrac{N}{2a}$

式中　N——整个电枢绕组的全部有效导体数；

　　　a——电枢绕组的支路对数。

电枢绕组的感应电动势为

$$E_{a} = \frac{N}{2a}e_{AV} = \frac{N}{2a}2p\varPhi\frac{n}{60} = \frac{pN}{60a}\varPhi n = C_{e}\varPhi n \tag{2-19}$$

$$C_{e} = \frac{pN}{60a}$$

对已经制造好的电机 C_{e} 是一常数，称为直流电机的电动势常数。

采用国际单位制时，感应电动势的单位为 V（伏），每极磁通的单位为 Wb（韦伯），电机的转速 n 为 r/min（转/分）。

式（2-19）表明，对于已经制造好的电机，电枢感应电动势 E_{a} 与每极磁通 $\varPhi$ 及转速 n 成正比。当 $\varPhi$ 及 n 中任一个参量的方向改变时，E_{a} 的方向跟着改变。

2.5.2　直流电机的电磁转矩

无论是电动机还是发电机，当电枢绕组中有电流流过时（带负载后），载流导体处在磁场中就会受到电磁力的作用，其方向由左手定则判定，从而形成电磁转矩作用于电机轴上。由于电机绕组的所有导体所产生的电磁转矩方向一致，故电机的电磁转矩为电枢绕组所有有效导体所产生的电磁转矩之和。

推导思路：先求出一根导体所产生的平均电磁转矩 T_{AV}，再乘上电枢绕组的总导体数 N，即可得到电机的电磁转矩 T_{em}。

以电动机为例，推导电磁转矩 T_{em} 的方程式如下：

如图 2-25 所示，一根导体所在 x 处所受到电磁力的大小为

$$F_{x} = B_{\delta x}li_{a}$$

式中　i_{a}——电枢支路电流。

气隙磁密 $B_{\delta x}$ 在一个极距内各点的值不同，故导体在不同的位置所受到的电磁力也不相等，为了便于计算，仍采用平均气隙磁密分析。

一根导体所受到的平均电磁力为

$$F_{AV} = B_{AV}li_{a}$$

设电枢总电流为 I_{a}，则支路电流为 $i_{a} = \dfrac{I_{a}}{2a}$，又设电枢外直径为 D_{a}，一根导体所受电磁力形成的电磁转矩为

$$t_{AV} = F_{AV}\frac{D_{a}}{2} = B_{AV}l\frac{I_{a}}{2a}\frac{D_{a}}{2} \tag{2-20}$$

当电枢绕组总导体数为 N 时，电机的电磁转矩为

$$T_{em} = Nt_{AV} = NB_{AV}l\frac{I_{a}}{2a}\frac{D_{a}}{2} = N\frac{\varPhi}{\tau l}l\frac{I_{a}}{2a}\frac{1}{2}\frac{2p\tau}{\pi} = \frac{pN}{2\pi a}\varPhi I_{a} = C_{T}\varPhi I_{a} \tag{2-21}$$

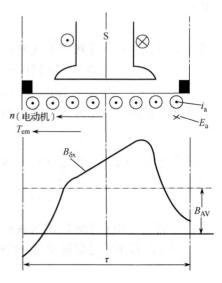

图 2-25　每极下气隙合成磁密分布和电磁转矩

$$C_{\mathrm{T}} = \frac{pN}{2\pi a}$$

对于已经制造好的电机 C_{T} 是一常数，称为直流电机转矩常数。

电磁转矩的单位为 N•m（牛•米），每极磁通 Φ 的单位为 Wb（韦伯），电流的单位为 A（安）。

式（2-21）表明，对于已经制造好的电机，电磁转矩 T_{em} 与每极磁通 Φ 及电枢电流 I_{a} 成正比。当 Φ 及 I_{a} 中任一个参量的方向改变时，T_{em} 的方向跟着改变。

电枢感应电动势 $E_{\mathrm{a}} = C_{\mathrm{e}}\Phi n$ 和电磁转矩 $T_{\mathrm{em}} = C_{\mathrm{T}}\Phi I_{\mathrm{a}}$ 是直流电机的两个重要参数，对于同一台电机，电动势常数 C_{e} 和转矩常数 C_{T} 之间具有确定的关系：

$$\frac{C_{\mathrm{T}}}{C_{\mathrm{e}}} = \frac{pN/2\pi a}{pN/60a} = \frac{30}{\pi} = 9.55$$

从而得

$$C_{\mathrm{T}} = 9.55 C_{\mathrm{e}} \tag{2-22}$$

电枢感应电动势 $E_{\mathrm{a}} = C_{\mathrm{e}}\Phi n$ 和电磁转矩 $T_{\mathrm{em}} = C_{\mathrm{T}}\Phi I_{\mathrm{a}}$ 两个公式对于直流发电机和直流电动机都适用，两种情况下数值相同，只是方向不同。

对于直流发电机，见图 2-24，由右手定则可以判断出，电枢导体中感应电动势 E_{a} 的方向为 "•"，接上负载后，电枢电流 I_{a} 是由感应电动势产生的，所以 I_{a} 与 E_{a} 同方向。由于电枢电流 I_{a} 处在磁场中也要受到电磁力 F，从而产生电磁转矩 T_{em}，用左手定则可判定其方向为向左，可见 T_{em} 与转速 n 反方向，T_{em} 为阻转矩。

对于直流电动机，如图 2-25 所示，当电枢电流方向为图示的 "•" 时，由左手定则可判定电磁转矩的方向向左，此转矩拖动电动机旋转，所以 n 与 T_{em} 同方向。在电动机转动时电枢导体切割气隙磁场也要产生感应电动势，由右手定则可判定其方向为 "×"，可见 E_{a} 与 I_{a} 反方向，E_{a} 为反电动势。

2.6 直流电动机的运行原理

根据直流电机的可逆原理，一台直流电机既可作为电动机使用也可作为发电机使用，由使用时的外部条件所决定。当他励直流电动机稳态运行时，其电气连接和机械连接如图 2-26b 所示。先接通励磁直流电源 U_{f}，励磁绕组中流过励磁电流而建立主磁场，然后接通电枢电源 U_{a}，电枢绕组流过电枢电流 I_{a}（轴上带负载）而建立电枢磁场，两种磁场通过电枢反应形成气隙合成磁场。

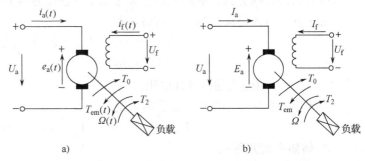

图 2-26 他励直流电动机的电气和机械连接示意图
a）动态 b）稳态

电枢电流与磁场相互作用产生电磁转矩 T_{em}，使电枢朝 T_{em} 的方向以转速 n 旋转，从而将电能转换成机械能。电枢旋转时导体又切割气隙合成磁场，产生电枢感应电动势 E_{a}，在电动机运行时，感应电动势方向 E_{a} 与电枢电流 I_{a} 的方向相反，称为反电动势。图 2-26b 中按照电动机惯例标出了动态和稳态时各物理量的正方向。

2.6.1 直流电动机的基本方程式

由于电动机是借助于电磁作用原理将电能转换成机械能的装置，其内部必有表征电磁过程和机电过程的基本关系式，这些基本方程式是电气系统的电压平衡方程式、机械系统的转矩平衡方程式和表征能量关系的功率平衡方程式。

1. 电压平衡方程式

根据基尔霍夫第二定律，即对于任一有源的闭合回路，所有电动势之和等于电压降之和（$\sum e = \sum u$），可列出直流电动机电压平衡方程式。

电动机动态运行时，如图 2-26a 所示，感应电动势 $e_a(t)$、电枢电流 $i_a(t)$ 及励磁电流 $i_f(t)$ 均为变量。先选定一个绕行方向，依照图示的正方向，可写出动态时电压平衡方程式为

$$\begin{cases} U_a = e_a(t) + R_a i_a(t) + L_a \dfrac{di_a(t)}{dt} \\ U_f = R_f i_f(t) + L_f \dfrac{di_f(t)}{dt} \end{cases} \tag{2-23}$$

式中　R_a——电枢回路的电阻，包括电枢绕组的电阻及电刷和换向器之间的接触电阻。

　　　R_f——励磁回路的电阻；

　　　L_a——电枢回路的电感；

　　　L_f——励磁回路的电感。

电动机稳态运行时，如图 2-26b 所示，各物理量都为常数，根据基尔霍夫第二定律，可得稳态时的电压平衡方程式

$$\begin{cases} U_a = E_a + R_a I_a \\ U_f = R_f I_f \end{cases} \tag{2-24}$$

式（2-24）表明：直流电机在电动机运行状态下的电枢电动势 E_a 总小于电枢端电压 U_a。

式（2-23）和式（2-24）是通过他励直流电动机获得的，对于其他励磁方式的电动机，可根据各自的接线方式，利用基尔霍夫第二定律获得各自的电压平衡方程式。

对于并励直流电动机稳态运行时，有

$$\begin{cases} U_1 = U_a = U_f = E_a + R_a I_a \\ U_f = R_f I_f \end{cases} \tag{2-25}$$

式中　U_1——直流电动机外加电压。

对于串励直流电动机稳态运行时，有

$$U_1 = U_a + U_f = E_a + (R_a + R_f) I_a \tag{2-26}$$

2. 转矩平衡方程式

由牛顿第二定律可知，对于任意瞬间，直流电动机轴上的电磁转矩 T_{em}（驱动转矩），应与电动机轴上的负载转矩 T_2、空载转矩 T_0 及惯性转矩 $J\dfrac{d\Omega}{dt}$ 之和（三者均为阻转矩）相平衡。由图 2-26a 和 b 可得电动机动态及稳态运行时的转矩平衡方程式。

当电动机动态运行时

$$T_{em} = T_2 + T_0 + J\dfrac{d\Omega(t)}{dt} \tag{2-27}$$

式中　J ——电枢和负载的总转动惯量。

当电动机稳态运行时，机械角速度 $\Omega(t) = \Omega$ 为常数，转矩平衡方程式为

$$T_{em} = T_2 + T_0 \tag{2-28}$$

由上式可见，电动机稳定运行时，电磁转矩 T_{em} 等于负载转矩 T_2 与空载转矩 T_0 之和。

3. 功率平衡方程式

直流电动机在运行时，内部存在着各种损耗，如电路中存在着铜损耗，磁路中存在着铁损耗，电机转动时还存在着机械损耗等。输入的电功率除去各种损耗后转化为机械功率输出。现以并励直流电动机为例，分析其功率平衡关系。

如图 2-27 所示为并励直流电动机的接线图（正方向按电动机惯例），电动机从电源输入的电功率为

$$
\begin{aligned}
P_1 &= U_1 I_1 = U_1(I_a + I_f) = (E_a + R_a I_a)I_a + U_1 I_f \\
&= E_a I_a + R_a I_a^2 + U_1 I_f \\
&= P_{em} + p_{Cua} + p_{Cuf}
\end{aligned}
\tag{2-29}
$$

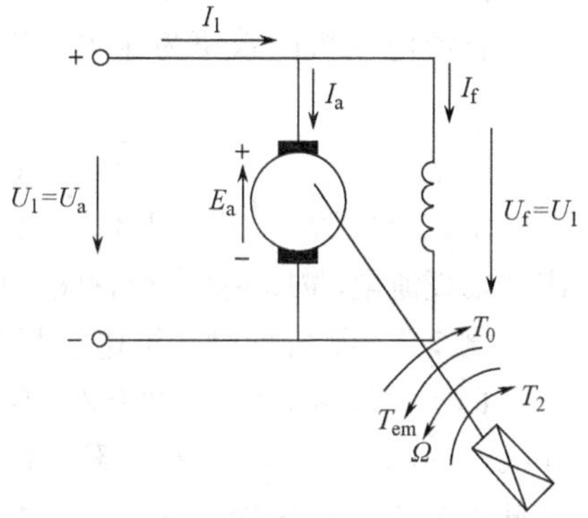

式中　P_1 ——电动机从电源输入的电功率；

p_{Cuf} ——励磁回路的铜损耗；

p_{Cua} ——电枢回路的铜损耗，R_a 为电枢绕组的电
阻和电刷与换向器之间的接触电阻之和。

p_{Cua} 为电枢绕组的铜损耗 $r_a I_a^2$ 和电刷与换向器之间
接触电阻的铜损耗 $2\Delta U_c I_a$ 两部分之和。即

$$p_{Cua} = R_a I_a^2 = r_a I_a^2 + 2\Delta U_c I_a$$

图 2-27　并励直流电动机的电路和
机械连接示意图

P_{em} 为电磁功率，其表达式为

$$P_{em} = E_a I_a = \frac{pN}{60a}\Phi n I_a = \frac{pN}{2\pi a}\Phi I_a \frac{2\pi n}{60} = T_{em}\Omega \tag{2-30}$$

由 $P_{em} = E_a I_a$ 可见，电磁功率具有电功率性质，又由 $P_{em} = T_{em}\Omega$ 可见，电磁功率具有机械功率性质，其实质是电动机将从电源吸收的电功率 $E_a I_a$ 全部转换成机械功率 $T_{em}\Omega$。

将式（2-28）两边乘以机械角速度 Ω，得

$$T_{em}\Omega = T_2\Omega + T_0\Omega$$

其对应功率为

$$P_{em} = P_2 + p_0 = P_2 + p_{Fe} + p_{mec} \tag{2-31}$$

$$p_0 = p_{Fe} + p_{mec}$$

式中　P_2 ——直流电动机轴上输出的机械功率；

p_{Fe} ——直流电机的铁损耗，当电机转动时，电枢铁心在直流磁场中受到反复磁化，产生磁滞损耗和涡流损耗，二者之和称为电机的铁损耗；

p_{mec} ——直流电机的机械损耗，当直流电机旋转时，转动部分有摩擦损耗，自扇冷式的电机有风阻损耗，统称为机械损耗；

p_0 ——直流电机的空载损耗，它是铁损耗和机械损耗之和，无论电机是否带负载，只要电机旋转，它就存在，故称其为空载损耗。p_0 的数值与电机的转速 n 有关，由于直流电机由空载到额定负载转速变化不大，因此认为 p_0 近似为常数，当直流电动机的转速变化较大时，p_0 的数值也将发生变化。

综合以上分析可知，并励直流电动机从电源输入的电功率 P_1，先有一小部分消耗在励

磁回路和电枢回路电阻的铜损耗上，剩下大部分为电磁功率 P_{em}，通过气隙从定子传到电枢。P_{em} 通过电磁感应作用转换为机械功率之后，还要除去机械损耗 p_{mec}、铁损耗 p_{Fe} 和附加损耗 p_s，剩下的大部分才是从轴上输出的机械功率 P_2，由此可写出并励直流电动机稳态运行时的功率平衡方程式

$$P_1 = P_2 + p_{Cuf} + p_{Cua} + p_{Fe} + p_{mec} + p_s = P_2 + \sum p \qquad (2-32)$$

式中　$\sum p$——直流电动机的总损耗；

p_s——直流电机的杂散损耗，又叫附加损耗。它是由于电机实际运行时存在以下情况而产生的，如电枢反应使磁场发生畸变，从而使铁损耗增大、电枢齿槽的影响导致磁场脉动引起极靴及电枢铁心的损耗增大等。附加损耗一般不易计算、对于无补偿绕组的直流电机，按照 $p_s = 0.1 P_N$ 估算；对于有补偿绕组的直流电机，按照 $p_s = 0.5 P_N$ 估算。

直流电动机的效率为输出的机械功率 P_2 与输入的电功率 P_1 的比值，即

$$\eta = \frac{P_2}{P_1} \times 100\% = \frac{P_1 - \sum p}{P_1} \times 100\% \qquad (2-33)$$

由式（2-29）、式（2-31）及式（2-32）可作出并励直流电动机的功率流程图，如图 2-28 所示。

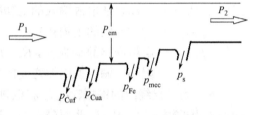

图 2-28　并励直流电动机的功率流程图

例 2-3　某台他励直流电动机的数据为

$P_N = 40\text{kW}$，$U_N = 220\text{V}$，$I_N = 210\text{A}$，$n_N = 1000\text{r/min}$，$R_a = 0.078\Omega$，附加损耗 $p_s = 1\% P_N$，若此电动机工作于额定状态下，试求：

(1) 输入功率 P_1 和总损耗 $\sum p$。

(2) 铜耗 P_{cu}、电磁功率 P_{em}、铁耗 P_{Fe} 与机械损耗 P_{mec} 之和。

(3) 额定电磁转矩 T_{em}、输出转矩 T_2 和空载损耗转矩 T_0。

解：

(1) 输入功率：$P_1 = U_N I_a = 220\text{V} \times 210\text{A} = 46.2\text{kW}$

总损耗为输入功率与输出功率之差：

$$\sum p = p_1 - p_N = (46.2 - 40)\text{kW} = 6.2\text{kW}$$

(2) 铜耗：$P_{cu} = I_a^2 R_a = 210^2 \times 0.078\text{W} = 3.44\text{kW}$

电磁功率：$P_{em} = E_a I_a = (U_N - I_N R_a) I_N = (220 - 210 \times 0.078) \times 210\text{W} = 42.76\text{kW}$

由功率流程图，电磁功率也可以由下式求出：

$P_{em} = P_1 - p_{cu} = (46.2 - 3.44)\text{kW} = 42.76\text{kW}$

铁耗与机械耗之和：$P_{Fe} + p_{mec} = P_{em} - P_2 - p_s = (42.76 - 40 - 0.4)\text{kW} = 2.36\text{kW}$

(3) 电磁转矩：

$$T_{em} = C_T \Phi_N I_N = 9.55 C_e \Phi_N I_N = 9.55 \frac{U_N - I_N R_a}{n_N} I_N$$

$$= 9.55 \times \frac{220 - 210 \times 0.078}{1000} \times 210\text{N} \cdot \text{m} = 408.36\text{N} \cdot \text{m}$$

或　　$T_{em} = \dfrac{P_{em}}{\Omega} = \dfrac{42.76 \times 10^3}{\dfrac{2\pi n_N}{60}}\text{N} \cdot \text{m} = 408.33\text{N} \cdot \text{m}$

输出转矩：$T_2 = \dfrac{P_N}{\Omega} = \dfrac{40 \times 10^3}{\dfrac{2\pi n_N}{60}} = 381.97\text{N} \cdot \text{m}$

空载转矩：$T_0 = T_{em} - T_2 = (408.33 - 381.97)\text{N} \cdot \text{m} = 26.36\text{N} \cdot \text{m}$

或　$T_0 = \dfrac{P_0}{\Omega} = \dfrac{p_{Fe} + p_{mec} + p_s}{\Omega} = \dfrac{(2.36 + 0.4) \times 10^3}{\dfrac{2\pi n_N}{60}}\text{N} \cdot \text{m} = 26.36\text{N} \cdot \text{m}$

2.6.2　并励直流电动机的工作特性

直流电动机的工作特性是指电动机的端电压 $U_a = U_N$、励磁电流 $I_f = I_{fN}$、电枢回路不外串电阻（$R_\Omega = 0$）时，电动机的转速 n、电磁转矩 T_{em}、运行效率 η 分别与电枢电流 I_a 的关系。因为它反映了电动机工作时所具有的电气、机械性能，所以统称为工作特性。

额定励磁电流 I_{fN} 的定义是：当 $U_a = U_N$，拖动额定负载（$I_a = I_{aN}$），转速也为额定值 $n = n_N$ 时的励磁电流。I_{fN} 的数值可通过实验方法测得。

并励直流电动机的原理接线图如图 2-27 所示，现分别讨论其工作特性。

1. 转速特性

当并励直流电动机的 $U_a = U_N$、$I_f = I_{fN}$、$R_\Omega = 0$ 时，转速 n 与电枢电流 I_a 的关系称为转速特性，即 $n = f(I_a)$。转速特性反映了电动机的转速随负载的变化而变化的情况。

将电动势公式 $E_a = C_e \Phi n$ 代入电压平衡方程式 $U_a = E_a + R_a I_a$ 中，整理得

$$n = \frac{U_N}{C_e \Phi_N} - \frac{R_a}{C_e \Phi_N} I_a = n_0 - \beta' I_a \tag{2-34}$$

式中　n_0——转速特性的理想空载转速，为 $I_a = 0$ 时的转速值，$n_0 = \dfrac{U_N}{C_e \Phi_N}$。

β'——转速特性的斜率，$\beta' = \dfrac{R_a}{C_e \Phi_N}$。

根据式（2-34）可绘出转速特性曲线，如图 2-29 中的特性曲线 1 所示。

由特性曲线 1 可见，如果忽略电枢反应的影响，$\Phi = \Phi_N$ 保持不变，则 β' 为常数，又因为电枢电阻 R_a 一般比较小，所以 $n = f(I_a)$ 为一条略向下垂的直线，从空载到额定负载，转速下降得不多。如果负载较重、I_a 较大时，考虑电枢反应的去磁作用影响，转速特性将被抬高，甚至出现上翘的现象。

2. 转矩特性

当直流电动机的 $U_a = U_N$、$I_f = I_{fN}$、$R_\Omega = 0$ 时，电磁转矩 T_{em} 与电枢电流 I_a 的关系称为转矩特性，即 $T_{em} = f(I_a)$。转矩特性反映了电动机的电磁转矩随电枢电流变化而变化的情况。

由转矩公式 $T_{em} = C_T \Phi I_a$ 可知，当不考虑电枢反应时，$\Phi = \Phi_N$ 保持不变，则 T_{em} 与 I_a 成正比，$T_{em} = f(I_a)$ 为一条直线。如果考虑电枢反应去磁作用时，则随着 I_a 的增加，转矩特性略为向下弯曲，如图 2-29 中的特性曲线 2 所示。

3. 效率特性

当直流电动机的 $U_a = U_N$、$I_f = I_{fN}$、$R_\Omega = 0$ 时，效率 η 与电枢电流 I_a 的关系称为效率特性，即 $\eta = f(I_a)$。效率特性反映了电动机的效率随负载的变化而变化的情况。

由式（2-33）知，并励直流电动机的效率为

$$\eta = \frac{P_2}{P_1} \times 100\% = (1 - \frac{\sum p}{P_1}) \times 100\% = (1 - \frac{p_{Fe} + p_{mec} + p_{Cuf} + p_{Cua} + p_s}{U_1(I_a + I_f)}) \times 100\% \tag{2-35}$$

由于 $U_a = U_N$、$I_f = I_{fN}$ 不变且转速 n 变化很小，所以励磁损耗 p_{Cuf}、铁损耗 p_{Fe}、机械损耗 p_{mec} 以及附加损耗 p_s 之和称作不变损耗；而电枢铜损耗 $p_{Cua} = R_a I_a^2$ 随负载电流的二次方而变化，称为可变损耗。

根据式（2-35）可作出效率特性曲线，如图 2-29 中的特性曲线 3 所示。由图可知，当电枢电流 I_a 从零开始增大时，可变损耗增加缓慢，总损耗变化比较小，效率 η 增加得比较快；当 I_a 增加到某一值时，效率 η 达到最大值，电机的最大效率出现在 80% 左右额定负载时；当 I_a 再进一步增加时，可变损耗增加较多，总损耗明显上升，效率 η 反而略为下降。

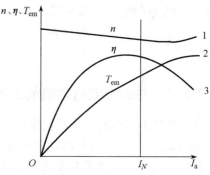

图 2-29 并励直流电动机的工作特性

为了求出最大效率，可将式（2-35）对 I_a 求导数，并令 $\dfrac{\mathrm{d}\eta}{\mathrm{d}I_a} = 0$，可得

$$p_{Cuf} + p_{Fe} + p_{mec} + p_s = R_a I_a^2 \tag{2-36}$$

由式（2-36）可知，当电动机带负载时的可变损耗与不变损耗相等时，其效率最高。这个结论具有普遍意义，对于其他电机及不同运行方式都适用。

2.6.3　他励直流电动机的机械特性

机械特性是指电动机的电磁转矩 T_{em} 和转速 n 的关系，即 $n = f(T_{em})$。机械特性是研究电动机运行性能的主要工具，是电动机最重要的特性之一。

1. 机械特性方程式

他励直流电动机的电气原理图如图 2-30 所示，将基本方程式 $E_a = C_e \Phi n$ 及 $T_{em} = C_T \Phi I_a$ 代入电压平衡方程式

$$U_a = E_a + I_a R$$

整理得

$$
\begin{aligned}
n &= \frac{E_a}{C_e \Phi n} = \frac{U_a}{C_e \Phi} - \frac{R}{C_e \Phi} I_a \\
&= \frac{U_a}{C_e \Phi} - \frac{R}{C_e C_T \Phi^2} T_{em} \\
&= n_0 - \beta T_{em} \\
&= n_0 - \Delta n
\end{aligned}
\tag{2-37}
$$

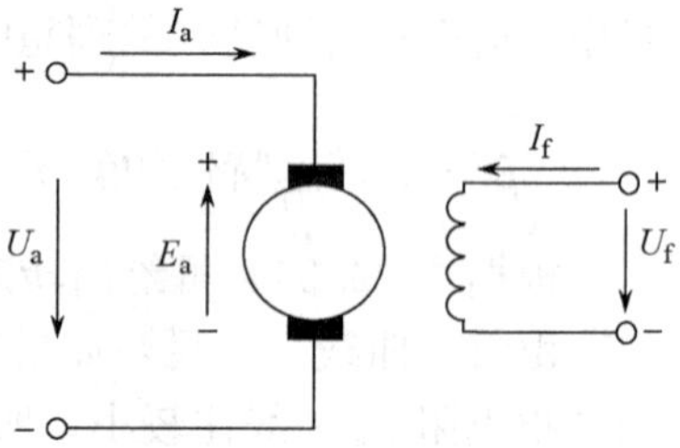

图 2-30　他励直流电动机的电气原理图

$$R = R_a + R_\Omega, \quad n_0 = \frac{U_a}{C_e \Phi}, \quad \beta = \frac{R}{C_e C_T \Phi^2}$$

式中　　R——电枢回路总电阻 R 为电枢电阻 R_a 和外串电阻 R_Ω 之和；

　　　　n_0——$T_{em} = 0$ 时的转速，称作理想空载转速；

　　　　β——机械特性的斜率。

由机械特性方程式（2-37）可知，当 U_a、R、Φ 为常数时，机械特性为一条略往下斜的直线，对应特性曲线如图 2-31 所示。

由式（2-37）和图 2-31 可知，他励直流电动机的机械特性具有以下特点：

1）U_a、R、Φ 都为参变量，任何一个参数改变，机械特性的形状都要改变。

2）电磁转矩与轴上的输出转矩 T_2 不相等，即 $T_{em} \neq T_2$，其间差一个空载转矩 T_0，当

T_0 与 T_2 相比较所占比例较小时，忽略 T_0，于是有 $T_{em} = T_2 + T_0 \approx T_2$（稳态时）。

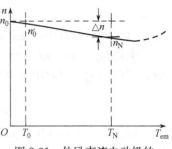

图 2-31 他励直流电动机的
机械特性

3）当 $T_{em} = 0$ 时，$n = \dfrac{U_a}{C_e\Phi} = n_0$，称为理想空载转速。由电动机的工作原理可知，电动机是由电磁转矩拖动而转动的，当电动机轴上没有电磁转矩的情况下，电动机是如何以 n_0 的速度转动起来的？这是一种理想情况，所以称 n_0 为理想空载转速。而电动机在实际空载运行时，轴上有一个空载转矩 T_0（由电动机内部运行时的摩擦、风阻、铁损耗等产生的），它为阻转矩，这时电动机的电磁转矩 T_{em} 要和 T_0 相平衡（大小相等，方向相反），即 $T_{em} = T_0$，电动机才能恒速运转，实际的空载转速 n_0' 为

$$n_0' = n_0 - \frac{R}{C_e C_T \Phi^2} T_0 < n_0$$

可见实际空载转速的值略小于理想空载转速。

4）$\beta = \dfrac{R}{C_e C_T \Phi^2}$ 为机械特性的斜率。β 越小则特性越平，这时的机械特性叫作硬特性；β 越大则特性越陡，这时的机械特性叫作软特性。

$\Delta n = \beta T_{em} = \dfrac{R}{C_e C_T \Phi^2} T_{em}$ 称作转速降，Δn 是电动机从理想空载转速到有某一输出转矩时所引起的转速降落。当负载转矩增加时，由于转速下降，则 Δn 增加。转速降 Δn 与 β 成正比，对应于同一负载下，特性越软，则 Δn 越大。

5）电枢反应的影响。当 T_{em} 较大时对应的电枢电流 I_a 也较大，由 2.4 节的讨论知，电枢反应的去磁作用使得每极磁通量 Φ 减少，由式（2-37）可知，当磁通 Φ 减小时，n_0 及 Δn 都将增加，由于 n_0 增加的数值大于转速降 Δn，结果使得 $n = n_0 - \Delta n$ 上升，导致机械特性曲线上抬，甚至出现上翘现象。

这种现象对电动机的稳定运行不利，可在主磁极加一串励绕组，使其磁动势抵消电枢反应去磁的影响，因其磁动势较弱，还可以视为他励直流电动机。

2. 固有机械特性

当 $U_a = U_N$、$\Phi = \Phi_N$、电枢回路不串外加电阻 R_Ω（$R = R_a$）时的机械特性称为电动机的固有机械特性，又称为自然机械特性。其方程式为

$$n = \frac{U_N}{C_e \Phi_N} - \frac{R_a}{C_e C_T \Phi_N^2} T_{em} \tag{2-38}$$

由上式可知，固有特性具有以下特点：

1）因为 R_a 较小，所以 β 较小，特性较硬。

2）当 $T_{em} = T_N$ 时，对应转速 $n = \dfrac{U_N}{C_e \Phi_N} - \dfrac{R_a}{C_e C_T \Phi_N^2} T_N = n_N$。后面要讨论的人为机械特性一般没有此结论。

3. 人为机械特性

不同时满足 $U_a = U_N$、$\Phi = \Phi_N$ 及 $R = R_a$ 时的机械特性称为人为机械特性。为简单起见，只讨论单独改变 U_a、R、Φ 时的机械特性。由于只是改变了方程式中的参数值，并未改变其函数关系，因此人为特性仍为直线，从式（2-37）可知，获得人为机械特性有如下三种

方法。

（1）电枢回路串接电阻的人为特性

保持 $U_a=U_N$、$\Phi=\Phi_N$，改变电枢回路串接的电阻 R_Ω 的值，可得到电枢回路串接电阻的人为机械特性方程式为

$$n=\frac{U_N}{C_e\Phi_N}-\frac{R_a+R_\Omega}{C_eC_T\Phi_N^2}T_{em}=n_0-\beta T_{em} \qquad (2\text{-}39)$$

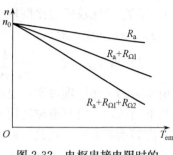

图 2-32　电枢串接电阻时的
机械特性

由式（2-39）可作出对应的一组电枢回路串接电阻的人为特性，如图 2-32 所示。

由图 2-32 可知电枢回路串接电阻的人为特性的特点为

1）由于电枢电压为额定电压 U_N 及磁通为额定磁通 Φ_N 都不变，所以 $n_0=\dfrac{U_N}{C_e\Phi_N}$ 不变。

2）由式 $\beta=\dfrac{R_a+R_\Omega}{C_eC_T\Phi_N^2}$ 可知，外串电阻 R_Ω 越大，斜率 β 越大，特性越陡。

可见电枢回路串接电阻的人为特性为一组通过 n_0 的射线，且处于固有特性的下方。

（2）降低电枢电压 U_a

保持 $\Phi=\Phi_N$，电枢回路不串接电阻（$R_\Omega=0$），只改变电枢电压 U_a 时，可得到降低电枢电压 U_a 的人为机械特性方程式为

$$n=\frac{U_a}{C_e\Phi_N}-\frac{R_a}{C_eC_T\Phi_N^2}T_{em} \qquad (2\text{-}40)$$

由式（2-40）可作出对应的一组降低电枢电压 U_a 的人为特性，如图 2-33 所示。

由图 2-33 可知降低电枢电压的人为特性的特点为

1）由于电枢电压降低，使得 $n_0=\dfrac{U_a}{C_e\Phi_N}$ 下降。

2）由 $\beta=\dfrac{R_a}{C_eC_T\Phi_N^2}$ 可知，特性斜率 β 与电压 U_a 无关，当 U_a 下降时，β 不变。

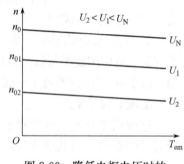

图 2-33　降低电枢电压时的
机械特性

可见降低电枢电压 U_a 的人为特性为一组与固有特性平行下移的特性曲线，且处于固有特性的下方。

他励直流电动机的电压因受绝缘材料等级的限定，一般不允许超过额定值，因此，只能降低电压运行。

（3）减弱每极磁通 Φ

保持 $U_a=U_N$、电枢回路不串接电阻（$R_\Omega=0$），只改变磁通 Φ 时，可得到减弱磁通 Φ 的人为机械特性方程式为

$$n=\frac{U_N}{C_e\Phi}-\frac{R_a}{C_eC_T\Phi^2}T_{em} \qquad (2\text{-}41)$$

由式（2-41）可作出对应的一组减弱磁通的人为特性，如图 2-34 所示。

由图 2-34 可知减弱磁通 Φ 的人为特性的特点为

1）由于磁通 Φ 降低，使得 $n_0=\dfrac{U_N}{C_e\Phi}$ 上升。

2）由 $\beta=\dfrac{R_a}{C_eC_T\Phi^2}$ 可知，特性斜率 β 随着磁通 Φ 的减小而增加。

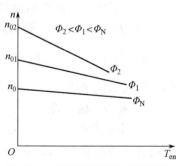

图 2-34　减弱磁通时的机械特性

可见降低磁通 Φ 的人为特性为一组处于固有特性的上方，且比固有特性软的特性曲线。

对于一般电动机，当 $\Phi = \Phi_N$ 时磁路已经接近饱和，若要再增加励磁电流，一是磁通很难再增加上去，二是使得铁心磁路过饱和，铁心发热，因此一般只能减弱磁通运行。

为了进一步了解弱磁时的运行性能，现讨论堵转电流 I_{sc} 和堵转转矩 T_{sc}。$n=0$ 时的电流和转矩分别称作堵转电流 $I_{sc} = I_a|_{n=0}$ 和堵转转矩 $T_{sc} = T_{em}|_{n=0}$。

当 $n=0$ 时，反电动势 $E_a = C_e \Phi n = 0$，堵转电流 $I_{sc} = \dfrac{U_N}{R_a}$ 为常数，I_{sc} 与 n 无关，其特性如图 2-35a 所示；堵转转矩 $T_{sc} = C_T \Phi I_{sc} \propto \Phi$，其特性如图 2-35b 所示。

一般情况下，减弱磁通时，n_0 及 Δn 都将增加，由于 n_0 增加的绝对值大，结果使得 $n = n_0 - \Delta n$ 上升，即所谓的弱磁升速，见图 2-35b 中的 a 与 b 点，b 点的磁通 Φ_1 小于 a 点的磁通 Φ_N，但 b 点的转速 n_b 高于 a 点的转速 n_a。当负载很大时，弱磁反而可能使得转速下降，见图 2-35b 中的 c 与 d 点，d 点的磁通 Φ_1 小于 c 点的磁通 Φ_N，但转速 n_d 低于转速 n_c。

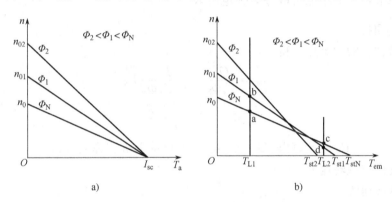

图 2-35 弱磁时的堵转电流和堵转转矩

a）堵转电流时的转速特性　b）堵转转矩时的机械特性

4. 机械特性的绘制

在设计和分析电力拖动系统时，需要绘制和计算电动机的机械特性。要达到上述目的，必须知道电动机的某些参数。电动机的固有机械特性方程式为

$$n = \frac{U_N}{C_e \Phi_N} - \frac{R_a}{C_e C_T \Phi_N^2} T_{em}$$

式中，电势常数 $C_e = \dfrac{pN}{60a}$；转矩常数 $C_T = \dfrac{pN}{2\pi a}$，其中，p 为极对数，a 为支路对数，N 为绕组全部有效导体数。因为有些参数铭牌上没有标出，要想把这些参数都搞清楚很不容易。

在工程应用中，常常要利用电机铭牌上的数据来求得机械特性，如果不考虑电枢反应的影响，机械特性为一条直线，那么只要知道特性上的两点，连起来即可得到机械特性。

具体方法是：

1）求出理想空载点　（$T_{em} = 0$，$n_0 = \dfrac{U_N}{C_e \Phi_N}$）。

2）求出额定运行点　（$T_N = C_T \Phi_N I_N$，$n = n_N$）。

通过上述两点绘制直线，即可获得固有机械特性。

（1）求取固有参数（R_a，$C_e \Phi_N$）

R_a 的求取：

通常 R_a 的值不仅铭牌上没有给出，就是在常用的产品目录中也是找不到的，如果具备实验条件，可采用实验法测得，否则的话可采用以下估算法求出。

一般直流电机的电枢铜损耗约占电动机总损耗的 $1/2 \sim 2/3$，即

$$p_{Cua} = \left(\frac{1}{2} \sim \frac{2}{3}\right) \sum p$$

将 p_{Cua} 及 $\sum p$ 的表达式代入上式，得

$$I_N^2 R_a = \left(\frac{1}{2} \sim \frac{2}{3}\right)(U_N I_N - P_N)$$

整理后得

$$R_a = \left(\frac{1}{2} \sim \frac{2}{3}\right)\left(\frac{U_N I_N - P_N}{I_N^2}\right) \tag{2-42}$$

式中的系数，一般小电机取 $\frac{1}{2}$，大电机取 $\frac{2}{3}$。

$C_e \Phi_N$ 的求取：

取固有特性上的额定点，得

$$n_N = \frac{U_N}{C_e \Phi_N} - \frac{R_a}{C_e C_T \Phi_N^2} T_N$$

从而得

$$C_e \Phi_N = \frac{U_N - I_N R_a}{n_N} \tag{2-43}$$

式（2-43）中，R_a 已计算出，U_N、n_N 及 I_N 都可从电机铭牌上得到。

（2）求理想空载转速 n_0

理想空载转速为

$$n_0 = \frac{U_N}{C_e \Phi_N}$$

将 U_N 及 $C_e \Phi_N$ 代入上式即可得到理想空载转速 n_0。

（3）求额定电磁转矩 T_N

额定电磁转矩为

$$T_N = C_T \Phi_N I_N = 9.55 C_e \Phi_N I_N$$

将 I_N 及 $C_e \Phi_N$ 代入上式即可得到额定电磁转矩 T_N。

工程计算时，额定电磁转矩 T_N 常采用估算法求得：

电动机的转矩平衡方程式为 $T_{em} = T_0 + T_2$，额定运行时有 $T_2 \gg T_0$，忽略 T_0，得

$$T_N \approx T_2 = \frac{P_N}{\Omega_N} = \frac{P_N \times 10^3}{2\pi n/60} = 9550 \frac{P_N}{n_N} \tag{2-44}$$

式中，额定功率 P_N 的单位为 kW，T_N 的单位为 N·m。

（4）固有机械特性的绘制

绘制固有特性时，先在铭牌上查得 n_N，再根据求得的 n_0 及 T_N，便得到特性上的两点：理想空载点（ $T_{em} = 0$, $n_0 = \frac{U_N}{C_e \Phi_N}$ ）及额定运行点（ $T_N = C_T \Phi_N I_N$, $n = n_N$ ）。过这两点作一直线，便是所求的固有机械特性。

（5）人为机械特性的绘制

人为机械特性的绘制可仿照固有机械特性的绘制方法，从人为特性上取两点：

1）理想空载点（$T_{em} = 0$, $n_0 = \dfrac{U_a}{C_e\Phi}$）。

2）额定电磁转矩时的运行点（$T_{em} = T_N = C_T\Phi_N I_N$, $n = \dfrac{U_a}{C_e\Phi} - \dfrac{R}{C_e C_T\Phi^2}T_N$）。

求人为特性时，电枢回路总电阻 R、电枢电压 U_a 及磁通 Φ 的值是已知数。将这些数值代入理想空载点和额定电磁转矩时运行点的公式中，便可求得两点的对应值，过这两点作一直线，便是所求的人为机械特性。

仿照他励直流电动机机械特性的分析方法可得到并励直流电动机的机械特性，并励直流电动机的机械特性也是向下斜的直线。

例 2-4 有一台并励直流电动机，其数据如下：$P_N = 2.6\text{kW}$, $U_N = 110\text{V}$, $I_N = 28\text{A}$, $n_N = 1470\text{r/min}$, 电枢电阻 $R_a = 0.15\Omega$, 励磁回路电阻 $R_{fN} = 138\Omega$。设在额定负载下，在电枢回路中接入 0.5Ω 的电阻，若不计电枢电感的影响，并略去电枢反应，试计算：

1）接入电阻瞬间电枢的电动势、电枢电流和电磁转矩。

2）若负载转矩不变，求稳态时电动机的转速。

解： 1）额定负载时，电枢电流为

$$I_{aN} = I_N - I_{fN} = (28 - 110/138)\text{A} = 27.20\text{A}$$

接入电枢电阻瞬间，对应于图 2-36 中 a→b 点，由于机械惯性使电动机的转速不能突变，加上主磁通保持不变，故电枢电动势保持原先的数值不变，为

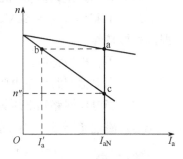

$$E'_a = U_N - I_{aN}R_a = (110 - 27.2 \times 0.15)\text{V} = 105.92\text{V}$$

所以接入电阻瞬间，电枢电流将突变为

$$I'_a = \frac{U_N - E'_{aN}}{R_a + R_\Omega} = \frac{110 - 105.92}{0.15 + 0.5}\text{A} = 6.28\text{A}$$

相应的电磁转矩为

$$T'_{em} = \frac{E'_{aN}I'_a}{\Omega_N} = \frac{105.92 \times 6.28}{2\pi \times \dfrac{1470}{60}}\text{N·m} = 4.32\text{N·m}$$

图 2-36 例 2-4 附图

2）因为负载转矩不变，故调速前后的电磁转矩应保持不变，最后稳定运行点为图 2-36 中的 c 点；若略去电枢反应可认为磁通保持不变，由 $E_a = C_e\Phi n$ 可知

$$\frac{n''}{n_N} = \frac{E'_a}{E_{aN}}$$

由 $T_{em} = C_T\Phi I_a$ 可知，调速前后 $I_a = I_{aN}$ 不变，则有

$$E'_a = U_N - (R_a + R_\Omega)I_{aN}$$

所以调速后电动机的稳态转速为

$$n'' = n_N\frac{U_N - I_{aN}(R_a + R_\Omega)}{E_{aN}} = 1470 \times \frac{110 - 27.2 \times (0.5 + 0.15)}{105.92}\text{r/min} = 1281\text{r/min}$$

例 2-5 某电动机的数据如例 2-4 中所示，设在额定负载下，励磁绕组串入电阻来调速，将磁通量减少至额定磁通的 85%，试重求例 2-4 中各项。

（1）在磁通量减少的瞬间，见图 2-37 中 a→b，由于惯性转速不能突变，故磁通减少至 85% 时的额定磁通，电枢电动势也减少至 85% 额定电动势，为

$$E'_a = 0.85 E_{aN} = 0.85 \times 105.92\text{V} = 90.03\text{V}$$

此时电枢电流将突然增加到

$$I'_a = \frac{U_N - E'_a}{R_a} = \frac{110 - 90.03}{0.15}\text{A} = 133.12\text{A}$$

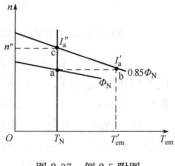

相应的电磁转矩为

$$T'_{em} = \frac{E'_a I'_a}{\Omega_N} = \frac{90.03 \times 133.12}{2\pi \times \frac{1470}{60}}\text{N·m} = 77.89\text{N·m}$$

图 2-37　例 2-5 附图

（2）调速后转速的稳态值为图 2-37 中 c 点，因负载转矩不变，故调速前后电磁转矩的稳态值不变，由 $T_{em} = C_T \Phi I_a$ 可知，电枢电流的稳态值与磁通成反比，即：

$$\frac{I''_a}{I_{aN}} = \frac{\Phi_N}{\Phi''}, \quad I''_a = I_{aN}\frac{\Phi_N}{\Phi''} = 27.2\frac{1}{0.85}\text{A} = 32\text{A}$$

由 $E_a = C_e \Phi n$ 可得

$$n'' = n\frac{E''_a}{E_{aN}}\frac{\Phi_N}{\Phi''} = 1470 \times \frac{110 - 32 \times 0.15}{105.92} \times \frac{1}{0.85}\text{ r/min} = 1718\text{r/min}$$

例 2-6　他励直流电动机的数据为

$P_N = 10\text{kW}$，$U_N = 220\text{V}$，$I_N = 53.7\text{A}$，$n_N = 3000\text{r/min}$，$R_a = 0.315\Omega$，作出下列各种情况的机械特性。

（1）固有机械特性。

（2）当电枢回路外串电阻 $R_\Omega = 1.85\Omega$ 时的人为机械特性。

（3）当电枢回路端电压为 $U = 50\%U_N$ 时的人为机械特性。

（4）磁通 $\Phi = 80\%\Phi_N$ 时的人为机械特性。

解：$C_e\Phi_N = \dfrac{U_N - I_N R_a}{n_N} = \dfrac{220 - 53.7 \times 0.315}{3000} = 0.0677$

（1）理想空载转速　　　$n_0 = \dfrac{U_N}{C_e\Phi_N} = \dfrac{220}{0.0677}\text{r/min} = 3250\text{r/min}$

机械特性

$$n = n_0 - \beta T_{em} = n_0 - \frac{R_a}{C_e C_T \Phi_N^2}T_{em} = 3250 - \frac{0.315}{9.55 \times 0.0677^2}T_{em} = 3250 - 7.2T_{em}$$

对应机械特性曲线见图 2-38 中特性 1。

（2）电枢回路外串电阻时，理想空载转速不变，特性的斜率改变，机械特性为

$$n = n_0 - \frac{R_a + R_\Omega}{C_e C_T \Phi_N^2}T_{em} = 3250 - \frac{0.315 + 1.85}{9.55 \times 0.0677^2}T_{em} = 3250 - 49.46T_{em}$$

对应的机械特性曲线见图 2-38 中的特性曲线 2。

（3）电枢电压下降时，理想空载转速升高，斜率不变，随着电枢电压的下降，特性平行下移，机械特性为

$$n = n'_0 - \beta T_{em} = \frac{0.5U_N}{C_e\Phi_N} - \frac{R_a}{C_e C_T \Phi_N^2}T_{em} = \frac{0.5 \times 220}{0.0677} - \frac{0.315}{9.55 \times 0.0677^2}T_{em} = 1625 - 7.2T_{em}$$

见图 2-38 中的特性曲线 3。

（4）当 $\Phi = 80\%\Phi_N$ 时，理想空载转速及斜率都变化，机械特性为

$$n = n_0'' - \beta T_{em} = \frac{U_N}{C_e \Phi} - \frac{R_a}{9.55 \times (C_e \Phi)^2} T_{em}$$
$$= \frac{220}{0.8 \times 0.0677} - \frac{0.315}{9.55 \times (0.8 \times 0.0677)^2} T_{em}$$
$$= 4062 - 11.24 T_{em}$$

见图 2-38 中的特性曲线 4。

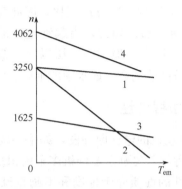

图 2-38　例 2-6 附图

2.6.4　串励直流电动机的机械特性

串励直流电动机的电气原理图如图 2-39 所示，其特点是电枢电流 I_a 就是励磁电流 I_f，即

$$I_a = I_f = I_1 \qquad (2\text{-}45)$$

当负载较轻、磁路未饱和时，磁通与励磁电流成正比，即 $\Phi = K_f I_f$，于是有

$$T_{em} = C_T \Phi I_a = C_T K_f I_f I_a = C_T' I_a^2 \qquad (2\text{-}46)$$

串励直流电动机的电压平衡方程式为

$$U_1 = E_a + I_a R_a + I_f R_f = E_a + (R_a + R_f) I_a$$

将 $E_a = C_e \Phi n = C_e K_f I_f n = C_e' I_f n$ 代入上式中，得转速特性为

$$n = \frac{U_1}{C_e' I_a} - \frac{R_a + R_f}{C_e'} \qquad (2\text{-}47)$$

将式（2-46）代入上式中，得

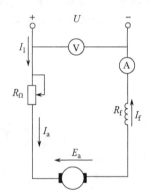

图 2-39　串励直流电动
机的电气原理图

$$n = \frac{U_1}{C_e' I_a} - \frac{R_a + R_f}{C_e'} = \frac{\sqrt{C_T} U_1}{C_e' \sqrt{T_{em}}} - \frac{R_a + R_f}{C_e'} \qquad (2\text{-}48)$$

式中，$C_e' = C_e K_f$ 及 $C_T' = C_T K_f$ 对于已制好的电机，磁路不饱和时均为常数。

当负载较重、磁路饱和时，Φ 近似不变。此时，转速随转矩的增加线性下降，与他励电机的机械特性相似。串励直流电动机的机械特性曲线如图 2-40 所示。

由图 2-40 可知，串励直流电动机的特点如下：

1）与他励直流电动机的机械特性相比，两者的差距较大。当电枢电流不大、磁路没有饱和时，串励直流电动机的机械特性为双曲线性质，转速随着电枢电流的增加而迅速减小；当电枢电流较大时，磁路趋于饱和，磁通近似为常数，转速特性与他励电动机的机械特性近似，为一略向下垂的直线。

2）当串励机空载或轻载运行时，由于 $I_f=I_a$ 很小，使得磁通 Φ 也很小，要产生一定的反电动势 $E_a=C_e\Phi n$ 与端电压 U_N 相平衡，电动机的转速 n 将很高，导致"飞车"现象，使电动机受到严重的损害，所以串励直流电动机不允许空载或轻载运行，要求串励机和负载之间必须采用硬轴连接。

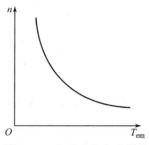

图 2-40 串励直流电动机的机械特性曲线

3）电磁转矩 T_{em} 与电枢电流 I_a 的二次方成正比，因此起动转矩大，过载倍数大。串励机与他励机相比，当起动电流的初始值相同时，串励机的起动转矩远大于他励机，所以串励机多用于重载起动或过载能力要求较高的场合，如水坝的闸门、电力机车提升机等负载。

2.6.5 复励直流电动机的机械特性

图 2-41 所示为复励直流电动机的电气原理图，如果并励和串励两个励磁绕组的极性相同，称作积复励；极性相反，称作差复励。复励机多采用积复励。

积复励直流电动机机械特性的性质介于他励和串励直流电动机之间，如图 2-42 所示。积复励直流电动机空载时，由于并励磁场的存在，转速虽然较高，但是曲线与纵轴有交点，不会产生"飞车"现象。起动时，由于串励磁场的存在，产生的起动转矩较大，过载能力较强，所以多用于要求重载或较重载下起动，或过载能力较强的场合，如卷扬机、电力机车和电车等。

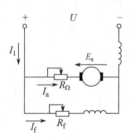

图 2-41 复励直流电动机的电气原理图

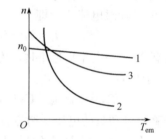

图 2-42 复励直流电动机的机械特性
1—他励 2—串励 3—复励

2.7 直流发电机的运行原理

直流发电机的励磁方式可以是他励、并励和复励（包括积复励和差复励），一般不采用串励方式。以他励直流发电机为例，其电气连接和机械连接图如图 2-43 所示。首先给励磁绕组加上励磁电压，励磁绕组中流过励磁电流建立主磁场，由原动机提供转矩 T_1 拖动电枢以转速 n 旋转，电枢绕组切割主磁通在电刷两端产生电动势 E_a。发电机接上电负载后，在 E_a 的作用下，电枢绕组流过电枢电流 I_a，此时 I_a 与 E_a 同方向。励磁磁动势和电枢磁动势通过电枢反应形成气隙合成磁场。电枢电流 I_a 与磁场相互作用仍要受到电磁转矩 T_{em} 影响，T_{em} 的方向与转速 n 相反，为阻转矩。直流发电机将输入的机械能转换成电能输出。图中按照发电机惯例标出了各物理量的正方向。

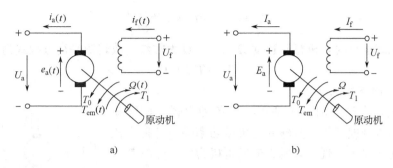

图 2-43　直流发电机的电气和机械连接示意图
a) 动态　b) 稳态

2.7.1　直流发电机的基本方程式

发电机是将机械能转换成电能的装置，它应满足的基本方程式是电气系统的电压平衡方程式、机械系统的转矩平衡方程式和表征能量关系的功率平衡方程式。

1. 电压平衡方程式

根据基尔霍夫第二定律，依照图 2-43a、b 所示的正方向，可列出直流发电机动态和稳态时的电压平衡方程式。

发电机动态时（见图 2-43a），感应电动势 $e_a(t)$、电枢电流 $i_a(t)$ 及励磁电流 $i_f(t)$ 都随时间变化，故电压平衡方程式为

$$U_a = e_a(t) - R_a i_a(t) - L_a \frac{\mathrm{d}i_a(t)}{\mathrm{d}t} \tag{2-49}$$

$$U_f = R_f i_f(t) + L_f \frac{\mathrm{d}i_f(t)}{\mathrm{d}t}$$

式中　R_a——电枢回路的总电阻，包括电枢电阻及电刷和换向器之间的接触电阻；

R_f——励磁回路的总电阻；

L_a——电枢回路的电感；

L_f——励磁回路的电感。

发电机稳态运行时（见图 2-43b），各物理量都为常数，根据式（2-49）可得稳态时的电压平衡方程式

$$E_a = U_a + R_a I_a \tag{2-50}$$

$$U_f = R_f I_f$$

式（2-50）表明：直流电机在发电机运行状态下的电枢电动势 E_a 总是大于电枢端电压 U_a。

对于其他励磁方式的发电机，可根据各自的接线方式，利用基尔霍夫第二定律获得各自的电压平衡方程式。

2. 转矩平衡方程式

由牛顿第二定律可知，对于任意瞬间，直流发电机轴上的原动机拖动转矩 T_1，应与发电机轴上的电磁转矩 T_{em}、空载转矩 T_0 及惯性转矩 $J\frac{\mathrm{d}\Omega}{\mathrm{d}t}$ 之和（均为阻转矩）相平衡，即有：

发电机动态运行时

$$T_1 = T_{em} + T_0 + J\frac{d\Omega(t)}{dt} \qquad (2-51)$$

发电机稳态运行时，机械角速度 $\Omega(t) = \Omega$ 为常数，故转矩平衡方程式为

$$T_1 = T_{em} + T_0 \qquad (2-52)$$

3. 功率平衡方程式

直流发电机在运行时，内部存在着各种损耗，如铜损耗、铁损耗和机械损耗等，其输入的机械功率除去各种损耗后转化为电功率输出。现以并励直流发电机为例，分析其功率平衡关系。

图 2-44 所示为并励直流发电机的接线图（正方向按发电机惯例），发电机从原动机输入的机械功率为

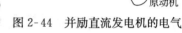

$$\begin{aligned} P_1 &= T_1\Omega = T_{em}\Omega + T_0\Omega = P_{em} + p_0 \\ &= P_{em} + p_{Fe} + p_{mec} \end{aligned} \qquad (2-53)$$

图 2-44　并励直流发电机的电气和机械连接示意图

式中　P_1——原动机输入发电机的机械功率；

　　　P_{em}——发电机的电磁功率；

　　　p_0——发电机的空载损耗；

　　　p_{Fe}——直流发电机的铁损耗；

　　　p_{mec}——直流发电机的机械损耗。

电磁功率的表达式为

$$P_{em} = T_{em}\Omega = \frac{pN}{2\pi a}\Phi I_a \frac{2\pi n}{60} = \frac{pN}{60a}\Phi n I_a = E_a I_a$$

由上式可知，与直流电动机一样，电磁功率既有机械功率性质又有电功率性质，其实质是机械功率转换成电功率的那部分功率

$$\begin{aligned} P_{em} &= E_a I_a = (U_2 + R_a I_a) I_a = U_2 I_a + R_a I_a^2 \\ &= U_2 I_2 + U_2 I_f + R_a I_a^2 = P_2 + p_{Cuf} + p_{Cua} \end{aligned} \qquad (2-54)$$

综合以上分析可知，从原动机输入并励直流发电机的机械功率 P_1，先有一小部分供给空载损耗 p_0，剩下大部分为电磁功率 P_{em}；P_{em} 通过电磁感应作用转换为电功率之后，先消耗在励磁回路和电枢回路电阻的铜损耗上，再考虑到实际运行时存在的附加损耗 p_s，剩下的大部分才是输出的电功率 P_2，由式（2-53）、式（2-54）可写出并励直流发电机稳态运行时的功率平衡方程式

$$P_1 = P_2 + p_{Cuf} + p_{Cua} + p_{Fe} + p_{mec} + p_s = P_2 + \sum p \qquad (2-55)$$

式中　$\sum p$——直流发电机的总损耗。

直流发电机的效率

$$\eta = \frac{P_2}{P_1} \times 100\% = \frac{P_1 - \sum p}{P_1} \times 100\% \qquad (2-56)$$

由式（2-53）至式（2-55）可作出并励直流发电机的功率流程图，如图 2-45 所示。

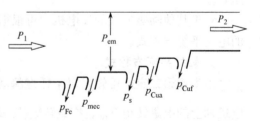

图 2-45　并励直流发电机的功率流程图

2.7.2　直流发电机的工作特性

直流发电机运行时，转速由原动机决定，一般为额定转速 n_N 保持不变，所以表征其状况的物理量有外电压 U、励磁电流 I_f 和负载电流 I_2 三个物理量。当其中一个物理量保持不变时，另外两个物理量之间的关系为直流发电机的工作特性。

1. 空载特性

当 $n=n_N$、$I_2=I_a=0$ 时，端电压 U 与励磁电流 I_f 的关系被称为空载特性，即 $U=f(I_f)$。空载特性反映了电机内部的磁路设计情况。

空载特性可以通过试验测定，试验接线图见图 2-46，将开关 K 合上，由原动机拖动直流发电机以 $n=n_N$ 的转速保持不变，逐步调节励磁电流 I_f 从零单方向增大，空载端电压 $U_0=E_a=C_e\varPhi n_N$ 增加，直至 $U_0=1.25U_N$ 为止，如图 2-47 中特性曲线 3 所示。然后单方向降低励磁电流，直至 $I_f=0$，如图 2-47 中特性曲线 1 所示，从试验过程中测取 i 组数据（I_{fi}、U_{0i}）即可作出空载特性如图 2-47 所示。

由图 2-47 可见，由于电机铁磁材料的磁滞现象，所求特性的上升分支和下降分支不重合，一般取回线的平均线（见图2-47的特性曲线 2）作为空载特性。由于电机有剩磁，使得 $I_f=0$ 时仍有一很低的电压，称为剩磁电压 U_{0r}，一般 $U_{0r}=(2\sim4)\%U_N$。

空载时，直流发电机的空载端电压 $U_0=E_a=C_e\varPhi n_N$，$U_0\infty\varPhi$，所以直流发电机的空载特性 $U=f(I_f)$ 与直流电动机的空载磁化曲线 $\varPhi=f(I_f)$ 是相似的。直流发电机的额定电压取在空载特性的微饱和区，如图 2-47 中的 A 点所示。

因为空载特性实质上反映了励磁电流与由它建立的主磁通在电枢中所感应电动势之间的关系，而与 I_f 的获得方式无关，所以并励和复励直流发电机或直流电动机的空载特性也可以将该机改接成他励发电机由上述试验方法测得。

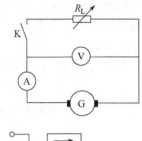

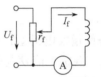

图 2-46　他励直流发电机
试验接线图

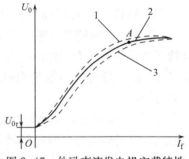

图 2-47　他励直流发电机空载特性

2. 外特性

当 $n=n_N$、$I_f=I_{fN}$ 时，端电压 U 与负载电流 I_2 的关系被称为外特性，即 $U=f(I_2)$。外特性反映了输出端电压 U 随负载电流 I_2 变化的情况。

外特性可以通过试验测定，试验接线图仍如图 2-46 所示，由原动机拖动直流发电机以 $n=n_N$ 的转速保持不变，在负载电阻 R_L 为最大值时将开关 K 合上，同时调节励磁电流 I_f 和负载电阻 R_L，使 $U=U_N$、$I_2=I_N$，这时的励磁电流 I_f 就为额定励磁电流 I_{fN}，保持 $I_f=I_{fN}$ 不变，调节负载电阻 R_L 使 I_2 从 0 增加至 $1.2I_N$ 左右，从试验过程中测取 i 组数据（I_{2i}、U_i），即可作出他励直流发电机的外特性。图 2-48 中的特性曲线 2 为一条略向下斜的曲线。

对于他励直流发电机，其电压平衡方程式为 $U=U_a=E_a-R_aI_a=C_e\varPhi n-R_aI_a$，当负载电流 $I_2=I_a$ 增大时，一方面电枢回路压降 R_aI_a 增大，引起端电压下降；另一方面电枢反应的去磁作用使得磁通 $\varPhi$ 减小，也引起端电压下降。所以其外特性为一条向下垂的曲线。

对于并励直流发电机，除了上述两个原因外，端电压 U 的下降会使励磁电流 I_f 下降导

致 Φ 下降，使得 E_a 下降，从而使端电压进一步降低。所以并励直流发电机的外特性比他励机下垂得厉害，如图 2-48 中的特性曲线 3 所示。

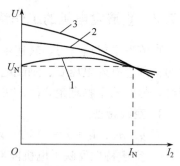

图 2-48　他励直流发电机的外特性
1—积复励　2—他励　3—并励

对于积复励直流发电机，由于并励绕组的磁动势方向和串励绕组的磁动势方向相同，使得气隙磁通得以增强，一方面补偿了负载时电枢反应的去磁作用，另一方面使得电枢电动势 E_a 升高，从而能够部分或全部抵消掉电枢回路的电阻压降 $R_a I_a$，在一定的负载变化范围内，有可能保持输出端电压 U 的数值基本不变，如图 2-48 中的特性曲线 1 所示。

发电机端电压随负载电流的增大而变化的程度用电压变化率表示。电压变化率是指：当 $n=n_N$、$I_f=I_{fN}$ 时，发电机由额定负载（$U=U_N$、$I_2=I_N$）到空载（$U=U_0$、$I_2=0$）时，电压变化的数值对额定电压的百分比

$$\Delta U = \frac{U_0 - U_N}{U_N} \times 100\% \tag{2-57}$$

ΔU 是衡量发电机运行性能的一个重要数据，一般他励直流发电机的电压变化率约为 5%～10%，并励直流发电机的电压变化率约为 30%。

3. 调节特性

当 $n=n_N$、U 为常数时，励磁电流 I_f 与负载电流 I_2 的关系称为调节特性，即 $I_f=f(I_2)$。调节特性反映了负载变化时是如何通过调节励磁电流来保持端电压不变的。

调节特性同样可以通过图 2-46 所示试验测得，保持 $n=n_N$ 不变，同时调节励磁电流 I_f 和负载电阻 R_L，使不同负载下输出端电压 U 维持不变，从试验过程中测取 i 组数据（I_{fi}、I_{2i}）即可作出他励直流发电机的调节特性，如图 2-49 所示。

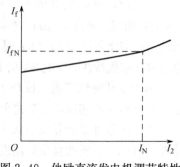

图 2-49　他励直流发电机调节特性

由图 2-49 可见，调节特性是随负载电流的增加而上升的曲线，这是因为当负载电流增加时，端电压有下降趋势，要保持端电压不变，必须增大励磁电流，以补偿电枢反应和电枢电阻压降的作用。

对于并励和复励直流发电机，其调节特性类似于他励机，在此不再赘述。

2.7.3　并励直流发电机的自励过程和自励条件

并励直流发电机不需要其他直流电源励磁，使用方便，应用较广，这类发电机的励磁绕组是靠自身发出的电压供电的，但当发电机工作之初，原动机拖动电枢转动，发电机还未发出电压，励磁绕组是如何获得电流并产生磁场，使得电枢绕组切割此磁场，最终发出所需要数值的端电压呢？这是本节首先要解决的问题。

1. 自励过程

在图 2-50a 中，当原动机拖动发电机朝着规定的方向旋转时，如果电机磁路有剩磁，电枢绕组切割剩磁产生一个不大的剩磁电动势 E_r（见图 2-50b），此电动势作用在励磁绕组上，产生一个很小的励磁电流 I_{f1}，如果励磁绕组并联到电枢绕组的极性正确，则 I_{f1} 产生的励磁

磁通与剩磁磁通方向一致，使总磁通增加，感应电动势也增加为 E_{01}，端电压为 U_{01}，励磁电流随之增加为 I_{f2}，如此反复作用，空载端电压便自动建立起来。如果电机无剩磁，则一开始就不能产生感应电动势，电压就无法建立。如果励磁绕组并联到电枢绕组的极性不正确，则 I_{f1} 产生的励磁磁通与剩磁磁通方向相反，剩磁通减弱至零，电压也建立不起来。

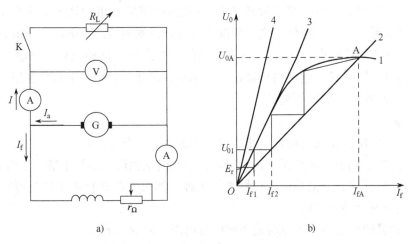

图 2-50　并励直流发电机的自励建压过程
a) 接线图　b) 自励建压过程

2. 自励建压的稳定工作点

并励直流发电机空载时，端电压为

$$U_0 = E_0 - I_{a0}R_a = E_0 - I_f R_a$$

由于 $I_f R_a$ 很小，可认为 $U_0 \approx E_0$。

从磁路上分析，并励直流发电机空载时 U_0 与 I_f 的关系可用空载特性 $U_0 = f(I_f)$ 表示，如图 2-50b 中的特性 1 所示。

从电路上分析，并励直流发电机稳态运行时，励磁回路的电压平衡方程式为

$$U_0 = I_f R_f \tag{2-58}$$

其中，$R_f = r_f + r_\Omega$ 是励磁回路总电阻，它是发电机励磁绕组电阻 r_f 和外串电阻 r_Ω 之和。

$U_0 = f(I_f)$ 是励磁回路的伏安特性，它是一条通过原点的直线，如图 2-50b 中的特性 2 所示，$\tan \alpha = \dfrac{U_0}{I_f} = R_f$ 为该直线的斜率，通常将此直线称为励磁回路的电阻线。

并励发电机自励建压动态过程中，励磁电流 I_f 是变化的，其端电压方程式为

$$U_0 = I_f R_f + L_f \frac{\mathrm{d}I_f}{\mathrm{d}t}$$

或

$$L_f \frac{\mathrm{d}I_f}{\mathrm{d}t} = U_0 - I_f R_f \tag{2-59}$$

由图 2-50b 可知，自励建压过程中，由于 $L_f \dfrac{\mathrm{d}I_f}{\mathrm{d}t} = U_0 - I_f R_f > 0$，从而得 $\dfrac{\mathrm{d}I_f}{\mathrm{d}t} > 0$，励磁电流 I_f 随着时间的增加而不断增加，当 I_f 增加到特性 1 和特性 2 的交点 A 时，$U_0 = I_f R_f$，

$L_f \dfrac{dI_f}{dt} = 0$，励磁电流不再增加，并励发电机进入稳定运行状态，可见 A 点是并励发电机的稳定运行点，所对应的 U_{0A} 和 I_{fA} 为发电机稳定后的空载端电压和励磁电流。

如果发电机的转速不变，当 R_f 增加时，电阻线的斜率增加，故而稳定运行点下移，发电机的稳定电压降低，所以，可通过调节 R_f 方便地调节发电机的稳定电压 U_0。但当 R_f 很大时，电阻线很陡，与空载特性的交点很低或无交点，则不能建立电压，如图 2-50b 中所示的特性 3，此时励磁回路的总电阻 R_{cr} 称为临界值。如果励磁回路电阻大于临界电阻，其伏安特性见特性 4，$U_0 \approx E_r$，空载电压就建立不起来。因此，要想正常自励建压，发电机励磁回路总电阻 R_f 必须小于临界电阻 R_{cr}。

3. 自励条件

综上所述，并励直流发电机自励建压必须满足以下三个条件：

1）电机必须有剩磁。如果无剩磁，可用其他直流电源给励磁绕组通一下电，对其充磁。

2）励磁绕组并联到电枢绕组的极性必须正确，如果并联极性不正确，可将励磁绕组并联到电枢绕组的两个端头对调。

3）励磁回路的总电阻小于该转速下的临界电阻，即 $R_f < R_{cr}$。

2.8 直流电机的换向

直流电机运行时，随着电枢的转动，电枢绕组的元件从一条支路经过电刷后进入另一条支路，由于相邻支路中电流的方向是相反的，所以元件中的电流随之改变一次方向，这个过程称为换向过程，简称为换向。换向过程是一个很复杂的过程，如果换向不良，将在电刷和换向器之间产生有害的电火花。如果火花微弱，对电机的正常运行无大影响，如果火花超过一定的限度，就会烧坏电刷和换向器，使电机不能正常工作。国家标准将火花的大小分为 5 个等级，如表 2-1 所示。通常当火花的等级不超过 $1\frac{1}{2}$ 级时，直流电机能正常工作，短时过载时，火花等级不能超过 2 级。

表 2-1 直流电机火花等级

火花等级	电刷下的火花程度	换向器与电刷的状态
1	无火花	换向器上没有黑痕及电刷上没有灼痕
$1\frac{1}{4}$	电刷边缘仅有小部分有微弱的点状火花，或有非放电性的红色火花	同上
$1\frac{1}{2}$	电刷边缘大部分或全体有轻微火花	换向器上有黑痕，但不严重，电刷上有轻微灼痕
2	电刷边缘大部分或全体有较强烈的火花	换向器上有黑痕，电刷上有灼痕。如短时间出现这一级火花，换向器上不出现灼痕，电刷不会被烧焦或损坏
3	电刷整个边缘有强烈火花，同时有大火花飞出	换向器上的黑痕很严重，电刷上有灼痕。如在这一级火花下运行，换向器上将出现灼痕，电刷将被烧焦或损坏

2.8.1 直流电机换向过程的物理现象

1. 直线换向——理想换向过程

图 2-51 所示为一个单叠绕组的元件换向过程，设电刷的宽度等于换向片的宽度（实际上电刷的宽度等于几倍的换向片宽度），电刷不动，换向片逆时针方向运动，开始换向时，电刷与换向片 1 接触，元件 1 属于电刷右边一条支路，流过的电流为 $+i_a$，方向为逆时针方向。如图 2-51a 所示，当电刷与换向片 1、2 同时接触时，元件 1 被电刷短路。如图 2-51b 所示，当电刷与换向片 2 接触时，元件 1 进入电刷左边一条支路，流过的电流为 $-i_a$，方向为顺时针方向，如图 2-51c 所示。元件 1 中的电流经电刷短接改变了方向，进行了所谓的换向。处于换向过程中的元件称为换向元件，换向过程所经历的时间称为换向周期 T_k，一般只有千分之几秒。

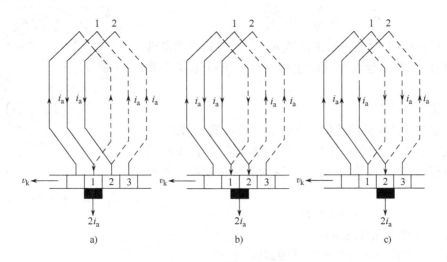

图 2-51　电枢元件的换向过程

a）换流前　b）换流中　c）换流后

如果换向元件中的电动势为零，忽略元件、引线和换向片的电阻，换向元件中的电流只取决于电刷与换向片 1 的接触电阻 r_1 和与换向片 2 的接触电阻 r_2，这种换向情况称为电阻换向或理想换向。其变化特性 $i = f(t)$ 是一条直线，也叫作直线换向，如图 2-52 中的特性曲线 1 所示。直线换向时，在换向周期的任一瞬间，电刷下的电流密度都是相等的，故接触电阻上的损耗和发热量最小，不会产生火花，所以直线换向是一种理想的换向情况。

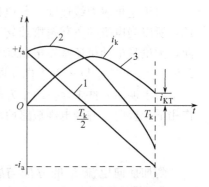

图 2-52　直线换向与延迟换向

1—直线换向　2—延迟换向　3—i_k

2. 延迟换向——实际换向过程

实际上，在换向过程中换向元件的电动势不会是零，还存在电抗电动势和旋转电动势，使得换向电流延迟，对换向不利。

（1）电抗电动势

在换向周期内，换向元件中的电流从 $+i_a$ 变到 $-i_a$，换向元件本身是一个线圈，必将在换向元件中产生自感电动势 e_L；另外，电刷的宽度通常为 2~3 片换向片宽，同时被电刷短路而进行换向的元件不止一个，由于互感作用，当相邻元件中电流变化时，也会在本换向元件中产生互感电动势 e_M。通常将自感电动势 e_L 和互感电动势 e_M 合起来称为电抗电动势 e_r，即

$$e_r = e_L + e_M = -(L+M)\frac{\mathrm{d}i}{\mathrm{d}t} = -L_r\frac{\mathrm{d}i}{\mathrm{d}t}$$

式中　L_r——换向元件的电感系数，为自感系数 L 和互感系数 M 之和即 $L_r = L + M$。

根据楞次定律，电抗电动势的方向是阻碍换向元件中电流变化的，因此 e_r 的方向与换向前电流 $+i_a$ 的方向相同，如图 2-53 所示。

在换向周期 T_k 时间内，换向电流从 $+i_a$ 变到 $-i_a$，则电抗电动势的平均值为

$$\overline{e_r} = -L_r\frac{\Delta i}{\Delta t} = L_r\frac{2i_a}{T_k}$$

由于换向周期 T_k 与电机的转速 n 成反比，所以当电机的负载越重（即 i_a 越大）或转速越高时，电抗电动势就越大。

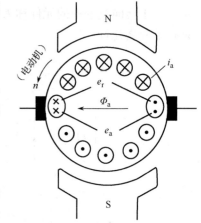

图 2-53　换向元件中的电动势

（2）旋转电动势

虽然换向元件所处的几何中性线处主磁场的磁密为零，但是负载时电枢磁场的磁密不为零，电枢旋转时，换向元件切割电枢磁密而产生的电动势 e_a 称为旋转电动势，其表达式为

$$e_a = 2N_y B_a l v$$

式中　N_y——换向元件的匝数；

　　　B_a——换向元件边所处的气隙磁密；

　　　l——换向元件边的有效长度；

　　　v——电枢表面线速度。

由于电枢表面线速度 v 与电机的转速 n 成正比，而 B_a 可近似认为与电枢电流 I_a 成正比，所以当电机的负载越重或转速越高时，旋转电动势 e_a 越大。用右手定则可以判定其方向，无论是电动机还是发电机状态，e_a 的方向总是与换向前元件中的电流 $+i_a$ 相同，如图 2-53 所示，即 e_r 与 e_a 的方向相同，也是阻碍换向的。

由于换向元件中存在两个方向相同的感应电动势 e_r 和 e_a，在合成电动势 $\sum e = e_r + e_a$ 的作用下，换向元件经电刷短路而形成的闭合回路中产生环流 i_k，称为附加换向电流，即

$$i_k = \frac{\sum e}{r_1 + r_2} = \frac{e_r + e_a}{r_1 + r_2} \tag{2-60}$$

附加换向电流 i_k 的方向与感应电动势 e_r 和 e_a 的方向相同，即与 $+i_a$ 的方向相同，$i_k = f(t)$ 特性见图 2-52 的特性曲线 3，这时换向元件中的实际电流为 $i = i_a + i_k$，$i = f(t)$ 特性见图 2-52 特性曲线 2。由图 2-52 可见，由于附加电流 i_k 的存在，使换向元件的电流改变方向的时间比直线换向时推迟，所以称为延迟换向。当 $t = T_k$ 时，电刷将离开换向片 1，从而使由电刷与换向元件构成的闭合回路突然被断开，由 i_k 所建立的磁场能量 $\frac{1}{2}L_a i_k^2$ 就要释放出来，当这部分能量足够大时，它将以弧光放电的形式转化为热能，因而在电刷和换向片

之间会出现火花，这就是电磁性火花产生的原因。

除了电磁原因产生火花外，还有机械方面的原因，如换向器偏心、换向片绝缘层突出、电刷与换向片接触不良等。另有化学方面的原因，如换向器表面氧化膜被破坏等。

换向不良所产生的火花使电刷及换向器表面损坏，严重时将使电机遭到破坏性损伤，因此必须采取措施克服。

2.8.2 改善换向的方法

换向不良产生火花的原因是多方面的，其中最主要的因素是电磁性火花，下面主要介绍削弱和消除电磁性火花的方法。

由前面分析可知，产生火花的直接原因是换向时存在着附加电流 i_k，由式（2-60）可知，要限制 i_k，应设法增加电刷与换向片之间的接触电阻 r_1 和 r_2；或减小换向元件中的感应电动势 e_r 和 e_a。选择合适的电刷可以使电刷与换向片之间的接触电阻增大，另外，装换向极是减小甚至消除换向元件中的感应电动势 e_r 和 e_a 的最常用、最有效的方法。

装换向极的目的是：在换向元件处产生一个换向极磁动势，其方向与电枢反应磁动势相反，其中一部分抵消掉电枢反应磁动势的作用，从而消除旋转电动势 e_a 的影响；剩下部分磁场使得换向元件旋转时对其切割而产生一个与 e_r 方向相反的感应电动势，从而消除电抗电动势 e_r；尽量使换向元件中的合成感应电动势 $e_r + e_a = 0$，成为直线换向，从而消除电磁性火花。为此，对换向极的要求是：

1）换向极应安装在相邻两异性主磁极之间的几何中性线处。

2）换向极的极性应使所产生磁动势的方向与电枢反应磁动势 F_a 相反，如图 2-54 所示。电动机状态时，换向极的极性应与顺转向下一个主磁极的极性相反；发电机状态时，换向极的极性应与顺转向下一个主磁极的极性相同。

3）由于电抗电动势 e_r 和旋转电动势 e_a 均与电枢电流成正比，为使换向极磁动势在电枢电流随着负载大小变化时都能抵消掉 e_r 和 e_a，要求换向极绕组与电枢绕组串联，并使换向极磁路处于不饱和状态。

容量在 1kW 以上的直流电机几乎都装有与主磁极数目相等的换向极。

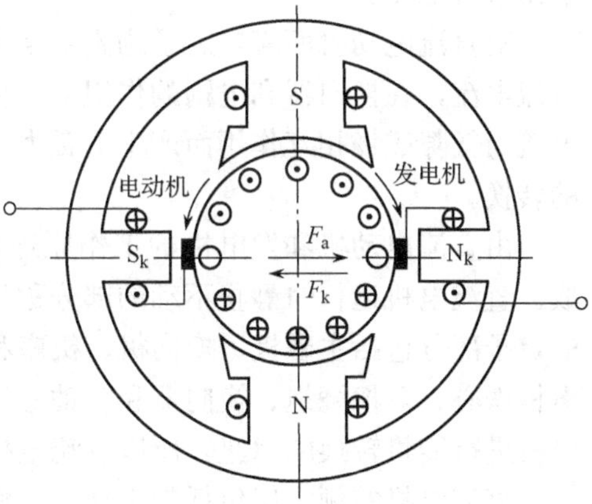

图 2-54　直流电机换向极电路与极性

2.8.3 环火与补偿绕组

1. 产生环火的原因

电枢反应使气隙磁场发生畸变，负载较大（即电枢电流较大）时，气隙磁场严重畸变，使处于最大磁密处的元件的感应电动势很大，导致所连接两换向片之间的电压也很大。当片间电压超过一定数值时，会使换向片之间的空气电离击穿，换向片之间便会出现火花，称为电位差火花。在换向不良的情况下，这种电位差火花会和电刷与换向器之间的火花连在一起，形成一股跨越正负电刷间的电弧，使整个换向器被一圈火环所包围，这就是环火。环火对电机的危害是很大的，轻则烧坏电刷和换向器，重则烧毁电机。

2. 防止环火的措施——装补偿绕组

防止环火最有效的方法是装置补偿绕组，如图 2-55 所示。在主磁极极靴上开有均匀分布的槽，槽内嵌放补偿绕组，要求补偿绕组的电流方向与所对应主磁极下电枢绕组的电流方向相反，以确保补偿绕组所产生的磁动势和电枢反应磁动势相反，一方面使气隙磁场不再畸变，从而防止电位差火花；另一方面使换向极的负担减轻，对改善换向有利，削弱了电刷下的电磁性火花，从而避免了环火现象。为了使补偿绕组在任何负载下都起作用，补偿绕组应和电枢绕组串联。

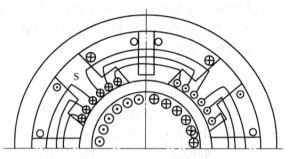

图 2-55　直流电机的补偿绕组

对于大、中容量的直流电机，除了安装换向极外，还应同时安装补偿绕组。

本 章 小 结

电机是利用电磁作用原理进行能量转换的机械装置。直流电动机的功能是将直流电能转换成机械能带动机械负载；而直流发电机的功能是将机械能转换成直流电能带动电负载。

对直流发电机而言，在原动机拖动下，电枢绕组切割气隙磁场而感应交流电动势，将机械能转换成电能，然后通过换向器和电刷将交流电动势转换成直流电动势，从而在电刷外部输出直流电压。

对直流电动机而言，定子励磁绕组中通以直流电以产生恒定的励磁磁场。电枢绕组通以直流电流，在换向器和电刷的作用下，将外部的直流电流转换成电枢内部的交流电流，电枢电流与气隙磁场相互作用而产生电磁力（或转矩），从而拖动负载运行，完成电能向机械能的转换。

由直流电动机和发电机的工作原理可知，直流电机的结构应由定子和转子两大部分组成。直流电机运行时静止不动的部分称为定子，转动的部分称为转子（或电枢）。直流电机的定子部分包括主磁极、换向极、机座和电刷装置等，主要作用是建立磁场；转子部分包括电枢铁心、电枢绕组、换向器和转轴等，主要作用是产生电磁转矩和感应电动势，它是直流电机进行能量转换的枢纽，所以直流电机的转子又称为电枢。

直流电机的额定值包括额定功率、额定电压、额定电流、额定转速和额定励磁电流等，是正确选择和使用直流电机的依据。

直流电机的电路包括电枢绕组和励磁绕组两部分。电枢绕组是直流电机进行能量转换的枢纽，由若干个相同的元件通过换向器的换向片以一定规律连接成为闭合绕组。根据元件及连接规律的不同，分为叠绕组和波绕组等方式：单叠绕组的连接规律是把上层边位于同一极下的所有元件串联起来构成一条支路，所以并联支路对数 a 等于极对数 p，即 $a=p$；而单波绕组则是将上层边处于同一极性（全部为 N 极或 S 极）下的元件串联在一起组成一条支路，另一极性下的所有元件组成另一条支路。因而单波绕组的支路对数等于 1，即 $2p=2$，单波绕组仅有两条支路。电枢绕组的结构特点决定了单叠绕组适用于低压、大电流直流电机，而单波绕组适用于高压、小电流直流电机。

磁场是直流电机进行机电能量转换的重要介质。根据励磁绕组与电枢绕组的连接不同，电机的励磁方式分为：他励、并励、串励以及复励（积复励和差复励）。不同励磁方式，其相应直流电机的运行性能差别也很大。

直流电机空载时，只有励磁绕组励磁磁通势所建立的励磁磁场，又称主磁场。负载时，电枢绕组中流过电流，产生电枢磁通势，称为电枢反应磁通势，电枢磁通势对主磁场的影响称为电枢反应。当电刷放在几何中性线上时，电枢反应的结果是：

1）气隙磁场发生畸变，半个磁极下的磁场增加，半个磁极下磁场削弱。物理中性线偏移几何中性线，对于直流发电机是顺转向偏移；对于电动机是逆转向偏移。

2）当磁路饱和时，每极总磁通量减少，具有去磁作用。直流电机磁场的一个典型特点是采用双边励磁，即负载后直流电机内部的磁场是由主磁极上的励磁磁动势与电枢上的电枢磁动势共同产生的。其主磁极的励磁磁动势与电枢反应磁动势不仅相对静止，而且在空间上相互正交，从控制角度看，称两者是完全解耦的。

直流电机进行机电能量转换时，电枢感应电动势 E_a 和电磁转矩 T_{em} 是最基本的两个物理量。感应电动势和电磁转矩的表达式分别为 $E_a = C_e \Phi n$ 和 $T_{em} = C_e \Phi I_a$，对于已经制造好的电机，电枢感应电动势 E_a 与每极磁通 Φ 和转速 n 成正比；电磁转矩 T_{em} 与每极磁通 Φ 和电枢电流 I_a 成正比。直流发电机的电枢电流 I_a 与感应电动势 E_a 同方向，电磁转矩 T_{em} 与转速 n 反方向，T_{em} 为制动转矩；直流电动机的电磁转矩 T_{em} 与 n 同方向，感应电动势 E_a 与电枢电流 I_a 反方向，E_a 为反电动势。

由于电动机是借助于电磁作用原理将电能转换成机械能的装置，其内部必有表征电磁过程和机电过程的基本关系式，这些基本方程式是电气系统的电压平衡方程式、机械系统的转矩平衡方程式和表征能量关系的功率平衡方程式。利用这些数学关系式，便可对直流电机的运行特性（工作特性和机械特性）进行分析与计算。

直流电动机的工作特性是指在满足一定的条件下，转速特性 $n = f(I_a)$、转矩特性 $T_{em} = f(I_a)$ 及效率特性 $\eta = f(I_a)$，工作特性反映了电动机工作时所具有的电气机械性能。

机械特性是研究电动机运行性能的主要工具，是电动机最重要的特性之一。它是指电动机的电磁转矩 T_{em} 和转速 n 的关系，即 $n = f(T_{em})$。一般称 $U_a = U_N$、$\Phi = \Phi_N$、电枢回路不串外加电阻（$R_\Omega = 0$）时的机械特性为电动机的固有机械特性，又称为自然机械特性。他励（或并励）直流电动机的机械特性是一条略向下斜的直线。将上述三个条件之一改变时的机械特性称为人为机械特性，改变电枢外串电阻时的人为特性为一组通过 n_0 的射线，均处于固有特性的下方，且外串电阻越大，特性越陡；降低电枢电压 U_a 的人为特性为一组与固有特性平行下移的特性曲线，也处于固有特性的下方；减弱磁通的人为特性为一组处于固有特性的上方、其理想空载转速及特性斜率都随磁通的减小而增加的特性曲线。

不同励磁方式的直流电动机其机械特性呈现不同的特点。对于并励（他励）直流电动机，在励磁电流（或磁通）不变的条件下，随着电磁转矩的变化，其转速变化较小；而串励直流电动机中，由于其励磁绕组与电枢绕组串联，电磁转矩与电流的二次方成正比。因此，串励直流电动机的机械特性变软，转速随着电枢电流的增加而迅速减小，当串励机空载或轻载运行时，电动机的转速 n 将很高，导致"飞车"现象，使电动机受到严重的损害，所以串励直流电动机不允许空载或轻载运行。

直流发电机运行时，转速由原动机决定，一般为额定转速 n_N 保持不变，所以表征其运动状况的物理量有外电压 U、励磁电流 I_f 和负载电流 I_2 三个物理量。当其中一个物理量保持不变时，另外两个物理量之间的关系为直流发电机的工作特性。它们分别为：空载特性 $U=f(I_f)$、外特性 $U=f(I_2)$ 和调节特性 $I_f=f(I_2)$。其中外特性反映了输出端电压 U 随负载电流 I_2 变化的情况，不同的励磁方式下其外特性的特性曲线也不尽相同。

对并励（或复励）直流发电机而言，由于其励磁电源取自发电机自身所发电压，这就必然存在一个问题，即当发电机工作之初，原动机拖动电枢转动，发电机还未发出电压，励磁绕组是如何获得电流并产生磁场，使得电枢绕组切割此磁场，最终发出所需要数值的端电压的？这个问题被称为发电机的自励建压问题。要使得并励（或复励）直流电机的自励建压成功，必须满足三个条件，即：电机必须有剩磁；励磁绕组并联到电枢绕组的极性必须正确；励磁回路的总电阻小于该转速下的临界电阻。

直流电机的换向问题是关系到电机安全运行的重要问题之一。换向不良会引起电刷下的换向火花超过容许的火花等级，损坏电刷和换向器。针对产生换向火花的电磁原因，改善换向的有效方法是设置换向极。对换向极的要求是：换向极应安装在相邻两异性主磁极之间的几何中性线处；换向极的极性应使所产生的磁动势的方向与电枢反应磁动势 F_a 相反，即电动机状态时，换向极的极性应与顺转向下一个主磁极的极性相反；发电机状态时，换向极的极性应与顺转向下一个主磁极的极性相同；换向极绕组与电枢绕组串联，并使换向极磁路处于不饱和状态。在容量较大或负载变化剧烈的电动机中，电枢反应使磁场发生严重畸变，可能产生电位差火花，它与换向火花汇合时会引起环火，从而烧坏电机。防止环火的有效方法是采用补偿绕组。

思 考 题

2-1 直流电机有哪些主要结构部件？它们各起什么作用？

2-2 直流电机电刷外的电流是直流还是交流？电刷内的电枢绕组中所流过的电流是交流还是直流？若是交流，其交变频率是多少？

2-3 换向器和电刷在直流电动机和直流发电机中分别起什么作用？

2-4 直流电机铭牌上所给出的额定功率是指输入功率还是输出功率？对于电动机和发电机有什么不同？是电功率还是机械功率？

2-5 直流电动机有哪些励磁方式？不同励磁方式下的电枢绕组与励磁绕组之间如何连接？其线路电流 I_1、电枢电流 I_a 以及励磁电流 I_f 之间存在什么关系？

2-6 什么是直流电机的电枢反应？电枢反应的影响是什么？

2-7 直流电机的感应电枢表达式 $E_a=C_e\varPhi n$ 和电磁转矩表达式 $T_a=C_e\varPhi I_a$ 中的 $\varPhi$ 指的是什么磁通？直流电机空载和负载时的 $\varPhi$ 是否相同？为什么？

2-8 直流电动机的转速特性和转矩特性指的是什么？电动机的电磁转矩是拖动性质的转矩，电磁转矩增大时转速为什么反而下降？

2-9 串励直流电动机的机械特性与他励直流电动机比较有何不同？串励直流电动机为什么不允许空载或轻载运行？

2-10 在一定的励磁条件下，他励直流发电机输出的电压要比空载时的输出电压低，为什么？

2-11 若要改变他励、并励、串励和复励直流电动机的转向，应采取什么措施？

2-12 何谓直流电机的可逆原理？如何判别直流电机运行于电动机状态还是发电机

状态?

2-13　并励直流发电机建压需要哪些条件？其稳定后的空载端电压由什么决定的？

2-14　直流电动机在正常运行中，因某种原因使得励磁绕组突然断开，试分析将发生什么现象？

2-15　若分别将并励直流电动机和串励直流电动机的端部供电电源极性改变，其转向是否改变？

2-16　换向元件在换向过程中可能出现哪些电动势？是什么原因引起的？它们对换向各有何影响？

2-17　换向极的作用是什么？装在什么地方？绕组如何励磁？如果换向极绕组的极性接反，运行时会出现什么现象？

练　习　题

2-1　某台并励直流发电机的数据如下：

$P_N=20\text{kW}$，$U_N=230\text{V}$，$n_N=1500\text{r/min}$，电枢回路总电阻 $R_a=0.156\Omega$，励磁回路总电阻 $R_f=73.3\Omega$，机械损耗 P_{mec} 和铁耗 P_{Fe} 之和为 1kW，附加损耗 $p_s=1\%P_N$，试求：

1) 额定状态下电机电枢回路的铜耗 p_{cua} 及励磁回路的铜耗 p_{cuf}。

2) 电磁功率 P_{em} 及总损耗 $\sum p$。

3) 输入功率 P_1 及效率 η。

2-2　一台四极并励直流电机，其电枢绕组为单波绕组，电枢表面的总导体数 $N=381$ 根，该电机接在 220V 的电网上，励磁电流 $I_{fN}=1.73\text{A}$，电枢回路的总电阻 $R_a=0.205\Omega$，$n=1500\text{r/min}$，$\Phi=0.0105\text{Wb}$，铁耗 $p_{Fe}=362\text{W}$，机械损耗 $p_{mec}=240\text{W}$（忽略附加损耗），试问：

1) 该电机运行在发电机状态还是电动机状态？

2) 电磁转矩及电磁功率各是多少？

3) 输入功率和效率各是多少？

2-3　某台并励直流电动机的数据如下：

$P_N=96\text{kW}$、$U_N=440\text{V}$、$I_N=255\text{A}$、$I_{fN}=5\text{A}$、$n_N=500\text{r/min}$，电枢回路电阻 $R_a=0.078\Omega$，不计电枢反应，试求：

1) 电动机的额定电磁转矩。

2) 额定输出转矩。

3) 电动机的空载转速。

4) 当电枢电流为额定电流的一半时的转速。

2-4　某台他励直流电动机的数据如下：

$P_N=22\text{kW}$，$U_N=220\text{V}$，$I_N=115\text{A}$，$n_N=1500\text{r/min}$，电枢电阻 $R_a=0.1\Omega$，忽略空载转矩，电动机带额定负载运行，试求：

1) 采用降低电源电压降速时，要求转速降到 800r/min，外加电压应降为多少？

2) 采用电枢回路串电阻降速时，要求转速降到 800r/min，应串入多大的电阻值？

3) 采用弱磁调速时，要求转速为 1800r/min，磁通降为额定磁通的百分数？

4）在上述 1）及 2）两种情况下，电动机的输入功率与输出功率各为多少？（不计励磁回路的功率）

2-5 某台并励直流发电机的数据如下：

电枢电阻 $R_a=0.25\Omega$，励磁回路电阻 $R_f=44\Omega$，当端电压 $U=220V$，负载电阻 $R_L=4\Omega$ 时。试求：

1）励磁电流、负载电流及电枢电流。

2）输出功率和电磁功率。

2-6 某台并励直流电动机，额定电压为 110V，电枢电阻为 0.045Ω，当电动机加上额定电压带一定负载转矩 T_L 时，其转速为 1000r/min，电枢电流为 40A。现将负载转矩增大到原来的 4 倍，电枢电流及转速各为多少？（忽略电枢反应）

2-7 一台他励直流电动机的数据如下：

$P_N=96kW$，$U_N=440V$，$I_N=250A$，$n_N=500r/min$，$R_a=0.078\Omega$，试求：

1）固有机械特性上的理想空载点和额定负载点的数据。

2）当电枢回路的总电阻为 $50\%R_N\left(R_N=\dfrac{U_N}{I_N}\right)$ 时的人为机械特性。

3）当电枢回路的端电压 $U_1=50\%U_N$ 时的人为机械特性。

4）当 $\Phi=80\%\Phi_N$ 时的人为机械特性。

2-8 两台完全相同的并励直流电机，它们的转轴通过联轴器联结在一起，而电枢均并联在 230V 的直流电网上，转轴上不带任何负载。已知直流电机在 1000r/min 时的空载特性如下表所示。

I_f/A	1.3	1.4
E_a/V	186.7	195.9

电枢回路的总电阻为 0.1Ω。机组运行在 1200r/min 时，甲台电机的励磁电流为 1.4A，乙台电机的励磁电流为 1.3A，问：

1）此时哪台电机为发电机，哪台为电动机？

2）总的机械损耗和铁耗（即空载损耗）为多少？

3）当转速不变时，如何调节励磁电流使得两台电机都运行在电动机状态？

第3章 直流电动机的电力拖动

【内容简介】

电力拖动系统的动力学基础是讨论电力拖动系统运行性能的必备基础知识，因此，本章首先介绍了动力学基础，内容包括：单轴拖动系统的运动方程式、多轴拖动系统的折算；然后讨论各类典型负载的负载转矩特性及电力拖动系统的稳定性问题；针对电力拖动系统的动态过程进行了一般分析；最后重点讨论他励直流电动机组成的电力拖动系统的运行性能和相关问题，如电动机的起动、调速和制动的方法与性能。

【本章重点】

单轴拖动系统的运动方程式、典型的负载转矩特性、电力拖动系统稳定运行的条件、他励直流电动机的起动、调速及制动时的方法、机械特性及运行性能。

【本章难点】

调速指标的理解及调速方法和负载的配合；电动机工作在能耗制动、电压反接制动、转速反向的反接制动及回馈制动时，电路中的电压、电流、转速及电磁转矩等参数的大小及方向的确定；分析动态过程时其稳态值及起始值的确定。

3.1 电力拖动系统的动力学基础

研究电力拖动系统的运行性能所必备的动力学基础，目的是为讨论电力拖动系统的运行性能作必要的准备。

3.1.1 单轴电力拖动系统的运动方程式

研究电力拖动系统的主要任务是对系统的运行性能进行分析，只有为拖动系统建立起数学模型，才能深入地分析和研究其运行性能。电力拖动系统和其他机械运动系统一样，总可以用一个数学公式描述其运动状态。然而电力拖动系统的种类繁多，有复杂的也有简单的，本节从最简单的单轴系统入手，推导出其运动方程式。

首先观察直线运动情况，由物理学知，质量为 m 的物体作直线运动时，当加在物体上的拖动力为 F，阻力为 F_L，速度为 v 时，在图 3-1 所示正方向下，描述此直线运动的方程式为

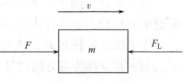

图 3-1 直线运动系统

$$F - F_L = m\frac{\mathrm{d}v}{\mathrm{d}t}$$

式中，拖动力 F 和阻力 F_L 的单位为 N（牛）；质量 m 的单位为 kg（千克）；速度 v 的单位为 m/s（米/秒）；时间 t 的单位为 s（秒）；直线运动加速度的单位为 m/s^2（米/秒^2）。

与直线运动相对应，转动惯量为 J 的刚体做定轴旋转运动时，当加在刚体上的拖动转矩为 T_{em}，阻转矩为 T_L，角速度为 ω 时，在图 3-2 所示正方向下，描述旋转运动的方程式为

$$T_{em} - T_L = J \frac{d\Omega}{dt} \tag{3-1}$$

式中，拖动转矩 T_{em} 和阻转矩 T_L 的单位为 N·m（牛顿·米）；转动惯量 J 的单位为 kg·m²（千克·米²）；机械角速度的单位为 rad/s（弧度/秒）；机械角加速度的单位为 rad/s²（弧度/秒²）。

在单轴电力拖动系统中，电动机直接与工作机构相连，构成了一个定轴旋转系统，其运行状态仍可用式（3-1）描述。

在实际工程计算中，往往不用转动惯量 J，而是用一个叫作飞轮惯量 GD^2 的参量来表征旋转系统的惯性作用，用转速 n 代替角速度 Ω，它们之间有如下的换算关系：

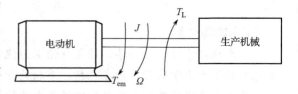

图 3-2　单轴电力拖动系统

$$J = m\rho^2$$

式中　m——旋转体的质量；

ρ——旋转体的惯性半径。

将 $m = \dfrac{G}{g}$ 和 $\rho = \dfrac{D}{2}$ 代入 $J = m\rho^2$ 中，得

$$J = m\rho^2 = \left(\frac{G}{g}\right)\left(\frac{D}{2}\right) = \frac{GD^2}{4g} \tag{3-2}$$

机械角速度与转速的关系式为

$$\Omega = \frac{2\pi}{60}n \tag{3-3}$$

将式（3-2）、式（3-3）代入式（3-1），得

$$T_{em} - T_L = \frac{GD^2}{375}\frac{dn}{dt} \tag{3-4}$$

式中　T_{em}——电动机的电磁转矩；

　　　T_L——负载转矩，应为生产机械负载转矩 T_2 和电动机空载转矩 T_0 之和；

　　　GD^2——表征整个旋转系统惯量的物理量，通常称 GD^2 为飞轮惯量或飞轮矩。

电动机及其他机械部分的 GD^2 可以从相应的产品目录或有关手册查得，其单位目前都是用 kgf·m²（千克力·米²），为了转换成国际单位制，将查得的数据乘以 9.81 即可换算成 N·m²（牛·米²）。

式（3-4）为运动方程式的实用形式，它表征了电力拖动系统机械运动的普遍规律，是研究电力拖动系统运行状态的基础，在工程上被大量使用。

为了描述各种运动形式和运动状态的系统，使运动方程式具有普遍性，式（3-4）中的 T_{em}、T_L 和 n 都为有方向的量。运动参考方向、转速及转矩的符号规定如下：

先任意选定某一旋转方向为正方向，n 与正方向一致规定为正，反之为负；T_{em} 与正方向一致规定为正，反之为负；T_L 与正方向一致规定为负，反之为正（因为运动方程式中 T_L 前面有一负号）。这样就可以用式（3-4）判断电力拖动系统的运行状态：

1）当 $T_{em} = T_L$ 时，加速度 $\dfrac{dn}{dt} = 0$，所以 $n = 0$ 为常数，电力拖动系统处于静止或稳定运转状态。

2）当 $T_{em}>T_L$ 时，加速度 $\dfrac{dn}{dt}>0$，电力拖动系统处于正向加速或反向减速状态。

3）当 $T_{em}<T_L$ 时，加速度 $\dfrac{dn}{dt}<0$，电力拖动系统处于正向减速或反向加速状态。

3.1.2 多轴电力拖动系统的运动方程式

在工业企业中，为了满足工业过程的要求，生产机械的工作机构要求运转速度较低，而一般电动机转速较高；或者生产机构要求做直线运动，而电动机做旋转运动，所以很多场合电机不适合于直接和工作机构相连，而是要通过一些减速机构，如齿轮箱、带轮、蜗轮、蜗杆等将它们相连，这样就构成了多轴系统。

因为运动方程式（3-4）是对单轴系统而言的，对于多轴系统，每根轴上具有不同的转动惯量和转速，故不能直接应用一个运动方程式描述整个系统。原则上讲，可以列出每根轴上的运动方程式，再列出各轴间相互联系的运动方程式，然后联立求解，才能研究整个系统，显然这样做是非常麻烦的。

就电力拖动系统而言，一般不需要研究每根轴上的情况，只需将电机轴作为研究对象。所以为了简化计算，我们把多轴复杂系统等效成一个单轴简单系统，方法是把电机轴后面的传动机构和工作机构部分都折算到电机轴上，如图 3-3 中虚线框部分所示，用一个等效负载代替，这样就可以用单轴系统的运动方程式研究多轴系统，这时的运动方程式为

$$T_{em}-T_L=\frac{GD^2}{375}\frac{dn}{dt}$$

式中，T_L 及整个系统的飞轮惯量 GD^2 都是由原多轴系统折算过来的。

在实际生产过程中，工作机构的运动状态可以分为旋转运动和直线运动。下面分别分析两种运动状态的折算方法。

1. 多轴旋转系统的折算（指工作机构作旋转运动）

图 3-3a 所示为一实际的多轴旋转系统，其参数如下：

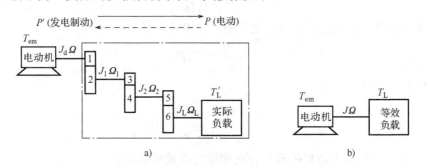

图 3-3　多轴旋转运动系统的等效

a）等效前的实际多轴旋转系统　b）等效后的单轴系统

电机轴的转动惯量为电机和齿轮 1 的转动惯量之和，即 $J_D=J_d+J_1$。

第 1 轴的转动惯量 J_1 为齿轮 2 和齿轮 3 的转动惯量之和。

第 2 轴的转动惯量 J_2 为齿轮 4 和齿轮 5 的转动惯量之和。

负载轴的转动惯量 J_L 为齿轮 6 和工作机构的转动惯量之和。

第 1 级传动比 $j_1 = \dfrac{\Omega_D}{\Omega_1} = \dfrac{z_2}{z_1}$

第 2 级传动比 $j_2 = \dfrac{\Omega_1}{\Omega_2} = \dfrac{z_4}{z_3}$

第 3 级传动比 $j_3 = \dfrac{\Omega_2}{\Omega_L} = \dfrac{z_6}{z_5}$

总传动比：$j = \dfrac{\Omega_D}{\Omega_L} = \dfrac{\Omega_D}{\Omega_1}\dfrac{\Omega_1}{\Omega_2}\dfrac{\Omega_2}{\Omega_L} = j_1 j_2 j_3 > 1$

式中 $z_1 \sim z_6$ ——分别为齿轮 1～齿轮 6 的齿数。

等效后的系统如图 3-3b 所示，需要折算的参量为等效负载转矩 T_L 和等效系统的总飞轮惯量 GD^2。

（1）工作机构转矩 T_L' 的折算

T_L' 作用在实际多轴旋转系统的负载轴上，将它折算到电机轴上，用电机轴上等效负载转矩 T_L 代替。

因为负载转矩的变化对运动过程的影响直接反映在系统的传送功率上，因此，折算原则是：折算前后实际系统和等效系统传送的功率不变。中间传动机构的损耗在传动效率 η_c 中考虑。因为实际工作中电机可能工作于电动状态或发电制动状态，所以分两种情况考虑。

①电机工作在电动状态

这时电动机拖动工作机构旋转，电动机发出功率，一部分供给工作机构，另一部分消耗在传动机构中，功率传递的方向是由电动机向工作机构，如图 3-3a 中的实线箭头所示，损耗由电动机承担。

折算前电动机发出的功率应为工作机构得到的功率除以传动机构的效率，见图 3-3，即

$$P = \frac{T_L'\Omega_L}{\eta_c}$$

折算后电动机发出的功率应为等效负载得到的功率，如图 3-3b 所示，即

$$P' = T_L\Omega_D$$

根据折算原则，折算前后电动机发出的功率相等，有

$$\frac{T_L'\Omega_L}{\eta_c} = T_L\Omega_D$$

从而得等效负载转矩为

$$T_L = \frac{T_L'}{\dfrac{\Omega_D}{\Omega_L}\eta_c} = \frac{T_L'}{j\eta_c} \tag{3-5}$$

式中 Ω_D、Ω_L ——分别为电机轴和工作机构轴的机械角速度；

T_L' ——多轴旋转系统工作机构轴上的转矩；

T_L ——工作机构折算到电机轴上的等效负载转矩；

η_c ——传动机构的总效率；

$j = \dfrac{\Omega_D}{\Omega_L}$ ——传动机构的总传动比。

可见，等效负载转矩 T_L 与原多轴系统的工作机构转矩 T_L' 成正比，与 j 及 η_c 成反比。

②电机工作在发电制动状态

68

这时工作机构拖动电动机旋转，工作机构发出功率，一部分供给电机，另一部分消耗在传动机构中，功率传递的方向是由工作机构向电机，如图 3-3a 中的虚线箭头所示，损耗由工作机构承担。

折算前电机得到的功率应为工作机构发出的功率乘以传动机构的效率，即

$$P = T'_{\mathrm{L}}\Omega_{\mathrm{L}}\eta_{\mathrm{c}}$$

折算后电动机得到的功率应为等效负载发出的功率，即

$$P' = T_{\mathrm{L}}\Omega_{\mathrm{D}}$$

根据折算原则，折算前后电动机得到的功率相等，有

$$T_{\mathrm{L}}\Omega_{\mathrm{D}} = T'_{\mathrm{L}}\Omega_{\mathrm{L}}\eta_{\mathrm{c}}$$

从而得

$$T_{\mathrm{L}} = \frac{T'_{\mathrm{L}}}{j}\eta_{\mathrm{c}} \tag{3-6}$$

可见，T_{L} 与 T'_{L} 及 η_{c} 成正比，与 j 成反比。

关于效率 η_{c} 的说明：

1）对于多级传动，总效率应为各级效率的乘积。

2）$\eta_{\mathrm{c}} \neq$ 常数，对于某一具体的生产机械，负载大小不同，效率也不相同，一般轻载比满载低，一般近似取 $\eta_{\mathrm{c}} = \eta_{\mathrm{cN}}$（额定功率）。

（2）传动机构与工作机构飞轮惯量的折算

将传动机构和工作机构的飞轮惯量都折算到电机轴上，用一个等效的飞轮惯量代替。因为各轴的转动惯量对运动过程的影响直接反映在各轴所储存的动能上，所以折算原则为折算前后系统储存的动能不变。

折算前系统储存的动能为　$A = \frac{1}{2}J_{\mathrm{D}}\Omega_{\mathrm{D}}^2 + \frac{1}{2}J_1\Omega_1^2 + \frac{1}{2}J_2\Omega_2^2 + \frac{1}{2}J_{\mathrm{L}}\Omega_{\mathrm{L}}^2$

折算后系统储存的动能为　$A' = \frac{1}{2}J\Omega_{\mathrm{D}}^2$

根据折算原则，有

$$\frac{1}{2}J\Omega_{\mathrm{D}}^2 = \frac{1}{2}J_{\mathrm{D}}\Omega_{\mathrm{D}}^2 + \frac{1}{2}J_1\Omega_1^2 + \frac{1}{2}J_2\Omega_2^2 + \frac{1}{2}J_{\mathrm{L}}\Omega_{\mathrm{L}}^2$$

从而得

$$J = J_{\mathrm{D}} + \frac{J_1}{\left(\frac{\Omega_{\mathrm{D}}}{\Omega_1}\right)^2} + \frac{J_2}{\left(\frac{\Omega_{\mathrm{D}}}{\Omega_2}\right)^2} + \frac{J_{\mathrm{L}}}{\left(\frac{\Omega_{\mathrm{D}}}{\Omega_{\mathrm{L}}}\right)^2}$$

将 $J = \frac{4D^2}{4g}$ 及 $\Omega = \frac{2\pi}{60}n$ 代入上式，得

$$GD^2 = GD_{\mathrm{D}}^2 + \frac{GD_1^2}{\left(\frac{n_{\mathrm{D}}}{n_1}\right)^2} + \frac{GD_2^2}{\left(\frac{n_{\mathrm{D}}}{n_2}\right)^2} + \frac{GD_{\mathrm{L}}^2}{\left(\frac{n_{\mathrm{D}}}{n_{\mathrm{L}}}\right)^2} \tag{3-7}$$

推广到一般系统

$$GD^2 = GD_{\mathrm{D}}^2 + \frac{GD_1^2}{\left(\frac{n_{\mathrm{D}}}{n_1}\right)^2} + \frac{GD_2^2}{\left(\frac{n_{\mathrm{D}}}{n_2}\right)^2} + \cdots + \frac{GD_i^2}{\left(\frac{n_{\mathrm{D}}}{n_i}\right)^2} + \cdots + \frac{GD_{\mathrm{L}}^2}{\left(\frac{n_{\mathrm{D}}}{n_{\mathrm{L}}}\right)^2} \tag{3-8}$$

式中　GD_i^2——第 i 轴的飞轮惯量。

n_i——电机轴后第 i 轴的转速。

一般情况下，在系统总的飞轮惯量 GD^2 中，电机本身的飞轮惯量 GD_d^2 占主要部分，传动轴和工作机构轴上的飞轮惯量折算到电机轴上数值不大。为简便起见，在实际工作中可采用以下经验公式估算系统的总飞轮惯量

$$GD^2 = (1+\delta)GD_d^2 \tag{3-9}$$

系数 δ 视传动机构和工作机构的具体情况而定，一般取 $\delta=0.2 \sim 0.3$。

2. 直线运动系统的折算（指工作机构作直线运动）

某些生产机械具有直线运动的工作机构，如起重机的提升机构、刨床工作台带动工件运动等，现以起重机为例，介绍其折算方法，等效前的实际系统如图 3-4a 所示，等效后的系统如图 3-4b 所示。

等效后的系统（见图 3-4b）需要折算的参量为等效负载转矩 T_L 和等效系统总飞轮惯量 GD^2，总飞轮惯量 GD^2 包括实际系统中所有作旋转运动部分的折算值和作直线运动部分的折算值之和，而作旋转运动部分的折算值计算由式（3-8）描述，在此只要求出作直线运动部分的折算值 $(GD^2)'$ 即可。

（1）静态力矩 F_L 的折算

设直线运动部件的作用力为

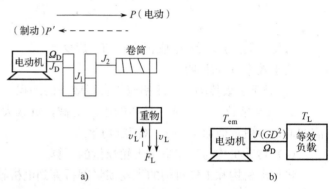

图 3-4 多轴直线运动系统的等效
a）等效前的实际多轴系统 b）等效后的单轴系统

F_L，直线运动速度为 v_L，F_L 的作用在电机轴上反映了一个转矩，现将 F_L 折算到电机轴上，用等效负载转矩 T_L 等效。

折算原则仍是折算前后系统传送功率不变。

①物体提升。这时电机工作在电动状态，电动机带动物体提升，功率由电动机传到负载，如图 3-4a 中的实线箭头所示，损耗由电动机承担。

折算前的实际系统中，电动机发出的功率为直线运动部件得到的功率除以传动机构的效率，如图 3-4a 所示，即

$$P = \frac{F_L v_L}{\eta_c}$$

折算后的等效系统中，电动机发出的功率为直线运动部件得到的功率，如图 3-4b 所示，即

$$P' = T_L \Omega_D$$

根据折算原则，折算前后电动机发出的功率不变，则有

$$\frac{F_L v_L}{\eta_c} = T_L \Omega_D$$

从而得

$$T_L = \frac{F_L v_L}{\eta_c \Omega_D} = 9.55 \frac{F_L v_L}{\eta_c n_D} \tag{3-10}$$

$$\Omega_D = \frac{2\pi}{60} n_D$$

式中 $\eta_c\uparrow$——物体上升时传动机构的效率；

    Ω_D——电机轴的机械角速度。

②物体下放。这时电机工作于制动状态，功率由负载传到电机，损耗由负载承担。同理，根据折算原则，可得

$$T_L\Omega_D=F_Lv_L\eta_c\downarrow$$

从而得

$$T_L=9.55\frac{F_Lv_L}{n_D}\eta_c\downarrow \tag{3-11}$$

式中 $\eta_c\downarrow$——物体下放时传动机构的效率，一般 $\eta_c\downarrow\neq\eta_c\uparrow$，可以证明，$\eta_c\downarrow=2-\dfrac{1}{\eta_c\uparrow}$。

（2）工作机构直线运动质量 m_L 的折算

表征直线运动的惯性是用质量 m_L 表示的。重物提升或下放时，在其质量 m_L 中储存着动能，是整个系统的一部分，因此，必须将速度 v_L 的质量 m_L 折算到电机轴上，用电机轴上一个转动惯量为 J'_L 的转动体与之等效。

折算原则是：工作机构直线运动质量 m_L 中储存的动能与将其折算到电机轴上的转动惯量 J'_L 中储存的动能相等。

工作机构作直线运动时，其质量 m_L 中储存的动能为 $\dfrac{1}{2}m_Lv_L{}^2$，折算到电机轴上的等效

转动惯量 J'_L 中储存的动能为 $\dfrac{1}{2}J'_L\Omega_D{}^2$。根据折算原则，有

$$\frac{1}{2}m_Lv_L{}^2=\frac{1}{2}J'_L\Omega_D{}^2$$

将 $J'_L=\dfrac{(GD^2)'}{4g}$、$\Omega_D=\dfrac{2\pi}{60}n_D$ 及 $m_L=\dfrac{G_L}{g}$ 代入上式，得

$$(GD_L{}^2)'=365\frac{G_Lv_L^2}{n_D{}^2} \tag{3-12}$$

式中 G_L——作直线运动的工作机构及吊钩的重量；

    v_L——工作机构作直线运动的速度；

    n_D——电机轴的转速；

    365——常数，即 $(60/\pi)^2$。

等效系统的总飞轮惯量为

$$GD^2=GD_D^2+\frac{GD_1^2}{\left(\dfrac{n_D}{n_1}\right)^2}+\frac{GD_2^2}{\left(\dfrac{n_D}{n_2}\right)^2}+365\frac{G_Lv_L^2}{n_D{}^2} \tag{3-13}$$

综上所述，通过对系统转矩（或作用力）和飞轮惯量的折算，就可将一个多轴运动系统折算成一个单轴运动系统，从而可用单轴系统的运动方程式分析实际多轴系统中电动机的运行状况。

例 3-1 某起重机电力拖动系统如图 3-5 所示，电动机的数据为：$P_N=20$kW，$n_N=950$r/min。传动机构速比为 $j_1=3$，$j_2=3.5$，$j_3=4$。各飞轮惯量为 $GD_D^2=123$N·m²，$GD_1^2=49$N·m²，$GD_2^2=40$N·m²，$GD_m^2=465$N·m²。各级齿轮传动效率都是 0.95，卷筒直径 $d=0.6$m，吊钩质量 $m_0=200$kg，重物质量 $m=5000$kg。忽略电动机的空载转矩 T_0 以及钢绳重量和滑轮的传动损耗。试求：

（1）以 $v_L=18\text{m/min}$ 的速度提升重物时，折算到电动机轴上的系统总飞轮惯量。

（2）卷筒转速及电动机的转速。

（3）作用在卷筒上的负载转矩及电动机输出的转矩。

（4）以加速度 $a=0.1\text{m/s}^2$ 提升重物时，电动机的输出转矩。

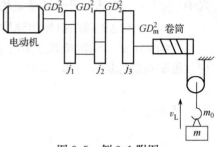

解：（1）以 $v_L=18\text{m/min}$ 的速度提升重物时，折算到电动机轴上的系统总飞轮惯量

图 3-5　例 3-1 附图

$$GD^2=GD_D{}^2+\frac{GD_1{}^2}{j_1^2}+\frac{GD_2{}^2}{(j_1j_2)^2}+\frac{GD_m^2}{(j_1j_2j_s)^2}+365\,\frac{(m_0+m)\ g\ (v_L/60)^2}{n_D{}^2}$$

$$=\left[123+\frac{49}{3^2}+\frac{40}{(3\times3.5)^2}+\frac{465}{(3\times3.5\times4)^2}+365\,\frac{(200+5000)\times9.81\times(18/60)^2}{802^2}\right]\text{N}\cdot\text{m}^2$$

$$=131.7\text{N}\cdot\text{m}^2$$

（2）卷筒转速

$$n_m=\frac{60\ (2v_L/60)}{\pi d}=\frac{60\times2\times18/60}{\pi\times0.6}\text{r/min}=19.1\text{r/min}$$

电动机的转速

$$n=jn_m=3\times3.5\times4\times19.1\text{r/min}=802\text{r/min}$$

（3）卷筒上的负载转矩

$$T_m=\frac{1}{2}\ (m_0+m)\ g\,\frac{d}{2}=\frac{1}{2}\ (200+5000)\times9.81\times\frac{0.6}{2}\text{N}\cdot\text{m}=7651.8\text{N}\cdot\text{m}$$

电动机输出转矩

$$T_{em}=\frac{T_m}{j\eta_c}=\frac{7651.8}{3\times3.5\times4\times0.95^2}\text{N}\cdot\text{m}=212.5\text{N}\cdot\text{m}$$

（4）以加速度 $a=0.1\text{m/s}^2$ 提升重物时，电动机的转速

$$n=j_1j_2j_3n_m=j_1j_2j_3\times60\times\frac{2}{\pi d}v_L$$

电动机的加速度

$$\frac{\text{d}n}{\text{d}t}=j_1j_2j_3\,\frac{120}{\pi d}\cdot\frac{\text{d}v_L}{\text{d}t}=j_1j_2j_3\,\frac{120}{\pi d}\cdot a=3\times3.5\times4\times\frac{120}{\pi\times0.6}\times0.1\text{r/min}\cdot\text{s}=267.4\text{r/min}\cdot\text{s}$$

电动机的输出转矩

$$T_{em}=T_L+\frac{GD^2}{365}\cdot\frac{\text{d}n}{\text{d}t}=\left(212.5+\frac{131.7}{365}\times267.4\right)\text{N}\cdot\text{m}=306.4\text{N}\cdot\text{m}$$

3.2　各类生产机械的负载转矩特性

生产机械工作机构的负载转矩 T_L 与转速 n 的关系称为负载转矩特性，即 $n=f(T_L)$。它与电动机的机械特性 $n=f(T_{em})$ 相对应。生产机械种类繁多，不同的生产机械可能具有不同的负载特性，根据统计分析，归纳为三种典型的负载转矩特性，现分别介绍如下。

3.2.1　恒转矩负载特性

凡是负载转矩 T_L 的大小不随转速 n 的变化而变化的生产机械，都具有恒转矩负载特性。

即当转速 n 变化时，负载转矩 T_L 的大小不变。根据 T_L 的方向是否随转速 n 变化，恒转矩负载又分为反抗性恒转矩负载和位能性恒转矩负载。

1. 反抗性恒转矩负载特性

反抗性恒转矩负载特性的特点是负载转矩 T_L 的大小不随转速 n 的变化而变化，但其方向总是与运动的方向相反，摩擦性负载转矩就具有这样的性质。反抗性负载摩擦力的方向总是与运动的方向相反，摩擦力的大小只与正压力和摩擦系数有关，而与运动的速度无关，属于这类负载的有机床平移的刀架、轧钢机的轧辊、行车的行车机构、电动机的空载转矩等。将负载特性画在平面坐标图上，根据 3.1.1 节负载转矩的符号规定法，反抗性恒转矩负载特性在第一和第三象限，如图 3-6a 所示。

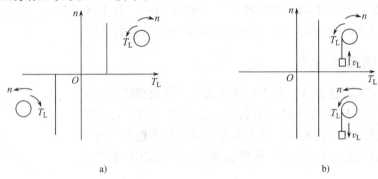

a)   b)

图 3-6   恒转矩负载特性

a）反抗性恒转矩负载特性   b）位能性恒转矩负载特性

2. 位能性恒转矩负载特性

位能性恒转矩负载特性的特点是负载转矩 T_L 具有固定的大小和方向，即 n 的大小和方向改变时，T_L 的大小和方向都不变。属于这一类的生产机械有起重机的提升和下放机构、高炉料车卷扬机构等。在这类生产机械中，无论是提升还是下放重物，重力的作用总是向下的，反映在电机轴上的转矩总是一个方向的。位能性恒转矩负载特性在第一和第四象限，如图 3-6b 所示。

3.2.2 通风机负载特性

通风机负载特性的特点是负载转矩 T_L 基本上和转速 n 的二次方成正比，即

$$T_L = K n^2$$

生产实际中大量使用的风机、水泵、油泵等生产机械，当机器叶片转动时，其中空气、水、油等介质对叶片的阻力基本上和 n^2 成正比，这类生产机械具有通风机负载特性。当转速反向时，负载转矩也反向。其负载特性在第一和第三象限，如图 3-7 所示。

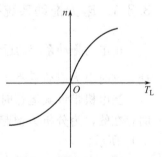

图 3-7   通风机负载特性

3.2.3 恒功率负载特性

恒功率负载特性的特点是负载转矩 T_L 与转速 n 成反比。即

$$T_L = \frac{K}{n}$$

这时对应的负载功率为

$$P_L = T_L\varOmega = \frac{K}{n}\frac{2\pi}{60}n = \frac{2\pi}{60}K = \text{常数}$$

由于 n 变化时，负载功率 P_L 基本不变，故称之为恒功率负载。

金属切削机床是典型的恒功率负载，在机械加工业中，有许多机床（如车床）在粗加工时，切削量比较大，因而切削阻力大，采用低速运行；在精加工时，切削量比较小，因而切削阻力小，采用高速运行。这使得在不同转速下，负载转矩的数值基本上和转速成反比，但负载功率基本不变。恒功率负载特性在坐标图的第一和第三象限，第 I 象限的负载特性如图 3-8 所示。

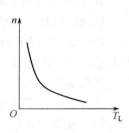

图 3-8　恒功率负载特性

恒功率只是机床加工的一种选择，并非必须如此。若不按反比规律选择（如低速时取切削量小），就不呈现恒功率负载的特性。

3.2.4　实际的负载特性

以上三类负载特性是从实际中抽象出来的典型负载特性，而实际负载特性可能是以某种典型负载为主的几种典型特性的组合，如实际的通风机转起来后，除了主要是通风机特性外（叶片阻力），其电机内部还有一定的摩擦等转矩 T_0，因而实际的通风机负载特性为

$$T_L = T_0 + Kn^2$$

其对应的负载转矩特性如图 3-9 中实线所示。

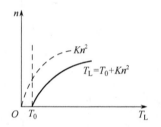

图 3-9　实际通风机负载特性

3.3　电力拖动系统稳定运行的条件

前面分别分析了电动机的机械特性和负载转矩特性，当电动机与机械负载构成电力拖动系统时，就有了电动机和负载相互配合的问题，只有配合正确，系统才能稳定运行。

3.3.1　电力拖动系统平衡运转的概念

由电力拖动系统的运动方程式 $T_{em} - T_L = \frac{GD^2}{375}\frac{dn}{dt}$ 可知，当 $T_{em} = T_L$ 时，$\frac{dn}{dt} = 0$。n 为恒速，这时电力拖动系统处于平衡运转状态。

当电机带负载运行时，电动机的机械特性和负载特性是同时存在的，为分析方便起见，将两者绘在同一坐标图上，如图 3-10 所示。

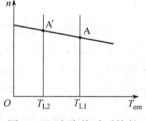

图 3-10　电力拖动系统的
稳定运行

哪一点为平衡运转点呢？在机械特性和负载特性的交点处（如 A 点），$T_{em} = T_L$、$n = n_A$，$\frac{dn}{dt} = 0$，系统平衡运转；在交点之上，$T_{em} < T_L$，$\frac{dn}{dt} < 0$，系统正向减速；在交点之下，$T_{em} > T_L$，$\frac{dn}{dt} > 0$，系统正向加速。可见，只有机械特性和负载特性的交点为平衡运转点。

系统平衡运转时，电动机产生的电磁转矩 T_{em} 与负载转矩 T_L 相等，即 $T_{em} = T_L$，而由

基本方程式知 $T_{em} = C_T\Phi I_a$，电枢电流 $I_a = \dfrac{T_{em}}{C_T\Phi} = \dfrac{T_L}{C_T\Phi}$，当 Φ 不变时，电枢电流 I_a 的大小只取决于负载转矩 T_L 的大小。电动机所带的负载越大，则 I_a 越大，反之亦然。这个概念很重要，对各种电机都适用。

3.3.2 电力拖动系统稳定运行的概念

所谓稳定运行，是指电力拖动系统原来处于平衡运转状态，在某种干扰下，离开了原来的平衡状态，若系统有能力到达新的平衡运转点，或者当干扰消除后，能够回到原平衡状态点，就可以说系统原来处于稳定运行状态。

例 3-2 用稳定运行的概念判断图 3-10 中的 A 点是否为稳定运行点？

系统原来在 A 点平衡运转，这时，$n = n_A$，$T_{em} = T_{L1}$。

突加干扰，假定负载转矩由 T_{L1} 减少到 T_{L2}，由于机械惯性，开始时 n 不能突变，仍为 n_A，反电动势 $E_a = C_e\Phi n$、电枢电流 $I_a = \dfrac{U_a - E_a}{R_a}$ 及电磁转矩 $T_{em} = C_T\Phi I_a$ 都不变。这时

$$T_{em} > T_{L2} \rightarrow \frac{dn}{dt} > 0 \rightarrow n\uparrow \rightarrow E_a\uparrow \rightarrow I_a = \frac{U_a - E_a}{R_a}\downarrow \rightarrow T_{em} = C_T\Phi I_a\downarrow，$$即随着转速 n 的升高，电磁转矩 T_{em} 下降。直至 $T_{em} = T_{L2}$，$n_A = n_{A'}$，系统有能力到达新的平衡运转点，按照稳定运行的概念（前半部分），系统在 A 点能够稳定运行。

如果当干扰消除后，负载转矩由 T_{L2} 又回到 T_{L1}，这时

$$T_{em} < T_{L1} \rightarrow \frac{dn}{dt} < 0 \rightarrow n\downarrow \rightarrow E_a\downarrow \rightarrow I_a = \frac{U_a - E_a}{R_a}\uparrow \rightarrow T_{em}\uparrow$$

直至 $T_{em} = T_{L1}$，系统能够回到 A 点。按照稳定运行的概念（后半部分），同样也可判断出 A 点为稳定运行点。

例 3-3 判断图 3-11 中的 B 点是否为稳定运行点？

系统原来在 B 点平衡运转，$n = n_B$，$T_{em} = T_{L1}$。

突加干扰，负载转矩 $T_{L1} \rightarrow T_{L2}$，由于机械惯性，转速不能突变，$n = n_B$，这时 $T_{em} > T_{L2} \rightarrow \dfrac{dn}{dt} > 0 \rightarrow n\uparrow$，此时由于机械特性为上翘（由电枢反应引起），故随着转速 n 的上升电磁转矩 T_{em} 也上升，使得转速进一步上升，导致飞车，系统不能到达新的平衡运转点。所以 B 点不是稳定运行点，即系统在 B 点不能稳定运行。

当干扰消除后，$T_{L2} \rightarrow T_{L1}$，由于这时仍有 $T_{em} > T_{L1}$，转速仍上升，不能回到 B 点。同样可分析出 B 点为不稳定运行点。

上面讨论了用稳定运行的概念判断系统的稳定运行点，这需要分析电机内部的参量变化情况，是比较麻烦的。下面推导一种稳定运行的条件（判据），可以方便快捷地判断系统的稳定运行状态。稳定运行条件如图 3-12 所示。

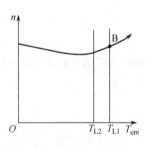

图 3-11 电力拖动系统的不稳定运行

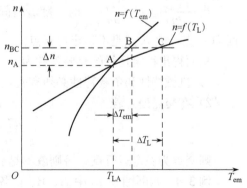

图 3-12 电力拖动系统稳定运行的条件

3.3.3 电力拖动系统稳定运行的条件要求

由上面的分析可知，电机机械特性和负载特性的交点是平衡运转点，但不一定是稳定运行点，要看交点附近的机械特性和负载特性的配合，那么什么样的配合，交点才是稳定运行点呢？

假定原系统在 A 点平衡运转（见图 3-12），加干扰后偏离了 A 点，当干扰消除后 $n = n_{BC}$，这时各个参量为

$$n = n_A + \Delta n$$
$$T_{em} = T_{emA} + \Delta T_{em}$$
$$T_L = T_{LA} + \Delta T_L$$

运动方程式为

$$(T_{emA} + \Delta T_{em}) - (T_{LA} + \Delta T_L) = \frac{GD^2}{375} \frac{\mathrm{d}(n_A + \Delta n)}{\mathrm{d}t}$$

当系统工作在 A 点时，$T_{emA} = T_{LA}$，代入上式，得

$$\Delta T_{em} - \Delta T_L = \frac{GD^2}{375} \frac{\mathrm{d}(\Delta n)}{\mathrm{d}t}$$

考虑到微小增量为在 A 点的偏导数乘上 Δn，上式为

$$\frac{\partial T_{em}}{\partial n}\bigg|_{n_A} \Delta n - \frac{\partial T_L}{\partial n}\bigg|_{n_A} \Delta n = \frac{GD^2}{375} \frac{\mathrm{d}(\Delta n)}{\mathrm{d}t}$$

整理为线性微分方程

$$\frac{\dfrac{\partial T_{em}}{\partial n}\bigg|_{n_A} - \dfrac{\partial T_{em}}{\partial n}\bigg|_{n_A}}{\dfrac{GD^2}{375}} \Delta n = \frac{\mathrm{d}(\Delta n)}{\mathrm{d}t}$$

考虑到初始条件为 $\Delta n = \Delta n_{st}\big|_{t=0}$
其解为

$$\Delta n = \Delta n_{st} e^{\left[\frac{\partial T_{em}}{\partial n}\big|_{n_A} - \frac{\partial T_L}{\partial n}\big|_{n_A}\right]\frac{GD^2}{375}t}$$

上式中，当 $\dfrac{\partial T_{em}}{\partial n}\bigg|_{n_A} < \dfrac{\partial T_L}{\partial n}\bigg|_{n_A}$ 时，随着时间 t 的增加，转速增量 Δn 按指数规律减小，最后 Δn 趋于零，即系统能够回到 A 点，所以 A 点为稳定运行点。

当 $\dfrac{\partial T_{em}}{\partial n}\bigg|_{n_A} > \dfrac{\partial T_L}{\partial n}\bigg|_{n_A}$ 时，随着时间 t 的增加，转速增量 Δn 按指数规律增加，系统不能回到 A 点，故 A 点是不稳定运行点。

从而得出稳定运行的充要条件为
1) 机械特性和负载特性必须有交点。
2) 在交点处，若

$$\frac{\partial T_{em}}{\partial n}\bigg|_{n_A} < \frac{\partial T_L}{\partial n}\bigg|_{n_A} \tag{3-14}$$

则交点为稳定运行点，否则就不是稳定运行点。

例 3-4 判断图 3-13 中 A、B、C 各点是否为稳定运行点。

A 点：$\dfrac{\partial T_{em}}{\partial n} < 0$，$\dfrac{\partial T_L}{\partial n} = 0$，因为 $\dfrac{\partial T_{em}}{\partial n} < \dfrac{\partial T_L}{\partial n}$，所以 A 点为稳定运行点。

B 点：$\dfrac{\partial T_{em}}{\partial n} > 0$，$\dfrac{\partial T_L}{\partial n} = 0$，因为 $\dfrac{\partial T_{em}}{\partial n} > \dfrac{\partial T_L}{\partial n}$，所以 B 点不是稳定运行点。

C 点：$\dfrac{\partial T_{em}}{\partial n} > 0$，$\dfrac{\partial T_{em}}{\partial n} > 0$，因为 $\dfrac{\partial T_{em}}{\partial n} < \dfrac{\partial T_L}{\partial n}$，所以 C 点为稳定运行点。

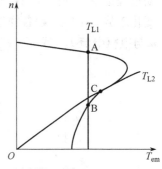

图 3-13　判断稳定运行点

3.4　直流电力拖动系统的动态分析

电力拖动系统按其运动情况可分为两种状态过程，一是稳定状态过程，$T_{em} = T_L$，n 为常数，这时电力拖动系统中的各个物理量（电磁转矩 T_{em}、转速 n、电枢电流 I_a、磁通 Φ 及功率 P_2 等）都保持为某一定值，描述稳定状态的主要数学工具是机械特性；二是动态过程，也称作过渡过程，当人为地调节系统的某些参数或负载波动时，引起系统从某一稳态过渡到另一稳态，这个过程叫作动态过程。在动态过程中，系统中的各个物理量（T_{em}、n、I_a 及 P_2 等）均随时间变化，描述动态规律的方程式 $n = f(t)$、$T_{em} = f(t)$、$I_a = f(t)$ 和 $P_2 = f(t)$ 称作动态特性。

研究电力拖动系统动态过程的目的是分析各物理量随时间是如何变化的。而其变化规律是电力拖动系统运行的负载图，这些负载图是正确选择与校验电动机功率的依据；分析如何缩短过渡过程的时间，以提高生产率；探讨减少过渡过程能耗的途径，以提高电动机的利用率；为电力拖动系统提供控制原则，为设计出完善的控制系统打下基础。

在电力拖动系统中，如果人为地改变电机参数或负载发生变化都会引起过渡过程，但由于电力拖动系统中存在着某些惯性，不会导致电动机的 n、I_a、T_{em} 或 Φ 等物理量突变，而是出现一个连续变化的过程。

电力拖动系统一般存在有三种惯性。

1）机械惯性：由于系统有转动惯量 J（或飞轮惯量 GD^2），使得 n 不能突变。

2）电磁惯性：由于电枢回路和励磁回路都存在电感，使得电枢电流 I_a、励磁电流 I_f 及 Φ 都不能突变。

3）热惯性：电机的温度不能突变。

由于温度变化比 n、I_a 等物理量的变化要慢得多，因此一般不考虑热惯性。电力拖动系统的过渡过程一般分为两种情况。

1）机械过渡过程：只考虑机械惯性对各参量的影响，而忽略电磁惯性。

2）电气-机械过渡过程：同时考虑机械惯性和电磁惯性的影响。

本节重点讨论机械过渡过程。

3.4.1　电力拖动系统的机械过渡过程

下面以电枢串固定电阻的起动过程为例，推导电力拖动系统的动态特性。

假定电枢电压 U_a 为固定值，电枢回路串固定电阻 R_{Ω}，电动机带恒转矩负载从初始转速 n_{st} 起动到稳态转速 n_L，其电气原理图如图 3-14a 所示，其机械特性如图 3-14b 所示。

现讨论系统的运行点从 A 点到 B 点的过渡过程。假设系统的初始运行点为 A 点，这时 $n = n_{st}$、$T_{em} = T_{st}$，有 $T_{st} > T_L \rightarrow n\uparrow \rightarrow I_a\downarrow \rightarrow T_{em}\downarrow$，直至 B 点，这时 $T_{em} = T_L$，$n = n_L$，起

动过程结束。在图 3-14b 所示的机械特性中，只能了解到各物理量变化前后稳态值的数值和变化趋势，不能了解各物理量变化的快慢和随时间变化的规律。现在要解决的问题是：转速 n 与电枢电流 I_a（或 T_{em}）随时间 t 是如何变化的？

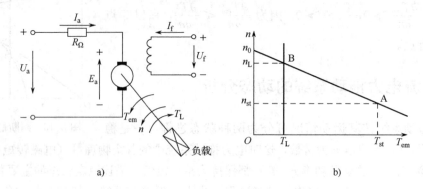

a)　　　　　　　　　　　　　　　　b)

图 3-14　电枢串固定电阻起动
a) 电气原理图　b) 机械特性

1. 转速动态特性 $n = f(t)$

由图 3-14a 可知，电压平衡方程式为

$$U_a = E_a + I_a(R_a + R_\Omega)$$

电枢电流为

$$I_a = \frac{U_a - E_a}{R_a + R_\Omega} = \frac{U_a - C_e\Phi n}{R_a + R_\Omega}$$

电磁转矩为

$$T_{em} = C_T\Phi I_a = C_T\Phi\frac{U_a - C_e\Phi n}{R_a + R_\Omega}$$

将上式代入运动方程式

$$T_{em} - T_L = \frac{GD^2}{375}\frac{dn}{dt}$$

整理为

$$\frac{GD^2(R_a + R_\Omega)}{375C_eC_T\Phi^2}\frac{dn}{dt} + n = n_L$$

简化为

$$T_M\frac{dn}{dt} + n = n_L$$

式中

$$T_M = \frac{GD^2(R_a + R_\Omega)}{375C_eC_T\Phi^2}$$

上式为一阶常系数线性微分方程，其解的形式为

$$n = Ce^{-t/T_M} + n_L \tag{3-15}$$

式中积分常数 C 由初始条件决定，假定系统从某一转速 n_{st} 开始加速，即当 $t = 0$ 时，转速 $n = n_{st}$。

将初始条件 $n_{st} = n|_{t=0}$ 代入式（3-15），得

$$C = n_{st} - n_L$$

将 C 代入式（3-15），得

$$n = n_L + (n_{st} - n_L)e^{-t/T_M} = n_L(1 - e^{-t/T_M}) + n_{st}e^{-t/T_M} \tag{3-16}$$

式中　n_L——起动完毕时的稳定转速 $n_L = \dfrac{U_a - I_L(R_a + R_\Omega)}{C_e\Phi}$;

n_{st}——初始转速 $n_{st} = \dfrac{U_a - I_{st}(R_a + R_\Omega)}{C_e\Phi}$;

T_M——机电时间常数，$T_M = \dfrac{GD^2(R_a + R_\Omega)}{375C_eC_T\Phi^2}$，$T_M$ 具有时间量纲，单位为 s（秒）。

因为 T_M 既与机械参量有关，又与电气参量有关，所以称作机电时间常数。

若系统从静止开始起动，即当 $t = 0$ 时，转速 $n = 0$。

将 $n_{st} = 0$ 代入式（3-16），得

$$n = n_L(1 - e^{-t/T_M}) \tag{3-17}$$

与式（3-16）和式（3-17）相对应的特性曲线如图 3-15 所示。

由图 3-15 可见，他励直流电动机带恒转矩负载起动时，其转速随时间按指数规律增长。

2. 电枢电流动态特性 $I_a = f(t)$ 和电磁转矩动态特性 $T_{em} = f(t)$

对式（3-15）求导，得

$$\frac{\mathrm{d}n}{\mathrm{d}t} = -\frac{C}{T_M}e^{-t/T_M}$$

将 $\dfrac{\mathrm{d}n}{\mathrm{d}t}$ 代入运动方程式，得

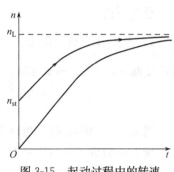

图 3-15　起动过程中的转速
变化特性

$$T_{em} = \frac{GD^2}{375}\left(-\frac{C}{T_M}e^{-t/T_M}\right) + T_L \tag{3-18}$$

将初始条件 $T_{st} = T_{em}\big|_{t=0}$ 代入上式，得

$$C = -\frac{T_{st} - T_L}{\dfrac{GD^2}{375}}T_M$$

将 C 代入式（3-18），得

$$T_{em} = T_L(1 - e^{-t/T_M}) + T_{st}e^{-t/T_M} \tag{3-19}$$

将式（3-19）两边同除以 $C_T\Phi$，得

$$I_a = I_L(1 - e^{-t/T_M}) + I_{st}e^{-t/T_M} \tag{3-20}$$

式中　T_L 及 I_L——电磁转矩及电枢电流的稳态值；

T_{st} 及 I_{st}——电磁转矩及电枢电流的初始值。

起动过程中的电枢电流随时间的变化规律 $I_a = f(t)$ 对应的特性曲线如图 3-16 所示。电磁转矩随时间的变化规律 $T_{em} = f(t)$ 与电枢电流相似。

3. 过渡过程的时间和加速度

（1）过渡过程的时间

由式（3-16）可知，若系统从某一起始转速 n_{st} 开始加速，经过时间 t 后，可以计算出对应的转速 n。若想知道过

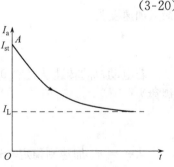

图 3-16　起动过程中的电枢
电流变化特性

79

渡过程中转速从 n_{st} 到达 n_x（任一转速）所用的时间 t_x，就要推导出 t_x 的表达式。

将给定条件代入式 (3-16)，得

$$n_x = n_L + (n_{st} - n_L)e^{-t_x/T_M}$$

从而可得过渡过程的时间为

$$t_x = T_M \ln \frac{n_{st} - n_L}{n_x - n_L} \tag{3-21}$$

同理，由式 (3-19) 和式 (3-20)，可得

$$t_x = T_M \ln \frac{T_{st} - T_L}{T_x - T_L} \tag{3-22}$$

$$t_x = T_M \ln \frac{I_{st} - I_L}{I_x - I_L} \tag{3-23}$$

分析可得：

1) 由式 (3-21) 可知，若转速从 $n_{st} = 0$ 到 $n_x = n_L$，理论上 $t_x = T_M \ln \frac{0 - n_L}{n_L - n_L} \to \infty$。

实际上，当 $n_x = 0.95 n_L$ 时，便可认为过渡过程已基本结束，这时

$$t_x = T_M \ln \frac{0 - n_L}{0.95 n_L - n_L} \approx 3T_M$$

当 $n_x = 0.98 n_L$ 时，也认为过渡过程已基本结束，这时 $t_x = 4T_M$。

所以一般取 $t_x = (3 \sim 4)T_M$，认为 $n_x = n_L$，过渡过程结束。

2) 由式 (3-21)～式 (3-23) 可知，过渡过程的时间 t_x 与机电时间常数 T_M 成正比，当 T_M 增大时，t_x 增加，过渡过程进行得慢。要想缩短过渡过程时间以提高生产率，要尽量使 T_M 减小。

由 $T_M = \frac{GD^2(R_a + R_\Omega)}{375 C_e C_T \Phi^2}$ 可知，缩短过渡过程时间的有效方法是尽量减小系统的飞轮惯量 GD^2。

（2）过渡过程的加速度

将给定条件代入式 (3-16)，并对其求导数，得过渡过程中的加速度为

$$\frac{dn_x}{dt} = \frac{n_L - n_{st}}{T_M} e^{-t_x/T_M} \tag{3-24}$$

可见随着时间 t_x 增加时，转速的加速度 $\frac{dn_x}{dt}$ 按指数规律下降。将 $t_x = 0$ 代入上式，可得最大加速度为

$$\left. \frac{dn_x}{dt} \right|_{t=0} = \frac{n_L - n_{st}}{T_M}$$

若电动机的转速从 $t_x = 0$ 一直按最大加速度直线上升（如图 3-17 所示），则转速的变化规律为

$$n_x - n_{st} = \left. \frac{dn_x}{dt} \right|_{t=0} t_x$$

从 $n = n_{st}$ 加速到稳定转速 n_L 所用的时间为

$$t_x = \frac{n_L - n_{st}}{\left. \frac{dn_x}{dt} \right|_{t=0}} = \frac{n_L - n_{st}}{\frac{n_L - n_{st}}{T_M}} = T_M$$

上式表明，机电时间常数 T_M 在数值上等于系统以起始时的最大等加速度上升，到达稳定转速所需要的时间。

式 (3-16)、式 (3-19)、式 (3-20) 及式 (3-21) ～式 (3-24) 都是从基本方程式中推导出来的，故为普遍表达式。它们适用于起动、制动、调速及负载突变等各种过渡过程。应用时只需将起始值、稳态值、机电时间常数 T_M 正确代入即可。

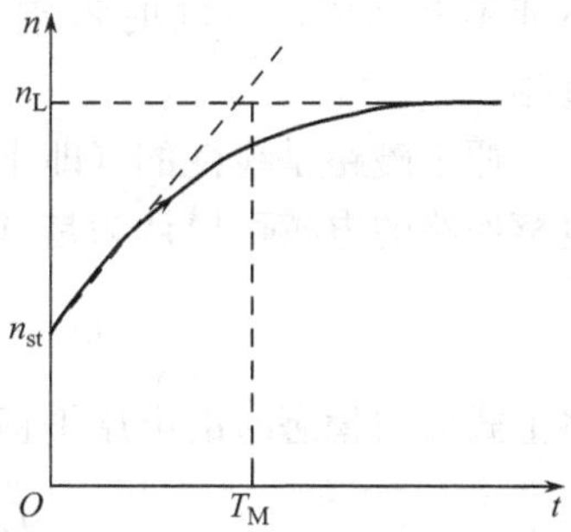

4. 加快过渡过程的途径

对于需要频繁起动、制动的生产机械，如轧钢机、刨床等，其电力拖动系统经常处于过渡过程中，如何缩短过渡过程时间从而提高生产率，具有重要意义。由电力拖动系统的运动方程式得

$$\frac{\mathrm{d}n}{\mathrm{d}t} = \frac{T_{em} - T_L}{\dfrac{GD^2}{375}}$$

由上式可知，缩短过渡过程时间就是要提高加速度 $\dfrac{\mathrm{d}n}{\mathrm{d}t}$，加快过渡过程的措施如下：

(1) 减少系统的飞轮惯量 GD^2

运动方程式中的飞轮惯量 GD^2 是指整个系统的，而电动机的 GD_d^2 在其中占主要部分，所以应尽量使 GD_d^2 减小。为此，制造厂专门制造了一种小飞轮惯量的直流电机，其特点是细而长。

另外可采用双电机拖动同一个负载，两台功率为所需负载一半功率的电动机同负载、同轴联结，可使电动机的飞轮惯量减少 15% 左右。

(2) 改善起动电流波形

由前分析可知，起动时电枢电流 I_a 的变化规律为式 (3-20) 所描述的按指数规律下降，其转速 n 按指数规律上升，到达 n_L 所用时间为 $(3 \sim 4)T_M$。如果控制起动电流不是按指数规律下降，而是在起动过程中保持电枢电流为允许的最大值不变，即 $I_a = I_{max}$，则在起动过程中保持 $T_{em} - T_L$ 为最大值，从而保持 $\dfrac{\mathrm{d}n}{\mathrm{d}t}$ 为最大值，这时转速 n 就会按最大加速度直线上升，到 n_L 时所用的时间为一个机电时间常数 T_M；到起动完毕 $n \approx n_L$ 时，再使电枢电流降为负载电流，即 $I_a = I_L$，如图 3-18 所示。这样可使过渡过程时间减少至原来的 $\left(\dfrac{1}{3} \sim \dfrac{1}{4}\right)$，利用自动调节系统可实现上述理想过渡过程。

图 3-17　起动过程中的加速度

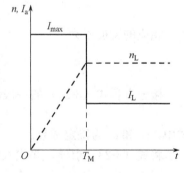

图 3-18　理想的起动电流变化曲线

3.4.2　电力拖动系统的机械-电磁过渡过程

前面所讨论的机械过渡过程只考虑了机械惯性对动态过程的影响，而实际上，在一个电力拖动系统中，电磁惯量与机械惯性是共同存在的。例如，在目前广泛使用的用晶闸管整流电路为直流电源的直流电力拖动系统中，为了滤波和保持电流的连续性，往往在电枢回路中串接电感量较大的平波电抗器，这时，电枢回路的电感对动态过程的影响就

不能不考虑了。当同时考虑机械惯量和电磁时间常数时的过渡过程称为机械-电磁过渡过程。

假定磁路是线性的（即不考虑磁路饱和的影响），忽略电枢反应对主磁路的影响。那么，电枢回路的电感可以认为是常数。此时，电力拖动系统动态电压平衡方程式为

$$U_a = RI_a + L_a \frac{dI_a}{dt} + E_a = RI_a + L_a \frac{dI_a}{dt} + C_e\Phi n$$

将上式减去稳态时的电压平衡方程式 $U = RI_L + C_e\Phi n_L$，得

$$L_a \frac{dI_a}{dt} + R(I_a - I_L) + C_e\Phi(n - n_L) = 0 \tag{3-25}$$

电力拖动系统的运动方程式为

$$T_{em} = C_T\Phi I_a = T_L + \frac{GD^2}{375} \cdot \frac{dn}{dt}$$

上式两边同除以 $C_T\Phi$，可得

$$I_a - I_L = \frac{GD^2}{375} \cdot \frac{dn}{dt} \tag{3-26}$$

将上式代入式（3-25），整理后得

$$T_a T_M \frac{d^2 n}{dt^2} + T_M \frac{dn}{dt} + n = n_L \tag{3-27}$$

$$T_M = \frac{GD^2}{375} \cdot \frac{R}{C_e C_T \Phi^2}$$

$$T_a = \frac{L_a}{R}$$

式中，T_M 为机电时间常数；T_a 为电枢回路的电磁时间常数。

式（3-27）为同时考虑机械惯量和电磁时间常数的动态方程式，它是二阶常系数线性微分方程。

其特征方程为

$$T_a T_M \lambda^2 + T_M \lambda + 1 = 0$$

相应的特征根为

$$\lambda_{1,2} = -\frac{1}{2T_a} \pm \frac{1}{2T_a}\sqrt{1 - \frac{4T_a}{T_M}}$$

微分方程式（3-26）的一般解为

$$n = c_1 e^{-\lambda_1 t} + c_2 e^{-\lambda_2 t} + n_L \tag{3-28}$$

式中，c_1 和 c_2 为待定常数。

将式（3-28）求导，并代入式（3-26），得

$$I_a = I_L + \frac{GD^2}{375 C_T\Phi}(C_1\lambda_1 e^{-\lambda_1 t} + C_2\lambda_2 e^{-\lambda_2 t}) \tag{3-29}$$

根据时间常数的大小，现分两种情况进行讨论：

（1）当 $T_M \geqslant 4T_a$ 时，$\lambda_{1,2}$ 为一对相异的负实根

将初始条件 $n_{st} = n|_{t=0}$，$I_{st} = I_a|_{t=0}$ 分别代入式（3-28）和式（3-29），可求得 c_1 和 c_2。再将 c_1 和 c_2 代入式（3-28），便可得到动态方程式 $n = f(t)$ 为

$$n = \left[\frac{\lambda_2(n_{st} - n_L)}{\lambda_2 - \lambda_1} - \frac{375 C_T\Phi(I_{st} - I_L)}{GD^2(\lambda_2 - \lambda_1)}\right]e^{-\lambda_1 t} + \left[\frac{\lambda_1(n_{st} - n_L)}{\lambda_2 - \lambda_1} + \frac{375 C_T\Phi(I_{st} - I_L)}{GD^2(\lambda_2 - \lambda_1)}\right]e^{-\lambda_2 t} + n_L$$

$$\tag{3-30}$$

对应式（3-30）的转速特性曲线如图 3-19a 所示。

将 c_1 和 c_2 代入式（3-29），便可得到动态方程式 $I_a = f(t)$ 为

$$I_a = \left[\frac{GD^2}{375C_T\Phi} \cdot \frac{\lambda_2(n_{st}-n_1)}{\lambda_2-\lambda_1} - \frac{I_{st}-I_L}{\lambda_2-\lambda_1} \right] \lambda_1 e^{-\lambda_1 t} + \left[\frac{GD^2}{375C_T\Phi} \cdot \frac{\lambda_1(n_{st}-n_1)}{\lambda_2-\lambda_1} + \frac{I_{st}-I_L}{\lambda_2-\lambda_1} \right] \lambda_2 e^{-\lambda_2 t} + I_L$$

由式（3-30）及图 3-19a 可知，$|\lambda_1|$ 和 $|\lambda_2|$ 越大，则系统的动态过程越快。而 λ_1 和 λ_2 的大小主要取决于 T_a 与 T_M 之值，如果增大 T_a 并减小 T_M，动态过程将得到加快。但当增大 T_a 并减小 T_M 到 $T_M < 4T_a$ 以后，系统的动态过程将发生显著的变化，下面对这种情况进行分析。

（2）当 $T_M < 4T_a$ 时，$\lambda_{1,2}$ 为一对具有负实部的共轭复根

$$\lambda_{1,2} = -\frac{1}{2T_a} \pm j\frac{1}{2T_a}\sqrt{\frac{4T_a}{T_M}-1} = -\alpha \pm j\omega$$

将特征根代入式（3-28），整理后得

$$n = n_L + Ae^{-\alpha t}\sin(\omega t + \varphi) \tag{3-31}$$

式中，A 及 φ 为待定常数。

将式（3-31）求导，并代入式（3-26），得

$$I_a = I_L + \frac{GD^2}{375C_T\Phi}[-\alpha Ae^{-\alpha t}\sin(\omega t + \varphi) + A\omega e^{-\alpha t}\cos(\omega t + \varphi)] \tag{3-32}$$

将初始条件 $n_{st} = n|_{t=0}$，$I_{st} = I_a|_{t=0}$ 分别代入式（3-31）和式（3-32），可得 A 及 φ，再将 A 及 φ 代入式（3-31）和式（3-32），便可得到动态方程式 $n = f(t)$ 和 $I_a = f(t)$，对应的转速特性 $n = f(t)$ 曲线如图 3-19b 所示。

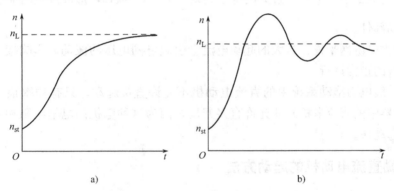

图 3-19 机械-电磁转速动态特性

a) $T_M \geqslant 4T_a$ b) $T_M < 4T_a$

由式（3-31）及图 3-19b 可知，α 值越大，动态过程衰减得越快，α 值越小，动态过程衰减得越慢，故称 α 为系统的衰减系数；而 ω 值越大，振荡周期越短，振荡越快，故称 ω 为系统的振荡周期。

综上所述可知，由于电枢电感的存在，不仅使电流与转速的变化延迟，而且还可能使动态过程产生振荡。

3.5 他励直流电动机的起动

电动机从静止状态开始加速到以某一转速稳定运行的整个过程叫作起动过程，简称起

动。如果不采取正确的起动方法，电动机就不能正常安全地起动。因此，首先要分析他励直流电动机直接起动时存在的问题。

3.5.1 他励直流电动机直接起动时存在的问题

对他励直流电动机起动的一般要求：

1）电动机的初始起动电流不能过大，一般要求 $I_{st} \leqslant 2I_N$。

2 起动过程中电动机的起动转矩应足够大，应满足 $T_{st} > T_L$，以保证电动机能正常起动。

3）起动设备与控制方式力求简单、经济、可靠，且操作方便。

若要直接起动（电枢回路不串电阻 R_Ω），需首先将电动机的励磁绕组通以励磁电流 I_f，调节 I_f 使磁通 $\Phi = \Phi_N$，再将电枢回路加额定电压 U_N，这时转速 $n = 0$，感应电动势 $E_a = C_e\Phi n = 0$。

起动电流为

$$I_{st} = \frac{U_N}{R_a}$$

一般电枢电阻 R_a 很小，导致起动电流 $I_{st} \gg I_N$，通常 $I_{st} = (10 \sim 20)I_N$。

这样大的一个冲击电流加在电机上会造成以下危害：

1）过大的电枢电流会导致换向困难，换向器表面产生强烈火花或环火，可能烧毁电机。

2）过大的电枢电流会产生过大的电磁转矩 $T_{st} = C_T\Phi_N I_{st}$，形成过大的加速度 $\frac{dn}{dt}$，可能损坏机械传动部件。

3）对于供电电网来说，过大的起动电流会引起电网电压的波动，影响接于同一电网的其他电器设备的正常运行。

所以，一般电力拖动系统中的直流电动机不允许直接起动。只有功率很小的直流电机（例如家用电器中的直流电机）才允许直接起动，因为这种电机的电枢电阻相对较大，且电机惯性小，起动快。

3.5.2 他励直流电动机的起动方法

由起动电流方程式 $I_{st} = \frac{U_a}{R}$ 可知，限制起动电流的方式有两种：一是降低电源电压 U_a；二是增加电枢回路的总电阻 R。

1. 利用可调直流电源减压起动

图 3-20a 所示是降低电源电压起动的接线图，电机的电枢电压使用可调直流电源。起动时逐步从低到高调节电源电压，使得起动过程中的电枢电流限制在 $I_a = (1.5 \sim 2)I_N$ 范围内。

起动开始时（$n = 0$），先将励磁绕组通电，将磁通调至额定值，即 $\Phi = \Phi_N$，然后将电源电压调节至某一低压值 U_1，这时起动电流为 $I_{st} = I_1 = \frac{U_1}{R_a} = 2I_N$，对应着图 3-20b 中特性 1 上的 a 点，由于此时电磁转矩 $T_{em} = T_1 > T_L$，转速变化率 $\frac{dn}{dt} > 0$，使得转速 n 上升，感应

电势 $E_a = C_e\Phi n$ 也上升，电枢电流 $I_a = \dfrac{U_1 - E_a}{R_a}$ 下降，电磁转矩 $T_{em} = C_T\Phi I_a$ 下降，当电流下降至 I_2（电磁转矩 $T_{em} = T_2$）时，对应特性 1 中的 b 点，将电源电压增加至 U_2，相应的机械特性对应图中特性 2，由于机械惯性转速 n 不能突变，E_a 不变，忽略电磁惯性电枢电流和电磁转矩增加为 I_1 和 T_1，对应图中的 c 点，电动机沿着特性 2 加速，到达 d 点时，将电压增加至 U_3，电机沿着特性 3 加速，到达 f 点时，将电压增加至 U_N，电机沿着特性 4 加速，直至 h 点。这样，当电源电压由 U_1 逐步升高至 U_N 的过程中，工作点将沿着图 3-20b 中的 a→b→c→d→e→f→g→h 进行，最后电动机在 h 点稳定运行，这时 $T_{em} = T_L$，$n = n_h$，起动过程结束。

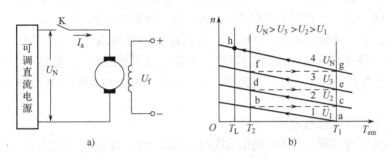

图 3-20　利用可调直流电源减压起动

a) 接线图　b) 机械特性及起动过程

优点：起动过程中平滑性好，能量损耗小，易于实现自动控制。

缺点：要求有一可调直流电源，初投资大。

注意：调节电源电压 U_a 时不能升得太快，避免电流升得太快以致超过最大电流 I_1。

2. 电枢回路串电阻分级起动

以电枢回路串电阻三级起动（外串接电阻为两段）为例，说明其起动过程和起动电阻的计算。

（1）起动过程

图 3-21a 所示为电枢回路串三段电阻的接线图，图中 K 为接通电枢电源的接触器主触点，K_1、K_2、K_3 为控制用接触器的主触点，$R_{\Omega1}$、$R_{\Omega2}$、$R_{\Omega3}$ 为分级起动所串接的外加电阻。

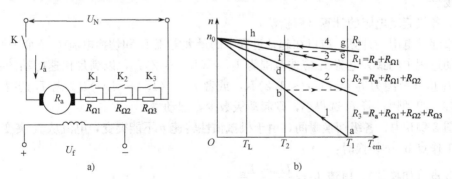

图 3-21　电枢回路串电阻二级起动

a) 接线图　b) 机械特性及起动过程

起动开始时（$n = 0$），首先将磁通调至额定值，即 $\Phi = \Phi_N$。K_1、K_2、K_3 都断开，将三段

电阻都串入，这时电枢回路总电阻 $R_3 = R_a + R_{\Omega1} + R_{\Omega2} + R_{\Omega3}$，将 K 闭合，通入 U_N，对应图 3-21b 机械特性 1 中的 a 点，起动电流为 $I_{st} = I_1 = \dfrac{U_N}{R_3}$，所产生的电磁转矩为 T_1，由于 $T_1 > T_L$，使得转速 n 沿着特性 1 上升，随着 n 的上升，E_a 上升，电流 $I_a = \dfrac{U_N - E_a}{R_3}$ 下降，电磁转矩 T_{em} 下降，到达 b 点时，电磁转矩 $T_{em} = T_2$，电枢电流 $I_a = I_2$，将 K_3 闭合切除掉 $R_{\Omega3}$，这时电枢回路总电阻 $R_2 = R_a + R_{\Omega1} + R_{\Omega2}$，相应的机械特性为特性 2，由于机械惯性，切换瞬间转速 n 不能突变，忽略电磁惯性，电流从 I_2 突变到 I_1，这时 $I_1 = \dfrac{U_N - E_b}{R_2}$，（只要电阻选得合适，就能保证此时 $I_a = I_1$），工作点从 b 点过渡到 c 点。转速又沿着特性 2 上升，电流和电磁转矩下降，到达 d 点时切除掉 $R_{\Omega2}$，这时电枢回路总电阻 $R_1 = R_a + R_{\Omega1}$，工作点从 d 点过渡到 e 点，沿着特性 3 到达 f 点时，切除掉最后一段电阻 $R_{\Omega1}$，这时电枢回路的总电阻就是 R_a，对应于图中特性 4（即固有特性），工作点从 f 过渡到 g，电枢电流又从 I_2 突变到 I_1，然后转速沿着固有特性上升，直至 $T_{em} = T_L$，$n = n_h$，电动机在 h 点稳定运行，起动过程结束。

对以上起动过程的几点说明：

1）每一级切除电阻瞬间，若忽略电磁惯性，电流突变，即从 I_2 突变为 I_1。这是因为切除电阻瞬间，n 及 E_a 不能突变，电流 $I_a = \dfrac{U_N - E_a}{R}$，切换后电枢回路总电阻 R 下降，使得电流 I_a 上升。

2）每一级起动过程中，随着转速 n 上升，电磁转矩 T_{em} 下降，转速变化率 $\dfrac{dn}{dt} = T_{em} - T_L$ 下降，起动过程不平滑。开始时，由于 T_{em} 较大，使得 $\dfrac{dn}{dt}$ 大，转速 n 上升快；而后随着 T_{em} 逐渐减小，$\dfrac{dn}{dt}$ 下降，n 上升变慢。在每一级起动过程中，转速随时间按指数规律上升。

3）电枢串电阻起动中，起动级数越多，起动转矩平均值越大，起动越快，平稳性越好，但是自动切除各级起动电阻的控制设备也越复杂，初投资高，维护工作量大。为此，一般空载起动时取起动级数为 1~2，重载起动时取起动级数为 3~4。

电枢串电阻起动时能量损耗较大，经济性较差。常用于容量不大、对起动调速性能要求不高的场合。

（2）各级起动电阻的计算（解析法）

各级起动电阻的计算，应以在起动过程中的最大电流 I_1 和切换电流 I_2 不变为原则。

起动过程中的最大电流 I_1 应选范围为 $I_1 = (1.5 \sim 2)I_N$，以满足快速起动的要求。切换电流 I_2 应选范围为 $I_2 = (1.1 \sim 1.2)I_N$，或者 $I_2 = (1.2 \sim 1.5)I_L$。若 I_2 选得大，则起动级数多，起动快；若 I_2 选得小，则起动级数少，起动慢。

在图 3-21b 中，各级切换瞬间，由于机械惯性转速 n 不能突变，电流从 I_2 突变到 I_1。

当工作点 b→c 切换时：

在 b 点（切换前），电流 $I_2 = \dfrac{U_N - E_b}{R_3}$。

在 c 点（切换后），电流 $I_1 = \dfrac{U_N - E_c}{R_2}$。

由于 $n_b = n_c$，所以 $E_b = E_c$，两式相除，可得

$$\frac{I_1}{I_2} = \frac{R_3}{R_2}$$

当工作点 d→e 切换时：在 d 点，$I_2 = \frac{U_N - E_d}{R_2}$，在 e 点，$I_1 = \frac{U_N - E_e}{R_1}$。

两式相除，得

$$\frac{I_1}{I_2} = \frac{R_2}{R_1}$$

当工作点 f→g 切换时：在 f 点，$I_2 = \frac{U_N - E_f}{R_1}$，在 g 点，$I_1 = \frac{U_N - E_g}{R_a}$。

两式相除，得

$$\frac{I_1}{I_2} = \frac{R_1}{R_a}$$

综合以上三式，可得

$$\frac{I_1}{I_2} = \frac{R_3}{R_2} = \frac{R_2}{R_1} = \frac{R_1}{R_a}$$

推广到 m 级起动的一般情况，则有

$$\frac{I_1}{I_2} = \frac{R_m}{R_{m-1}} = \frac{R_{m-1}}{R_{m-2}} = \cdots = \frac{R_2}{R_1} = \frac{R_1}{R_a} = \beta$$

式中　R_m——对应电阻最大一级的电枢回路总电阻；

β——起动电流比。

从而可得 m 级起动时各级电枢回路总电阻为

$$\begin{cases} R_1 = \beta R_a \\ R_2 = \beta R_1 = \beta^2 R_a \\ \quad \vdots \\ R_{m-1} = \beta R_{m-2} = \beta^{m-1} R_a \\ R_m = \beta R_{m-1} = \beta^m R_a \end{cases} \tag{3-33}$$

各段外串电阻为

$$\begin{cases} R_{\Omega 1} = R_1 - R_a = (\beta - 1)R_a \\ R_{\Omega 2} = R_2 - R_1 = \beta R_{\Omega 1} \\ \quad \vdots \\ R_{\Omega m} = \beta^{m-1} R_{\Omega 1} \end{cases} \tag{3-34}$$

由式（3-33）最后一项，得

$$\beta = \sqrt[m]{\frac{R_m}{R_a}} \tag{3-35}$$

对式（3-35）两边取对数，得

$$m = \frac{\lg \frac{R_m}{R_a}}{\lg \beta} \tag{3-36}$$

式中，$R_m = \frac{U_N}{I_1}$。

分以下两种情况计算起动电阻：

1）起动级数 m 已知，选定 $I_1 = (1.5 \sim 2)I_N$，计算 $R_m = \dfrac{U_N}{I_1}$，将 I_1、R_m 代入式（3-35）求出 $\beta = \sqrt[m]{\dfrac{R_m}{R_a}}$，检验切换电流 I_2 是否在规定范围内，若不满足要求，则调整 I_1，最后将 β 代入式（3-33）或式（3-34），求出起动电阻。

2）起动级数 m 未知，初选 I_1 和 I_2（在规定的范围内），计算 $R_m = \dfrac{U_N}{I_1}$ 和 $\beta = \dfrac{I_1}{I_2}$，将 R_m 和 β 代入式（3-36），计算出 $m = \dfrac{\lg \dfrac{R_m}{R_a}}{\lg \beta}$，将 m 加大到相邻整数 m'，将 m' 代入到式（3-35），求出 $\beta' = \sqrt[m']{\dfrac{R_m}{R_a}}$，修正 I_2 的值（$I_2 = \dfrac{I_1}{\beta'}$），最后将 β' 代入式（3-33）或式（3-34），求出起动电阻。

例 3-5 一台他励直流电动机的额定数据为 $P_N = 7.5\text{kW}$，$U_N = 220\text{V}$，$I_N = 39.8\text{A}$，$n_N = 1500\text{r/min}$，$R_a = 0.396\Omega$，欲拖动 $T_L = 0.8T_N$ 的恒转矩负载，采用三级起动，试用解析法求：

（1）直接起动时的起动电流；

（2）各级电阻和各分段电阻的数值；

（3）各段电阻切除时的瞬时转速。

解：

（1）直接起动时的起动电流

$$I_{st} = \frac{U_N}{R_a} = \frac{220}{0.396}\text{A} = 555.56\text{A}$$

可见，直接起动时起动电流大大超过额定电流，所以直流电动机不允许直接起动。

（2）采用串电阻三级起动

$$\text{取 } I_1 = 2I_N = 2 \times 39.8\text{A} = 79.6\text{A}$$

已知 $m = 3$，故末级电阻为

$$R_m = R_3 = \frac{U_N}{I_1} = \frac{220}{79.6}\Omega = 2.764\Omega$$

代入式（3-35）可得

$$\beta = \sqrt[3]{\frac{R_3}{R_a}} = \sqrt[3]{\frac{2.764}{0.396}} = 1.911$$

校验切换电流

$$I_2 = \frac{I_1}{\beta} = \frac{2I_N}{1.911} = 1.047I_N$$

$$I_L = 0.8I_N$$

$$I_2 = \frac{1.047}{0.8}T_L = 1.31T_L > 1.2T_L$$

根据式（3-33）可求出各分段电阻

$$R_1 = \beta R_a = 1.911 \times 0.396\Omega = 0.757\Omega$$

$$R_2 = \beta R_1 = \beta^2 R_a = 1.911^2 \times 0.396\Omega = 1.446\Omega$$

$$R_3 = \beta R_2 = \beta^3 R_a = 1.911^3 \times 0.396\Omega = 2.764\Omega$$

根据式（3-34）可求出各分段电阻

$$R_{\Omega 1} = R_1 - R_a = (0.757 - 0.396)\Omega = 0.361\Omega$$

$$R_{\Omega 2} = R_2 - R_1 = (1.446 - 0.757)\Omega = 0.689\Omega$$

$$R_{\Omega 3} = R_3 - R_2 = (2.764 - 1.446)\Omega = 1.318\Omega$$

（3）各段电阻切除时的瞬时转速为

$$C_e\Phi_N = \frac{U_N - I_N R_a}{n_N} = \frac{220 - 39.8 \times 0.396}{1500} = 0.136$$

$$n_0 = \frac{U_N}{C_e\Phi_N} = \frac{220}{0.136}\text{r/min} = 1618\text{r/min}$$

$$n_3 = n_0 - \frac{I_1 R_2}{C_e\Phi_N} = \left(1618 - \frac{79.6 \times 1.446}{0.136}\right)\text{r/min} = 772\text{r/min}$$

$$n_2 = n_0 - \frac{I_1 R_1}{C_e\Phi_N} = \left(1618 - \frac{79.6 \times 0.757}{0.136}\right)\text{r/min} = 1175\text{r/min}$$

$$n_1 = n_0 - \frac{I_1 R_a}{C_e\Phi_N} = \left(1618 - \frac{79.6 \times 0.396}{0.136}\right)\text{r/min} = 1386\text{r/min}$$

3.6 他励直流电动机的调速

为了满足生产工艺要求，确保产品质量并提高生产率，要求生产机械能够经常在不同的转速下运行，例如金属切削机床、轧钢机、电机车、电梯及纺织机械等。电力拖动系统通常有三种调速方案。

1）机械调速：不改变电动机的转速，通过改变机械变速机构（如齿轮、带轮等）的转速比实现调速。其特点是传动机构比较复杂，调速时一般需要停机，且为有级调速。

2）电气调速：通过调节电动机的参数（如 U_a、R_Ω、Φ）改变电动机的转速，从而改变生产机械的转速。其特点是传动机构比较简单，调速时不用停机，易实现调速的自动控制，且可以做到无级调速。

3）电气-机械调速：机械调速和电气调速配合使用。

本节只讨论电气调速。

在学习本节时，首先要将"转速的自然变化"和"调速"这两个不同的概念区分开来。

"转速的自然变化"是指生产机械的负载转矩发生变化时，电动机的转速 n 跟着发生变化。如图 3-22 所示，系统原稳定工作于 A_1 点，这时 $n = n_{A1}$，$T_{em} = T_{L1}$。负载转矩增加至 T_{L2} 后，由于 $T_{em} < T_{L2}$，使得转速 n 降低，电磁转矩 T_{em} 随之增加，直到 $n = n_{A2}$，$T_{em} = T_{L2}$，电动机在 A_2 点稳定运行。"转速的自然变化"的特点是电机的参数（如 U_a、R_Ω 和 Φ）没有变化，故机械特性没有变，系统工作在同一条机械特性上。

"调速"是指通过人为地改变电机的参数（如 U_a、R_Ω 和 Φ）实现速度的改变。如图 3-22 所示，系统原稳定工作于电枢电压为 U_1 的机械特性的 A_1 点，将电枢电压降至 U_2，工作点为 $A_1 \rightarrow B \rightarrow A_3$，最后在 A_3 点稳定运行，这时 $n = n_{A3}$，$T_{em} = T_{L1}$。其特点是改变了电动机的参数，使得机械特性变化，系统工

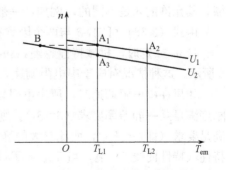

图 3-22 转速的自然变化与调速的区别

作在两条不同的机械特性曲线上。

由他励直流电动机机械特性的一般表达式

$$n = \frac{U_a}{C_e\Phi} - \frac{R_a + R_\Omega}{C_e C_T \Phi^2} T_{em}$$

可知，调速的方法有三种：电枢回路串电阻调速、减压调速和弱磁调速。

在生产实际中，为不同的生产机械选择调速方案时，必须权衡其技术和经济指标两个方面。

3.6.1 调速的性能指标

国家标准规定衡量调速质量的统一标准统称为调速指标，分为技术指标和经济指标两大类。

1. 调速的技术指标

（1）调速范围 D

在额定负载下，电动机可能达到的最高转速 n_{max} 和最低转速 n_{min} 之比称为调速范围，用 D 表示，即

$$D = \left[\frac{n_{max}}{n_{min}}\right]_{T_N} \tag{3-37}$$

式中的最高转速 n_{max} 受机械强度和换向方向的限制，最低转速 n_{min} 则受转速相对稳定性（即静差率）的限制。

不同的生产机械对调速范围的要求也不同，例如普通车床 $D = 20 \sim 120$，造纸机 $D = 3 \sim 20$，龙门刨床 $D = 10 \sim 40$，轧钢机 $D = 3 \sim 120$ 等。

（2）静差率 δ

直流电动机在某一条机械特性上运行时，其额定负载下的转速降 Δn_N 与其理想空载转速 n_0 的百分比，称为该特性的静差率，用 δ 表示，即

$$\delta = \frac{n_0 - n_N}{n_0} \times 100\% = \frac{\Delta n_N}{n_0} \times 100\% \tag{3-38}$$

上式中的 n_N 为任一条机械特性在额定负载 T_N 下的转速，即 $n_N = n|_{T_N}$。对应的转速降为 $\Delta n_N = \Delta n|_{T_N}$。

静差率 δ 的意义是电动机从理想空载到带额定负载运行时，稳态转速下降的相对值。可见，静差率的大小反映了静态转速相对稳定的程度，δ 越小，当负载变化时，电机的转速变化越小，转速的相对稳定性就越好；反之，δ 越大，静态转速波动程度就越大。故又称 δ 为调速的相对稳定性。

生产机械调速时，为保证一定的转速稳定程度，要求 δ 小于某一允许值，不同的生产机械，其允许的 δ 是不同的，例如：一般普通车床 $\delta \leqslant 30\%$，精密机床要求 $\delta \leqslant 1\% \sim 5\%$ 等。

由式（3-38）可知，δ 与两个因素有关：

1）n_0 一定时，机械特性越硬，Δn_N 就越小，δ 越小，如图 3-23 中特性曲线 1 和特性曲线 2 所示。这种情况对应于串电阻调速，所串电阻越大，δ 越大。

如果在串电阻调速时，所串电阻较大（如图 3-23 中特性曲线 2）的一条人为特性上的 δ 刚好满足某一静差率要求（$\delta = \delta_2$）。则其他各条所串电阻比它小的机械特性上的静差率都能满足要求（即 $\delta < \delta_2$），而比它大的静差率都不能满足要求（即 $\delta > \delta_2$）。那么，在这条机械特性（特性曲线 2）上，当 $T_{em} = T_N$ 时的转速（B 点）就是满足 $\delta \leqslant \delta_2$ 时的最小转速 n_{min}。可见，电机所能达到的最低转速 n_{min} 受静差率的限制。

2）机械特性硬度一定时（β一定），n_0 越小，δ 越大，如图 3-23 中特性曲线 1 和曲线 3。这种情况对应减压调速，电压 U 越低，n_0 越小，δ 越大。可见静差率与机械特性的硬度有关，但又不是同一概念。

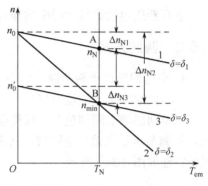

图 3-23　静差率与机械特性的关系

如果电压比较低的一条机械特性上（如特性曲线 3）的 δ 正好满足某一静差率要求 $\delta = \delta_3$，而其他各条电压比它低的特性上的静差率都不能满足要求（即 $\delta > \delta_3$）。那么，在这条机械特性（特性曲线 3）上，当 $T_{em} = T_N$ 的稳态转速（B 点）就是满足 $\delta \leqslant \delta_3$ 时的最小转速 n_{min}。

调速范围 D 和静差率 δ 是互有联系，并相互制约的两项指标，推导它们之间的关系式如下：

在满足静差率 δ 的最低速特性上有

$$\delta = \frac{\Delta n_N}{n_{0min}}$$

调速范围为

$$D = \frac{n_{max}}{n_{min}} = \frac{n_{max}}{n_{0min} - \Delta n_N} = \frac{n_{max}}{n_{0min}(1 - \frac{\Delta n_N}{n_{0min}})} = \frac{n_{max}}{\frac{\Delta n_N}{\delta}(1 - \delta)} = \frac{n_{max}\delta}{\Delta n_N(1 - \delta)} \qquad (3-39)$$

式（3-39）表明：

1）生产机械允许的最低转速时的静差率 δ 越小，电动机允许的调速范围 D 也就越小，所以调速范围 D 只在对 δ 有一定要求的前提下才有意义。

2）δ 要求一定时，D 还受额定负载下的转速降 Δn_N 的影响，例如，将图 3-23 中电枢串电阻调速（特性曲线 2）和减压调速（特性曲线 3）相比较，由于串电阻调速时额定负载下的转速降明显大于减压调速时额定负载下的转速降，即 $\Delta n_{N2} > \Delta n_{N3}$，所以在静差率 δ 相同的条件下，减压调速时的调速范围比串电阻调速时大得多，即 $D_3 > D_2$。

若要进一步提高特性的硬度，使 Δn_N 降低，可采用转速闭环系统（在后续章节讲述）。

（3）调速的平滑性

在允许的调速范围内，调节的级数越多，即每一级速度的调节量越小，则调速的平滑性越好，调速的平滑性用平滑系数表示，其定义是相邻两级转速或线速度之比，即

$$K = \frac{n_i}{n_{i-1}} = \frac{v_i}{v_{i-1}} \qquad (3-40)$$

式中，n_i 为高速，n_{i-1} 为低速。K 越接近于 1，调速的平滑性越好，$K = 1$ 称为无级调速或平滑调速，这时转速可连续调节。

（4）调速时的容许输出

容许输出指保持电枢电流为额定值条件下调速时，电动机容许输出的最大转矩或最大功率与转速的关系。容许输出转矩与转速无关的调速方式称为恒转矩调速方式；容许输出功率与转速无关的调速方式称为恒功率调速方式。

2. 调速的经济指标

（1）初投资

初投资的大小包括调速装置自身和辅助设备的投资等。

（2）运行费用

运行费用包括运行过程中的损耗大小（通过运行效率体现）及维护费用等。

3.6.2 调速方法

1. 电枢回路串电阻调速

（1）调速方法与调速原理

电枢回路串电阻调速时，保持电源电压 $U = U_N$、励磁磁通 $\Phi = \Phi_N$，电枢回路串接电阻 R_Ω，可调节电枢回路的电阻值，从而使得转速改变。其接线原理图如图 3-24a 所示，对应的机械特性如图 3-24b 所示。

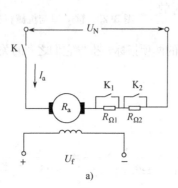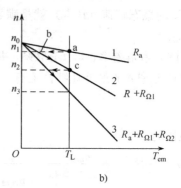

图 3-24　电枢回路串电阻调速

a）接线原理图　b）机械特性

假设电动机原稳定工作于固有特性（见特性曲线 1）上的 a 点，此时 $T_{em} = T_L$、$n = n_1$，电枢回路没有串电阻（$R_\Omega = 0$），总电阻 $R = R_a$。欲要降速，可串入电阻 $R_{\Omega1}$，机械特性变陡（见特性曲线 2），由于机械惯性，n 不能突变，$E_a = C_e\Phi n$ 也不能突变，电枢电流 $I_a = \dfrac{U_N - E_a}{R_a + R_{\Omega1}}$ 瞬间下降（忽略电磁惯性），电磁转矩 T_{em} 瞬间下降，工作点 a → b，此时由于 $T_{em} < T_L$，使得 n 下降，E_a 下降，I_a 回升，T_{em} 回升，直至 $T_{em} = T_L$、$n = n_2$，此时电动机在 c 点稳定运行。$n_2 < n_1$，调速过程结束。

（2）调速性能

①调速方向。电枢串电阻调速时，机械特性全部在固有特性的下方，故转速只能从额定转速 n_N 向下调，即 $n \leqslant n_N$。

②转速的稳定性差，调速范围 D 较小。电枢串电阻调速时，低速时机械特性软，转速的稳定性变差。当 δ 要求一定时，调速范围 D 较小。

③平滑性差。由于调速电阻中流过的电流 I_a 较大，电阻容量大，若要平滑调速，必须采用大量的接触器，使得装置复杂、成本高、维修不便。故多采用有级调速，分段切除电阻。

④负载转矩 T_L 较小时，调速效果不明显。

⑤低速时效率低。他励直流电动机的输入功率为

$$P_1 = UI_a = (E_a + RI_a)I_a$$

忽略机械损耗和铁损耗，电动机的总损耗为

$$\sum p = I_a^2 R = UI_a - E_a I_a = UI_a\left(1 - \frac{E_a}{U}\right) = UI_a\left(1 - \frac{C_e\Phi n}{C_e\Phi n_0}\right) = P_1\left(1 - \frac{n}{n_0}\right)$$

电动机的效率为

$$\eta = \frac{P_1 - \sum p}{P_1} = 1 - \frac{\sum p}{P_1} = 1 - \left(1 - \frac{n}{n_0}\right) = \frac{n}{n_0}$$

由上式可见，串电阻调速时，n_0 不变，转速 n 越低，效率 η 越低。

⑥调速方法简单，控制设备简单，初投资小。虽然电枢串电阻调速方法容易实现，但调速指标不好，一般用在对调速性能要求不高的场合。在负载转矩较大、低速运行时间短、负载性质为恒转矩负载的生产机械中经常使用，例如无轨电车、电瓶车及中小型起重类机械等。

2. 降低电源电压调速

减压调速时，保持 $\Phi = \Phi_N$，电枢回路不外串电阻（$R_\Omega = 0$），用调节电源电压 U，来改变转速。

降低电源电压调速需要专门的可调直流电源，过去通常采用发电机-电动机组（简称 G-M 系统），如图 3-25a 所示，他励直流发电机由三相异步电动机拖动以额定转速运转，改变发电机的励磁电流（改变直流发电机的磁通），即可改变直流发电机发出的感应电动势，从而改变直流电动机的电枢电压，使得电动机的转速改变。这种系统需要电机多、重量大、价格贵、占地面积大、噪声大、效率低、维护比较麻烦。随着电力电子技术的发展，现已逐步采用晶闸管可控直流装置作为电动机的可调直流电源（简称 SCR-M 系统），如图 3-25b 所示，它实际上是用静止的晶闸管变流装置代替 G-M 系统中的三相异步电动机和直流发电机，电动机的电枢电压可以通过调节晶闸管的控制角来改变，从而使得电动机的转速改变。与 G-M 系统相比较，SCR-M 系统的体积小、占地面积小、重量小、噪声小、效率高、维护也较方便，具有逐步取代 G-M 系统的趋势。

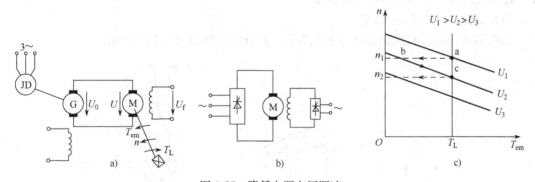

图 3-25　降低电源电压调速

a）G-M 直流调速系统　b）SCR-M 直流调速系统　c）G-M 系统的减压调速机械特性

（1）调速方法与调速原理

以直流发电机-电动机系统（G-M 系统）为例，其机械特性方程式为

$$n = \frac{U_0}{C_e \Phi} - \frac{R_a + R_0}{C_e C_T \Phi^2} T_{em} \tag{3-41}$$

式中　U_0——发电机发出的感应电动势 E_{aG}。

　　　R_0——发电机的电枢电阻 R_{aG}。

式（3-41）所对应的特性曲线如图 3-25c 所示。

假设系统原稳定工作于 $U_0 = U_1$ 的机械特性上的 a 点，对应转速 $n = n_1$，将电压降至 U_2，机械特性平行下移，由于机械惯性，n 和 E_a 都不能突变，电磁转矩 T_{em} 瞬间减少（忽略电磁惯性），工作点 a→b，此时由于 $T_{em} < T_L$，使得 n 及 E_a 下降，随着 n 的下降 I_a 回升，T_{em} 回升，直至 $T_{em} = T_L$、$n = n_2$，电动机在 c 点稳定运行，$n_1 > n_2$，调速过程结束。

由于 SCR-M 直流调速系统存在着特殊问题（如电流不连续、整流电压的谐波等），其机械特性与 G-M 系统有所不同，主要表现在电流不连续区其机械特性变软为非线性曲线，详细内容在此不作讨论。

（2）调速性能

①调速方向。由于电动机电枢电压只能从额定电压 U_N 向下调，其对应的机械特性平行下移，全部在固有特性的下方，故转速只能从额定转速 n_N 向下调，即 $n \leqslant n_N$。

②转速的稳定性好，调速范围 D 大。减压调速时其机械特性平行下移，转速降 Δn 不变，只是因为 n_0 变小，静差率 δ 略有增大，当 δ 要求一定时，调速范围 D 较大，远大于电枢串电阻调速时。

③调速的平滑性好。由于电压可以连续调节，故转速可以平滑调节，可实现无级调速。

④直流电动机的损耗小（$R_\Omega = 0$）。

⑤要求有独立的可调直流电源，初始投资大；G-M 机组经过三次能量转换，效率低。

减压调速系统采用反馈控制后，可使机械特性的硬度进一步提高，从而获得调速范围更广、平滑性能高及性能优良的调速系统。

减压调速时的调速指标好，一般用在调速性能要求比较高的中、大容量的拖动系统中，例如重型机床、精密机床和轧钢机等。

3. 减弱磁通调速

弱磁调速时，保持 $U = U_N$，电枢回路不外串电阻（$R_\Omega = 0$），调节励磁电流 I_f，即调节了励磁磁通 Φ，从而使得转速改变。

（1）调速方法与调速原理

弱磁调速的原理接线图如图 3-26a 所示，其机械特性如图 3-26b 所示。

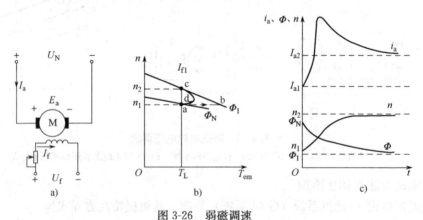

图 3-26 弱磁调速

a）原理接线图　b）机械特性　c）过渡过程（考虑励磁回路电感）

①不考虑励磁回路电感。假设系统原稳定工作于固有特性上的 a 点，这时 $T_{em} = T_L$、$n = n_a$，若要升速，将磁通从额定值 Φ_N 减弱为 Φ_1，机械特性上移（n_0、β 都增加），由于机械惯性 n 不能突变，$E_a = C_e \Phi n$ 下降，电枢电流 $I_a = \dfrac{U_N - E_a}{R_a}$ 增加，电磁转矩 $T_{em} = C_T \Phi I_a$ 增加（一般情况下，I_a 增加的倍数大于 Φ 减小的倍数），工作点从 a→b，这时 $T_{em} > T_L$ 使得

n 上升，随着 n 上升，E_a 上升，I_a 及 T_{em} 下降，直至 $T_{em} = T_L$、$n = n_c$，电动机在 c 点稳定运行，$n_c > n_a$，弱磁升速过程结束。

②考虑励磁回路电感。实际的励磁回路存在着较大的电感（电感与电阻相比较所占的比例较大），一般不能忽略。这时励磁电流 I_f 和磁通 Φ 都不能突变，电枢电流 I_a 和电磁转矩 T_{em} 都不能从 a 点突变到 d 点，而是沿着图 3-26b 中的曲线（工作点为 a → d → c 过程）运行。图 3-26c 中给出了考虑励磁回路电感时的磁通 Φ、电枢电流 I_a 和转速 n 的过渡过程特性曲线。

分析如下：

1）减弱磁通后，若负载转矩不变，电枢电流 I_a 增加，说明如下：当磁通为 Φ_1 时，对应的电枢电流为 $I_{a1} = \dfrac{T_{em}}{C_T \Phi_1} = \dfrac{T_L}{C_T \Phi_1}$；当磁通减弱为 Φ_2 时，$I_{a2} = \dfrac{T_{em}}{C_T \Phi_2} = \dfrac{T_L}{C_T \Phi_2}$，因为 $\Phi_2 < \Phi_1$，所以有 $I_{a2} > I_{a1}$。

2）电机运行时若励磁回路突然断开，则电动机处于严重的弱磁状态（$\Phi = \Phi_{剩}$），反电动势 E_a 的减少使得电枢电流 $I_a = \dfrac{U_N - E_a}{R_a}$ 大大增加，还可能导致转速上升到危险的高速（甚至飞车），使电机遭受破坏性的损伤，所以电机运行时绝对不允许励磁回路断开。

3）一般情况下，弱磁升速当负载很大时，可能导致弱磁降速。

（2）调速性能

①调速方向。$\Phi = \Phi_N$ 时，电机的铁心磁路已接近饱和，不能使磁通 Φ 进一步增加，只能减小，即 $\Phi < \Phi_N$，所以弱磁调速时，转速只能从额定转速 n_N 向上调，即 $n \geqslant n_N$。

②调速范围 D。由于转速只能从额定转速 n_N 往上调节，其最低转速 $n_{min} = n_N$，而最高转速 n_{max} 受电机机械强度和换向条件的限制，故调速范围不能很大，一般 $D \leqslant 2$，特殊调磁直流电机的 $D = 3 \sim 4$。

③相对稳定性好。弱磁调速时 n_0 增大，Δn 也增大，使得静差率 δ 变化不大，转速相对稳定性好。

④平滑性好。励磁电流可连续调节，做到无级调速。

⑤经济性好。弱磁时在电流较小的励磁回路调节，控制设备容量小、初始投资小、损耗小、效率高、控制方便。

适用于从 n_N 向上调节的恒功率负载，例如重型机床、大型立式车床、龙门刨床等。

为了获得较高的调速范围，通常将额定转速以上的弱磁升速与额定转速以下的减压调速配合使用。

3.6.3 调速方式与负载类型的配合

电动机带负载后，要求它在技术性能方面能够满足生产工艺要求，而在经济性方面则要求电动机能够得到充分利用。

1. 电动机的充分利用

如果电动机在不同的稳定转速下长期运行时，电枢电流 $I_a = I_N$，则可以说电动机得到了充分利用。

电动机运行时内部有损耗，这些损耗最终将变成热量，使电机温度升高。若损耗过大，长期运行时，可使电机最后的稳定温度超过允许值而损坏绝缘材料，使电机的寿命缩短，严重时烧毁电机。由第 2 章分析可知，电机的总损耗包括不变损耗和可变损耗两部分，不变损耗包括铁损耗、机械损耗等，它们不随负载而改变；可变损耗是指铜损耗，主要取决于电枢电流 I_a 的大小，I_a 大则铜损耗大，使得电机的稳定温度升高。为了使电机的稳定温度在规定的范围内，对电枢电流 I_a 要有上限规定，这个上限值就是电流的额定值 I_N，即在不同的稳定转速下长期运行时，只要保持 $I_a = I_N$，就能安全可靠工作，使电机得到充分利用。所以有以下结论：

当 $I_a = I_N$ 时，电机得到充分利用。

当 $I_a < I_N$ 时，没有充分利用，造成浪费。

当 $I_a > I_N$ 时，长期运行会损坏电机，不允许。

那么实际的电枢电流是由什么因素决定呢？

由 3.3 节讨论知，电动机实际运行时电枢电流 I_a 的大小只取决于负载转矩 T_L 的大小。由此可见，问题的实质就是电动机采用不同的调速方式（串电阻、减压和弱磁调速）时，各适用于带什么性质的负载，才能使电枢电流在不同的稳定转速下始终等于或接近额定电流，电机得到充分利用。

2. 调速方式

（1）恒转矩调速方式

恒转矩调速方式是指：在某种调速方式中，从高速到低速（稳定转速）都保持电枢电流为额定值，即 $I_a = I_N$，若电动机的输出转矩 T_2 恒定不变，则称这种调速方式为恒转矩调速方式。

减压调速及串电阻调速属于恒转矩调速方式，现分析如下：

调压与调阻时，磁通不变，即 $\Phi = \Phi_N$，若在调速中，保持 $I_a = I_N$，在忽略空载转矩 T_0 的情况下，输出转矩（容许输出转矩）为

$$T_{容许} = T_{em} = C_T\Phi_N I_N = T_N = 常数 \tag{3-42}$$

输出功率（容许输出功率）为

$$P_{容许} = T_{em}\Omega = \frac{T_{em}n}{9550} \propto n$$

可见，减压与串电阻时，从高速到低速，容许输出转矩为恒值，与转速无关，所以这两种调速方式都为恒转矩调速方式，容许输出功率与转速成正比。其容许输出转矩和功率的特性曲线如图 3-27b 所示。

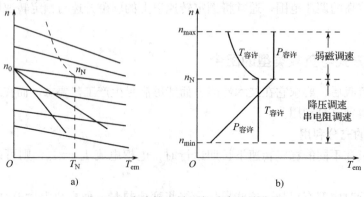

图 3-27 容许输出转矩与功率特性曲线

a）机械特性 b）容许输出转矩与功率

由式（3-42）可知，减压和串电阻调速时，若调速前后保持电枢电流为 I_N，则电机的输出转矩为恒值（T_N）；反过来说，若生产机械在调速前后负载转矩 T_L 保持不变（恒转矩负载），且电动机的额定转矩 $T_N = T_L$，就能保证电动机在调速前后的电枢电流保持为 I_N，使电动机得到充分利用，所以减压和串电阻这两种调速方式适合于带恒转矩负载。

（2）恒功率调速方式

恒功率调速方式是指：在某种调速方式中，从高速到低速（稳定转速）都保持电枢电流为额定值，即 $I_a = I_N$，若电动机的输出功率 P_2 恒定不变，则称这种调速方式为恒功率调速方式。

弱磁调速属于恒功率调速方式，现分析如下：

调磁时，电枢电压不变 $U = U_N$，电枢回路不串电阻（$R_\Omega = 0$），磁通 Φ 变化。如果保持调速前后电枢电流为额定值，即 $I_a = I_N$，则有

$$E_a = C_e \Phi I_N = U_N - R_a I_N = E_N$$

从而得

$$\Phi = \frac{E_N}{C_e n} = K \frac{1}{n}$$

忽略空载转矩 T_0 时，电动机的输出转矩（容许输出转矩）为

$$T_{容许} = T_{em} = C_T \Phi I_N = C_T K \frac{1}{n} I_N = \frac{K'}{n}$$

输出功率（容许输出功率）为

$$P_{容许} = T_{em} \Omega = \frac{T_{em} n}{9550} = \frac{C_T \Phi I_N n}{9550} = \frac{C_T E_N I_N n}{9550 C_e n} = E_N I_N = P_N = 常数 \qquad (3\text{-}43)$$

可见，弱磁调速时，从高速到低速，容许输出功率为恒值，与转速无关，所以这种调速方式为恒功率调速方式，容许输出转矩与转速成反比。其容许输出转矩和功率的特性曲线如图 3-27b 所示。

式（3-43）表明，弱磁调速时，若调速前后保持电枢电流为 I_N，则电机发出的功率为恒值（P_N）；反过来说，若生产机械在调磁前后负载功率保持不变（$P_N = P_L$），就能保证电动机在调速前后的电枢电流保持为 I_N，所以弱磁调速方法适合于带恒功率负载。

3. 调速方式和负载的配合

容许输出转矩和功率只表示电机利用的限度，不代表电机的实际输出，而后者的大小则要由不同转速下的负载特性决定。这样，就有了一个调速方式和负载类型相互配合的问题。若配合恰当，可使电机在不同的稳定转速上都能充分利用。下面分别讨论恒转矩调速方式和恒功率调速方式分别与负载的配合问题。

（1）恒转矩调速方式与负载的配合

①恒转矩调速方式带恒转矩负载。当电动机带恒转矩负载进行串电阻或减压调速时，首先选电动机的额定转矩为负载转矩，即 $T_N = T_L$，那么无论运行在调速范围内的任何稳定转速上，电动机的电枢电流为

$$I_a = \frac{T_{em}}{C_T \Phi_N} = \frac{T_L}{C_T \Phi_N} = \frac{T_N}{C_T \Phi_N} = I_N$$

电动机都能得到充分利用，可见恒转矩调速方式与恒转矩负载的配合是合适的。

②恒转矩调速方式带恒功率负载。当电动机带恒功率负载进行串电阻或减压调速时，则不能保证在调速范围内的每个稳定运行点上电动机都能充分利用，现分析如下：

图 3-28 绘出了减压调速时的机械特性和恒功率负载特性。由于是恒功率负载，则在最高速（a 点）和最低速（b 点）的负载功率应相等，为

$$P_L = \frac{T_{La}n_{max}}{9550} = \frac{T_{Lb}n_{min}}{9550} = 常数 \qquad (3-44)$$

选电动机参数：

为了使电动机安全工作，选电动机的额定转矩 T_N 等于负载要求的最大转矩，即取 $T_N = T_{Lb}$。由于串电阻和减压调速时，转速从 n_N 向下调，故取电动机的额定转速 n_N 等于负载要求的最高转速，即取 $n_N = n_{max}$。

1）当工作在 a 点时，电动机的实际输出转矩与负载转矩相等（稳定运行点），由式（3-44）解得实际输出转矩为

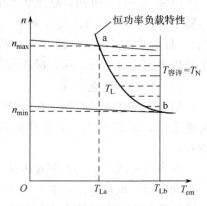

图 3-28　恒转矩调速方式与恒功率负载的配合

$$T_{La} = \frac{n_{min}}{n_{max}}T_{Lb} = \frac{n_{min}}{n_N}T_{Lb} = \frac{T_N}{D}$$

电动机容许输出的最大转矩是 T_N，而此时它实际输出的转矩是 T_{La}，未得到充分利用的转矩是

$$T_N - T_{La} = (D-1)T_{La}$$

从而得实际电枢电流为

$$I_a = \frac{I_N}{D}$$

实际输出功率为

$$P_{La} = \frac{T_{La}n_{max}}{9550} = \frac{n_N T_N}{9550D} = \frac{P_N}{D}$$

浪费的功率为

$$P_N - P_{La} = (D-1)P_{La}$$

可见此时电机的实际输出转矩、电枢电流及输出功率都为额定值的 $\frac{1}{D}$，电机没有得到充分利用。

2）电动机工作在 b 点时，实际输出转矩等于电动机的额定转矩，即

$$T_{Lb} = T_N$$

从而得电枢电流为

$$I_a = I_N$$

可见此时 $I_a = I_N$，实际输出转矩等于容许输出转矩 T_N，电机得到充分利用。

结论：恒转矩调速方式带恒功率负载时，只有 $n = n_{min}$ 时（b 点），$I_a = I_N$，这时实际输出转矩等于容许输出转矩 T_N，电机得到充分利用；而在 $n > n_{min}$ 时，$I_a < I_N$，实际输出转矩小于容许输出转矩，电机没有得到充分利用，转速 n 越高，实际输出转矩和容许输出转矩差距就越大，浪费越严重，如图 3-28 中的阴影部分；$n = n_{max}$（a 点）时，浪费最严重。

（2）恒功率调速方式和负载的配合

①恒功率调速方式带恒功率负载。当电动机带恒功率负载进行弱磁调速时，首先选电动机的额定功率为负载功率，即 $P_N = P_L$，无论运行在调速范围内的任何稳定转速上，电动机

的实际输出功率（忽略空载损耗）为

$$P_L = P_N \approx P_{em} = E_a I_a = U_N I_a - I_a^2 R_a = U_N I_N - I_N^2 R_a$$

从而得实际电枢电流为

$$I_a = I_N$$

电动机都能得到充分利用，可见恒功率调速方式和恒功率负载的配合是合适的。

②恒功率调速方式带恒转矩负载。当电动机带恒转矩负载进行弱磁调速时，则不能保证在调速范围内的每个稳定运行点上都能充分利用，现分析如下：

图 3-29 绘出了弱磁调速时的机械特性和恒转矩负载特性。首先选电动机参数：

电动机在不同的转速上运行时，其负载功率为

$$P_L = \frac{T_L n}{9550}$$

由上式可见，转速 n 越高，负载要求的功率 P_L 就越大。

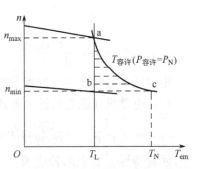

图 3-29　恒功率调速方式与恒转矩
　　　　负载的配合

为了使电机安全工作，选电机的额定功率 P_N 等于生产机械要求的最大功率，即取

$$P_N = \frac{T_L n_{max}}{9550}$$

由于弱磁调速时，转速从 n_N 向上调，故取电动机的额定转速 n_N 等于负载要求的最低转速，即取 $n_N = n_{min}$。

1）当电动机工作在 a 点时，实际输出功率等于额定功率，即 $P_L = P_N = P_{容许}$，则实际电枢电流等于额定电流，即 $I_a = I_N$，电机得到充分利用。

2）当电动机工作在 b 点时，由于 $T_{La} = T_{Lb}$，故有

$$\frac{T_{Lb} n_{max}}{9550} = \frac{T_{La} n_{max}}{9550} = \frac{T_N n_N}{9550} = \frac{T_N n_{min}}{9550}$$

从而得

$$T_{Lb} = \frac{T_N}{\dfrac{n_{max}}{n_{min}}} = \frac{T_N}{D}$$

$$P_L = T_L \Omega_{min} = \frac{T_N}{D} \Omega_{min} = \frac{T_N \Omega_N}{D} = \frac{P_N}{D}$$

可见，实际输出转矩与功率均为额定值的 $\dfrac{1}{D}$，电机没有得到充分利用。

结论：恒功率调速方式带恒转矩负载时，只有 $n = n_{max}$（a 点）时，实际输出转矩等于容许输出转矩，电机得到充分利用；而在 $n < n_{max}$ 时，实际输出转矩小于容许输出转矩，电机没有充分利用，转速 n 越低，实际输出转矩和容许输出转矩差距就越大，浪费越严重（见图 3-29 中的阴影部分）；$n = n_{min}$ 时（b 点），浪费最严重。

对于风机、泵类负载，由于其既非恒转矩负载也非恒功率负载类型，无论是采用恒转矩调速方式还是恒功率调速方式，均不可能做到调速方式和负载类型的最佳配合。

例 3-6　一台他励直流电动机：$P_N = 55kW$，$U_N = 220V$，$I_N = 280A$，$n_N = 635r/min$，$R_a = 0.044\Omega$，欲拖动恒转矩负载 $T_L = 0.9T_N$ 运行，试求：

(1) 采用串电阻调速，使电动机转速降为 $n = 600\text{r/min}$，电枢回路应串多大电阻？

(2) 采用减压调速使电动机转速降为 $n = 600\text{r/min}$，电枢电压应降为多少？

(3) 采用弱磁调速使磁通 $\Phi = 0.8\Phi_N$ 时，电动机的转速应升至多少？能否长期运行？

解：(1) 电动机的固有参数为

$$C_e\Phi_N = \frac{U_N - I_N R_a}{n_N} = \frac{220 - 280 \times 0.044}{635} = 0.327$$

电动机的转速特性为

$$n = \frac{U_N}{C_e\Phi_N} - \frac{R_a + R_\Omega}{C_e\Phi_N} \cdot I_a$$

$$R_\Omega = \frac{U_N - C_e\Phi_N n}{I_N} - R_a = \left(\frac{220 - 0.327 \times 600}{0.9 \times 280} - 0.044\right)\Omega = 0.138\Omega$$

串电阻调速时所对应的稳定工作点见图 3-30 中特性 1 的 A 点。

(2) 电动机在固有特性上的理想空载转速

$$n_0 = \frac{U_N}{C_e\Phi_N} = \frac{220}{0.327}\text{r/min} = 672.8\text{r/min}$$

固有特性上 B 点的转速为

$$n_B = n_0 - \frac{R_a \times 0.9 I_N}{C_e\Phi_N} = \left(672.8 - \frac{0.044 \times 0.9 \times 280}{0.327}\right)\text{r/min}$$

$$= 638.9\text{r/min}$$

转速降为

$$\Delta n = n_0 - n_B = (672.8 - 638.9)\text{r/min} = 33.9\text{r/min}$$

减压调速时的理想空载转速

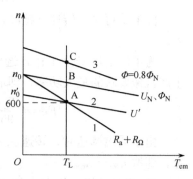

图 3-30　图例 3-6 的附图

$$n_0' = n + \Delta n = (600 + 33.9)\text{r/min} = 633.9\text{r/min}$$

由于理想空载转速与电枢电压成正比，故有

$$U' = \frac{n_0'}{n_0}U_N = \frac{633.9}{672.8} \times 220\text{V} = 207.3\text{V}$$

减压调速时所对应的稳定工作点见图 3-30 中特性 2 的 A 点。

(3) $\Phi = 0.8\Phi_N$ 时的电枢电流

$$I_a = \frac{C_e\Phi_N}{C_e\Phi}0.9 I_N = 1.125 I_N = \frac{1}{0.8} \times 0.9 \times 280\text{A} = 315\text{A}$$

由于 $I_a > I_N$，因此不能长期运行。

这时电动机的转速为

$$n = \frac{U_N}{0.8 C_e\Phi_N} - \frac{R_a}{0.8 C_e\Phi_N}I_a = \left(\frac{220}{0.8 \times 0.327} - \frac{0.044}{0.8 \times 0.327} \times 315\right)\text{r/min} = 788\text{r/min}$$

弱磁调速时所对应的稳定工作点见图 3-30 中特性 3 的 C 点。

例 3-7　一台他励直流电动机：$P_N = 60\text{kW}$，$U_N = 220\text{V}$，$I_N = 350\text{A}$，$R_a = 0.04\Omega$，$n_N = 1000\text{r/min}$，欲拖动 $T_L = T_N$ 恒转矩负载运行，试求：

(1) 如果要求静差率 $\delta \leqslant 20\%$，采用电枢回路串电阻调速和减压调速时所能达到的调速范围。

(2) 如果要求调速范围 $D = 4$，采用以上两种调速方法时的最大静差率。

解：(1) 求静差率 $\delta \leqslant 20\%$ 时的调速范围

1) 电枢回路串电阻调速时

$$C_e \Phi_N = \frac{U_N - I_N R_a}{n_N} = \frac{220 - 350 \times 0.04}{1000} = 0.206$$

$$n_0 = \frac{U_N}{C_e \Phi_N} = \frac{220}{0.206} = 1068 \text{r/min}$$

由静差率的定义式

$$\delta = \frac{\Delta n'_N}{n_0} \leqslant 20\%$$

得额定负载转矩时的转速降

$$\Delta n'_N = 20\% n_0 = 0.2 \times 1068 \text{r/min} = 213.6 \text{r/min}$$

满足 $\delta \leqslant 20\%$ 时的最低转速

$$n_{min} = n_0 - \Delta n'_N = (1068 - 213.6) \text{r/min} = 854.4 \text{r/min}$$

调速范围

$$D = \frac{n_{max}}{n_{min}} = \frac{n_N}{n_{min}} = \frac{1000}{854.4} = 1.17$$

2) 减压调速时

$$\Delta n_N = (1068 - 1000) \text{r/min} = 68 \text{r/min}$$

减压时的机械特性平行下移，转速降不变，低速特性的理想空载转速

$$n'_0 = \frac{\Delta n_N}{\delta} = \frac{68}{0.2} \text{r/min} = 340 \text{r/min}$$

满足 $\delta \leqslant 20\%$ 时的最低转速

$$n_{min} = n'_0 - \Delta n_N = (340 - 68) \text{r/min} = 272 \text{r/min}$$

调速范围

$$D = \frac{n_{max}}{n_{min}} = \frac{n_N}{n_{min}} = \frac{1000}{272} = 3.7$$

调速范围也可直接用下式直接计算

$$D = \frac{n_{max} \delta}{\Delta n_N (1 - \delta)} = \frac{1000 \times 0.2}{68 \times (1 - 0.2)} = 3.7$$

结论：在静差率相同的情况下，减压调速时的调速范围明显大于串电阻调速时的调速范围。

（2）求调速范围 $D = 4$ 时的最大静差率

1) 电枢回路中电阻调速时

满足 $D = 4$ 时的最低转速

$$n_{min} = \frac{n_{max}}{D} = \frac{n_N}{D} = \frac{1000}{4} \text{r/min} = 250 \text{r/min}$$

对应最低转速时的转速降

$$\Delta n'_N = n_0 - n_{min} = (1068 - 250) \text{r/min} = 818 \text{r/min}$$

最大静差率

$$\delta = \frac{\Delta n'_N}{n_0} \times 100\% = \frac{818}{1000} \times 100\% = 81.8\%$$

2) 减压调速时

满足 $D = 4$ 时的最低转速

$$n_{\min} = \frac{n_{\max}}{D} = \frac{n_N}{D} = \frac{1000}{4}\text{r/min} = 250\text{r/min}$$

对应最低转速时的理想空载转速

$$n_0' = n_{\min} + \Delta n_N = (250 + 68)\text{r/min} = 318\text{r/min}$$

最大静差率

$$\delta = \frac{\Delta n_N'}{n_0} \times 100\% = \frac{68}{318} \times 100\% = 21.4\%$$

最大静差率也可用下式直接计算

$$\delta = \frac{\Delta n_N D}{n_{\max} + D\Delta n_N} \times 100\% = \frac{4 \times 68}{1000 + 4 \times 68} \times 100\% = 21.4\%$$

结论：在调速范围相同的情况下，减压调速时的静差率明显小于串电阻调速时的静差率。

3.7 他励直流电动机的制动

在实际生产中，电动机可能运行于两种状态：一是电动状态，这时电磁转矩 T_{em} 和转速 n 方向相同，电网向电动机输入电能并转换成机械能带动负载运转。大部分情况下电动机工作在电动状态，拖动负载稳定运行；二是制动状态，这时 T_{em} 和 n 方向相反，电动机吸收机械能并转换成电能，消耗在电枢回路电阻或回馈电网上。下面的这些场合要求电动机工作于制动状态。

（1）使系统停车或减速

最简单的停车方式是断开电源，使系统慢慢停下来，这种停车叫做自由停车。由于此时轴上的摩擦转矩小，因而停车时间较长，诸如风扇之类的生产机械可采用。但有些生产机械则不行，例如电车在紧急停车时，若采用自由停车，就会出事故。这就要求停车越快越好，一般用机械抱闸制动的方式，使车很快停下来。还有些做往返运动的生产机械，如龙门刨床的工作台，工艺过程的一个循环为：正向起动加速、稳定运行、制动减速停止，然后反向起动加速、反向稳定运行、反向减速停止。若每次都用抱闸进行停车就很不方便、闸皮会很快磨损、增加维修负担，在这种情况下，都是采用电动制动方式，让电动机发出制动转矩，从而使系统很快减速或停车。

（2）使位能性负载稳定下放

有些位能性负载的生产机械，如矿井提升机构、工人或物资罐笼的升降机构。当下放罐笼时，如果电机不发出转矩，由于重力加速度的作用，下降速度会越来越大，若超过允许的安全速度就很危险。

若电机发出拖动转矩，则下放速度更快，更危险。这时必须让电动机发出制动转矩 T_{em}，其与重物产生的负载转矩 T_L 方向相反、大小相等，才能使罐笼稳速下放。

电气制动方式有三种：能耗制动、反接制动及回馈制动。

3.7.1 他励直流电动机的能耗制动

1. 制动原理

能耗制动一般用于两种情况：一是使反抗性恒转矩负载准确停车；二是使位能性负载稳

速下放。

（1）电动机带反抗性恒转矩负载

以电动机拖动电动车停车为例。

原状态：电动机以 n_A 稳定运行，$T_{em} = T_L$，$n = n_A$，电动车以 v_A 向前匀速前进，如图3-31a 所示。

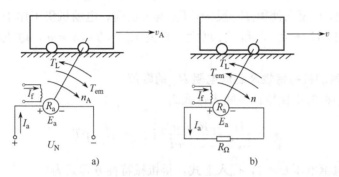

图 3-31　反抗性恒转矩负载下的能耗制动

a）电动状态　b）能耗制动状态

现欲采用能耗制动的方式停车，具体操作是将电机脱离电源，同时在电枢回路串接一制动电阻 R_Ω，磁通 Φ 不变，如图 3-31b 所示。开始时，由于机械惯性，转速 n 和感应电动势 E_a 不变，电流 I_a 反向，使得电磁转矩 T_{em} 反向，这时 T_{em} 和 n 反方向为制动转矩，电动机进入制动状态，在 T_{em} 和 T_L 的共同作用下使得 n 下降，感应电动势 E_a 也下降，电枢电流 $I_a = \dfrac{E_a}{R_a + R_L}$ 下降，T_{em} 也下降，直至 $n=0$，$E_a=0$，$I_a=0$，$T_{em}=0$，电机停转，电动车停车。

在能耗制动过程中，电机变成了一台与电网无关的直流发电机，将系统的动能转换成电能，消耗在电枢回路的总电阻上，系统的动能消耗完后，电动机停止不动，所以把这种运转状态叫作能耗制动。

（2）电动机带位能性恒转矩负载

以电动机拖动重物稳定下放为例。

原状态：电动机以 n_A 稳定运行，$T_{em} = T_L$，$n = n_A$，电动机拖动重物稳定提升，见图3-32a。

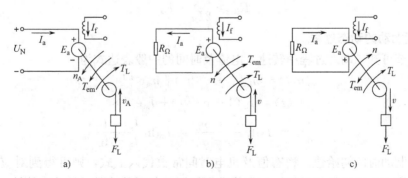

图 3-32　位能性恒转矩负载下的能耗制动

a）电动状态（稳速提升）　b）能耗制动状态（减速提升）　c）能耗制动状态（加速及稳速下放）

现欲采用能耗制动的方式稳速下放重物，将电机脱离电源，同时在电枢回路串接一制动电阻 R_Ω，磁通 Φ 不变，如图 3-32b 所示。制动过程和反作用负载时相同，I_a 反向，电磁转矩 T_{em} 反向，电动机进入制动状态，在 T_{em} 和 T_L 的共同作用下 n 下降，直至 $n=0$，$T_{em}=0$，电机停转，重物停在空中。

$n=0$，$T_{em}=0$ 时，在重物产生的 T_L 作用下 n 反转，重物开始下放，见图 3-32c。由于 n 反向，E_a 也反向，I_a 反向使得 T_{em} 反向，T_{em} 与 n 反向，电动机仍工作于能耗制动状态。随着转速的反向上升，E_a 增大，I_a 和 T_{em} 增大，直至 $T_{em}=T_L$，$n=n_c$，电机稳定反转，重物稳速下放。

2. 能耗制动时的机械特性及制动电阻 R_Ω 的取值

他励直流电动机的机械特性一般表达式为

$$n = \frac{U}{C_e\Phi} - \frac{R_a+R_\Omega}{C_eC_T\Phi^2}T_{em} = n_0 - \beta T_{em}$$

能耗制动时电枢电压 $U=0$，代入上式，得机械特性方程式为

$$n = -\frac{R_a+R_\Omega}{C_eC_T\Phi^2}T_{em} = -\beta T_{em} \tag{3-45}$$

机械特性是一条通过坐标原点的位于第二、四象限的直线，如图 3-33 所示。

制动电阻 R_Ω 的求取：

由式（3-45）及图 3-33 可知，机械特性的斜率 β 取决于制动电阻 R_Ω 的大小，R_Ω 越小，则 β 越小，特性越平，制动转矩 T_{em} 越大，制动过程越快。但若 R_Ω 过小，会使得能耗制动开始瞬间（B 点）电流 $I_1 = \frac{E_B}{R_a+R_\Omega}$ 过大，这是不允许的。一般取 $I_1 \leqslant 2I_N$，即

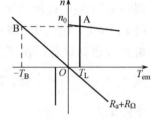

图 3-33　能耗制动的机械特性

$$\frac{E_B}{R_a+R_\Omega} \leqslant 2I_N$$

故有

$$R_\Omega \geqslant \frac{E_B}{2I_N} - R_a = \frac{E_A}{2I_N} - R_a = \frac{C_e\Phi n_A}{2I_N} - R_a \tag{3-46}$$

若 $n_A = n_N$，则 $E_N = C_e\Phi_N n_N \approx U_N$，近似取

$$R_\Omega \geqslant \frac{U_N}{2I_N} - R_a \tag{3-47}$$

3. 能耗制动的动态过程

由 3.4 节可知，动态过程中转速、电流及时间的一般表达式为

$$\begin{cases} n(t) = n_L(1 - e^{-t/T_M}) + n_{st}e^{-t/T_M} \\ I_a(t) = I_L(1 - e^{-t/T_M}) + I_{st}e^{-t/T_M} \\ t_x = T_M\ln\dfrac{n_{st}-n_L}{n_x-n_L} = T_M\ln\dfrac{I_{st}-I_L}{I_x-I_L} \end{cases} \tag{3-48}$$

将能耗制动时的初始值、稳态值及机电时间常数代入上式，则可得到对应的动态方程式。下面分别讨论电动机带反抗性和位能性恒转矩负载两种情况时的动态特性。

（1）T_L 是反抗性恒转矩负载

其机械特性和负载特性如图 3-34a 左上部分所示。由前述电机带动电动车的例子分析可知，原状态电机稳定工作于 A 点（第一象限），进行能耗操作，由于转速不能突变，工作点由 A→B，电动机进入能耗制动状态（第二象限），在 T_{em} 与 T_L 的共同作用下使 n 下降，直至 $T_{em} = 0, n = 0$。能耗制动所对应的工作点是 B→0。

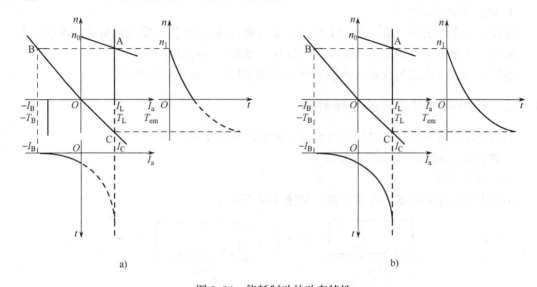

图 3-34 能耗制动的动态特性

a）能耗制动动态特性（反抗性负载）　b）能耗制动动态特性（位能性负载）

从能耗制动过程可知，起始点为 B($-I_B$、n_B) 点，虚稳定点为 C(I_C，$-n_C$) 点，机电时间常数 $T_M = \dfrac{GD^2}{375} \dfrac{R_a + R_\Omega}{C_e C_T \Phi^2}$。将起始点、虚稳定点及机电时间常数代入式（3-48），可得

$$\begin{cases} n(t) = -n_C(1 - e^{-t/T_M}) + n_B e^{-t/T_M} \\ I_a(t) = I_C(1 - e^{-t/T_M}) + (-I_B) e^{-t/T_M} \\ t(B \to 0) = T_M \ln \dfrac{-I_B - I_C}{0 - I_C} = T_M \ln \dfrac{n_B - (-n_C)}{0 - (-n_C)} \end{cases} \tag{3-49}$$

上式所对应的 $n(t)$ 及 $I_a(t)$ 特性曲线如图 3-34a 所示。

说明：在（B→0）段，T_L 为正值（第一象限），这时 $n(t)$ 及 $I_a(t)$ 均按稳定值为 C 点对应值的规律变化，理论上的稳定点为 C 点，实际上电机在坐标原点就停止了，故称 C 点为虚稳定点，所以 0→C 段为虚线。

（2）T_L 是位能性恒转矩负载

其机械特性和负载特性如图 3-34b 左上部分所示。由前述电机带动重物稳定下放的例子分析可知，当电动机工作在机械特性的第二象限（B→O 段）时，其工作过程与反抗性负载时相同。当 $n = 0, T_{em} = 0$ 时，在重物产生的 T_L 作用下使 n 反转（第四象限），重物开始下放，直至 $T_{em} = T_L, n = -n_C$，电机稳定反转，重物稳速下放，对应工作点为第四象限的 O→C 段。

这时起始点仍为 B 点、稳态点为 C 点（这是实际稳态点）、机电时间常数仍为 T_M。由于起始点、稳定点及机电时间常数与反抗性负载时相同，故 $n = f(t)$ 及 $I_a = f(t)$ 与式（3-49）相同。对应的特性曲线如图 3-34b 所示（O→C 段为实线）。过渡过程的时间为工作点 B→O 和 O→C 两部分之和，方程式为

$$\begin{cases} t(\mathrm{B} \to O) = T_{\mathrm{M}} \ln \dfrac{-I_{\mathrm{B}} - I_{\mathrm{C}}}{0 - I_{\mathrm{C}}} = T_{\mathrm{M}} \ln \dfrac{n_{\mathrm{B}} - (-n_{\mathrm{C}})}{0 - (-n_{\mathrm{C}})} \\ t(O \to \mathrm{C}) = (3 \sim 4) T_{\mathrm{M}} \\ t(\mathrm{B} \to \mathrm{C}) = t(\mathrm{B} \to 0) + (3 \sim 4) T_{\mathrm{M}} \end{cases} \qquad (3\text{-}50)$$

4. 特点与适用场合

优点：简单、安全（制动时，电机与电源脱离）、减速平稳、反抗性负载能准确停车。

缺点：转速下降时，制动转矩 T_{em} 下降快，使得制动过程慢。

适用于一般生产机械要求准确制动停车或低速稳定下放重物的场合。

3.7.2 他励直流电动机的反接制动

反接制动有两种方法：电压反接制动和转速反向的反接制动。

1. 电压反接制动（电源反接制动）

（1）制动原理

仍以电动机拖动电动车停车为例，如图 3-35 所示。

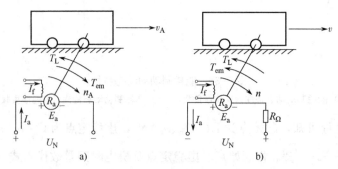

图 3-35　反抗性恒转矩负载下的电压反接制动

a) 电动状态　b) 电压反接制动状态

原状态：电动机以 n_{A} 稳定运行，$T_{\mathrm{em}} = T_{\mathrm{L}}$，$n = n_{\mathrm{A}}$，电动车以 v_{A} 向前匀速前进，如图 3-35a 所示。

现欲采用电压反接制动的方式停车，具体操作是将电源电压反接，同时在电枢回路串接一制动电阻 R_{Ω}，磁通 Φ 不变，如图 3-35b 所示。开始时，由于机械惯性，n 和 E_{a} 不能突变，此时 U_{N} 与 E_{a} 的极性串起来，使得电流 I_{a} 反向，电磁转矩 T_{em} 也反向，这时 T_{em} 和 n 反向为制动转矩，电动机进入制动状态，在 T_{em} 和 T_{L} 的共同作用下，使得 n 下降，感应电动势 E_{a} 也下降，电枢电流 $I_{\mathrm{a}} = \dfrac{U_{\mathrm{N}} + E_{\mathrm{a}}}{R_{\mathrm{a}} + R_{\Omega}}$ 下降，T_{em} 也下降，直至 $n = 0$，电动车停车。

$n = 0$ 时，$E_{\mathrm{a}} = 0$，电流 $I_{\mathrm{a}} = \dfrac{U_{\mathrm{N}}}{R_{\mathrm{a}} + R_{\Omega}} = I_{\mathrm{st}}$，当 $T_{\mathrm{st}} > T_{\mathrm{L}}$ 时，电磁转矩 T_{st} 能够克服电动车的静摩擦转矩 T_{L}，电机反向起动，电动车后退，若要停车，需切断电源；当 $T_{\mathrm{st}} < T_{\mathrm{L}}$ 时，电磁转矩 T_{st} 不能克服电动车的静摩擦转矩 T_{L}，电动车停止。无论何种情况，要准确停车，均需切断电流。

因为此制动方式是通过电压反接实现的，所以叫作电压反接制动。

（2）机械特性及制动电阻的求取

机械特性的一般表达式为

$$n = \frac{U_N}{C_e\Phi} - \frac{R_a + R_\Omega}{C_e C_T \Phi^2} T_{em} = n_0 - \beta T_{em}$$

电压反接时 U 为负，代入上式，可得

$$n = -\frac{U_N}{C_e\Phi} - \frac{R_a + R_\Omega}{C_e C_T \Phi^2} T_{em} = -n_0 - \beta T_{em} \tag{3-51}$$

可见理想空载转速为负值，对应特性曲线如图 3-36 所示。

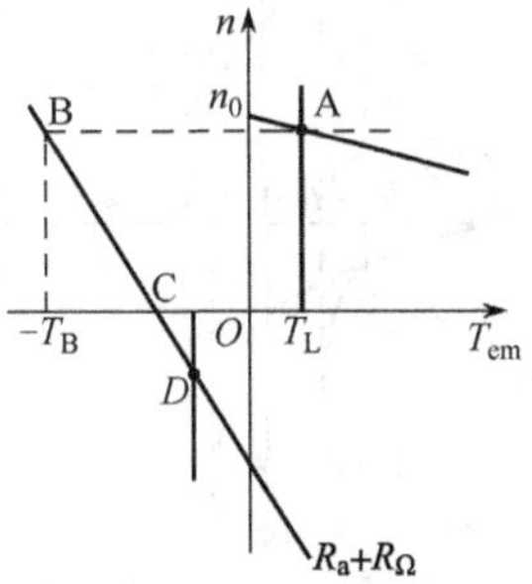

制动电阻 R_Ω 的求取：

参照能耗制动的分析方法，由式（3-51）及图 3-36 可知，制动电阻 R_Ω 的大小决定了机械特性的斜率，即决定了电压反接制动开始瞬间（B 点）电流 I_1 的大小，若 R_Ω 过小，将使得 I_1 过大，这是不允许的。一般取 $I_1 \leqslant 2I_N$，即

$$I_1 = \frac{U_N + E_A}{R_a + R_\Omega} \leqslant 2I_N$$

从而得

$$R_\Omega \geqslant \frac{U_N + E_A}{2I_N} - R_a = \frac{U_N + C_e\Phi n_A}{2I_N} - R_a \tag{3-52}$$

图 3-36　电压反接制动时的机械特性

若 $n_A = n_N$，则 $E_N = C_e\Phi_N n_N \approx U_N$，近似取

$$R_\Omega \geqslant \frac{U_N}{I_N} - R_a \tag{3-53}$$

（3）能量关系

由图 3-35b 得电压反接制动时的电压平衡方程式为

$$U_N + E_a = I_a(R_a + R_\Omega)$$

上式两边同乘以电枢电流 I_a，得电压反接制动时的功率平衡方程式为

$$I_a U_N + I_a E_a = I_a^2(R_a + R_\Omega) \tag{3-54}$$

电机工作在电动状态的功率平衡方程式为

$$I_a U_N - I_a E_a = I_a^2(R_a + R_\Omega)$$

将式（3-54）和上式相比较，得电压反接制动时的功率流向为 $I_a U_N$ 为正，电流 I_a 从 U_N 的正端流入电机，说明电动机从电网吸收电能；$I_a E_a$ 为正（与电机工作在电动状态相反），I_a 从 E_a 的正端流入电机，说明电动机从轴上吸收机械能；$I_a^2(R_a + R_\Omega)$ 是电阻上消耗的电能，变成热量散发出去。可见，电压反接制动时，电动机既从电网吸收电能，又从轴上吸收机械能。这两部分能量全部消耗在电枢回路的总电阻 $R_a + R_\Omega$ 上，所以电压反接制动能量损耗比较大。

能耗制动时，电机脱离电源，电机不从电网吸收能量，只从轴上吸收机械能，消耗在电枢回路的总电阻上。可见，能耗制动时，电机的能量损耗比电压反接制动时要小。

（4）电压反接制动时的动态特性

1）T_L 是反抗性负载。其机械特性和负载特性如图 3-37a 左上部分所示，由前述电机拖动电动车的例子分析可知，原状态电机稳定工作于 A 点（第一象限），进行电压反接操作，由于转速不能突变，工作点 A→B，电动机进入电压反接制动状态（第二象限），在 T_{em} 与 T_L 的共同作用下使 n 下降，直至 C 点。$n=0$ 时，$E_a=0$，电流 $I_a=-I_C$，当 $|T_C| > |T_L|$ 时，若不切断电源，电机反向起动（第三象限），这时 n 与 T_{em} 同向，电动机工作于反向电动状态，最后稳定运行在 D 点。

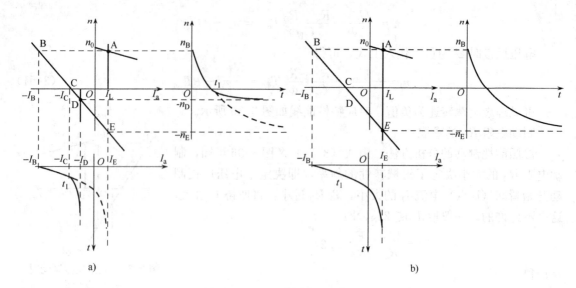

图 3-37　电压反接制动的动态特性

a）电压反接制动动态特性（反抗性负载）　　b）电压反接制动动态特性（位能性负载）

工作点的运行轨迹为 A → B → C → D。

工作点 B→C 段：起始点为 B（$-I_B$、n_B）点，虚稳定点为 E（I_E，$-n_E$）点，机电时间常数为 $T_M = \dfrac{GD^2}{375} \dfrac{R_a + R_\Omega}{C_e C_T \Phi^2}$。将起始点、虚稳定点及机电时间常数代入式（3-48），可得

$$\begin{cases} n(t) = -n_E(1 - e^{-t/T_M}) + n_B e^{-t/T_M} \\ I_a(t) = I_E(1 - e^{-t/T_M}) + (-I_B)e^{-t/T_M} \\ t(B \to C) = T_M \ln \dfrac{-I_B - I_E}{-I_C - I_E} = T_M \ln \dfrac{n_B - (-n_E)}{0 - (-n_E)} \end{cases} \tag{3-55}$$

工作点 C→D 段：起始点为 C（$-I_C$、O）点，稳定点为 D（$-I_D$，$-n_D$）点，机电时间常数 T_M 不变。将起始点、稳定点及机电时间常数代入式（3-48），可得

$$\begin{cases} n(t) = -n_D(1 - e^{\frac{-t}{T_M}}) + 0 \\ I_a(t) = -I_D(1 - e^{\frac{-t}{T_M}}) + (-I_C)e^{\frac{-t}{T_M}} \\ t(C \to D) = (3 \sim 4)T_M \end{cases} \tag{3-56}$$

式（3-55）、式（3-56）所对应的 $n(t)$ 及 $I_a(t)$ 特性曲线如图 3-37a 所示。说明：

①在电压反接制动（第二象限）和反向电动（第三象限）阶段，由于机械特性的斜率不变，故 $T_M = \dfrac{GD^2}{375} \dfrac{R_a + R_\Omega}{C_e C_T \Phi^2}$ 不变。

②在 t_1 时刻，$n(t)$ 和 $I_a(t)$ 曲线有折点，$n(t)$ 和 $I_a(t)$ 在 t_1 时刻均用两个方程式描述，只是在 t_1 时刻的值相等，但变化率不同。

2）T_L 是位能性负载。其机械特性和负载特性如图 3-37b 左上部分所示，电动机的工作点轨迹为 A→B→C→D→E，电动机工作状态经过四个象限，最后稳定运行于 E 点。这时初始点为 B 点、稳态点为 E 点（实际稳定运行点）、机电时间常数仍为 T_M，$n(t)$、$I_a(t)$ 及过渡过程时间方程式为

$$\begin{cases} n(t) = -n_E(1 - e^{-t/T_M}) + n_B e^{-t/T_M} \\ I_a(t) = I_E(1 - e^{-t/T_M}) + (-I_B)e^{-t/T_M} \\ t(B \to C) = T_M \ln \dfrac{-I_B - I_E}{-I_C - I_E} = T_M \ln \dfrac{n_B - (-n_E)}{0 - (-n_E)} \\ t(C \to E) = (3 \sim 4)T_M \end{cases} \quad (3\text{-}57)$$

由式（3-57）可见，$n(t)$ 和 $I_a(t)$ 的动态方程式与反抗性负载时工作点 B → C 段相同，对应的特性曲线如图 3-37b 所示。

（5）优缺点与适用场合

优点：电压反接制动过程中 $|T_{em}|$ 较大（与能耗制动相比较），制动强烈，制动时间短。

缺点：电压反接时，由于电机从电源和轴上都吸收能量，并消耗在电枢回路的电阻上，所以消耗能量大；用于快速停车时，若不及时切断电源，可能使电机反转。

适用于要求迅速停车的拖动系统，对于要求迅速停车并立即反转的系统更为理想。

2. 转速反向的反接制动

转速反向的反接制动也称作电动势反接制动或倒拉反接制动。

（1）制动原理及机械特性

以电动机拖动重物从稳定提升到稳定下放为例。

电动机原以 $n = n_A$ 稳定运行，提升重物，如图 3-38a 所示。进行转速反向的反接制动的具体操作是在电枢回路串入一足够大的电阻 R_Ω，U_N 及 Φ 不变，对应的机械特性方程式为

$$n = \frac{U_N}{C_e \Phi} - \frac{R_a + R_\Omega}{C_e C_T \Phi^2} T_{em} \quad (3\text{-}58)$$

其对应的机械特性曲线如图 3-38c 所示。

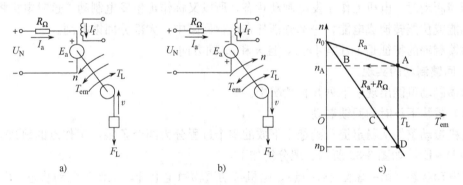

图 3-38 转速反向的反接制动

a）电动状态（A → B → C）　b）转速反向的反接制动（C → D）　c）机械特性

① 电动状态（对应工作点为 A → B → C）。开始时由于机械惯性 n 及 E_a 不变，串入 R_Ω 后使得电枢电流突然下降（$I_a = \dfrac{U_N - E_a}{R_a + R_\Omega}$），电磁转矩突然下降，工作点（A → B），此时由于 $T_{em} = T_B < T_L$，使得转速 n 下降，感应电动势 E_a 下降，电流 I_a 上升，电磁转矩 T_{em} 上升，直到 $T_{em} = T_C$，$n = 0$，对应工作点（B → C）段，在这个期间，电动机工作在电动状态，重物减速上升至停止。

② 转速反向的反接制动状态（C → D）。$n = 0$ 时，电流 $I_C = \dfrac{U_N}{R_a + R_\Omega}$，若电动机产生的

电磁转矩 T_C 小于重物产生的负载转矩 T_L，即 $T_C < T_L$（R_Ω 需要足够大），则重物拖着电机反转，重物下放，这时 n 与 T_{em} 反向，T_{em} 为制动转矩，电动机进入制动状态。当 n 反向时，E_a 也反向，使得 U_N 和 E_a 的极性相同，电枢电流为 $I_a = \dfrac{U_N + E_a}{R_a + R_\Omega}$。随着 n 反向升速，电流 I_a 增加，电磁转矩 T_{em} 也增加，直到 $T_{em} = T_L$，$n = n_D$，电动机稳定运行，重物稳速下放。在此阶段，由于 n 反向使 T_{em} 为制动转矩，所以称作转速反向的反接制动。

（2）R_Ω 的求取

从转速反向的反接制动过程可知，整个制动过程中的最大电流为 I_L，所以电阻 R_Ω 不取反接开始时电流（这时电流为最小），而是按照最后稳定下放的转速 n_D 求取，当 R_Ω 大时，特性陡，$|n_D|$ 高，其对应关系为

$$R_\Omega = \frac{U_N + C_e\Phi|n_D|}{I_L} - R_a \tag{3-59}$$

（3）能量关系

因为转速反向的反接制动时，电压平衡方程式与电压反接制动时相同，对比图 3-38b 和图 3-35b，可得两者的功率平衡方程式也相同，仍用式（3-54）描述。能量传递关系为电动机既从电网吸收电能，又从轴上吸收机械能，消耗在电枢回路的电阻上。

（4）特点

转速反向的反接制动设备简单、操作方便；能量损耗较大、经济性较差，故主要用于起重机低速稳定下放重物。

3.7.3 回馈制动

回馈制动时，电机工作于发电制动状态，所以又称作再生发电制动。这时电机将系统储存的动能或位能转换成电能，一部分消耗在电枢回路中，大部分回馈电网。

回馈制动的特征是 $|n| > |n_0|$，且 n 和 n_0 同方向。

1. 回馈制动的实现

回馈制动可能出现于下列几种情况中。

（1）重物下放时的回馈制动

电机带动重物从稳定提升到稳定下放的整个过程分为四个象限，工作点的轨迹为（A→B→C→D→E），如图 3-39 所示。现分析如下：

①电动状态（第一象限中 A 点）。电机带动重物稳定上升，工作于电动状态，$T_{em} = T_L$，$n = n_A$，如图 3-39 所示的右上部分。

②电压反接制动（第二象限中 B→C 段）。进行电压反接制动操作，将 U_N 反接，同时串入 R_Ω，机械特性为

$$n = -\frac{U_N}{C_e\Phi} - \frac{R_a + R_\Omega}{C_e C_T \Phi^2} T_{em}$$

由于机械惯性转速 n 不能突变，工作点 $A \to B$，在 T_{em} 与 T_L 的共同作用下，使得 n 下降，T_{em} 的绝对值减小，直至 C 点，$n = 0$。期间，电机工作于电压反接制动状态，重物减速上升，如图 3-39 所示的左上部分。

③反向电动（第三象限中 C→D 段）。$n = 0$ 时，$T_{em} = T_{st}$，T_{st} 为 C 点的转距，在 T_{em} 与 T_L 的共同作用下，使得 n 反向上升，随着 n 的反向上升，T_{em} 的值减小，直至 D 点，

$n = -n_0$，$T_{em} = 0$。在这期间，T_{em} 及 n 均为负值，电机工作于反向电动状态，重物加速下放，如图 3-39 所示的左下部分。

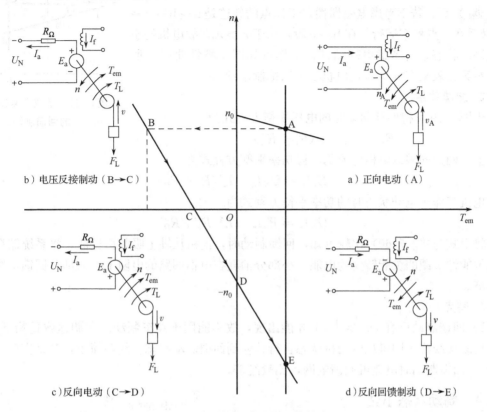

b）电压反接制动（B→C）

a）正向电动（A）

c）反向电动（C→D）

d）反向回馈制动（D→E）

图 3-39　重物下放时的回馈制动

④反向回馈制动（第四象限中 D→E 段）。$n = -n_0$ 时，$T_{em} = 0$，在 T_L 的作用下使得 n 继续反向上升，这时 $|n| > |n_0|$，$|C_e\Phi n| > |C_e\Phi n_0|$，$E_a > U_N$，使得 I_a 反向，T_{em} 反向为制动转矩，电机工作于反向回馈制动状态。随着转速的反向上升，感应电动势 E_a 增加，电磁转矩 T_{em} 增加，直至 $T_{em} = T_L$，$n = n_E$，重物在 E 点稳定下放，如图 3-39 所示的右下部分。

（2）减压调速过程中的回馈制动

在减压调速的过渡过程中，有一段电动机工作在回馈制动状态的过程，如图 3-40 所示。现分析如下：

电机原工作在 a 点，$n = n_a$ 稳定运行。进行减压调速，将电压由 U_N 减小至 U_1，由于 n 不能突变，工作点 a→b，这时 $n > n_{01}$，$U_1 < E_a$，使得 I_a 及 T_{em} 反向，在 T_{em} 与 T_L 的共同作用下使得 n 下降，直至 c 点，这时 $n = n_{01}$，$T_{em} = 0$。而后在 T_L 的作用下 n 继续下降，直至 $n = n_1$，$T_{em} = T_L$，电机稳定运行。在 b→c 期间，由于 $n > n_{01}$，电机工作于回馈制动状态，这一段是调速过程中的过渡过程。

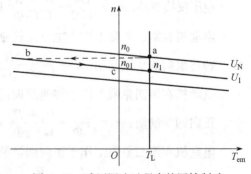

图 3-40　减压调速过程中的回馈制动

（3）增磁降速过程中的回馈制动

111

回馈制动也同样发生在增磁降速过程中，如图3-41所示。电机原工作于a点，将励磁电流由 I_{f1} （对应磁通为 Φ_1 ）增加至 I_{fN} （ Φ_N ）后，若不考虑电磁惯性，工作点的轨迹是 a→b→c→d，最后在d点稳定运行。在 b→c 段，由于 $n > n_0$，故电机处于回馈制动状态。若考虑电磁惯性，工作点如图中特性曲线2所示，在第二象限有 $n > n_0$，电机处于回馈制动状态。

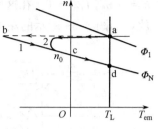

图 3-41　增磁降速过程中
的回馈制动

2. 能量关系

由图3-39可得回馈制动时的电压平衡方程式为

$$E_a = U_N + I_a(R_a + R_\Omega)$$

上式两边同乘以电枢电流 I_a，得功率平衡方程式为

$$E_a I_a = U_N I_a + I_a^2(R_a + R_\Omega) \tag{3-60}$$

电机工作于电动状态时的功率平衡方程式为

$$U_N I_a = E_a I_a + I_a^2(R_a + R_\Omega)$$

将上式与式（3-60）比较可知，回馈制动时，电机从轴上吸收机械能，将系统储存的动能或位能性负载的位能转变为电能，小部分消耗在电枢回路的电阻上，大部分回馈电网，比较经济。

3. 特点

1）回馈制动只有 $|n| > |n_0|$ 才能出现，故不能用于停车制动。在调速或重物下放时，不需要改接线路，即可从电动机状态自行转移到回馈制动状态。线路简单，容易实现。

2）回馈制动时电能可回馈电网，比较经济。

3.7.4　制动状态小结

1. 机械特性（见图3-42）

能耗制动：$n = -\dfrac{R_a + R_\Omega}{C_e C_T \Phi^2} T_{em}$

电动机在第二、四象限工作于能耗制动状态。

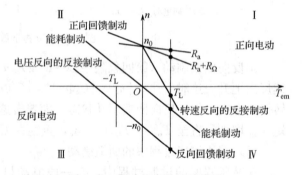

图 3-42　制动状态的机械特性

电压反接制动：$n = -\dfrac{U_N}{C_e \Phi} - \dfrac{R_a + R_\Omega}{C_e C_T \Phi^2} T_{em}$

电动机在第二象限工作于电压反接制动状态。

转速反向的反接制动：$n = \dfrac{U_N}{C_e \Phi} - \dfrac{R_a + R_\Omega}{C_e C_T \Phi^2} T_{em}$

电动机在第四象限工作于转速反向的反接制动状态。

正向回馈制动：$n = \dfrac{U_N}{C_e \Phi} - \dfrac{R_a + R_\Omega}{C_e C_T \Phi^2} T_{em}$

电动机在第二象限工作于正向回馈制动状态。

反向回馈制动：$n = -\dfrac{U_N}{C_e \Phi} - \dfrac{R_a + R_\Omega}{C_e C_T \Phi^2} T_{em}$

电动机在第四象限工作于反向回馈制动状态。

2. 应用场合

反抗性负载停车：能耗制动（慢，准确）、电压反接制动（快，停车时需切断电源）。

位能性负载稳定下放：回馈制动（$|n| > |n_0|$）、能耗制动、转速反向的反接制动。

3. 能量损耗

回馈制动能量损耗最小、能耗制动次之、反接制动（包括电压反接制动和转速反向的反接制动）能量损耗最大。

例 3-8 某台他励直流电动机的数据为 $P_N = 22\text{kW}$，$U_N = 220\text{V}$，$I_N = 115\text{A}$，$n_N = 1500\text{r/min}$，$R_a = 0.1\Omega$，系统总的飞轮矩 $GD^2 = 25\text{N·m}^2$，忽略空载转矩 T_0，要求电动机的最大电枢电流 $I_{amax} \leqslant 2I_N$，若原来运行于正向电动状态时，$T_L = 0.9T_N$，试求：

1）负载为反抗性恒转矩负载（$T_L = 0.9T_N$）时，采用能耗制动和电压反接制动方法停车，求两种方法电枢回路应外串的最小电阻值及两种方法的停车时间。

2）负载为位能性恒转矩负载（$T_L = 0.9T_N$）时，采用哪几种方法可使电机以 1000r/min 匀速下放重物？求每种方法电枢回路应外串的电阻值。

3）在负载 $T_L = 0.9T_N$ 时，以 1000r/min 吊起重物，忽将电压反接，并使电枢电流等于两倍的额定值，求系统最后稳定下放的速度。

解：
$$C_e \Phi_N = \frac{U_N - I_N R_a}{n_N} = \frac{220 - 115 \times 0.1}{1500} = 0.139$$

1）可以采用两种方法停车，其机械特性如图 3-43a 所示。

①采用能耗制动时：对应的机械特性如图 3-43a 所示，能耗制动前电机的转速

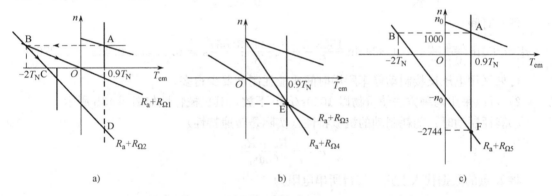

图 3-43　例 3-8 附图

$$n_A = \frac{U_N - 0.9I_N R_a}{C_e \Phi_N} = \frac{220 - 0.9 \times 115 \times 0.1}{0.139}\text{r/min} = 1508.3\text{r/min}$$

能耗制动的机械特性（实际是转速特性）
$$n = -\frac{R_a + R_\Omega}{C_e \Phi_N} I_a$$

将 B 点的数据代入上式，解得所串电阻
$$R_{\Omega 1} = \frac{C_e \Phi_N n_A}{2I_N} - R_a = \left(\frac{0.139 \times 1508.3}{2 \times 115} - 0.1\right)\Omega = 0.812\Omega$$

机电时间常数
$$T_{M1} = \frac{GD^2}{375} \frac{R_a + R_{\Omega 1}}{C_e C_T \Phi^2} = \frac{25 \times (0.1 + 0.812)}{375 \times 9.55 \times 0.139^2} = 0.3295$$

停车时间

$$t_1 = T_\mathrm{M} \ln \frac{I_\mathrm{st} - I_\mathrm{L}}{0 - I_\mathrm{L}} = 0.3295 \ln \frac{-2 \times I_\mathrm{N} - 0.9 I_\mathrm{N}}{-0.9 I_\mathrm{N}} = 0.3295 \times 3.22\mathrm{s} = 1.061\mathrm{s}$$

②采用电压反接制动时：电压反接制动的机械特性（实际是转速特性）

$$n = -\frac{U_\mathrm{N}}{C_\mathrm{e}\Phi_\mathrm{N}} - \frac{R_\mathrm{a} + R_\Omega}{C_\mathrm{e}\Phi_\mathrm{N}} I_\mathrm{a}$$

将 B 点的数据代入上式，解得所串电阻

$$R_{\Omega2} = \frac{U_\mathrm{N} + C_\mathrm{e}\Phi_\mathrm{N} n_\mathrm{A}}{2I_\mathrm{N}} - R_\mathrm{a} = \left(\frac{220 + 0.139 \times 1508.3}{2 \times 115} - 0.1 \right)\Omega = 1.768\Omega$$

机电时间常数

$$T_{\mathrm{M}2} = \frac{GD^2}{375} \frac{R_\mathrm{a} + R_{\Omega2}}{C_\mathrm{e} C_\mathrm{T} \Phi^2} = \frac{25 \times (0.1 + 1.768)}{375 \times 9.55 \times 0.139^2} = 0.6749$$

求停车时间：

解法一：$I_\mathrm{C} = -\dfrac{U_\mathrm{N}}{R_\mathrm{a} + R_\Omega} = -\dfrac{220}{0.1 + 1.768} = -117.773 = -1.024 I_\mathrm{N}$

停车时间

$$t_2 = T_\mathrm{M} \ln \frac{I_\mathrm{st} - I_\mathrm{L}}{I_\mathrm{x} - I_\mathrm{L}} = 0.6749 \ln \frac{-2I_\mathrm{N} - (0.9 I_\mathrm{N})}{-1.024 I_\mathrm{N} - (0.9 I_\mathrm{N})} = 0.6749 \times 0.41\mathrm{s} = 0.2767\mathrm{s}$$

解法二：

$$n_\mathrm{D} = \frac{-U_\mathrm{N} - (R_\mathrm{a} + R_\Omega)(0.9 I_\mathrm{N})}{C_\mathrm{e}\Phi_\mathrm{N}} = \frac{-220 - 1.868 \times 0.9 \times 115}{0.139}\mathrm{r/min} = -2973.65\mathrm{r/min}$$

停车时间

$$t_2 = T_\mathrm{M} \ln \frac{n_\mathrm{st} - n_\mathrm{L}}{0 - n_\mathrm{L}} = 0.3295 \ln \frac{1508.3 - (-2973.65)}{0 - (-2973.65)}\mathrm{s} = 0.6749 \times 0.41\mathrm{s} = 0.2767\mathrm{s}$$

可见采用电压反接制动停车所用时间比能耗制动要少得多。

2）可以采用两种方法使重物以 1000r/min 下放，其机械特性如图 3-43b 所示。

①能耗制动时：能耗制动的机械特性（实际是转速特性）

$$n = -\frac{R_\mathrm{a} + R_\Omega}{C_\mathrm{e}\Phi_\mathrm{N}} I_\mathrm{a}$$

将 E 点的数据代入上式，解得所串电阻为

$$R_{\Omega3} = \frac{C_\mathrm{e}\Phi_\mathrm{N} n_\mathrm{E}}{0.9 I_\mathrm{N}} - R_\mathrm{a} = \left(\frac{0.139 \times 1000}{0.9 \times 115} - 0.1 \right)\Omega = 1.243\Omega$$

②倒拉反接（转速反向的反接制动）时：转速反向的反接制动的机械特性（实际是转速特性）

$$n = \frac{U_\mathrm{N}}{C_\mathrm{e}\Phi_\mathrm{N}} - \frac{R_\mathrm{a} + R_\Omega}{C_\mathrm{e}\Phi_\mathrm{N}} I_\mathrm{a}$$

将 E 点的数据代入上式，解得所串电阻

$$R_{\Omega4} = \frac{U_\mathrm{N} + C_\mathrm{e}\Phi_\mathrm{N} n_\mathrm{E}}{0.9 I_\mathrm{N}} - R_\mathrm{a} = \left(\frac{220 + 0.139 \times 1000}{0.9 \times 115} - 0.1 \right)\Omega = 3.369\Omega$$

注：不可以采用电压反接制动方法，因为最后的稳定转速 $|n| > |n_0|$。

3）根据题意，电压反接制动开始瞬间，要求 $|I_\mathrm{B}| \leqslant |2I_\mathrm{N}|$（见图 3-43c 中 B 点），电枢回路总电阻为

$$R_\mathrm{a} + R_{\Omega5} = \frac{U_\mathrm{N} + C_\mathrm{e}\Phi_\mathrm{N} n_\mathrm{A}}{2I_\mathrm{N}} = \frac{220 + 0.139 \times 1000}{2 \times 115}\Omega = 1.56\Omega$$

系统最后的转速

$$n_F = -\frac{U_N + 0.9 I_N (R_a + R_{\Omega5})}{C_e \Phi_N} = -\frac{220 + 0.9 \times 115 \times 1.56}{0.139} \text{r/min} = -2744 \text{r/min}$$

3.8 工程中的实例分析

以某直流电动机拖动电动小车（反抗性恒转矩负载）为例，说明一个电力拖动系统的设计及实现。

1. 工艺要求

假设并励直流电动机拖动小车在 A、B 两点之间运行。小车由 A 点首先起动至额定转速 n_N 运行，当接近 B 点时，要求小车能够快速减速，且到 B 点准确停车。然后，小车从 B 点按上述同样的过程返回 A 点。其运动过程如图 3-44 的上半部分所示。

2. 方案确定

根据上述工艺要求，设计出实现该方案的电气控制电路图，如图 3-44 所示。

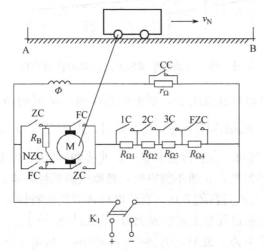

图 3-44　小车拖动系统的电气控制电路图

1）起动时采用电枢回路串电阻多级起动方式，使直流电动机起动到 n_N。

电枢回路采用串电阻三级起动，通过接触器 1C、2C、3C 逐步切除起动电阻 $R_{\Omega1}$、$R_{\Omega2}$、$R_{\Omega3}$ 来实现。

2）要满足快速且准确停车的目的，先采用电压反接制动快速减速，后进行能耗制动准确停车至 B 点。

电压反接由反向接触器触点 FC 闭合实现，其制动电阻为 $R_{\Omega1} + R_{\Omega2} + R_{\Omega3} + R_{\Omega4}$，将接触器触点 1C、2C、3C 及 FZC 打开，将上述电阻串入。

能耗制动则通过接触器触点 NZC 闭合实现，其制动电阻为 R_B。

小车从 B 点返回 A 点与上述方案类似。

3. 运行原理分析

图 3-45 所示为实现上述方案时电机四象限运行的机械特性。运行原理分析如下：

1）电枢串多级电阻正向起动过程。首先将电源开关 K_1 闭合，励磁回路将接触器 CC 的动断触点闭合，以确保励磁磁通最大。同时反接制动接触器触点 FZC 闭合，将电阻 $R_{\Omega4}$ 短接，能耗制动接触器 NZC 触点断开，系统处于正向起动准备阶段。

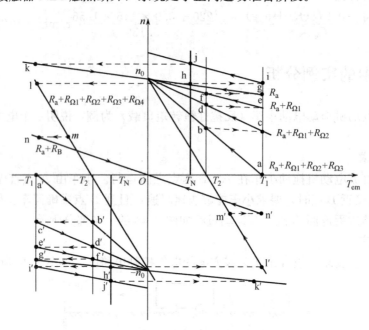

图 3-45　电动小车四象限运行时的机械特性

将正转接触器 ZC 的动合触点闭合，则主回路接通，电枢回路串入全部起动电阻 $R_{\Omega1}$、$R_{\Omega2}$ 及 $R_{\Omega3}$。工作点对应于机械特性上的 a 点，此时，由于 $T_1 > T_L$，$\dfrac{\mathrm{d}n}{\mathrm{d}t} > 0$，转速上升，直流电机将沿机械特性 ab 起动。当运行至 b 点时，使接触器触点 3C 的动合触点闭合，将 $R_{\Omega3}$ 切除掉。由于系统的机械惯性，转速不能突变，忽略电磁惯性，电枢电流从 $I_2 \rightarrow I_1$，电磁转矩从 $T_2 \rightarrow T_1$，工作点从 b 点过渡到 c 点，直流电机将沿机械特性 cd 加速，直至 d 点时闭合 2C，将 $R_{\Omega2}$ 切除掉，此后的过程与上述过程类似，最后切除掉 $R_{\Omega1}$，直流电动机沿固有机械特性加速，并稳定运行在 h 点。此时，$T_{em} \approx T_N$，$n = n_N$。起动完毕，电动车以 v_N 的速度匀速前进。

　　2）正向弱磁升速过程。若要使 $n > n_N$，需采用弱磁调速的方法，可使励磁回路的接触器 CC 的动断触点断开，则励磁回路中串入电阻 r_Ω，励磁电流及磁通下降，由于机械惯性，转速来不及变化，则反电势 $E_a = C_e \Phi n$ 下降，导致电枢电流以及电磁转矩增加。忽略励磁回路和电枢回路的电磁惯性，直流电机从固有机械特性上的 h 点过渡到弱磁机械特性上的 i 点，并沿其加速运行至 j 点。这时电动机在高于 n_N 的转速上稳定运行。电动车以高于 v_N 的速度前进。

　　3）正向增磁降速过程。若要使转速降回到 n_N，将接触器 CC 的动断触点恢复为闭合，将电阻 r_Ω 短路，则励磁电流及磁通都增大到原值。考虑到机械惯性，转速不能突变，工作点从 j 点过渡至固有特性上的 k 点，这时，$n > n_0$ 直流电机处于回馈制动状态。电磁转矩反向为制动转矩，于是转速下降，直至理想空载点 n_0，此时，$T_{em} = 0$，$I_a = 0$，回馈制动结束。在 T_L 的作用下，使得转速继续下降，随着转速的下降电磁转矩增加，直至 $T_{em} = T_N$，$n = n_N$，电动机在 h 点稳定运行。电动车以 v_N 的速度匀速前进。

　　4）正向电压反接制动过程。若需快速制动，则可采用电压反接制动的方式。为了限制

116

制动开始时的电枢电流（一般 $I_1 \leqslant 2I_N$），电枢回路应串入较大的限流电阻。可将动合触点 1C、2C、3C 及 FZC 全部恢复为断开常开，将全部电阻都串入电枢回路，同时，动合触点 ZC 恢复为断开，常开触点 FC 闭合实现电压反接。直流电机的工作点从 h 点过渡至电压反接机械特性上的 l 点，电机工作于电压反接制动状态，在电磁转矩和负载转矩的共同作用下，转速迅速下降至 m 点。

5）正向能耗制动过程。为了实现准确停车，采用能耗制动方式，当电机行至 m 点时，动合触点 FC 恢复为断开。直流电机脱离电源，并同时通过常闭触点 NFC 的闭合将电枢回路接至制动电阻 R_B 上。系统进入能耗制动状态。此时，对应的机械特性为 no。由于转速不能突变，系统工作点由 m 点过渡至 n 点，电磁转矩仍为制动转矩且较大，在电磁转矩和负载转矩的共同作用下，转速下降。随着制动过程的进行，系统的动能转变为电能，消耗在电阻 $R_a + R_B$ 上。直到转速为零，小车准确停在 0 点。

6）反向运行过程。小车反向运行过程与正向运行相似，反向起动过程工作在机械特性的第Ⅲ象限，其工作轨迹为 a'→b'→c'→d'→e'→f'→g'→h'，稳定运行于 h' 点，反向弱磁升速工作轨迹为 h'→i'→j'，反向增磁过程对应于 j'→k'→h'。反向停车过程工作在机械特性的第Ⅳ象限，由电压反接制动和能耗制动两部分组成，其工作轨迹为 h'→l'→m'→n'→0。

本 章 小 结

电力拖动系统是指由电动机提供动力，并通过传动机构拖动生产机械运动的一种动力学系统。描述其运动规律的方程式称为电力拖动系统的运动方程式，即 $T_{em} - T_L = \dfrac{GD^2}{375}\dfrac{dn}{dt}$。运动方程式是分析电力拖动系统各种运行状态的基本数学工具之一。对于多轴系统需要折算成一个等效的单轴系统，运动方程式中的 T_L 为折算到电机轴上的等效负载转矩，折算原则是确保折算前后系统传送的功率保持不变；GD^2 为折算到电机轴上的整个系统的飞轮惯量，折算原则是确保折算前后系统储存的动能保持不变。

生产机械工作机构的负载转矩 T_L 与转速 n 的关系称为负载转矩特性，即 $n = f(T_L)$，它与电动机的机械特性 $n = f(T_{em})$ 相对应。不同的生产机械可能具有不同的负载特性，归纳为三种典型的负载转矩特性，即恒转矩负载特性（又分为反抗性恒转矩负载和位能性恒转矩负载）、通风机负载特性和恒功率负载特性。按照正方向规定，其负载转矩特性分别位于不同的象限。

在电力拖动系统中，存在着电动机和负载机械相互配合的问题：配合正确，系统才能稳定运行。所谓稳定运行，是指电力拖动系统原来处于平衡运转状态，在某种干扰下，离开了原来的平衡状态，若系统有能力达到新的平衡运转点；或当干扰消除后，能够回到原平衡状态点，就说系统原来处于稳定运行状态。判断系统的稳定运行点时，一般用稳定运行的条件，即：机械特性和负载特性必须有交点；在交点处，若满足 $\left.\dfrac{\partial T_{em}}{\partial n}\right|_{n_A} < \left.\dfrac{\partial T_L}{\partial n}\right|_{n_A}$，则交点为稳定运行点，否则就不是稳定运行点。

除了考虑系统的稳定状态外，对电力拖动系统特性的研究还包括对拖动系统的起动制动以及调速等动态过程的分析计算。当人为地调节系统的某些参数或负载波动时，引起系统从某一稳态过渡到另一稳态的过程叫作动态过程。在动态过程中，描述动态规律的方程式 $n =$

$f(t)$、$T_{em} = f(t)$、$I_a = f(t)$ 和 $p_2 = f(t)$ 称作动态特性。重点讨论了单独考虑机械时间常数的直流电力拖动系统一般动态过程的结论，给出了加快动态过程的途径。对同时考虑电磁时间常数和机电时间常数两种情况下的动态过程进行了一般介绍。

当直流电机拖动负载直接起动时，由于 $n = 0$，感应电动势 $E_a = 0$，这时起动电流为 $I_{st} = \dfrac{U_N}{R_a}$。一般电枢电阻 R_a 很小，导致起动电流都很大，通常 $I_{st} = (10 \sim 20)I_N$。一方面有可能造成电网电压的下降，影响周围设备的正常运行；另一方面较大的起动电流也会引起直流电机自身过热并产生换向问题。因此，直流电动机不允许直接起动。直流电动机一般采用电枢回路串电阻起动或采用专用供电电源直接减压起动两种方法进行起动。

由直流电机组成的调速系统称为直流调速系统。国家标准规定衡量调速质量的统一标准统称为调速指标，调速的技术指标分为调速范围、静差率及调速的平滑性等，其中最重要的是调速范围和静差率。为了获得较大的调速范围，应尽量降低调速系统在低速时的静差率（或机械特性的硬度）。经济指标主要是调速系统的初始投资和运行费用。常用的调速方法有：电枢回路串电阻调速、降低电枢电压调速和弱磁调速。不同的调速方法具有不同的调速性能。电枢回路串电阻调速，由于其低速时的机械特性较软，调速范围较窄，能量损耗大；减压调速转速的稳定性好，调速范围 D 大，平滑性好，能量损耗小；电枢串电阻调速和减压调速的机械特性全部在固有特性的下方，故转速只能从额定转速 n_N 向下调；弱磁调速的机械特性在固有特性的上方，转速只能从额定转速 n_N 向上调节，而最高转速 n_{max} 受电机的机械强度和换向条件的限制，故调速范围不能很大。

电动机带上负载后，要求它在技术性能方面能够满足生产工艺提出的要求，而在经济上则要求电动机能够得到充分利用。因此，应特别注意调速性质与负载类型的匹配问题。电枢串电阻调速和减压调速属于恒转矩调速方式，而弱磁调速属于恒功率调速方式。为了确保调速过程中电动机能够得到充分利用，恒转矩负载应选择恒转矩调速方式；而恒功率负载则应选择恒功率调速方式。

直流电机工作在制动状态时，其电磁转矩和转速反向，电动机从轴上吸收机械能转换为电能，消耗在电枢回路电阻上或回馈电网，最终使得拖动系统很快停车、或反转、或稳定下放重物。直流电机的能耗制动方式为能耗制动、反接制动（电压反接制动和转速反向的反接制动）及回馈制动。

进行能耗制动时，将电机脱离电源，同时在电枢回路串接一制动电阻，磁通不变，电机的电磁转矩立即反向成为制动转矩，在电磁转矩和负载转矩的共同作用下电机减速至停车。在能耗制动过程中，电机将系统储存的动能转换为电能而被全部消耗在电枢回路的电阻上。相应的机械特性是通过坐标原点的位于第二、四象限的直线。

进行电压反接制动时，将电枢电压反向，同时串入一制动电阻，磁通不变，这时外加电压与电枢电动势顺向串联，共同产生反向的制动电流 I_a，电磁转矩亦反向为制动转矩，在电磁转矩和负载转矩的共同作用下电机减速至停车，若为反抗性负载停车，要及时切断电源，否则电机反向运转在反向电动状态；若为位能性负载则可在回馈制动状态下稳定下放。相应的机械特性是同步速为 $-n_0$，位于第二、三和四象限。只有在第二象限时对应电机工作在电压反接制动状态。电压反接制动时，电动机既从电网吸收电能，又从轴上吸收机械能。这两部分能量全部消耗在电枢回路的总电阻 $R_a + R_\Omega$ 上，电压反接制动能量损耗比较大。

转速反向的反接制动是通过在电枢回路串入一足够大的电阻而实现的。由于电磁转矩小于负载转矩使得转速下降至零，然后由于转速反向而与电磁转矩的方向相反，使得电机进入制动状态，最后拖动位能性负载稳定下放。相应的机械特性位于第一、四象限。只有在第四象限时对应电机工作在转速反向的反接制动状态。能量关系与电压反接制动时相同。

回馈制动的特征是 $|n|>|n_0|$，且 n 和 n_0 同方向。正向回馈制动的机械特性位于第二象限，一般发生在减压调速或弱磁调速时；反向回馈制动的机械特性位于第四象限，发生在位能性负载稳速下放时。回馈制动时，电机将系统储存的动能或位能转换为电能，小部分消耗在电枢回路中，大部分回馈电网。回馈制动是一种最经济节能的制动方式。

思 考 题

3-1 电力拖动系统的运动方程式是什么？运动方程式中各量的物理意义是什么？T_{em}、T_L 和 n 的正、负号如何确定？

3-2 当运动方程式中的 $\dfrac{\mathrm{d}n}{\mathrm{d}t}>0$ 时，电力拖动系统是处于正向加速还是减速运行状态？反向加速还是反向减速运行状态？试解释之。

3-3 在起重机提升重物与下放重物过程中，电动机工作于什么状态？传动机构的损耗分别是由电动机承担还是由重物势能承担？提升与下放同一重物时其传动机构的效率一样高吗？有什么区别？

3-4 试指出图 3-46 中电动机的电磁转矩与负载转矩的实际方向（设顺时针方向为转速 n 的正方向）。

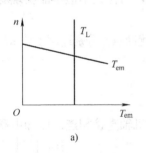 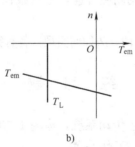 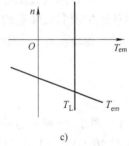

图 3-46 思考题 3-4 附图

3-5 根据电力拖动系统的稳定运行条件，试判断图 3-47 中 A、B、C、D、E 各点是否为稳定运行点？

3-6 他励直流电动机稳定运行时，其电枢电流由什么参量决定？当电动机带恒转矩负载时，改变电枢电阻、电枢电压和磁通时，电枢电流的稳定值是否发生变化？为什么？

3-7 电力拖动系统中的他励直流电动机能够直接起动吗？说明理由？可以采用什么方法起动？

3-8 什么是静差率？静差率和机械特性的硬度的概念有什么联系和区别？静差率和调速范围有什么关系？为什么要同时提出才有意义？

3-9 直流电动机有哪几种调速方法？它们的调速性能如何？

3-10 电枢串电阻调速、减压调速和弱磁调速分别属于什么调速方式？各带什么负载合适？

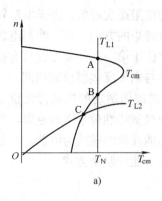
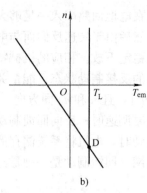
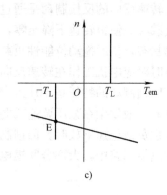

a)   b)   c)

图 3-47　思考题 3-5 附图

3-11　他励直流电动机采用升磁调速（忽略励磁回路电感），其机械特性和负载转矩特性如图 3-48 所示，当电动机拖动恒转矩负载时，试分析当工作点由 A 点至 D 点的运行过程中，电动机经过哪些不同的运行状态？

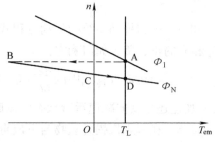

图 3-48　思考题 3-11 附图

3-12　当某一他励直流电动机的电枢回路外接电源电压为额定电压，电枢回路外串电阻拖动重物匀速上升时，突然将外加电源电压的极性反接，电动机将最终稳定运行在什么状态？重物是提升还是下放？说明期间所经历的运行状态，并画出相应的机械特性曲线。

3-13　一台他励直流电动机采用弱磁升速，当负载较大时，为什么不但不能实现弱磁升速，而且还出现弱磁降速的现象？

3-14　他励直流电动机的各种制动方法如何实现？各有哪些优缺点？分别适用于什么场合？

练　习　题

3-1　图 3-49 所示为一刨床的主传动系统，齿轮 1 与电动机轴直接相连。已知电动机转子的飞轮矩 $GD_a^2 = 110.54\text{N} \cdot \text{m}^2$，工作台重 $G_1 = 1200\text{kg}$，工件重 $G_2 = 1300\text{kg}$，切削力 $F = 19600\text{N}$，切削速度 $v = 20\text{m/min}$，工作台与导轨的摩擦系数 $\mu = 0.1$，齿轮 8 的直径 $D_8 = 500\text{mm}$，每对齿轮的传动效率均为 $\eta_c = 0.8$，由垂直方向切削力所引起的工作台与导轨之间的摩擦损耗忽略不计。各传动齿轮的齿数与飞轮矩见表 3-1。

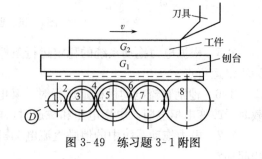

图 3-49　练习题 3-1 附图

表 3-1　练习题 3-1 附表

齿　轮　号	1	2	3	4	5	6	7	8
齿数 z	20	55	30	64	30	78	30	66
飞轮矩 GD_a^2 [N·m²]	4.12	20.09	9.80	28.42	18.62	41.16	24.50	63.80

试求：

1）折算到电机轴上的系统总飞轮矩，计算电动机飞轮矩占整个系统的飞轮矩的比例。

2）折算到电机轴上的等效负载转矩。

3）空载不切削要求工作台有 2m/s^2 的加速度时电动机应有的电磁转矩。

3-2　某他励直流电动机的额定数据如下：

$P_N=1.75\text{kW}$，$U_N=110\text{V}$，$I_N=20.1\text{A}$，$n_N=1450\text{r/min}$，$R_a=0.57\Omega$。如采用三级起动，起动电流最大值不超过 $2I_N$，试求：

1）各段的电阻值。

2）各段电阻切除时的瞬时转速。

3-3　他励直流电动机的额定数据如下：

$P_N=3\text{kW}$，$U_N=220\text{V}$，$I_N=18\text{A}$，$n_N=1000\text{r/min}$，$R_a=0.8\Omega$。电动机原来带额定负载工作于正向电动状态，试求：

1）当采用能耗制动停车时，要求最大制动电流不超过 $2I_N$，求所串的电阻值。

2）当带位能性负载转矩（$T_L=0.8T_N$）采用能耗制动，所串的电阻与 1）时相同，求拖动系统最后的稳定转速。

3）当带位能性负载转矩（$T_L=0.8T_N$）采用能耗制动，若要求最后下放的稳定转速为 500r/min，应串多大的电阻？

3-4　某他励直流电动机的数据如下：

$U_N=220\text{V}$，电枢电阻 $R_a=0.032\Omega$，$I_N=350\text{A}$，$n_N=795\text{r/min}$。由该电机带动重物上升时，$U=U_N$，$I_a=I_N$，$n=n_N$。若希望将同一重物以 $n=300\text{r/min}$ 的转速下放，保持电枢电压和励磁电流不变，求电枢回路应串入的电阻值？说明从重物上升至下降，电动机经历的状态。

3-5　某台他励直流电动机的额定数据如下：

$P_N=29\text{kW}$，$U_N=440\text{V}$，$I_N=76.2\text{A}$，$n_N=1050\text{r/min}$，$R_a=0.4\Omega$。求：

1）电动机拖动反抗性负载（$T_L=0.8T_N$）工作在正向电动状态，采用电压反接制动停车，要确保最大制动电流不超过 $2I_N$，制动电阻应选多大？能否准确停车？若不能，最后的稳定转速为多少？

2）电动机拖动位能性负载（$T_L=0.8T_N$）工作在正向电动状态，采用能耗制动，要确保最大制动电流不超过 $2I_N$，制动电阻应选多大？最后下放的稳定转速为多少？

3）电动机拖动一位能性负载（$T_L=0.8T_N$）在电压反接时作回馈制动下放，下放转速为 1200r/min，问电枢回路应串联多大的电阻？

3-6　某他励直流电动机的额定数据如下：

$P_N=18.5\text{kW}$，$U_N=220\text{V}$，$I_N=103\text{A}$，$n_N=500\text{r/min}$，$R_a=0.18\Omega$，最高转速应限制在 $n_{max}=1500\text{r/min}$。电动机带动负载进行弱磁调速，试求：

1）若电动机拖动恒功率负载（$P_L=P_N$），当磁通减少至 $\Phi=\frac{1}{3}\Phi_N$ 时，求电动机稳态运行的转速和电枢电流，电动机能否长期运行？为什么？

2）若电动机拖动恒转矩负载（$T_L=T_N$），当磁通减少至 $\Phi=\frac{1}{3}\Phi_N$ 时，求电动机稳态运行的转速和电枢电流，电动机能否长期运行？为什么？

3）在 2）中情况下，若将恒转矩负载减小到 $T_L = \frac{1}{3}T_N$，电动机能否长期运行？为什么？

3-7　某他励直流电动机的数据如下：

$P_N = 15\text{kW}$，$U_N = 220\text{V}$，$I_N = 80\text{A}$，$n_N = 1000\text{r/min}$，$R_a = 0.2\Omega$，$GD^2 = 20\text{N} \cdot \text{m}^2$。

电动机拖动反抗性恒转矩负载（$T_L = 0.8T_N$），原来在固有机械特性上运行，停车时先采用电压反接制动，为了使电机不致反转，当转速下降到 $n = 0.3n_N$ 时改换成能耗制动，设电压反接制动和能耗制动开始瞬间的制动电流都为 $2I_N$，设系统总的飞轮惯量为 $1.25GD^2$。试求：

1）采用电压反接制动时，电枢回路串入的电阻值。

2）改换成能耗制动时，电枢回路串入的电阻值。

3）计算停车时间。

4）定性绘出上述制动停车过程中电动机的机械特性 $n = f(T_{em})$ 及转速动态特性 $n = f(t)$。

3-8　已知他励直流电动机的额定数据如下：

$P_N = 30\text{kW}$，$U_N = 220\text{V}$，$I_N = 156.9\text{A}$，$n_N = 1500\text{r/min}$，$R_a = 0.082\Omega$。忽略空载损耗，试求：

1）电动机带位能性额定负载转矩，可用哪些方法以 800r/min 的速度下放？电枢回路分别应串多大电阻？

2）电动机带位能性负载，$T_L = 0.8T_N$，欲以 1800r/min 的速度下放时，应采用什么方法？电枢回路应串多大电阻？

3-9　一台他励直流电动机的数据如下：

$U_N = 220\text{V}$，$I_N = 10\text{A}$，$n_N = 1500\text{r/min}$　$R_a = 1\Omega$。用此电动机拖动一质量 m=5.44kg 的重物上升，如图 3-50 所示。已知绞车车轮半径 $r = 0.25\text{m}$，不计机械损耗、铁耗、附加损耗和电枢反应，保持励磁电流和端电压为额定值。

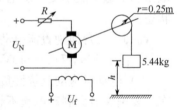

1）若电动机以 $n = 150\text{r/min}$ 的转速将重物提升，则电枢回路应串入多大电阻？电动机工作于什么状态？

2）当重物上升到距地面 h 高度时使重物停住，这时电枢回路应串入多大电阻？

图 3-50　练习题 3-9 附图

3）如果希望把重物从 h 高度下放到地面，并保持下放重物的速度为 3.14m/s，这时电枢回路应串入多大电阻？电动机工作于什么状态？

4）当重物停在 h 高度时，如果将重物拿掉，则电动机的转速是多少？

第4章 变 压 器

【内容简介】

本章首先介绍变压器的基本结构及额定值，然后以双绕组单相变压器为例，分析变压器的工作原理及空载和负载运行时变压器内部的电磁关系，并在此基础上推出变压器的基本方程式、等效电路和相量图。另外，还讲解变压器参数的测定方法，对变压器的运行特性进行分析。对于三相变压器，仅对其特有的问题即变压器的磁路系统、电路系统及对电动势波形的影响进行分析，最后分析变压器的并联运行及其他用途的变压器。

【本章重点】

变压器的工作原理及空载和负载运行时变压器内部的电磁关系，变压器的基本方程式、等效电路、相量图及变压器参数的测定，变压器的运行特性，变压器并联运行的条件，由三相变压器的电路图确定联结组，以及三相变压器磁路系统、电路系统及对电动势波形的影响。

【本章难点】

变压器内部的电磁关系，变压器的基本方程式及等效电路的推出，变压器等效电路中各参数的物理意义，变压器联结组的判定方法，三相变压器绕组联结与磁路结构的正确配合。

4.1 变压器的基本工作原理和结构

本节以普通双绕组变压器为例介绍变压器的工作原理、基本结构和额定值。

4.1.1 变压器的基本结构

1. 基本结构

变压器的基本部件是铁心和绕组，它们构成了变压器的器身。除此之外，还有放置器身的盛有变压器油的油箱、绝缘套管、分接开关、安全气道和保护装置等。

（1）铁心

变压器的铁心既是磁路，也是套装绕组的骨架。铁心分铁柱和铁轭两部分。铁柱上套装有绕组，铁轭使整个磁路形成闭合磁路。

为了减少铁心损耗、提高磁路的导磁性能，铁心通常采用含硅量较高、厚度为0.35mm、表面涂有绝缘漆的硅钢片叠装而成。硅钢片分冷轧和热轧两种，冷轧硅钢片又分为有取向和无取向两类，一般变压器的铁心采用有取向的冷轧硅钢片，这种硅钢片沿碾压方向有较高的导磁性能。

铁心结构分为心式和壳式两种。图4-1所示为心式变压器，图4-1a为单相心式变压器，图4-1b为三相心式变压器。其特点是铁轭靠着绕组的顶面和底面而不包围绕组侧面，结构较为简单，绕组的装配及绝缘也较为容易，所以电力变压器常采用心式结构。图4-2所示为壳式变压器，其特点是铁轭不仅包围顶面和底面也包围绕组的侧面，这种结构机械强度较好，但制造工艺复杂，用材料较多。

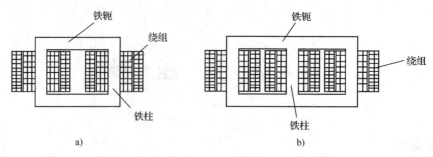

图 4-1 心式变压器

a) 单相心式 b) 三相心式

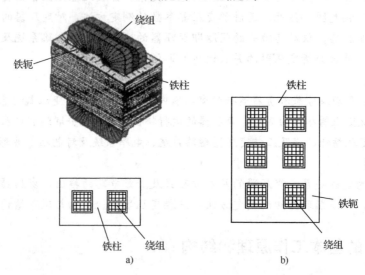

图 4-2 壳式变压器

a) 单相壳式 b) 三相壳式

（2）绕组

绕组是变压器的电路部分，一般是用绝缘铜线或铝线绕制而成的。接入电能的一端称为一次绕组，输出电能的一端称为二次绕组。一次、二次绕组中电压高的绕组称为高压绕组，电压低的绕组称为低压绕组。高压绕组匝数多，导线细；低压绕组匝数少，导线粗。

从高、低压绕组的相对位置来看，变压器绕组可以分为同心式和交叠式两类。同心式绕组的特点是高、低压绕组同心地套在铁柱上，为便于绝缘处理，低压绕组在内侧靠近铁心，高压绕组在外侧远离铁心，如图 4-3a 所示；交叠式绕组的特点是高、低压绕组互相交叠放置，为便于绝缘处理，紧靠铁轭的上下两组为低压绕组，如图 4-3b 所示。

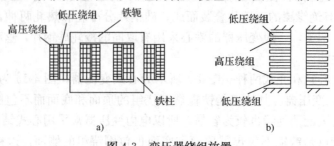

图 4-3 变压器绕组放置

a) 同心式 b) 交叠式

2. 其他结构部件

图 4-4 所示为油浸式电力变压器的结构示意图。铁心和绕组是变压器的主要结构部件，称为变压器的器身，制造好的变压器器身置于装有变压器油的箱体内。变压器油既是一种绝缘介质又是一种冷却介质，起散热、绝缘和保护器身的作用。为使变压器油能保持良好的状态，在油箱上方装有储油柜，用来监测变压器油的运行状况。

在油箱和储油柜中间的连通管中还装有气体继电器，当变压器发生故障时，气体继电器动作发出信号以便运行人员进行处理。大型变压器在油箱盖上还装有安全气道，气道出口用薄玻璃板密封，当变压器内部发生严重故障且气体继电器失灵时，气体从安全气道喷出，避免造成重大事故。

变压器的引出线从油箱内部引到箱外时，要穿过瓷质绝缘套管，其作用是使变压器引线与接地的油箱绝缘，为了增强表面放电距离，绝缘套管外部做成多级伞形，电压越高，级数越多。

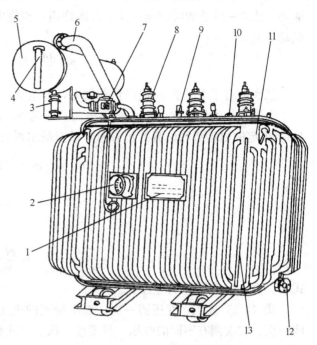

图 4-4　油浸式电力变压器结构示意图

1—铭牌　2—信号式温度计　3—吸湿器　4—油表　5—储油柜
6—安全气道　7—气体继电器　8—高压套管　9—低压套管
10—分接开关　11—油箱　12—放油阀门　13—散热管

另外还装有分接开关，用来调节变压器的输出电压，分有载和无载分接开关两种，有载分接开关可带负载进行输出电压的调节。

4.1.2 变压器的基本工作原理

1. 变压器的工作原理

变压器是一种变换交流电压等级的电器，其基本工作原理是通过电磁感应关系或者说利用互感作用从一个电路向另一个电路传递电能。图 4-5 所示是一台单相变压器的工作原理示意图，一次、二次绕组分别绕在铁心柱上，图中 u_1 为加入一次绕组的电压，u_2 为二次绕组负载 Z_L 两端的电压，N_1 和 N_2 分别为一次、二次绕组的匝数。

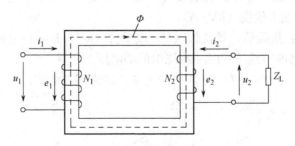

图 4-5　单相变压器工作原理示意图

当一次侧接到交流电压 u_1 时，一次绕组中有交流电流 i_1 流过，并在铁心中产生交变磁通 Φ，且这一磁通同时交链一次、二次绕组，根据电磁感应定律，一次、二次绕组分别感应电动势 e_1、e_2

$$e_1 = -N_1 \frac{\mathrm{d}\Phi}{\mathrm{d}t}, \ e_2 = -N_2 \frac{\mathrm{d}\Phi}{\mathrm{d}t} \tag{4-1}$$

二次侧有了电动势 e_2 便向负载供电，即电流 i_2 流过负载实现了能量传递。

上图中如不计一次、二次绕组电阻，不考虑漏磁通，则变压器为理想变压器。按照图4-5所规定的电动势和电流的正方向，根据基尔霍夫定律可写出一次、二次侧电势方程式为

$$\begin{cases} u_1 = -e_1 = N_1 \dfrac{\mathrm{d}\Phi}{\mathrm{d}t} \\ u_2 = e_2 = -N_2 \dfrac{\mathrm{d}\Phi}{\mathrm{d}t} \end{cases} \tag{4-2}$$

则

$$\frac{u_1}{u_2} = \left| \frac{e_1}{e_2} \right| = \frac{N_1}{N_2} = K \tag{4-3}$$

式中　K ——匝比或称电压比。

式（4-3）表明，变压器一次、二次绕组的电压比就等于一次、二次绕组的匝数比，要使一次、二次侧有不同的电压，只要使一次、二次侧有不同的匝数即可。即调节电压比 K，可达到变压的目的。

2. 变压器各物理量正方向的规定

在变压器中，电压、电势、电流以及磁通的大小和方向均随时间交变，为正确地表示它们之间的相位关系，对它们的正方向做如下规定。

1）磁通 Φ 的正方向与电流 i 的正方向符合右手螺旋关系。

2）电压 u 的正方向与电流 i 的正方向一致（一次侧为电动机惯例，二次侧为发电机惯例）。

3）感应电动势 e 的正方向与产生它的磁通 Φ 符合右手螺旋定则，即其正方向与产生该磁通的电流的正方向一致。

4.1.3　变压器的额定值及分类

1. 变压器的额定值

额定值是正确使用变压器的依据，在额定状态下运行，可保证变压器长期安全有效地工作，额定值标注在变压器的铭牌上。

1）额定容量 S_N：指变压器的视在功率（输出能力），对三相变压器指三相容量之和。单位为伏安（V·A）或千伏安（kV·A）

2）额定电压 U_N：指线值，单位伏（V）或千伏（kV），U_{1N} 指电源加到一次绕组上的电压，U_{2N} 是二次侧开路即空载运行时二次绕组的端电压。

3）额定电流 I_N：由 S_N 和 U_N 计算出的电流，即为额定电流。

对单相变压器：$I_{1N} = \dfrac{S_N}{U_{1N}}$　　$I_{2N} = \dfrac{S_N}{U_{2N}}$

对三相变压器：$I_{1N} = \dfrac{S_N}{\sqrt{3}U_{1N}}$　　　$I_{2N} = \dfrac{S_N}{\sqrt{3}U_{2N}}$

4）额定频率 f_N：我国规定标准工业用电频率为 50Hz。

此外，额定工作状态下变压器的效率、温升等数据均属于额定值。除额定值外，铭牌上还标有变压器的相数、联结组、短路电压标幺值及冷却方式等。

2. 变压器的分类

变压器种类很多，可按其用途、结构、相数、冷却方式等进行分类。

按用途分：电力变压器，主要用于输配电系统中，分升压、减压、配电、联络、厂用变压器；调压变压器，用来调节电网中的电压，多用于实验室中；仪用变压器，用于测量，如电压互感器、电流互感器。

按结构分：自耦变压器，高低压共用一个绕组；双绕组变压器，每相有高、低压两个绕组；三绕组变压器，每相有高、中、低压三个绕组；多绕组变压器。

按相数分：单相变压器；三相变压器；多相变压器。

按冷却方式分：油浸式；干式；充气式。

4.2 单相变压器的空载运行

本节介绍变压器空载运行的电磁过程，并推出空载运行的等效电路、方程式和相量图。

4.2.1 变压器空载运行时的电磁关系

变压器空载运行时一次绕组接电源，二次绕组开路，负载电流 i_2 为零，这种情况即为变压器的空载运行。

1. 空载运行时的电动势和电压比

图 4-6 所示为变压器空载运行示意图，N_1 和 N_2 为一、二次绕组的匝数，两绕组分别绕在两个铁心柱上。按照前述变压器正方向的规定，在图 4-6 中标出了变压器空载运行时各物理量的正方向。空载运行时的电磁关系示意如图 4-7 所示。

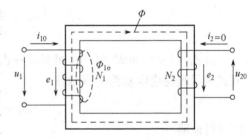

图 4-6　变压器空载运行示意图

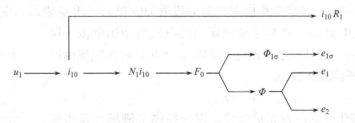

图 4-7　变压器空载运行电磁关系示意图

当变压器空载时一次绕组接电压 u_1 后，一次绕组流过电流 i_{10}，由于二次侧开路所以 $i_2 = 0$，此时 i_{10} 即为变压器的空载电流，由该电流产生空载磁动势 F_0，该磁动势将产生主磁通 Φ 和一次侧漏磁通 $\Phi_{1\sigma}$。主磁通 Φ 经过铁心闭合同时交链一、二次绕组并在一、二次绕组中分别感应电动势 e_1 和 e_2，一次侧漏磁通 $\Phi_{1\sigma}$ 仅交链一次绕组，经过空气隙闭合并在一次绕组中感应漏电动势 $e_{1\sigma}$，一次侧电流产生电阻压降 $i_{10}R_1$。一般 i_1R_1 很小，且漏磁通 $\Phi_{1\sigma}$ 很小，

若二者均忽略不计，由基尔霍夫第二定律可列出一、二次绕组的电压平衡方程式为

$$\begin{cases} u_1 = -e_1 = +N_1\dfrac{\mathrm{d}\varPhi}{\mathrm{d}t} \\ u_{20} = e_2 = -N_2\dfrac{\mathrm{d}\varPhi}{\mathrm{d}t} \end{cases} \tag{4-4}$$

所以有 $\dfrac{e_1}{e_2} = \dfrac{N_1}{N_2} = K$，由此可见要使一、二次侧具有不同的电压，只要一、二次侧具有不同的匝数即可。

由于 u_1 按正弦规律变化，铁心中主磁通 $\varPhi$ 也按正弦规律变化，即

$$\varPhi = \varPhi_m \sin\omega t \tag{4-5}$$

式中　$\varPhi_m$——主磁通的最大值；

　　　ω——电源电压的角频率，$\omega = 2\pi f$。

根据电磁感应定律主磁通在一次绕组中产生的感应电动势

$$\begin{aligned} e_1 &= -N_1\frac{\mathrm{d}\varPhi}{\mathrm{d}t} = -\omega N_1\varPhi_m\cos\omega t \\ &= \omega N_1\varPhi_m\sin\,(\omega t - 90°) \\ &= E_{1m}\sin\,(\omega t - 90°) \end{aligned} \tag{4-6}$$

式中　E_{1m}——一次绕组感应电动势的最大值。

则一次绕组感应电动势的有效值为

$$E_1 = \frac{E_{1m}}{\sqrt{2}} = \frac{2\pi}{\sqrt{2}}fN_1\varPhi_m = 4.44fN_1\varPhi_m \tag{4-7}$$

由式 (4-5) 和式 (4-6) 可见，一次侧感应电动势 $\dot{E}_1$ 滞后主磁通 $\dot{\varPhi}_m$ 为 90°，如用复数形式表示则感应电动势的有效值

$$\dot{E}_1 = -\mathrm{j}4.44fN_1\dot{\varPhi}_m \tag{4-8}$$

同理可证明

$$\dot{E}_2 = -\mathrm{j}4.44fN_2\dot{\varPhi}_m \tag{4-9}$$

2. 主磁通、励磁电流及励磁阻抗

通过铁心并与一、二次绕组同时交链的磁通为主磁通，用 $\varPhi$ 表示，空载时流过一次绕组的电流为空载电流 i_{10}，产生主磁通所需的电流为励磁电流，用 i_m 表示，空载时 i_{10} 用以产生主磁通，所以 $i_m = i_{10}$。励磁电流由磁化电流和铁损耗电流组成，即

$$i_m = i_\mu + i_{Fe} \tag{4-10}$$

式中　i_μ——磁化电流，为无功分量，用来提供主磁场，其相位

　　　　　　与主磁通 $\dot{\varPhi}$ 一致；

　　　i_{Fe}——铁损耗电流，为有功分量，用来提供铁心损耗，其

　　　　　　相位超前主磁通 $\dot{\varPhi}$ 90°，因磁化电流远大于铁损耗电

　　　　　　流，所以变压器空载运行时主磁通、励磁电流和电

　　　　　　动势之间的相位关系如图 4-8 所示，图中 α_{Fe} 称为铁

　　　　　　损耗角。

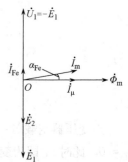

图 4-8　变压器空载运行时主磁通、励磁电流和电动势之间的相位关系

变压器空载运行时一次绕组中流过的电流 i_{10} 即为空载电流，其中绝大部分是用来提供主磁通的无功分量 i_μ。由于主磁通经过铁心闭合，当铁心中磁通达到一定程度后出现饱和现象，为了充分利用有效材料，在变压器的设计中磁路均设计在饱和段，所以磁通与磁化电流之间的关系曲线是一条饱和曲线，如图 4-9 的特性曲线 1，该曲线为磁化曲线 $\Phi = f(i_\mu)$。磁化曲线的开始段随着磁化电流的增加而磁通正比例增加为线性段，该段磁路不饱和，但当磁化电流进一步增加，磁路则进入饱和段，该段磁化电流的增加比磁通的增加大得多，因

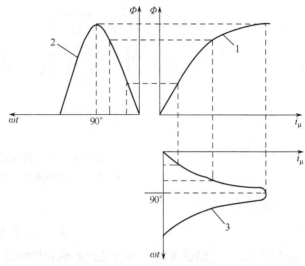

图 4-9 变压器空载运行时磁化曲线及电流、磁通波形

此当磁通随着时间按正弦规律变化时，磁化电流就不会随时间按正弦规律变化，而呈现为尖顶波形，如图 4-9 中特性曲线 2、3 所示。

因为 $u_1 \rightarrow i_{10} \rightarrow N_1 i_{10} \rightarrow \Phi \rightarrow e$，所以交流电路的电磁关系是电流激励磁场，而感应电动势是磁场的响应。这种激励与响应之间的关系常用一种参数表征，这个参数即为感抗。

由于
$$\Phi = F\Lambda_m = i_\mu N_1 \Lambda_m \tag{4-11}$$

式中　Λ_m——主磁路的磁导。

有
$$e_1 = -N_1 \frac{\mathrm{d}\Phi}{\mathrm{d}t} = -N_1^2 \Lambda_m \frac{\mathrm{d}i_\mu}{\mathrm{d}t} = -L_{1\mu} \frac{\mathrm{d}i_\mu}{\mathrm{d}t} \tag{4-12}$$

式中　$L_{1\mu}$——铁心线圈的磁化电感，$L_{1\mu} = N_1^2 \Lambda_m$。 $\tag{4-13}$

如用复数形式表示则可写成

$$\dot{E}_1 = -\mathrm{j}\omega L_{1\mu} \dot{I}_\mu = -\mathrm{j}\dot{I}_\mu X_\mu \tag{4-14}$$

式中　X_μ——变压器的磁化电抗，是一个表征铁心磁化性能的参数，$X_\mu = \omega L_{1\mu}$。

由式（4-14）可见，X_μ 不仅是 $\dot{E}_1$ 与 $\dot{I}_\mu$ 的比值，而且本质上是磁场对电路响应的一种表征。任何交变磁场对电路的响应总可以用一个电抗来表征。

因为 $X_\mu = 2\pi f N_1^2 \Lambda_m$，所以 $X_\mu \propto \Lambda_m \propto \dfrac{1}{R_m}$，而 $R_m \neq c$，所以饱和度越高，磁阻 R_m 越高，X_μ 越小。

另外，因励磁电流 $\dot{I}_m$ 由 $\dot{I}_\mu$ 和 $\dot{I}_{Fe}$ 组成，由图 4-8 可见，$\dot{I}_{Fe}$ 与（$-\dot{E}_1$）同相，且 $\dot{E}_1 = -\dot{I}_{Fe} R_{Fe}$，其中 R_{Fe} 称为铁损耗电阻，是一个表征铁心损耗的参数。则

$$\dot{I}_m = \dot{I}_\mu + \dot{I}_{Fe} = -\dot{E}_1 \left(\frac{1}{R_{Fe}} + \frac{1}{\mathrm{j}X_\mu} \right) \tag{4-15}$$

与上式对应的铁心线圈等效电路如图 4-10a 所示，图 4-10a 可等效成图 4-10b 的等效串联电路。

由图 4-10a、b 可见

$$Z_m = R_m + \mathrm{j}X_m = \frac{R_{Fe}(\mathrm{j}X_\mu)}{R_{Fe} + \mathrm{j}X_\mu} = R_{Fe} \frac{X_\mu^2}{R_{Fe}^2 + X_\mu^2} + \mathrm{j}X_\mu \frac{R_{Fe}^2}{R_{Fe}^2 + X_\mu^2} \tag{4-16}$$

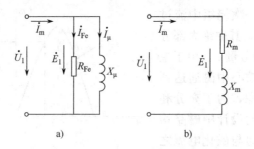

图 4-10　铁心线圈的等效电路

a）励磁电流等效电路　b）等效串联电路

由图 4-10b 得

$$\dot{E}_1 = -\dot{I}_m Z_m \qquad (4\text{-}17)$$

式中　　X_m——励磁电抗，为表征铁心磁化性能的一个等效参数；

　　　　R_m——励磁电阻，为表征铁心损耗的一个等效参数；

　　　　Z_m——励磁阻抗，为表征铁心损耗和磁化性能的一个等效参数。所以励磁阻抗 Z_m 是表征主磁通电磁效应的综合参数。

以上三值均随饱和度的变化而变化，不是常数，但当外加电压变化不大时，铁心内主磁通变化很小，可认为 Z_m 为常值。

3. 漏磁通和漏磁电抗

在变压器空载运行时，空载电流除产生交链一、二次绕组的主磁通外，还有一部分仅与一次绕组交链并通过空气闭合的漏磁通 $\Phi_{1\sigma}$，$\Phi_{1\sigma}$ 在一次绕组中感应漏电动势 $e_{1\sigma}$

$$e_{1\sigma} = -N_1 \frac{\mathrm{d}\Phi_{1\sigma}}{\mathrm{d}t} \qquad (4\text{-}18)$$

同上分析得

$$\dot{E}_{1\sigma} = -\mathrm{j}X_{1\sigma}\dot{I}_1 \qquad (4\text{-}19)$$

式中　　$X_{1\sigma}$——一次侧漏电抗，$X_{1\sigma} = \omega L_{1\sigma} = \omega N_1^2 \Lambda_{1\sigma}$，漏电抗表征漏磁通对电路的电磁效应。

由于漏磁通是经过空气隙闭合的，而空气的磁导率为常数，所以漏电抗 $X_{1\sigma}$ 为常值，与磁路的饱和程度无关。

4.2.2　空载运行时的电压方程式、等效电路及相量图

根据图 4-7 所示，变压器空载运行时的电磁关系，可写出变压器一、二次侧的电压平衡方程式

$$\begin{cases} \dot{U}_1 = \dot{I}_{10} R_1 - \dot{E}_1 - \dot{E}_{1\sigma} = -\dot{E}_1 + \dot{I}_{10} Z_{1\sigma} \\ \dot{U}_2 = \dot{E}_2 \end{cases} \qquad (4\text{-}20)$$

式中，$Z_{1\sigma} = R_1 + \mathrm{j}X_{1\sigma}$，称为一次绕组漏阻抗。

由上述分析可见，引入了 $X_{1\sigma}$ 和 Z_m 后，就将磁场问题简化成电路形式，将磁通感应电动势用电路参数表征，主磁通经过铁心且在其内交变引起铁损耗，故引入阻抗 Z_m 表征主磁通，漏磁通经过空气隙，故仅引入 $X_{1\sigma}$ 表征漏磁通。与式（4-20）所对应的等效电路如

图 4-11 所示。

对应方程式（4-20）可画出变压器空载运行时的相量图，如图 4-12 所示。

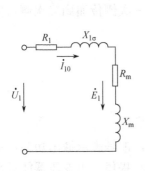

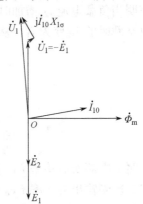

图 4-11　变压器空载运行时的等效电路　　　　图 4-12　变压器空载运行时的相量图

综上所述，可得出以下重要结论：

1）变压器感应电动势 E 的大小与电源频率、绕组匝数及主磁通成正比，在相位上总是滞后主磁通 90°，而主磁通的大小主要取决于电源电压、频率和一次绕组的匝数。

2）所用材料导磁性能越好，励磁电抗越大，空载电流越小。

3）铁心的饱和程度越高，励磁电抗越小，空载电流越大。因此要合理地选择铁心截面积和最大磁密。

4）气隙对变压器空载电流影响很大，气隙越大，磁阻越大，励磁电抗越小，空载电流越大。因此要严格控制变压器铁心叠片之间的气隙。

4.3　单相变压器的负载运行

本节介绍变压器负载运行的电磁过程，并给出负载运行的等效电路、方程式和相量图。

4.3.1　变压器负载运行的电磁关系

变压器负载运行是指一次绕组接电源，二次绕组接负载 Z_L 时的运行，此时二次绕组中有负载电流 i_2 流过，这种情况即为变压器的负载运行。图 4-13 所示为变压器负载运行示意图，图中各物理量的正方向均按照前述惯例规定。

当接入 $Z_L \rightarrow i_2 \rightarrow N_2 i_2 \rightarrow F_2$ 也将作用于主磁路上，F_2 的出现，使变压器中主磁通 Φ

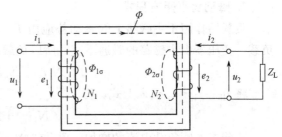

图 4-13　变压器负载运行示意图

趋于改变，但因从空载到负载，变压器一次侧外加电压不变，所以 $\dot{U}_1 \approx -\dot{E}_1$ 为一常数，即变压器的主磁通 Φ 不变，因此要达到新的平衡的条件是：一次绕组中电流增加一个负载分量 $i_{1L} = i_1 - i_m$，与二次绕组中由 i_2 产生的磁动势相抵消以维持 Φ 不变，即：

$$N_1 i_{1L} + N_2 i_2 = 0, \quad i_{1L} = -\frac{N_2}{N_1} i_2 \tag{4-21}$$

上式表明当负载电流 i_2 增加时，一次绕组中电流的负载分量 i_{1L} 增加，所以一次侧电流 i_1 增加，由空载时的 i_{10} 变为 i_1，从而使变压器的功率从一次侧传递到二次侧，实现了能量的传递。

由于
$$\frac{e_1}{e_2} = \frac{N_1}{N_2} \tag{4-22}$$

则
$$\frac{e_1}{e_2} = -\frac{i_2}{i_{1L}}, \quad -i_{1L} e_1 = i_2 e_2 \tag{4-23}$$

上式说明二次侧所需功率 $i_2 e_2$ 由一次侧 $-i_{1L} e_1$ 提供，正号表示输出功率，负号表示输入功率。即二次侧输出的功率 $i_2 e_2$ 由一次侧输入功率 $i_{1L} e_1$ 提供。由变压器能量传递的原理可见，变压器一、二次侧没有电的联系，能量的传递是基于电磁感应的原理，变压器中主磁通 Φ 是能量转换的媒介。

4.3.2 变压器负载运行的基本方程式

变压器负载运行时变压器内部的磁动势、磁通、感应电动势之间的关系示意如图 4-14 所示。

变压器负载运行时一次绕组接电压 u_1 后，一次绕组流过的电流为 i_1，二次绕组流过的电流为 i_2，变压器中同时存在主磁通 Φ、一次侧漏磁通 $\Phi_{1\sigma}$ 和二次侧漏磁通 $\Phi_{2\sigma}$。主磁通 Φ 是由一、二次侧电流共同提供的，主磁通 Φ 在一、二次绕组中分别感应电动势 e_1 和 e_2；一次侧电流还提供一次侧漏磁通 $\Phi_{1\sigma}$，并在一次绕组中感应漏电动势 $e_{1\sigma}$，一次侧电流产生电阻压降 $i_1 R_1$；二次侧电流还提供二次

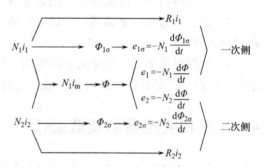

图 4-14　变压器负载运行时的电磁关系示意图

侧漏磁通 $\Phi_{2\sigma}$，并在二次绕组中感应漏电动势 $e_{2\sigma}$，二次侧电流产生电阻压降 $i_2 R_2$。根据图 4-14 就可列写出负载运行时的基本方程式。

1. 磁动势平衡方程式

负载后作用于主磁路上的磁动势应由 $F_1 = N_1 i_1$ 和 $F_2 = N_2 i_2$ 共同提供，因为从空载到负载，变压器中主磁路的磁通不变，所以负载后合成磁动势应与空载时相等，即
$$N_1 i_1 + N_2 i_2 = N_1 i_m \tag{4-24}$$

将 $i_{1L} = i_1 - i_m$ 代入上式，得
$$N_1 i_{1L} + N_2 i_2 = 0$$

随着二次侧负载电流的增加，磁动势 $N_2 i_2$ 增加，从而使 $N_1 i_{1L}$ 增加，能量由一次侧传递到二次侧，实现了能量的传递。

2. 电压平衡方程式

按照图 4-13 所示的各物理量正方向，根据基尔霍夫第二定律，可写出变压器一、二次侧电路的电压平衡方程式

$$\begin{cases} \dot{U}_1 = \dot{I}_1 R_1 - \dot{E}_1 - \dot{E}_{1\sigma} \\ \dot{U}_2 = \dot{E}_2 + \dot{E}_{2\sigma} - \dot{I}_2 R_2 \end{cases} \tag{4-25}$$

将式

$$\begin{cases} \dot{E}_{1\sigma} = -jX_{1\sigma}\dot{I}_1 \\ \dot{E}_{2\sigma} = -jX_{2\sigma}\dot{I}_2 \end{cases} \tag{4-26}$$

代入式（4-25）得

$$\begin{cases} \dot{U}_1 = -\dot{E}_1 + \dot{I}_1 Z_{1\sigma} \\ \dot{U}_2 = \dot{E}_2 - \dot{I}_2 Z_{2\sigma} \end{cases} \tag{4-27}$$

式中　$Z_{1\sigma} = R_1 + jX_{1\sigma}$，$Z_{2\sigma} = R_2 + jX_{2\sigma}$；

$Z_{1\sigma}$，$Z_{2\sigma}$——一、二次绕组漏阻抗；

R_1 和 R_2——一、二次绕组漏电阻；

$X_{1\sigma}$和 $X_{2\sigma}$——一、二次绕组漏电抗。

归纳起来变压器的基本方程式为

$$\begin{cases} \dot{U}_1 = -\dot{E}_1 + \dot{I}_1 Z_{1\sigma} \\ \dot{U}_2 = \dot{E}_2 - \dot{I}_2 Z_{2\sigma} \\ \dfrac{\dot{E}_1}{\dot{E}_2} = K \\ N_1\dot{I}_1 + N_2\dot{I}_2 = N_1\dot{I}_m \\ \dot{E}_1 = -\dot{I}_m Z_m \end{cases} \tag{4-28}$$

4.3.3　变压器负载运行的等效电路及相量图

式（4-28）为变压器的一组基本方程式，它描述了变压器的全部电磁关系，利用这组方程式可对变压器的运行性能进行定量计算。但由于一、二次绕组匝数不等，且为复数运算，给计算带来很大困难，计算过程十分繁琐。因此，往往在分析变压器时不采用联立方程式求解的方法，而是寻求一种简便的方法，即等效电路的方法进行计算。

1. 变压器的归算

寻求等效电路的方法是进行绕组的归算即变压器的归算，所谓变压器的归算是指将变压器的两个绕组归算成相同匝数，而不改变其电磁效应，即归算前后的磁动势平衡关系、变压器的损耗及功率传递等均保持不变。

变压器中经过归算后的物理量在该物理量右上方加"'"。如将二次绕组归算到一次绕组，则令 $N'_2 = N_1$，由于二次绕组匝数变为 N_1，则二次侧各物理量相应地发生改变，下面具体介绍变压器二次侧各物理量的归算方法。

（1）二次侧电流的归算值

根据归算前后二次绕组磁动势不变的原则，有

$$N_2\dot{I}_2 = N_1\dot{I}'_2$$

所以

$$\dot{I}'_2 = \frac{1}{K}\dot{I}_2 \tag{4-29}$$

而 $\dot{I}'_2 = \frac{1}{K}\dot{I}_2 = -\dot{I}_{1L}$，所以 $\dot{I}_1 = \dot{I}_m - \dot{I}'_2$。

（2）二次侧电动势的归算值

由于归算后的二次绕组匝数与一次绕组匝数相同均等于 N_1，而电动势与匝数成正比，所以二次侧电动势的归算值为

$$\dot{E}'_2 = K\dot{E}_2 = \dot{E}_1 \tag{4-30}$$

同理二次侧漏电动势和二次侧端电压的归算值为

$$\dot{E}'_{2\sigma} = K\dot{E}_{2\sigma}$$

$$\dot{U}'_2 = K\dot{U}_2 \tag{4-31}$$

（3）二次侧阻抗的归算值

根据归算前后二次绕组的铜损耗不变，即

$$I_2^2 R_2 = I'^2_2 R'_2$$

所以

$$R'_2 = K^2 R_2 \tag{4-32}$$

由归算前后二次绕组的无功功率不变，即

$$I_2^2 X_{2\sigma} = I'^2_2 X'_{2\sigma}$$

所以

$$X'_{2\sigma} = K^2 X_{2\sigma} \tag{4-33}$$

经过上述归算后变压器的基本方程式变为

$$\begin{cases} \dot{U}_1 = -\dot{E}_1 + \dot{I}_1 Z_{1\sigma} \\ \dot{U}'_2 = \dot{E}'_2 - \dot{I}'_2 Z'_{2\sigma} \\ \dot{I}_1 + \dot{I}'_2 = \dot{I}_m \\ \dot{E}_1 = \dot{E}'_2 = -\dot{I}_m Z_m \\ \dot{U}'_2 = \dot{I}'_2 Z'_L \end{cases} \tag{4-34}$$

以上是将二次绕组归算到一次绕组，同理也可将一次绕组归算到二次绕组，即令 $N'_1 = N_2$，按照上述方法，推出一次侧各物理量的归算值。

2. 变压器等效电路和相量图

变压器的等效电路是指将变压器一、二次侧两个互不连接的电路经过绕组的归算后推出有电联系的等效电路。经过上述绕组的归算后，$\dot{E}'_2 = \dot{E}_1$，从而导出有电联系的等效电路。

（1）"T"型等效电路

将漏磁通的作用作为漏抗压降处理，分别用 $X_{1\sigma}$ 和 $X'_{2\sigma}$ 来表示并移到各自的电路中，变压器一、二次侧绕组就成为完全耦合绕组，其电路图如图 4-15 所示。

由于 $E'_2 = E_1 = -IZ_m$，可将两个电路连在一起得到一、二次侧有电联系的等效电路，如图 4-16 所示，该电路称为变压器的 "T" 型等效电路。

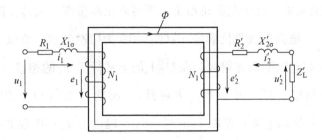

图 4-15 完全耦合的理想变压器电路图

（2）近似和简化等效电路

"T"型等效电路正确地反映了变压器内部的电磁关系，但该电路属于复联电路，进行复数运算比较复杂。由于一次绕组漏阻抗压降很小，近似计算可将励磁支路前移到电源端，这样就得到近似等效电路，如图 4-17 所示。该电路由复联电路变为并联电路，使计算简化。

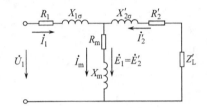

图 4-16 变压器的"T"型等效电路

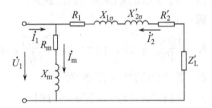

图 4-17 变压器的近似等效电路

因为 $Z_m \gg (Z_{1\sigma} + Z'_{2\sigma})$，所以流过励磁支路的电流 I_m 很小，可以忽略不计，则等效电路可以进一步简化成串联电路如图 4-18 所示，该电路即为变压器的简化等效电路。

在变压器简化等效电路中，若将负载阻抗 Z'_L 短接，则该电路的阻抗为 Z_K，称为短路阻抗。

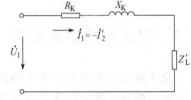

图 4-18 变压器的简化等效电路

$$\begin{cases} Z_K = Z_{1\sigma} + Z'_{2\sigma} = R_K + jX_K \\ R_K = R_1 + R'_2 \\ X_K = X_{1\sigma} + X'_{2\sigma} \end{cases} \tag{4-35}$$

式中　R_K——短路电阻；

　　　X_K——短路电抗。

工程上常用简化等效电路进行分析和计算。

（3）变压器的相量图

变压器负载后的电磁关系除了用方程式和等效电路表示外，还可以用相量图表示。相量图是根据方程式画出的，用相量图表示变压器各个物理量可直观地看出各物理量之间的大小和相位关系，图 4-19 所示为感性负载时变压器的相量图。

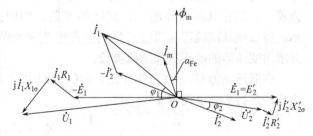

图 4-19 感性负载时变压器的相量图

若已知变压器的参数，且负载阻抗给定，即可画出相量图。具体作图步骤是：以负载两端电压 $\dot{U}'_2$ 为参数量，根据负载阻抗确定 $\dot{I}'_2$（图 4-19 为感性负载，所以 $\dot{I}'_2$ 滞后 $\dot{U}'_2$ 的角度为 φ_2）；然后按照二次侧电压平衡方程式，在 $\dot{U}'_2$ 上加上平行于 $\dot{I}'_2$ 的相量 $\dot{I}'_2 R'_2$ 和超前 $\dot{I}'_2$ 90°的相量 $j\dot{I}'_2 X'_{2\sigma}$，即得到相量 $\dot{E}'_2 = \dot{E}_1$；画出主磁通 $\dot{\Phi}_m$ 超前 $\dot{E}'_2$ 90°；$\dot{I}_m$ 按照超前 $\dot{\Phi}_m$ 一个小的铁损耗角 α_{Fe} 来确定；根据电流方程式 $\dot{I}_1 + \dot{I}'_2 = \dot{I}_m$，确定出 $\dot{I}_1$；再根据一次侧电压平衡方程式在 $-\dot{E}_1$ 上加上平行于 $\dot{I}_1$ 的相量 $\dot{I}_1 R_1$ 和超前 $\dot{I}_1$ 90°的相量 $j\dot{I}_1 X_{1\sigma}$ 即得到相量 $\dot{U}_1$。

例 4-1 一台容量为 180kV·A 的变压器，$U_{1N}/U_{2N} = 10000/400\text{V}$，一次绕组匝数为 1125，试求：

1）电压比及二次侧匝数。

2）若使二次侧电压在额定值上、下调节 5%，可在高压绕组边抽头以调节低压绕组边的电压，高压边的抽头匝数是多少？

解：1）

$K = \dfrac{10000}{400} = 25$，由于 $25 = \dfrac{1125}{N_2}$，有 $N_2 = \dfrac{1125}{25} = 45$

2）高压边的抽头匝数为

$N'_1 = 1125 + 1125 \times 5\% = 1181$

或

$N'_1 = 1125 - 1125 \times 5\% = 1069$

4.4 变压器的参数测定

变压器等效电路中的 6 个参数 R_m、X_m、R_1、R'_2、$X_{1\sigma}$ 和 $X'_{2\sigma}$ 可由试验测取，本节通过变压器空载和短路试验测取变压器的励磁参数 R_m、X_m 和短路参数 R_1、R'_2、$X_{1\sigma}$ 和 $X'_{2\sigma}$。变压器的参数确定后，就可画出等效电路，然后运用等效电路即可对变压器进行分析计算。

4.4.1 空载试验

单相变压器空载试验接线图如图 4-20 所示，一般用大写字母表示变压器的高压端，小写字母表示低压端。空载试验可在任一边加入电压，但考虑到空载试验所加电压较高，其电流较小，为试验的安全和仪器仪表选择方便，一般在低压侧加电压、高压侧开路，如图 4-20 所示。通过空载试验可测得变压器的空载电流和空载损耗，并求出变压器的电压比和励磁参数。

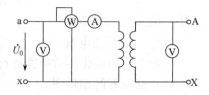

图 4-20　单相变压器空载试验接线图

在低压侧加 U_0，高压侧开路，测取空载电流 I_0、空载功率 P_0 及高压侧开路电压 U_{20}，由空载运行等效电路图 4-11 可知

$$\frac{U_0}{I_0} = Z_0 = Z_{1\sigma} + Z_m \tag{4-36}$$

由于 $Z_m \gg Z_{1\sigma}$，可近似认为 $Z_m = Z_0$，且励磁阻抗 Z_m 与饱和程度有关，电压越高，磁路

越饱和，Z_m 越小，所以应以额定电压下测取的空载电流 I_0 和空载功率 P_0 计算励磁参数，励磁阻抗为

$$Z_m \approx \frac{U_0}{I_0} = \frac{U_N}{I_0} \tag{4-37}$$

由于忽略了 R_1，则空载时的铜损耗忽略不计，所以近似认为额定电压下变压器的空载损耗功率 P_0 即为铁损耗 p_{Fe}，则表征铁损耗的励磁电阻为

$$R_m \approx \frac{P_0}{I_0^2} \tag{4-38}$$

励磁阻抗为

$$X_m = \sqrt{Z_m^2 - R_m^2} \tag{4-39}$$

$$K = \frac{高压}{低压} = \frac{U_{20}}{U_1} \tag{4-40}$$

因上述算出的参数是低压侧的参数，如需归算到高压侧时应乘以 K^2。

上述为单相变压器参数的计算公式，如求三相变压器的参数时，要根据一相的损耗、相电压和相电流进行计算。

4.4.2 短路试验

单相变压器短路试验接线图如图 4-21 所示，短路试验可在任一侧加入电压，但考虑到短路试验电流大，电压低，为试验的安全和仪器仪表选择方便，一般在高压侧加电压，低压侧短接。通过短路试验可测得变压器的短路电流和短路损耗，求出变压器的短路参数。

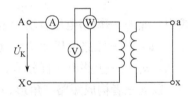

图 4-21　单相变压器短路试验接线图

从变压器的"T"型等效电路图 4-16 可见，短路时 $Z_L' = 0$，外加电压仅用来克服变压器本身的漏阻抗压降，所以当 U_K 很低时，电流即达到额定值，该短路电压一般为额定电压的（4～10）%。因为短路电压 U_K 很低，则 Φ 很小，Z_m 很大，所以流过励磁支路的电流很小，可忽略励磁支路不计，得到变压器短路时的等效电路，如图 4-22 所示。

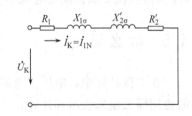

图 4-22　变压器短路时的等效电路

短路试验应以额定电流时所测得的电压 U_K 和功率 P_K 计算参数。此时由电源输入的功率 P_K 完全消耗在一、二次绕组铜损耗上，即

$$P_K = I_{1N}^2(R_1 + R_2') = I_K^2 R_K \tag{4-41}$$

$$Z_K = \frac{U_K}{I_K}, \quad R_K = \frac{P_K}{I_K^2}, \quad X_K = \sqrt{Z_K^2 - R_K^2} \tag{4-42}$$

短路试验一般在室温下进行，所以上述参数是在室温下测算的。由于绕组的电阻随温度变化，因此所测电阻值必须换算到标准工作温度的数值，按照国家标准规定，油浸式变压器的短路电阻应换算到 75℃时的数值

$$\begin{cases} R_{K(75℃)} = R_K \dfrac{T_0 + 75}{T_0 + \theta} \\ Z_{K(75℃)} = \sqrt{R_{K(75℃)}^2 + X_K^2} \end{cases} \tag{4-43}$$

式中 θ ——室温；

T_0 ——常数，铜线为 235，铝线为 228。

对于大型电力变压器，通常可按照下式确定一、二次侧的参数

$$R_1 = R_2' = \frac{R_K}{2}, \; X_{1\sigma} = X_{2\sigma}' = \frac{X_K}{2} \tag{4-44}$$

因上述试验是在高压侧进行的，所得参数为归算到高压侧的参数，如求三相变压器的短路参数时，按照一相进行计算。

短路试验时使电流达到额定值时所加的电压 U_K 称为短路电压或阻抗电压。短路电压用额定电压百分比表示时有

$$u_K = \frac{U_K}{U_{1N}} \times 100\% = \frac{I_{1N} Z_K}{U_{1N}} \times 100\% \tag{4-45}$$

其中

$$\begin{cases} u_{Kp} = \dfrac{U_{Kp}}{U_{1N}} \times 100\% = \dfrac{I_{1N} R_K}{U_{1N}} \times 100\% \\[2mm] u_{KQ} = \dfrac{U_{KQ}}{U_{1N}} \times 100\% = \dfrac{I_{1N} X_K}{U_{1N}} \times 100\% \\[2mm] u_K = \sqrt{u_{Kp}^2 + u_{KQ}^2} \end{cases} \tag{4-46}$$

式中 u_{Kp} ——短路电压有功分量的百分值；

u_{KQ} ——短路电压无功分量的百分值；

u_K ——短路电压百分值。

以上三者构成短路三角形。短路电压是衡量变压器运行性能的主要参数，短路电压的大小反映变压器在额定负载下运行时，漏阻抗压降的大小。从变压器运行性能上考虑，希望 U_K 小些，使负载时端电压随负载变化的波动小些；但从限制变压器短路电流上考虑，希望 U_K 大些，使变压器短路电流小些。

4.5 标幺值

在工程计算中，电压、电流、阻抗和功率等物理量除了采用实际值来表示和计算外，有时也用标幺值来表示和计算。本节介绍标幺值的概念和计算方法。

4.5.1 标幺值的概念

标幺值就是某一物理量的实际值与选定对应物理量的基值之比。前面提到的短路电压为额定电压的 (4～10)%，实质上就是标幺值的概念，即

$$标幺值 = \frac{实际值}{基值} \tag{4-47}$$

标幺值与百分值的关系为

$$百分值 = 标幺值 \times 100\% \tag{4-48}$$

标幺值用符号"＊"表示，采用标幺值表示时，应先选定基值。对电路计算而言，四个基本的物理量电压、电流、阻抗和功率中，其中两个基值任选，另外两个按电路理论计算。若选取电压基值为 U_b，电流基值为 I_b，则根据计算，功率基值为 $S_b = U_b I_b$，阻抗基值为

$$Z_b = \frac{U_b}{I_b}.$$

4.5.2 基值的选取及标幺值的计算

在变压器和电机中通常选额定电压和额定电流作为基值。则

$$U_b = U_N, \quad I_b = I_N, \quad Z_b = \frac{U_N}{I_N}, \quad S_b = U_N I_N \tag{4-49}$$

对于变压器，当选定了一、二次侧额定电压和额定电流作为基值时，一、二次侧电压和额定电流的标幺值为

$$U_1^* = \frac{U_1}{U_{1N}}, \quad U_2^* = \frac{U_2}{U_{2N}}, \quad I_1^* = \frac{I_1}{I_{1N}}, \quad I_2^* = \frac{I_2}{I_{2N}}$$

则一、二次侧阻抗的标幺值分别为

$$Z_{1\sigma}^* = \frac{Z_{1\sigma}}{Z_{1b}} = \frac{Z_{1\sigma} I_{1N}}{U_{1N}}, \quad Z_{2\sigma}^* = \frac{Z_{2\sigma}}{Z_{2b}} = \frac{Z_{2\sigma} I_{2N}}{U_{2N}}$$

$$R_1^* = \frac{R_1}{Z_{1b}} = \frac{R_1 I_{1N}}{U_{1N}}, \quad R_2^* = \frac{R_2}{Z_{2b}} = \frac{R_2 I_{2N}}{U_{2N}}$$

$$X_{1\sigma}^* = \frac{X_{1\sigma}}{Z_{1b}} = \frac{X_{1\sigma} I_{1N}}{U_{1N}}, \quad X_{2\sigma}^* = \frac{X_{2\sigma}}{Z_{2b}} = \frac{X_{2\sigma} I_{2N}}{U_{2N}}$$

在计算变压器的空载和短路参数时，可直接用标幺值的公式进行计算，有：

$$Z_m^* = \frac{U_1^*}{I_0^*} = \frac{1}{I_0^*}, \quad R_m^* = \frac{P_0^*}{I_0^{*2}}, \quad X_m^* = \sqrt{Z_m^{*2} - R_m^{*2}} \tag{4-50}$$

$$Z_K^* = \frac{U_K^*}{I_K^*} = U_K^*, \quad R_K^* = \frac{P_K^*}{I_K^{*2}}, \quad X_K^* = \sqrt{Z_K^{*2} - R_K^{*2}} \tag{4-51}$$

应用标幺值的优点包括：

1）不论变压器或电机的容量大小，用标幺值表示，各参数和典型性能的数据都在一定的范围内，便于比较。

2）用标幺值时，不必再进行归算（归算到高压侧或低压侧的参数相等）。

3）简化计算，某些物理量具有相同的数值，如 $Z_K^* = \frac{Z_K}{Z_b} = \frac{Z_K I_{1N}}{U_{1N}} = \frac{U_K}{U_{1N}} = U_K^*$，即短路阻抗标幺值等于短路电压的标幺值。

例 4-2 一台三相变压器，一次侧采用星形连接，二次侧采用角形连接（即 Y, d_{11}），$S_N = 5600\text{kV·A}$，$U_{1N}/U_{2N} = 10/6.3\text{kV}$。

空载和短路试验数据见表 2-1。

表 2-1 分类数据

试验名称	线电压/V	线电流/A	三相功率/kW	备注
空载试验	6300	7.4	6.8	电压加在低压侧
短路试验	550	323	18	电压加在高压侧

求：

1）归算到一次侧的励磁阻抗和短路阻抗的实际值。

2）励磁阻抗和短路阻抗的标幺值。

解:

一、二次侧额定电流分别为

$$I_{1N} = \frac{S_N}{\sqrt{3}U_{1N}} = \frac{5600 \times 10^3}{1.732 \times 10 \times 10^3}A = 323.3A$$

$$I_{2N} = \frac{S_N}{\sqrt{3}U_{2N}} = \frac{5600 \times 10^3}{1.732 \times 6.3 \times 10^3}A = 513.2A$$

一、二次侧阻抗基值分别为

$$Z_{1b} = \frac{U_{1N\phi}}{I_{1N\phi}} = \frac{10 \times 10^3/\sqrt{3}}{323.3}\Omega = 17.86\Omega$$

$$Z_{2b} = \frac{U_{2N\phi}}{I_{2N\phi}} = \frac{6.3 \times 10^3}{513.2/\sqrt{3}}\Omega = 21.26\Omega$$

电压比 $K = \dfrac{10/\sqrt{3}}{6.3} = 0.916$

解法一:

1) 归算到一次侧的励磁阻抗为

$$Z'_m = K^2 \frac{U_0}{I_0} = \frac{6300}{7.4/\sqrt{3}} \times 0.916^2\Omega = 1237.1\Omega$$

$$R'_m = K^2 \frac{P_0}{I_0^2} = \frac{6800/3}{(7.4/\sqrt{3})^2} \times 0.916^2\Omega = 104.2\Omega$$

$$X'_m = \sqrt{Z'^2_m - R'^2_m} = 1232.7\Omega$$

归算到一次侧的短路阻抗为

$$Z'_K = \frac{U_K}{I_K} = \frac{550/\sqrt{3}}{323}\Omega = 0.983\Omega$$

$$R'_K = \frac{P_K}{I_K^2} = \frac{18000/3}{323^2}\Omega = 0.057\Omega$$

$$X'_K = \sqrt{Z'^2_K - R'^2_K} = 0.981\Omega$$

2) 励磁阻抗和短路阻抗的标幺值为

$$Z^*_m = \frac{Z'_m}{Z_{1b}} = \frac{1237.1}{17.86} = 69.3$$

$$R^*_m = \frac{R'_m}{Z_{1b}} = \frac{104.2}{17.86} = 5.83$$

$$X^*_m = \frac{X'_m}{Z_{1b}} = \frac{1232.7}{17.86} = 69.02$$

$$Z^*_K = \frac{Z'_K}{Z_{1b}} = \frac{0.983}{17.86} = 0.055$$

$$R^*_K = \frac{R'_K}{Z_{1b}} = \frac{0.057}{17.86} = 0.0032$$

$$X^*_K = \frac{X'_K}{Z_{1b}} = \frac{0.981}{17.86} = 0.0549$$

解法二:

1) 直接计算励磁阻抗和短路阻抗的标幺值

$$Z_m^* = \frac{U_0^*}{I_0^*} = \frac{1}{0.01442} = 69.3$$

$$R_m^* = \frac{P_0^*}{I_0^{*2}} = \frac{0.001214}{0.01442^2} = 5.83$$

$$X_m^* = \sqrt{Z_m^{*2} - R_m^{*2}} = 69.05$$

$$Z_K^* = \frac{U_K^*}{I_K^*} = \frac{0.055}{1} = 0.055$$

$$R_K'^* = \frac{P_K^*}{I_K^{*2}} = \frac{0.0032}{1^2} = 0.0032$$

$$X_K^* = \sqrt{Z_K^{*2} - R_K^{*2}} = 0.0549$$

2) 归算到一次侧的励磁阻抗和短路阻抗的实际值

$$Z_m' = Z_{1b}Z_m^* = 1237.6\Omega$$

$$R_m' = Z_{1b}R_m^* = 104.12\Omega$$

$$X_m' = Z_{1b}X_m^* = 1232.69\Omega$$

$$Z_K' = Z_{1b}Z_K' = 0.9823\Omega$$

$$R_K' = Z_{1b}R_K' = 0.057\Omega$$

$$X_K' = Z_{1b}X_K^* = 0.981\Omega$$

4.6 变压器的运行性能和特性

变压器的运行特性指外特性和效率特性。外特性是指电源电压和负载的功率因数为常数时，变压器二次侧电压与负载电流之间的关系，即 $U_2 = f(I_2)$；效率特性是指电源电压和负载的功率因数为常数时，变压器的效率与负载电流之间的关系，即 $\eta = f(I_2)$。

考核变压器运行性能的主要指标是电压变化率和效率。

4.6.1 变压器的电压变化率及外特性

1. 变压器的电压变化率

变压器一次侧接额定电压，二次侧开路时，二次侧的空载电压为 $U_{20} = U_{2N}$。负载后，负载电流在变压器内部产生阻抗压降，使二次侧端电压发生变化，其变化大小用电压变化率 Δu 表示。Δu 规定为当 $U_1 = U_{1N}$、负载的功率因数 $\cos\varphi_2$ 一定时，空载与负载时二次侧端电压变化的相对值称为电压变化率，即

$$\Delta u = \frac{U_{20} - U_2}{U_{2N}} \times 100\% = \frac{U_{2N} - U_2}{U_{2N}} \times 100\%$$
$$= \frac{U_{2N}' - U_2'}{U_{2N}'} \times 100\% = \frac{U_{1N} - U_2'}{U_{1N}} \times 100\% \tag{4-52}$$

电压变化率是变压器的主要性能指标，它反映了供电电压的质量即供电电压的稳定性。电压变化率可根据变压器的参数、负载的性质，由简化等效电路求出。根据图 4-23a 所示的简化等效电路，可写出电压平衡方程式为

$$\dot{U}_1 = -\dot{U}_2' + \dot{I}_1(R_K + jX_K) \tag{4-53}$$

以 $-\dot{U}_2'$ 为参考量，根据负载阻抗确定 $\dot{I}_1 = -\dot{I}_2'$，然后按照式（4-53）在 $-\dot{U}_2'$ 上加平

行于 $\dot{I}_1$ 的相量 $\dot{I}_1 R_\mathrm{K}$ 和超前 $\dot{I}_1$ 90°的相量 $\mathrm{j}\dot{I}_1 X_\mathrm{K}$ 即得到相量 $\dot{U}_1$，如图 4-23b 所示即为对应简化等效电路的相量图。

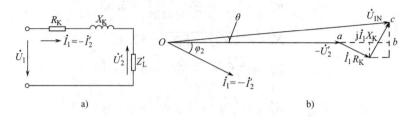

图 4-23 简化等效电路及相量图

a) 简化等效电路　b) 相量图

由图 4-23b 可见，由于 θ 很小，所以可认为线段长 $\overline{Oc}=\overline{ob}$，而 $\overline{Oc}=U_{1\mathrm{N}}$，$\overline{Ob}=U_2'+\overline{ab}$，所以

$$U_{1\mathrm{N}}-U_2'=\overline{ab}$$

根据几何关系

$\overline{ab}=I_2' R_\mathrm{K}\cos\varphi_2+I_2' X_\mathrm{K}\sin\varphi_2$，所以有

$$\Delta u=\frac{U_{1\mathrm{N}}-U_2'}{U_{1\mathrm{N}}}\times100\%=\frac{I_2' R_\mathrm{K}\cos\varphi_2+I_2' X_\mathrm{K}\sin\varphi_2}{U_{1\mathrm{N}}}\times100\%$$

$$=I^*\left(\frac{I_{1\mathrm{N}}R_\mathrm{K}\cos\varphi_2+I_{1\mathrm{N}}X_\mathrm{K}\sin\varphi_2}{U_{1\mathrm{N}}}\right)\times100\% \tag{4-54}$$

$$=I^*(R_\mathrm{K}^*\cos\varphi_2+X_\mathrm{K}^*\sin\varphi_2)\times100\%$$

式中　$I^*=\dfrac{I_1}{I_{1\mathrm{N}}}=\dfrac{I_2}{I_{2\mathrm{N}}}=\beta$；

I^*——负载电流的标幺值；

β——负载系数。

式 (4-54) 表明电压变化率 Δu 与负载大小成正比，当负载一定时，阻抗标幺值大的电压变化率大，另外还与负载的功率因数有关。

纯电阻负载时，因为 $\cos\varphi_2=1$，则 $\sin\varphi_2=0$，所以 Δu 很小；电感性负载时，因为 $\varphi_2>0$，所以 Δu 较电阻负载时大，且为正值，外特性是下降的；电容性负载时 $\varphi_2<0$，则 $\sin\varphi_2<0$ 为负值，$\cos\varphi_2>0$ 为正值，当 $|R_\mathrm{K}^*\cos\varphi_2|<|X_\mathrm{K}^*\sin\varphi_2|$ 时，电压变化率为负值，说明负载时二次侧电压比空载时高，外特性是上翘的。

一般情况下 $\cos\varphi_2=0.8$（滞后），额定负载时的电压变化率称为额定电压变化率 Δu_N。Δu_N 是变压器的主要性能指标之一，大约在 5% 左右，所以国家标准规定电力变压器的高压绕组要设置抽头，用分接开关在额定电压上、下 5% 进行调节。

2. 变压器的外特性

为了描述变压器在不同负载下二次侧端电压的变化，将电源电压和负载的功率因数为常数时，变压器二次侧端电压与负载电流之间的关系绘制成曲线 $U_2=f(I_2)$，该曲线即为变压器的外特性。由上述分析可绘制外特性曲线如图 4-24 所示，在图中外特性用标幺值表示，即 $U_2^*=f(I_2^*)$。

图中绘制了 $\cos\varphi_2=1$、$\cos\varphi_2=0.8$ 超前和 $\cos\varphi_2=0.8$ 滞后三种功率因数下的外特性。可见当负载为纯电阻性质时，变压器的端电压随负载的变化最小，而电感性负载和电容性负载时其端电压随负载的变化而变小（感性负载）或增大（容性负载）。一般变压器所带负载为电感性，所以为了补偿感性负载时端电压的下降，可用并联电容的方法使端电压升高，或采用前述的调节变压器高压绕组的抽头的方法使变压器二次侧端电压升高。

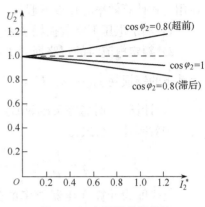

图 4-24 变压器的外特性

4.6.2 变压器的效率特性

变压器输出的有功功率与输入的有功功率之比即为变压器的效率，由于变压器的效率较高，所以在计算变压器效率时往往采用损耗分析法。

1. 变压器的损耗分析

变压器在能量传递过程中要产生损耗，变压器的损耗分为铜损耗和铁损耗两大类。铜损耗 p_{Cu} 又分基本铜损耗和杂散铜损耗，铁损耗 p_{Fe} 又分基本铁损耗和杂散铁损耗。

基本铜损耗指一、二次绕组内电流所引起的直流电阻损耗，杂散铜损耗主要是由漏磁通所引起的肌肤效应、使绕组的有效电阻增大而增加的铜损耗以及漏磁通在结构部件中引起的涡流损耗等。杂散铜损耗难以精确计算，一般按基本铜损耗的 $(0.5 \sim 15)\%$ 估算。

铜损耗与负载电流的二次方成正比，因此也称为可变损耗，铜损耗与绕组的温度有关，一般都用 $75℃$ 时的电阻值来计算。

基本铁损耗是变压器铁心中的磁滞与涡流损耗，杂散铁损耗主要是铁心连接处由于磁通密度分布不均匀所引起的损耗以及主磁通在铁轭夹件和油箱等结构部件中所引起的涡流损耗。杂散铁损耗难以精确计算，一般按基本铁损耗的 $(15 \sim 20)\%$ 估算。

变压器的铁损耗可近似认为与 B_m^2 或 U_1^2 成正比。由于变压器一次侧电压保持不变，故铁损耗不随变压器负载变化而变化，可视为不变损耗。

2. 变压器的效率

若已知变压器的输出功率和损耗，则变压器的输入功率为

$$P_1 = P_2 + p_{Cu} + p_{Fe} = P_2 + \sum p \tag{4-55}$$

式中，$\sum p = p_{Cu} + p_{Fe}$，为变压器的总损耗。

变压器的效率为

$$\eta = \frac{P_2}{P_1} = \frac{P_2}{P_2 + \sum p} \tag{4-56}$$

因变压器为静止的器件，一般效率都很高，大多数在 95% 以上，大型变压器可达 99%。测量变压器的效率一般不采用直接测 P_1、P_2 的方法计算效率，这是因为 P_1、P_2 相差很小，测量仪器本身的误差就可能超出此范围。一般用间接法计算变压器的效率，即测出各种损耗，再计算效率。考虑到

$$\begin{cases} P_2 = mU_2 I_2 \cos\varphi_2 \\ \sum p = p_{Fe} + p_{Cu} \end{cases} \tag{4-57}$$

所以变压器的效率可表示为

$$\eta = \frac{P_2}{P_1} = 1 - \frac{\sum p}{P_1} = 1 - \frac{p_{Fe} + p_{Cu}}{mU_2 I_2 \cos\varphi_2 + p_{Fe} + p_{Cu}} \tag{4-58}$$

在用上式计算效率时作以下假设：

1）额定电压下空载损耗 $p_0 \approx p_{Fe}$，且 p_{Fe} 不随负载的变化而变化。

2）额定电流时的短路损耗 $P_{KN} \approx p_{CuN}$，因铜损耗与负载电流二次方成正比，所以任一负载下的铜损耗 $p_{Cu} = p_{CuN} I_2^{*2}$，$I_2^* = \dfrac{I_2}{I_{2N}} = \beta$ 为负载系数。

3）计算 P_2 时忽略负载时 U_2 的变化，即 $P_2 = mU_2 I_2 \cos\varphi_2 = I_2^* S_N \cos\varphi_2$。

则效率计算公式为

$$\eta = \frac{P_2}{P_1} = 1 - \frac{\sum p}{P_1} = 1 - \frac{p_0 + p_{CuN} I_2^{*2}}{I_2^* S_N \cos\varphi_2 + p_0 + p_{CuN} I_2^{*2}} \tag{4-59}$$

上式即为计算变压器效率的公式。对于已制成的变压器，p_0 和 p_{CuN} 是一定的，所以变压器的效率与负载的大小及功率因数有关。

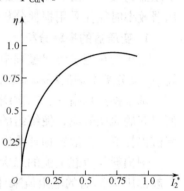

效率特性是指电源电压和负载的功率因数为常数时，变压器的效率与负载电流之间的关系，即 $\eta = f(I_2)$，效率特性曲线如图 4-25 所示。

从效率公式（4-59）可知，效率是电流 I_2^* 的二次函数，所以存在最大效率，即令 $\dfrac{d\eta}{dI_2^*} = 0$ 得产生最大效率时 $p_0 = I_2^{*2} p_{CuN}$，式 $p_0 = I_2^{*2} p_{CuN}$ 表明当变压器的铜损耗等于铁损耗时，效率最大。此时变压器的负载为

图 4-25　变压器的效率特性

$$I_2^* = \sqrt{\frac{p_0}{p_{CuN}}} \tag{4-60}$$

一般产生最大效率时的 I_2^* 在 0.6 左右，即变压器在 60%负载左右运行时效率最大。

例 4-3　计算例 4-2 中的变压器：

1）带额定负载，且 $\cos\varphi_2 = 0.8$（滞后）时的额定电压变化率及额定效率。

2）计算该变压器的最大效率和达到最大效率时的负载电流。

解：

1）额定电压变化率及额定效率

$$\Delta u_N = I^* (R_K^* \cos\varphi_2 + X_K^* \sin\varphi_2)$$

$$= 0.0032 \times 0.8 + 0.0549 \times 0.6 = 3.55\%$$

$$\eta_N = 1 - \frac{p_0 + p_{CuN} I_2^{*2}}{I_2^* S_N \cos\varphi_2 + p_0 + p_{CuN} I_2^{*2}}$$

$$= 1 - \frac{6800 + 18000}{5600 \times 10^3 \times 0.8 + 6800 + 18000} = 99.45\%$$

2）最大效率和达到最大效率时的负载电流

$$I_2^* = \sqrt{\frac{p_0}{p_{CuN}}} = \sqrt{\frac{6800}{18000}} = 0.61$$

$$\eta_{max} = 1 - \frac{2p_0}{I_2^* S_N \cos\varphi_2 + 2p_0}$$

$$= 1 - \frac{2 \times 6800}{5600 \times 10^3 \times 0.8 \times 0.61 + 2 \times 6800} = 99.5\%$$

例 4-4 一台三相变压器，$S_N = 1000 \text{kV} \cdot \text{A}$，$\dfrac{U_{1N}}{U_{2N}} = 10\text{kV}/6.3\text{kV}$，Y，d 联接，当外施额定电压时，变压器的空载损耗 $p_0 = 4.9 \text{kW}$，空载电流为额定电流的 5%。当短路电流为额定值时，短路损耗 $p_K = 15 \text{kW}$（换算到 75℃），短路电压为额定电压的 5.5%，试求归算到高压侧的励磁参数和短路参数的实际值和标幺值。

解： 1）励磁阻抗和漏阻抗的标幺值

$$|Z_m^*| = \frac{U_1^*}{I_{10}^*} = \frac{1}{0.05} = 20$$

$$R_m^* = \frac{p_{10}^*}{I_{10}^{*2}} = \frac{4.9}{1000 \times (0.05)^2} = 1.96$$

$$X_m^* = \sqrt{|Z_m^*|^2 - R_m^{*2}} = \sqrt{20^2 - 1.96^2} = 19.9$$

$$|Z_K^*| = \frac{U_K^*}{I_K^*} = U_K^* = 0.055$$

$$R_{K(75℃)}^* = \frac{p_{K(75℃)}^*}{I_K^{*2}} = p_K^* = \frac{15}{1000} = 0.015$$

$$X_K^* = \sqrt{|Z_K^*|^2 - R_{K(75℃)}^{*2}} = 0.053$$

2）归算到高压侧时励磁阻抗和漏阻抗的实际值

高压侧的额定电流为 $I_{1N} = \dfrac{S_N}{\sqrt{3} I_{1N}} = \dfrac{1000}{\sqrt{3} \times 10} \text{A} = 57.74 \text{A}$

高压侧的阻抗基值为 $Z_{1b} = \dfrac{U_{1N}}{\sqrt{3} I_{1N}} = \dfrac{10 \times 10^3}{\sqrt{3} \times 57.74} \Omega = 100 \Omega$

于是归算到高压侧时各阻抗的实际值为

$$Z_m = Z_m^* Z_{1b} = 20 \times 100 \Omega = 2000 \Omega$$

$$R_m = R_m^* Z_{1b} = 1.96 \times 100 \Omega = 196 \Omega$$

$$X_m = X_m^* Z_{1b} = 19.9 \times 100 \Omega = 1990 \Omega$$

$$Z_K = Z_K^* Z_{1b} = 0.055 \times 100 \Omega = 5.5 \Omega$$

$$R_{K(75℃)} = R_{K(75℃)}^* Z_{1b} = 0.015 \times 100 \Omega = 1.5 \Omega$$

$$X_K = X_K^* Z_{1b} = 0.053 \times 100 \Omega = 5.3 \Omega$$

4.7 三相变压器

变换三相交流电等级的变压器称为三相变压器，目前电力系统均采用三相变压器。在三相变压器对称运行时，各相电流、电压大小相等，相位差120°，因此对于运行原理的分析计算可采用三相中任一相进行研究，前面导出的基本方程式、相量图、等效电路及参数测定等可直接运用于三相中的任一相，求出一相的量，其他两相根据对称关系可直接写出。本节仅对三相变压器的特有问题进行研究。

三相变压器的特有问题是指三相变压器的电路系统和磁路系统，以及电路系统、磁路系统对电动势波形的影响。本节将对这些问题进行分析，并给出三相变压器联结组与磁路结构的正确配合。

4.7.1　三相变压器的磁路系统

三相变压器的磁路系统有两种，一种为三相组式变压器，一种为三相心式变压器。

三相组式变压器的磁路系统是由三台单相变压器组成的，每相的主磁通沿各自的磁路闭合，所以三相组式变压器的磁路彼此独立，如图 4-26 所示。

三相心式变压器的磁路系统彼此相关，这种铁心结构是由三相组式变压器演变而来的。将三个单相变压器合并成图 4-27a 所示结构，因为三相对称电流在任意时刻相加为零，所以由三相对称电流产生的三相磁通对

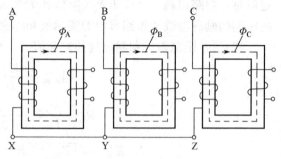

图 4-26　三相组式变压器的磁路系统

称，任意时刻三相磁通相加为零，即中间铁心柱流过的磁通为 $\sum \Phi = \Phi_A + \Phi_B + \Phi_C = 0$，因此中间铁心柱可以省去，得图 4-27b，为使铁心结构简单且减小占地面积，可将 B 相磁轭长度缩短使变压器三个铁心柱在一个平面上，如图 4-27c 所示，即为三相心式变压器的磁路系统。这种磁路系统中，每相主磁通都要借助另外两相的磁路闭合，故属于彼此相关的磁路系统。这种变压器三相磁路长度不等，中间 B 相短，当三相电压对称时，三相空载电流便不等，B 相的小，但由于空载电流很小，它的不对称对负载运行的影响很小，可以略去不计。

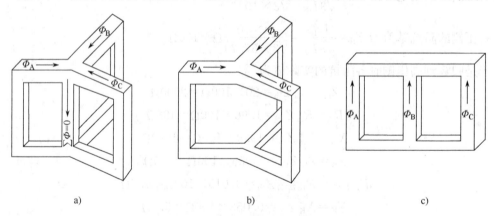

　　a)　　　　　　　　　　　b)　　　　　　　　　　c)

图 4-27　三相心式变压器的磁路系统

将两种磁路系统比较可见：三相组式变压器备用容量小，搬运方便；三相心式变压器节省材料，效率高，安装占地面积小，价格便宜。所以多采用三相心式变压器。

4.7.2　三相变压器电路系统——联结组

1. 联结方法

在三相变压器中用大写字母 A、B、C 表示三相高压端首端，X、Y、Z 表示尾端；用小写字母 a、b、c 表示三相低压端首端，x、y、z 表示尾端。三相绕组的联结方法有两种，一种是星形联结（Y），用 Y（或 y）表示，另一种是角形联结（Δ），用 D（或 d）表示。Y 或 D 表示高压侧的联结方法，小写字母 y 或 d 表示低压侧的联结方法，N（或 n）表示有中点引出。国产电力变压器常采用 Yyn；Yd 和 YNd 三种联结。如图 4-28 所示为 YNd 联结，即

高压侧采用星形联结，低压侧采用角形联结，高压侧有中点引出。

2. 联结组

根据变压器一、二次侧对应的线电压之间的相位关系，将变压器绕组的联结分成不同的组合，称为绕组的联结组。实践与理论证明，变压器高、低压侧相对应线电压的相位差总是 $30°$ 的倍数。因此采用"时钟表示法"来表示这种相位差是很简明的。

所谓"时钟表示法"是将变压器高压侧线电压的相量作为时钟上的长针始终指向"12点"；而低压侧相对应的线电压相量用时钟上的短针表示。短针在钟面上指向的数字称为三相变压器联结组的组号，如短针指向11点，则联结组的标号为 11，表示变压器高、低压侧所对应的线电压之间的相位差为 $11×30°=330°$。

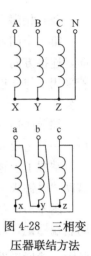

图 4-28 三相变压器联结方法

(1) 同名端

决定联结组的因素有三个，第一个因素是同名端。无论单相变压器的高、低压绕组还是三相变压器同一相的高、低压绕组都是绕在同一铁心柱上的。它们是被同一主磁通所交链，高、低压绕组的感应电动势的相位关系只能有两种，一种同相，一种反相。由于变压器一、二次绕组被同一主磁通交链，当主磁通 Φ 交变时，在一、二次绕组中所感应的电动势有一定的极性关系，当一次绕组某一点的瞬间电位为正时，二次绕组也必然在同一瞬间有一点的电位为正，这两个对应的同极性的端点就称为同名端，用符号"·"表示。同名端

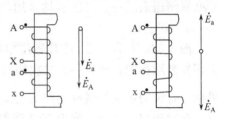

图 4-29 不同绕向时一、二次绕组的同名端

可在两个绕组的相同端，也可在不同端，如图 4-29 所示，这取决于绕组的绕向。

设一、二次绕组内感应电动势的正方向都是从绕组的首端指向尾端，如图 4-30 所示，则当一、二次绕组的同名端同时取为首端（或尾端）时（同名端标记），且当一、二次绕组的绕向相同时，则一、二次绕组感应的相电动势为同方向，如图 4-30a 所示。

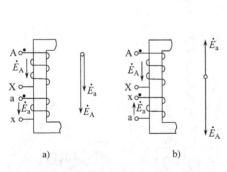

图 4-30　绕向相同时一、二次绕组
相电动势的相位关系
a) 同名端标记　b) 异名端标记

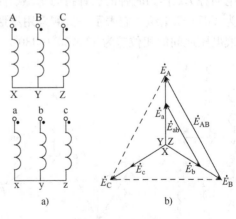

图 4-31　Yy0 联结组
a) 电路图　b) 相量图

当一、二次绕组的非同名端取为首端（或尾端）时（异名端标记），且当一、二次绕组的绕向相同时，则一、二次绕组感应的相电动势为反方向，如图 4-30b 所示。

（2）相序和连接方向

第二个因素是相序，即三相绕组 A、B、C（或 a、b、c）的排列顺序；第三个是连接方向，连接方向仅对角联结而言，有正向和反向两种情况，在图 4-28 中低压端采用角形联结，若采用 a 与 y 连接、b 与 z 连接、c 与 x 连接，此种连接为正向连接；采用 a 与 z 连接，b 与 x 连接，c 与 y 连接，即为反向连接。

综上所述一、二次侧所对应的相绕组感应相电动势的相位关系有两种，一种为一致相位，一种为反相位差 $180°$。

掌握了上述决定联结组的三个因素后，给出变压器电路连接图，即可画出相量图，然后借助"时钟表示法"确定联结组。

图 4-31a 为三相变压器绕组的电路图，一、二次侧均采用星形联结，且相序一致，采用同名端标记，此时一、二次侧对应的相电动势同相位，画出高、低压侧的相量图如图 4-31b 所示，然后借助"时钟表示法"高压侧的线电动势 $\dot{E}_{AB}$ 作为时钟的长针指向 12 点，低压侧线电动势 $\dot{E}_{ab}$ 作为时钟的短针，此时也指向了 12 点，即为时钟上的 0 点，称为 Yy0 联结组。Yy0 联结组表示一、二次侧均采用星形联结，且一、二次侧对应的线电压之间的相位差为 $0 \times 30° = 0°$。

图 4-32a 所示为三相变压器绕组的电路图，一、二次侧均采用星形联结，且相序一致，采用异名端标记，此时一、二次侧对应的相电动势相位相反，画出相量图如图 4-32b 所示，借助"时钟表示法"线电动势 $\dot{E}_{AB}$ 作为时钟的长针指向 12 点，线电动势 $\dot{E}_{ab}$ 作为时钟的短针，此时指向了 6 点，称为 Yy6 联结组。它表示一、二次侧均采用星形联结，且一、二次侧对应的线电压之间的相位差为 $6 \times 30° = 180°$。

图 4-33a 所示为三相变压器绕组的电路图，一次侧采用星形联结，二次侧采用角形联结，且正向连接即 a 与 y 连接、b 与 z 连接、c 与 x 连接，相序一致，采用同名端标记，此时一、二次侧对应的相电动势相位相同，画出相量图如图 4-33b 所示，借助"时钟表示法"线电动势 $\dot{E}_{AB}$ 作为时钟的长针指向 12 点，线电动势 $\dot{E}_{ab}$ 作为时钟的短针，此时指向了 11 点，称为 Yd11 联结组。它表示一次侧采用星形联结，二次侧采用角形联结，且一、二次侧对应的线电压之间的相位差为 $11 \times 30° = 330°$。

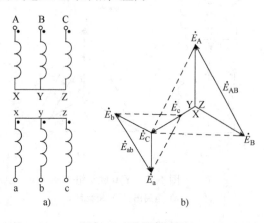
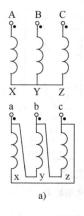
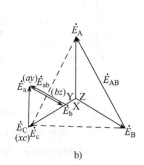

图 4-32　Yy6 联结组
　　a）电路图　b）相量图

图 4-33　Yd11 联结组
　　a）电路图　b）相量图

图 4-34a 所示为三相变压器绕组的电路图,一次侧采用星形联结,二次侧采用角形联结,且正向连接即 a 与 y 连接、b 与 z 连接、c 与 x 连接,相序一致,采用异名端标记,此时一、二次侧对应的相电动势相位相反,画出相量图如图 4-34b 所示,借助"时钟表示法"线电动势 $\dot{E}_{AB}$ 作为时钟的长针指向 12 点,线电动势 $\dot{E}_{ab}$ 作为时钟的短针,此时指向了 5 点,称为 Yd5 联结组。它表示一次侧采用星形联结,二次侧采用角形联结,且一、二次侧对应的线电压之间的相位差为 $5 \times 30° = 150°$。

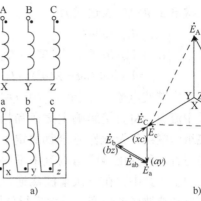

图 4-34 Yd5 联结组
a) 电路图 b) 相量图

图 4-35a 所示为三相变压器绕组的电路图,一次侧采用星形联结,二次侧采用角形联结,且反向连接,即 a 与 z 连接、b 与 x 连接、c 与 y 连接,相序不一致,即一次绕组的 A 相与二次绕组的 b 相同相序,一次绕组的 B 相与二次绕组的 c 相同相序,一次绕组的 C 相与二次绕组的 a 相同相序,采用异名端标记,此时一、二次侧同相序的相电动势相位相反,即 $\dot{E}_A$ 与 $\dot{E}_b$ 同相序但相位相反,$\dot{E}_B$ 与 $\dot{E}_c$ 同相序但相位相反,$\dot{E}_C$ 与 $\dot{E}_a$ 同相序但相位相反,画出相量图如图 4-35b 所示,借助"时钟表示法"线电动势 $\dot{E}_{AB}$ 作为时钟的长针指向 12 点,线电动势 $\dot{E}_{ab}$ 作为时钟的短针,此时指向了 3 点,称为 Yd3 联结组。

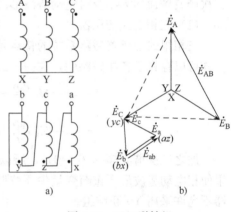

图 4-35 Yd3 联结组
a) 电路图 b) 相量图

它表示一次侧采用星形联结,二次侧采用角形联结,且一、二次侧对应的线电压之间的相位差为 $3 \times 30° = 90°$。

4.7.3 三相变压器电路系统及磁路系统对电动势波形的影响

前面已经分析了当外加电压为正弦波时,主磁通 Φ 为正弦波。考虑铁心磁路的饱和,主磁通 Φ 和励磁电流 i_m 不会同时为正弦波,由图 4-9 可见磁通为正弦波时,励磁电流为尖顶波;同理可证明若励磁电流为正弦波时,磁通为平顶波。因此可得出结论,由于磁通和励磁电流之间的非线性关系,造成了磁通和励磁电流随着时间的变化一个为正弦波,另一个为非正弦波,即尖顶波或平顶波。无论是尖顶波还是平顶波,应用谐波分析的理论可知,造成这种非正弦的原因是由于波形中除基波分量外还存在谐波分量。如电流出现尖顶波的原因是由于除了基波分量外还有很强的三次谐波分量及更高次谐波分量。图 4-36 所示为尖顶波谐波分析,为简化起见,图中仅考虑基波和三次谐波分量,特性曲线 2 为基波分量,特性曲线 3 为三次谐波分量,特性曲线 2 和特性曲线 3 逐点相加后就得到尖顶波特性曲线 1。

由于三次谐波电流的表达式为

$$\begin{cases} i_{A3}=I_{m3}\sin3\omega t \\ i_{B3}=I_{m3}\sin3(\omega t-120°)=I_{m3}\sin3\omega t \\ i_{C3}=I_{m3}\sin3(\omega t-240°)=I_{m3}\sin3\omega t \end{cases} \quad (4\text{-}61)$$

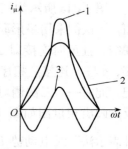

图 4-36 尖顶波谐波分析

可见，三次谐波电流大小相等、相位相同，三次谐波电流是否在变压器中流通，将直接影响主磁通和相电动势的波形。而三相变压器绕组的联结组及磁路系统都决定于三次谐波电流在变压器中的存在与否，若变压器励磁电流中不存在三次谐波分量，则磁通就为平顶波，其中存在三次谐波磁通，从而产生三次谐波电动势，造成电动势波形的畸变。下面进行分析。

1. Yy 联结电路系统

由于三次谐波电流构成零序对称组，不能存在于无中线的星形连接的三相电路中，所以当正弦电压施加于 Y 连接的变压器时，励磁电流 i_m 接近正弦波，主磁通即为平顶波，其中三次谐波磁通的大小及对电动势波形的影响还要看磁路系统的结构。

（1）三相组式变压器

三相组式变压器磁路系统的特点是互相独立、彼此无关，所以三次谐波磁通和基波磁通一样可以存在于各相磁路中，在一、二次绕组中每相感应电动势为

$$\begin{cases} e_1=-N_1\dfrac{d\Phi}{dt}=-N_1\dfrac{d\Phi_1}{dt}-N_1\dfrac{d\Phi_3}{dt}=e_{11}+e_{13} \\ e_2=-N_2\dfrac{d\Phi}{dt}=-N_2\dfrac{d\Phi_2}{dt}-N_2\dfrac{d\Phi_3}{dt}=e_{21}+e_{23} \end{cases} \quad (4\text{-}62)$$

加之三次谐波频率 $f_3=3f_1$，所以感应的三次谐波电动势相当大，可达基波的 50%。结果使相电动势波形严重畸变呈尖顶波形、幅值很高，可使绕组绝缘击穿，所以三相组式变压器不允许采用 Yy 联结组。

（2）三相心式变压器

三相心式变压器磁路系统的特点是互相联系、彼此相关，而三次谐波磁通也是零序对称组，由于磁路构成三相星形磁路，三个同相、同大小的磁通不能沿铁心磁路闭和，这和三次谐波电流不能在星形连接的三相电路中流通相似，但它们可以经油箱壁等形成闭路。由于这些磁路的磁阻很大，使三次谐波磁通大为削弱，所以相电动势也接近正弦波。但三次谐波磁通沿油箱壁闭合，引起附加涡流损耗，降低变压器效率，因此对容量为 1600kV·A 以下的小容量心式变压器，可采用 Yy 联结组。

2. Dy 和 Yd 联结电路系统

（1）Dy 联结电路系统

Dy 联结组的三相变压器，因一次侧采用角形联结，三次谐波电流可在角形联结的电路中流通，所以主磁通为正弦波，由它感应的一、二次侧相电动势都接近正弦波。所以两种磁路系统均可使用。

（2）Yd 联结电路系统

Yd 联结组的三相变压器，因一次侧采用星形联结，所以一次侧电流无三次谐波分量，则主磁通和一、二次侧相电动势均出现三次谐波分量。在二次绕组中产生的 $\dot{E}_{23}$ 滞后 Φ_3 90°，如图 4-37 所示。由于三相的 $\dot{E}_{23}$ 方向一致，故角形联结的二次侧闭路中产生 $\dot{I}_{23}$，因电阻远

小于电抗，所以可认为 $\dot{I}_{23}$ 滞后 $\dot{E}_{23}$ 近 $90°$，而 $\dot{I}_{23}$ 产生的 $\dot{\Phi}_{23}$ 几乎完全抵消了 $\dot{\Phi}_3$ 的作用，合成磁通 $\dot{\Phi}'_3$ 很小可忽略不计，所以合成磁通及电动势接近正弦波。则两种磁路系统均可使用。

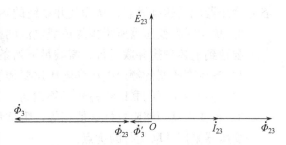

图 4-37　Yd 联结变压器三次谐波磁通相量图

综上分析可见，只要变压器有一侧采用"角形"联结，就能保证主磁通及电动势波形为正弦波，在两种磁路系统中均可应用。在大容量变压器中，当一、二次侧都是采用"Y形"联结电路系统时，可另加一个接成"角形"的小容量第三侧，专门供改善电动势波形之用。

由上述分析可见：三相变压器的相电动势波形与绕组接法和磁路系统有密切的关系。只要变压器有一侧是角形联结，就能保证主磁通及电动势波形为正弦波，所以在三相变压器的使用中应注意绕组联结与磁路结构的正确配合。

4.8　变压器的并联运行

在现代电力系统中，常常采用多台变压器并联运行的方式。所谓并联运行，就是将变压器的一次和二次绕组分别接到一、二次侧的公共母线上，共同向负载供电，如图 4-38 所示。

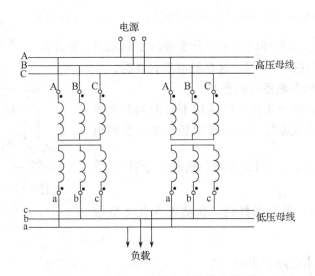

图 4-38　两台 Yy 联结变压器的并联运行

4.8.1　变压器并联运行的条件

变压器理想并联运行的要求：

1）在变压器空载运行时所并联的变压器之间无环流。

2）变压器负载运行后各台变压器所承担的负载分配合理，即按其容量大小成比例分配，各台变压器同时达到满载，从而使并联组的容量得到充分利用。

3）负载时各变压器所承担的负载电流同相位。

要达到上述理想并联运行，需满足下列条件：

1）各台变压器的额定电压和电压比要相等。

2）各台变压器的联结组标号必须相同。

3）各变压器短路阻抗标幺值相等，阻抗角相同。

变压器采用并联运行的优点：

1）可根据负载的大小，调整并联运行的变压器的台数，以提高运行效率。

2）可不停电检修变压器，提高供电可靠性。

3）可减少总的备用容量。

4.8.2 对并联运行条件的分析

上面给出了变压器并联运行的三个条件，其中第二个条件必须满足，否则在变压器中将产生很大的环流，以致于烧坏变压器线圈。下面对并联运行条件逐一进行分析。

1. 联结组标号对变压器并联运行的影响

联结组标号不同的变压器，虽满足一、三这两个条件，但两台变压器二次侧电压相位至少差 30°，如两台变压器的联结组分别为 Yy0 和 Yd11，则两台并联后，虽然满足 $U_{2N(I)} = U_{2N(II)} = U_{2N}$，但二次侧线电压的相位差为 30°，如图 4-39 所示，并联运行后的差值电压为

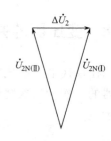

图 4-39　Yy0 和 Yd11 并联时二次侧电压相位差

$$\Delta U_2 = 2U_{2N}\sin\frac{30°}{2} = 0.52U_{2N} \qquad (4\text{-}63)$$

由于 ΔU_2 产生很大的环流且在两台变压器之间流动，该环流一般能达到额定电流的 3～4 倍，这是绝对不允许的。

2. 电压比不等对并联运行的影响

满足了二、三这两个条件但电压比不等的两台变压器并联运行时，若一次侧接同一电源电压，则一次侧电压相等，但由于 $K_I \neq K_{II}$，则二次侧空载电压分别为 $\dfrac{\dot{U}_{1N}}{K_I}$

和 $\dfrac{\dot{U}_{1N}}{K_{II}}$，为便于分析，采用归算到二次侧的简化等效电路如图 4-40 所示。

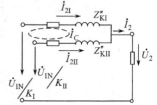

图 4-40　电压比不等的两台变压器并联运行

根据图 4-40，由电路定律得

$$\begin{cases} \dfrac{\dot{U}_{1N}}{K_1} = \dot{U}_2 + \dot{I}_{2I}Z''_{KI} \\[2mm] \dfrac{\dot{U}_{1N}}{K_{II}} = \dot{U}_2 + \dot{I}_{2II}Z''_{KII} \\[2mm] \dot{I}_2 = \dot{I}_{2I} + \dot{I}_{2II} \end{cases} \qquad (4\text{-}64)$$

联立上述方程求解得

$$\begin{cases} \dot{I}_{2\mathrm{I}} = \dot{I}_2 \dfrac{Z''_{K\mathrm{II}}}{Z''_{K\mathrm{I}} + Z''_{K\mathrm{II}}} + \dfrac{\dot{U}_{1N}\left(\dfrac{1}{K_{\mathrm{I}}} - \dfrac{1}{K_{\mathrm{II}}}\right)}{Z''_{K\mathrm{I}} + Z''_{K\mathrm{II}}} = \dot{I}_{L\mathrm{I}} + \dot{I}_{\mathrm{C}} \\[4mm] \dot{I}_{2\mathrm{II}} = \dot{I}_2 \dfrac{Z''_{K\mathrm{I}}}{Z''_{K\mathrm{I}} + Z''_{K\mathrm{II}}} - \dfrac{\dot{U}_{1N}\left(\dfrac{1}{K_{\mathrm{I}}} - \dfrac{1}{K_{\mathrm{II}}}\right)}{Z''_{K\mathrm{I}} + Z''_{K\mathrm{II}}} = \dot{I}_{L\mathrm{II}} - \dot{I}_{\mathrm{C}} \end{cases} \tag{4-65}$$

$$\dot{I}_{\mathrm{C}} = \frac{\dot{U}_{1N}\left(\dfrac{1}{K_{\mathrm{I}}} - \dfrac{1}{K_{\mathrm{II}}}\right)}{Z''_{K\mathrm{I}} + Z''_{K\mathrm{II}}} \tag{4-66}$$

$\dot{I}_{\mathrm{C}}$ 称为环流,如图 4-40 所示,是由于两台变压器的电压比 $K_{\mathrm{I}} \neq K_{\mathrm{II}}$ 所引起的,当空载时就存在,所以称为空载环流,它只在两个二次绕组中流通。根据磁动势平衡原理,两个变压器一次绕组中也将产生相应的环流,$Z''_{K\mathrm{I}}$ 和 $Z''_{K\mathrm{II}}$ 分别为折算到二次侧的两台变压器的等效漏阻抗。由于 $Z''_{K\mathrm{I}}$ 和 $Z''_{K\mathrm{II}}$ 很小,所以即使电压比差 $\dot{U}_{1N}\left(\dfrac{1}{K_{\mathrm{I}}} - \dfrac{1}{K_{\mathrm{II}}}\right)$ 很小,也能产生较大的环流。因此为了尽量消除环流,应对变压器电压比的误差严格控制,一般出厂变压器的电压比误差不超过 5%。

3. 短路阻抗标幺值不等对并联运行的影响

满足了一、二这两个条件,但短路阻抗标幺值不等的两台变压器并联运行时,由式 (4-65) 可见此时环流 $\dot{I}_{\mathrm{C}}$ 为零,流过两台变压器的电流分别为

$$\begin{cases} \dot{I}_{L\mathrm{I}} = \dot{I}_2 \dfrac{Z''_{K\mathrm{II}}}{Z''_{K\mathrm{I}} + Z''_{K\mathrm{II}}} \\[4mm] \dot{I}_{L\mathrm{II}} = \dot{I}_2 \dfrac{Z''_{K\mathrm{I}}}{Z''_{K\mathrm{I}} + Z''_{K\mathrm{II}}} \end{cases} \tag{4-67}$$

式中　$\dot{I}_{L\mathrm{I}}$ 和 $\dot{I}_{L\mathrm{II}}$ ——两台变压器所分担的负载电流。

由上式可得

$$\frac{\dot{I}_{L\mathrm{I}}}{\dot{I}_{L\mathrm{II}}} = \frac{Z''_{K\mathrm{II}}}{Z''_{K\mathrm{I}}} \tag{4-68}$$

上式表明并联运行的变压器之间,负载电流按其与短路阻抗成反比分配。将上式两端同乘以 $\dfrac{I_{N\mathrm{II}}}{I_{N\mathrm{I}}}$,且由于已满足了一、二这两个条件,所以两台变压器具有相同的额定电压,则

$$\frac{I^*_{L\mathrm{I}}}{I^*_{L\mathrm{II}}} = \frac{Z^*_{K\mathrm{II}}}{Z^*_{K\mathrm{I}}} \tag{4-69}$$

上式表明,并联运行的变压器各台所分担负载电流的标幺值与本身漏阻抗的标幺值成反比。理想的并联运行希望两台同时达到满载,即 $Z^*_{K\mathrm{I}} = Z^*_{K\mathrm{II}}$。若两台并联运行的变压器 $Z^*_{K\mathrm{I}} \neq Z^*_{K\mathrm{II}}$,则短路阻抗标幺值小的变压器先达到满载。为使任意一台变压器都不过载运行,则短路阻抗标幺值大的变压器不能达到满载,因而容量不能得到充分利用,所以,两台并联运行的变压器若短路阻抗标幺值不等将限制并联组容量的充分利用。

实际并联时,希望各变压器的负载情况相差不要超过 10%,所以要求各变压器的短路阻抗标幺值不超过平均值的 10%。对于短路阻抗角相差 10°～20°,影响并不大,一般不考虑阻抗角的差别,认为总的负载电流等于各变压器二次侧电流的代数和。

例 4-5　有两台联结组相同、额定电压相同的变压器并联运行,其额定容量分别为 $S_{N\mathrm{I}}$

$=5000\mathrm{kV\cdot A}$，$S_{\mathrm{NII}}=6300\mathrm{kV\cdot A}$，短路阻抗标幺值为 $Z_{\mathrm{KI}}^{*}=0.07$，$Z_{\mathrm{KII}}*=0.075$。不计阻抗角的差别，试计算：

1）并联组的最大容量。

2）若将两台变压器的短路阻抗标幺值对换，求并联组的最大容量。

解：1)

$$\frac{I_{\mathrm{I}}^{*}}{I_{\mathrm{II}}^{*}}=\frac{Z_{\mathrm{KII}}^{*}}{Z_{\mathrm{KI}}^{*}}=\frac{0.075}{0.070}=1.071$$

阻抗标幺值小的先达到满载，第一台变压器的阻抗标幺值小，故先达到满载。

当 $I_{\mathrm{I}}^{*}=1$ 时，$I_{\mathrm{II}}^{*}=\dfrac{1}{1.071}=0.934$

不计阻抗角的差别时，两台变压器所组成的并联组的最大容量为

$$S_{\max}=(5000+0.934\times6300)\ \mathrm{kV\cdot A}=10884\mathrm{kV\cdot A}$$

并联组的利用率为 $\dfrac{S_{\max}}{S_{\mathrm{NI}}+S_{\mathrm{NII}}}=\dfrac{10884}{5000+6300}=0.963$

2)

若 $Z_{\mathrm{KI}}^{*}=0.075$，$Z_{\mathrm{KII}}*=0.07$

则第二台先达到满载，即

$$I_{\mathrm{II}}^{*}=1\qquad I_{\mathrm{I}}^{*}=\frac{0.07}{0.075}=0.9333$$

$$S_{\max}=(6300+0.9333\times5000)\ \mathrm{kV\cdot A}=10966\mathrm{kV\cdot A}$$

$$\frac{S_{\max}}{S_{\mathrm{NI}}+S_{\mathrm{NII}}}=\frac{10966}{5000+6300}=0.97$$

可见，容量小的变压器有较大的阻抗标幺值，可提高并联组的利用率。

4.9　其他用途的变压器

前面介绍的是一般用途的变压器，还有许多特殊用途的变压器。本节主要介绍常用的自耦变压器和仪用互感器的工作原理及特点。

4.9.1　自耦变压器

普通的双绕组变压器的一、二次绕组只有磁的联系而没有电的联系，自耦变压器的特点在于一、二次绕组之间不仅有磁的联系而且有电的联系。如果把一台普通的双绕组变压器的一次绕组和二次绕组串联起来，就成为一台自耦变压器，如图 4-41 所示，这种变压器一、二次侧共用一个绕组，其中低压绕组是高压绕组的一部分。

自耦变压器的工作原理与普通双绕组变压器相似，普通双绕组变压器

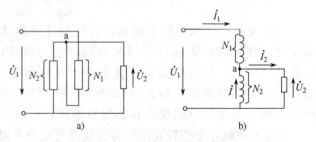

图 4-41　自耦变压器原理图

a) 结构示意图　b) 绕组电路图

的绕组经过适当的改接就成为自耦变压器。设一台普通双绕组变压器的一次和二次绕组匝数

分别为 N_1 和 N_2，额定电压分别为 U_{1N} 和 U_{2N}，额定电流分别为 I_{1N} 和 I_{2N}，电压比为 $K=\dfrac{U_{1N}}{U_{2N}}=\dfrac{N_1}{N_2}$，额定容量为 $S_N=U_{1N}I_{1N}=U_{2N}I_{2N}$。

若将其改接成自耦变压器（如图 4-41 所示），则自耦变压器的电压比为

$$K_a = \frac{N_1 + N_2}{N_2} = K + 1 \tag{7-70}$$

K_a 为自耦变压器的电压比，所以 $K_a>1$。则自耦变压器的容量为

$$S_{Na} = (U_{1N} + U_{2N})I_{1N} = U_{1N}I_{1N} + U_{2N}I_{1N} = S_N + \frac{S_N}{K_a - 1} \tag{7-71}$$

可见自耦变压器的额定容量由两部分组成，一部分为设计容量 $U_{1N}I_{1N}$，是由电磁感应关系传递到二次侧的，也称为感应功率；另一部分是传导容量 $\dfrac{S_N}{K_a-1}=U_{2N}I_{1N}$，是由于一、二次侧有电的联系，由公共部分直接传导到二次侧的功率，这部分功率无需耗费变压器的有效材料。所以自耦变压器有重量轻、价格低以及效率高的优点。

自耦变压器常用于高、低压比较接近的场合，目前在高电压、大容量的输电系统中，自耦变压器连接两个电压等级相近的电力网作联络变压器用；在工厂和实验室中，自耦变压器常用作调压器；此外自耦变压器还可用于异步电动机的起动。

4.9.2 仪用互感器

仪用互感器是一种测量用变压器，又分为电压互感器和电流互感器。在高电压、大电流的电力系统中，为能够对高电压和大电流进行测量，并使测量回路与被测量回路隔开，以保证测量人员的安全，需用电压互感器和电流互感器。

1. 电压互感器

测高电压线路的电压时，为了使用一般的电压表来进行测量，并保证工作人员的安全，在测量高电压时必须使用电压互感器。即用一定电压比的电压互感器将高压变成低压，然后在低压侧接入电压表测量电压，所测电压乘以电压比即为被测电路的高电压。接线如图4-42所示，由于一次侧即被测线路的电压高，二次侧电压低，$N_1>N_2$，且电压表的电压线圈阻抗趋于无穷大，所以电压互感器相当于一台空载运行的减压变压器。

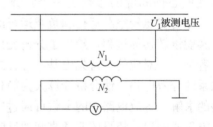

图 4-42　电压互感器接线图

在使用电压互感器时应注意：

1）电压互感器一定要运行于空载状态，二次侧不允许短路，否则会产生很大的短路电流烧毁绕组。

2）为安全起见，二次绕组连同铁心一起，必须可靠接地。

2. 电流互感器

同测量高电压一样当需要测量大电流时，也不能将仪表直接接入被测线路进行测量，而是经过电流互感器将大电流变小后，再用电流表测量，接线如图 4-43 所示。

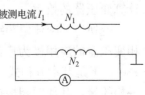

图 4-43　电流互感器接线图

由于一次侧电流大、电压低，二次侧电压高、电流小，则 $N_2 > N_1$，且电流表的电流线圈阻抗很小接近于零，所以电流互感器相当于一台处于短路状态的升压变压器。

在使用电流互感器时应注意：

1）电流互感器一定要运行于短路状态，二次侧不允许开路，否则励磁电流为被测线路大电流，二次绕组中将感应极高电动势，可致绝缘击穿，危及人身安全。

2）为安全起见，二次绕组连同铁心必须可靠接地。

本 章 小 结

变压器是一种变换交流电压等级的电器，其基本工作原理是通过电磁感应作用，或者说利用互感作用将一种电压等级的交流电能转换成同频率的另一种电压等级的交流电能的电器，以满足电能的传输、分配及使用的需要。

磁场是变压器能量转换的媒介，在分析变压器内部的电磁关系时，按照磁通的路径和性质的不同将其分为主磁通和漏磁通两大类，主磁通的路径是经过铁心闭合，且同时交链一、二次绕组，能量正是借助主磁通从一次侧传递到二次侧，所以主磁通在变压器中起能量传递的媒介作用；而漏磁通的路径是经过空气隙闭合，且仅交链本身绕组并产生漏抗压降，这部分磁通不参与能量的传递。在表征主磁通和漏磁通的电磁效应时推出了电路参数，表征主磁通的电路参数为励磁阻抗用 Z_m 表示，而表征漏磁通的电路参数为漏电抗用 $X_{1\sigma}$ 和 $X_{2\sigma}$ 分别表示变压器一、二次侧漏磁通的电磁效应，原因是漏磁通不经过铁心没有铁心损耗，所以仅仅用一个电抗来表征，而主磁通经过铁心并在其内交变必然有铁心损耗，所以引入阻抗来表征，其中用励磁电阻 R_m 表征铁心损耗，励磁电抗 X_m 表征磁化性能。励磁阻抗受磁路饱和度的影响是一个变量，而漏电抗不受铁心饱和度的影响是一个常数。

在对变压器空载运行和负载运行的电磁关系进行分析的基础上，阐明了变压器的工作原理及能量转换的过程，给出了分析变压器的三种方法，即基本方程式、等效电路和相量图，三者是一一对应的。首先由基本方程式经过绕组的归算后，给出了变压器一、二次侧有电的联系的等效电路，使分析计算大为简化；对变压器各种性能的分析和计算都归并到对等效电路的求解；等效电路中的参数可通过空载试验和短路试验求取，而变压器的相量图是根据基本方程式画出，相量图非常直观地反映了变压器中各物理量的大小和它们之间的相互关系，所以借助相量图可用于对变压器进行定性的分析。

变压器的电压变化率和效率是衡量变压器运行性能的两个主要指标，电压变化率反映了变压器负载运行后二次侧端电压的变化程度，即供电电压的稳定性，电压变化率越小，端电压的稳定性越好，电压变化率可根据变压器的参数、负载的性质和大小求出；而变压器的效率表明变压器运行时的经济性，用损耗法求出，即测出变压器的空载损耗和负载损耗后即可计算变压器的效率。

变换三相交流电等级的变压器为三相变压器。目前电力系统均采用三相变压器，因而三相变压器的应用极为广泛。在三相变压器对称运行时，各相电流、电压大小相等，相位差 $120°$，于是基本方程式、相量图、等效电路、参数测定等可直接运用于三相的任一相，求出一相的量，其他两相根据对称关系直接写出。接下来分析三相变压器特有的问题，即三相变压器的电路系统和磁路系统，以及电路系统、磁路系统对电动势波形的影响。在对这些问题进行分析的基础上，给出三相变压器绕组联结组与磁路结构的正确配合，这是学习三相变压器应注意的问题。

在现代电力系统中，采用多台变压器并联运行的方式。变压器并联运行时应该满足三个条件：各台变压器的额定电压和电压比要相等；各台变压器的联结组标号必须相同；各变压器短路阻抗标幺值相等，阻抗角相同。其中第二个条件必须满足。

自耦变压器的特点是一、二次绕组之间不仅有磁的联系而且有电的直接联系。将一台普通的双绕组变压器的一、二次绕组串联起来，就成为一台自耦变压器，自耦变压器的额定容量由两部分组成，一部分为设计容量 $U_{1N}I_{1N}$，是由电磁感应关系传递到二次侧的，另一部分是传导容量 $U_{2N}I_{1N}$，是由于一、二次侧有电的联系，其公共部分直接传导到二次侧的功率，这部分功率无需耗费变压器的有效材料，所以自耦变压器的额定容量大于设计容量，从而具有重量轻、价格低以及效率高的优点。

仪用互感器是一种测量用变压器，用来测量高电压和大电流，使用时要注意：电压互感器一定要运行于空载状态，而电流互感器一定要运行于短路状态，并且二者均须可靠接地。

思 考 题

4-1 简述变压器的工作原理并说明变压器铁心的作用。

4-2 何谓变压器的主磁通，何谓变压器的漏磁通？它们的路径和性质有何不同，在等效电路中是如何表征的？

4-3 在推导变压器的等效电路时，为什么要进行绕组的归算，归算的原则是什么？

4-4 一台 50Hz 的变压器，如接在 60Hz 的电网上运行，额定电压不变，问空载电流、铁损耗及一、二次侧漏电抗将如何变化？

4-5 一台额定电压为 220V/110V 的单相变压器，如果误接到 220V 直流电源上，对变压器将会产生什么后果？是否能达到变压的目的？

4-6 为什么变压器空载时功率因数很低，而负载后功率因数大大提高？

4-7 为什么变压器铁心中的主磁通不随负载的变化而变化？

4-8 为什么变压器的空载损耗可近似认为是铁损耗，而短路损耗可近似认为是铜损耗？

4-9 变压器的 R_K、X_K 各代表什么物理意义？其大小对变压器的运行性能有什么影响？

4-10 变压器一、二次侧没有电的连接，为什么当负载运行时二次侧电流增加，会引起一次侧电流的增加？

4-11 变压器的励磁阻抗和短路阻抗是如何测定的？

4-12 变压器的电压变化率与哪些因素有关？当变压器负载电流保持不变时，其电压变化率将如何随负载的功率因数变化？

4-13 自耦变压器的功率是如何传递的？为什么它的设计容量比额定容量小？

4-14 三相变压器中三次谐波电动势的存在与哪些因素有关？为什么？

4-15 在使用电压互感器和电流互感器时应注意哪些事项？

练 习 题

4-1 一台三相变压器，采用 Yd11 联结组，额定容量 $S_N = 5000\text{kV} \cdot \text{A}$，$U_{1N}/U_{2N} = 10.5\text{kV}/6.3\text{kV}$，求一、二次绕组的额定线电流和额定相电流及电压比。

4-2 设有一台容量为 $10\text{kV} \cdot \text{A}$ 的单相变压器，一、二次侧各有两个绕组，一次侧每个绕组的额定电压为 1100V，二次侧每个绕组的额定电压为 110V，用该变压器进行不同的连接，可得几种不同的电压比，对应的一、二次侧额定电流是多少？

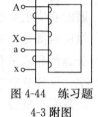

图 4-44 练习题 4-3 附图

4-3 一台单相变压器 $U_{1N}/U_{2N} = 220\text{V}/110\text{V}$，当高压侧加 220V 电压时，空载电流为 I_{10}，主磁通为 Φ，如将 X 与 a 连在一起，在 A 与 x 之间加 330V 电压，则此时空载电流和主磁通为多少（见图 4-44）？

4-4 一台单相变压器，$S_N = 20000\text{kV} \cdot \text{A}$，$U_{1N}/U_{2N} = 127\text{kV}/11\text{kV}$，空载和短路试验数据如下表。

试 验 名 称	线电压/kV	线电流/A	三相功率/kW	备 注
空载试验	11	45.5	47	电压加在低压侧
短路试验	9.24	157.46	129	电压加在高压侧

求：

1）归算到一次侧的励磁参数和短路参数的实际值和标幺值。

2）满载且 $\cos\varphi_2 = 0.8$（滞后）时电压变化率和效率。

4-5 一台三相变压器，采用 Yd 联结，额定容量 $S_N = 100\text{kV} \cdot \text{A}$，$U_{1N}/U_{2N} = 6.3\text{kV}/0.4\text{kV}$，当外加额定电压时，变压器的空载损耗为 $P_0 = 600\text{W}$，空载电流为额定电流的 7%；当短路电流为额定值时，变压器的短路损耗为 $P_K = 1.5\text{kW}$，短路电压为额定电压的 6%。

求：

1）一、二次绕组的额定线电流和额定相电流及电压比。

2）归算到高压侧的励磁参数和漏阻抗的实际值和标幺值。

4-6 在图 4-45 中给出了三相变压器三种不同联结的电路图，试用相量图确定各联结组的标号。

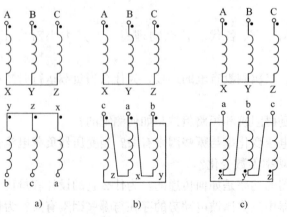

a)   b)   c)

图 4-45 三相变压器绕组联结电路图

4-7 已知变压器联结组的标号分别为 Yd1 和 Yy8，试根据相量图画出绕组联结电路图。

4-8 某工厂由于发展需要用电量由 500kV·A 增加到 800kV·A。原有变压器 $S_N = 560kV·A$，$U_{1N}/U_{2N} = 6.3kV/0.4kV$，采用 Yy0 联结组，$Z_K^* = 0.05$，现有三台备用变压器，其数据如下：

变压器 I：$S_N = 320kV·A$，$U_{1N}/U_{2N} = 6.3kV/0.4kV$，$Z_K^* = 0.05$。

变压器 II：$S_N = 240kV·A$，$U_{1N}/U_{2N} = 6.3kV/0.4kV$，$Z_K^* = 0.055$。

变压器 III：$S_N = 320kV·A$，$U_{1N}/U_{2N} = 6.3kV/0.4kV$，$Z_K^* = 0.055$。

试求：

1）在不允许任何一台变压器过载的情况下，选哪台变压器最合适？

2）如果负载再增加，需要三台变压器并联运行，再加哪一台变压器最合适？并联组的最大容量是多少

4-9 有两台联结组相同、额定电压相同的变压器并联运行，其额定容量分别为 $S_{NI} = 3200kV·A$，$S_{NII} = 5600kV·A$，短路阻抗标幺值为 $Z_{KI}^* = 0.07$，$Z_{KII}^* = 0.075$，不计阻抗角的差别，试计算：

1）第一台满载时，第二台的负载为多少？

2）并联组的最大容量是多少，利用率是多少。

4-10 一台容量为 $5kV·A$，$U_{1N}/U_{2N} = 110V/220V$ 的单相双绕组变压器，改接成 330V/220V 的自耦变压器，求改接后：

1）一、二次侧的额定电流。

2）自耦变压器的额定容量及传导容量。

第 5 章　异步电动机

【内容简介】

本章首先介绍三相异步电动机的基本结构，进而对其核心部件——定子绕组即交流绕组的连接规律进行分析，然后对交流绕组产生的单相磁动势和三相磁动势性质及计算进行分析，用解析法和图解法证明旋转磁场的产生，并给出在该正弦分布的旋转磁场作用下交流绕组感应电动势的分析方法。在此基础上分析三相异步电动机的工作原理及运行状态，重点分析三相异步电动机的基本电磁关系，从而推出三相异步电动机的基本方程式、等效电路和相量图，然后对异步电动机的参数测定和工作特性进行分析，最后简要介绍单相异步电动机。

【本章重点】

三相异步电动机定子绕组的构成；在正弦分布磁场下绕组电动势的计算方法；旋转磁动势与磁场的概念；三相异步电动机的结构和运行原理、转差率的概念及三种运行状态；三相异步电动机的基本方程式、等效电路及工作特性。

【本章难点】

三相异步电动机的定子绕组展开图、旋转磁场的产生、异步电动机的基本电磁关系、等效电路的推出。

5.1　三相异步电动机的结构及额定值

与其他种类的旋转电动机一样，异步电动机主要由静止的定子和运动的转子两大部分组成，定、转子之间有一很小的空气隙。

5.1.1　三相异步电动机的结构

1. 定子

异步电动机的定子由定子铁心、定子绕组和机座三部分组成。机座主要用来支撑定子铁心和固定端盖，因此要求有足够的机械强度和刚度，中小型异步电动机的机座一般用铸铁制成，大型异步电动机的机座多采用钢板焊接而成。

定子铁心是主磁路的一部分，为了减少磁场在定子铁心中产生的磁滞损耗和涡流损耗，铁心由 0.5mm 厚的硅钢片叠成，在定子铁心内圆上有均匀分布的槽，用来嵌放定子绕组，异步电动机的定、转子冲片如图 5-1 所示。定子铁心采用的槽形主要有：半闭口槽、半开口槽和开口槽，如图

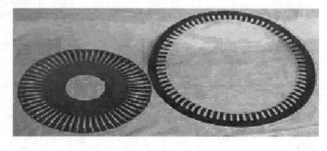

图 5-1　异步电动机定、转子冲片

160

5-2所示。从提高效率和功率因数的角度看,半闭口槽最好,因为它可以减少气隙磁阻,使产生一定磁通量的磁场所需的励磁电流最小,但绕组的绝缘和嵌线工艺比较复杂,只用于低压中小型异步电动机中。对于中型异步电动机,通常采用半开口槽(500V以下);对于高压中型和大型异步电动机,一般采用开口槽,以便嵌放预制成形的线圈。

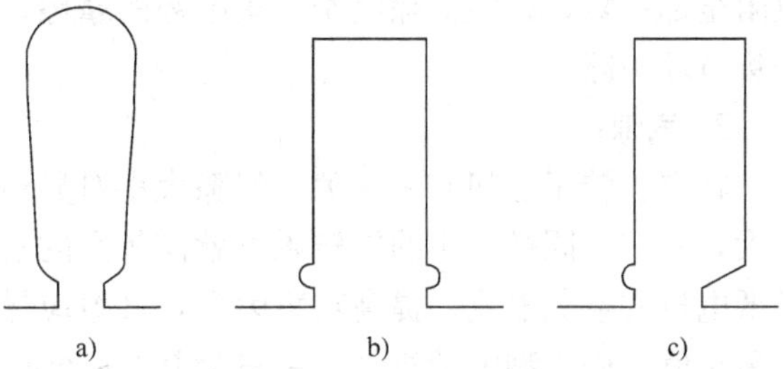

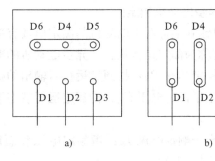

图 5-2　异步电动机的定子槽形
a) 半闭口槽　b) 开口槽　c) 半开口槽

定子绕组是电动机的电路部分,定子三相绕组对称地放置在定子铁心槽内,绕组分单层和双层两种形式,绕组与铁心之间有槽绝缘,双层绕组的上、下两层导体之间有层间绝缘。其绕组的连接规律将在下一节中介绍。三相定子绕组可接成星形或角形,图 5-3 所示为两种连接形式对应的接线板示意图,图中 D1、D4 分别为 A 相绕组的首端和末端,D2、D5 分别为 B 相绕组的首端和末端,D3、D6 分别为 C 相绕组的首端和末端。

图 5-3　异步电动机接线板
a) 星接　b) 角接

2. 转子

转子由转子铁心、转子绕组和转轴组成。

转子铁心也是电机磁路的一部分,由 0.5mm 厚的硅钢片叠成,转子铁心固定在转轴或转子支架上,转子铁心呈圆柱形,在铁心外圆冲有均匀分布的槽,槽内放置转子绕组。转子绕组也是电路的一部分,按照转子绕组形式的不同,异步电动机分笼型和绕线转子两种。

图 5-4 所示为笼型转子,采用离心铸铝或压力铸铝工艺,将熔化的铝注入转子槽内,导条、端环和风扇在同一工序中铸出,铸铝式转子结构简单、制造方便,应用非常广泛。笼型转子绕组自成闭合回路,若去掉铁心,转子绕组的外形好像一只"鼠笼",所以称为笼型异步电动机。

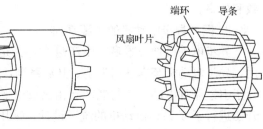

图 5-4　笼型转子

绕线转子绕组和定子绕组相似,在转子槽内嵌有三相对称绕组,通过集电环和电刷与外部接通,如图 5-5 所示,可以在转子绕组中接入外加电阻以改善电动机的起动和调速性能,在正常运行时三相绕组短路。此种结构较笼型复杂,只用于起动性能要求较高和需调速的场合。在大、中型绕线转子电动机中,还装有提刷装置,在起动完毕且又不需要调节转速的情况下,外接的附加

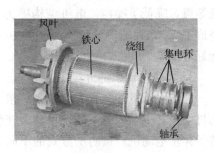

图 5-5　绕线转子

电阻全部切除,以便消除电刷与集电环的摩擦,提高运行的可靠性,在提起电刷的同时将三个集电环短路。

3. 气隙

在定、转子之间有一气隙,气隙大小对异步电动机的性能有很大的影响。气隙大,则磁阻大,要产生同样大小的旋转磁场就需较大的励磁电流。励磁电流基本上是无功电流,为了降低电机的空载电流、提高功率因数,气隙应尽量小。一般气隙长度应为机械上所容许达到的最小值,中小型电动机气隙一般为 $0.2\sim2mm$。

5.1.2 三相异步电动机额定值及主要系列

1. 异步电动机额定值

电机铭牌上标明了电动机的额定值及有关技术数据。电动机在铭牌所规定的条件和额定值下运行称为额定运行状态。异步电动机的额定值及有关技术数据主要有:

1)额定功率 P_N:指额定运行时输出的机械功率,单位为瓦(W)或千瓦(kW)。

2)定子额定电压 U_N:指额定运行状态下定子绕组应加的线电压,单位为伏(V)或千伏(kV)。

3)定子额定电流 I_N:指额定电压和额定功率下运行时的定子绕组线电流,单位为安(A)或千安(kA)。

4)额定频率 f_N:指电动机供电电压的频率。我国规定工频为 50 赫(Hz)。

5)额定转速 n_N:指电机额定运行时的转速,单位为转/分(r/min)。

除此以外,还标出额定运行状态下的功率因数、效率、相数、接线方式和温升等。对绕线转子电动机,还应标出定子外加额定电压时的转子开路电压和转子额定电流等。

对于三相异步电动机,额定功率为

$$P_N = \sqrt{3}U_N I_N \cos\varphi_N \eta_N$$

额定功率指额定运行时电动机的输出功率,式中,$\cos\varphi_N$、η_N 分别为额定运行时的功率因数和效率。

2. 国产异步电动机的主要系列

异步电动机种类繁多、生产量大。为适应不同性质负载的需要,按系列生产供用户选用,异步电动机基本系列为 J_2、JO_2 系列,采用了 E 级绝缘;1971 年对该系列进行改造设计了 JO_3 系列电动机,与老产品相比重量平均减轻 25.2%,起动转矩提高 34.5%;1979 年开始进行了 Y 系列电动机的统一设计,采用 B 级绝缘,性能良好,运行可靠;20 世纪 90 年代,又设计了替代 Y 系列电动机的 Y_2 系列,与 Y 系列相比,Y_2 系列提高了防护等级和绝缘等级,降低了噪声,电机结构更为合理,安装尺寸及功率等级符合 IEC 标准;目前已经完成了 Y_3 系列的设计,Y_3 系列电机全部采用冷轧硅钢片,具有效率高、噪声低以及起动性能好等优点。

3. 异步电动机的分类

异步电动机的分类方法很多。按定子相数的不同,可分为单相异步电动机和三相异步电动机;按转子结构的不同,可分为笼型(普通鼠笼、深槽鼠笼、双鼠笼)异步电动机和绕线转子异步电动机;按防护方式的不同,可分为开启式、封闭式和防爆式等;按电机容量的大小,可分为微型、小型、中型和大型。

5.2 异步电动机的定子绕组

三相异步电动机绕组的功能和直流电动机绕组的功能相同，它是进行机电能量转换的关键部件，绕组构成了电机的电路部分。异步电动机中所发生的电磁过程均与绕组有关，所以要分析异步电动机的原理和运行，必须先对异步电动机定子绕组即交流绕组的构成和连接规律有基本的了解。

5.2.1 交流绕组的构成原则及分类

交流绕组是将属于同一相的导体串联起来绕成线圈，再按一定规律将线圈串联或并联起来，连接槽中有效导体的两端连接部分称为端接部分。交流绕组一般为三相，各相绕组都有自己的首端和末端，以便于连接成星形或角形接法。一般用字母 a、b 和 c 分别表示三相绕组的首端，用 x、y 和 z 分别表示三相绕组的末端。将 x、y、z 接在一起作为中点，即为星形连接法；将 x 与 b 相接，y 与 c 相接，z 与 a 相接即为角形连接法。

虽然交流绕组的形式各不相同，但它们的构成原则基本相同，即：

1）电动势和磁动势波形要接近正弦波，在一定导体数下力求获得较大基波电动势和基波磁动势。为此要求电动势和磁动势中谐波分量尽可能小。

2）三相绕组的电动势、磁动势必须对称，电阻、电抗要平衡。

3）绕组铜损耗小，用铜量少。

4）绕组的绝缘可靠，机械强度高，散热条件要好，制造方便。

交流绕组采用分布放置并有多种分类方法。按相数分，可分为单相、两相、三相和多相绕组；按槽内层数分，可分单层、双层、单双层和混合绕组，双层绕组又分为叠绕组和波绕组，单层绕组又分为交叉式、同心式和链式等；按每极每相槽数分，可分为整数槽和分数槽绕组。

对于小型异步电动机一般采用单层绕组，对大、中型异步电动机采用双层绕组，因为它能较好地满足上述要求。

5.2.2 交流绕组的基本知识

在介绍绕组连接方法之前，首先介绍一些绕组的基本知识。

（1）电角度与机械角度

电动机圆周在几何上分为 $360°$，这个角度称为机械角度。若磁场在空间按正弦波分布，则经过一对极后，磁场变化一个周期即定义为 $360°$ 电角度。若电机有 p 对极，则

$$电角度 = p \times 机械角度$$

（2）线圈

组成交流绕组的基本单元是线圈。线圈由一匝或多匝组成，两个引出端，一个首端，一个末端。图 5-6a 所示为叠绕组线圈，图 5-6b 所示波绕组线圈。

（3）极距

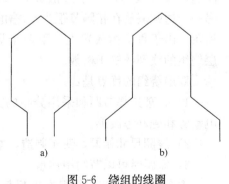

a)   b)

图 5-6 绕组的线圈

a）叠绕组线圈 b）波绕组线圈

相邻两磁极对应位置两点之间的距离称为极距，若用定子槽数表示，有

$$\tau = \frac{Q}{2p} \qquad (5\text{-}1)$$

式中　　Q——定子槽数。

　　　　p——极对数。

（4）节距

线圈两导体边所跨定子圆周上的距离称为节距，用 y_1 表示，y_1 应接近极距 τ。$y_1 < \tau$ 称为短距，$y_1 > \tau$ 称为长距，$y_1 = \tau$ 称为整距。

（5）槽距角

相邻两槽之间的距离用电角度表示时，称为槽距角，用 α 表示。由于整个电枢圆周为 360°机械角度，用电角度计算时，一对极距范围就等于 360°电角度，当电机有 p 对极时，电枢圆周应为 $p \times 360$°电角度，因此用电角度表示时槽距角为

$$\alpha = \frac{p \times 360^\circ}{Q} \qquad (5\text{-}2)$$

（6）相带

为了使绕组对称，通常令每个极下每相绕组所占的范围相等，这个范围称为相带。由于一个极对应 180°电角度，共 m 相，每个相带宽度为 180°$/m$，三相电机在每极下每相应占有 60°电角度，按 60°相带排列的绕组称为 60°相带绕组。若把每对极的范围分为三部分，每相占 1/3，即 120°相带。为了使每相绕组产生最大电动势，通常采用 60°相带。

（7）每极每相槽数

每相在每极下应占有相等的槽数，即表示每个相带所占有的槽数称为每极每相槽数。用 q 表示

$$q = \frac{Q}{2pm} \qquad (5\text{-}3)$$

5.2.3　三相双层绕组

交流绕组一般采用双层短距绕组，因为它能较好地满足前述对交流绕组的基本要求。本节介绍三相双层绕组的特点及连接规律。

1. 三相双层绕组的特点

双层绕组的特点是每一个槽内有上、下两个线圈边，每个线圈的一个边嵌放在某一个槽的上层，另一个边则嵌放在相隔节距为 y_1 槽的下层，如图5-7 所示。由于每槽内放置上、下两个导体边，所以双层绕组的线圈数等于槽数。

双层绕组的优点是：

1）合理选择节距和采用分布的方法，可以改善电动势和磁动势波形。

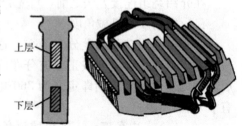

图 5-7　双层绕组

2）线圈尺寸相同，便于制造，端部形状排列整齐，有利于散热和增加机械强度。

3）短距时可以节约用铜量。

图 5-7 所示为双层绕组在电机槽内的分布情况，如线圈的一个导体边放在某个槽的上

层，则另一个导体边应放在相隔一定距离的槽的下层，每个槽里分别放置上、下两个导体边。

2. 槽电动势星形图和相带划分

当把各槽内导体按正弦规律变化的感应电动势分别用矢量表示时，这些矢量构成一个辐射星形图，称为槽电动势星形图。槽电动势星形图可以清晰地表示各槽内导体电动势的相位关系，据此可以进行相带的划分和绘制绕组展开图。下面以一台 4 极、36 槽的三相异步电动机为例，说明槽电动势星形图的绘制和相带的划分。

（1）绘制槽电动势星形图

根据已知数据，求得每极每相槽数 q 和槽距角 α 分别为

$$q = \frac{Q}{2pm} = \frac{36}{4 \times 3} = 3$$

$$\alpha = \frac{p \times 360^\circ}{Q} = \frac{2 \times 360^\circ}{36} = 20^\circ$$

因各槽在空间互差 20° 电角度，所以相邻槽中导体感应电动势在时间上相差 20° 电角度。在图 5-8 中，如 1 号槽相位角设为 0°，则 2 号槽导体电动势滞后于 1 号槽 20°，依此类推，一直到 18 号槽滞后 1 号槽 360°，经过了一对极，在槽电动势星形图上正好转过一周。19 号槽与 1 号槽完全重合，因为它们在磁极下处于相对应的位置，所以它们的感应电动势同相位。从 19 号至 36 号槽，又经过了一对极，在槽电动势星形图上又转过一周，如图 5-8a 所示。一般地，对于每极每相整数槽绕组，如电机有 p 对极，则有 p 个重叠的槽电动势星形图。

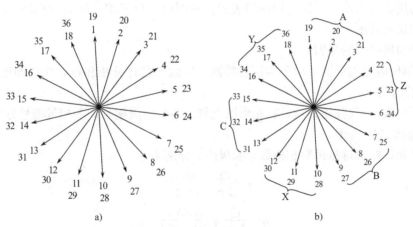

图 5-8　槽电动势星形图及相带划分
a）槽电动势星形图　b）相带划分

（2）划分相带

根据前述相带的定义，三相电动机在每极下每相应占有 60° 电角度，其相带划分如图 5-8b 所示，以 A 相为例，因为 $q = 3$，A 相在每极下应占有 3 个槽，整个定子中 A 相共有 12 个槽，在第一个 N 极下取 1、2、3 三个槽作为 A 相带，在第一个 S 极下取 10、11、12 三个槽作为 X 相带，而 10、11、12 三个槽分别与 1、2、3 三个槽相差一个极距，即相差 180° 电角度，这两个线圈组（极相组）反接以后合成电动势代数相加，其合成电动势最大，所以将 1、2、3 三个槽作为 A 相的正相带用 A 表示，而 10、11、12 三个槽作为 A

相的负相带即用 X 表示。由图 5-8 可见，19、20、21 三个槽与 1、2、3 三个槽分别重合，它们感应的电动势同相位，而 28、29、30 三个槽与 10、11、12 三个槽分别重合，它们感应的电动势同相位，所以将 19、20、21 和 28、29、30 也划为 A 相，19、20、21 作为 A 相的正相带，28、29、30 作为 A 相的负相带。然后将这些槽里的线圈按一定规律连接起来，即得 A 相绕组。

同理，确定 B、Y 相带和 C、Z 相带，其相带划分见表 5-1。

表 5-1　各个相带槽号分布

相　　带	A	Z	B	X	C	Y
第一对极	1、2、3	4、5、6	7、8、9	10、11、12	13、14、15	16、17、18
第二对极	19、20、21	22、23、24	25、26、27	28、29、30	31、32、33	34、35、36

3. 三相双层绕组展开图

绘制绕组展开图是根据星形图上分相的结果，将属于各相的导体按一定规律连接起来，组成对称三相绕组。

根据线圈的形状和连接规律的不同，双层绕组又分为叠绕组和波绕组两类，本节仅介绍双层叠绕组。

任意两个相邻的线圈都是后一个叠在前一个上面的，然后将属于同一相的相邻线圈连接起来，再按照一定的连接法构成三相绕组称为叠绕组。绘制展开图时将电枢沿轴向剖开展成一平面，各线圈从左至右依次编号分布，编号原则是线圈与线圈的上层边所在的槽为同一号码，上层边用实线表示，下层边用虚线表示。下面以一台三相 4 极 36 槽异步电动机为例绘制双层叠绕组展开图。

绘制绕组展开图的步骤是：

1）绘制槽电势星形图。由于本例的槽数、极数与前述分析相同，所以槽电动势星形图与图 5-8 相同。

2）划分相带。划分相带就是在星形图上划分各相所属槽号，各相带槽号分布见表 5-1。

3）绘制绕组展开图。

根据已知数据求得每极每相槽数 q 和极距 τ 分别为

$$\tau = \frac{Q}{2p} = \frac{36}{2 \times 2} = 9$$

$$q = \frac{Q}{2pm} = \frac{36}{2 \times 2 \times 2} = 3$$

因为极距为 9，为了改善电动势波形及节省材料，通常采用短距绕组，按 $y_1 = 8$ 绘制双层叠绕组展开图。

先将电动机定子沿轴向切开，并把它展平，这样电动机定子的 36 个槽分布在一个平面上，如图 5-9 所示，以 A 相为例，1 号线圈的上层边放在 1 号槽中用实线表示，另一个边为下层边用虚线表示并放在相隔 $y_1 = 8$ 的 9 号槽中，同理 2 号线圈的上层边放在 2 号槽中用实线表示，另一个边为下层边用虚线表示并放在相隔 $y_1 = 8$ 的 10 号槽中，3 号线圈的上层边放在 3 号槽中用实线表示，另一个边为下层边用虚线表示并放在相隔 $y_1 = 8$ 的 11 号槽中，将三个线圈串联在一起（线圈 1 的末端与线圈 2 的首端接在一起，余类推）得到一个线圈组。类似地将其他极下属于 A 相的 10、11、12；19、20、21 以及 28、29、

30 分别串联起来构成另外三个线圈组，这样 A 相共有 4 个线圈组（也称为极相组），如图 5-9 所示。

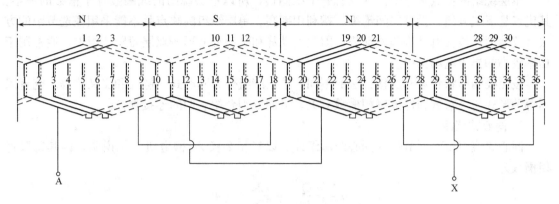

图 5-9 双层叠绕组 A 相展开图

在叠绕组中，每一个线圈组内的线圈是依次串联的，不同磁极下的各个线圈组之间视具体需要既可串联也可并联。由于 N 极下线圈组的电动势和电流方向与 S 极下线圈组的相反，串联时应把线圈组 A 和线圈组 X 反向串联，即尾尾相连，首首相连，如图 5-9 所示。图5-10 所示为不同并联支路时的叠绕组连接方式，其中图 5-10a 对应展开图 5-9 表示 12 个线圈构成一路串联，并联支路数 $a=1$；也可连接成 $a=2$，如图 5-10b 所示。由于每相的线圈组数等于极数，所以双层叠绕组的最多并联支路数等于 $2p$，所以也可连接成 $a=4$，但 $2p$ 必须是支路数 a 的整数倍。

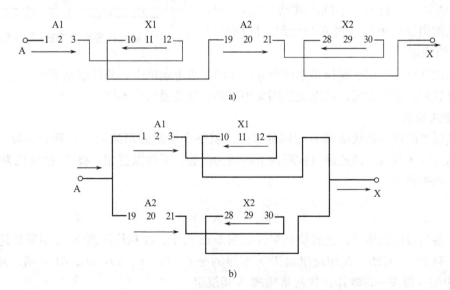

图 5-10 不同并联支路时的叠绕组连接方式
a）一条并联支路 b）两条并联支路

叠绕组的优点是短距时能节省端部用铜及得到较多的并联支路，缺点是由于极相组间连接线较长，在极相组较多时浪费铜材。主要用在 10kW 以上的中、小型同步电动机和异步电动机的定子绕组中。

5.2.4 三相单层绕组

单层绕组的特点是每个槽内只有一个线圈边，所以单层绕组的线圈数等于槽数的一半。其优点是下线方便、没有层间绝缘、槽利用率高。单层绕组的缺点是不能采用任选节距的方法有效地削弱谐波电动势和磁动势，因此电动势和磁动势波形较双层短距绕组差，通常用于功率较小的异步电动机中。

按照线圈形状和端部连接方法的不同，单层绕组分为同心式、链式和交叉式等。究竟采用哪种形式与极对数和每极每相槽数有关。下面分别介绍它们的连接规律。

1. 同心式绕组

同心式绕组由不同节距的同心线圈组成。以三相 2 极 24 槽电机为例说明，因其每极每相槽数为

$$q = \frac{Q}{2pm} = \frac{24}{2 \times 3} = 4$$

确定各相带内的槽号，如同心式绕组展开图 5-11 所示。A 相绕组属于 A 相带的是 23、24、1 和 2 号槽，A 相绕组属于 X 相带的是 11、12、13 和 14 号槽。然后将这 8 个槽中的线圈按一定规律连接起来构成 A 相绕组。

其连接规律为：将 1 与 12 连接构成一个大线圈，将 2 与 11 连接构成一个小线圈，这两个线圈串联组成一个同心式线圈组；再将 13 与 24 连接，14 与 23 连接，组成另一个同心式线圈组，最后将两个线圈组反向串联得到 A 相绕组。同理可得到 B、C 两相绕组。

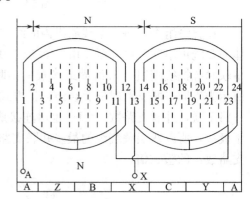

图 5-11 同心式绕组展开图（$2p=2$, $Q=24$）

同心式绕组主要用于每极每相槽数 $q = 4$ 的异步电动机中，其优点是下线方便、端部不重叠、散热好、便于布置；缺点是线圈大小不等、绕线模尺寸不同。

2. 链式绕组

链式绕组的特点是线圈具有相同的节距。就整个绕组外形来看，一环套一环，形如长链，故称为链式绕组。链式绕组线圈的节距恒为奇数。下面以三相 6 极 36 槽电机为例说明。其每极每相槽数为

$$q = \frac{Q}{2pm} = \frac{36}{2 \times 3 \times 3} = 2$$

确定各相带内的槽号，链式绕组展开如图 5-12 所示。A 相绕组属于 A 相带的是 36、1，12、13，24 和 25 号槽，A 相绕组属于 X 相带的是 6、7，18、19，30、31 号槽。然后将这 12 个槽中的线圈按一定规律连接起来构成 A 相绕组。

其连接规律为将 1 与 6 连、7 与 12 连、13 与 18 连、19 与 24 连、25 与 30 连以及 31 与 36 连，得到 6 个线圈，每个线圈节距相等，然后用极间连线按相邻极下电流方向相反的原则将 6 个线圈反向串联，即尾与尾连，首与首相连，得 A 相绕组。同理可得到 B、C 两相绕组。

链式绕组的优点是每个线圈的大小相同，制造方便，线圈采用短距节省端部用铜。链式

绕组主要应用于每极每相槽数 q 为偶数的小型 4、6 极异步电动机中。如 q 为奇数,则一个相带内的槽数无法均分为二,必然出现一边多、一边少的情况,因而线圈的节距不会相同,此时采用交叉式绕组。

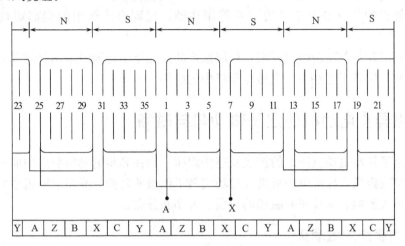

图 5-12　链式绕组展开图（$2p=6$，$Q=36$）

3. 交叉式绕组

交叉式绕组主要用于 q 为奇数的小型 4、6 极三相异步电动机中,采用不等距线圈。下面以三相 4 极 36 槽电机为例进行说明,其每极每相槽数为

$$q=\frac{Q}{2pm}=\frac{36}{2\times 2\times 3}=3$$

确定各相带内的槽号,交叉式绕组展开如图 5-13 所示。A 相绕组属于 A 相带的是 35、36、1、17、18 和 19 号槽,A 相绕组属于 X 相带的是 8、9、10,26、27 和 28 号槽。然后将这 12 个槽中的线圈按一定规律连接起来构成 A 相绕组。

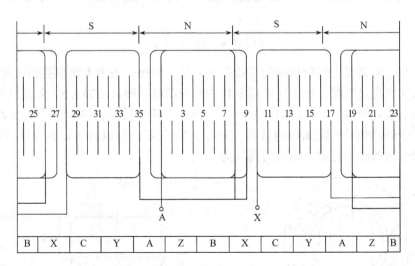

图 5-13　交叉式绕组展开图（$2p=4$，$Q=36$）

其连接规律为将 36 与 8 相连,1 与 9 相连,组成两个节距为 8 的大线圈,10 与 17 相连组成一个节距为 7 的小线圈,同样地将 18 与 26 相连,19 与 27 相连,组成两个节距为 8 的

大线圈，28 与 35 相连组成一个节距为 7 的小线圈，最后将这 6 个线圈按照两个大线圈一个小线圈，两个大线圈一个小线圈构成交叉布置，大线圈与小线圈之间反向串联，即尾与尾相连，首与首相连，得 A 相绕组。同理可得到 B、C 两相绕组。

交叉式绕组的优点是由于采用了不等距线圈，比同心式绕组的端部短且省铜，便于布置。

以上介绍了几种单层绕组展开图，单层绕组的缺点是不能同时采用分布和短距的方法有效地削弱谐波，妨碍了它在中、大型电动机中的应用。

5.3 三相异步电动机的定子磁动势与磁场

上节介绍了异步电动机绕组的构成及连接规律，当在异步电动机绕组中通入交流电后就会产生磁动势及磁场，异步电动机借助磁场实现了能量的转换，异步电动机中的磁场对电机的运行有着重大影响。本节研究磁场的性质、大小和分布。

5.3.1 单相绕组的磁动势

因组成单相绕组的基本单元是线圈，所以在分析单相绕组产生的磁动势时，先从分析一个线圈的磁动势入手，进而分析一个线圈组的磁动势，最后推出一相绕组产生的磁动势。

在分析单相绕组的磁动势时为简化分析，忽略铁心中的磁压降，认为所有磁动势都消耗在气隙上；定、转子间气隙均匀且忽略由于齿槽引起的气隙磁阻变化；槽内电流集中在槽中心处。

1. 整距线圈的磁动势

图 5-14 所示为一台两极电机，定子上有一整距线圈 AX，线圈匝数为 N_c。当通入交流电 i_c 时，瞬间电流方向如图所示，由右手定则决定磁场方向，磁力线分布如图所示，因而建立了一个两极磁场。根据安培环路定理，任何一闭合回路的磁动势等于它所包围的电流数，即

$$\oint \vec{H} d\vec{l} = \Sigma i = N_c i_c \tag{5-4}$$

可以看出，每条磁力线所包围的匝数都是 $i_c N_c$。因每一条磁力线都要经过定子铁心和转子铁心并且两次穿过气隙，如不计铁磁材料中的磁压降，则磁动势 $i_c N_c$ 全部消耗在气隙中，称为气隙磁动势，经过一次气隙消耗一半，如将磁力线出转子、进定子作为磁动势正方向，则可画出定子磁动势沿气隙圆周的分布，如图 5-15 所示。可以看出，整距线圈在气隙内形成一个矩形分布的磁动势波。矩形的高度为

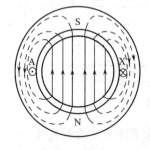

图 5-14 整距线圈产生的磁场

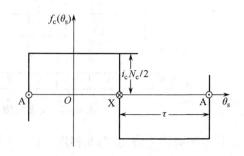

图 5-15 整距线圈产生的磁动势

$$F_c = \frac{N_c i_c}{2} \tag{5-5}$$

磁动势的分布可表示为

$$\begin{cases} f_c(\theta_s) = \dfrac{N_c i_c}{2}, & -\dfrac{\pi}{2} \leqslant \theta_s \leqslant \dfrac{\pi}{2} \\[2mm] f_c(\theta_s) = -\dfrac{N_c i_c}{2}, & \dfrac{\pi}{2} \leqslant \theta_s \leqslant \dfrac{3\pi}{2} \end{cases} \tag{5-6}$$

因交流绕组中通入的电流 i_c 是交变电流,假设其随时间按余弦规律变化,即

$$i_c = \sqrt{2} I_c \cos\omega t \tag{5-7}$$

矩形的高度是时间的函数。当 $\omega t = 0$ 时,i_c 达到最大值,矩形高度达到最大值 $F_{cmax} = \dfrac{\sqrt{2}}{2} N_c I_c$;当 $\omega t = \pi/2$ 时,$i_c = 0$,矩形波高度为零;当电流变为负值时,两个矩形波的高度跟着变号,正变负、负变正。这种空间位置固定不变,但幅值的大小随时间变化的磁动势称为脉振磁动势。

将上述的矩形分布的脉振磁动势应用傅里叶级数进行分解,得

$$f_c(\theta_s) = F_{c1}\cos\theta_s + F_{c3}\cos 3\theta_s + F_{c5}\cos 5\theta_s + \cdots \tag{5-8}$$

可以看出,该磁动势波分解为基波和一系列奇次谐波,其中基波磁动势的幅值是矩形波高度的 $4/\pi$ 倍,ν 次谐波的幅值是基波的 $1/\nu$ 倍。基波磁动势为

$$f_{c1} = \frac{4}{\pi}\frac{\sqrt{2}N_c}{2}I_c\cos\theta_s\cos\omega t = F_{c1}\cos\theta_s\cos\omega t \tag{5-9}$$

式中 $f_{c1} = \dfrac{4}{\pi}\dfrac{\sqrt{2}N_c}{2}I_c = 0.9N_c I_c$ ——基波磁动势的幅值,是矩形波幅值的 $\dfrac{4}{\pi}$ 倍。

ν 次谐波磁动势为

$$f_{c\nu} = \frac{1}{\nu}\frac{4}{\pi}\frac{\sqrt{2}N_c}{2}I_c\cos\nu\theta_s\cos\omega t = F_{c\nu}\cos\nu\theta_s\cos\omega t$$
$$\tag{5-10}$$

式中,$F_{c\nu} = \dfrac{1}{\nu}F_{c1}$ 为 ν 次谐波磁动势的幅值。

2. 整距线圈组的磁动势

整距线圈组是由若干个节距相等、匝数相同且依次沿定子圆周错开同一角度的整距线圈串联而成的。由上述单个整距线圈磁动势,很容易推出整距线圈组的磁动势。

如图 5-16 所示为一个 $q = 3$ 的整距线圈组产生的磁动势。每个整距线圈产生的磁动势都是一个矩形波,三个矩形波互差 α 电角度,将各矩形波逐点相加后得到线圈组的合成磁动势为一个阶梯波,如图 5-16a 所示。应用傅里叶级数将各整距线圈的矩形波进行分解,得到基波及一系列谐波,图 5-16b 中曲线 1、2 和 3 分别为三个整距线圈分解出的基波磁动势,其幅值相等在空间互差 α 电角度,将三个基波逐点相加,便可得

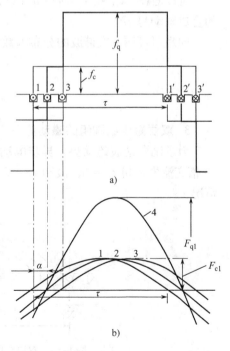

图 5-16 整距线圈分布绕组的磁动势
a) 合成磁动势波 b) 合成磁动势的基波

171

到线圈组的基波合成磁动势如图 5-16b 中曲线 4 所示，仍为一正弦波。

q 个线圈磁动势矢量相加后构成了正多边形的一部分，如图 5-17 所示，设 R 为该正多边形的外接圆半径，根据几何关系，正多边形每个边所对应的圆心角等于两个相量之间的夹角 α，q 个线圈的合成磁动势的有效值为

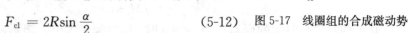

$$F_{q1} = 2R\sin\frac{q\alpha}{2} \qquad (5\text{-}11)$$

外接圆半径 R 与每个线圈磁势 F_{c1} 之间存在下列关系

$$F_{c1} = 2R\sin\frac{\alpha}{2} \qquad (5\text{-}12)$$

图 5-17　线圈组的合成磁动势

q 个线圈磁动势的代数和为 $F_{q1(代数和)} = qF_{c1} = q2R\sin\frac{\alpha}{2}$，所以

$$\frac{F_{q1}}{F_{q1(代数和)}} = \frac{2R\sin\frac{q\alpha}{2}}{2qR\sin\frac{\alpha}{2}} = \frac{\sin\frac{q\alpha}{2}}{q\sin\frac{\alpha}{2}} = k_{d1} \qquad (5\text{-}13)$$

则

$$F_{q1} = qF_{c1}k_{d1} = 0.9N_c I_c q k_{d1} \qquad (5\text{-}14)$$

$$k_{d1} = \frac{\sin\frac{q\alpha}{2}}{q\sin\frac{\alpha}{2}} \qquad (5\text{-}15)$$

式中　k_{d1} ——基波分布因数。

可以看出，$k_{d1} < 1$。所以 q 个线圈分布在不同槽内，使其合成磁动势小于 q 个集中线圈的合成磁动势 qF_{c1}。

同理可证明 ν 次谐波的分布因数为

$$k_{d\nu} = \frac{\sin\nu\frac{q\alpha}{2}}{q\sin\nu\frac{\alpha}{2}} \qquad (5\text{-}16)$$

3. 双层短距线圈组的磁动势

为了削弱谐波磁动势，异步电动机定子往往采用双层短距绕组，图 5-18 所示为一 2 极 18 槽交流电动机 $q = 3$、极距 $\tau = 9$、线圈节距 $y_1 = 8$ 的双层短距绕组在定子槽内的分布情况。

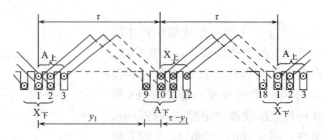

图 5-18　双层短距绕组一相的线圈组在定子槽内的分布

因磁动势的大小及波形仅取决于槽内线圈边的分布及导体中电流的大小和方向，而与线

圈边之间的连接次序无关。将图 5-18 所示的双层短距线圈分布图中的短距线圈组的上层边看作一组 $q = 3$ 的单层整距分布绕组，再将短距线圈组的下层边看作是另一组 $q = 3$ 的单层整距分布绕组，如图 5-19a 所示。这样，上、下层磁动势的幅值相等，空间上错开 β 电角度，此角度等于线圈节距缩短的角度，即 $\beta = \dfrac{\tau - y_1}{\tau} \times 180°$，所以这两个整距线圈组产生的基波磁动势在空间相位上彼此错开 β 电角度，如图 5-19b 所示，曲线 1 和 2 分别为上层和下层整距线圈组的基波磁动势，且幅值相等，逐点相加后得到双层短距线圈组的基波磁动势如曲线 3 所示，如双层绕组采用整距时，上、下层绕组相互重叠，$\beta = 0$。

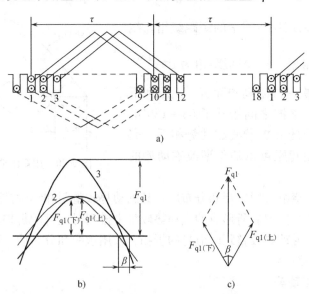

图 5-19 双层短距分布线圈组的磁动势

a) 等效的整距线圈组 b) 上、下层基波磁动势的波形 c) 矢量和求基波合成磁动势

若采用短距，按照矢量和进行计算，由图 5-19c 可知

$$F_{q1} = 2F_{q1(上)}\cos\frac{\beta}{2} = 2F_{q1(上)}k_{p1} = 0.9I_c(2N_cq)k_{d1}k_{p1}$$

$$k_{p1} = \cos\frac{\beta}{2} = \cos\left(1 - \frac{y_1}{\tau}\right)90° = \sin\frac{y_1}{\tau}90°$$

$$k_{p1} = \sin\frac{y_1}{\tau}90°, \quad k_{w1} = k_{p1}k_{d1} \tag{5-17}$$

式中　k_{p1}——基波短距因数；

　　　k_{w1}——基波绕组因数。

同理可证明 ν 次谐波的短距因数 $k_{p\nu}$ 及 ν 次谐波的绕组因数 $k_{w\nu}$ 分别为

$$k_{p\nu} = \sin\nu\frac{y_1}{\tau}90°, \quad k_{w\nu} = k_{p\nu}k_{d\nu} \tag{5-18}$$

由 $k_{p\nu} = \sin\nu\dfrac{y_1}{\tau}90°$ 可见，适当选择线圈节距可使 $k_{p\nu} = 0$，即可完全消除 ν 次谐波的磁动势。如要消除 ν 次谐波，只要使 $k_{p\nu} = \sin\nu\dfrac{y_1}{\tau}90° = 0$ 即可，即 $\nu\dfrac{y_1}{\tau}90° = k \times 180°$ 或 $y_1 = \dfrac{2k}{\nu}\tau$，（$k = 1, 2, \cdots$，可为任意整数）。为保证产生较大电动势则应选尽可能接近整距的短距，即

$2k = \nu - 1$，线圈节距为

$$y_1 = \left(1 - \frac{1}{\nu}\right)\tau = \tau - \frac{\tau}{\nu} \tag{5-19}$$

上式表明，要消除 ν 次谐波，只要选用比整距短 $\frac{\tau}{\nu}$ 的线圈即可。如要消除五次谐波，取

$$y_1 = \left(1 - \frac{1}{5}\right)\tau = \frac{4}{5}\tau, \; k_{p5} = \sin5\frac{\frac{4}{5}\tau}{\tau} \times 90° = 0$$

图 5-20 所示为采用 $y_1 = \frac{4}{5}\tau$ 的短距绕组，线圈的节距比整距时缩短 $\frac{1}{5}\tau$，即短距角为 $\beta = \frac{180°}{5} = 36°$ 电角度，对五次谐波磁动势而言，上层和下层单层整距绕组五次谐波之间错开了 $5\beta = 180°$ 电角度，因此上、下层的五次谐波磁动势相反，完全抵消，这就是采用短距可以消除谐波磁动势的实质。

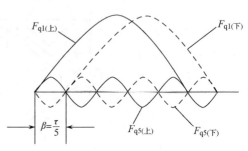

图 5-20 用短距消除五次谐波磁动势

综合以上分析，绕组采用短距和分布后，其磁动势较整距和集中排列时有所改变。分布因数可理解为绕组分布排列后所形成的磁动势较集中排列时应打的折扣，短距因数表示线圈采用短距后所形成的磁动势较整距时应打的折扣。采用短距和分布后，可大大削弱谐波的影响，从而改善磁动势波形。

4. 单相绕组的磁动势

由于每对极下的磁动势和磁阻组成一个对称的分支磁路，若电动机有 p 对极，就有 p 条并联的对称分支磁路，所以一相绕组的基波磁动势是指每对极下一相绕组的磁动势，即等于上述推出的线圈组的磁动势。上述推出双层线圈组的磁动势幅值为

$$F_{q1} = 0.9I_c 2N_c q k_{w1} = F_{\phi1} \tag{5-20}$$

式中　$F_{\phi1}$——基波单相磁动势的幅值。

如用每相串联的总匝数 N 和相电流 I_ϕ 表示，可将 $N = \frac{2pqN_c}{a}$（双层绕组）或 $N = \frac{pqN_c}{a}$（单层绕组）以及 $I_\phi = aI_c$，代入上式，则单相绕组基波磁动势的幅值可表示为

$$F_{\phi1} = 0.9 \frac{Nk_{w1}}{p} I_\phi \tag{5-21}$$

其单相绕组基波磁动势的瞬时值为

$$f_{\phi1} = F_{\phi1}\cos\theta_s \cos\omega t \tag{5-22}$$

对于单相绕组产生的 ν 次谐波磁动势，仿照基波磁动势的分析方法得

$$f_{\phi\nu} = 0.9 \frac{1}{\nu} \frac{Nk_{w\nu}}{p} I_\phi \cos\nu\theta_s \cos\omega t \tag{5-23}$$

综合以上分析，可见单相绕组的磁动势是脉振磁动势，其基波磁动势的幅值为 $F_{\phi1} = 0.9\frac{Nk_{w1}}{p}I_\phi$，$\nu$ 次谐波磁动势的幅值为 $F_{\phi\nu} = 0.9\frac{1}{\nu}\frac{Nk_{w\nu}}{p}I_\phi$；异步电动机定子多采用短距和分布绕组，因而合成磁动势中谐波含量大大削弱。一般情况下只考虑基波磁动势的作用。

5.3.2 三相绕组的合成磁动势

前面分析了单相绕组的磁动势为脉振磁动势。将 A、B 和 C 三个单相绕组产生的三个单相脉振磁动势波逐点相加,即得三相绕组的合成磁动势。因为异步电动机定子绕组采用分布和短距后谐波磁动势大大削弱,所以重点分析对称三相绕组基波合成磁动势,对于三相合成磁动势中的高次谐波进行简要介绍。

1. 对称三相绕组的基波合成磁动势

为了更好地理解三相旋转磁动势的产生,以下分别用解析法和图解法对三相绕组的基波合成磁动势进行分析。

(1) 解析法

由于三相绕组在空间上互差 120°电角度,因此三相绕组各自产生的基波磁动势在空间上也依次互差 120°电角度;当异步电动机三相绕组中通入对称三相电流时,三相电流在时间上也彼此相差 120°电角度且幅值相等,其表达式为

$$\begin{cases} i_A = \sqrt{2} I_\phi \cos\omega t \\ i_B = \sqrt{2I_\phi} \cos(\omega t - 120°) \\ i_C = \sqrt{2I_\phi} \cos(\omega t - 240°) \end{cases} \tag{5-24}$$

这三个电流产生的基波磁动势均为脉振磁动势,它们在时间上互差 120°电角度。因此若将空间坐标 θ_s 的原点取在 A 相绕组轴线上,并把 A 相电流达到最大值的瞬间作为时间起始点,则 A、B、C 三相绕组各自产生的脉振磁动势基波为

$$\begin{cases} f_{A1} = F_{\phi 1} \cos\theta_s \cos\omega t \\ f_{B1} = F_{\phi 1} \cos(\theta_s - 120°) \cos(\omega t - 120°) \\ f_{C1} = F_{\phi 1} \cos(\theta_s - 240°) \cos(\omega t - 240°) \end{cases} \tag{5-25}$$

利用三角公式 $\cos\alpha\cos\beta = \dfrac{1}{2}\left[\cos(\alpha - \beta) + \cos(\alpha + \beta)\right]$,将三个脉振磁动势 f_{A1}、f_{B1}、f_{C1} 分别进行分解得

$$\begin{cases} f_{A1} = \dfrac{1}{2} F_{\phi 1} \cos(\omega t - \theta_s) + \dfrac{1}{2} F_{\phi 1} \cos(\omega t + \theta_s) \\ f_{B1} = \dfrac{1}{2} F_{\phi 1} \cos(\omega t - \theta_s) + \dfrac{1}{2} F_{\phi 1} \cos(\omega t + \theta_s - 240°) \\ f_{C1} = \dfrac{1}{2} F_{\phi 1} \cos(\omega t - \theta_s) + \dfrac{1}{2} F_{\phi 1} \cos(\omega t + \theta_s - 120°) \end{cases} \tag{5-26}$$

由上式可见,各相电流产生的正向旋转磁动势在空间上同相位,反向旋转磁动势在空间上互差 120°。求合成磁动势时,正向旋转磁动势直接相加,反向旋转磁动势互相抵消,所以三相基波合成磁动势为

$$f_1(\theta_s, t) = f_{A1} + f_{B1} + f_{C1} = \frac{3}{2} F_{\phi 1} \cos(\omega t - \theta_s) = F_1 \cos(\omega t - \theta_s) \tag{5-27}$$

$$F_1 = \frac{3}{2} F_{\phi 1} = \frac{3}{2} \times 0.9 \frac{N k_{w1}}{p} I_\phi = 1.35 \frac{N k_{w1}}{p} I_\phi$$

式中　F_1——三相合成磁动势的幅值。

当 $\omega t = 0$ 时,$f_1(\theta_s, t) = F_1 \cos(-\theta_s)$,经过了一定时间,当 $\omega t = \beta$ 时,$f_1(\theta_s, t) = F_1 \cos(\beta - \theta_s)$,分别画出 $\omega t = 0$ 和 $\omega t = \beta$ 时磁动势的分布如图 5-21 所示,将这两个瞬时磁动

势波进行比较，可以看出，三相合成磁动势的幅值不变，但整个波形向前推移了 β 电角度，是一个正弦分布的正向行波。由于定子为圆柱形，所以合成磁动势是一个沿气隙圆周旋转的旋转磁动势波，由 A 相轴线位置到 B 相轴线位置，再由 B 相轴线位置到 C 相轴线位置。由此可以得出结论：当对称的三相绕组中通入对称的三相交流电流时，所产生的合成磁动势为旋转磁动势。由于该旋转磁动势的幅值不变，其矢端的轨迹为圆形，所以也称为圆形旋转磁动势。

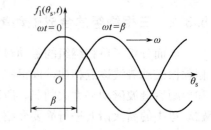

图 5-21　$\omega t = 0$ 和 $\omega t = \beta$ 时磁动势的分布

当电流变化一个周期时，磁动势波推移 2π 电弧度，电流每秒变 f 次，所以每秒推移 $\omega = 2\pi f$ 电弧度/s，由于一转等于 $2\pi p$ 电弧度，所以用转速表示为

$$n_1 = \frac{\omega}{2\pi p} = \frac{2\pi f}{2\pi p} = \frac{f}{p}(r/s) = \frac{60 f}{p}(r/min) \tag{5-28}$$

式中　n_1——同步转速，是空气隙中基波旋转磁场的转速。

（2）图解法

下面用图解法分析三相基波合成磁动势，图 5-22 中各图左半部分表示三个不同瞬间的三相电流的相量，右半部分表示相应的磁动势空间矢量。为分析问题方便起见，图中 A、B、C 三相绕组用三个集中线圈来表示。图 5-22 给出了 $\omega t = 0$、$\omega t = 120°$ 和 $\omega t = 240°$ 三个时刻的磁动势合成情况。

在图 5-22a 中，$\omega t = 0°$ 时，A 相电流为正的最大值，B、C 两相电流为负值，其大小相等且均为最大值的一半，电流正方向按照从每相的尾进、头出，此时合成磁动势为三个单相磁动势的矢量和，合成磁动势的幅值位置与 A 相绕组的轴线重合。

当 $\omega t = 120°$ 时，B 相电流为正的最大值，如图 5-22b 所示，A、C 两相电流为负值，其大小相等且均为最大值的一半，可知此时三相合成磁动势的幅值位置与 B 相绕组的轴线重合。

当 $\omega t = 240°$ 时，C 相电流达到正的最大值，如图 5-22c 所示。A、B 两相电流为负值，其大小相等且均为最大值的一半。三相合成磁动势的幅值位置与 C 相绕组的轴线重合。

可以看出，当三相绕组中通入对称的三相

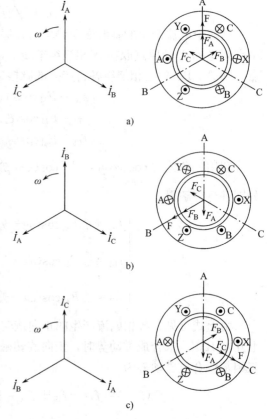

图 5-22　三相绕组基波合成磁动势图解

正序电流时，合成磁动势幅值的位置将先与 A 相绕组轴线重合，再依次与 B 相、C 相绕组轴线重合，所得到的合成磁动势是一个正向推移的旋转磁动势波。三相交流电流变化一个周期，旋转磁动势相应地转过 360° 电角度。

若在同一对称三相绕组中通入对称的负序电流，则电流到达最大值的顺序为 A、C、B，所得到的合成磁动势是一个反向推移的旋转磁动势波。因此，要改变电动机旋转磁场的方向，只要改变通入的三相电流的相序，即把三相绕组中任意两个线端对调即可。改变了旋转磁场的转向，即改变了电动机的转向。

综上分析可知，三相对称绕组通入三相对称电流后，三相合成磁动势的基波为正弦分布、幅值不变的圆形旋转磁动势波，三相合成磁动势基波的转速为 $n_1 = \dfrac{60f}{p}$(r/min)，合成磁动势的旋转方向取决于三相电流的相序，是由电流超前的相绕组轴线向电流滞后的相绕组轴线转动，当某相电流达到最大值时，合成旋转磁动势基波的幅值恰在这一相绕组轴线上。

2. 三相合成磁动势中的高次谐波

在求三相绕组产生的各高次谐波的合成磁动势时，分析的方法与求基波的三相合成磁动势的方法相同。需要注意的是，对于 ν 次谐波，三相绕组中电流相位互差仍为 $120°$，但是三相绕组的空间位置互差为 $\nu 120°$ 电角度。前已推出单相绕组产生的 ν 次谐波磁动势为

$$f_{\phi\nu} = 0.9\,\frac{1}{\nu}\frac{Nk_{w\nu}}{p}I_\phi \cos\nu\theta_s \cos\omega t = F_{\varphi\nu}\cos\nu\theta_s \cos\omega t \tag{5-29}$$

所以三个单相绕组产生的 ν 次谐波脉振磁动势的表达式为

$$\begin{cases} f_{A\nu} = 0.9\,\dfrac{1}{\nu}\dfrac{Nk_{w\nu}}{p}I_\phi \cos\nu\theta_s \cos\omega t \\[2mm] f_{B\nu} = 0.9\,\dfrac{1}{\nu}\dfrac{Nk_{w\nu}}{p}I_\phi \cos\nu(\theta_s-120°)\cos(\omega t-120°) \\[2mm] f_{C\nu} = 0.9\,\dfrac{1}{\nu}\dfrac{Nk_{w\nu}}{p}I_\phi \cos\nu(\theta_s-240°)\cos(\omega t-240°) \end{cases} \tag{5-30}$$

将 A、B、C 三相绕组所产生的 ν 次谐波相加可得三相 ν 次谐波合成磁动势

$$\begin{aligned} f_\nu = f_{A\nu} + f_{B\nu} + f_{C\nu} &= F_{\phi\nu}\cos\nu\theta_s\cos\omega t + F_{\phi\nu}\cos\nu(\theta_s-120°)\cos(\omega t-120°) \\ &\quad + F_{\phi\nu}\cos\nu(\theta_s-240°)\cos(\omega t-240°) \end{aligned} \tag{5-31}$$

下面分析各高次谐波磁动势的特点：

1) 当 $\nu = 3k(k=1,3,5,\cdots)$，即 $\nu = 3$，9，15，…时，由于三次谐波和三的倍数次谐波在空间上同相位，而在时间上互差 $120°$，合成磁动势为零，所以在对称三相绕组中，合成磁动势不存在三次及三的倍数次谐波。

2) 当 $\nu = 6k+1(k=1,2,3,\cdots)$，即 $\nu = 7$，13，19，…时

$$f_\nu = \frac{3}{2}F_{\phi\nu}\cos(\omega t - \nu\theta_s) \tag{5-32}$$

由于 ν 次空间谐波的极对数为基波的 ν 倍，当极对数增加时，旋转磁场的转速将减小 ν 倍，ν 次空间谐波产生的旋转磁动势以 $\dfrac{1}{\nu}$ 的同步速度旋转，所以合成磁动势为一个正弦分布、转速为 $\dfrac{n_1}{\nu}$、幅值为 $\dfrac{3}{2}F_{\phi\nu}$、转向与基波旋转磁动势相同的旋转磁动势。

3) 当 $\nu = 6k-1(k=1,2,3,\cdots)$，即 $\nu = 5$，11，17，…时，有

$$f_\nu = \frac{3}{2}F_{\phi\nu}\cos(\omega t + \nu\theta_s) \tag{5-33}$$

所以合成磁动势为一个正弦分布、转速为 $\dfrac{n_1}{\nu}$、幅值为 $\dfrac{3}{2}F_{\phi\nu}$、转向与基波旋转磁动势相

反的旋转磁动势。

谐波磁动势的存在将影响电动机的运行性能。在异步电动机中，谐波磁动势引起附加损耗、振动、噪声并产生附加转矩，使电动机性能变坏。因此应尽量减小磁动势中的高次谐波，采用短距和分布绕组是减小谐波分量的有效方法。

5.4　三相异步电动机定子绕组的感应电动势

前一节已讲过，当异步电动机定子三相绕组中通入对称三相交流电流后，将产生以同步速 n_1 旋转、在空间按正弦分布的磁场，该旋转磁场切割定子绕组，在定子绕组中产生感应电动势。

本节主要介绍三相异步电动机定子绕组感应电动势的产生和波形、频率、有效值的计算方法。首先分析一根导体中的感应电动势，然后导出一个线圈的感应电动势，再讨论一个线圈组的感应电动势，最后求出一相绕组感应电动势的计算公式。

5.4.1　导体的感应电动势

图 5-23a 为一台两极异步电动机结构简图，因仅分析定子上一根导体的感应电动势，所以在图 5-23a 中其他导体暂未画出。设旋转磁场在气隙中按正弦规律分布，该旋转磁场以 n_1 速度切割定子导体，则导体中产生感应电动势，根据感应电动势公式 $e = Blv$ 可知，导体中的感应电动势 e 将正比于气隙磁密 B，其中 l 为导体的有效长度。

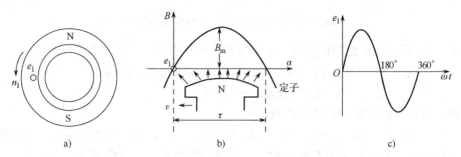

图 5-23　气隙磁场正弦分布时导体内的感应电动势

a）两极异步电动机　b）主极磁场在空间的分布　c）导体中感应电动势的波形

1. 导体的感应电动势

因旋转磁场在气隙空间内按正弦分布，如图 5-23b 所示，则

$$B = B_m \sin\alpha \tag{5-34}$$

式中　B_m——气隙磁密的幅值；

　　　α——离开坐标原点的电角度。

坐标原点取磁场两个磁极中间的位置，如图 5-23b 所示。当 $t = 0$ 时，导体所处空间位置的磁密 $B = 0$，所以导体中的感应电动势 $e = 0$。当磁场以 n_1 逆时针旋转时，磁场与导体间产生相对运动且在不同瞬间，磁场以不同大小的气隙磁密 B 切割导体，在导体中感应出与磁密成正比的感应电动势。设导体切割 N 极下磁场时感应电动势为正，则切割 S 极下磁场时感应电动势为负，可见导体内感应电动势是一个时正时负的交流电动势。

将旋转磁场的转速用每秒钟内转过的电弧度 ω 表示，ω 称为角频率。当时间由 0 到 t

时，磁场转过的电角度 $\alpha = \omega t$，则导体感应电动势为

$$e_1 = Blv = B_m lv \sin\omega t = \sqrt{2} E_1 \sin\omega t \qquad (5\text{-}35)$$

由上式可见，导体中感应电动势是随时间正弦变化的交流电动势，其波形如图 5-23c 所示。

2. 导体感应电动势的频率

导体中感应电动势的频率与磁场的转速和磁场的极数有关，若电动机为两极电动机，磁场转一周，感应电动势交变一次。设磁场每分钟转 n_1 转（即每秒转 $\frac{n_1}{60}$ 转），则导体中电动势交变的频率应为 $f = \frac{n_1}{60}$ Hz，若电机有 p 对极，则磁场每旋转一周，导体中感应电动势将交变 p 次，感应电动势的频率为

$$f = \frac{pn_1}{60} \text{Hz} \qquad (5\text{-}36)$$

在我国，工业用电的标准频率为 50Hz，所以

$$n_1 = \frac{3000}{p} \text{r/min} \qquad (5\text{-}37)$$

3. 导体感应电动势有效值

由式（5-35）可知，导体感应电动势的有效值为

$$E_1 = \frac{B_m lv}{\sqrt{2}} \qquad (5\text{-}38)$$

由于气隙磁密在空间正弦分布，其磁密最大值 B_m 与平均值 B_{av} 之间的关系为

$$B_{av} = \frac{2}{\pi} B_m \qquad (5\text{-}39)$$

且

$$v = \omega R = \frac{2\pi n_1}{60} R = \frac{n_1}{60} \pi D = 2p\tau \frac{n_1}{60} = 2\tau f \qquad (5\text{-}40)$$

故

$$E_1 = \frac{l}{\sqrt{2}} B_m 2\tau f = \frac{l}{\sqrt{2}} \frac{\pi}{2} B_{av} 2\tau f = \frac{\pi f}{\sqrt{2}} B_{av} l\tau = \frac{\pi f}{\sqrt{2}} \Phi_1 = 2.22 f\Phi_1 \qquad (5\text{-}41)$$

$$\tau = \frac{\pi D}{2p}$$

$$\Phi_1 = B_{av} l\tau$$

式中　D——定子铁心内径；

　　　Φ_1——每极磁通（Wb）；

　　　l——导体的有效长度。

5.4.2　整距线圈的感应电动势

采用整距线圈时，组成线圈的两个导体在空间相隔一个极距 τ。若线圈的一根导体位于 N 极下最大磁密处时，另一根导体恰好处于 S 极下的最大磁密处，如图 5-24a 中的实线所示。两根导体的感应电动势瞬时值总是大小相等，方向相反，相位上相差 180°电角度，其相量图如图 5-24b 所示。若将两个导体边感应电动势的正方向都规定为从上向下，则用相量表

示时，两有效边的电动势相量 $\dot{E}'_1$ 和 $\dot{E}''_1$ 的方向相反。

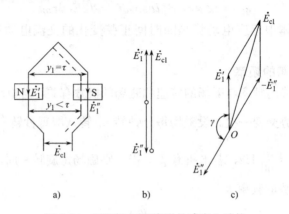

图 5-24　整距和短距线圈的感应电动势

a）整距与短距线圈　b）整距线圈的感应电动势　c）短距线圈的感应电动势

设线圈匝数为 N_c，可得整距线圈的感应电动势为

$$\dot{E}_{c1} = \dot{E}'_1 - \dot{E}''_1 = 2\dot{E}'_1 \tag{5-42}$$

其有效值为

$$E_{c1} = 4.44 f N_c \Phi_1$$

5.4.3　短距线圈的感应电动势

当线圈采用短距时 $y_1 < \tau$，如图 5-24a 中虚线所示，组成线圈的两导体的电动势相位差小于 180°电角度，其电角度为 $\gamma = \dfrac{y_1}{\tau} \times 180°$，由图 5-24c 所示的相量图可得，线圈采用短距时感应电动势为

$$\dot{E}_{c1} = \dot{E}'_1 - \dot{E}''_1 = \dot{E}'_1 + (-\dot{E}''_1) \tag{5-43}$$

有效值为

$$E_{c1} = 2E_1 \sin\frac{\gamma}{2} = 2E_1 \sin\frac{y_1}{\tau}90° = 4.44 f \Phi_1 N_c k_{p1} \tag{5-44}$$

其中

$$k_{p1} = \sin\frac{y_1}{\tau}90°, \tag{5-45}$$

k_{p1} 为基波短距因数。显然当线圈采用短距后，$k_{p1} < 1$，所以线圈的电动势较整距时有所下降。同理可证明 ν 次谐波的短距因数及短距线圈感应电动势分别为

$$\begin{cases} k_{p\nu} = \sin\nu\dfrac{y_1}{\tau}90° \\ E_{c\nu} = 4.44 f_\nu \Phi_\nu N_c k_{p\nu} \end{cases} \tag{5-46}$$

5.4.4　线圈组的电动势

因每极下（双层绕组）或每对极下（单层绕组）每相有一个线圈组，每个线圈组由 q 个线圈串联组成且相邻线圈在空间相差 α 电角度，故各线圈电动势的有效值 E_{c1} 大小相等，相位相差 α 电角度。若每个线圈组由 $q = 2$ 个线圈串联组成，如图 5-25 所示，线圈组的电动势

E_{q1} 等于 q 个线圈电动势的矢量和，这是由于 q 个线圈电动势相加后构成了正多边形的一部分。设 R 为该正多边形的外接圆半径，根据几何关系，正多边形每个边所对应的圆心角等于两个相量之间的夹角 α，q 个线圈的合成电动势有效值为

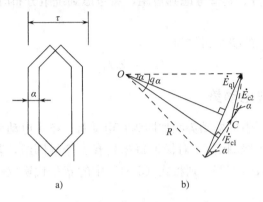

图 5-25　线圈组的合成电动势

a) 串联线圈组　　b) 矢量图

$$\dot{E}_{q1}=2R\sin\frac{q\alpha}{2} \tag{5-47}$$

而外接圆半径 R 与每个线圈电动势 $\dot{E}_{c1}$ 之间存在下列关系

$$\dot{E}_{c1}=2R\sin\frac{\alpha}{2}$$

因

$$\begin{cases} \dot{E}_{q1(代数和)}=q\dot{E}_{c1}=2qR\sin\dfrac{\alpha}{2} \\[2mm] \dot{E}_{q1}=2R\sin\dfrac{q\alpha}{2} \end{cases} \tag{5-48}$$

故

$$\begin{cases} \dfrac{\dot{E}_{q1}}{\dot{E}_{q1(代数和)}}=\dfrac{2R\sin\dfrac{q\alpha}{2}}{2qR\sin\dfrac{\alpha}{2}}=\dfrac{\sin\dfrac{q\alpha}{2}}{q\sin\dfrac{\alpha}{2}}=k_{d1} \\[4mm] \dot{E}_{q1}=q\dot{E}_{c1}k_{d1} \end{cases} \tag{5-49}$$

其中，$k_{d1}=\dfrac{\sin\dfrac{q\alpha}{2}}{q\sin\dfrac{\alpha}{2}}$ 为基波分布因数。

可以看出，$k_{d1}<1$。所以 q 个线圈分布在不同槽内，使其合成电动势小于 q 个集中线圈的合成电动势 qE_{c1}。

同理可证明 ν 次谐波的分布因数为

$$k_{d\nu}=\frac{\sin\nu\dfrac{q\alpha}{2}}{q\sin\nu\dfrac{\alpha}{2}} \tag{5-50}$$

一个线圈组感应电动势的有效值为

$$E_{q1} = q\dot{E}_{c1}k_{d1} = q \times 4.44 f\Phi_1 k_{d1} k_{p1} N_c = 4.44(qN_c)f\Phi_1 k_{w1} \tag{5-51}$$

$$k_{w1} = k_{d1}k_{p1} \tag{5-52}$$

式中，k_{w1} 为基波绕组因数。是既考虑到短距，又考虑到绕组分布时整个绕组合成电动势所打的折扣。

同理可证明 ν 次谐波的绕组因数为

$$k_{w\nu} = k_{d\nu}k_{p\nu} \tag{5-53}$$

5.4.5　相电动势和线电动势

一相中所串联的线圈组的电动势相加即为相电动势。整个电动机有 p 对极，对于单层绕组一对极下每相具有一个线圈组，p 对极下每相具有 p 个线圈组，若并联支路数为 a，每个线圈组感应电动势的有效值相等，则将式（5-51）中的 qN_c 代换成一相串联的总匝数即为一相绕组的电动势

$$E_{\phi 1} = 4.44\left(\frac{pqN_c}{a}\right)f\Phi_1 k_{w1} \tag{5-54}$$

有

$$E_{\phi 1} = 4.44 fNk_{w1}\Phi_1 \tag{5-55}$$

上式即为基波相电动势，其中 $N = \dfrac{pqN_c}{a}$ 为单层绕组每相串联的总匝数。

对于双层绕组，每相有 $2p$ 个线圈组，则每条支路的总串联匝数为

$$N = \frac{2pqN_c}{a} \tag{5-56}$$

将式（5-56）代入式（5-55）可求出相电动势。

ν 次谐波的相电动势为

$$E_{\phi\nu} = 4.44 f_\nu N k_{w\nu}\Phi_\nu \tag{5-57}$$

$$f_\nu = \nu f_1, \quad K_{w\nu} = K_{p\nu}K_{d\nu}, \quad \Phi_\nu = \frac{2}{\pi}B_\nu\tau_\nu l \tag{5-58}$$

根据三相绕组的接法，可求出线电动势。对星形连接，线电动势为相电动势的 $\sqrt{3}$ 倍，对三角形连接，线电动势等于相电动势。

例 5-1　一台三相 4 极 36 槽异步电动机采用双层叠绕组，支路数 $a=1$，线圈节距 $y_1 = \dfrac{8}{9}\tau$，每个线圈的匝数 $N_c=20$，当每相绕组感应电动势为 $E_{\phi 1} = 360\text{V}$ 时，求每极气隙磁通 Φ_1。

解：　由 $E_{\phi 1} = 4.44 fN\Phi_1 k_{w1}$　可得 $\Phi_1 = \dfrac{E_{\phi 1}}{4.44 fNk_{w1}}$

$$q = \frac{Q}{2mp} = \frac{36}{2 \times 3 \times 2} = 3, \quad \alpha = \frac{p \times 360°}{Q} = 20°$$

每相串联总匝数　$N = \dfrac{2pqN_c}{a} = 2 \times 2 \times 3 \times 20 \text{ 匝} = 240 \text{ 匝}$

有

$$K_{d1} = \frac{\sin\dfrac{q\alpha}{2}}{q\sin\dfrac{\alpha}{2}} = \frac{\sin\dfrac{3 \times 20}{2}}{3\sin\dfrac{20}{2}} = 0.96$$

$$K_{p1} = \sin\frac{y_1}{\tau} \times 90° = \sin\frac{8}{9}90° = \sin80° = 0.985$$

$$k_{w1} = 0.96 \times 0.985 = 0.945$$

则 $$\Phi_1 = \frac{E_{\phi1}}{4.44fNk_{w1}} = \frac{360}{4.44 \times 50 \times 240 \times 0.945}\text{Wb} = 7.15 \times 10^{-3}\text{Wb}$$

5.5 三相异步电动机的工作原理及运行状态

异步电动机是一种应用广泛的交流电机。它的转速与电源频率间没有严格不变的关系，而是随负载的变化而变化，但转速范围变化不大。与直流电动机不同的是，异步电动机转子电流是靠感应产生的，定子和转子之间没有电的联系，能量的传递依靠电磁感应，所以也称为异步电动机。

三相异步电动机具有结构简单、制造方便、价格低廉、运行可靠、成本低以及坚固耐用等优点；其缺点是需要从电网吸取滞后的无功电流，使电网功率因数变坏、调速性能差。

从电磁关系上看，异步电动机与变压器十分相似。异步电动机的定子绕组相当于变压器的一次绕组，转子绕组相当于变压器的二次绕组。可利用这种相似性，以变压器运行理论为基础，对异步电动机的稳态运行进行分析。

5.5.1 三相异步电动机的基本工作原理

当对称三相绕组中通入对称三相电流后，在电动机气隙内产生一个转速为 $n_1 = \frac{60f}{p}$ 的旋转磁场，若其旋转方向如图 5-26 所示，则该旋转磁场切割转子导体，在转子导体内产生感应电动势，感应电动势的方向由右手定则判定。若转子电路为纯电阻性，则转子导条中将流过与电动势同相位的电流，载流导体在磁场中受力，受力方向由左手定则判定，如图 5-26 所示，从而产生电磁转矩，使转子沿着旋转磁场方向旋转。这时，如在转子轴上加机械负载，电动机就拖动负载旋转，此时电动机从电源吸收电能，通过电磁作用转换为轴上输出的机械能。这就是异步电动机的工作原理。

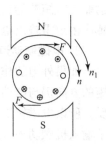

图 5-26 异步电动机工作原理图

5.5.2 三相异步电机的转差率与三种运行状态

设异步电机的转速为 n，旋转磁场的转速为同步速 n_1，二者之间的相对速度 $n_1 - n$ 称为转差速度，转差速度与同步速之比为转差率 s

$$s = \frac{n_1 - n}{n_1} \tag{5-59}$$

转差率是分析异步电机的一个极为重要的参数，根据其正负和大小可以判断异步电机的运行状态。异步电机的运行状态分为电动机、发电机和电磁制动三种，下面分别介绍。

1. 电动机运行状态

当转子的转向与 n_1 相同且转速小于 n_1 时，则 $0 < s < 1$，即为电动机运行状态，如图5-27所示。此时转子中产生电动势和电流，从而产生电磁转矩，在该转矩作用下转子沿旋转

磁场方向以速度 n 旋转，若转子轴上带负载即可输出机械功率，实现电能向机械能的转换，此时电磁转矩为拖动性质，即与转速方向一致。在电动机运行状态下，电机的实际转速 n 取决于其负载的大小。

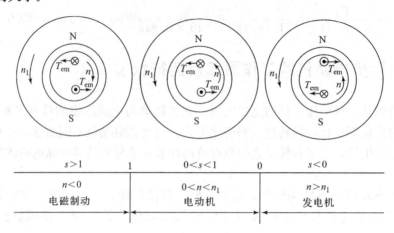

图 5-27　异步电机的三种运行状态

2. 发电机运行状态

如果用一原动机拖动异步电机，使电机的转速 n 高于同步转速 n_1，此时转子的转向与定子旋转磁场的转向相同，且 $n > n_1$，即 $s < 0$。磁场切割转子导条的方向与电动机状态相反，电磁转矩方向与转子转向相反，为制动性质，而电流的方向与电动状态时相反，此时原动机的驱动转矩若能克服制动的电磁转矩，使 $n > n_1$，则转子从原动机输入机械功率，通过电磁感应由定子输出电功率，电机就处于发电机状态，如图 5-27 所示。

3. 电磁制动运行状态

如果外力的作用使转子逆着 n_1 方向旋转，则 $s > 1$，转子导条中电动势、电流及电磁转矩的方向仍与电动状态相同。这时电磁转矩的方向与旋转磁场的转向相同，但与转子转向相反，所以电磁转矩为制动性质，称为电磁制动状态，如图 5-27 所示。在这种情况下，从转子输入机械功率，从定子输入电功率，两部分功率一起成为电机内部的损耗。

5.6　三相异步电动机的电磁关系

本节研究异步电动机空载和负载运行时的电磁关系，这是进一步分析和计算异步电动机运行特性的基础。

5.6.1　三相异步电动机空载运行电磁关系

异步电动机空载时，将定子三相绕组接至对称三相电源，便有对称三相电流 I_{10} 在定子绕组中流过，该电流称为空载电流。若不计谐波磁动势，则该定子电流建立一基波旋转磁动势 F_1，其幅值为

$$F_1 = 1.35 \frac{Nk_{w1}}{p} \dot{I}_{10} \tag{5-60}$$

在 F_1 作用下产生气隙磁场 B_m，B_m 沿气隙圆周正弦分布并以同步转速 n_1 旋转，在定、转子绕组中产生感应电动势，从而在转子绕组中产生感应电流。在气隙磁场与转子感应电流

相互作用下产生电磁转矩，使转子转动。

　　电动机空载运行时，转子轴上不带机械负载，所以 $n \approx n_1$，旋转磁场和转子之间的相对速度近似为零，可以认为转子绕组中的感应电动势 $\dot{E}_2$ 和电流 $\dot{I}_2$ 都近似为零。因此空载运行时的主磁场仅由定子磁动势产生。空载运行时定子磁动势 F_1 近似为产生气隙主磁场的励磁磁动势 F_m，空载电流 $\dot{I}_{10}$ 近似等于励磁电流 $\dot{I}_m$。

　　空载时由励磁磁动势建立空载磁场，为了便于分析，根据磁通通过的路径及性质的不同，将磁通分为主磁通和漏磁通两大类。由基波旋转磁动势产生的、通过气隙并与定子绕组和转子绕组同时交链的磁通称为主磁通。主磁通为每极下的磁通量，用 $\dot{\Phi}_m$ 表示，图5-28所示为四极异步电动机主磁通分布图。可以看出，主磁通的路径是从定子轭经定子齿、空气隙到转子齿、转子轭，再经过转子齿、空气隙和定子齿回到定子轭，形成闭合磁路。主磁路主要由定、转子铁心和气隙组成，是一个非线性磁路，受磁路饱和程度影响较大。主磁通是能量转换的媒介。

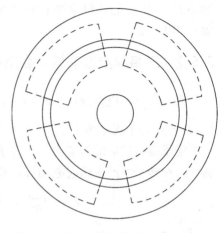

图 5-28　四极异步电动机主磁通分布图

　　定子三相电流除产生主磁通 $\dot{\Phi}_m$ 外，还产生仅与定子绕组交链而不与转子绕组交链的磁通，这部分磁通称为定子漏磁通，用 $\dot{\Phi}_{1\sigma}$ 表示。漏磁通包括三部分，即槽漏磁通、端部漏磁通和谐波漏磁通，前两者如图5-29所示。横穿定子槽的磁通称为槽漏磁通，交链定子绕组端部的磁通称为端部漏磁通，这两部分磁通不进入转子。气隙中除主磁通（基波磁通）外的谐波磁通称为谐波漏磁通。需指出的是，谐波漏磁通与前两种漏磁通不同，它实际上与定、转子绕组都交链，在定、转子绕组中都产生感应电动势，因它在定子绕组中感应电动势的频率与前两种漏磁通产生的感应电动势频率相同，所以也将它作为漏磁通处理，称为谐波漏磁通。漏磁通主要通过空气隙闭合，受磁路饱和程度影响很小，可视为一线性磁路，这部分磁通不参与能量转换。

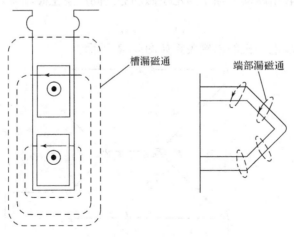

图 5-29　槽漏磁通和端部漏磁通

综上所述，主磁通和漏磁通的路径和性质截然不同，将它们分开处理，会给电动机的分析带来很大方便。

主磁通 $\dot{\Phi}_m$ 在定子绕组中产生感应电动势 $\dot{E}_1$，定子漏磁通 $\dot{\Phi}_{1\sigma}$ 将在定子绕组中产生漏磁感应电动势 $\dot{E}_{1\sigma}$，异步电动机空载运行时的电磁关系如图 5-30 所示。

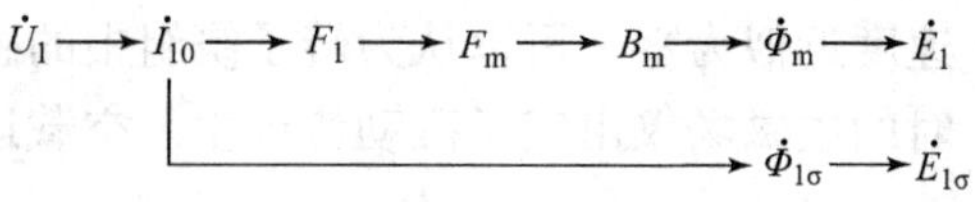

$$\dot{U}_1 \longrightarrow \dot{I}_{10} \longrightarrow F_1 \longrightarrow F_m \longrightarrow B_m \longrightarrow \dot{\Phi}_m \longrightarrow \dot{E}_1$$
$$\longrightarrow \dot{\Phi}_{1\sigma} \longrightarrow \dot{E}_{1\sigma}$$

图 5-30　异步电动机空载运行时的电磁关系

5.6.2　三相异步电动机负载运行电磁关系

当异步电动机负载运行时，$n \neq n_1$，转子绕组中产生感应电动势 $\dot{E}_2$，进而产生转子电流 $\dot{I}_2$，$\dot{I}_2$ 产生转子磁动势 F_2。

定子旋转磁场的转速为 n_1，转子转速为 n，此时定子旋转磁场以 $\Delta n = n_1 - n$ 的速度切割转子，在转子中产生感应电动势，其频率 f_2 为

$$f_2 = \frac{p\Delta n}{60} = \frac{p(n_1 - n)}{60} = \frac{pn_1(n_1 - n)}{60n_1} = sf_1 \tag{5-61}$$

转子电流产生的磁动势 F_2 相对于转子的转速为 $n' = \dfrac{60f_2}{p} = \dfrac{60sf_1}{p} = sn_1 = \Delta n$，而转子本身以 n 的速度旋转，所以转子磁动势相对于定子的转速为 $\Delta n + n = n_1 - n + n = n_1$，因此转子磁动势 F_2 与定子磁动势 F_1 相对于定子的转速是相等的，均为同步速 n_1，它们之间没有相对运动，所以异步电动机在任何转速下均能产生恒定的电磁转矩。F_1 与 F_2 转速相等、转向相同，在空间始终保持相对静止，负载运行时可以将 F_1 与 F_2 矢量相加得到合成磁动势，所以异步电动机负载时在气隙内产生的旋转磁场是由定、转子磁动势共同产生的。由于异步电动机从空载到负载气隙中合成磁通 $\dot{\Phi}_m$ 基本不变，即

$$\boldsymbol{F}_1 + \boldsymbol{F}_2 = \boldsymbol{F}_m \tag{5-62}$$

上式即为异步电动机的磁动势平衡方程。

当负载运行时，转子磁动势除了与定子磁动势共同产生主磁场外，还产生仅与转子绕组交链的漏磁通 $\dot{\Phi}_{2\sigma}$。

负载运行时，异步电动机的电磁关系如图 5-31 所示。

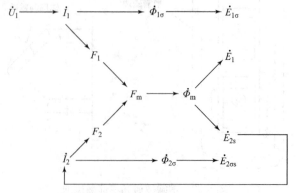

图 5-31　异步电动机负载运行时的电磁关系

5.6.3　转子静止时的三相异步电动机

当转子静止时（如异步电动机起动瞬间），气隙磁场以同步速 n_1 切割转子绕组，则转子绕组感应电动势的频率 $f_2 = sf_1 = f_1$，此时由主磁通在定、转子绕组中感应的电动势为

$$\begin{cases} \dot{E}_1 = -\mathrm{j}4.44f_1N_1k_{w1}\dot{\Phi}_{m} \\ \dot{E}_2 = -\mathrm{j}4.44f_2N_2k_{w2}\dot{\Phi}_{m} = -\mathrm{j}4.44f_1N_2k_{w2}\dot{\Phi}_{m} \end{cases} \tag{5-63}$$

由漏磁通在定、转子绕组中感应的电动势为

$$\begin{cases} \dot{E}_{1\sigma} = -\mathrm{j}4.44f_1N_1k_{w1}\dot{\Phi}_{1\sigma} \\ \dot{E}_{2\sigma} = -\mathrm{j}4.44f_1N_2k_{w2}\dot{\Phi}_{2\sigma} \end{cases} \tag{5-64}$$

与变压器的分析方法类似，引入励磁阻抗表征主磁通对电路的电磁效应，则定子感应电动势 $\dot{E}_1$ 与励磁电流 $\dot{I}_m$ 之间具有以下关系

$$\dot{E}_1 = -\dot{I}_m Z_m = -\dot{I}_m(R_m + \mathrm{j}X_m) \tag{5-65}$$

式中　Z_m——励磁阻抗；

R_m——励磁电阻，是表征铁损耗的等效电阻；

X_m——励磁电抗。

显然 Z_m 的大小随铁心饱和程度的不同而变化。在已制成的电机中，如频率恒定，则 $E_1 \propto \Phi_m$；当外加电压恒定时，Z_m 可视为常值。因 $X_m \propto f_1 N_1^2 \Lambda_m$，所以气隙越小，$X_m$ 越大，在同一定子电压下，所需励磁电流就越小。

同理，引入漏电抗来表征漏磁通对电路的电磁效应。漏磁感应电动势 $\dot{E}_{1\sigma}$ 与定子电流成正比且滞后于 $\dot{\Phi}_{1\sigma}$ 90°电角度，而 $\dot{\Phi}_{1\sigma}$ 与定子电流 $\dot{I}_1$ 同相，所以 $\dot{E}_{1\sigma}$ 滞后于 $\dot{I}_1$ 90°。与变压器中相同，将 $\dot{E}_{1\sigma}$ 用漏电抗压降来表示，即

$$\dot{E}_{1\sigma} = -\mathrm{j}\dot{I}_1 X_{1\sigma} \tag{5-66}$$

$$X_{1\sigma} = \frac{E_{1\sigma}}{I_1} = 2\pi f_1 L_{1\sigma}$$

式中　$X_{1\sigma}$——定子漏电抗；

$L_{1\sigma}$——定子漏电感。

同样分析将 $\dot{E}_{2\sigma}$ 用漏电抗压降表示，即

$$\dot{E}_{2\sigma} = -\mathrm{j}\dot{I}_2 X_{2\sigma} \tag{5-67}$$

式中，$X_{2\sigma}$ 为转子静止时的转子漏电抗，$X_{2\sigma} = \omega_1 L_{2\sigma} = 2\pi f_1 N_2^2 \Lambda_{2\sigma}$。因漏磁通绝大部分经空气隙闭合，其漏磁磁路的磁阻可认为是常数，因此漏电抗可认为不变。

虽然异步电动机的电抗参数和变压器有相似的性质和意义，但因两者在结构上相差很大。异步电动机定、转子之间存在气隙，使电抗参数在数值范围上有较大差别。

5.6.4　转子转动时的三相异步电动机

当转子以速度 n 转动时，气隙磁场以同步速 $n_1 - n$ 的速度切割转子绕组，则转子绕组感应电动势的频率 $f_2 = sf_1$，此时主磁通在定、转子绕组中感应的电动势为

$$\begin{cases} \dot{E}_1 = -j4.44f_1N_1k_{w1}\dot{\Phi}_m \\ \dot{E}_{2s} = -j4.44f_2N_2k_{w2}\dot{\Phi}_m = -j4.44sf_1N_2k_{w2}\dot{\Phi}_m = s\dot{E}_2 \end{cases} \tag{5-68}$$

由漏磁通在定、转子绕组中感应的电动势为

$$\begin{cases} \dot{E}_{1\sigma} = -j4.44f_1N_1k_{w1}\dot{\Phi}_{1\sigma} \\ \dot{E}_{2\sigma s} = -j4.44f_2N_2k_{w2}\dot{\Phi}_{2\sigma} = s\dot{E}_{2\sigma} \end{cases} \tag{5-69}$$

上式中与转子频率有关的物理量下脚都标注了 s，表示转差频率，E_{2s} 与 $E_{2\sigma s}$ 分别为转子转动时感应电动势，用于与转子静止时的物理量进行区分。将 $\dot{E}_{2\sigma s}$ 用漏电抗压降表示，即

$$\dot{E}_{2\sigma s} = -j\dot{I}_2X_{2\sigma s} \tag{5-70}$$

式中　$X_{2\sigma s}$——转子转动时的转子漏电抗，$X_{2\sigma s} = \omega_2L_{2\sigma} = 2\pi sf_1N_2^2\Lambda_{2\sigma} = sX_{2\sigma}$。

5.7　三相异步电动机的基本方程式、等效电路和相量图

上节中对异步电动机的基本电磁关系进行了分析，在此基础上，本节推出异步电动机基本方程、等效电路和相量图。

5.7.1　三相异步电动机的基本方程式

1. 电流方程式

异步电动机负载运行时，气隙磁动势为定子磁动势和转子磁动势的合成，由式（5-62）磁动势平衡方程式可得

$$\boldsymbol{F}_1 = \boldsymbol{F}_m + (-\boldsymbol{F}_2) \tag{5-71}$$

即负载时的定子磁动势可分为两部分，一部分是用来产生主磁通的励磁磁动势 F_m，另一部分是用来抵消转子磁动势的负载分量 $-F_2$。有

$$\begin{cases} F_1 = 0.9\dfrac{m_1}{2}\dfrac{N_1k_{w1}}{p}I_1 \\[2mm] F_2 = 0.9\dfrac{m_2}{2}\dfrac{N_2k_{w2}}{p}I_2 \\[2mm] F_m = 0.9\dfrac{m_1}{2}\dfrac{N_1k_{w1}}{p}I_m \end{cases} \tag{5-72}$$

将上式代入式（5-71）整理后可写成

$$\dot{I}_1 + \frac{m_2N_2k_{w2}}{m_1N_1k_{w1}}\dot{I}_2 = \dot{I}_m \tag{5-73}$$

或

$$\dot{I}_1 + \dot{I}'_2 = \dot{I}_m \tag{5-74}$$

$$k_i = \frac{m_1N_1k_{w1}}{m_2N_2k_{w2}}$$

$$\dot{I}'_2 = \frac{m_2N_2k_{w2}}{m_1N_1k_{w1}}\dot{I}_2 = \frac{1}{k_i}\dot{I}_2$$

上式即为异步电动机的电流方程式。

其中，k_i 为电流比；$\dot{I}_2'$ 为归算到定子边的转子电流。

2. 电压方程式

异步电动机负载运行时，主磁通 Φ_m 分别在定、转子绕组中产生感应电动势，其有效值为

$$\begin{cases} E_1 = 4.44 f_1 N_1 k_{w1} \Phi_m \\ E_{2s} = 4.44 f_2 N_2 k_{w2} \Phi_m = 4.44 f_1 s N_2 k_{w2} \Phi_m \end{cases} \quad (5\text{-}75)$$

$\dot{E}_1$ 和 $\dot{E}_{2s}$ 在相位上均滞后 $\dot{\Phi}_m$ 90°。定、转子漏磁通 $\Phi_{1\sigma}$、$\Phi_{2\sigma}$ 分别交链各自的绕组，并在各自的绕组中感应漏电动势，其有效值为

$$\begin{cases} E_{1\sigma} = 4.44 f_1 N_1 k_{w1} \Phi_{1\sigma} \\ E_{2\sigma s} = 4.44 f_2 N_2 k_{w2} \Phi_{2\sigma} \end{cases} \quad (5\text{-}76)$$

另外，定、转子绕组电阻分别产生电压降 $I_1 R_1$、$I_2 R_2$。

采用变压器中各物理量正方向的规定，并根据基尔霍夫第二定律可分别列写出定、转子电路的电压方程式

$$\begin{cases} \dot{U}_1 = -\dot{E}_1 - \dot{E}_{1\sigma} + \dot{I}_1 R_1 \\ \dot{E}_{2s} = -\dot{E}_{2\sigma s} + \dot{I}_{2s} R_2 \end{cases} \quad (5\text{-}77)$$

将 $\dot{E}_{1\sigma} = -j\dot{I}_1 X_{1\sigma}$ 和 $\dot{E}_{2\sigma s} = -j\dot{I}_2 X_{2\sigma s}$ 代入上式得

$$\begin{cases} \dot{U}_1 = -\dot{E}_1 + \dot{I}_1 (R_1 + jX_{1\sigma}) = -\dot{E}_1 + \dot{I}_1 Z_{1\sigma} \\ \dot{E}_{2s} = \dot{I}_{2s} (R_2 + jX_{2\sigma s}) = \dot{I}_{2s} Z_{2\sigma s} \end{cases} \quad (5\text{-}78)$$

式中，$Z_{1\sigma} = R_1 + jX_{1\sigma}$ 为定子漏阻抗；$Z_{2\sigma s} = R_2 + jX_{2\sigma s}$ 为转子漏阻抗。

因 $E_{2s} = sE_2$，E_2 为转子静止时的转子感应电动势，$X_{2\sigma s} = sX_{2\sigma}$，所以定、转子电路的电压方程式可改写为

$$\begin{cases} \dot{U}_1 = -\dot{E}_1 + \dot{I}_1 Z_{1\sigma} \\ \dot{E}_{2s} = s\dot{E}_2 = \dot{I}_{2s} (R_2 + jsX_{2\sigma}) \end{cases} \quad (5\text{-}79)$$

与上式对应的等效电路如图 5-32 所示，其中图 5-32a 对应式（5-79）第一式，图 5-32b 对应式（5-79）第二式。

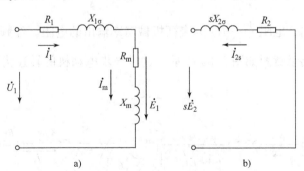

图 5-32 定、转子等效电路

a）定子等效电路   b）转子等效电路

5.7.2 异步电动机的等效电路

图 5-33 所示为异步电动机定、转子耦合电路示意图，定、转子电路之间只有磁的联系，

没有电的联系，且定、转子绕组的频率、相数、匝数和绕组因数不同。要寻求异步电动机定、转子电路之间有电联系的等效电路，需要进行相应的频率和绕组归算，即把一个电路归算到另一个电路中去。通常将转子侧物理量归算到定子侧。

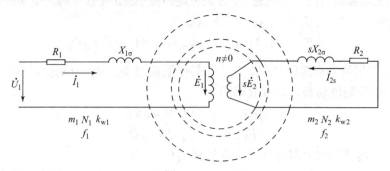

图 5-33　定、转子耦合电路示意图

1. 频率归算

频率归算是指在保持电磁系统的电磁性能不变的前提下，将一种频率的物理量归算成另一种频率的物理量。对异步电动机进行频率的归算是将转子电路的频率归算成定子电路的频率。要使转子电路的频率等于定子电路的频率，需要用一个静止的转子代替实际转动的转子。

由转子电路的电压方程式得

$$\dot{I}_{2\mathrm{s}} = \frac{\dot{E}_{2\mathrm{s}}}{R_2 + \mathrm{j}X_{2\sigma\mathrm{s}}} = \frac{s\dot{E}_2}{R_2 + \mathrm{j}sX_{2\sigma}} = \frac{\dot{E}_2}{R_2/s + \mathrm{j}X_{2\sigma}} = \dot{I}_2 \tag{5-80}$$

上式中经过数学代换，与频率有关的各物理量频率已由 f_2 变为 f_1，且 $\dot{I}_2$ 与 $\dot{I}_{2\mathrm{s}}$ 幅值相同，保证了转子磁动势不变。由此可见，只要在静止的转子电路中将转子电阻由 R_2 变为 R_2/s，也就是串入一个附加电阻 $\frac{1-s}{s}R_2$，就可以保证频率归算前后转子磁动势不变。在实际运行中 $\frac{1-s}{s}R_2$ 并不存在，但电动机有机械功率输出；而在频率归算后的转子电路中，因转子不动，并没有机械功率输出，但有电功率 $m_2 I_2{}^2 \frac{1-s}{s}R_2$，因此 $m_2 I_2{}^2 \frac{1-s}{s}R_2$ 实际上模拟了机械功率的输出。电阻 $\frac{1-s}{s}R_2$ 为表征机械功率输出的电阻。经频率归算后，异步电动机定、转子耦合电路示意图如图 5-34 所示，这时异步电动机的转速为零，转子绕组感应电动势的频率为 f_1。

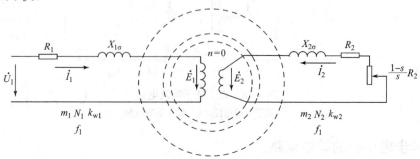

图 5-34　异步电动机定、转子耦合电路示意图

2. 绕组归算

对异步电动机进行了频率归算后，虽然解决了定、转子频率不同的问题，但因为 $\dot{E}_2 \neq \dot{E}_1$，所以还不能将定、转子电路连接起来。因此还要像变压器中那样进行绕组归算，人为地用一个相数、匝数以及绕组因数均与定子绕组相同的绕组，代替原来的转子绕组。在归算中必须保证归算前后转子的电磁效应不变，归算后转子各物理量斜上方标"'"符号。由归算前后转子磁动势不变得

$$0.9\frac{m_1}{2}\frac{N_1 k_{w1}}{p}I_2' = 0.9\frac{m_2}{2}\frac{N_2 k_{w2}}{p}I_2 \tag{5-81}$$

归算后转子电流为

$$I_2' = \frac{m_2 N_2 k_{w2}}{m_1 N_1 k_{w1}}I_2 = \frac{1}{k_i}I_2 \tag{5-82}$$

式中，k_i 为电流比。

由感应电动势与匝数、绕组因数成正比的关系得

$$E_2' = \frac{N_1 k_{w1}}{N_2 k_{w2}}E_2 = k_e E_2 = E_1 \tag{5-83}$$

式中，$k_e\left(k_e = \dfrac{N_1 k_{w1}}{N_2 k_{w2}}\right)$ 为电压比。

E_1 和 E_2' 相等，因此得到了两个电路的等电位点，就可以将定、转子电路连接起来，这是进行绕组归算的目的。

由归算前后转子铜损耗和漏磁场储能保持不变，得

$$\begin{cases} m_1 I_2'^2 R_2' = m_2 I_2^2 R_2 \\ \dfrac{1}{2}m_1 I_2'^2 X_{2\sigma}' = \dfrac{1}{2}m_2 I_2^2 X_{2\sigma} \end{cases} \tag{5-84}$$

将式（5-82）代入上式整理，得

$$\begin{cases} R_2' = \dfrac{m_1 N_1^2 k_{w1}^2}{m_2 N_2^2 k_{w2}^2}R_2 = k_i k_e R_2 \\ X_{2\sigma}' = \dfrac{m_1 N_1^2 k_{w1}^2}{m_2 N_2^2 k_{w2}^2}X_{2\sigma} = k_i k_e X_{2\sigma} \end{cases} \tag{5-85}$$

经过上述的绕组归算，可得转子各物理量的归算值计算公式

$$\begin{cases} I_2' = \dfrac{1}{k_i}I_2 \\ E_2' = k_e E_2 \\ R_2' = k_e k_i R_2 \\ X_{2\sigma}' = k_e k_i X_{2\sigma} \end{cases} \tag{5-86}$$

经频率和绕组归算后，异步电动机的基本方程式为

$$\begin{cases} \dot{U}_1 = -\dot{E}_1 + \dot{I}_1 Z_{1\sigma} \\ \dot{E}_2' = \dot{I}_2'\left(\dfrac{R_2'}{s} + jX_{2\sigma}'\right) \\ \dot{E}_1 = \dot{E}_2' = -\dot{I}_m Z_m \\ \dot{I}_1 + \dot{I}_2' = \dot{I}_m \end{cases} \tag{5-87}$$

3. 异步电动机的等效电路

因归算后 $\dot{E}_1 = \dot{E}_2'$，所以异步电动机经归算后，定、转子等效电路如图 5-35 所示，所得等效电路称为 "T" 型等效电路。

异步电动机的 "T" 型等效电路与变压器的 "T" 型等效电路十分相似，只要将变压器 "T" 型等效电路中的 Z_L' 改为 $\dfrac{1-s}{s}R_2'$ 就可得到异步电动机的 "T" 型等效电路。

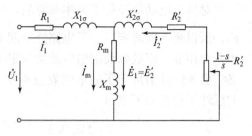

图 5-35 异步电动机的 "T" 型等效电路

等效电路是分析和计算异步电动机性能的有力工具。在给定参数和电源电压的情况下，若已知 s，则电机的转速、电流、转矩、损耗和功率均可用等效电路求出。

"T" 型等效电路是一个复联电路，计算和分析都比较复杂。因此在实际应用时可以简化，由于励磁电流 I_m 和定子漏阻抗 $Z_{1\sigma}$ 都很小，因此将励磁支路前移，等效电路由复联电路简化为并联电路。得到异步电动机的 "Γ" 型等效电路，如图 5-36 所示，在工程计算中，常采用异步电动机的 "Γ" 型等效电路。

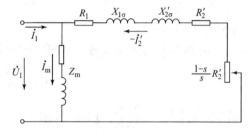

图 5-36 异步电动机的 "Γ" 型等效电路

5.7.3 异步电动机的相量图

根据基本方程式及等效电路可画出异步电动机的相量图，如图 5-37 所示。借助相量图可以更清楚地理解异步电动机的各物理量在数值上和相位上的关系。相量图画法如下：

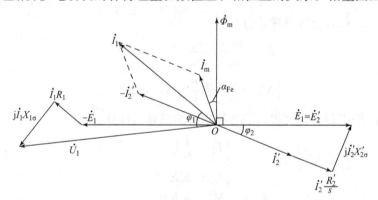

图 5-37 异步电动机的相量图

1) 取主磁通 $\dot{\Phi}_m$ 为参考量，按照 $\dot{E}_1 = \dot{E}_2'$ 滞后于 $\dot{\Phi}_m$ 90°，画出相量 $\dot{E}_1 = \dot{E}_2'$。

2) $\dot{I}_2'$ 滞后 $\dot{E}_2'$ 的角度为 φ_2，$\varphi_2 = \arctan\dfrac{X_{2\sigma}'}{R_2'/s}$，电阻压降 $\dot{I}_2'R_2'/s$ 与 $\dot{I}_2'$ 同相位，漏电抗压降 $j\dot{I}_2'X_{2\sigma}'$ 超前 $\dot{I}_2'$ 90°，电阻压降和漏电抗压降与电动势 $\dot{E}_2'$ 组成阻抗三角形。

3) 考虑铁损耗后，励磁电流 $\dot{I}_m$ 超前 $\dot{\Phi}_m$ 一个小的铁损耗角 α_{Fe}，由 $\dot{I}_1 = \dot{I}_m - \dot{I}_2'$ 确定出 $\dot{I}_1$。

4）$-\dot{E}_1$ 超前 $\dot{\Phi}_m$ $90°$，$\dot{I}_1 R_1$ 与 $\dot{I}_1$ 同相位，$j\dot{I}_1 X_{1\sigma}$ 超前 $\dot{I}_1$ $90°$，三个相量之和即为 $\dot{U}_1$。

由图 5-37 可以看出，异步电动机的定子电流总是滞后于定子电压 φ_1 电角度，这主要是由励磁电流和定、转子的漏电抗压降引起的。产生气隙磁通需要一定的感性无功功率，产生定、转子漏磁场也需要一定的无功功率，这些感性的无功功率要从电源输入，所以异步电动机对于电网来说是一个感性负载，它总是从电网上吸取滞后的无功功率。

例 5-2 一台三相六极笼型异步电动机，$P_N = 3kW$，$U_N = 380V$，$n_N = 957r/min$，定子绕组采用星形接法，电动机的参数为

$R_1 = 2.08\Omega$，$R_2' = 1.525\Omega$，$X_{1\sigma} = 3.12\Omega$，$X_{2\sigma}' = 4.25\Omega$，$R_m = 4.12\Omega$，$X_m = 62\Omega$。

用"T"型等效电路计算额定状态时的定子电流、转子电流、功率因数、输入功率及效率。

解：

$n_1 = 1000r/min$

$$s_N = \frac{n_1 - n_N}{n_1} = \frac{1000 - 957}{1000} = 0.043$$

$$\dot{I}_1 = \frac{\dot{U}_1}{Z_1 + \frac{Z_2' Z_m}{Z_2' + Z_m}} = \frac{220\angle 0°}{2.08 + j3.12 + \frac{\left(\frac{1.525}{0.043} + j4.25\right)(4.12 + j62)}{\left(\frac{1.525}{0.043} + j4.25\right) + (4.12 + j62)}} = 6.81\angle -36.4°A$$

$$-\dot{I}_2' = \dot{I}_1 \frac{Z_m}{Z_m + Z_2'} = \frac{6.81\angle -36.4° \times (4.12 + j62)}{\frac{1.525}{0.043} + j4.25 + 4.12 + j62} = 5.47\angle -9.5°A$$

$$\dot{I}_m = \dot{I}_1 + \dot{I}_2' = 6.81\angle -36.4° - 5.47\angle -9.5° = 3.18\angle -88.56°A$$

$$\cos\varphi_1 = \cos 36.4° = 0.805$$

$$P_1 = 3U_1 I_1 \cos\varphi_1 = 3 \times 220 \times 6.81 \times 0.805W = 3610W$$

$$\eta = \frac{P_2}{P_1} = 0.831$$

5.8 三相异步电动机的功率与转矩

本节应用等效电路分析异步电动机的能量转换过程，并给出异步电动机的功率平衡方程式和转矩平衡方程式。

5.8.1 三相异步电动机的功率流程图及功率平衡方程式

异步电动机从外部电源吸收电能，经电磁作用转换为转子轴上的机械能，在能量转换过程中会产生损耗。

1. 功率关系

异步电动机是一种单边励磁电机，电机所需功率全部由定子侧提供。异步电动机从电源输入的功率为电功率 P_1，对应的定子电流为 I_1。由等效电路可见，扣除定子绕组的铜损耗 p_{Cu1}，再扣除定子铁损耗 p_{Fe}，就是电磁功率 P_{em}，电磁功率借助于气隙磁场由定子传递到

转子。因 s 很小，转子铁损耗忽略不计，从电磁功率中扣除转子铜损耗 p_{Cu2}，得到总机械功率 P_Ω，从 P_Ω 中再扣除机械损耗 p_{mec} 和杂散损耗 p_{ad}，即为电动机轴上输出的机械功率。其功率流程如图5-38所示。

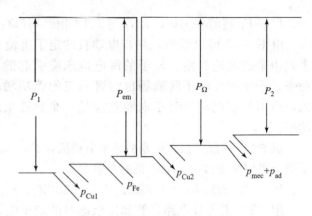

图 5-38　异步电动机功率流程图

需要指出的是，当 s 较大时，应考虑转子铁损耗。杂散损耗 p_{ad} 主要是由定、转子开槽导致气隙磁通脉振而在定、转子铁心中产生的附加损耗，与气隙大小及制造工艺等因素有关，很难准确计算，一般按经验公式估算，对小型电动机 $p_{\mathrm{ad}} = (1\sim3)\% P_2$，对大型电动机 $p_{\mathrm{ad}} = 0.5\% P_2$。

2. 功率方程式

根据上述功率转换过程，可得到异步电动机的功率方程式如下

$$\begin{cases} P_{\mathrm{em}} = P_1 - p_{\mathrm{Cu1}} - p_{\mathrm{Fe}} \\ P_\Omega = P_{\mathrm{em}} - p_{\mathrm{Cu2}} \\ P_2 = P_\Omega - p_{\mathrm{mec}} - p_{\mathrm{ad}} \end{cases} \tag{5-88}$$

上述各种功率可在异步电动机"T"型等效电路中利用各种电阻上的损耗来表示，如图 5-39所示。

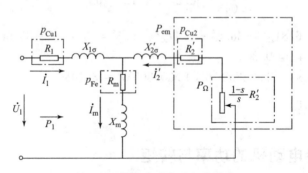

图 5-39　等效电路表示各种功率

由图 5-39 可知

$$\begin{cases} P_1 = m_1 U_1 I_1 \cos\varphi_1 \\ p_{\mathrm{Cu1}} = m_1 I_1^2 R_1 \\ p_{\mathrm{Fe}} = m_1 I_{\mathrm{m}}^2 R_{\mathrm{m}} \\ p_{\mathrm{Cu2}} = m_1 {I_2'}^2 R_2' \\ P_\Omega = m_1 {I_2'}^2 \dfrac{1-s}{s} R_2' \end{cases} \tag{5-89}$$

式中　I_1 ——定子相电流；

　　　$\cos\varphi_1$ ——定子功率因数。

输入功率 P_1 减去电阻 R_1 和 R_m 上消耗的功率 p_{Cu1} 和 p_{Fe}，应等于电阻 $\dfrac{R_2'}{s}$ 上消耗的功率，即 $P_1 - p_{Cu1} - p_{Fe} = m_1 I_2'^2 \dfrac{R_2'}{s}$，由式（5-88）可知该功率即为电磁功率 P_{em}，所以电磁功率的表达式为

$$P_{em} = m_1 I_2'^2 \frac{R_2'}{s} \tag{5-90}$$

从图 5-39 还可知 $P_{em} - p_{Cu2} = m_1 I_2'^2 \dfrac{1-s}{s} R_2'$。由式（5-88）可知，该功率就是总机械功率。所以在电动机参数及转速一定（转差率 s 一定）的情况下，利用等效电路计算出各电流，就可计算出各功率。

由于

$$\begin{cases} p_{Cu2} = m_1 I_2'^2 R_2' \\ P_{em} - p_{Cu2} = P_\Omega = m_1 I_2'^2 \dfrac{R_2'}{s} - m_1 I_2'^2 R_2' = (1-s) m_1 I_2'^2 \dfrac{R_2'}{s} \end{cases} \tag{5-91}$$

可以得到如下的功率方程式

$$\begin{cases} p_{Cu2} = s P_{em} \\ P_\Omega = (1-s) P_{em} \end{cases} \tag{5-92}$$

上式表明，用转差率和电磁功率即可表示出转子铜损耗和总机械功率。转子铜损耗等于电磁功率与转差率的乘积，转差率越大，电磁功率消耗在转子铜损耗上的份量就越大。因此，异步电动机正常运行时的转差率都很小（$s = 0.01 \sim 0.05$），以提高电动机的运行效率。

5.8.2 三相异步电动机的转矩平衡方程式

由式（5-88）可得

$$P_\Omega = P_2 + p_{ad} + p_{mec} \tag{5-93}$$

两端同除以机械角速度 Ω，即得到转矩方程

$$T_{em} = T_2 + T_0 \tag{5-94}$$

其中，$T_{em} = \dfrac{P_\Omega}{\Omega}$ 为电磁转矩；$T_2 = \dfrac{P_2}{\Omega}$ 为输出转矩；$T_0 = \dfrac{p_{ad} + p_{mec}}{\Omega}$ 为空载转矩。

由于 $P_\Omega = (1-s) P_{em}$，$\Omega = (1-s) \Omega_1$，所以

$$\frac{P_\Omega}{\Omega} = \frac{P_{em}}{\Omega_1} = T_{em} \tag{5-95}$$

上式表明，电磁转矩既等于电磁功率除以同步角速度 Ω_1，也等于总机械功率除以转子的机械角速度。这是因为电磁功率是通过气隙旋转磁场传递到转子的功率，而旋转磁场的转速为同步转速。

例 5-3 根据例 5-2 的数据，计算额定状态时电动机的电磁转矩、输出转矩和空载损耗转矩。

解： 可用两种方法计算电磁转矩

$$p_{Cu1} = m_1 I_1^2 R_1 = 3 \times 6.81 \times 2.08 \text{W} = 289 \text{W}$$

$$p_{Fe} = m_1 I_m^2 R_m = 3 \times 3.18^2 \times 4.12 \text{W} = 125 \text{W}$$

$$P_{em} = P_1 - p_{Cu1} - p_{Fe} = (3610 - 289 - 125)\text{W} = 3196\text{W}$$

$$T_{em} = \frac{P_{em}}{\Omega_1} = \frac{3196}{\dfrac{2\pi \times 1000}{60}}\text{N·m} = 30.54\text{N·m}$$

$$T_2 = \frac{P_2}{\Omega} = \frac{3000}{\dfrac{2\pi \times 957}{60}}\text{N·m} = 29.95\text{N·m}$$

$$T_0 = T_{em} - T_2 = (30.54 - 29.95)\text{N·m} = 0.59\text{N·m}$$

$$T_{em} = \frac{P_\Omega}{\Omega} = \frac{3060}{\dfrac{2\pi \times 957}{60}}\text{N·m} = 30.54\text{N·m}$$

可见上述两种方法计算电磁转矩的结果相同。

5.9 三相异步电动机的参数测定

利用等效电路计算异步电动机的运行性能时，必须首先知道异步电动机的参数。与变压器等效电路参数一样，异步电动机的等效电路参数也分两类：励磁参数和短路参数。励磁参数包括 R_m、X_m，短路参数包括 R_1、$X_{1\sigma}$、R_2' 和 $X_{2\sigma}'$，这两种参数可分别由空载试验和短路试验测取。

5.9.1 空载试验

1. 空载试验

空载试验的目的是测取励磁参数以及分离出铁损耗 p_{Fe} 和机械损耗 p_{mec}。试验时电动机轴上不带负载，定子绕组接到额定频率的对称三相电源上，先让电动机空载运行一段时间（20min 左右），使其机械损耗达到稳定，然后调节定子端电压从 $(1.1 \sim 1.2)U_{1N}$ 开始逐步降低至 $0.3U_{1N}$ 为止，测 7~9 组数据，每次记录电压 U_1、空载电流 I_{10} 和空载输入功率 P_{10}，绘制成空载特性曲线 $I_{10} = f(U_1)$、$P_{10} = f(U_1)$，如图 5-40 所示。

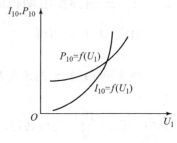

图 5-40 空载特性曲线

2. 铁损耗与机械损耗的分离

空载时，由于转子电流很小，可认为 $I_2 \approx 0$，故转子铜损耗忽略不计，空载时输入功率用来补偿定子铜损耗 p_{Cu1}、铁损耗 p_{Fe} 和机械损耗 p_{mec}，此时电动机的空载输入功率为

$$P_{10} \approx m_1 I_{10}^2 R_1 + p_{Fe} + p_{mec} \tag{5-96}$$

从空载功率 P_{10} 中减去定子铜损耗得

$$P_{10} - m_1 I_{10}^2 R_1 = p_{Fe} + p_{mec} \tag{5-97}$$

因 $p_{Fe} \propto U_1^2$，而 p_{mec} 与 U_1 无关，将不同电压下的 $p_{Fe} + p_{mec}$ 以端电压二次方为横坐标绘成曲线，即 $p_{Fe} + p_{mec} = f(U_1^2)$，如图 5-41 所示，即可分离额定电压下的铁损耗和机械损耗。

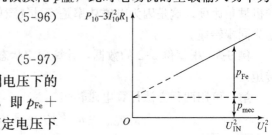

图 5-41 铁损耗和机械损耗的确定

3. 励磁参数的确定

空载时，$s \approx 0$，$\frac{1-s}{s} R_2' \rightarrow \infty$，转子呈开路状态，其等效电路如图 5-42 所示，由该电路可知

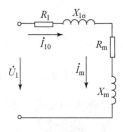

图 5-42 空载运行时的等效电路

$$\begin{cases} \dfrac{U_1}{I_{10}} = Z_0 = Z_{1\sigma} + Z_m \\ X_0 = \sqrt{Z_0^2 - R_0^2} \end{cases} \qquad (5\text{-}98)$$

$$X_0 = X_{1\sigma} + X_m$$

式中 U_1 ——定子相电压；

I_{10} ——定子相电流；

m_1 ——定子相数；

P_{10} ——输入的总功率。

已知额定电压下的铁损耗 p_{Fe}，即可求得励磁电阻 R_m

$$R_m = \frac{p_{Fe}}{m_1 I_{10}^2} \qquad (5\text{-}99)$$

R_1 为定子每相电阻值，可用电桥进行实测。

则 $R_0 = R_1 + R_m$，因 $X_m = X_0 - X_{1\sigma}$，在确定了 $X_{1\sigma}$ 后才可求得励磁电抗。

需要注意的是，应采用额定电压下测得的 P_{10} 和 I_{10} 计算励磁参数。

5.9.2 短路试验

1. 短路试验

短路试验也称为堵转试验，试验时将转子堵住，即在 $n=0$ 的情况下进行。电动机堵转时电流很大，所以试验应在较低的电压下进行，一般从 $0.4U_{1N}$ 开始，逐渐降低电压，记录输入电压 U_1、输入电流 I_{1k} 和输入功率 P_{1k}，绘制短路特性曲线 $I_{1k} = f(U_1)$、$P_{1k} = f(U_1)$，如图 5-43 所示。

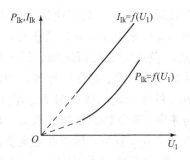

图 5-43 短路特性曲线

2. 短路参数的确定

短路（堵转）时 $s=1$，$\frac{1-s}{s} R_2' = 0$，其等效电路如图 5-44 所示。由该等效电路可得

$$\begin{cases} Z_k = \dfrac{U_1}{I_{1k}} \\ R_k = \dfrac{P_{1k}}{m_1 I_{1k}^2} \\ X_k = \sqrt{Z_k^2 - R_k^2} \end{cases} \qquad (5\text{-}100)$$

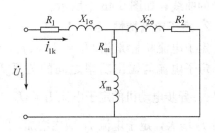

图 5-44 短路时的等效电路

由于短路试验时短路电压很低，所以励磁阻抗 Z_m 很大，励磁电流 $I_m \approx 0$，可将励磁支路去掉，等效电路如图 5-45 所示。由该等效电路可得

$$\begin{cases} Z_k = \dfrac{U_1}{I_{1k}} \\ R_k = R_1 + R_2' \\ X_k = X_{1\sigma} + X_{2\sigma}' \end{cases} \qquad (5\text{-}101)$$

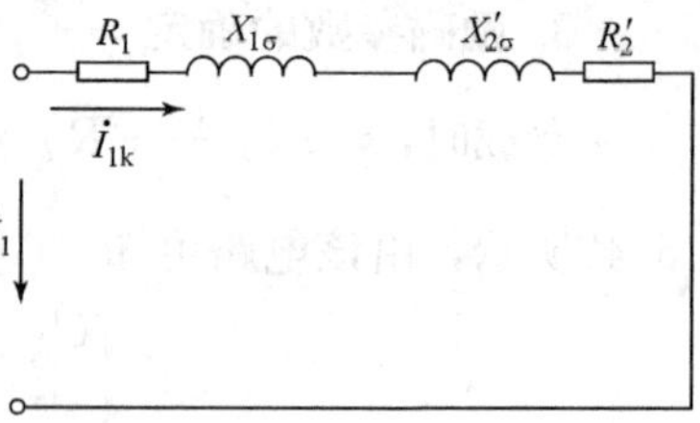

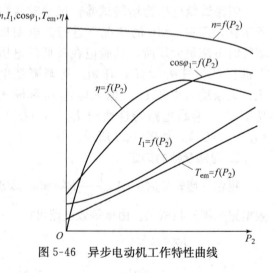
图 5-45　短路时的近似等效电路

对于大、中型异步电动机 $X_{1\sigma} = X_{2\sigma}' = \dfrac{X_k}{2}$，短路参数计算大为简化，但对小型电动机按上述方法确定其参数时，误差较大。

5.10　三相异步电动机的工作特性

异步电动机的工作特性是指在额定电压、额定频率时，异步电动机的转速 n、定子电流 I_1、功率因数 $\cos\varphi_1$、电磁转矩 T_{em} 和效率 η 与输出功率 P_2 之间的关系，即 n、I_1、$\cos\varphi_1$、T_{em}、$\eta = f(P_2)$。

5.10.1　三相异步电动机的工作特性

1. 转速特性

转速特性是指 $U_1 = U_{1N}$、$f_1 = f_N$ 时，转速与输出功率之间的关系 $n = f(P_2)$。因 $n = n_1(1-s)$，所以从转差率与输出功率的关系 $s = f(P_2)$ 就可以得到转速特性。转差率可表示为

$$s = \frac{p_{Cu2}}{P_{em}} = \frac{m_1 I_2'^2 R_2'}{m_1 E_2' I_2' \cos\varphi_2} \qquad (5\text{-}102)$$

空载时，$P_2 \approx 0$，转子电流 $I_2' \approx 0$，所以转差率 $s \approx 0$，转速 $n \approx n_1$。负载时，转子电流 I_2' 随着负载的增加而增加，转子铜损耗 p_{Cu2} 及电磁功率 P_{em} 都相应增加，但转子铜损耗 p_{Cu2} 的增加较电磁功率 P_{em} 增加得快，因此转差率 s 随负载的增加而增大。由于异步电动机中 p_{Cu2} 较小，所以在额定负载时，$s = (2 \sim 5)\%$，转速相应为 $n = (0.98 \sim 0.95)n_1$，因此 $n = f(P_2)$ 是一条略微向下倾斜的曲线，如图 5-46 中所示。

2. 定子电流特性

定子电流特性是指 $U_1 = U_{1N}$、$f_1 = f_N$ 时，定子电流与输出功率之间的关系 $I_1 = f(P_2)$。异步电动机的定子电流 $\dot{I}_1 = \dot{I}_m - \dot{I}_2'$，空载时 $I_2' \approx 0$，$\dot{I}_1 = \dot{I}_m$。随着负载的增加，转子电流 I_2' 增大，定子电流 $\dot{I}_1$ 随之增加，$I_1 = f(P_2)$ 的变化规律如图 5-46 所示。

图 5-46　异步电动机工作特性曲线

3. 功率因数特性

功率因数特性是指 $U_1 = U_{1N}$、$f_1 = f_N$ 时，功率因数与输出功率之间的关系 $\cos\varphi_1 = f(P_2)$。由异步电动机的等效电路可以看出，异步电动机的总阻抗是感性的，所以对电源来

说电动机相当于一个感性负载，因而其功率因数总是滞后的。空载运行时，异步电动机的定子电流基本上是用以建立磁场的无功磁化电流，所以 $\cos\varphi_1$ 很小，通常小于 0.2。随着负载的增加，转子电流有功分量增加，定子电流有功分量随之增加，使功率因数 $\cos\varphi_1$ 逐渐上升，在额定负载附近，功率因数达到最大值。由于从空载到满载范围内 s 很小且变化很小，所以 $\varphi_2 = \arctan\dfrac{x'_{2\sigma}s}{R'_2}$ 基本不变，在此范围内 $\cos\varphi_1$ 基本是上升的。当负载增加到一定程度时，转速较低，转差率 s 较大，使 φ_2 增大，$\cos\varphi_2$ 下降，因而 $\cos\varphi_1$ 下降，所以功率因数有一最大值，如图 5-46 中所示。

4. 转矩特性

转矩特性是指 $U_1 = U_{1N}$、$f_1 = f_N$ 时，电磁转矩与输出功率的关系 $T_{em} = f(P_2)$。异步电动机的电磁转矩为 $T_{em} = T_2 + T_0 = \dfrac{P_2}{\Omega} + T_0$，从空载到额定负载范围内，转速变化很小，若忽略转速的变化，且 T_0 可认为基本不变，则可近似认为 $T_{em} = f(P_2)$ 是一条斜率为 $\dfrac{1}{\Omega}$ 的直线，如图 5-46 中所示。

5. 效率特性

效率特性是指 $U_1 = U_{1N}$、$f_1 = f_N$ 时，效率 η 与输出功率之间的关系 $\eta = f(P_2)$。异步电动机的效率为

$$\eta = \frac{P_2}{P_1} = 1 - \frac{\Sigma p}{P_1} \tag{5-103}$$

式中　$\Sigma p = p_{Cu1} + p_{Cu2} + p_{Fe} + p_{mec} + p_{ad}$——电动机的总损耗。

从空载运行到满载运行，由于主磁通和转速变化很小，所以铁损耗 p_{Fe} 和机械损耗 p_{mec} 基本不变，可视为不变损耗；而定、转子铜损耗和附加损耗随负载变化而变化，为可变损耗。空载时 $P_2 = 0$，所以 $\eta=0$，当负载开始增加时，总损耗增加较慢，效率上升很快，当不变损耗与可变损耗相等时，效率达到最大值，之后继续增大负载时，定、转子铜损耗增加较快，效率反而下降。一般最大效率出现在额定负载的 $70\%\sim100\%$ 范围内。效率特性曲线见图 5-46 中的 $\eta = f(P_2)$ 曲线。

因异步电动机的效率和功率因数都在额定负载附近达到最大值，所以选用电动机时应使电动机的容量与负载匹配合理。若电动机容量选择过小，则引起过载，使电动机温升过高，影响寿命；但电动机容量选择过大，电动机处于轻载运行状态，其效率和功率因数都很低。因此要合理地选择电动机的容量，使电动机经济、合理和安全地运行。

5.10.2　用直接负载法计算工作特性

用直接负载法计算工作特性时，先由空载试验测出铁损耗 p_{Fe} 和机械损耗 p_{mec}，并用电桥测出定子每相绕组的电阻 R_1，再进行负载试验。负载试验是在 $U_1 = U_{1N}$、$f_1 = f_N$ 的条件下进行的，改变负载大小，分别记录不同负载时定子的输入功率 P_1、定子电流 I_1 和转速 n，试验中进行实测工作特性中的电流特性和转速特性，其他三条特性的计算过程如下：

由已测得的 P_1、I_1、R_1、p_{mec} 及 p_{Fe} 可得到电磁功率和电磁转矩为

$$\begin{cases} P_{em} = P_1 - p_{Cu1} - p_{Fe} = P_1 - m_1 I_1^2 R_{1(75℃)} - p_{Fe} \\ T_{em} = \dfrac{P_{em}}{\Omega_1} \end{cases}$$

式中　$R_{1(75°)}$——定子绕组在75℃时的每相电阻。

转子铜损耗和杂散损耗为

$$\begin{cases} p_{Cu2} = sP_{em} \\ p_{ad} = (0.5-2)\% P_N \left(\dfrac{I_1}{I_{1N}}\right)^2 \end{cases}$$

输出功率和效率为

$$\begin{cases} P_2 = P_{em} - p_{Cu2} - p_{mec} - p_{ad} = P_{em} - sP_{em} - p_{mec} - p_{ad} \\ \eta = \dfrac{P_2}{P_1} \end{cases}$$

功率因数为

$$\cos\varphi_1 = \frac{P_1}{m_1 U_1 I_1}$$

直接负载法主要适用于中、小型异步电动机。如因条件所限不能做负载试验时，一般采用测取电动机参数，然后用等效电路间接计算工作特性。因从空载到满载气隙磁场几乎不变，所以励磁阻抗认为是常数，且漏电抗也为常数，这样等效电路中的参数在额定电压及额定频率下基本不变。给出了 p_{Fe}、p_{mec} 和 p_{Cu1} 后，可利用等效电路计算工作特性。对于不同的转差率 s（一般为 0～0.04 取一组数据），分别求出 n_1、I_1、$\cos\varphi_1$、T_{em} 和 η 即可。

例5-4　一台异步电动机的额定功率为 7.5kW，$U_N = 380$V，$n_N = 962$r/min，$\cos\varphi_1 = 0.827$，定子为角形联结，定子铜损耗 $p_{Cu2} = 470$W，铁损耗 $p_{Fe} = 234$W，机械损耗 $p_{mec} = 45$W，附加损耗 80W，求额定负载时：

1）转差率及转子电流的频率。

2）转子铜损耗及效率。

3）定子电流。

4）负载转矩 T_2、空载转矩 T_0 及电磁转矩 T_{em}。

解：1）

$$s_N = \frac{n_1-n}{n_1} = \frac{1000-962}{1000} = 0.038, \quad f_2 = sf_1 = 1.9\text{Hz}$$

2）

$$P_\Omega = P_2 + p_{mec} + p_{ad} = (7500+45+80)\text{W} = 7625\text{W}$$

$$P_{em} = \frac{P_\Omega}{1-s_N} = \frac{7625}{1-0.038}\text{W} = 7926\text{W}$$

$$p_{Cu2} = s_N P_{em} = 0.038 \times 7926\text{W} = 301\text{W}$$

$$P_1 = P_{em} + p_{Cu1} + p_{Fe} = (7926+470+234)\text{W} = 8630\text{W}$$

$$\eta = \frac{P_2}{P_1} = \frac{7500}{8630} = 86.9\%$$

3）

$$I_1 = \frac{P_1}{\sqrt{3} U_1 \cos\varphi_1} = \frac{8630}{1.732 \times 380 \times 0.827}\text{A} = 15.85\text{A}$$

4）

$$T_2 = \frac{P_2}{\Omega_N} = \frac{7500}{2\pi \times \dfrac{962}{60}}\text{N·m} = 74.48\text{N·m}$$

$$T_0 = \frac{p_{mec} + p_{ad}}{\Omega_N} = \frac{125}{2\pi \times \frac{962}{60}} \text{N} \cdot \text{m} = 1.24 \text{N} \cdot \text{m}$$

$$T_{em} = \frac{P_\Omega}{\Omega_N} = \frac{7625}{2\pi \times \frac{962}{60}} \text{N} \cdot \text{m} = 75.72 \text{N} \cdot \text{m}$$

$$T_{em} = T_2 + T_0 = 75.72 \text{N} \cdot \text{m}$$

5.11 单相异步电动机

由单相电源供电的异步电动机称为单相异步电动机。由于采用单相电源供电，使单相异步电动机在家用电器中得到了广泛应用。与同容量的三相异步电动机相比，单相异步电动机的体积较大，运行性能稍差，功率一般为几十到几百瓦。单相异步电动机与三相异步电动机在结构、工作原理和性能上都有一定差别。

5.11.1 单相异步电动机的工作原理

单相异步电动机的种类很多，除罩极式电动机外，定子铁心都与普通三相异步电动机相似，定子上通常装有两个绕组：工作绕组和起动绕组，通常两绕组在空间上互差90°电角度，转子与三相异步电动机相同，一般为普通笼型转子，如图 5-47 所示。

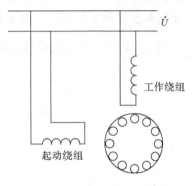

图 5-47 单相异步电动机接线图

单相异步电动机的工作原理可利用双旋转磁场理论来说明。单相交流电 $i = \sqrt{2} I \cos\omega t$，通过单相绕组所建立的磁动势为一脉振磁动势，其基波分量可表示为

$$f_1(\theta_s, t) = F_1 \cos\theta_s \cos\omega t = \frac{1}{2} F_1 \cos(\omega t - \theta_s) +$$

$$\frac{1}{2} F_1 \cos(\omega t + \theta_s) = f_+(\theta_s, t) + f_-(\theta_s, t) \tag{5-104}$$

上式表明，一个脉振磁动势可分解为两个旋转磁动势且二者的幅值相等，为脉振磁动势幅值的一半，转向相反，转速相同，分别称为正向旋转磁动势和反向旋转磁动势。两旋转磁动势将在转子绕组中分别产生电动势及电流，从而产生正、反向电磁转矩。当电动机静止时，所产生的正、反向电磁转矩相互抵消，合成电磁转矩为零，电动机不具备自起动能力。如借助外力使电动机的转子沿正向旋转磁动势的方向旋转，转速为 n，则相对于正向磁场，转子的转差率为

$$s_+ = \frac{n_1 - n}{n_1} = s \tag{5-105}$$

可以看出，正向旋转磁动势对转子的作用和三相异步电动机中的相同，在转子绕组中产生的感应电动势和电流的频率为 $f_{2+} = s_+ f_1 = s f_1$。对于反向旋转磁场，转子的转差率为

$$s_- = \frac{-n_1 - n}{-n_1} = 2 - s_+ = 2 - s \tag{5-106}$$

反向旋转磁场在转子绕组中产生的感应电动势和电流的频率为 $f_{2-} = (2 - s) f_1$。正、反

转磁场分别产生正、反向电磁转矩 T_{em+} 和 T_{em-}，如图 5-48 中虚线所示，将二者合成即得到脉振磁动势作用下电动机产生的电磁转矩 T_{em}，如图 5-48 中的实线所示。

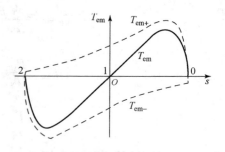

由单相异步电动机的 T_{em} - s 曲线可以看出：

1) 起动时，$s = 1$，$T_{em+} = T_{em-}$，合成转矩 $T_{em} = 0$，电动机无起动转矩。

2) 只要有一外力使转子转动，则 $T_{em} \neq 0$，去掉外力后，电动机会逐步加速到接近同步转速，其转向取决于外力的方向。

图 5-48　单相异步电动机的 T_{em} - s 曲线

5.11.2　等效电路

利用上述分析可推出单相异步电动机的等效电路，如图 5-49 所示。图中 R_1、$X_{1\sigma}$ 分别为定子绕组的电阻和漏电抗，E_+ 和 E_- 分别为气隙中正向和反向旋转磁场在定子绕组中产生的感应电动势。由于定子正转和反转磁动势的幅值都等于脉振磁动势幅值的 $1/2$，故在对应的正转和反转等效电路中，励磁阻抗各为 $0.5Z_m$，转子电阻和漏电抗的归算值各为 $0.5R_2'$ 和 $0.5X_{2\sigma}'$，转子回路总的等效电阻分别为 $0.5\dfrac{R_2'}{s}$ 和 $0.5\dfrac{R_2'}{2-s}$。

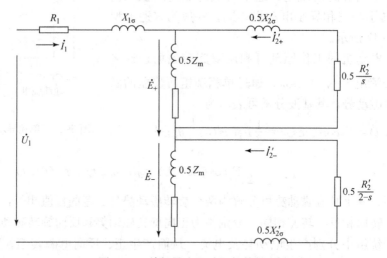

图 5-49　单相异步电动机的等效电路

由等效电路可得到定、转子电流为

$$\begin{cases} \dot{I}_1 = \dfrac{\dot{U}_1}{Z_{1\sigma} + Z_+ + Z_-} \\[3mm] \dot{I}_{2+}' = -\dot{I}_1 \dfrac{Z_+}{\dfrac{0.5R_2'}{s} + \mathrm{j}0.5X_{2\sigma}'} \\[3mm] \dot{I}_{2-}' = -\dot{I}_1 \dfrac{Z_-}{\dfrac{0.5R_2'}{2-s} + \mathrm{j}0.5X_{2\sigma}'} \end{cases} \qquad (5\text{-}107)$$

式中

$$Z_{1\sigma} = R_1 + jX_{1\sigma}, Z_+ = \frac{0.5Z_{\mathrm{m}}\left(\dfrac{0.5R_2'}{s} + j0.5X_{2\sigma}'\right)}{0.5Z_{\mathrm{m}} + \left(\dfrac{0.5R_2'}{s} + j0.5X_{2\sigma}'\right)}, Z_- = \frac{0.5Z_{\mathrm{m}}\left(\dfrac{0.5R_2'}{2-s} + j0.5X_{2\sigma}'\right)}{0.5Z_{\mathrm{m}} + \left(\dfrac{0.5R_2'}{2-s} + j0.5X_{2\sigma}'\right)}$$

则正向电磁转矩 $T_{\mathrm{em}+}$ 和反向电磁转矩 $T_{\mathrm{em}-}$ 为

$$\begin{cases} T_{\mathrm{em}+} = \dfrac{1}{\Omega_1}I_{2+}'^2\dfrac{0.5R_2'}{s} \\ T_{\mathrm{em}-} = -\dfrac{1}{\Omega_1}I_{2-}'^2\dfrac{0.5R_2'}{2-s} \end{cases} \tag{5-108}$$

合成电磁转矩为

$$T_{\mathrm{em}} = T_{\mathrm{em}+} + T_{\mathrm{em}-} = \frac{1}{\Omega_1}I_{2+}'^2\frac{0.5R_2'}{s} - \frac{1}{\Omega_1}I_{2-}'^2\frac{0.5R_2'}{2-s} \tag{5-109}$$

正常运行状态时转差率 s 很小，反向电磁转矩很小，合成磁场近似于圆形旋转磁场。由于单相异步电动机始终存在一个反向转矩，因此这种电动机的性能要比三相异步电动机差，效率和功率因数较低。

5.11.3 起动方法

由上述分析可知，单相异步电动机的定子磁动势是一个脉振磁动势，不能产生起动转矩，如何解决起动问题是单相异步电动机的关键。下面讨论其起动方法，根据起动方法及相应结构上的不同，单相异步电动机常用的起动方法有分相起动和罩极起动两种。

1. 分相式电动机

为了使起动时在电动机气隙中建立旋转磁场，定子上除了工作绕组外，还有一起动绕组，两绕组空间互差 90°电角度，并且两绕组中的电流不同相，从而产生旋转磁场和起动转矩。起动绕组一般按短时运行状态设计，当电动机转速达到一定值时，由离心开关将起动绕组从电源断开，这种单相电动机称为分相式单相异步电动机。分相式单相异步电动机又可分为电阻分相和电容分相。

（1）电阻分相起动电动机

电阻分相起动电动机的起动绕组用较细的导线制成，其阻值较大，起动绕组的电流超前于工作绕组的电流，产生旋转磁场，使电动机起动，当电动机转速到达 75% 左右的同步速时，利用离心开关将起动绕组从电源断开。

（2）电容分相起动电动机

在起动回路中串入电容器，选择合适的电容器，使起动绕组中的电流超前工作绕组电流 90°电角度，从而在气隙中建立一个接近圆形的旋转磁场，并产生较大的起动转矩，使电动机起动。当电动机转速到达 75% 左右的同步速时，利用离心开关 K 将起动绕组从电源断开，称为电容分相起动电动机，如图 5-50 所示。由于起动绕组串入电容后，不仅解决了起动问题，而且运行时还能改善功率因数，所以可去掉离心开关，起动完毕后起动绕组不断开，电动机运行于两相工作状态，则称这种电动机为电容运转电动机。

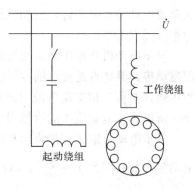

图 5-50 电容分相起动电动机

2. 罩极式电动机

罩极式电动机的结构如图 5-51a 所示，定子铁心多做成凸极式，由硅钢片叠压而成。每个极上绕有工作绕组，在磁极极靴上开一小槽，用短路铜环（称为罩极线圈）把部分磁极罩起来，罩极线圈所环绕的铁心面积约为整个磁极面积的 1/3 左右，转子为笼型。

当通入单相交流电后，产生脉振磁通，其中部分磁通 $\dot{\Phi}$ 不通过短路环，另一部分磁通 $\dot{\Phi}'$ 通过短路环，$\dot{\Phi}'$ 在短路环中产生感应电动势 $\dot{E}_k$，从而产生 $\dot{I}_k$，$\dot{I}_k$ 滞后于 $\dot{E}_k$ 以 ψ_k 电角度，$\dot{I}_k$ 产生 $\dot{\Phi}_k$，$\dot{\Phi}_k$ 与 $\dot{I}_k$ 同相位。通过磁极被罩部分的磁通 $\dot{\Phi}''$ 应为 $\dot{\Phi}'' = \dot{\Phi}' + \dot{\Phi}_k$，如图 5-51b 所示。由于短路环的作用，使 $\dot{\Phi}''$ 与 $\dot{\Phi}$ 在空间上和时间上都有一定的相位差，所以气隙内的合成磁场是一个具有一定推移速度的旋转磁场，其方向为从超前的磁通 $\dot{\Phi}$ 向滞后的磁通 $\dot{\Phi}''$。在该磁场作用下，电动机产生一定的起动转矩，使转子沿着旋转磁场的方向转动。

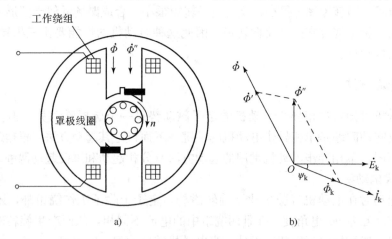

图 5-51　凸极式罩极式起动电动机

a）电动机结构　b）矢量图

罩极式电动机的起动转矩较小，但因其结构简单，多用于小型电扇、电唱机和录音机中。

本 章 小 结

本章首先介绍了异步电动机定子绕组的构成原则及各种绕组的连接方法，为力求获得最大基波电动势和磁动势，三相绕组一般采用 60°相带，并且采用分布和短距绕组以最大限度地削弱高次谐波。

异步电动机绕组中通入交流电流后就会产生磁动势及磁场，一相绕组产生的磁动势为脉振磁动势，其特点是波形的空间位置不变，幅值随时间变化。当在异步电机定子对称三相绕组中通入对称三相交流电流时产生圆形旋转磁动势。异步电动机借助磁场实现了能量的转换，所以异步电动机中的磁场对电机的运行有着重大影响。

异步电动机定子三相绕组与磁场产生周期性相对运动时，在交流绕组中就会感应出交流电动势，其频率为 $f = \dfrac{pn_1}{60}$，取决于磁场与导体间的相对速度 n_1 和极对数 p，其感应的基波相电动势为 $E_{\phi 1} = 4.44 f N k_{w1} \phi_1$。

在分析了异步电动机绕组的连接、磁动势和电动势这些基本知识后，本章主要研究异步电机的基本电磁关系和分析方法，这是进一步研究异步电机各种性能的基础。从异步电动机的基本原理和分析方法看，异步电动机与变压器有很多相似之处，学习异步电动机时在利用这种相似性的同时，还必须注意它们的差别。

异步电动机是单边励磁的电动机，当在定子边加入三相交流电后，由磁场的作用在异步电动机的转子中产生感应电流。转差率是异步电动机的重要物理量，它反映了异步电动机的负载大小，并用以区分异步电动机的三种运行状态。

根据电动机内磁场的具体分布和所起作用的不同，将磁通分为主磁通和漏磁通，二者的路径和性质截然不同，将它们分开处理，会给电动机的分析带来很大方便。

异步电动机的定、转子电路是两个相互独立的电路，与变压器分析方法相似，为了得到异步电动机有电的联系的等效电路，应进行频率和绕组的归算，并给出异步电动机的"T"型等效电路、基本方程式和相量图。

等效电路是分析异步电动机的有力工具，它全面反映了异步电动机的电流、功率、转矩及它们之间的相互关系，利用异步电动机的"T"型等效电路可推出异步电动机的功率方程式和转矩方程式。异步电动机中的电磁转矩是能量转换过程中的关键物理量，在电磁转矩的作用下，使异步电动机转动并输出相应的转矩带动机械负载，从而实现了能量的转换。

思 考 题

5-1 什么是槽电动势星形图？什么是相带？

5-2 为什么说交流绕组产生的磁动势既是时间的函数，又是空间的函数？试以三相绕组合成磁动势的基波来说明。

5-3 高次谐波产生的原因是什么？如何削弱高次谐波？

5-4 脉振磁动势和旋转磁动势各有哪些基本特性？产生脉振磁动势、圆形旋转磁动势的条件有什么不同？

5-5 试比较单层绕组和双层绕组的优缺点以及它们的应用范围。

5-6 为什么采用分布和短距绕组能削弱谐波电动势？为削弱五次和七次谐波电动势，应选择多大节距？

5-7 一台三角形联结的定子绕组，当一相断线时产生何种磁动势？若采用星形联结，当一相断线时产生何种磁动势？

5-8 在三相绕组中，将通入三相负序电流和通入幅值相同的三相正序电流进行比较，旋转磁场有何区别？

5-9 异步电动机有几种运行状态，如何进行区分？

5-10 为什么异步电动机的功率因数总是滞后的？

5-11 异步电动机作发电机运行和作电动机运行时，电磁转矩和转子转向之间的关系是否一样？怎样区分这两种运行状态？

5-12 异步电动机中，主磁通和漏磁通的性质和作用有什么不同？

5-13 异步电动机为什么要进行转子绕组归算和频率归算，归算的原则是什么？

5-14 等效电路中的 $(1-s)R_2'/s$ 代表什么意义？能否用电感或电容代替？

5-15 异步电动机转速变化时，转子磁动势在空间的转速是否改变，为什么？

5-16 异步电动机的气隙大小对电动机的性能有何影响？为什么异步电动机的气隙要尽可能小？

5-17 有一台三相绕线转子异步电动机，若将定子三相短接，转子中通入频率为 50Hz 的三相交流电流，问气隙旋转磁场相对于转子和相对于定子的转速以及转子的转向。

练 习 题

5-1 有一三相双层绕组，$Q=24$，$2p=4$，试绘出：

1）槽电动势星形图。

2）绘制 $y_1=5$、支路数 $a=2$ 的叠绕组展开图。

5-2 一台三相同步发电机，定子为三相双层叠绕组，Y 连接，$2p=2$，$Q=36$，$y_1=14$，线圈匝数 $N_C=1$，并联支路数 $a=1$，每极基波磁通量 $\Phi_1=2.63\text{Wb}$，基波电动势频率 $f=50\text{Hz}$，试求绕组的基波相电动势及线电动势。

5-3 在对称的两相绕组（空间上差 90°电角度）内通以对称的两相电流（时间上差 90°电角度），试分析所产生的合成磁动势基波。

5-4 设有一台 50Hz、6 极三相异步电动机，额定转差率 $s_N=0.04$，该电动机的同步转速是多少？额定转速是多少？当该电动机运行在 980r/min 时，转差率是多少？

5-5 有一台三相异步电动机，50Hz，△联结，定子电阻 $R_1=0.4\Omega$，其空载和短路试验数据如下：

空载试验数据为

$$U_0=U_N=380\text{V}, \quad I_0=21.2\text{A}, \quad P_0=1.34\text{kW}$$

短路试验数据为

$$U_k=110\text{V}, \quad I_k=66.8\text{A}, \quad P_k=4.14\text{kW}$$

已知机械损耗 $p_{mec}=100\text{W}$，$X_{1\sigma}=X_{2\sigma}'$，求该电动机的"T"型等效电路参数。

5-6 一台三相、4 极、50Hz 的异步电动机，$P_N=75\text{kW}$，$n_N=1450\text{r/min}$，$U_N=380\text{V}$，$I_N=160\text{A}$，定子 Y 接法。已知额定运行时，输出转矩为电磁转矩的 90%，$p_{Cu1}=p_{Cu2}$，$p_{Fe}=2.1\text{kW}$。试计算额定运行时的电磁功率、输入功率和功率因数。

5-7 一台三相异步电动机的输入功率为 10.7kW 时，定子铜损耗为 450W，铁损耗为 200W，转差率为 $s=0.029$，试计算电动机的电磁功率、转子铜损耗及总机械功率。

5-8 一台 4 极 50Hz 三相异步电动机，$P_N=5.5\text{kW}$，额定运行时其输入功率为 6.3kW，定子边的总损耗 $p_{Cu1}+p_{Fe}=500\text{W}$，转子铜损耗为 232W。求：

1）电动机的效率 η、转差率 s 和转速 n。

2）电动机的电磁转矩 T_{em} 和轴上输出转矩 T_2。

5-9 一台 4 极绕线型异步电动机，频率为 50Hz，转子每相电阻 $R_2=0.04\Omega$，额定转速 $n_N=1480\text{r/min}$，若负载转矩不变，要求把转速降到 1200r/min，问应在转子每相串入多大的电阻？

第6章 三相异步电动机的电力拖动

【内容简介】

本章首先分析三相异步电动机的机械特性；然后讨论由三相异步电动机组成的电力拖动系统的各种起动、调速和制动方法；重点分析其运行原理、机械特性、运行性能等相关问题。

【本章重点】

机械特性的三种表达式；各种起动方法及起动性能；各种调速方法、调速时的机械特性及调速性能；各种制动方法、制动时的机械特性及制动性能。

【本章难点】

三相异步电动机的变频调速、变极调速及双馈调速的运行原理及机械特性；三相异步电动机的能耗制动。

交流电力拖动系统是指以交流电动机（即异步电动机和同步电动机）为原动机，拖动各种生产机械的一类传动系统。三相异步电动机是工农业生产中应用最广泛的一种电机。和其他电机相比较，它具有结构简单、制造容易、价格低廉、运行可靠、维护方便以及效率较高等一系列优点；和同容量的直流电动机相比，异步电动机的重量约为直流电动机的一半，而其价格仅为直流电动机的三分之一。异步电动机的缺点是不能经济地在较大范围内平滑调速，且从电网吸收滞后的无功功率，使电网的功率因数降低。由于大多数生产机械不需要大范围的平滑调速，而电网的功率因数又可采取其他方法进行补偿，因此，三相异步电动机成为了电力拖动系统中极为重要的动力元件。随着控制理论和工程技术的进步，异步电动机的调速性能在不断地提高和完善，交流拖动系统大有取代直流拖动系统的趋势。

6.1 三相异步电动机的机械特性

三相异步电动机的机械特性是指在定子电源电压和频率以及绕组参数都一定的条件下，转速与电磁转矩之间的关系式，即 $n = f(T_{em})$。由于转差率 s 与转速 n 之间存在线性关系（$s = 1 - \dfrac{n}{n_1}$），故也可以用 $s = f(T_{em})$ 表示三相异步电动机的机械特性。

6.1.1 三相异步电动机机械特性的三种表达式

三相异步电动机机械特性的表达式有三种形式，即物理表达式、参数表达式及实用表达式。下面分别讨论。

1. 物理表达式

由第5章可知，电磁转矩为

$$T_{\mathrm{em}} = \frac{P_{\mathrm{em}}}{\Omega_1} = \frac{m_2 I_2 E_2 \cos\varphi_2}{\Omega_1} = \frac{m_2 I_2 (\sqrt{2}\pi f_1 N_2 K_{\mathrm{W2}} \Phi_{\mathrm{m}})\cos\varphi_2}{2\pi f_1/p} \tag{6-1}$$

$$= \frac{m_2 p N_2 K_{\mathrm{W2}}}{\sqrt{2}} \Phi_{\mathrm{m}} I_2 \cos\varphi_2 = C_{\mathrm{TJ}} \Phi_{\mathrm{m}} I_2 \cos\varphi_2$$

$$C_{\mathrm{TJ}} = \frac{m_2 p N_2 K_{\mathrm{W2}}}{\sqrt{2}}$$

式中，C_{TJ} 为三相异步电动机的转矩常数；Φ_{m} 为每极气隙磁通。

式（6-1）表明，三相异步电动机的电磁转矩 T_{em} 与气隙磁通 Φ_{m} 及转子电流的有功分量 $I_2\cos\varphi_2$ 成正比。从物理意义上讲，它是电磁力定律在异步电动机中的应用，式中的三个物理量 T_{em}、Φ_{m}、$I_2\cos\varphi_2$ 符合左手定则，三者相互垂直，所以叫作物理表达式，其在形式上与直流电动机中的电磁转矩表达式 $T_{\mathrm{em}} = C_{\mathrm{T}}\Phi I_{\mathrm{a}}$ 相似。

式（6-1）所描述的物理表达式，不能明显地表示出 T_{em} 与 s（或 n）两者的关系，若要进一步分析，可首先分别分析 Φ_{m}、I_2、$\cos\varphi_2$ 与 s 的关系特性，然后再根据式（6-1）合成，即可得到 $T_{\mathrm{em}} = f(s)$ 曲线。

物理表达式适用于对电动机的运行性能作定性分析，但它没有明显地表示 $T_{\mathrm{em}} = f(s)$ 的关系，因此，有必要进一步推导出参数表达式。

2. 参数表达式

由第 5 章所导出的三相异步电动机的电磁转矩表达式为

$$T_{\mathrm{em}} = \frac{P_{\mathrm{em}}}{\Omega_1} = \frac{m_1}{\Omega_1} I_2'^2 \frac{R_2'}{s} \tag{6-2}$$

由异步电动机的近似等效电路可得转子电流的折算值为

$$I_2' = \frac{U_1}{\sqrt{\left(R_1 + \dfrac{R_2'}{s}\right)^2 + (x_{1\sigma} + x_{2\sigma}')^2}} \tag{6-3}$$

将式（6-3）代入式（6-2），可得三相异步电动机机械特性的参数表达式为

$$T_{\mathrm{em}} = \frac{m_1}{\Omega_1} \frac{U_1^2 \dfrac{R_2'}{s}}{\left(R_1 + \dfrac{R_2'}{s}\right)^2 + (x_{1\sigma} + x_{2\sigma}')^2} \tag{6-4}$$

由于式（6-4）是用定子电源电压、频率和电机参数所表示的机械特性，所以称作三相异步电动机的参数表达式，其对应的特性曲线如图 6-1 所示。

为了深入讨论三相异步电动机的机械特性，对机械特性上的特殊点（即同步速点 A、起动点 B 和临界点 C 及 C'）进行分析如下：

（1）同步速点 A（$T_{\mathrm{em}} = 0$、$n = n_1$）

当 $T_{\mathrm{em}} = 0$ 时，转速 $n = n_1 = \dfrac{60}{p} f_1$（或 $s = 0$），如图 6-1 中所示 A 点，这时电动机以同步速 n_1 旋转，所以称 A 点为同步速点。由三相异步电动机的工作原理知，电动机是

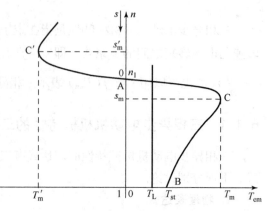

图 6-1 三相异步电动机的机械特性

由电磁转矩驱动而旋转的，当电磁转矩 $T_{em} = 0$ 时，电动机在理论上是以 n_1 高速旋转的，但这是一种理想情况，故又称为理想空载转速。只有给电动机施加外力来克服摩擦阻转矩 T_0 时，电动机才能运行于此点。

（2）起动点 B（$T_{em} = T_{st}$、$n = 0$）

电动机起动时，$n = 0$（$s = 1$），$T_{em} = T_{st}$，如图 6-1 中所示 B 点。将 $s = 1$ 代入式（6-4）可得起动转矩为

$$T_{st} = \frac{m_1}{\Omega_1} \frac{U_1^2 R_2'}{(R_1 + R_2')^2 + (x_{1\sigma} + x_{2\sigma}')^2} \tag{6-5}$$

由式（6-5）可知：

1）$T_{st} \propto U_1^2$，当定子电压下降时，起动转矩成二次方倍的下降。

2）T_{st} 与 R_2' 有关，对于绕线转子电动机，可以通过往转子中串电阻的方式提高起动转矩，改善起动性能；对于笼型电动机，转子电阻 R_2 为常数，其他参数不变时，起动转矩 T_{st} 不变。不同的电动机具有不同的起动转矩 T_{st}，为了评价某电动机的起动性能，定义起动转矩 T_{st} 与额定转矩 T_N 之比为起动转矩倍数，用 λ_{st} 表示，即

$$\lambda_{st} = \frac{T_{st}}{T_N} \tag{6-6}$$

起动转矩倍数 λ_{st} 的大小反映了电动机起动带负载的能力，λ_{st} 大则起动快，但要求增大 λ_{st}，设计时要付出一定的代价，所以不能过分要求 λ_{st} 有很大的数值。一般用途笼型电动机的 λ_{st} 为 1.0～2.0；冶金起重用笼型电动机的 λ_{st} 为 2.8～4.0。

（3）临界点 C（$T_{em} = T_m$、$s = s_m$）及 C'（$T_{em} = T_m'$、$s = s_m'$）

电动机运行在临界点时，其转差率为 s_m 或 s_m'，称作临界转差率；电动机发出的电磁转矩为 T_m 或 T_m'，称作最大转矩，这是电动机所能发出的电磁转矩的极限，如图 6-1 中的 C 点及 C' 点。s_m、s_m'、T_m 和 T_m' 是电动机的重要参数，需做进一步分析。

将式（6-4）对转差率 s 求导，并令 $\dfrac{dT_{em}}{ds} = 0$，求出临界转差率为

$$s_m、s_m' = \pm \frac{R_2'}{\sqrt{R_1^2 + (x_{1\sigma} + x_{2\sigma}')^2}} \tag{6-7}$$

将式（6-7）代入式（6-4）中，得最大转矩为

$$T_m、T_m' = \pm \frac{m_1}{\Omega_1} \frac{U_1^2}{2\left[\pm R_1 + \sqrt{R_1^2 + (x_{1\sigma} + x_{2\sigma}')^2}\right]} \tag{6-8}$$

式（6-7）和式（6-8）中，正号对应电动状态（第一象限中 C 点），负号对应发电制动状态（第二象限中的 C' 点）。

由式（6-7）和式（6-8）可知，$|s_m| = |s_m'|$、$|T_m| < |T_m'|$，即电动机工作在发电制动状态时，最大转矩的值大于工作在电动状态时。

对于一般电动机，$R_1 \ll x_{1\sigma} + x_{2\sigma}'$，忽略 R_1，式（6-7）和式（6-8）可近似为

$$s_m、s_m' = \pm \frac{R_2'}{(x_{1\sigma} + x_{2\sigma}')} \tag{6-9}$$

$$T_m、T_m' = \pm \frac{m_1}{\Omega_1} \frac{U_1^2}{2(x_{1\sigma} + x_{2\sigma}')} \tag{6-10}$$

由式（6-7）～式（6-10）可知：

1）当电动机各参数和电源频率不变时，$T_m \propto U_1^2$，而 s_m、s_m' 与 U_1 无关。即当定子电压

改变时，最大转矩成二次方倍的改变，而临界转差率不变。

2）当电源电压、频率和定转子电抗不变时，s_m、$s'_m \propto R'_2 \propto R_2$，而 T_m、T'_m 与 R_2 无关。即当转子电阻增加时，临界转差率成正比的增加，而最大转矩不变。

3）忽略 R_1 时，s_m、$s'_m \propto \dfrac{1}{x_{1\sigma} + x'_{2\sigma}}$，$T_m$、$T'_m \propto \dfrac{1}{x_{1\sigma} + x'_{2\sigma}}$。即当定、转子漏电抗改变时，临界转差率和最大转矩都成反比地改变。

4）当电动机定、转子电阻、电抗及电源电压都不变时，T_m、$T'_m \propto \dfrac{1}{\Omega_1} = \dfrac{p}{2\pi f_1}$，即最大转矩与极对数成正比，与电源频率成反比。$s_m$、$s'_m$ 与极对数及频率无关。

定义最大转矩与额定转矩之比为过载倍数，用 λ_m 表示，即

$$\lambda_m = \frac{T_m}{T_N} \tag{6-11}$$

一般异步电动机的 λ_m 为 $1.6 \sim 2.2$，冶金起重用异步电动机的 λ_m 为 $2.2 \sim 2.8$。

λ_m 反映了电动机的短时过载能力，如有两台电动机的对应机械特性如图 6-2 中的特性曲线 1 及 2 所示，$\lambda_{m1} > \lambda_{m2}$（$T_N$ 相同），两台电动机原都运行于 $T_L = T_N$。对于特性曲线 1 的电动机，原稳定运行在 A 点，若负载波动到 T'_L，电动机离开原来的工作点 A，最后到达新的工作点 A' 稳定运行，当扰动去除后，它能回到 A 点稳定运行。对于特性曲线 2 的电动机，原工作于 B 点，负载波动到 T'_L 后，由于 $T'_L > T_{m2}$，导致 n 下降直至堵转，电动机堵转后电流很大，有烧毁电动机的可能，当扰动去除后，由于 $T_{st} < T_N$，故不能起动回到 B 点。可见，对于特性曲线 1 的电动机，当负载波动时，只是转速稍微波动，但负载波动前后都能稳定运行；对于特性曲线 2 的电动机，当负载波动时，不能正常稳定运行，甚至损坏电动机，所以 λ_m 反映了电动机应对负载短时过载的能力。

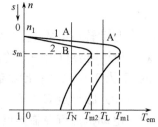

图 6-2　电动机的短时过载能力

参数表达式便于分析电动机参数改变时对电动机运行性能的影响，但用它来绘制机械特性或用来做定量计算很不方便，因为一般的产品目录或铭牌上查不到定、转子的参数 R_1、$x_{1\sigma}$、R'_2 和 $x'_{2\sigma}$，为此需推导机械特性的第三种表达式，即实用表达式。

3. 实用表达式

将式（6-8）除式（6-4），并考虑到式（6-7），得

$$\frac{T_{em}}{T_m} = \frac{2 + 2s_m \dfrac{R_1}{R'_2}}{\dfrac{s}{s_m} + \dfrac{s_m}{s} + 2s_m \dfrac{R_1}{R'_2}}$$

式中，$2s_m \dfrac{R_1}{R'_2} \approx 2s_m$，一般情况下，$s_m \approx 0.1 \sim 0.2$，所以 $2s_m \dfrac{R_1}{R'_2} \approx 2s_m \approx 0.2 \sim 0.4$。可以分析出，$\left(\dfrac{s}{s_m} + \dfrac{s_m}{s} \right) > 2$，所以 $2s_m \dfrac{R_1}{R'_2} \ll \left(\dfrac{s}{s_m} + \dfrac{s_m}{s} \right)$，且分子分母都有此项，为了简化起见，忽略 $2s_m \dfrac{R_1}{R'_2}$，得三相异步电动机的实用表达式为

$$T_{em} = \frac{2T_m}{\dfrac{s}{s_m} + \dfrac{s_m}{s}} \tag{6-12}$$

式（6-12）中的 s_m 及 T_m 可由电动机产品目录或铭牌中的数据计算求出。现介绍如下：

求固有特性上的最大转矩 T_m 及临界转差率 s_{mN}：

由式（6-11）得

$$T_m = \lambda_m T_N$$

其中

$$T_N = 9550 \frac{P_N}{n_N}$$

上式中的 P_N、n_N 均可从铭牌数据查得，λ_m 可从产品目录中查出，从而可求得最大转矩 T_m，单位为 N·m。

工作在固有特性上，当 $T_{em} = T_N$ 时，$s = s_N$（$n = n_N$），代入式（6-12）（实用表达式），得

$$T_N = \frac{2T_m}{\dfrac{s_N}{s_{mN}} + \dfrac{s_{mN}}{s_N}}$$

对上式求解并考虑到 $T_m = \lambda_m T_N$，得

$$s_{mN} = s_N(\lambda_m \pm \sqrt{\lambda_m^2 - 1}) \tag{6-13}$$

若取式（6-13）中的"$-$"号，则有 $(\lambda_m \sqrt{\lambda_m^2 - 1}) < 1$，有 $s_{mN} < s_N$，不合理，舍去此值。所以取"$+$"号，得

$$s_{mN} = s_N(\lambda_m + \sqrt{\lambda_m^2 - 1}) \tag{6-14}$$

将 s_{mN}、T_m 求出后，式（6-12）中只剩下 s 和 T_{em} 两个未知数了，给出一系列的 s 值，代入实用表达式中，得到一系列的 T_{em} 值，即可绘制出机械特性 $T_{em} = f(s)$。

当 $0 < s < s_N$ 时，s_N 为 $0.02 \sim 0.05$，s_m 为 $0.1 \sim 0.2$，$\dfrac{s}{s_m} \ll \dfrac{s_m}{s}$，忽略 $\dfrac{s}{s_m}$，代入式（6-12），得实用表达式的近似线性化公式为

$$T_{em} = \frac{2T_m}{s_m} s \tag{6-15}$$

最大转矩仍为

$$T_m = \lambda_m T_N$$

将固有特性上的额定数据点（T_N、s_N）代入式（6-15），并考虑到 $T_m = \lambda_m T_N$，得

$$s_{mN} = 2\lambda_m s_N \tag{6-16}$$

使用式（6-15）时首先要判断工作点是否处于机械特性的线性段，若不能确定，则应使用式（6-12）进行计算。

以上三种表达式各有各的用途，一般物理表达式用于定性分析 T_{em}、Φ_m 和 $I_2' \cos\varphi_2$ 的关系；参数表达式用于分析电动机参数变化时对机械特性的影响；实用表达式用于进行机械特性的绘制和工程计算。

4. 工作区域

三相异步电动机的工作区域一般只在 $s = 0 \sim s_m$ 部分，如图 6-3 所示，在这部分的特性上，转矩可以近似地看成和转差率成正比，故称为线性段。若带恒转矩负载时，根据稳定运行的条件，只有在线性段电动机才能稳定

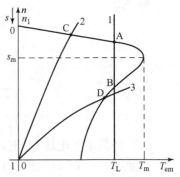

图 6-3　三相异步电动机的工作区域

211

运行，如图中 A 点，而在非线性段（$s = s_m \sim 1$），电动机不能稳定运行，如图中 B 点；若带通风机负载，在线性段和非线性段电动机都能稳定运行，如图中 C 点和 D 点，但是工作在 D 点的转差率 s 很大，转子铜损耗 $p_{Cu2} = sP_{em}$ 随之增大，不但效率大大下降，而且发热严重，故较少采用。因此，三相异步电动机一般只能长期工作于机械特性的线性区域。

6.1.2　三相异步电动机的固有机械特性与人为机械特性

1. 固有机械特性

满足 $U_1 = U_{1N}$，$f_1 = 50\,\mathrm{Hz}$，定、转子不外串电阻、电感和电容，按规定方式接线等条件时的机械特性称为固有机械特性，如图 6-4 所示。

由图 6-4 可知，固有特性上几个特殊点及其特点为

（1）额定点

当 $T_{em} = T_N$ 时，$s = s_N$（$n = n_N$），在其他人为特性上一般没有这个特点。

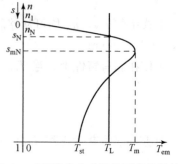

图 6-4　三相异步电动机的固有机械特性

（2）起动点

当 $s = 1$（$n = 0$）时，$T_{em} = T_{st}$，一般定子起动电流为 $I_{1st} = (4 \sim 7)I_{1N}$。

（3）临界点

当 $s = s_{mN}$ 时，$T_{em} = T_m = \lambda_m T_N$。

（4）同步速点

当 $s = 0$（$n = n_1$）时，$T_{em} = 0$，这时转子电流 $I_2' = 0$，$I_1 = I_m$。

2. 人为机械特性

从参数表达式可知，人为地改变电动机的某些参数，机械特性要随之改变，所得到的机械特性称作人为机械特性。

分析人为机械特性的思路是：当电动机的某一参数发生变化时，分析机械特性上三个特殊点（即同步速点、临界点及起动点）的变化情况，从而得到人为机械特性（只讨论第一象限的特性）。

为了分析问题方便起见，把三个特殊点的表达式重新写出。

同步速点
$$\begin{cases} T_{em} = 0 \\ s = 0,\ n = n_1 = \dfrac{60}{p}f_1 \end{cases} \tag{6-17}$$

临界点
$$\begin{cases} T_m = \dfrac{m_1}{\Omega_1}\dfrac{U_1^2}{2\left[R_1 + \sqrt{R_1^2 + (x_{1\sigma} + x_{2\sigma}')^2}\right]} \\ s_m = \dfrac{R_2'}{\sqrt{R_1^2 + (x_{1\sigma} + x_{2\sigma}')^2}} \end{cases} \tag{6-18}$$

起动点
$$\begin{cases} T_{st} = \dfrac{m_1}{\Omega_1}\dfrac{U_1^2 R_2'}{(R_1 + R_2')^2 + (x_{1\sigma} + x_{2\sigma}')^2} \\ s = 1\,(n = 0) \end{cases} \tag{6-19}$$

（1）降低定子电压 U_1 时的人为机械特性

由式（6-17）～（6-19）可知，当 U_1 下降时，同步速 n_1 不变；临界转差率 s_m 不变，最大转矩 T_m 成二次方倍地下降；起动转矩 T_{st} 成二次方倍地下降。可用如下示意图表示：

$$U_1 \downarrow \begin{cases} n_1 \text{ 不变} \\ s_m \text{ 不变}、T_m \downarrow \downarrow (T_m \propto U_1^2) \\ T_{st} \downarrow \downarrow (T_{st} \propto U_1^2) \end{cases}$$

其对应的人为机械特性曲线如图 6-5 所示，图中绘出了 $U_1 = 0.8U_N$ 和 $U_1 = 0.5U_N$ 时的人为机械特性。

对于三相异步电动机减压时的人为机械特性的几点说明：

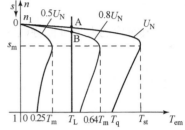

图 6-5　异步电动机降低定子
电压 U_1 时的人为机械特性

1）由于设计电动机时，在额定电压下磁路已经接近饱和，如升高定子电压使 $U_1 > U_N$ 会使励磁电流大大增加，使电动机严重发热，甚至烧毁。因此，只能使电压从额定值向下调节，即 $U_1 \leqslant U_N$。

2）当 $T_L = T_N$ 时，欠电压长期运行会使电动机过热，这是不允许的。分析如下：

三相异步电动机的电磁转矩为

$$T_{em} = \frac{P_{em}}{\Omega_1} = \frac{m_1}{\Omega_1} I_2'^2 \frac{R_2'}{s}$$

若电动机带恒转矩负载（$T_L = T_N$），当电动机运行在图 6-5 中 A 点时，有

$$T_{em} = T_N = \frac{m_1}{\Omega_1} I_{2N}'^2 \frac{R_2'}{s_N} \tag{6-20}$$

在 B 点时，有

$$T_{em} = T_N = \frac{m_1}{\Omega_1} I_{2B}'^2 \frac{R_2'}{s_B} \tag{6-21}$$

将式（6-20）除以式（6-21），得

$$I_{2B}'^2 = \frac{s_B}{s_N} I_{2N}'^2$$

而 $s_B > s_N$（$n_B < n_N$），代入上式得

$$I_{2B}'^2 > I_{2N}'^2$$

从而得

$$I_{2B}' > I_{2N}'$$

由于 $I_2' \propto I_2$，所以有

$$I_{2B} > I_{2N}$$

由上式可见，这时转子电流大于额定值，从电动机的损耗看，虽然电压的减小使得磁通减小，从而降低铁损耗，但铜损耗与电流的二次方成正比，当电压下降时总损耗增加而超过额定值，则长期运行温升高于允许温升值，会缩短电动机寿命，甚至烧毁电动机。所以当负载接近于额定值时，不允许三相异步电动机欠电压长期运行。

如果负载转矩 T_L 很小，电动机的电流和铜损耗都很小，虽然 U_1 下降使得 I_{2x} 上升，但 $I_{2x} < I_{2N}$，铜损耗虽然增加，但比铁损耗下降值还要小，使得总损耗下降，电动机不会过热，可以长期运行，且具有节能效果。

（2）转子绕组串三相对称电阻

绕线转子异步电动机可以通过电刷和集电环装置往转子回路串三相对称电阻。由式

213

(6-17)~（6-19）可知，当外串电阻 R_Ω 增加时，同步转速 n_1 不变；最大转矩 T_m 不变，临界转差率 s_m 增加；起动转矩 T_{st} 变化，可用如下示意图表示：

$$R_\Omega \uparrow \begin{cases} n_1 \text{ 不变} \\ s_m \uparrow \text{、} T_m \text{ 不变} \\ T_{st} \text{ 变化} \end{cases}$$

其对应的人为机械特性曲线如图 6-6 所示。

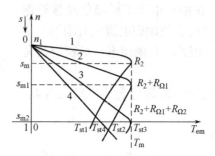

图 6-6 异步电动机转子串三相对称电阻时的人为机械特性

由式（6-19）第一式对 R_2' 求导，求出导函数为

$$\frac{dT_{st}}{dR_2'} = \frac{m_1 U_1^2}{\Omega_1} \frac{\dfrac{R_1^2 + (x_{1\sigma} + x_{2\sigma}')^2}{(R_2')^2} - 1}{\left[\left(\dfrac{R_1^2}{R_2'^2} + 2R_1 + R_2'\right) + \dfrac{(x_{1\sigma} + x_{2\sigma}')^2}{R_2'}\right]^2}$$

从上式可得出以下结论：

1) 若

$$\left[\frac{R_1^2 + (x_{1\sigma} + x_{2\sigma}')^2}{(R_2')^2} - 1\right] > 0 \qquad (6-22)$$

有导函数 $\dfrac{dT_{st}}{dR_2'} > 0$，式（6-19）第一式是升函数，即随着转子回路总电阻的增加，起动转矩 T_{st} 是增加的。将临界转差率 $s_m = \dfrac{R_2'}{\sqrt{R_1^2 + (x_{1\sigma} + x_{2\sigma}')^2}}$ 代入式（6-22）中，得当 $s_m < 1$ 时，起动转矩 T_{st} 随着 R_Ω 增加而增加。由图 6-6 中也可看出，图中特性曲线 2 所串电阻大于特性曲线 1 所串电阻，起动转矩 $T_{st2} > T_{st1}$。

2) 若

$$\left[\frac{R_1^2 + (x_{1\sigma} + x_{2\sigma}')^2}{(R_2')^2} - 1\right] = 0 \qquad (6-23)$$

有导函数 $\dfrac{dT_{st}}{dR_2'} = 0$，起动转矩 T_{st} 取得最大值，将 s_m 表达式代入式（6-23）中，得当 $s_m = 1$ 时，起动转矩 T_{st} 取得最大值，即 $T_{st} = T_m$，见图 6-6 中特性曲线 3。

3) 若

$$\left[\frac{R_1^2 + (x_{1\sigma} + x_{2\sigma}')^2}{(R_2')^2} - 1\right] < 0 \qquad (6-24)$$

有导函数 $\dfrac{dT_{st}}{dR_2'} < 0$，式（6-19）第一式是降函数，即随着转子回路总电阻的增加，起动转矩 T_{st} 是减小的。将 s_m 表达式代入式（6-24）中，得当 $s_m > 1$ 时，R_Ω 增加使得起动转矩

T_{st} 减小，见图 6-6 中特性曲线 3 和特性曲线 4，特性曲线 4 所串电阻大于特性曲线 3 所串电阻，但是起动转矩 $T_{st4} < T_{st3}$。

由上述分析可知，在 $R_2' + R_\Omega' < \sqrt{R_1 + (x_{1\sigma} + x_{2\sigma})^2}$ 范围内（这时 $s_m < 1$），增加转子电阻，可使起动转矩 T_{st} 增加，改善起动性能。可见转子串电阻起动是绕线转子异步电动机重要的起动方法。

（3）定子串接三相对称电阻（或电抗）

由式（6-17）~（6-19）可知，当定子回路串入三相对称电阻（或电抗）时，同步转速不变，临界转差率、最大转矩及起动转矩都下降。可用如下示意图表示：

$$R_1(x_{1\sigma}) \uparrow \begin{cases} n_1 \text{ 不变} \\ s_m \downarrow 、 T_m \downarrow \\ T_{st} \downarrow \end{cases}$$

图 6-7 所示为定子串对称电阻 R_f 时的人为机械特性曲线，定子串电抗时的人为特性曲线与定子串电阻时类似。

除上述三种人为特性外，还有改变定子极对数 p 及改变定子频率 f_1 等人为机械特性，将在 6.3 节介绍。

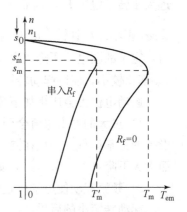

图 6-7　异步电动机定子串对称电阻 R_f 时的人为机械特性

6.2　三相异步电动机的起动

当三相异步电动机接通电源时，电动机从静止状态一直加速到稳定运行状态，此过程称为起动过程，简称起动。

6.2.1　三相异步电动机的固有起动特性

（1）对起动时的主要要求

1）要求起动转矩 T_{st} 足够大，以保证生产机械能正常起动。

2）在保证一定大小的 T_{st} 的前提下，起动电流 I_{st} 要越小越好。

3）起动过程中，能量损耗要尽量小，起动时间要尽量短（有特殊要求的负载除外）。

4）起动设备力求结构简单、操作方便。

（2）异步电动机的固有起动特性

异步电动机直接加额定电压起动称作直接起动，这时电动机沿着固有机械特性起动，其起动特性称为固有起动特性，如图 6-8 所示，图中特性 1 是三相异步电动机的电流特性，其起动电流 I_{1st} 比较大；特性 2 是异步电动机的机械特性，其起动转矩 T_{st} 比较小。对电动机的起动要求是起动电流小且起动转矩大，而固有起动特性与起动要求恰恰相反，对于一般笼型异步电动机，有

$$\begin{cases} T_{st} = (1.0 \sim 2.0)T_N \\ I_{1st} = (4 \sim 7)I_{1N} \end{cases}$$

起动电流 I_{1st} 大的原因解释如下：起动时，转子的转

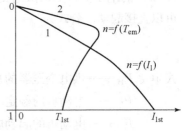

图 6-8　异步电动机的固有起动特性

速 $n = 0$（$s = 1$），旋转磁场以同步转速 n_1 切割转子导体，在转子绕组中产生很大的感应电动势和电流，从而使与转子电流相平衡的定子电流 I_{1st} 也很大。

为什么起动电流很大而起动转矩却较小呢？三相异步电动机的物理表达式为 $T_{em} = C_{TJ}\Phi_m I_2 \cos\varphi_2$，起动时 $s = 1(n = 0)$，转子电流的频率 $f_2 = sf_1 = f_1$ 比较大，转子漏电抗 $x_{2\sigma}$ 远大于转子电阻 R_2，因而转子电路功率因数角 $\varphi_2 = \arctan\dfrac{sx_{2\sigma}}{R_2}$ 接近于 $90°$，使得功率因数 $\cos\varphi_2$ 很小。尽管转子电流 I_2 很大，但其有功分量 $I_2\cos\varphi_2$ 并不大。另外，当定子电流很大时，定子的漏电抗压降较大，导致定子感应电动势 E_1 和磁通 Φ_m 大为减少，由于 $I_2\cos\varphi_2$ 及 Φ_m 都比较小，使得起动转矩 T_{st} 比较小。

起动电流大会产生如下危害：

1）过大的冲击电流会引起电网电压瞬间下降，影响接在同一电网上的其他电机或电气设备的正常运行。如接在同一电网的数控设备失常，带重载电动机的最大转矩会因电压下降而大大下降（$T_{em} \propto U_1^2$），如果最大转矩小于负载转矩则会发生堵转现象。

2）频繁起动使电动机过热，可能烧坏绕组。

起动转矩小的后果：

1）若起动转矩小于负载转矩，即 $T_{st} < T_L$ 时，电动机不能起动。

2）当起动转矩略大于负载转矩时，由运动方程式 $T_{em} - T_L = \dfrac{GD^2}{375}\dfrac{dn}{dt}$ 可知，这时 dn/dt 很小，使得起动时间拖长，从而影响生产机械的生产率。

由以上分析可知，三相异步电动机起动时的关键问题是限制起动电流和提高起动转矩，从而改善电动机的起动性能。三相异步电动机有多种起动方法，应根据电动机容量和负载的大小，正确选择起动方式，现介绍常用的起动方式如下。

6.2.2 三相异步电动机的直接起动

直接起动也称全电压起动，起动时通过三相开关或接触器，将电动机的定子绕组直接接额定电压的三相电源。直接起动是最简单方便的方法，只要满足条件，应尽可能采用。

一般小容量电动机带轻载可以采用直接起动的方法，这是因为小容量电动机的起动电流相对较小，对电网的冲击小。由于轴上所带的负载轻，可以满足起动转矩比负载转矩大的条件。怎样才算小容量电动机呢？要看具体情况而定，主要取决于电源变压器的容量和供电线路的长短等因素。

一般来说，功率小于 7.5kW 的电动机属于小容量电动机，均可以直接起动。对于大于 7.5kW 的电动机，如果供电变压器容量相对电动机容量比较大，符合下面的经验公式，也可以直接起动。公式为

$$\frac{I_{1st}}{I_{1N}} \leqslant \frac{1}{4}\left[3 + \frac{P_H}{P_N}\right] \tag{6-25}$$

式中　P_H ——供电变压器的总容量（kV·A）；

　　　P_N ——电动机的额定功率（kW）；

　　　I_{1st} ——电动机的起动电流；

　　　I_{1N} ——电动机的额定电流。

6.2.3　三相笼型异步电动机的减压起动

对于大、中容量的笼型电动机，当负载较轻时，可以采用减压起动的方法。由于电动机的容量比较大，起动电流比较大，所以要解决的问题是限制起动电流。由于是轻载，可不考虑提高起动转矩，但最后要校核起动转矩是否大于负载转矩。

起动时励磁电流 $I_m \ll I_{1st}$，忽略 I_m 后，起动电流为

$$I_{1st} = \frac{U_1}{\sqrt{(R_1 + R_2')^2 + (x_{1\sigma} + x_{2\sigma}')^2}} \propto U_1 \tag{6-26}$$

式中　I_{1st} 及 U_1——起动时的定子相电流和相电压。

起动转矩为

$$T_{st} = \frac{m_1}{\Omega_1} \frac{U_1^2 R_2'}{\sqrt{(R_1 + R_2')^2 + (x_{1\sigma} + x_{2\sigma}')^2}} \propto U_1^2 \tag{6-27}$$

由起动电流和起动转矩的表达式可见，当电压下降时，起动电流与电压成比例的下降，而起动转矩与电压成二次方倍的下降，要校核下降后的起动转矩是否大于负载转矩。

对应减压起动时的电流与转矩的特性曲线如图 6-9 所示。

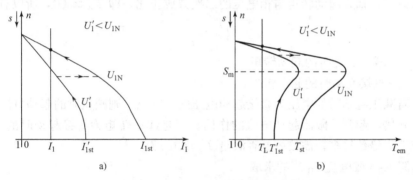

图 6-9　三相异步电动机减压起动时的电流与转矩工作过程
a）起动电流过程　b）起动转矩过程

由图 6-9 可见，开始时将电压降至 U_1'，起动电流 I_{1st}' 比较小，达到了限流的目的，但这时起动转矩 T_{st}' 也比较小，必须满足 $T_{st}' > T_L$ 的条件，待转速升高到一定值时（如接近额定值），再恢复到全电压（U_{1N}），尽管此时电流也会冲击一下，但与直接起动时相比，冲击电流要小得多。电动机减压起动的方法有多种，现介绍几种常用的方法。

1. 定子串电阻 R_Ω（或电抗 x_Ω）起动

定子串电阻 R_Ω（或电抗 x_Ω）起动的电路如图 6-10（图中为定子串电抗）所示。起动时，电源开关 K_1 合，双向开关 K_2 投向"起动"侧，串入电阻 R_Ω（或电抗 x_Ω），待转速接近稳定值时，将 K_2 投向"运行"侧，切除电抗（或电阻），电动机最后在全电压状态下正常工作。FU（熔断器）接在运行侧，只对正常运行的过电流起作用。由于起动时，在所串电阻（或电抗）上有一定的压降，使加在电动机上的

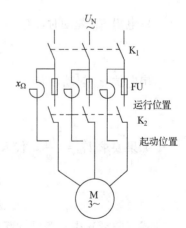

图 6-10　定子串电阻（或电抗）减压起动电路

电压降低了，从而限制了起动电流。调节所串电阻（或电抗）的值可调节起动电流的大小。

串电阻和电抗减压起动的效果一样，都能使起动电流下降。串电阻能量损耗大，但结构简单，价格低，多用于中等容量电动机中；串电抗不消耗电能，价格高，多用于大容量电动机中。

（1）起动电流 I'_{1st} 和起动转矩 T'_{st}

设 a 为起动电压降低的倍数，则有

$$U'_1 = \frac{U_1}{a} \tag{6-28}$$

式中　U'_1——减压起动时的定子相电压；

　　　U_1——全电压起动时的定子相电压。

由式（6-26）知，起动时定子相电流与相电压近似成正比（因为此时 R_1 或 $x_{1\sigma}$ 增加），由式（6-28）知，定子串电阻 R_Ω（或电抗 x_Ω）时其相电压 U'_1 是直接起动电压 U_1 的 $1/a$ 倍，所以串电阻 R_Ω（或电抗 x_Ω）时其相电流 I'_{1st} 也是直接起动电流 I_{1st} 的 $1/a$ 倍，有

$$I'_{1st} = \frac{I_{1st}}{a} \tag{6-29}$$

由式（6-27）知，起动转矩与相电压的二次方成正比，即 $T_{st} \propto U_1^2$，所以有

$$T'_{st} = \frac{T_{st}}{a^2} \tag{6-30}$$

式中　T'_{st}——减压起动时的起动转矩；

　　　T_{st}——直接起动时的起动转矩。

可见，若减压起动时的电压为直接起动电压的 $1/a$ 倍，则减压时的起动电流也为直接起动电流的 $1/a$ 倍，起到了限制起动电流的作用。但是起动转矩为直接起动时的 $1/a^2$ 倍，由于起动转矩下降倍数较多，需校核是否满足 $T'_{st} \geqslant 1.1 T_1$。

（2）电阻 R_Ω（或电抗 x_Ω）的求取

由三相异步电动机的近似等效电路可知

当全电压起动时，有

$$\frac{U_1}{I_{1st}} = \sqrt{R_K^2 + x_K^2} = Z_K$$

串电阻 R_Ω 起动时，有

$$\frac{U_1}{I_{1st}} = \sqrt{(R_K + R_\Omega)^2 + x_K^2}$$

串电抗 x_Ω 起动，有

$$\frac{U_1}{I_{1st}} = \sqrt{R_K^2 + (x_K + x_\Omega)^2}$$

如果要求 $I'_{1st} = \dfrac{I_{1st}}{a}$，代入上两式，得

$$R_\Omega = \sqrt{(a^2 - 1)x_K^2 + a^2 R_K^2} - R_K \tag{6-31}$$

$$x_\Omega = \sqrt{(a^2 - 1)R_K^2 + a^2 x_K^2} - x_K \tag{6-32}$$

式（6-32）中，若已知起动电流所降低的倍数 a（可设定）、短路电阻 R_K 和短路电抗 x_K，就能求出所串电阻 R_Ω（或电抗 x_Ω），现介绍求取 R_K 与 x_K 的方法。

若有条件可做短路实验，可从实验得出 R_K 与 x_K；否则可根据铭牌数据求得。如果定子

绕组为丫形接法，则有

$$Z_K = \frac{U_{1N}}{\sqrt{3}I_{1st}} = \frac{U_{1N}}{\sqrt{3}K_I I_{1N}}$$

式中，K_I 为起动电流倍数，$K_I = \dfrac{I_{1st}}{I_{1N}}$。

若定子为△形接法，则有

$$Z_K = \frac{U_{1N}}{I_{1st}/\sqrt{3}} = \frac{\sqrt{3}U_{1N}}{K_I I_{1N}}$$

而短路电阻为 $R_K = Z_K \cos\varphi_{st}$。一般起动时，$\cos\varphi_{st} = (0.25 \sim 0.4)$，短路电抗为

$$x_K = \sqrt{Z_K^2 - R_K^2}$$

异步电动机定子串电阻（或电抗）的特点如下：

1）优点是设备简单、运行可靠。

2）缺点是起动转矩 T_{st} 下降量大，串电阻起动时，在电阻上损耗较大。

2. 自耦变压器的减压起动

自耦变压器减压起动电路如图 6-11a 所示。起动时，开关 K 投向"起动"侧，变压器的一次侧接电源，二次侧接电动机，使电动机减压起动，当转速升至接近稳定转速时，将 K 投向"运行"侧，自耦变压器从电源切除，电动机全压正常运行。

现分析采用自耦变压器减压起动时的起动电流 I'_{1st} 和起动转矩 T'_{st}。

由于主要考虑起动电流对电网的影响，因此这时的起动电流是指从电网输入的电流 I'_{1st}，而不是电动机本身的电流 I_2。

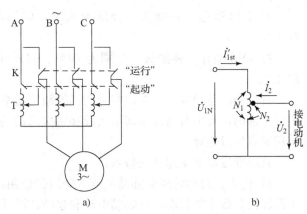

图 6-11　自耦变压器减压起动

a）原理电路图　b）一相的等效电路

设自耦变压器的电压变比为 a，由变压器的原理知

$$a = \frac{N_1}{N_2} = \frac{U_{1N}}{U_2} = \frac{I_2}{I'_{1st}} \tag{6-33}$$

由上式得

$$U_2 = \frac{U_{1N}}{a} \tag{6-34}$$

当电动机以全电压直接起动时，电动机的相电压为 U_{1N}，此时电流为 I_{1st}，起动转矩为 T_{st}。经过自耦变压器减压后，电动机的相电压为 U_2，电流为 I_2，从电网吸收的电流为 I'_{1st}，起动转矩为 T'_{st}。

由式（6-34）知，自耦变压器减压起动时，电动机的电压降低至全电压的 $1/a$ 倍，而起动电流与电压成正比，因此减压时的起动电流 I_2 为直接起动电流 I_{1st} 的 $1/a$ 倍，即

$$I_2 = \frac{I_{1st}}{a} \tag{6-35}$$

由式（6-33）及式（6-35），得

$$I'_{1st} = \frac{I_2}{a} = \frac{I_{1st}}{a^2} \qquad (6\text{-}36)$$

由式（6-34）知，自耦变压器减压起动时，电动机的相电压降低至全电压的 $1/a$ 倍，而起动转矩与相电压的二次方成正比，因此减压时的起动转矩 T'_{st} 为直接起动转矩 T_{st} 的 $1/a^2$ 倍，即

$$T'_{st} = \frac{T_{st}}{a^2} \qquad (6\text{-}37)$$

由式（6-36）及式（6-37）可知，自耦变压器减压起动时，从电源吸收的起动电流 I'_{1st} 与起动转矩 T'_{st} 都为直接起动时的 $1/a^2$ 倍，且均与变压器电压比的二次方成反比。与定子串电阻（或电抗）减压起动相比较，当电网提供的起动电流降到同一值时，自耦变压器减压起动时的起动转矩比定子串电阻（或电抗）时要大。因此，它可以带较大的负载起动。

实际中，起动用的自耦变压器一般设有几个抽头供选用，我国常用的自耦变压器有 QJ2 和 QJ3 两种系列。

1）QJ2 型有三种抽头，分别为 55%、64% 及 73%，相应的电压比 a 为 1.82、1.56 和 1.37。

2）QJ3 型有三种抽头，分别为 40%、60% 及 80%，相应的电压变比 a 为 2.5、1.67 和 1.25。

自耦变压器的容量可考虑与电动机的额定功率相同，起动用的自耦变压器设计是按短时工作考虑的，每小时内连续起动次数和每次起动的时间，在产品说明书上都有明确的规定，使用时应加以注意。

自耦变压器减压起动的特点：

1）优点：起动转矩和起动电流下降的倍数相同，不像定子串电阻（或电抗）那样，限于很轻的负载才能起动，且起动电流和起动转矩可适当调节。

2）缺点：设备复杂、体积大、重量大、价格较贵、维修麻烦，且不允许频繁起动。

3. 星形-三角形（丫-△）减压起动

对正常运行时是△形接法的电动机，起动时如果改为丫形接法，则相电压为额定值的 $1/\sqrt{3}$，可达到减压起动的目的。

星形-三角形（丫-△）减压起动的电路如图 6-12a 所示。起动时，将 K 投入接通电源，再将 K_1 投入起动侧，电动机定子为丫形接法，相电压为额定电压的 $1/\sqrt{3}$，减压起动，待转速上升到接近稳定转速时，将 K_1 投向"△"运行侧，电机为△形接法，以额定电压全电压运行。

现分析丫-△减压起动时的起动电流 I'_{1st} 和起动转矩 T'_{st}。

由图 6-12b 及 6-12c 可见，丫形接法减压起动时相电压 $\dot{U}_{XY}$ 是线电压 $\dot{U}_{1N}$ 的 $1/\sqrt{3}$，△形接法直接起动时相电压 $\dot{U}_{X\triangle}$ 等于线电压 $\dot{U}_{1N}$，可见，丫形接法减压起动时的相电压 $\dot{U}_{XY}$ 是△形接法直接起动时相电压 $\dot{U}_{X\triangle}$ 的 $1/\sqrt{3}$，即

$$\dot{U}_{XY} = \frac{\dot{U}_{1N}}{\sqrt{3}} = \frac{U_{X\triangle}}{\sqrt{3}}$$

由于起动时电动机的相电流与相电压成正比，故有

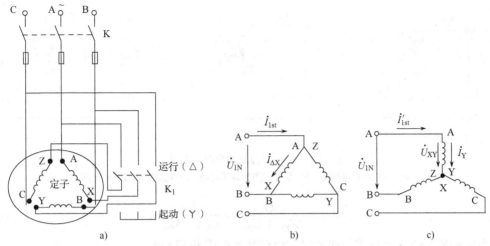

图 6-12 星形-三角形减压起动
a) 电路图　b) 三角形接法　c) 星形接法

$$I_{XY} = \frac{I_{X\triangle}}{\sqrt{3}}$$

于是有

$$I'_{1st} = I_{XY} = \frac{I_{X\triangle}}{\sqrt{3}} = \frac{1}{3} I_{1st} \tag{6-38}$$

又因为起动转矩与相电压的二次方成正比，故有

$$T'_{st} = \frac{1}{3} T_{st} \tag{6-39}$$

由式（6-38）和式（6-39）可见，丫-△起动时的起动转矩和起动电流均为直接起动时的 1/3，且大小不可调。

丫-△减压起动的特点：

1）优点：设备简单、操作方便、维护方便、起动电流小。

2）缺点：起动转矩不可调，且比较小，故只适用于轻载或空载起动且正常运行是△形接法并且三相绕组头尾都引出的电动机。

4. 延边三角形起动

为了解决丫-△起动时起动转矩和起动电流不能调节的问题，在其基础上研究出了延边三角形起动方式。延边三角形起动用于正常运行时是△形接法的笼型电动机。

这种电动机的定子绕组共有 9 个出线端，每相有 3 个出线端：首端、尾端和中间抽头，起动时按图 6-13b 接线，其 1-7、2-8 和 3-9 部分为星形接法，7-4、8-5 和 9-6 为三角形接法，整个绕组像每相都延长了的三角形，故称为延边三角形联结。起动时定子接成延边三角形，当转速升至接近稳定转速时，三相绕组改接成三角形接法，电动机正常运行。

现分析延边三角形减压起动时的起动电流和起动转矩。

将图 6-13b 中的三角形部分变换成星形，如图 6-13c 所示，变换原则是电流 I'_{1st} 不变。

设电动机每相绕组的两段阻抗分别为 Z_{K1} 和 Z_{K2}，令 $\dfrac{Z_{K1}}{Z_{K2}} = a$ 或 $Z_{K1} = aZ_{K2}$。当电动机△形接法直接起动时，由图 6-13a 得

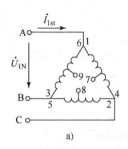 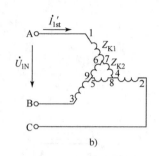 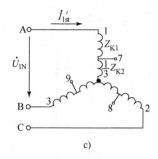

图 6-13　延边三角形减压起动

a）三角形直接起动　b）延边三角形减压起动　c）延边三角形等效星形

$$I_{1st} = \frac{\sqrt{3}U_{1N}}{Z_{K1} + Z_{K2}} = \frac{\sqrt{3}U_{1N}}{(1+a)Z_{K2}} \tag{6-40}$$

当电动机延边三角形减压起动时，由变换后的图 6-13c 得

$$I'_{1st} = \frac{U_{1N}}{\sqrt{3}\left(Z_{K1} + \frac{1}{3}Z_{K2}\right)} = \frac{\sqrt{3}U_{1N}}{3Z_{K1} + Z_{K2}} = \frac{\sqrt{3}U_{1N}}{(3a+1)Z_{K2}} \tag{6-41}$$

将式（6-40）除以式（6-41），得

$$\frac{I'_{1st}}{I_{1st}} = \frac{1+a}{3a+1} \tag{6-42}$$

上式中的 a 是可以设定的，所以延边三角形减压起动时，起动电流下降的倍数可调。

求起动转矩 T'_{st} 时，首先从电动机的相量图上求出延边三角形减压时的相电压与三角形直接起动的相电压的比值，再根据起动转矩与电压的二次方成正比，即可得到延边三角形减压起动时的起动转矩 T'_{st}，其推导过程从略，结论近似为

$$\frac{T'_{st}}{T_{st}} = \frac{1+a}{3a+1} \tag{6-43}$$

由上式可见，延边三角形起动时，起动转矩和起动电流下降的倍数相同。分析两个极端的情况：

1）当 $a = 0$ 时，$Z_{K1} = 0$（$\frac{Z_{K1}}{Z_{K2}} = a$），对应△形接法直接起动，有 $\begin{cases} I'_{1st} = I_{1st} \\ T'_{st} = T_{st} \end{cases}$

2）当 $a = \infty$ 时，$Z_{K2} = 0$，对应丫形接法起动，有 $\begin{cases} I'_{1st} = \frac{1}{3}I_{1st} \\ T'_{st} = \frac{1}{3}T_{st} \end{cases}$

改变抽头位置，a 改变，起动电流和起动转矩的调节范围为 $\begin{cases} \frac{1}{3}I_{1st} < I'_{1st} < I_{1st} \\ \frac{1}{3}T_{st} < T'_{st} < T_{st} \end{cases}$

由以上分析可见，对于延边三角形起动，起动电流和起动转距与直接起动相比，下降的倍数为（$\frac{1}{3}$ ~1）范围。需要说明的是，延边三角形的中间抽头是专门设计好的，每相往往只有一个中间抽头，不能再随意切换。

延边三角形起动的特点：

1) 优点：设备简单，与Y-△起动相近，起动电流和起动转矩降低倍数可根据事先要求选择。

2) 缺点：电动机需特殊订购，且抽头位置一旦选定，就无法改变，限制了此方法的使用。

四种减压起动时的小结见表 6-1。

表 6-1　四种减压起动时的起动电流和起动转矩

起 动 方 法	定子串电阻 （或电抗）起动	自耦变压器起动	Y-△起动	延边三角形起动
$\dfrac{I'_{1\text{st}}}{I_{1\text{st}}}$	$\dfrac{1}{a}$	$\dfrac{1}{a^2}\left(a=\dfrac{N_1}{N_2}\right)$	$\dfrac{1}{3}$	$\dfrac{1+a}{3a+1}\left(\dfrac{Z_{K1}}{Z_{K2}}=a\right)$
$\dfrac{T'_{1\text{st}}}{T_{1\text{st}}}$	$\dfrac{1}{a^2}$	$\dfrac{1}{a^2}$	$\dfrac{1}{3}$	$\dfrac{1+a}{3a+1}$
起动设备	一般	较复杂、价格贵	简单	简单，但要专门设计电动机

例 6-1 一台三相笼型异步电动机：

$P_N=55\text{kW}$，$U_N=380\text{V}$，$I_N=103\text{A}$，$n_N=1480\text{r/min}$，定子绕组 △ 接法，$I_{\text{st}}/I_N=7$，$T_{\text{st}}/T_N=2.2$。负载转矩 $T_L=345\text{N}\cdot\text{m}$，供电变压器允许最大起动电流为 400A。试从下列起动方法中选择合适的方式：

（1）直接起动。

（2）定子串电阻或电抗减压起动。

（3）Y-△起动。

（4）自耦变压器减压起动（设自耦变压器减压起动器为 QJ3 型）。

（5）若有一台可以进行延边三角形起动的电动机，参数与上述电动机相同，且 $Z_{K1}=Z_{K2}$，可否用延边三角形起动？

解：

（1）直接起动

直接起动时的起动电流

$$I_{\text{st}}=(I_{\text{st}}/I_N)I_N=7\times103\text{A}=721\text{A}$$

额定转矩

$$T_N=9550\frac{P_N}{n_N}=9550\frac{55}{1480}\text{N}\cdot\text{m}=354.9\text{N}\cdot\text{m}$$

直接起动时的起动转矩

$$T_{\text{st}}=(T_{\text{st}}/T_N)T_N=2.2\times354.9\text{N}\cdot\text{m}=780.8\text{N}\cdot\text{m}$$

由于直接起动时的起动电流 $I_{\text{st}}=721\text{A}>400\text{A}$，故此法不可用。

（2）定子串电阻或电抗减压起动

本例要求电压降低的倍数

$$a=\frac{I_{\text{st}}}{400}=\frac{721}{400}=1.8$$

这时的起动转矩将降为

$$T'_{\text{st}}=\frac{T_{\text{st}}}{a^2}=\frac{780.8}{1.8^2}\text{N}\cdot\text{m}=240.7\text{N}\cdot\text{m}$$

要能正常起动，电动机的起动转矩必须比起动时的负载转矩大 10% 以上，本例中

$$1.1T_L=1.1\times345\text{N}\cdot\text{m}=380\text{N}\cdot\text{m}$$

由于 $T'_{st} = 240.7\text{N·m} < 380\text{N·m}$，起动转矩不满足要求，故此法不能用。

（3）丫-△起动

起动电流

$$I'_{st} = \frac{1}{3}I_{st} = \frac{1}{3} \times 721\text{A} = 240.3\text{A} < 400\text{A}$$

起动转矩

$$T'_{st} = \frac{1}{3}T_{st} = \frac{1}{3} \times 780.8\text{N·m} = 260.3\text{N·m} < 380\text{N·m}$$

起动电流符合要求，但起动转矩不满足要求，故此法不能用。

（4）自耦变压器减压起动

1）抽头在 55% 处

$$T'_{st} = 0.55^2 T_{st} = 0.55^2 \times 780.8\text{N·m} = 236.2\text{N·m} < 380\text{N·m}$$

由于起动转矩不满足要求，此法不可用，起动电流不必再算。

2）抽头在 64% 处

$$T'_{st} = 0.64^2 T_{st} = 0.64^2 \times 780.8N·m = 320N·m < 380N·m$$

也不能用。

3）抽头在 73% 处

$$I'_{st} = 0.73^2 I_{st} = 0.73^2 \times 721\text{A} = 384.2\text{A} < 400\text{A}$$

$$T'_{st} = 0.73^2 T_{st} = 0.73^2 \times 780.8\text{N·m} = 416.1\text{N·m} > 380\text{N·m}$$

由于起动电流和起动转矩均满足要求，故此法可以采用。

（5）延边三角形起动

$$I'_{st} = 0.5 I_{st} = 0.5 \times 721\text{A} = 360.5\text{A} < 400\text{A}$$

$$T'_{st} = 0.5 T_{st} = 0.5 \times 780.8\text{N·m} = 390.4\text{N·m} > 380\text{N·m}$$

起动电流和起动转矩均满足要求，故此法也可采用。

由上可知，抽头在 73% 的自耦变压器减压起动和延边三角形起动都可以采用。

6.2.4　三相笼型异步电动机的软起动

由前述讨论可知，三相异步电动机用传统方法减压起动时，虽然在一定程度上减小了异步电动机的起动电流，但由于它们对电动机定子电压的调节是非连续的，故存在着以下问题：

1）通常是靠接触器来切换电压以达到减压的目的，所以无法从根本上解决起动瞬时电流尖峰的冲击。

2）起动转矩不可调，起动中存在着二次冲击电流，对负载产生冲击转矩，使得起动过程不平滑。

3）由于起动过程中，接触器是带负载切换的，因而易造成接触器触点的拉弧损坏。

在要求电动机频繁起动和制动的场合，希望电动机具有比较好的起动性能，如快速起动的同时减小冲击电流、起动的平滑性良好等。为了实现上述目标，在电动机控制过程中加入了软起动器。其优越的起动性能很好地解决了传统起动方式中存在的不足，软起动与传统的起动方式的起动电流比较如图 6-14 所示。

近年来，随着电力电子器件的进步和计算机控制技术的成熟，电力电子技术和现代控制理论的紧密结合，为电动机的起动控制提供了全新的思路，从而实现了电动机的软起动。现介绍几种电子式软起动器的工作原理与系统组成。

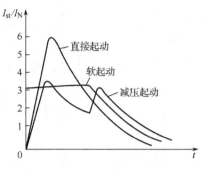

图 6-14　软起动与传统起动方式的
起动电流比较

1. 软起动器的控制方式

根据软起动器的电压或电流设定，主要有以下几种控制方式。

（1）限流起动

限流起动时，首先使软起动器输出的电压迅速增加，直到输出电流达到限定值，然后保持输出电流不变，电压逐步升高，使电动机转速升高，当达到额定电压和额定转速时，输出电流迅速下降到额定电流，起动过程完成。这种起动方式的特点是起动电流比较小，且可以根据实际负载情况调整起动电流限定值，对电网的影响小。

（2）斜坡电压起动

斜坡电压起动时，首先使软起动器的电压快速升到软起动器输出的初始电压，该电压对应电动机起动所需要的最小转矩，然后按照设定的速率使电压逐渐上升，转速随着电压的上升而不断升高，达到额定电压和额定转速时，起动过程完毕。加速斜坡时间在一定范围内可调，不同的产品，加速斜坡的时间略有不同。由于在起动过程中没有限流，所以这种起动方式的起动电流相对较大，有可能引起晶闸管损坏，但起动时间相对较短。

（3）斜坡电流起动

斜坡电流起动时，首先使起动电流随时间按预定规律变化，然后保持电流恒定，直至起动结束。起动过程中，电流变化率按电动机负载的具体情况进行调整，电流变化率越大，则起动转矩越大，起动时间越短。目前，这种起动方式应用最多，尤其在风机和泵类负载中。

（4）脉冲冲击起动

脉冲冲击起动时，首先使晶闸管在较短的时间内以较大的电流导通一段时间后回落，再按照原设定值线性上升，进入恒电流起动。这种方案适用于需要克服较大静态摩擦转矩的起动场合。

2. 软起动器的系统组成及工作原理

电动机的软起动器是集软起动、软停车、轻载节能和多种保护功能于一体的新型电动机控制装置。电子式软起动器的系统主要包括功率单元（主电路）和控制单元两部分。图 6-15a 及 b 为其主电路和控制电路的系统组成框图，主电路一般用三对反并联的晶闸管组成交流调压器，根据电动机的容量进行晶闸管的功率参数选择。控制单元是由控制电路、同步电路及检测电路等电路组成。电路中的微处理器可以是各种单片机、DSP 等。

工作原理：在起动过程中，首先在控制单元设定所希望的电压和电流或转矩的目标参考值（即目标函数），由电压、电流检测电路检测其实际值，将实际值与设定的目标参考值比较而得到偏差，利用偏差的大小来调节软起动控制器的输出控制电压，由移相角控制单元将电压转换成晶闸管的控制角 α，向主回路中的晶闸管输出相应的控制角来控制电机定子电压，使电动机的输入电压或电流按预设的函数关系逐渐变化，直至起动过程结束。当起动完成后，软起动输出额定电压，旁路接触器接通，电动机进入稳定运行状态。同步电路可确保触发脉冲和电网电压同步，起动过程中电动机的保护由微处理器和电流、电压检测单元完成。

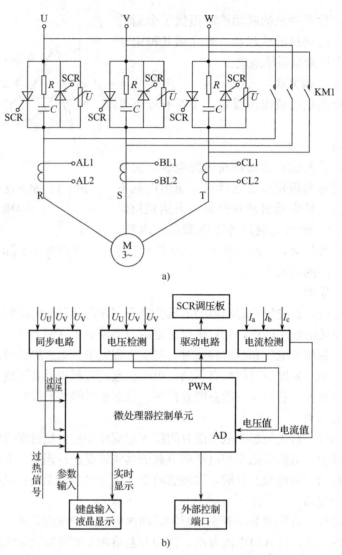

图 6-15　异步电动机软起动器的系统组成框图
a) 主电路　b) 控制电路

6.2.5　高起动性能的三相笼型异步电动机

由前所述，普通笼型异步电动机减压起动时，在降低起动电流的同时，起动转矩也不同程度的下降，因此只适用于轻载或空载起动的场合。为了改善这种起动性能，可从改进转子槽入手，利用"集肤效应"使起动时转子电阻增加，由 6.1 节可知，当 $s_m < 1$ 时，起动转矩随着转子电阻的增加而增加。又由式（6-26）可知，起动电流随着转子电阻的增加而减小。因此，起动时增加转子电阻可达到既减小起动电流又增加起动转矩的目的。

深槽式异步电动机及双笼型异步电动机就是这种高起动性能的笼型电动机。

1. 深槽转子式异步电动机

这种电动机的转子槽深而窄（如图 6-16a 所示），一般槽高 h 与槽宽 b 的比例 $h/b \geqslant$（10～12），而普通电动机的 $h/b < 5$。假设将槽内导体分成许多小薄层，当导体中有电流流过时，由于槽空间磁阻大，铁心磁阻小，所有漏磁通的闭合路径总是一部分穿过槽空间，另一部分

穿过铁心，这样与槽底 A 导体所交链的磁通比与槽上部 B 导体所交链的磁通多，所以 A 层的漏电抗 $x_{2\sigma A}$ 大于 B 层的漏电抗 $x_{2\sigma B}$，即 $x_{2\sigma A} > x_{2\sigma B}$。

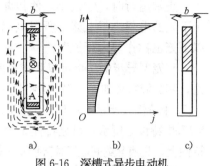

起动时，$n=0$（$s=1$），转子电流的频率较高（$f_2 = sf_1 = f_1$），因而漏电抗较大，故有转子漏电抗远大于转子电阻，即 $x_{2\sigma} \gg R_2$，这时转子电流 I_2 的分配取决于漏电抗 $x_{2\sigma}$ 的大小。由于转子导体上部漏电抗小而下部大，使得越靠近槽口的电流密度越大，越往下越小，即产生所谓的趋肤效应现象，其电流密度特性曲线如图 6-16b 所示。由于电流主要集中在导体的上部，下部很小，相当于转子导体的有效截面积减小（见图 6-16c），使得转子电阻

图 6-16 深槽式异步电动机
a）转子漏磁通　b）电流密度的分布
c）转子导条的有效截面

增加，既减小了起动电流又提高了起动转矩，改善了电动机的起动性能。

起动结束后正常运行时，电动机的转速较高（转差率 s 较小），$f_2 = sf_1 \approx 1 \sim 3\text{Hz}$，由于转子频率很低，使得漏电抗 $x_{2\sigma}$ 较小，故有 $x_{2\sigma} \ll R_2$，电流 I_2 的分配取决于转子电阻 R_2，而各个小导体的电阻是相等的，因此整个转子导体中的电流是均匀分配的，导体电阻减小到接近直流电阻，使得铜损耗小，效率高，且电动机工作在较硬的机械特性上。可见，深槽电动机的转子电阻随转速的上升而自动减小，既改善了起动性能，又不影响电动机的正常运行。

2. 双笼型异步电动机

双笼型异步机的转子结构如图 6-17a 所示。电动机转子上有两套绕组，即上笼①和下笼②，通常上笼用电阻率大的材料（如黄铜或青铜）制成，且截面面积较小，因而电阻较大；下笼用电阻率小的材料（如纯铜）制成，且截面面积较大，因而电阻较小。两套绕组通过各自的端环短路。双笼型也有用铸铝转子的，如图 6-17b 所示，其两个笼的端环是公共的。

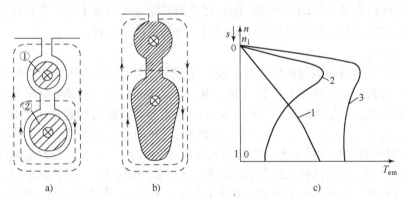

图 6-17 双笼型异步电动机
a）铜条　b）铸铝　c）双笼型异步电动机的机械特性

当导体中有电流时，下笼交链的磁通比上笼的多，所以 $x_{2\sigma 上} \ll x_{2\sigma 下}$。

起动时转差率 $s=1$，转子电流的频率 $f_2 = sf_1 = f_1$ 比较大，因而 $x_{2\sigma} \gg R_2$，转子电流 I_2 的分配取决于漏电抗 $x_{2\sigma}$。由于下笼的漏电抗比上笼大得多，电流主要流过上笼，上笼的电阻较大，使得起动电流较小而起动转矩较大，改善了起动性能。由于起动时主要是上笼起作用，所以上笼也称作"起动笼"。

正常运行时，f_2 很小，使得漏电抗很小，所以有 $x_{2\sigma} \ll R_2$，I_2 的分配取决于电阻 R_2，由于下笼的电阻小于上笼，所以电流主要从下笼流过。由于正常运行时主要是下笼起作用，所以下笼也称作"运行笼"。

双笼型异步电动机可以看成是两台笼型电动机同轴连接，一台的转子绕组为电阻较大的上笼，其机械特性如图 6-17c 中特性 1 所示；另一台的转子绕组为电阻较小的下笼，其特性如图 6-17c 中特性 2 所示，所以双笼型电动机的机械特性可以看成是上笼和下笼的合成特性，如图 6-17c 中特性 3 所示，可见特性 3 的起动转矩较大，且正常运行时电动机工作在特性较硬的机械特性上，具有较好的起动特性和正常运行特性。改变上笼和下笼的参数可以得到不同形状的机械特性。

深槽异步电动机和双笼型异步电动机的特点：

1）优点：改善了起动性能，且不影响正常运行。

2）缺点：和普通的笼型电动机相比，因转子漏电抗较大，额定功率因数及最大转矩稍低，而且用铜（铝）量多、价格贵、制造工艺复杂。一般用在要求起动转矩较高的生产机械上。

6.2.6　三相绕线转子异步电动机的起动

对于大中容量电动机的重载起动，既要限制起动电流，又要提高起动转矩。三相笼型异步电动机的直接起动和减压起动显然都不行，采用高转差率的笼型电动机可以既降低起动电流又提高起动转矩，但是由于转子电阻在电动机的转子内部，频繁起动可使电动机发热。这时应采用绕线转子异步电动机，在转子回路外串电阻或频敏变阻器，可以降低起动电流和提高起动转矩，又可将转子的热量大部分消耗在外串的电阻上，使电动机本身发热小得多。

1. 转子回路串对称电阻分级起动

绕线式异步电动机转子起动时，三相转子绕组通过集电环和电刷装置串接对称电阻，然后将定子绕组接通电源使电动机起动，随着转速的升高逐步切除电阻，直到转子电阻全部切除。待转速稳定后将集电环短接切除起动电阻，电动机正常运行。

（1）起动过程

起动时的转子电路和机械特性如图 6-18a、b 所示，图中 R_2 为转子绕组每相电阻，R_Ω 为外串电阻。开始起动时，将接触器触点 K_1、K_2、K_3 全部打开，全部电阻串入转子回路，转子每相总电阻为 $R_{\&3}$，电动机沿着特性 3 从 a 点开始起动，随着转速的上升电磁转矩下降，到达 b 点（这时 $T_{em} = T_2$）时，闭合 K_3 切除 $R_{\Omega3}$，转子总电阻为 $R_{\&2}$，机械特性对应为特性 2，由于机械惯性转速不能突变，工作点从 b 到 c，这时 $T_{em} = T_1$（只要电阻选的合适，就能满足此值），工作点沿着特性 2 到达 d 点时，闭合 K_2 切除 $R_{\Omega2}$，转子总电阻为 $R_{\&1}$，工作点从 d 点到达 e 点，沿着特性 1 升速，到达 f 点时，闭合 K_1 切除掉最后一段电阻 $R_{\Omega1}$，对应的机械特性为固有特性，工作点从 f 点到达 g 点，最后沿着固有特性升速到 h 点，这时 $T_{em} = T_L$、$n = n_h$，电动机在 h 点稳定运行，起动过程结束。

（2）起动电阻的计算

由图 6-18b 可知，在串电阻分级起动时的每一级起动过程中，工作点都在机械特性的线性段，所以实用表达式为

$$T_{em} = \frac{2T_{em}}{\dfrac{s}{s_m} + \dfrac{s_m}{s}} \approx \frac{2T_m s}{s_m}$$

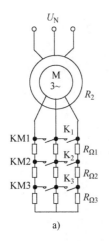
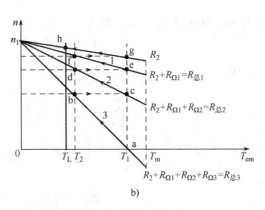

图 6-18 绕线转子异步电动机转子串电阻起动

a）转子电路　b）起动特性

当 T_{em} 一定时，$s \propto s_m \propto R_{总}$（$s_m = \dfrac{R_2'}{x_1 + x_2}$），故有

$$\frac{s}{R_{总}} = 常数_1 \tag{6-44}$$

当 s 一定时，$T_{em} \propto \dfrac{1}{s_m} \propto \dfrac{1}{R_{总}}$，故有

$$T_{em} R_{总} = 常数_2 \tag{6-45}$$

式（6-44）和（6-45）中，$R_{总}$ 为每一级起动时转子回路每相总电阻。

三相绕线式异步电动机串电阻分级起动时，起动电阻值的计算有两种方式，即图解法和解析法。

1）图解法。首先选取起动过程中的最大转矩 T_1 和切换转矩 T_2，一般取 $T_1 \leqslant 0.85 T_L$，$T_2 \geqslant (1.1 \sim 1.2) T_L$。然后用作图法作出图 6-18b 所示的机械特性。

由式（6-44）及图 6-18b 可见，当 $T_{em} = T_1$ 时有

$$\frac{s_g}{R_2} = \frac{s_e}{R_{总1}} = \frac{s_c}{R_{总2}} = \frac{s_a}{R_{总3}}$$

由上式得

$$R_{总1} = \frac{s_e}{s_g} R_2 = \frac{ke}{kg} R_2$$

$$R_{总2} = \frac{s_c}{s_g} R_2 = \frac{kc}{kg} R_2 \tag{6-46}$$

$$R_{总3} = \frac{s_a}{s_g} R_2 = \frac{ka}{kg} R_2$$

测量出各段对应的长度 ke、kc、ka 和 kg，根据式（6-46）可计算出每一级转子回路总电阻 $R_{总1}$、$R_{总2}$ 和 $R_{总3}$，从而得出各段的外串电阻 $R_{\Omega1}$、$R_{\Omega2}$ 及 $R_{\Omega3}$。

2）解析法。由式（6-45）及图 6-18b 可知，

在切换点 f→g，转差率 $s_f = s_g$，得

$$T_1 R_2 = T_2 R_{总1} \tag{6-47}$$

在切换点 d→e，转差率 $s_d = s_e$，则有

$$T_1 R_{\text{总}1} = T_2 R_{\text{总}2} \tag{6-48}$$

在切换点 b→c，转差率 $s_b = s_c$，则有

$$T_1 R_{\text{总}2} = T_2 R_{\text{总}3} \tag{6-49}$$

令 $\dfrac{T_1}{T_2} = \beta$，由式（6-47）～式（6-49）得

$$\beta = \frac{T_1}{T_2} = \frac{R_{\text{总}1}}{R_2} = \frac{R_{\text{总}2}}{R_{\text{总}1}} = \frac{R_{\text{总}3}}{R_{\text{总}2}}$$

推广到 m 级起动，$\beta = \dfrac{T_1}{T_2} = \dfrac{R_{\text{总}1}}{R_2} = \dfrac{R_{\text{总}2}}{R_{\text{总}1}} = \cdots = \dfrac{R_{\text{总}m}}{R_{\text{总}m-1}}$

由上式得

$$\left.\begin{aligned}
R_{\text{总}1} &= \beta R_2 \\
R_{\text{总}2} &= \beta R_{\text{总}1} = \beta^2 R_2 \\
R_{\text{总}3} &= \beta R_{\text{总}2} = \beta^3 R_2 \\
&\cdots \\
R_{\text{总}m} &= \beta^m R_2
\end{aligned}\right\} \tag{6-50}$$

由式（6-50）的最后一式，得

$$\frac{R_{\text{总}m}}{R_2} = \beta^m$$

由上式可得以下两式

$$\beta = \sqrt[m]{\frac{R_{\text{总}m}}{R_2}} \tag{6-51}$$

$$m = \frac{\lg \dfrac{R_{\text{总}m}}{R_2}}{\lg \beta} \tag{6-52}$$

求解 $\dfrac{R_{\text{总}m}}{R_2}$：

机械特性的线性化公式为 $T_{\text{em}} = \dfrac{2T_m}{s_m} s$，由于临界转差率与转子回路总电阻成正比，即 $s_m \propto R_{\text{总}}$，故线性化公式可写为

$$T_{\text{em}} = \frac{2T_m}{s_m} s = \frac{2T_m}{kR_{\text{总}}} s \tag{6-53}$$

当电动机工作在 a 点（$s = 1$、$T_{\text{em}} = T_1$）时，转子回路总电阻最大，即 $R_{\text{总}} = R_{\text{总}m}$，将 $s = 1$ 及 $T_{\text{em}} = T_1$ 代入式（6-53），得

$$T_1 = \frac{2T_m}{kR_{\text{总}m}} 1 \tag{6-54}$$

当电动机工作在固有特性的额定点（$s = s_N$、$T_{\text{em}} = T_N$）时，转子回路总电阻就是转子本身的电阻，即 $R_{\text{总}} = R_2$，将 $s = s_N$ 及 $T_{\text{em}} = T_N$ 代入式（6-53），得

$$T_N = \frac{2T_m}{kR_N} s_N \tag{6-55}$$

将式（6-54）除以式（6-55），得

$$\frac{R_{总m}}{R_2} = \frac{T_N}{T_1 s_N} \qquad (6\text{-}56)$$

将式（6-56）代入式（6-51）得

$$\beta = \sqrt[m]{\frac{T_N}{T_1 S_N}} \qquad (6\text{-}57)$$

将式（6-56）代入式（6-52）得

$$m = \frac{\lg \dfrac{T_N}{T_1 s_N}}{\lg \beta} \qquad (6\text{-}58)$$

每一级外串电阻为

$$\left. \begin{aligned} R_{\Omega 1} &= R_{总1} - R_2 = (\beta - 1)R_2 \\ R_{\Omega 2} &= R_{总2} - R_{总1} = (\beta - 1)R_{总1} = (\beta - 1)\beta R_2 = \beta R_{\Omega 1} \\ R_{\Omega 3} &= R_{总3} - R_{总2} = \beta R_{\Omega 2} \\ &\quad \cdots \\ R_{\Omega m} &= R_{总m} - R_{总(m-1)} = \beta R_{\Omega(m-1)} \end{aligned} \right\} \qquad (6\text{-}59)$$

求解起动电阻一般有两种情况：

① 起动级数 m 已知。首先选定 T_1，由式（6-57）计算出 β，校核是否满足 $T_2 \geqslant (1.1 \sim 1.2)T_L$，若不满足，则需修正 T_1，将 β 代入式（6-50）或式（6-59），即可求出各级转子总电阻或外串电阻，其中转子本身的电阻可用 $R_2 = \dfrac{s_N E_{2N}}{\sqrt{3} I_{2N}}$ 求得。

② 起动级数 m 未知。首先求出 $\beta' = \dfrac{T_1}{T_2}$（$T_1$、$T_2$ 自选或给定），再根据式（6-58）预求出起动级数 m'，一般 m' 不为整数，将 m' 加大到相邻的整数 m，将 m 代入式（6-57）求出 β，校核是否满足 $T_2 \geqslant (1.1 \sim 1.2)T_L$，最后将 β 代入式（6-50）或式（6-59），即可求出各级转子总电阻或外串电阻。

例 6-2 某生产机械用绕线式异步电动机拖动，其技术数据为 $P_N = 40\text{kW}$，过载能力 $\lambda_m = 2.6$，$n_N = 1460\text{r/min}$，$\cos\varphi_N = 0.87$，$\eta_N = 87\%$，$E_{2N} = 420\text{V}$，$I_{2N} = 61.5\text{A}$。起动负载转矩 $T_L = 0.65T_N$，求转子串电阻三级起动时的电阻值。

解：额定转差率

$$s_N = \frac{n_1 - n_N}{n_1} = \frac{1500 - 1460}{1500} = 0.0267$$

电动机转子绕组每相电阻 R_2 为

$$R_2 = \frac{s_N E_{2N}}{\sqrt{3} I_{2N}} = \frac{0.0267 \times 420}{\sqrt{3} \times 61.5}\Omega = 0.105\Omega$$

取 $T_1 = 0.85T_m = 0.85\lambda_m T_N = 0.85 \times 2.6T_N = 2.21T_N$，则

$$\beta = \sqrt[m]{\frac{T_N}{s_N T_1}} = \sqrt[3]{\frac{1}{0.0267 \times 2.21}} = 2.57$$

核算 T_2

$$T_2 = \frac{T_1}{\beta} = \frac{2.21T_N}{2.57} = 0.86T_N = 1.32T_L$$

选择的 T_2 满足要求

转子每相各级总电阻为

$$R_{总1} = \beta R_2 = 2.57 \times 0.105\Omega = 0.27\Omega$$
$$R_{总2} = \beta^2 R_2 = 2.57^2 \times 0.105\Omega = 0.69\Omega$$
$$R_{总3} = \beta^3 R_2 = 2.57^3 \times 0.105\Omega = 1.78\Omega$$

转子每相各段起动电阻为

$$R_{\Omega1} = (\beta-1)R_2 = (2.57-1) \times 0.105\Omega = 0.165\Omega$$
$$R_{\Omega2} = \beta R_{\Omega1} = 2.57 \times 0.165\Omega = 0.424\Omega$$
$$R_{\Omega3} = \beta R_{\Omega2} = 2.57 \times 0.424\Omega = 1.09\Omega$$

2. 转子串频敏变阻器的起动

转子串电阻起动需要很多换接元件，不仅设备多、投资大，也给维修工作带来了不便。既然深槽电动机和双笼型电动机能够让转子阻抗自动地随频率变化，以获得较高的起动转矩。那么，对于绕线转子异步电动机是否也能做到这一点呢？频敏变阻器就是根据这个想法研制出来的。

频敏变阻器的结构如图 6-19a 所示，外形与一台没有二次侧的三相变压器相似，铁心不是用硅钢片叠成，而是用厚钢板叠成，每相只有一个线圈，分别套在三个铁心柱中的一个柱上，三相绕组Y形联结，三个出线端通过集电环和电刷装置与绕线型异步电动机转子绕组的三根引出线连接。

频敏变阻器的等效电路与变压器空载时相似，如图 6-19b（虚线框内部分）所示，如果忽略绕组漏电抗，它由励磁电阻 R_m 和励磁电抗 x_m 串联组成。R_m 是反映铁损耗的等效电阻，因铁心片较厚，故铁损耗较大，R_m 也较大；磁密设计得较高，铁心饱和，使得励磁电抗 x_m 较小。

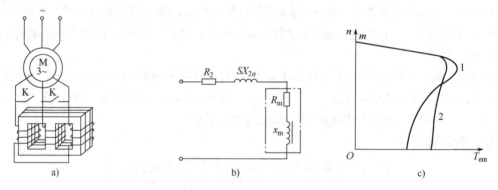

图 6-19　绕线转子异步机转子串频敏变阻器起动

a) 频敏变阻器结构图　b) 一相等效电路　c) 机械特性

开始起动时，$n=0, s=1$，转子频率 $f_2 = sf_1 = f_1$ 最高，而铁损耗近似与频率的二次方成正比，所以铁损耗较大，R_m 也较大，相当于转子中串入了一个较大电阻起动，降低了起动电流，提高了起动转矩。这时励磁电抗 x_m 的值因频率较高也比较大。

随着转速的升高（s 下降），转子频率 $f_2 = sf_1$ 下降，铁损耗下降，励磁电阻 R_m 下降，自动地减小起动电阻。励磁电抗 x_m 也自动下降。

正常运行时，转速较高（s 很小），$f_2 = 1 \sim 3\,\mathrm{Hz}$，$R_m$ 和 x_m 都很小，频敏变阻器基本不起作用，使电动机工作在较硬的机械特性上，这时应将频敏变阻器切除掉。

图 6-19c 绘出了绕线转子异步电动机串频敏变阻器的机械特性，图中特性 1 是电动机的固有特性，特性 2 是串频敏变阻器起动时的机械特性。可见，如果频敏变阻器的参数选得合适，可使起动转矩近似保持最大转矩而又恒定不变，起动既快又平稳。励磁阻抗的调节，可通过改变线圈匝数粗调和改变铁心的气隙微调，以得到理想的起动性能。

串频敏变阻器起动的特点：

1）优点：结构简单、价格便宜、制造容易、运行可靠、维护方便、能自动操作。目前已获得大量推广和应用。

2）缺点：由于 x_m 的存在，最大转矩有所下降。

6.3 三相异步电动机的调速

前面分析可知，直流电力拖动系统具有良好的调速性能。因而在可调速电力拖动系统中，特别是在深调速和快速的可逆电力拖动系统中，大多采用直流电动机拖动系统。但是直流电动机价格高，需要直流电源，维护修理较复杂；而交流电动机具有结构简单、运行可靠及维护方便等一系列优点，因而，在当前国民经济的各个领域中，都希望尽可能用交流可调电力拖动系统代替直流电力拖动系统。

交流电动机的调速比直流电动机调速困难得多，多年来，人们曾提出过多种调速方法，但由于技术经济指标不够高，因而其应用范围受到一定的限制，特别是在深调速和快速的可逆电机调速系统中，交流电动机拖动很难和直流电动机拖动相比。

另外，研究出一个结构简单、运行可靠、效率高的交流调速系统，对节约能源也有重要的意义，因为我们当前的风机、水泵、压缩机的耗电量在工业用电中占较大的比例，而这类生产机械大多用异步电动机拖动，如用调速的方法调节流量而不采用现行的阀门控制调节流量，能够大大地节省能量。

可见，寻找调速精度高、范围广、效率高、结构简单及运行可靠的交流调速系统，是工农业生产的迫切需求，也是当前电力拖动领域的发展方向。

本节着重讨论三相异步电动机拖动系统速度调节的基本原理、调速特性实现的基本方法以及调速时的机械特性及调速性等基本问题。至于交流调速自动控制方面的问题，由于不属于本课程研究的范围，只是简单介绍这方面的基本思想和原则，不进行深入的分析和讨论。

三相异步电动机可以采用哪些方法进行调速呢？根据异步电动机的转速表达式

$$n = n_1(1-s) = \frac{60}{p}f_1(1-s)$$

可知改变异步电动机的极对数 p、定子电源频率 f_1 和转差率 s 都可进行调速。其中调节转差率又可通过改变定子电压、转子回路电阻、串级调速和利用电磁滑差离合器等方法实现。

异步电动机的主要调速方法：

异步电动机的速度调节 { 改变极对数调速 / 改变定子频率调速 / 改变转差率调速 { 改变定子电压调速 / 改变转子电阻调速 / 双馈调速及串级调速 / 电磁滑差离合器调速

现分别讨论各种调速方法的调速原理、机械特性以及调速性质等问题。

6.3.1 变极调速

根据 $n_1 = 60f_1/p$，可以通过改变极对数 p 使同步速 n_1 改变，从而使转速 n 改变。

1. 变极原理

异步电机定子三相绕组流过三相电流时，每一相绕组产生一个脉振磁动势（位置固定，幅值大小随时间变化），三相绕组的三个脉振磁动势合成为旋转磁动势。旋转磁动势的极对数由脉振磁动势的极对数决定，因此，变极原理可用一相绕组来说明。

假设一相绕组有两个线圈，当两个线圈正向串联时，如图 6-20a 所示，由图可见其电流的方向和磁场分布，极数为 4；若将两个线圈反向串联（如图 6-20b 所示）或是反向并联（如图 6-20c 所示），第二个线圈中的电流改变了方向，极数变为 2。

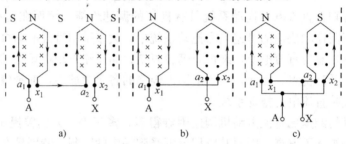

图 6-20　改变极对数时，一相绕组的改接方法

a)$2p=4$　b)$2p=2$　c)$2p=2$

结论：如果改变接线方式，使半相绕组中的电流改变方向，极对数成倍地改变。

2. 典型的变极线路

图 6-21a 所示为 Y-YY 变极线路，图 6-21b 为 △-YY 变极线路，由图可见，Y 连接（见图 6-21a 左图）和 △ 连接（见图 6-21b 左图）时，都有一相绕组的两个"半相绕组"串联，电流的方向一致，假定极对数为 $p=2$。当线路分别改接成图 6-21a 和图 6-21b 的中间图时，一相绕组的两个"半相绕组"反向并联，一个"半相绕组"中电流改变方向，极对数变为 $p=1$，将图 6-21a 及图 6-21b 的中间图整理后成为右图。明显为双星形连接，所以称图 6-21a 为 Y-YY 变极线路，图 6-21b 为 △-YY 变极线路。

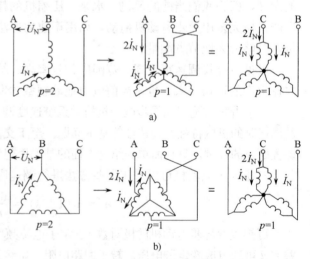

图 6-21　典型的变极调速线路

a) Y-YY变极调速　b) △-YY变极调速

3. 变极调速前后的机械特性

分析机械特性上三个特殊点（同步速点、临界点和起动点）的变化，即可定性地绘出变极调速前后的机械特性。三个特殊点的表达式如式（6-17）、式(6-18)及式（6-19）所示。

（1）Y-YY变极调速

① 同步速点。由图 6-21a 可知，极对数 $p_{YY} = p_Y/2$，同步速 $n_{1YY} = 2n_{1Y}$，同步角速度 $\Omega_{1YY} = 2\Omega_{1Y}$。

② 临界点。假设变极前后，半相绕组定子和转子电阻、漏电抗均不变，故有丫丫接法时的定转子电阻、漏电抗 R_1、R_2'、$x_{1\sigma}$、$x_{2\sigma}'$ 是丫接法时的 1/4，即

$$(R_1、R_2'、x_{1\sigma}、x_{2\sigma}')_{\curlyvee\curlyvee} = \frac{1}{4}(R_1、R_2'、x_{1\sigma}、x_{2\sigma}')_{\curlyvee} \tag{6-60}$$

将式（6-60）代入临界转差率表达式中，得

$$s_{\mathrm{m}\curlyvee\curlyvee} = \frac{\dfrac{1}{4}R_{2\curlyvee}'}{\sqrt{\left(\dfrac{1}{4}R_{1\curlyvee}\right)^2 + \left(\dfrac{1}{4}x_{1\sigma\curlyvee} + \dfrac{1}{4}x_{2\sigma\curlyvee}'\right)^2}} = s_{\mathrm{m}\curlyvee}$$

可见丫-丫丫变极调速前后，临界转差率不变。

将式（6-60）及 $\Omega_{1\curlyvee\curlyvee} = 2\Omega_{1\curlyvee}$ 代入最大转矩表达式中，得

$$T_{\mathrm{m}\curlyvee\curlyvee} = \frac{m_1}{2\Omega_{1\curlyvee}} \frac{U_1^2}{2\left[\dfrac{1}{4}R_{1\curlyvee} + \sqrt{\left(\dfrac{1}{4}R_{1\curlyvee}\right)^2 + \left(\dfrac{1}{4}x_{1\sigma\curlyvee} + \dfrac{1}{4}x_{2\sigma\curlyvee}'\right)^2}\right]} = 2T_{\mathrm{m}\curlyvee}$$

可见，变极后丫丫接法的最大转矩是变极前丫接法的 2 倍。

③ 起动点。将式（6-60）及 $\Omega_{1\curlyvee\curlyvee} = 2\Omega_{1\curlyvee}$ 代入起动转矩表达式中，得

$$T_{\mathrm{st}\curlyvee\curlyvee} = \frac{m_1}{2\Omega_{1\curlyvee}} \frac{\dfrac{1}{4}U_1^2 R_2'}{\left(\dfrac{1}{4}R_{1\curlyvee} + \dfrac{1}{4}R_{2\curlyvee}'\right)^2 + \left(\dfrac{1}{4}x_{1\sigma\curlyvee} + \dfrac{1}{4}x_{2\sigma\curlyvee}'\right)^2} = 2T_{\mathrm{st}\curlyvee}$$

可见，变极后丫丫接法的起动转矩是变极前丫接法的 2 倍。

结论：

$$\text{丫-丫丫变极调速}\begin{cases} T_{\mathrm{em}} = 0、n_{1\curlyvee\curlyvee} = 2n_{1\curlyvee} \\ T_{\mathrm{m}\curlyvee\curlyvee} = 2T_{\mathrm{m}\curlyvee}、s_{\mathrm{m}\curlyvee\curlyvee} = s_{\mathrm{m}\curlyvee} \\ T_{\mathrm{st}\curlyvee\curlyvee} = 2T_{\mathrm{st}\curlyvee}、n = 0 \end{cases}$$

根据上述结论，将丫接法和丫丫接法时的机械特性绘制于图 6-22a 中。

（2）△-丫丫变极调速

由图 6-21b 可知，极对数 $p_{\curlyvee\curlyvee} = p_{\triangle}/2$，同步速 $n_{1\curlyvee\curlyvee} = 2n_{1\triangle}$，同步角速度 $\Omega_{1\curlyvee\curlyvee} = \Omega_{1\triangle}$。

由于变极前定子绕组是△接法，而变极后是丫丫接法，故有 $U_{1\curlyvee\curlyvee} = U_{\triangle}/\sqrt{3}$。

假设变极前后，半相绕组定子和转子电阻、漏电抗均不变，故有丫丫接法时的定转子电阻、漏电抗 R_1、R_2'、$x_{1\sigma}$、$x_{2\sigma}'$ 是△接法时的 1/4，即

$$(R_1、R_2'、x_{1\sigma}、x_{2\sigma}')_{\curlyvee\curlyvee} = \frac{1}{4}(R_1、R_2'、x_{1\sigma}、x_{2\sigma}')_{\triangle} \tag{6-61}$$

将 $\Omega_{1\curlyvee\curlyvee} = 2\Omega_{1\triangle}$ 及式（6-61）代入临界转差率表达式中，得

$$s_{\mathrm{m}\curlyvee\curlyvee} = \frac{\dfrac{1}{4}R_{2\triangle}'}{\sqrt{\left(\dfrac{1}{4}R_{1\triangle}\right)^2 + \left(\dfrac{1}{4}x_{1\sigma\triangle} + \dfrac{1}{4}x_{2\sigma\triangle}'\right)^2}} = s_{\mathrm{m}\triangle}$$

将 $\Omega_{1\curlyvee\curlyvee} = 2\Omega_{1\triangle}$、$U_{1\curlyvee\curlyvee} = \dfrac{1}{\sqrt{3}}U_{\triangle}$ 及式（6-61）代入最大转矩表达式中，得

$$T_{\mathrm{m}\curlyvee\curlyvee} = \frac{m_1}{2\Omega_{1\triangle}} \frac{\left(\dfrac{1}{\sqrt{3}}U_{1\triangle}\right)^2}{2\left[\dfrac{1}{4}R_{1\triangle} + \sqrt{\left(\dfrac{1}{4}R_{1\triangle}\right)^2 + \left(\dfrac{1}{4}x_{1\sigma\triangle} + \dfrac{1}{4}x_{2\sigma\triangle}'\right)^2}\right]} = \frac{2}{3}T_{\mathrm{m}\triangle}$$

将 $\Omega_{1Y\triangle} = 2\Omega_{1Y}$、$U_{1YY} = \dfrac{1}{\sqrt{3}}U_{\triangle}$ 及式（6-61）代入起动转矩表达式中，得

$$T_{stYY} = \frac{2}{3}T_{st\triangle}$$

结论：

$$\triangle\text{-}YY\text{变极调速}\begin{cases} T_{em} = 0\text{、}n_{1YY} = 2n_{1\triangle} \\[2mm] T_{mYY} = \dfrac{2}{3}T_{m\triangle}\text{、}s_{mYY} = s_{m\triangle} \\[2mm] T_{stYY} = \dfrac{2}{3}T_{st\triangle}\text{、}n = 0 \end{cases}$$

根据上述结论，将△形接法和YY形接法时的机械特性绘制于图 6-22b 中。

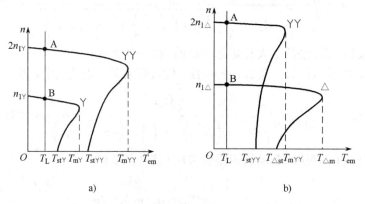

图 6-22　变极调速的机械特性

a) Y-YY变极调速　b) △-YY变极调速

4. 调速性质

（1）Y-YY变极调速

Y接法时电动机的输出功率为

$$P_{2Y} = \sqrt{3}U_{1Y}I_{1Y}\cos\varphi_{1Y}\eta_{1Y} \tag{6-62}$$

YY接法时电动机的输出功率为

$$P_{2YY} = \sqrt{3}U_{1YY}I_{1YY}\cos\varphi_{1YY}\eta_{1YY} \tag{6-63}$$

式中，电压和电流均为线值。

由图 6-21a 可见，当Y-YY变极调速时，$U_{1Y} = U_{1YY} = U_{1N}$，为保证电动机的充分利用，保持定子电流为额定电流，Y接法时 $I_{1Y} = I_{1N}$，YY连接时，由于每相绕组变为并联，故有 $I_{1YY} = 2I_{1N}$。一般来说，功率因数和效率基本不变，即 $\cos\varphi_Y \approx \cos\varphi_{YY}$，$\eta_Y = \eta_{YY}$，对比式（6-62）和式（6-63），得

$$P_{2YY} = 2P_{2Y}$$

上式表明，容许输出功率不是常数，故Y-YY变极调速不是恒功率调速方式。因为Y-YY变极调速时，同步速 $n_{1YY} = 2n_{1Y}$，所以有 $n_{YY} \approx 2n_Y$（电动机工作在机械特性的线性段），容许输出转矩为

$$T_{YY} = 9550\frac{P_{2YY}}{n_{YY}} = 9550\frac{2P_{2Y}}{2n_Y} = T_Y \tag{6-64}$$

上式表明，容许输出转矩是常数，所以Y-YY变极调速属于恒转矩调速方式。这种调速方式适用于带恒转矩负载的场合，如传送带和起重机等负载。

（2）△-YY变极调速

△接法时电动机的输出功率为

$$P_{2\triangle} = 3U_{1\triangle}I_{1\triangle}\cos\varphi_{1\triangle}\eta_{\triangle} \tag{6-65}$$

YY接法时电动机的输出功率为

$$P_{2YY} = 3U_{1YY}I_{1YY}\cos\varphi_{1YY}\eta_{YY} \tag{6-66}$$

式中，电压和电流均为相值。

由图6-21b可见，当△-YY变极时，$U_{1YY}=\dfrac{1}{\sqrt{3}}U_{1\triangle}$，保持定子电流为额定电流，有 $I_{1\triangle}=I_{1N}$，$I_{1YY}=2I_{1N}$，一般 $\cos\varphi_{\triangle}\approx\cos\varphi_{YY}$，$\eta_{\triangle}\approx\eta_{YY}$，对比式（6-65）和式（6-66），得

$$P_{2YY} = \frac{2}{\sqrt{3}}P_{2\triangle} = 1.15P_{2\triangle} \approx P_{2\triangle} \tag{6-67}$$

上式表明，容许输出功率近似为常数，所以△-YY变极调速属于恒功率调速方式。这种调速方式适用于恒功率负载，如机床类负载的粗加工和精加工等。

5. 有关变极调速的几点说明

（1）变极电机是笼型电机

从异步电机基础知识知，只有定、转子极对数相同，定子和转子磁动势才能相互作用产生电磁转矩，变极调速要求在改变定子极对数的同时，必须相应地改变转子极对数，绕线型电机要满足这一点很麻烦，而笼型电机的极对数能自动跟着定子极对数变化，故选用笼型电机。

（2）变极电机要专门设计制造

极对数改变是通过改变定子绕组连接方式实现的，绕组需专门设计制造，普通电机只引出了6个端子，不能变极。

（3）有级调速

因为极对数只能是整数，对于50Hz电源，同步转速（r/min）为3000、1500、1000、750、…。转速只能近似成倍数的改变，故相邻两极的转速差较大，平滑性差，使用受到限制。多速电机有两套绕组，改变接线可得3速或4速。为避免绕组过分复杂，目前最多为4速。

（4）为了保证变极前后转速的方向不变，变极时需换相序

由第5章分析知，在定子的圆周上，电角度＝ p ×机械角度，当变极调速前后极对数 p 改变后，电角度也要随之改变，从而引起三相绕组的相序发生变化，如图6-23所示。当 $p=1$ 时（见图6-23a），A、B、C三相绕组的空间电角度依次是 $0°$、$120°$、$240°$；当 $p=2$（见图6-23b）时，A、B、C三相绕组的空间电角度依次是 $0°$、$2\times120°=240°$、$2\times240°=480°$，可见B、C相的相序相反，使得同步速 n_1 反向，电机的转速 n 反向。

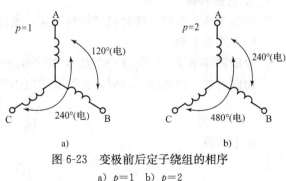

图6-23 变极前后定子绕组的相序

a）$p=1$ b）$p=2$

由以上分析可知，若定子电源的相序不变，变极调速前后在转速大小改变的同时，其方向也要改变。因此为了保证变极调速前后转向不变，改变极对数的同时要改变定子绕组接线的相序，如图 6-21 所示。

变极调速的特点：

优点：操作简单方便、机械特性较硬、效率高，既适用于恒转矩也适用于恒功率负载。

缺点：有级调速，且级数有限，平滑性差。

6.3.2 变频调速

根据 $n_1 = 60f_1/p$，可以通过改变电源频率 f_1，使同步速 n_1 改变，从而改变转速 n。

1. 变频调速时频率和电压的配合

若忽略定子阻抗，定子外加相电压 U_1 近似为感应电动势 E_1，表达式为

$$U_1 \approx E_1 = 4.44 f_1 N_1 k_{w1} \Phi_m$$

由上式得

$$\Phi_m = \frac{U_1}{4.44 f_1 N_1 k_{w1}} = K \frac{U_1}{f_1} \tag{6-68}$$

式（6-68）中，当电机制造好后，K 为常数。

当 $U_1 = U_{1N}$ 且 $f_1 = f_N = 50\ \text{Hz}$（基频）时，$\Phi_m = \Phi_{mN}$，为使铁心充分利用，$\Phi_{mN}$ 总是设计在磁化曲线的微饱和区，铁心已经接近饱和。

若调节 $f_1 < f_N$（基频下调），当电压 $U_1 = U_{1N}$ 保持不变时，由式（6-68）知，这时 $\Phi_m > \Phi_{mN}$，使磁路饱和，励磁电流明显增大，功率因数增大，铁损耗增加，铁心发热严重。因此，要求电压和频率成比例地调节，即

$$\frac{U_1}{f_1} = \frac{U_{1N}}{f_N} \tag{6-69}$$

以保证在变频调速的过程中满足 $\Phi_m = \Phi_{mN}$。

若调节 $f_1 > f_N$（基频上调），不允许 $U_1 > U_{1N}$，否则绝缘材料有可能被损坏。若改变频率时电压 $U_1 = U_{1N}$ 保持不变，由式（6-68）可见，当 $f_1 > f_N$ 时，有 $\Phi_m < \Phi_{mN}$。铁心没有得到充分利用，但能安全运行，如同直流电机弱磁调速。

综上所述，变频调速时频率和电压的配合是：

$$\begin{cases} \text{当 } f_1 \leqslant f_N \text{ 时,} \dfrac{U_1}{f_1} = \dfrac{U_{1N}}{f_N} \\[2mm] \text{当 } f_1 > f_N \text{ 时,} U_1 = U_{1N} \end{cases}$$

2. 机械特性

基频下调和基频上调时机械特性不同，现分别讨论如下。

（1）基频下调

令电源频率 $f_1 = f_X (f_X < f_N)$，定子电压 $U_1 = U_X$。

由前所述，当基频下调时，必须要求电压和频率成比例地调节，即

$$\frac{U_X}{f_X} = \frac{U_N}{f_N}$$

由上式得

$$\frac{f_X}{f_N} = \frac{U_X}{U_N} = K < 1$$

于是有

$$\begin{cases} f_X = Kf_N \\ U_X = KU_N \end{cases} \tag{6-70}$$

不考虑饱和影响，并考虑到 $f_X = Kf_N$，得

$$(x_{1\sigma} + x'_{2\sigma})_{f_X} = 2\pi f_X(L_{1\sigma} + L'_{2\sigma}) = 2\pi Kf_N(L_{1\sigma} + L'_{2\sigma}) = K(x_{1\sigma} + x'_{2\sigma})_{f_N} \tag{6-71}$$

分析三个特殊点（同步速点、临界点和起动点）的变化如下：

① 同步速点。同步速为

$$n_{1X} = \frac{60}{p}f_X = \frac{60}{p}Kf_N = Kn_{1N}$$

同步角速度为

$$\Omega_{1X} = \frac{2\pi}{60}n_{1X} = \frac{2\pi}{60}Kn_{1N} = K\Omega_{1N} \tag{6-72}$$

可见，当 f_X 下降时，同步速 n_{1X} 与同步角速度 Ω_{1X} 都成正比地下降。

② 临界点。将式（6-70）、式（6-71）及式（6-72）代入最大转矩表达式中，得

$$T_{mX} = \frac{m_1 U_X^2}{2\Omega_{1X}\left[R_1 + \sqrt{R_1^2 + (x_{1\sigma} + x'_{2\sigma})_{f_X}^2}\right]} = \frac{m_1 K^2 U_N^2}{2K\Omega_{1N}\left[R_1 + \sqrt{R_1^2 + K^2(x_{1\sigma} + x'_{2\sigma})_{f_N}^2}\right]}$$

$$= \frac{m_1 U_N^2}{2\Omega_{1N}\left[\dfrac{R_1}{K} + \sqrt{\left(\dfrac{R_1}{K}\right)^2 + (x_{1\sigma} + x'_{2\sigma})_{f_N}^2}\right]} < \frac{m_1 U_N^2}{2\Omega_{1N}\left[R_1 + \sqrt{R_1^2 + (x_{1\sigma} + x'_{2\sigma})_{f_N}^2}\right]} = T_{mN}$$

$$\tag{6-73}$$

分析：当 $K \approx 1$，$f_X \approx f_N$ 时，$T_{mX} = T_{mN}$；当 $K < 1$，$f_X < f_N$ 时，$T_{mX} < T_{mN}$；当 $K \ll 1$，$f_X \ll f_N$ 时，$T_{mX} \ll T_{mN}$。

可见，在保持 $\dfrac{U_X}{f_X} = \dfrac{U_N}{f_N}$ 的条件下，降低 f_X 时，T_{mX} 下降。当 f_X 很低时，最大转矩 T_{mX} 下降很多，为了保证低频时最大转矩 T_{mX} 增大而使得电机安全可靠地工作，要求此时 $\dfrac{U_X}{f_X} > \dfrac{U_N}{f_N}$，使 U_X 适当增加。

临界转差率为

$$s_{mX} = \frac{n_{1X} - n_{mX}}{n_{1X}} = \frac{\Delta n_{mX}}{n_{1X}}$$

式中　　n_{mX}——最大转矩所对应的转速；

　　　　Δn_{mX}——电磁转矩从零到最大时的转速降。

由上式并忽略 R_1，得

$$\Delta n_{mX} = n_{1X}s_{mX} = n_{1X}\frac{R'_2}{(x_{1\sigma} + x'_{2\sigma})_{f_X}} = Kn_{1N}\frac{R'_2}{K(x_{1\sigma} + x'_{2\sigma})_{f_N}} = \Delta n_{mN} \tag{6-74}$$

可见，在基频下调为不同频率时，对应最大转矩 T_{mX} 下的转速降 Δn_{mX} 不变，当 f_X 接近 f_N 时，机械特性基本相互平行。

③ 起动点。将式（6-70）、式（6-71）及式（6-72）代入起动转矩表达式中，得起动转矩为

$$T_{stX} = \frac{m_1}{\Omega_{1X}}\frac{U_X^2 R'_2}{(R_1 + R'_2)^2 + (x_{1\sigma} + x'_{2\sigma})_{f_X}^2} = \frac{m_1 K^2 U_N^2 R'_2}{K\Omega_{1N}\left[(R_1 + R'_2)^2 + K^2(x_{1\sigma} + x'_{2\sigma})_{f_N}^2\right]}$$

$$= \frac{m_1 K U_X^2 R_2'}{\Omega_{1N}[(R_1 + R_2')^2 + K^2(x_{1\sigma} + x_{2\sigma}')_{f_N}^2]} \tag{6-75}$$

上式对 K 求导，并令 $\dfrac{\mathrm{d}T_{stX}}{\mathrm{d}K} = 0$，得：当 $K = \dfrac{f_X}{f_N} = \dfrac{R_1 + R_2'}{(x_{1\sigma} + x_{2\sigma}')_{f_N}}$ 时，T_{stX} 取最大值；当 $K > \dfrac{R_1 + R_2'}{(x_{1\sigma} + x_{2\sigma}')_{f_N}}$，随着 f_X 下降，起动转矩 T_{stX} 上升；当 $K < \dfrac{R_1 + R_2'}{(x_{1\sigma} + x_{2\sigma}')_{f_N}}$，随着 f_X 下降，起动转矩 T_{stX} 反而下降。

结论：

$$f_X \downarrow (< f_N) \begin{cases} n_{1X} \downarrow \\ T_{mX} \downarrow、\Delta n_{mX} = \Delta n_{mN} \\ T_{stX} \text{ 变化} \end{cases}$$

基频下调时的机械特性如图 6-24a 所示。

（2）基频上调

当电压频率从基频往上调节（$f_X > f_N$）时，要求电源电压不变，为 $U_X = U_N$。

令
$$\frac{f_X}{f_N} = K > 1$$

从而得

$$f_X = K f_N \tag{6-76}$$

同理有
$$(x_{1\sigma} + x_{2\sigma}')_{f_X} = K(x_{1\sigma} + x_{2\sigma}')_{f_N}$$

① 同步速点。同步速为

$$n_{1X} = \frac{60}{p} f_X = \frac{60}{p} K f_N = K n_{1N}$$

同步角速度为

$$\Omega_{1X} = \frac{2\pi}{60} n_{1X} = \frac{2\pi}{60} K n_{1N} = K \Omega_{1N}$$

可见，当 f_X 下降时，同步速 n_{1X} 与同步角速度 Ω_{1X} 均成正比下降。

② 临界点。忽略 R_1，并将式（6-71）、式（6-72）及式（6-76）代入最大转矩表达式，得

$$T_{mX} = \frac{m_1}{2\Omega_{1X}} \frac{U_N^2}{(x_{1\sigma} + x_{2\sigma}')_{f_X}} = \frac{m_1}{2K\Omega_{1N}} \frac{U_N^2}{k(x_{1\sigma} + x_{2\sigma}')_{f_N}} = \frac{1}{K^2} T_{mN} \tag{6-77}$$

可见，当频率上升（K 增大）时，最大转矩成二次方倍下降。

忽略 R_1 时，有

$$\Delta n_{mX} = n_{1X} s_{mX} = n_{1X} \frac{R_2'}{(x_{1\sigma} + x_{2\sigma}')_{f_X}} = K n_{1N} \frac{R_2'}{K(x_{1\sigma} + x_{2\sigma}')_{f_N}} = \Delta n_{mN} \tag{6-78}$$

可见，在基频上调为不同频率时，对应最大转矩 T_{mX} 下的转速降 Δn_{mX} 不变，当 f_X 接近 f_N 时，机械特性基本相互平行。

③ 起动点。忽略 R_1，并将式（6-71）、式（6-72）代入起动转矩表达式，得

$$T_{stX} = \frac{1}{K^3} T_{stN} \tag{6-79}$$

结论：

$$f_X \uparrow (> f_N) \begin{cases} n_{1X} \uparrow \\ T_{mX} \downarrow\downarrow、\Delta n_{mX} = \Delta n_{mN} \\ T_{stX} \downarrow\downarrow\downarrow \end{cases}$$

基频上调时的机械特性如图 6-24b 所示。

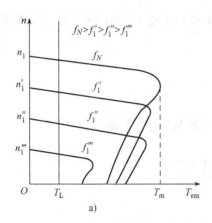
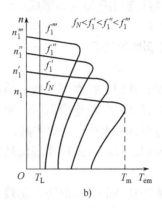

图 6-24 变频调速的机械特性
a）基频下调　b）基频上调

3. 调速性质

（1）基频下调

假定基频下调时电机的功率因数 $\cos\varphi_1$ 及效率 η 都保持额定值不变，为了保证电机能充分利用，电流为额定值 I_{1N}，则电机容许输出功率为

$$P_2 = m_1 U_1 I_{1N}\cos\varphi_{1N}\eta_N = K_1 U_1 = C_1\left(\frac{U_1}{f_1}\right)f_1 \tag{6-80}$$

由上式可见，容许输出功率 P_2 随着频率 f_1 的改变而改变，所以基频下调不是恒功率调速方式。

容许输出转矩为

$$T_2 = 9550\frac{P_2}{n} \approx 9550\frac{P_2}{n_1} = 9550\frac{C_1 f_1}{\frac{60}{p}f_1}\left(\frac{U_1}{f_1}\right) = C_2\frac{U_1}{f_1} = 常数 \tag{6-81}$$

因为基频下调时，U_1/f_1 保持不变，所以容许输出转矩 T_2 为常数，可见，基频下调属于恒转矩调速方式。式（6-80）及式（6-81）所对应特性曲线如图 6-25 所示。

（2）基频上调

假定基频上调时 $\cos\varphi_1$ 及 η 都保持额定值不变，为了保证电机能充分利用，电流为额定值 I_{1N}，考虑到基频上调时电压 U_1 不变，则电机容许输出功率为

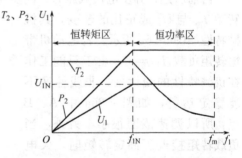

图 6-25 变频调速时的容许输出转矩和功率

$$P_2 = m_1 U_1 I_{1N}\cos\varphi_{1N}\eta_{1N} = K_1 U_1 = 常数 \tag{6-82}$$

由式（6-82）可知，当频率变化时，容许输出转矩不变，所以基频上调属于恒功率调速方式。

容许输出转矩为

$$T_2 = 9550 \frac{P_2}{n} = C_2 \frac{U_1}{f_1} \qquad (6\text{-}83)$$

可见，容许输出转矩与频率成反比。式（6-82）及式（6-83）所对应特性曲线如图 6-25 所示。

4. 变频调速的特点

优点：

1）机械特性硬、精度高、调速范围大。

2）无级调速，f_1 可连续调节，使得转速 n 连续变化，平滑性好。

3）运行时转差率 s 小，效率高。

4）按不同的控制方式可实现恒转矩和恒功率调速。

缺点：

1）需要较复杂的变频电源，初投资大。

2）基频上调时，最大转矩 T_m 下降较多，不安全。当频率 f_1 比较大时，定转子电抗增大，使得功率因数下降。

3）在较低频率长期运行时，需使用恒速外风扇。

4）由于变频电源有较大的谐波分量，使电动机温升增高、效率降低。

变频调速具有优异的调速性能，广泛应用于轧钢机、球磨机及纺织机等工业设备中。

随着控制理论、电力电子技术和计算机控制技术的发展，人们在一般变频调速的基础上进一步发展了更高调速性能的变频调速理论和方法，如矢量控制、直接转矩控制以及其他各种非线性控制策略等，从而大大提高了交流电动机的调速性能，使得交流调速系统的性能完全可以与直流调速系统相媲美。

6.3.3 改变定子电压调速

降低定子电压 U_1 可使转差率 s 改变，从而改变转速 n。

1. 调速原理及调速性能

由前所述，异步电机减压时，同步速 n_1 及临界转差率 s_m 都不变、最大转矩 T_m 和起动转矩 T_{st} 与 U_1^2 成正比的改变，其机械特性如图 6-26a 所示。若电动机带恒转矩负载 $T_L = C$，由于只能工作在机械特性的线性区，非线性区不能稳定运行，如图 6-26a 中 A、B 点，所以调速范围很小，另外，当负载转矩接近于额定转矩时，欠电压长期运行电流超过额定值会使电机过热。若带通风机负载 $T_L = Cn^2$，稳定运行区域扩大，如图中 C、D 及 E 各工作点都是稳定运行点，但低速时，电动机电流大，功率因数低，很少采用。

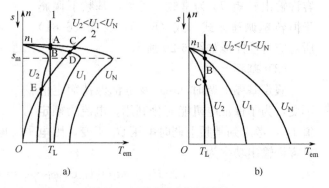

图 6-26 减压调速机械特性

a）普通笼型电机　b）高转差率笼型电机或绕线型电机串电阻

绕线转子异步电机转子串固定电阻或高转差率笼型机的机械特性如图 6-26b 所示，带恒转矩负载时,定子电压降低可得到图中A、B和C各稳定运行点。可以扩大调速范围,但减压后特性变软,其静差率常不能满足生产机械要求,且低速时过载能力差,负载波动稍大,电动机就可能堵转。由以上分析可知,单纯改变定子电压,其调速性能很不理想。

为了提高减压调速时机械特性的硬度,增大笼型异步电机的调速范围,可以采用两种方案:①采用速度闭环控制系统;②采用将减压调速和变极调速相结合的控制方式。

2. 异步电机减压调速的闭环自动控制系统

具有转速负反馈的减压调速系统如图6-27a所示,其机械特性如图6-27b所示。设负载为T_{L1}时定子电压为U_1,稳定运行在A点,某种原因使负载转矩由T_{L1}变为T_{L2},若没有反馈,工作点将移到C点,转速下降很多。加反馈后,若T_L增加则使得转速n下降,测速发电机的反馈电压U_f下降,偏差$\Delta U = U_g - U_f$增加,经放大器放大后去控制触发器,使晶闸管的控制角α减小,交流调压器TV的输出电压即电动机定子电压U_1增加。这个调节过程一直进行到电动机达到新的稳定运行点B。此时,定子电压上升为U'_1。可见,由于反馈的控制作用,虽然负载变化较大,但是转速从A点到B点几乎不变。在同一给定电压下,加反馈时的机械特性(见图6-28b中特性2)比未加反馈时(见特性1)硬得多。改变给定信号U_g可得到一组基本平行的、硬度很高的特性,从而扩大了调速范围,改善了静差率,还能平滑调速。

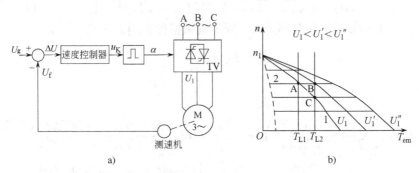

a) b)

图 6-27 具有转速负反馈的减压调速系统

a) 原理图 b) 转速反馈控制时的机械特性

3. 调速性质

电磁转矩为

$$T_{em} = \frac{P_{em}}{\Omega_1} = \frac{m_1 I_2'^2 \dfrac{R_2'}{s}}{\Omega_1}$$

为了使得电机充分利用,在调速过程中保持$I_2' = I'_{2N}$,又因减压调速时R_2'及Ω_1都为常数,故有

$$T_{em} \propto \frac{1}{s} = \frac{n_1}{n_1 - n} \tag{6-84}$$

可见,减压调速既非恒转矩调速方式也非恒功率调速方式,适用于负载转矩随着转速降低(s增加)而减少的负载,因此减压调速可用于调速要求不高的通风机以及卷扬机等生产机械。

减压调速的特点:

1)优点:结构简单、控制方便、价格便宜;可以平滑调速;调压设备可以兼作起动设备;利用转速负反馈可以得到较硬的特性。

2）缺点：低速时损耗大，效率低。分析如下：

当带恒转矩负载 $T_L = C_1$ 减压调速时，电磁功率为 $P_{em} = T_{em}\Omega_1 = C_2$ 不变，故可得

$$n\downarrow(s\uparrow)\begin{cases}p_{Cu2}\uparrow\ (p_{Cu2} = sP_{em})\\[2mm]\eta\downarrow\ (\eta = \dfrac{P_2}{P_1} \approx \dfrac{P_\Omega}{P_{em}} = 1 - s)\end{cases}$$

可见，调速时的转速 n 越低（s 越大），电机的铜损耗 p_{Cu} 越大，效率 η 越低。

例 6-3　某笼型异步电动机的数据为 $P_N = 10\text{kW}$，$U_N = 380\text{V}$，$f_N = 50\text{Hz}$，$n_N = 1440\text{r/min}$，$\lambda_m = 2.5$，此电动机拖动 $T_L = 0.8T_N$ 恒转矩负载，试求：

（1）电动机的转速。

（2）调压调速当 $U = 300\text{V}$ 时电动机的转速。

（3）降低电源电压频率至 40Hz 时电动机的转速，电压应做如何调整。

解：（1）电动机的转速计算

额定转差率

$$s_N = \frac{n_1 - n_N}{n_1} = \frac{1500 - 1440}{1500} = 0.04$$

临界转差率

$$s_{mN} = s_N(\lambda_m + \sqrt{\lambda_m^2 - 1}) = 0.04(2.5 + \sqrt{2.5^2 - 1}) = 0.1917$$

设当 $T_L = 0.8T_N$ 时的转差率为 s_x，则由机械特性实用表达式

$$T = T_L = \frac{2\lambda_m T_N}{\dfrac{s_x}{s_{mN}} + \dfrac{s_{mN}}{s_x}}$$

得

$$s_x = s_{mN}\left[\frac{\lambda_m T_N}{T_L} \pm \sqrt{\left(\frac{\lambda_m T_N}{T_N}\right)^2 - 1}\right] = 0.1917\left[\frac{2.5T_N}{0.8T_N} \pm \sqrt{\left(\frac{2.5T_N}{0.8T_N}\right)^2 - 1}\right]$$

$$= 0.1917[3.125 \pm 2.961] = \begin{cases}1.1666 > s_{mN}\ \text{不合理，舍去}\\[2mm]0.0314\end{cases}$$

$$n_x = (1 - s_x)n_1 = (1 - 0.0314) \times 1500\text{r/min} = 1453\text{r/min}$$

n_x 为图 6-28 中 A 点的转速。

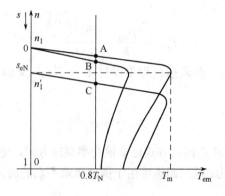

图 6-28　例 6-3 的附图

（2）减压调速转速的计算

减压后的最大转矩

$$T'_{mx} = \left(\frac{U}{U_N}\right)^2 T_m = \left(\frac{300}{380}\right)^2 2.5T_N = 1.558T_N$$

减压后临界转差率不变，$s_{mx} = s_{mN}$，由

$$0.8T_N = \frac{2T'_{mx}}{\dfrac{s_x}{s_{mx}} + \dfrac{s_{mx}}{s'_x}}$$

$$s'_x = s_{mN}\left[\frac{T'_{mN}}{0.8T_N} \pm \sqrt{\left(\frac{T'_{mN}}{0.8T_N}\right)^2 - 1}\right] = 0.1917\left[\frac{1.558T_N}{0.8T_N} \pm \sqrt{\left(\frac{1.558T_N}{0.8T_N}\right)^2 - 1}\right]$$

$$= 0.1917[1.9475 \pm 1.6711] = \begin{cases} 0.6937 > s_{mN} \ \text{不合理，舍去} \\ 0.053 \end{cases}$$

$$n'_x = (1-s'_x)n_1 = (1-0.053) \times 1500 \text{r/min} = 1420.5 \text{r/min}$$

n'_x 为图 6-28 中 B 点的转速。

（3）变频调速转速的计算

$T_L = 0.8T_N$ 时，固有特性上的转速降落

$$\Delta n = n_1 - n_x = (1500 - 1453)\text{r/min} = 47 \text{r/min}$$

变频后的同步速

$$n'_1 = \frac{40}{50}n_1 = \frac{40}{50} \times 1500 \text{r/min} = 1200 \text{r/min}$$

变频后的转速降基本不变，转速为

$$n''_x = n'_1 - \Delta n = (1200 - 47)\text{r/min} = 1153 \text{r/min}$$

n''_x 为图 6-28 中 C 点的转速。

保持气隙磁场 Φ_m 不变，有

$$\frac{U_N}{f_1} = \frac{U'}{f'_1}$$

$$U' = \frac{f'_1}{f_1}U_N = \frac{40}{50} \times 380\text{V} = 304\text{V}$$

显然，减压调速时转速变化较小，而变频调速转速变化效果比较明显。

6.3.4 绕线转子异步电动机转子串电阻调速

1. 机械特性

绕线转子异步电机转子串电阻时的机械特性如图6-29所示。通过转子串接不同值的电阻，可获得不同的稳定转速，见图中 A、B 和 C 各稳定运行点。转子回路所串电阻越大，特性越软。

2. 调速性质

绕线转子异步电动机的电磁转矩为

$$T_{em} = C_{TJ}\Phi_m I_2 \cos\varphi_2$$

当转子串电阻调速时，定子电压仍为额定值，气隙磁通

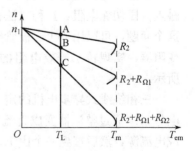

图 6-29 绕线转子机转子
串电阻机械特性

基本保持不变，即 $\Phi_{\mathrm{m}} = \Phi_{\mathrm{mN}}$。为使电机得到充分利用，要求在调速过程中保持电流为额定值，即

$$I_{2\mathrm{X}} = I_{2\mathrm{N}}$$

则有

$$I_{2\mathrm{X}} = \frac{E_2}{\sqrt{\left(\dfrac{R_2 + R_\Omega}{s}\right)^2 + x_{2\sigma}^2}} = \frac{E_2}{\sqrt{\left(\dfrac{R_2}{s_{\mathrm{N}}}\right)^2 + x_{2\sigma}^2}} = I_{2\mathrm{N}}$$

由上式得

$$\frac{R_2 + R_\Omega}{s_{\mathrm{X}}} = \frac{R_2}{s_{\mathrm{N}}}$$

将上式代入功率因数表达式中，得

$$\cos\varphi_{2\mathrm{X}} = \frac{\dfrac{R_2 + R_\Omega}{s_{\mathrm{X}}}}{\sqrt{\left(\dfrac{R_2 + R_\Omega}{s_{\mathrm{X}}}\right)^2 + x_{2\sigma}^2}} = \frac{\dfrac{R_2}{s_{\mathrm{N}}}}{\sqrt{\left(\dfrac{R_2}{s_{\mathrm{N}}}\right)^2 + x_{2\sigma}^2}} = \cos\varphi_{2\mathrm{N}}$$

将 $\Phi_{\mathrm{m}} = \Phi_{\mathrm{mN}}$、$I_{2\mathrm{X}} = I_{2\mathrm{N}}$ 及 $\cos\varphi_{2\mathrm{X}} = \cos\varphi_{2\mathrm{N}}$ 代入电磁转矩表达式中，得

$$T_{\mathrm{em}} = C_{\mathrm{TJ}}\Phi_{\mathrm{mN}}I_{2\mathrm{N}}\cos\varphi_{2\mathrm{N}} = T_{\mathrm{N}} \tag{6-85}$$

由上式可知，当转子串电阻调速时，容许输出转矩不变，因此，绕线转子电动机转子串电阻调速属于恒转矩调速方式。

绕线转子电动机转子串电阻调速的特点如下。

优点：

1）简单方便，初投资小，容易实现。

2）起动性能好，而且调速电阻 R_Ω 还可兼作起动电阻使用。

缺点：

1）低速时，转子所串电阻大，使得 p_{Cu2} 大，效率 η 低。

2）低速时特性软，静差率大，因而调速范围小。

3）负载转矩 T_{L} 较小时，调速效果不明显。

4）平滑性差，是有级调速（用接触器一段一段地切除电阻）。

该方式在起重机械拖动系统中得到应用。

3. 带转子回路斩波器的调速

如前所述，绕线电机转子串电阻调速时，一般采用接触器的触点分段切除电阻，这种方法存在着可靠性差等问题。为了解决这个问题，可以用一个二极管整流桥和斩波器来代替机械调节的变阻器，实现转子等效电阻的无触点调节，其接线图如图 6-30 所示。

三相绕线式异步电机的定子接到三相对称电源上，转子感应电势 sE_2 通过整流器变成直流电压，经直流回路的电抗器 L_{d} 变成电流源，然后接到一个由 IGBT 实现的斩波器和电阻并联的电路上。斩波器利用脉宽调制，占空比为

$$\delta = \frac{t_{\mathrm{on}}}{T}$$

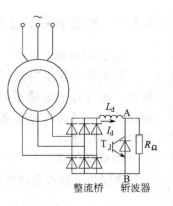

图 6-30 带转子回路
斩波器的调速线路

式中，t_{on} 为 IGBT 导通时间；T 为周期。

当 IGBT 关断时，电流 I_d 流过电阻 R_Ω，R_Ω 接入电路。当 IGBT 开通时，电阻被短接，电流 I_d 流过 IGBT。可见 A、B 之间的等效电阻为 $R_0 = (1-\delta)R_\Omega$，通过调节占空比 δ 便可调节异步电机转子的等效电阻，从而达到转子无触点调阻调速的目的。这样可大大提高调速系统运行的可靠性。

6.3.5 绕线转子异步电动机双馈调速及串极调速

双馈是指绕线转子异步电动机的定、转子三相绕组分别接到两个独立的三相对称电源上，其中定子的电源为固定频率的工业电源，转子电源电压的幅值、相位和频率则需按照运行要求分别进行调节，其中频率要求在任何情况下与转子感应电动势同频率（即为 f_2）。

1. 指导思想

如前所述，传统的串电阻调速，在电阻上消耗的能量大，且转速越低，损耗越大，效率低。电动机从电网吸收的功率为 P_1，消耗掉定子铜损耗和铁损耗后，大部分的电磁功率 P_{em} 通过气隙从定子传到转子，其中一部分变成转子铜损耗 p_{Cu2} 消耗掉，其余部分才转换成机械功率输出。其功率流向情况如图 6-31 所示（忽略定子铜损耗、铁损耗、机械损耗及附加损耗）。从能量的观点看，串电阻调速是将一部分电磁功率消耗在转子电阻上，使实际的输出功率减小，迫使在一定的负载转矩下，电动机的运行速度下降。

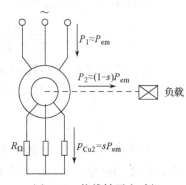

图 6-31 绕线转子电动机
转子串电阻功率流向

转子上消耗的功率 $p_{Cu2} = sP_{em}$ 也称作转差功率，设法将这部分转差功率回馈电网，或者由另一台电动机吸收后带动负载，这样达到的效果既与转子串电阻相同，又能提高系统的运行效果，双馈调速和串极调速就是根据这一指导思想设计出来的。

2. 双馈调速原理

如图 6-32 所示是转子回路串接外加三相对称电压 $\dot{U}_{2s}$ 时的一相转子电路，假定 $\dot{U}_{2s}$ 与 $s\dot{E}_2$ 同相位（也可为反相位或相差任意角度），且频率相同，这时转子电流的有效值为 $I_{2s} = \dfrac{sE_2 + U_{2s}}{\sqrt{R_2^2 + (sx_{2\sigma})^2}}$。假设系统原带恒定转矩负载稳定运行（$n = n_1$、$T_{em} = T_L$），当外加电压

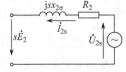

图 6-32 转子回路串外加
电压 $\dot{U}_{2s}$ 等效电路

U_{2s} 增加时，转速 n 不能突变，转子感应电动势 $E_{2s} = sE_2$ 不能突变，转子电流 I_{2s} 上升，电磁转矩 T_{em} 上升，这时 $T_{em} > T_L$，使得转速 n 升高（s 下降），随着 n 的升高，$E_{2s} = sE_2$ 下降，电流 I_{2s} 下降，电磁转矩 T_{em} 下降，直到 $T_{em} = T_L$、$n = n_2$，到达新的稳定运行点，$n_2 > n_1$，调速过程结束。

由前面的分析可见：

1）当转子回路串入同频率的外加电压 $\dot{U}_{2s}$ 后，调节 $\dot{U}_{2s}$ 的相位和大小，就可以改变转速的大小，从而达到调速目的。

2）用外加电源 $\dot{U}_{2s}$ 代替 R_Ω 有本质的区别，R_Ω 消耗能量，$\dot{U}_{2s}$ 本身不消耗能量，而能够传递能量，可以将能量回馈电网或使得另一台电机带动负载。

3. 双馈调速机械特性

前面分析的几种调速方式机械特性的思路是，当电机的某一参量发生变化时，分析其机械特性上的三个特殊点（同步速点、临界点及起动点）的变化规律，从而得出新的机械特性。但是机械特性三个特殊点的表达式，即式（6-17）、式（6-18）及式（6-19）均不包含转子电动势 E_2，故不能用以前的分析方法。现利用物理表达式分析如下：

机械特性的物理表达式为

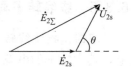

图 6-33　绕线转子电机
转子外串电压 $\dot{U}_{2s}$
超前于 $\dot{E}_{2s}$ θ 角度

$$T_{em} = C_{TJ}\Phi_m I_2 \cos\varphi_2 = C_{TJ}\Phi_m I_{2a}$$

假设 $\dot{U}_{2s}$ 超前于 $\dot{E}_{2s}$ 一个 θ 角度，且以 $\dot{E}_{2s}$ 为参考相量，如图 6-33 所示。

由图 6-32、图 6-33 得

$$\dot{I}_{2s} = \frac{s\dot{E}_2 + \dot{U}_{2s}}{R_2 + jsx_{2\sigma}} = \frac{sE_2(\cos 0° + j\sin 0°) + U_{2s}(\cos\theta + j\sin\theta)}{R_2 + jsx_{2\sigma}}$$

将上式中的分子分母同乘以 $(R_2 - jx_{2\sigma})$，得

$$\begin{aligned}\dot{I}_{2s} &= \frac{(sE_2 + U_{2s}\cos\theta)R_2 + U_{2s}sx_{2\sigma}\sin\theta}{R_2^2 + (sx_{2\sigma})^2} - j\frac{sx_{2\sigma}(sE_2 + U_{2s}\cos\theta) - \sin\theta R_2 U_{2s}}{R_2^2 + (sx_{2\sigma})^2}\\ &= I_{2a} + jI_{2r}\end{aligned} \tag{6-86}$$

上式中第一项 I_{2a} 为转子电流的有功分量，它是电流复数式中的实部；第二项 I_{2r} 为转子电流的无功分量，它是电流复数式中的虚部。

将 I_{2a} 代入 $T_{em} = C_{TJ}\Phi_m I_2 \cos\varphi_2 = C_{TJ}\Phi_m I_{2a}$ 中，于是有

$$\begin{aligned}T_{em} &= C_{TJ}\Phi_m I_{2a} = C_{TJ}\Phi_m \frac{(sE_2 + U_{2s}\cos\theta)R_2 + U_{2s}sx_{2\sigma}\sin\theta}{R_2^2 + (sx_{2\sigma})^2}\\ &= C_{TJ}\Phi_m\frac{sE_2R_2}{R_2^2 + (sx_{2\sigma})^2} + C_{TJ}\Phi_m\frac{U_{2s}\cos\theta R_2}{R_2^2 + (sx_{2\sigma})^2} + C_{TJ}\Phi_m\frac{U_{2s}sx_{2\sigma}\sin\theta}{R_2^2 + (sx_{2\sigma})^2}\\ &= T_D + T_I + T_{II}\end{aligned} \tag{6-87}$$

式（6-87）为机械特性方程式，其中第一项 $T_D = C_{TJ}\Phi_m \dfrac{sE_2R_2}{R_2^2 + (sx_{2\sigma})^2}$ 为外串电压 $U_{2s} = 0$ 时的特性，这时转子中不串任何阻抗，定子接额定电压和额定频率，按规定方式接线，对应的特性为固有特性；第二项（T_I）及第三项（T_{II}）为引进 U_{2s} 后的对应特性。现分三种情况进行分析。

（1）$\dot{U}_{2s}$ 与 $\dot{E}_{2s}$ 同相位（$\theta = 0$）

将 $\theta = 0$ 代入式（6-87）中，得 $T_{II} = 0$，$\dot{U}_{2s}$ 与 $\dot{E}_{2s}$ 同相位时的机械特性为

$$T_{em} = T_D + T_I = C_{TJ}\Phi_m\frac{sE_2R_2}{R_2^2 + (sx_{2\sigma})^2} + C_{TJ}\Phi_m\frac{U_{2s}R_2}{R_2^2 + (sx_{2\sigma})^2} \tag{6-88}$$

根据式（6-88）可分别作出 T_D、T_I 及合成机械特性 T_{em}，如图 6-34 所示。

由图 6-34 可见，当外串电压 U_{2s} 增加时，同步速、最大转矩和起动转矩都增加。当带恒定转矩负载调速时，转速随着 U_{2s} 的增加而上升，有可能超过未串 U_{2s}（固有特性）时的同步

速，所以称为"超同步双馈调速"。

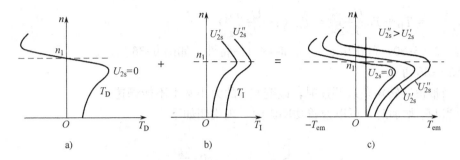

图 6-34　绕线转子电机双馈调速机械特性（$\dot{U}_{2s}$ 与 $\dot{E}_{2s}$ 同相位）

a) $n=f(T_{D})$　　b) $n=f(T_{I})$　　c) $n=f(T_{em})$

结论：　　　　　$U_{2s}\uparrow\begin{cases} n_{1}\uparrow \\ T_{m}\uparrow，过载能力提高 \\ T_{st}\uparrow，起动能力提高 \end{cases}$

（2）$\dot{U}_{2s}$ 与 $\dot{E}_{2s}$ 反相位（$\theta=180°$）

将 $\theta=180°$ 代入式（6-87）中，得 $T_{II}=0$，其机械特性为

$$T_{em}=T_{D}+T_{I}=C_{TJ}\varPhi_{m}\frac{sE_{2}R_{2}}{R_{2}^{2}+(sx_{2\sigma})^{2}}-C_{TJ}\varPhi_{m}\frac{U_{2s}R_{2}}{R_{2}^{2}+(sx_{2\sigma})^{2}} \tag{6-89}$$

根据式（6-89）可分别作出 T_{D}、T_{I} 及合成机械特性 T_{em}，如图 6-35 所示。

由图 6-35c 可见，当外串电压 U_{2s} 增加时，同步速、最大转矩和起动转矩都减小。当带恒定转矩负载调速时，转速随着 U_{2s} 的增加而下降，不可能超过未串 U_{2s} 时的同步速，所以称为"低同步双馈调速"。

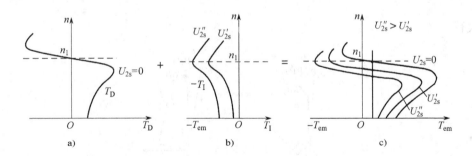

图 6-35　绕线转子电动机双馈调速机械特性（$\dot{U}_{2s}$ 与 $\dot{E}_{2s}$ 反相位）

a) $n=f(T_{D})$　　b) $n=f(T_{I})$　　c) $n=（T_{em}）$

结论：

$$U_{2s}\uparrow\begin{cases} n_{1}\downarrow \\ T_{m}\downarrow，过载能力下降 \\ T_{st}\downarrow，起动能力下降 \end{cases}$$

（3）$\dot{U}_{2s}$ 超前于 $\dot{E}_{2s}$ 90°（$\theta=90°$）

将 $\theta=90°$ 代入式（6-87）中，得 $T_{I}=0$，其机械特性为

$$T_{em} = T_D + T_{II} = C_{TJ}\Phi_m \frac{sE_2R_2}{R_2^2+(sx_{2\sigma})^2} + C_{TJ}\Phi_m \frac{U_{2s}sx_{2\sigma}}{R_2^2+(sx_{2\sigma})^2} \tag{6-90}$$

$$= T_D + T_D \frac{U_{2s}x_{2\sigma}}{E_2R_2} = T_D \left(1+\frac{U_{2s}x_{2\sigma}}{E_2R_2}\right)$$

根据式 (6-90) 可作出 $\theta = 90°$ 时的机械特性,如图 6-36 所示。

由图 6-36 可见:

1) 当带恒定转矩负载调速时,改变 U_{2s} 的大小基本不能调速。

2) 当 U_{2s} 增加时,可以改善功率因数,现说明如下。

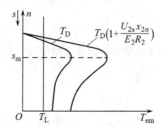

图 6-36 绕线转子电动机双馈调速机械特性

($\dot{U}_{2s}$ 超前于 $\dot{E}_{2s}$ 90°)

图 6-37a 所示为未串 $\dot{U}_{2s}$ 时三相异步电机的相量图,其定子电流 $\dot{I}_1$ 和定子电压 $\dot{U}_1$ 的相位角是 φ_1,图 6-37b 所示为串入相位超前于 $\dot{E}_{2s}$ 90°时的 $\dot{U}_{2s}$ 相量图,这时,转子合成电动势 $\dot{E}_{2\Sigma}$ 超前于 $\dot{E}_{2s}$,假设转子功率因数角 φ_2 不变,由相量图可见其 $\dot{I}_1$ 和 $\dot{U}_1$ 的相位角 φ'_1 减小,即 $\varphi'_1 < \varphi_1$,使得功率因数增加,即 $\cos\varphi'_1 > \cos\varphi_1$,改善了功率因数。应说明的是,图 6-37b 中的相量 $\dot{E}_{2s}$ 是以相量 $\dot{E}'_2$ 代替的,所以按比例,相量 $\dot{U}_{2s}$ 及 $\dot{E}_{2\Sigma}$ 应分别以 $\dfrac{\dot{U}'_{2s}}{s}$ 及 $\dfrac{\dot{E}'_{2\Sigma}}{s}$ 代替。

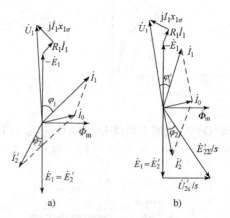

图 6-37 绕线转子电动机双馈调速时的相量图

a) $\dot{U}_{2s}=0$ b) $\dot{U}_{2s}$ 超前 $\dot{E}_{2s}$ 90°

(4) $\dot{U}_{2s}$ 与 $\dot{E}_{2s}$ 相差任意角度 θ

其相量图如图 6-38 所示，可将 $\dot{U}_{2s}$ 分解成两个分量，与 $\dot{E}_{2s}$ 同相位（或反相位）的分量 $\dot{U}_{2s}\cos\theta$ 按 $\theta = 0°$（或 $\theta = 180°$）分析，起升速（或降速）作用；而超前于 $\dot{E}_{2s}$ 90° 的分量 $\dot{U}_{2s}\sin\theta$，其作用是提高功率因数 $\cos\varphi_1$。

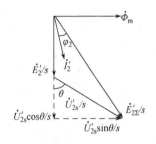

图 6-38　绕线转子电动机双馈调速时的相量图

（$\dot{U}_{2s}$ 与 $\dot{E}_{2s}$ 相差任意角度 θ）

4. 双馈调速系统的组成

由前述分析可知，要实现双馈调速，必须在绕线转子异步电机的转子中串入一个外加电源 $\dot{U}_{2s}$，要求 $\dot{U}_{2s}$ 的相位和幅值都可调，且频率与转子电动势 $\dot{E}_{2s}$ 频率相同。可采用晶闸管组成的交-交变频器供电（如图 6-39a 所示），或交-直-交变频器供电（如图 6-39b 所示）。

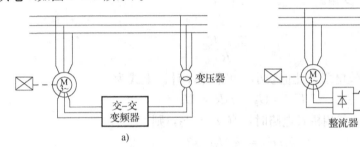

图 6-39　双馈调速系统的组成

a）交-交变频器供电　b）交-直-交变频器供电

三相异步电动机的转子电动势 $\dot{E}_{2s}$ 的频率为 $f_2 = sf_1$，它随着电机的转速 $n(s)$ 的变化而变化，要求双馈调速电源的输出电压频率也跟随电动机转速的变化。可以实现的方法及其有关内容在此不讨论。

5. 串极调速系统的组成及能量关系

串极调速系统有两种类型，即电气串极调速系统和机械串极调速系统，在此只介绍晶闸管电气串级调速系统，其系统的组成如图 6-40a 所示。串极调速系统是双馈调速系统的一个特例，转子外串电压 $\dot{U}_{2s}$ 与转子感应电动势 $\dot{E}_{2s}$ 反相位，只能改变 $\dot{U}_{2s}$ 大小，属于低同步双馈调速。

（1）调速原理

由图 6-40a 可见，绕线转子电动机的转子相电动势 $E_{2s} = sE_2$ 首先经整流器整流为直流电压 U_d，再由逆变器将直流电功率逆变为交流电功率，经过变压器将交流电功率回馈电网。

整流器输出直流电压为

$$U_d = k_1 s E_2$$

式中　k_1——整流器的整流系数。

逆变器直流侧直流电压为

$$U_\beta = k_2 U_2 \cos\beta$$

式中　U_2——逆变器交流侧（即变压器二次侧）的相电压；

　　　k_2——逆变器的逆变系数；

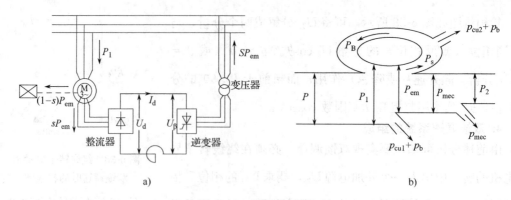

a)   b)

图 6-40 串极调速系统

a) 串极调速系统组成   b) 串极调速系统功率流程图

β——逆变器的逆变角。

直流回路电流为

$$I_d = \frac{U_d - U_\beta}{R}$$

式中 R——直流回路等效电阻，此值较小，可忽略不计。上式为

$$U_d = U_\beta + I_d R = U_\beta$$

当整流器和逆变器都是三相桥式电路时，有 $k_1 = k_2$，则

$$k_1 s E_2 = k_2 U_2 \cos\beta$$

从而得

$$s = \frac{U_2 \cos\beta}{E_2} \tag{6-91}$$

由式（6-91）可见，改变逆变器逆变角 β 的大小，可以调节转差率 s 的大小，也就调节了转速 n 的大小。β 角越大，s 越小，n 越大。当 $\beta = \pi/2$ 时，$U_{2s} = 0$，相当于转子短路，电动机工作于固有特性状态。

（2）能量关系

串极调速时的功率流程如图 6-40b 所示。电动机从电网吸收的功率为 P_1，减去定子铜损耗 p_{Cu1} 和铁损耗 p_{Fe} 后为电磁功率 P_{em}。P_{em} 分为两部分，一是机械功率 P_{mec}，减去机械损耗 p_{mec} 后（忽略附加损耗）为输出功率 P_2，去拖动负载；二是转差功率 $p_s = s P_{em}$，减去转子本身的铜损耗 p_{Cu2} 后送给整流器、逆变器及变压器，再减去它们的损耗 p_b 后，剩余的功率为 P_B 回馈电网。这时，串极调速系统从电网吸收的功率为 $P = P_1 - P_B$，调速系统的效率为

$$\eta = \frac{P_2}{P} \times 100\% = \frac{P_2}{P_1 - P_B} \times 100\% \tag{6-92}$$

可见，串极调速系统能够将转差功率 $P_s = s P_{em}$ 的大部分回送电网，使系统的效率得到提高。双馈调速和串级调速系统的特点如下。

优点：

1）效率高，转差功率 $s P_{em}$ 得到利用。

2）特性较硬，当负载波动时，转速的稳定性好。

3）无级调速，因逆变器的逆变角 β 可以连续调节，故转速 n 可连续调节。

缺点：

1) 低速时，过载能力降低。

2) 系统总的功率因数低，因晶闸管逆变器要从电网吸收落后的无功功率所致。

3) 设备体积大，成本高。

串极调速适用于高电压、大容量的绕线转子异步电机带动风机、泵类负载。对于双馈调速系统，由于其可以在超同步速、低同步速甚至同步速下稳定运行，并能改善电网的功率因数，因而在风力发电系统中也得到了广泛的应用。

6.3.6 利用电磁转差离合器调速（滑差电动机）

电动机和负载之间一般是硬轴联结，前面讨论的几种调速方式都是调节电机本身的速度，既然异步电机的调速比较麻烦，能不能不调节电机本身的速度，而在联轴器上想办法呢？一种办法是机械调速的办法，用齿轮等调速装置变速，此法简单可靠，但是机械装备笨重庞大，调速范围有限；另一种方法不用齿轮等机械装置调速，而是用一种称作"电磁转差离合器"的装置调速，通过磁场来传送功率，电动机本身的转速不变，由电磁转差离合器完成调速任务，使得负载上得到不同的转速，从而达到调速目的。一般是电动机和电磁转差离合器联结在一起，统称为滑差电动机。电磁转差离合器调速系统如图6-41所示。

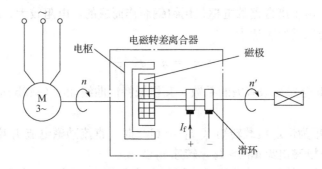

图 6-41　利用电磁滑差离合器的调速系统

电磁滑差离合器的结构见图6-41中的虚线框中部分，它由电枢和磁极两部分组成，它们之间没有机械联系，中间留有气隙，可以自由转动。通常电枢是由实心的整块铸钢加工完成，可视为无限多根笼型导条并联，铸钢中的涡流视为笼型导条中的电流，电枢与笼型异步电动机同轴联结，由电动机带动旋转，电枢称为主动部分；磁极由铁心和绕组组成，磁极与负载联结，称为从动部分。磁极上可由电刷和集电环装置引入直流电流 I_f。

1. 电磁转差离合器的调速原理

图6-42a为电磁转差离合器调速原理示意图，假设笼型异步电动机拖动电磁离合器的电枢，以 n 的速度顺时针旋转，当励磁电流 $I_f = 0$ 时，由于气隙中没有磁场，两部分没有磁的联系，则磁极和负载静止不动，两部分处于"离"状态。当从磁极通入直流电流 I_f 后，磁极铁心被励磁，电枢的笼型绕组切割磁力线而产生感应电动势，产生涡流，方向由右手定则判定，此涡流与磁场相互作用，产生逆时针方向的电磁转矩（方向用左手定则判定）。根据作用力与反作用力大小相等、方向相反的原则，磁极受到一个顺时针方向的电磁转矩 T_{em}，此电磁转矩带动磁极和负载以 n' 的速度顺时针方向旋转。这时，电枢和磁极处于"合"状态。由于电磁转矩 T_{em} 是电枢和磁极之间存在相对运动而产生的，因此，必须是 $n' < n$。由

于两者之间依靠转差进行工作的，电磁转差离合器由此而得名。

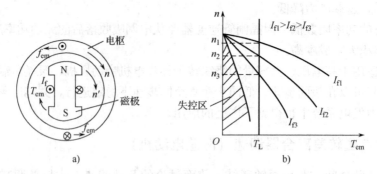

图 6-42　电磁滑差离合器调速原理
a）调速原理　b）机械特性

2. 电磁滑差离合器的机械特性

电磁转差离合器的机械特性指的是其转速 n' 和电磁转矩 T_{em} 的关系，即

$$n' = f(T_{em})$$

电磁转差离合器的工作原理与异步电动机原理相似，离合器的电枢相当于异步电动机的转子，故离合器的机械特性与异步电动机相似。只是理想空载转速是异步电动机的转速 n 而不是同步转速 n_1，由于离合器的电枢是用铸钢制作而成的，电阻较大，所以特性较软。其机械特性可用经验公式近似表达为

$$n' = n - K \frac{T_{em}^2}{I_f^4}$$

式中　K ——与离合器类型有关的系数，其机械特性曲线如图 6-42b 所示。

由图 6-42b 可见：

1）当负载转矩为恒定负载转矩（$T_L = C$）时，直流励磁电流 I_f 增加，使得转速 n' 上升，如图中所示，励磁电流 $I_{f1} > I_{f2}$，转速 $n_1 > n_2$。

2）由于机械特性较软，往往满足不了静差率的要求，因而调速范围不大。为此，可用转速负反馈闭环调速系统，使得机械特性硬度大大提高，从而增大调速范围。

3）存在失控区，当励磁电流太小时，所产生的电磁转矩不足以克服离合器的摩擦转矩，故可能发生失控现象。

特点如下：

1）优点：设备简单，控制方便，运行可靠，可以无极调速，容易采用负反馈闭环控制方式。

2）缺点：特性软，存在失控区，低速时效率低。分析如下：

$$\eta = \frac{P_2}{P_1} = \frac{T_{em}\Omega'}{T_{em}\Omega} = \frac{n'}{n}, \; n' \downarrow \rightarrow \eta \downarrow \text{（}n\text{ 不变）}$$

可广泛应用于风机、泵类等调速系统中。

6.4　三相异步电动机的制动状态

与直流电动机相同，三相异步电动机也可以工作在两种状态。当电动机的电磁转矩 T_{em} 和转速 n 的方向相同时，电动机工作于电动状态，此时，电动机从电网吸收电能并转换成机械能向负载输出，电动机运行于机械特性的第一、三象限；当电动机的电磁转矩 T_{em} 和转速

n 的方向相反时，电动机工作于制动状态，此时电动机将轴上的机械能转换成电能，此电能或消耗在转子回路的电阻上或回馈电网，电动机运行于机械特性的第二、四象限。异步电动机制动的目的仍然是快速减速或停车和匀速下放重物。和直流电动机一样，异步电动机的制动方式仍分为三种，即反接制动、回馈制动和能耗制动，现分别讨论如下。

6.4.1 反接制动

电动机的反接制动可分为转速反向的反接制动和定子两相反接制动两种方式。

1. 转速反向的反接制动

转速反向的反接制动也称作倒拉反接制动，其接线如图 6-43a 所示，对应的机械特性如图 6-43b 所示。进行制动的目的是使位能性负载稳定下放。

（1）制动原理

假设电动机拖动位能性负载稳定工作于固有特性（图 6-43b 中特性 1）的 A 点，这时电磁转矩 T_{em} 和转速 n 方向相同，电动机工作于电动状态，重物稳速上升。为了使重物稳定下放，进行转速反向的反接制动操作，即在转子三相中串入足够大的电阻 R_Ω。由于串入了大电阻机械特性变陡，对应图6-43b中特性 2，且由于机械惯性转速 n 不能突变，工作点从特性 1 的 A 点移

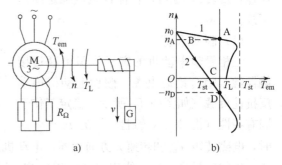

图 6-43　三相异步电动机转速反向的反接制动
a）接线图　b）机械特性

到特性 2 的 B 点，又由于电磁转矩 T_{em} 小于负载转矩 T_L，使得转速 n 下降，直到 $n = 0$，这时 $T_{em} = T_{st}$。在工作点 A→B→C 期间（第一象限），电动机工作于电动状态。

在 $n = 0$ 时，由于 $T_{st} < T_L$，即负载重力产生的使重物下放的转矩大于电动机发出的使重物提升的转矩，电动机的转速 n 反向，电磁转矩 T_{em} 方向并未改变，使得 n 与 T_{em} 反方向，电动机进入制动状态。随着转速 n 的反向升高，T_{em} 增大，直至 $T_{em} = T_L$，$n = -n_D$，电动机在 D 点稳定运行，重物被稳定下放。在 C→D 段（第四象限），电动机工作于转速反向的反接制动状态。由于转速的反向使得电动机进入制动状态，所以转速反向的反接制动由此而得名。

（2）能量关系

电动机工作于转速反向的反接制动时，转差率为

$$s = \frac{n_1 - (-n)}{n_1} = \frac{n_1 + n}{n_1} > 1 \tag{6-93}$$

由定子输入到转子的电磁功率为

$$P_{em} = m_1 I_2'^2 \frac{R_2' + R_\Omega'}{s} > 0 \tag{6-94}$$

式中，由于 $s > 1$ 使得 $P_{em} > 0$，表示电磁功率的流向与电动状态时相同，即从定子通过气隙向转子传送电磁功率。

转子轴上的机械功率为

$$P_\Omega = (1 - s)P_{em} < 0 \tag{6-95}$$

机械功率的流向与电动状态时相反，说明从转子轴上输入机械能。

转子电路的铜损耗为

$$p_{Cu2} = P_{em} - P_{\Omega} = P_{em} + P_{\Omega} \tag{6-96}$$

可见，电动机工作在转速反向的反接制动时，既从电网吸收电磁功率，又从轴上吸收机械功率，且全部消耗在转子回路的总电阻上，故这种制动方式能量消耗较大。

2. 定子两相反接制动

定子两相反接制动也称作相序反接制动，其线路如图 6-44a 所示，对应的机械特性如图6-44b 所示。图 6-44a 中 n、T_{em} 和 T_L 的方向对应机械特性的 B→C 段。进行制动的目的是使反抗性负载快速停车（或快速正反转），也可使位能性负载稳定高速下放。

（1）制动原理

三相异步电动机的定子绕组可通过接触器触点闭合接通电源，假设电动机拖动反抗性负载（如图中 T_{L1} 所示）稳定工作于固有特性（图 6-44b 特性 1）的 A 点，这

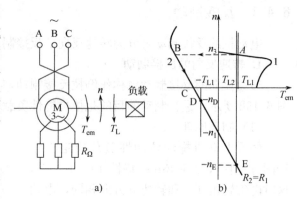

图 6-44　三相异步电动机定子两相反接制动
a) 接线图　b) 机械特性

时，电磁转矩 T_{em} 和转速 n 方向相同，电动机工作于电动状态。为了快速停车，进行定子两相反接制动操作，定子绕组 A、C 相反接，同时在转子三相绕组中串入足够大的电阻 R_{Ω}，机械特性对应图 6-44 中特性 2。由旋转磁场理论知，定子相序反接后使旋转磁场反向，同步速 n_1 反向，注意这时 $s = 0$ 的点在 $-n_1$ 处，沿着机械特性的纵轴越往上，s 的值越大，所以将 s 轴移到 $-n_1$ 处，且箭头方向朝上。由于机械惯性转速 n 不能突变，工作点从特性 1 的 A 点移到特性 2 的 B 点，电磁转矩 T_{em} 反向为负，转速 n 的方向并未改变，T_{em} 与 n 的方向相反，电动机进入制动状态。由于是定子两相反接使得电动机进入制动状态，所以定子两相反接制动由此而得名。在电磁转矩 T_{em} 和负载转矩 T_{L1} 的共同作用下，使得转速下降，直至 $n = 0$，这时 $T_{em} = T_C$，对应图中 C 点。工作点在 B→C 段（第二象限），电动机工作于定子两相反接制动状态。

在 $n = 0$ 时，若 $|T_C| < |T_{L1}|$，则电动机的电磁转矩不足以克服负载转矩，电动机不能反向起动；若 $|T_C| > |T_{L1}|$，则电动机反向起动，最后稳定运行于 D 点，电动机工作于反向电动状态。所以这种制动方式特别适合于要求频繁正、反转的生产机械，以便迅速改变转向，提高生产率。若制动的目的只是为了停车，应在 $n = 0$ 时切断电源，否则电动机会反转。

若电动机拖动位能性负载（如图中 T_{L2} 所示），进行定子两相反接制动后，工作点的轨迹是 A→B→C→E，最后在 E 点稳定下放重物。

（2）能量关系

电动机工作在定子两相反接制动时的转差率为

$$s = \frac{-n_1 - n}{-n_1} = \frac{n_1 + n}{n_1} > 1 \tag{6-97}$$

$s > 1$ 是反接制动的特点，由于转差率 $s > 1$，与转速反向的反接制动时相同，所以有电磁功率 $P_{em} > 0$，转子轴上的机械功率 $P_{\Omega} < 0$，转子电路的铜损耗仍为 $p_{Cu2} = P_{em} - P_{\Omega} = P_{em} + P_{mec}$。结论与转速反向的反接制动时相同，即电动机既从电网吸收电磁功率，又从轴

上吸收机械功率，全部消耗在转子回路的总电阻上，这种制动方式能量消耗较大。

应当指出，在上述两种制动方式中，虽然电动机轴上都有机械功率输入，但有所不同，在转速反向的反接制动时，这部分机械功率是由位能性负载提供，可以做到恒速下放重物；而在定子两相反接制动时，则是由整个转动部分储存的动能提供，由于转动部分存储的动能随着转速的降低而减少，所以只能减速运行，不能做到恒速运行。

定子两相反接制动方式的特点：

1）优点：制动强烈，制动效果强。

2）缺点：能量损耗大，制动停车的准确性差。

6.4.2 回馈制动

回馈制动的标志是 $|n| > |n_1|$，n 和 n_1 同方向。据此，电动机工作于回馈制动状态对应于机械特性的第二象限和第四象限。

三相异步电动机的回馈制动状态一般出现在位能性负载稳速下放（第四象限），或变频、变极调速时（第二象限）的过渡过程中。

1. 制动过程

（1）重物下放

三相异步电动机原拖动位能性负载稳定工作于 A 点（见图 6-45），重物稳速上升。将定子两相反接同时串入大电阻后，工作点从特性 1 的 A 点移到特性 2 的 B 点，在 T_{em} 和 T_L 的共同作用下转速 n 下降，到达 $n = 0$（C 点）后反向起动，直至 $n = -n_1$（D 点），这时 $T_{em} = 0$，在位能性负载转矩 T_L 的作用下使得转速继续反向上升从而超过同步速，即 $|n| > |n_1|$，电动机进入反向回馈制动状态。随着转速的反向上升，电磁转矩增加，直到 $T_{em} = T_L$，$n = -n_E$，电动机在 E 点稳定运行，重物稳速下放。在 D→E 段，电动机工作于反向回馈制动状态。特性 3 为转子不串电阻时的机械特性，其对应的稳定下放速度低于特性 2 时。

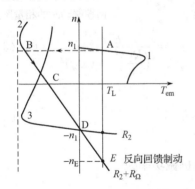

图 6-45 三相异步电动机的反向回馈制动

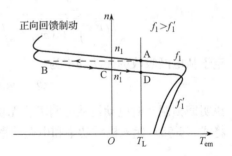

图 6-46 三相异步电动机的正向回馈制动

（2）变频调速或变极调速时

变频调速时的机械特性如图 6-46 所示，假设电动机原工作于频率为 f_1 的机械特性的 A 点，这时 $n = n_A$，当频率下调为 f_1' 时，工作点通过 A→B→C→D，最后稳定运行在 D 点，这时 $n = n_D$，$n_A > n_D$ 调速过程结束。在机械特性的 B→C 段，由于 $n > n_1'$，电动机工作于正向回馈制动状态（为过渡过程），变极调速时也有一段电动机工作于回馈制动状态，工作过程与变频时相似，不再赘述。

2. 能量关系

电动机工作在正向回馈制动状态时，其转差率为

$$s = \frac{n_1 - n}{n_1} < 0 \tag{6-98}$$

工作在反向回馈制动状态时，有

$$s = \frac{-n_1 - (-n)}{-n_1} < 0$$

可见，电动机无论工作在正向还是反向回馈制动状态，均有 $s < 0$。

转子电流的有功分量（折算值）为

$$I'_{2a} = I'_2 \cos\varphi'_2 = \frac{E'_2}{\sqrt{\left(\frac{R'_2}{s}\right)^2 + (x'_{2\sigma})^2}} \frac{\frac{R'_2}{s}}{\sqrt{\left(\frac{R'_2}{s}\right)^2 + (x'_{2\sigma})^2}} = \frac{E'_2 \frac{R'_2}{s}}{\left(\frac{R'_2}{s}\right)^2 + (x'_{2\sigma})^2} \tag{6-99}$$

由于式（6-99）中 $s < 0$，所以转子电流的有功分量反向，即

$$I'_{2a} < 0 \tag{6-100}$$

将式（6-100）代入电磁转矩表达式，得

$$T_{em} = C_{TJ} \Phi_m I_2 \cos\varphi_2 = C_{TJ} \Phi_m I_{2a} < 0 \tag{6-101}$$

可见，电磁转矩 T_{em} 也反向，电动机工作于制动状态。

电动机回馈制动时的相量图如图 6-47 所示，由图可见，定子电压 $\dot{U}_1$ 和电流 $\dot{I}_1$ 的相位差 $\varphi_1 > 90°$，此时定子从电网吸收的有功功率为

$$P_1 = m_1 U_1 I_1 \cos\varphi_1 < 0 \tag{6-102}$$

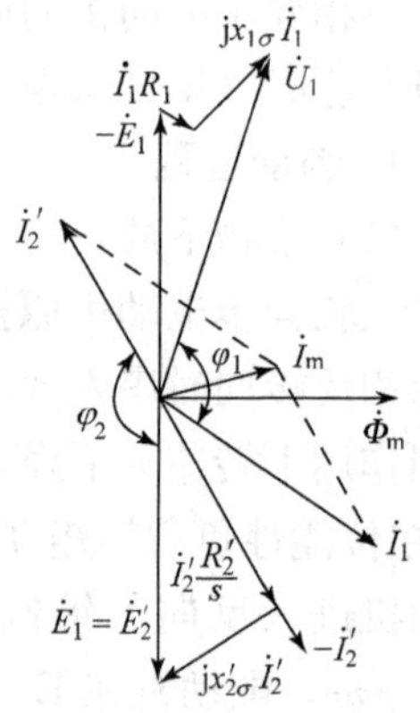

上式说明电动机向电网回馈电能。

图 6-47　三相异步电动机回馈制动时的相量图

将式（6-98）代入转子电流的无功分量表达式，得

$$I'_{2r} = I'_2 \sin\varphi'_2 = \frac{E'_2}{\sqrt{\left(\frac{R'_2}{s}\right)^2 + (x'_{2\sigma})^2}} \frac{x'_{2\sigma}}{\sqrt{\left(\frac{R'_2}{s}\right)^2 + (x'_{2\sigma})^2}} = \frac{E'_2 x'_{2\sigma}}{\left(\frac{R'_2}{s}\right)^2 + (x'_{2\sigma})^2} > 0 \tag{6-103}$$

定子从电网吸收的无功功率为

$$Q = m_1 U_1 I_1 \sin\varphi_1 > 0 \tag{6-104}$$

说明回馈制动时电动机从电网吸收无功功率。

将式（6-98）代入机械功率和电磁功率表达式，得机械功率为

$$P_{mec} = m_1 I'^2_2 \frac{1-s}{s} R'_2 < 0 \tag{6-105}$$

说明电动机从转子吸收机械能。

电磁功率为

$$P_{em} = m_1 I'^2_2 \frac{R'_2}{S} < 0 \tag{6-106}$$

说明电磁功率从转子向定子传送。

结论：回馈制动时，电动机将转子吸收的机械能转换成电能，一小部分消耗在电动机中，

大部分有功功率回馈电网，这时电动机从电网吸收无功功率建立耦合磁场，实现能量转换。

6.4.3 能耗制动

能耗制动是使生产机械快速而准确停车的一种性能良好的制动方法，能耗制动时的接线如图 6-48a 所示。

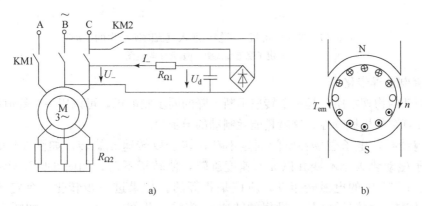

图 6-48 三相异步电动机的能耗制动

a）接线图 b）原理图

1. 制动过程

假设电动机原稳定运行于固有特性上，转子顺时针旋转，这时接触器触点 KM1 闭合，KM2 断开。需要能耗制动时，首先断开 KM1 使定子脱离电网，同时在转子中串入电阻 $R_{\Omega2}$，再使 KM2 闭合接一直流电源，在定子绕组两相中通以直流电流 I_-。此电流在气隙中产生恒定磁场，由于惯性，转子继续转动切割磁力线，在转子中产生感应电动势和感应电流，方向由右手定则判定，如图 6-48b 所示。电流和磁场相互作用而产生电磁转距 T_{em}，由左手定则判定为逆时针方向，T_{em} 和 n 反向为制动转矩，在电磁转矩 T_{em} 和负载转矩 T_L 的共同作用下使得转速 n 下降，直至 $n = 0$。转子和磁场之间无相对运动，转子中感应电动势和电流均为零，若 T_L 为反作用负载，可准确停车；若 T_L 为位能性负载，电动机可反向起动，最后带着重物稳速下放。

能耗制动时，把转子轴上的动能转换为电能，消耗在转子电路电阻中，能耗制动由此得名。

2. 能耗制动时的定子磁动势

三相异步电动机的定子绕组是在空间对称分布的三相绕组，正常情况下，可以是星形接法，也可以是三角形接法，因此，通入直流电流的方式有多种方式。现以图 6-48a 所示接线为例，讨论其定子绕组的直流磁动势。由图可见，直流电流 I_- 从 A 端流入 X 端流出，再由 Y 端流入 B 端流出，定子绕组电路连接如图 6-49a 所示，用一个集中绕组代替分布的每相绕组，当 A 相与 B 相绕组通以直流电流时，定子磁动势的方向由右手定则判定，其基波幅值的位置如图 6-49b 所示，基波幅值的大小为

$$F_A = F_B = \frac{4}{\pi} \cdot \frac{1}{2} \cdot \frac{N_1 K_{W1}}{P} I_-$$

$\overline{F}_A$ 和 $\overline{F}_B$ 在空间相差 $60°$，合成磁动势为

$$F_- = \sqrt{3}\,\frac{4}{\pi} \cdot \frac{1}{2} \cdot \frac{N_1 K_{W1}}{P} I_- \tag{6-107}$$

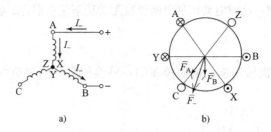

图 6-49 异步电动机定子绕组通入直流时所产生的磁动势

a）定子绕组接线图　b）定子矢量图

3. 能耗制动异步化

能耗制动的物理本质，是一个转速不断下降的同步发电机，可以用一个等值的三相异步电动机去计算它的机械特性，这就是能耗制动的异步化。

能耗制动时，定子磁场在空间固定不动，转子以转速 n 旋转，如图 6-50a 所示，如果保持定子磁动势大小不变并以 n 的速度旋转，使转子不动，如图 6-50b 所示，那么图 6-50a 和图 6-50b 中的电磁转矩 T_{em} 应该是相等的。如果进一步转化，令定子磁场以同步转速 n_1 旋转，而转子以某一设想的转速 n_g 旋转，并使 $n_1 - n_g = n$，如图 6-50c 所示。由于转子和定子的相对速度不变，转子的电磁转矩 T_{em} 仍不变，只要找到图 6-50c 中的电磁转矩 T_{em} 和转速差 $n_1 - n_g = n$ 的关系，就等于找到了图 6-50a 中的 T_{em} 和 n 的关系，即能耗制动的机械特性。显然图 6-50c 中的电机状态就是一台正常运行的三相异步电动机。

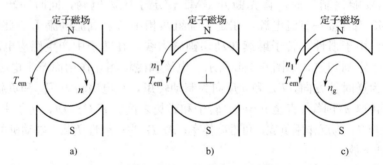

图 6-50 能耗制动异步化转换图

a）能耗制动时　b）转子固定　c）等值异步电动机

对能耗制动异步化的几点说明：

1）能耗制动时（图 6-50a）与等值三相异步电动机（图 6-50c）的转子和定子磁场的相对速度相同，即

$$n_1 - n_g = n$$

转差率为

$$v = \frac{n_1 - n_g}{n_1} = \frac{n}{n_1} \tag{6-108}$$

2）能耗制动时（图 6-50a）与等值三相异步电动机（图 6-50c）的定子磁动势的大小保持不变。

等值的三相异步电动机（图 6-50c）的定子磁动势既然以 n_1 旋转，可认为它是三相对称绕线中通以对称电流产生的，只要和能耗制动时的恒定磁动势相等即可。三相电流产生旋转

磁动势的幅值为

$$F_\sim = \frac{3}{2} \cdot \frac{4}{\pi} \cdot \frac{1}{2} \cdot \frac{N_1 K_{w1}}{P} I_1$$

恒定磁动势的幅值 F_- 由式（6-107）表示为

$$F_- = \sqrt{3} \frac{4}{\pi} \cdot \frac{1}{2} \cdot \frac{N_1 K_{w1}}{P} I_-$$

根据 $F_\sim = F_-$ 的原则，得

$$I_1 = \sqrt{\frac{2}{3}} I_- \tag{6-109}$$

3）一般的异步电动机，定子电源电压不变，根据磁动势平衡的原则，定子电流随着转子电流的变化而变化，鉴于电源电压不变，电动机是恒压源供电的。

图 6-50c 所表示的等效异步电动机是从图 6-50a 能耗制动时异步电动机等效转化而来的，其条件是定子磁动势不变，而定子磁动势是由直流电流 I_- 产生，其大小是不变的。由式（6-109）知，等效异步电动机的定子电流 I_1 也是不变的，鉴于此，电动机是恒流源供电。等效异步电动机的等效电路如图 6-51a 所示，图中的转差率用 v 代替。

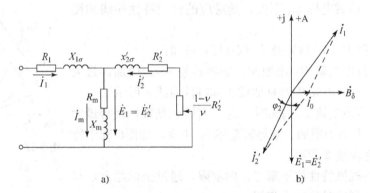

图 6-51　三相异步电动机能耗制动时的等效电路及相量图
a）等效电路　b）电流相量图

4. 机械特性

能耗制动时，忽略电动机铁损耗，根据等效电路绘制出定子电流 $\dot{I}_1$、励磁电流 $\dot{I}_0$ 及转子电流 $\dot{I}_2'$ 之间的相量图如图 6-51b 所示。它们之间的关系为

$$I_1^2 = I_2'^2 + I_0^2 - 2I_2' I_0 \cos(90° + \varphi_2) = I_2'^2 + I_0^2 + 2I_2' I_0 \sin\varphi_2 \tag{6-110}$$

忽略铁损耗后，励磁电流为

$$I_0 = \frac{E_1}{x_m} = \frac{E_2'}{x_m} = \frac{I_2' Z_2'}{x_m} = \frac{I_2'}{x_m} \sqrt{\left(\frac{R_2'}{v}\right)^2 + x_{2\sigma}'^2} \tag{6-111}$$

由图 6-51a 可得

$$\sin\varphi_2 = \frac{x_{2\sigma}'}{\sqrt{\left(\frac{R_2^2}{v}\right) + x_{2\sigma}'^2}} \tag{6-112}$$

将式（6-111）及式（6-112）代入式（6-110），并考虑到 $T_{em} = \dfrac{P_{em}}{\Omega_1}$，得

$$T_{em} = \frac{P_{em}}{\Omega_1} = \frac{m_1}{\Omega_1} \cdot \frac{I_1^2 x_m^2 \dfrac{R_2'}{v}}{\left(\dfrac{R_2'}{v}\right)^2 + (x_m + x_{2\sigma}')^2} \tag{6-113}$$

式（6-113）为能耗制动时的机械特性参数表达式。式中 I_1 可视为已知量。

将式（6-113）对转差率 v 求导，并令 $\dfrac{\mathrm{d}T_{em}}{\mathrm{d}v} = 0$，得临界转差率为

$$v_m = \frac{R_2'}{x_m + x_{2\sigma}'} \tag{6-114}$$

将式（6-114）代入式（6-113），得最大转矩为

$$T_m = \frac{m_1}{\Omega_1} \frac{I_1^2 x_m^2}{2(x_m + x_{2\sigma}')} \tag{6-115}$$

将式（6-113）除以式（6-115），并将式（6-114）代入，得

$$T_{em} = \frac{2T_m}{\dfrac{v}{v_m} + \dfrac{v_m}{v}} \tag{6-116}$$

式（6-116）为能耗制动时的机械特性实用参数表达式。当磁路不饱和时，励磁电抗 x_m 不变，其对应的机械特性曲线如图 6-52 所示。

由图 6-52 和式（6-114）及式（6-115）可知：

1) 当转子外串电阻 R_Ω 增加时，临界转差率 v_m 增加，最大转矩 T_m 不变，如图 6-52 中特性曲线 1 和特性曲线 3 所示。

2) 当转子直流电流 I_- 增加时，$I_1 = KI_-$ 也增加，使得最大转矩 T_m 成二次方倍的增加，临界转差率 v_m 不变，如图6-52中特性曲线 1 和特性曲线 2 所示。

能耗制动的机械特性位于第二、四象限，通过坐标原点，与直流电动机能耗制动时的特点相似。

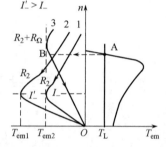

图 6-52 三相异步电动机能耗制动时的机械特性

5. 能耗制动的应用

能耗制动的目的是使反抗性负载准确停车或使位能性负载稳定下放，两种情况下的机械特性如图 6-53 所示。当异步电动机带反抗性负载（负载特性为 T_{L1}）进行能耗制动时，工作点的轨迹是 A→B→O，可以在 $n = 0$ 时准确停车。当异步电动机带位能性负载（负载特性为 T_{L2}）时，工作点的轨迹是 A→B→O→C，最后在 C 点稳速下放重物。

采用能耗制动停车时，考虑到既要有较大的制动转矩，又不使定、转子电流过大，对图 6-48a 所采用接线方式的异步电动机，可采用以下经验公式：

对笼型异步电动机，可取

$$I_- = (4 \sim 5)I_0$$

对绕线转子异步电动机，可取

$$I_- = (2 \sim 3)I_0$$

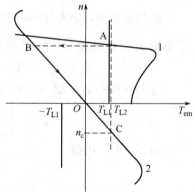

图 6-53 三相异步电动机能耗制动的应用

$$R_\Omega = (0.2 \sim 0.4) \frac{E_{2N}}{\sqrt{3} I_{2N}}$$

能耗制动的特点如下：能耗制动便于准确停车，制动较为平稳，与反接制动相比，制动时能量损耗小，电流冲击较小。它适用于经常起动、反转并要求准确停车的生产机械，如轧钢车间升降台、矿井卷扬机等。

6.4.4　三相异步电动机制动状态小结

1. 转差率 s 的范围

回馈制动	电动状态	反接制动 （转速反向的反接制动和电压反接制动）
$s < 0$	$0 < s < 1$	$s > 1$

2. 机械特性

机械特性曲线如图 6-54 所示。

电动状态：正向电动（第一象限），反向电动（第三象限）。

反接制动：定子两相反接制动（第二象限），转速反向的反接制动（第四象限）。

回馈制动：正向回馈制动（第二象限），反向回馈制动（第四象限）。

能耗制动：（第二象限）和（第四象限）。

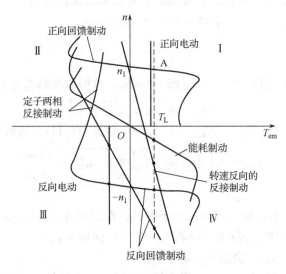

图 6-54　三相异步电动机机械特性小结

3. 制动状态能量关系

能量损耗反接制动最大，能耗制动次之，回馈制动最小。

6.5　绕线转子电动机进行调速和制动时其电阻和转速的计算

绕线转子电动机进行调速和制动时，其电阻及转速的计算公式是实用表达式，即

$$T_{emx} = \frac{2T_{mx}}{\frac{s_x}{s_{mx}} + \frac{s_{mx}}{s_x}}$$

由上式解得临界转差率 s_{mx} 和转差率 s_x 分别为

$$s_{mx} = s_x \left[\frac{T_{mx}}{T_{emx}} \pm \sqrt{\left(\frac{T_{mx}}{T_{emx}} \right)^2 - 1} \right] \qquad (6\text{-}117)$$

$$s_x = s_{mx} \left[\frac{T_{mx}}{T_{emx}} \pm \sqrt{\left(\frac{T_{mx}}{T_{emx}} \right)^2 - 1} \right] \qquad (6\text{-}118)$$

忽略定子电阻 R_1，临界转差率为

$$s_{mx} = \frac{R_2' + R_\Omega'}{x_{1\sigma} + x_{2\sigma}'} \qquad (6\text{-}119)$$

固有特性上的临界转差率为

$$s_{mN} = \frac{R_2'}{x_{1\sigma} + x_{2\sigma}'} \qquad (6\text{-}120)$$

将式（6-119）除以式（6-120），得：

$$\frac{s_{mN}}{s_{mx}} = \frac{R_2'}{R_2' + R_\Omega'} = \frac{R_2}{R_2 + R_\Omega} \qquad (6\text{-}121)$$

$$R_\Omega = \left(\frac{s_{mx}}{s_{mN}} - 1 \right) R_2 \qquad (6\text{-}122)$$

下面分几种情况介绍电阻和转速的计算方法：

1. 串电阻调速及转速反向的反接制动时，电阻和转速的计算

问题一：已知 $T_{em} = T_{emx}$，求当 $n = n_x$ 时，$R_\Omega = ?$

解：

（1）求 s_{mN}、s_{mx}

电机在固有特性上运行，$T_{em} = T_N$ 时，$s = s_N$，这时临界转差率为

$$s_{mN} = s_N \left[\lambda_m + \sqrt{\lambda_m^2 - 1} \right]$$

在串电阻 R_Ω 特性上，$T_{em} = T_{emx}$，$s = s_x$ 时，由式（6-117）得临界转差率为

$$s_{mx} = s_x \left[\frac{T_{mx}}{T_{emx}} \pm \sqrt{\left(\frac{T_{mx}}{T_{emx}} \right)^2 - 1} \right] = \begin{cases} s_{mx1} \\ s_{mx2} \end{cases}$$

分析 s_{mx1} 及 s_{mx2}：

1）若 $s_{mx2} < s_{mN}$，不合理，因为对应于固有特性的临界转差率 s_{mN} 最小，所串电阻 R_Ω 越大，其对应的临界转差率 s_{mx} 越大，故将 s_{mx2} 舍去，保留 s_{mx1}。

2）若 s_{mx1}、$s_{mx2} > s_{mN}$，由图 6-55a 可见：

若为恒转矩负载，即 $T_L = C$，电机在转差率为 s_{mx2} 的特性上不能稳定运行，故将 s_{mx2} 舍去，保留 s_{mx1}。

若为通风机负载，即 $T_L = Kn^2$，电机在对应 s_{mx1} 和 s_{mx2} 的特性上都能稳定运行，故 s_{mx1} 和 s_{mx2} 都保留。

（2）求转子回路所串电阻 R_Ω

由式（6-122）知

$$R_\Omega = \left(\frac{s_{mx}}{s_{mN}} - 1 \right) R_2$$

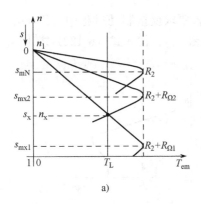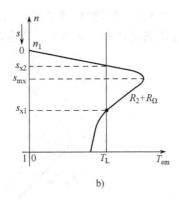

图 6-55　调速和制动时电阻及转速的计算

a）临界转差率 s_{mx} 的判定　b）转差率 s_x 的判定

其中，$R_2 = \dfrac{s_N E_{2N}}{\sqrt{3} I_{2N}}$。

若用线性化公式，则有

$$s_{mN} = 2\lambda_m s_N$$

$$s_{mx} = \frac{2T_{mx}}{T_{emx}} s_x$$

可见用线性化公式时，临界转差率 s_{mx} 只有一个值，有可能漏掉一种情况。

问题二：已知转子回路串入电阻为 R_Ω，求当 $T_{em} = T_{emx}$ 时，转速 n_x 为多少？

解： 由式（6-122）得

$$s_{mx} = (1 + \frac{R_\Omega}{R_2}) s_{mN}$$

由式（6-118）得

$$s_x = s_{mx}\left[\frac{T_{mx}}{T_{emx}} \pm \sqrt{\left(\frac{T_{mx}}{T_{emx}}\right)^2 - 1}\right] = \begin{cases} s_{x1} \\ s_{x2} \end{cases}$$

分析：由图 6-55b 可见，若为恒转矩负载，即 $T_L = C$，电机在转差率为 s_{x1} 的特性上不能稳定运行，故将 s_{x1} 舍去，保留 s_{x2}；若为通风机负载，即 $T_L = Kn^2$，电机在对应 s_{x1} 和 s_{x2} 的特性上都能稳定运行，故 s_{x1} 和 s_{x2} 都保留。对应的转速为

$$n_x = (1 - s_x) n_1$$

2. 定子两相反接制动电阻的计算

问题：电机原以 n_x 运转，进行定子两相反接制动，要求反接后瞬间 $T_{em} = T_{emx}$，求转子回路应串入的电阻值 R_Ω 为多少？

解： 由式（6-117）得临界转差率为

$$s_{mx} = s_x\left[\frac{T_{mx}}{T_{emx}} \pm \sqrt{\left(\frac{T_{mx}}{T_{emx}}\right)^2 - 1}\right] = \begin{cases} s_{mx1} \\ s_{mx2} \end{cases}$$

上式中，$s_x > 1, T_{mx} < 0, T_{emx} < 0$。

分析：

1）若 $s_{mx2} < s_{mN}$，不合理，将 s_{mx2} 舍去，保留 s_{mx1}。

2）若 $s_{mx1}、s_{mx2} > s_{mN}$，由图 6-56 可见，若要求反接制动开始瞬间 $T_{em} = T_{emx}$，则 s_{mx1} 和

s_{mx2} 都保留。代入式（6-122）求出 $R_{\Omega1}$、$R_{\Omega2}$。若要求反接制动过程中 $|T_{em}| < |T_{emx}|$，则对应 s_{mx2} 的特性不满足要求，故将 s_{mx2} 舍去，保留 s_{mx1}。代入式（6-122）求出 $R_{\Omega1}$。

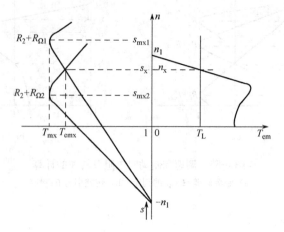

图 6-56　定子两相反接制动电阻的计算

3. 回馈制动电阻的计算

问题：电机带着重物下放，当 $T_L = T_{emx}$ 且转子回路串电阻 R_Ω 时，求稳定下放的转速 n_x。

解： 由式（6-122）得

$$s_{mx} = \left(1 + \frac{R_\Omega}{R_2}\right)s_{mN}$$

由式（6-118）得

$$s_x = s_{mx}\left[\frac{T_{mx}}{T_{emx}} \pm \sqrt{\left(\frac{T_{mx}}{T_{emx}}\right)^2 - 1}\right] = \begin{cases} s_{x1} \\ s_{x2} \end{cases}$$

上式中，$s_{mx} < 0$、$T_{mx} > 0$、$T_{emx} > 0$。

由图 6-57 可见，当 $s_x = s_{x1}$ 时，重物下放时不能稳定运行，故一般将 s_{x1} 舍去。

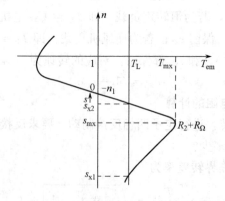

图 6-57　反向回馈制动时转速的计算

对应的转速为

$$n_x = (1 - s_{x2})n_1$$

例 6-4　一台三相绕线式异步电动机，转子绕组为Y联结，其额定数据为：$P_N = 75\text{kW}$，$U_N = 380\text{V}$，$n_N = 720\text{r/min}$，$I_{1N} = 148\text{A}$，$E_{2N} = 213\text{V}$，$I_{2N} = 220\text{A}$，过载能力 $\lambda_m = 2.4$，拖

266

动恒转矩负载 $T_L = 0.8T_N$ 时，要求电动机在 $n = 600\text{r/min}$ 下运行，试求：

(1) 若采用转子串接电阻调速，试求每相应串入的电阻值。

(2) 若采用改变定子电压调速，试求电压值，这种方法是否可行？

(3) 若采用变频调速，保持 $\dfrac{U}{f} = $ 常数，试分别求出定子绕组频率与电压。

解：(1) 其对应机械特性如图 6-58a 所示，额定转差率为

$$s_N = \frac{n_1 - n_N}{n_1} = \frac{750 - 720}{750} = 0.04$$

根据三相异步电动机机械特性的实用表达式

$$T_{em} = \frac{2T_m}{\dfrac{s}{s_m} + \dfrac{s_m}{s}}$$

将固有特性上的额定点（$T_{em} = T_{emN}$ 时 $s = s_N$）代入上式得

$$T_{emN} = \frac{2T_m}{\dfrac{s_N}{s_{mN}} + \dfrac{s_{mN}}{s_N}}$$

固有特性上的临界转差率为

$$s_{mN} = s_N(\lambda_m + \sqrt{\lambda_m^2 - 1}) = 0.04 \times (2.4 + \sqrt{2.4^2 - 1}) = 0.183$$

转子每相的电阻为

$$R_2 = \frac{s_N E_{2N}}{\sqrt{3} I_{2N}} = \frac{0.04 \times 213}{\sqrt{3} \times 220}\Omega = 0.0224\Omega$$

转速为 600r/min 时的转差率为

$$s_x = \frac{n_1 - n_x}{n_1} = \frac{750 - 600}{750} = 0.2$$

根据式（6-117）得

$$s_{mx} = s_x\left[\frac{T_{mx}}{T_{emx}} \pm \sqrt{\left(\frac{T_{mx}}{T_{emx}}\right)^2 - 1}\right] = 0.2 \times \left[\frac{2.4 T_N}{0.8 T_N} \pm \sqrt{\left(\frac{2.4}{0.8}\right)^2 - 1}\right] = \begin{cases} 1.1657 \\ 0.0343 \end{cases}$$

由于 $s_{mx2} = 0.0343 < s_{mN} = 0.183$，故 $s_{mx2} = 0.0343$ 舍去。

由式（6-122）得转子回路应串入的电阻为

$$R_\Omega = \left(\frac{s_{mx}}{s_{mN}} - 1\right)R_2 = \left(\frac{1.1657}{0.183} - 1\right) \times 0.0224\Omega = 0.12\Omega$$

(2) 当定子电压改变时，临界转差率 s_m 不发生变化。这时

$$s_x = \frac{n_1 - n_x}{n_1} = \frac{750 - 600}{750} = 0.2 > s_m = 0.183$$

电动机工作在非线性区而不能稳定运行，故仅改变定子电压调速不可行，定子电压不用再计算，其机械特性如图 6-58b 所示。

(3) 若采用变频调速，且保持 $\dfrac{U}{f} = $ 常数，相应的机械特性如图 6-58c 所示。

首先求出在额定频率下运行，且 $T_L = 0.8T_N$ 时的转速降 Δn_A。由实用表达式得

$$\frac{0.8T_N}{T_m} = \frac{0.8}{\lambda_m} = \frac{2}{\dfrac{s_m}{s_A} + \dfrac{s_A}{s_m}}$$

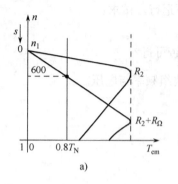

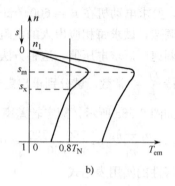

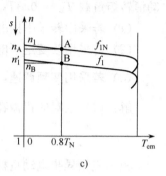

图 6-58　例 6-4 图

于是

$$s_A = s_m \left[\frac{T_m}{T_A} \pm \sqrt{\left(\frac{T_m}{T_A}\right)^2 - 1} \right] = 0.183 \times \left[\frac{2.4T_N}{0.8T_N} \pm \sqrt{\left(\frac{2.4}{0.8}\right)^2 - 1} \right] = \begin{cases} 0.0314 \\ 1.067 \end{cases}$$

由于当 $s_A = 1.067 > s_m = 0.183$ 时，此工作点在非线性区，电机不能稳定运行，故将 $s_A = 1.067$ 舍去。

A 点的转速降为

$$\Delta n_A = n_1 - n_A = sn_1 = 0.0314 \times 750 \text{r/min} = 24 \text{r/min}$$

考虑到采用 $\dfrac{U}{f} = $ 常数 的变频调速时，两条机械特性近似平行即转速降相等，故

$$\Delta n_B = \Delta n_A = 24 \text{r/min}$$

于是，变频后的同步速为

$$n_1' = n_B + \Delta n_B = (600 + 24) \text{r/min} = 624 \text{r/min}$$

相应的频率为

$$f_1 = p \frac{n_1'}{60} = 4 \times \frac{624}{60} \text{Hz} = 41.6 \text{Hz}$$

变频后的定子电压为

$$U_1' = \frac{f_1}{f_{1N}} U_{1N} = \frac{41.6}{50} \times 380 \text{V} = 316.16 \text{V}$$

例 6-5　某绕线转子异步电动机的铭牌参数为 $P_N = 75 \text{kW}$，$U_{1N} = 380 \text{V}$，$I_{1N} = 144 \text{A}$，$E_{2N} = 399 \text{V}$，$I_{2N} = 116 \text{A}$，$n_N = 1460 \text{r/min}$，过载能力 $\lambda_m = 2.8$。

（1）从电动状态（图 6-59 中的 A 点）$n_A = n_N$ 时换接到反接制动状态，如果要求开始的制动转矩等于 $1.5T_N$（图 6-59 中的 B 点），则转子每相应该串接多大电阻？如果要求整个制动过程中的最大制动转矩为 $1.5T_N$，则转子每相应该串接多大电阻？

（2）如果该电动机带位能负载，负载转矩 $T_L = 0.8T_N$，要求稳定的下放转速 $n_c = -400 \text{r/min}$，

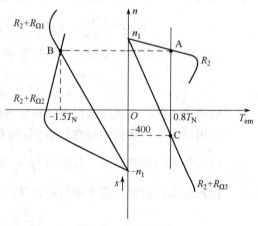

图 6-59　例 6-5 图

求转子每相的串接电阻值。

解：
$$s_N=\frac{n_1-n_N}{n_1}=\frac{1500-1460}{1500}=0.0267$$

$$R_2=\frac{s_N E_{2N}}{\sqrt{3}I_{2N}}=\frac{0.0267\times399}{\sqrt{3}\times116}\Omega=0.053\Omega$$

$$s_{mN}=s_N\ (\lambda_m+\sqrt{\lambda_m^2-1})=0.0267\times\ (2.8+\sqrt{2.8^2-1})=0.1445$$

（1）解法一：

图中 B 点的转差率为

$$s_B=\frac{-n_1-n_N}{-n_1}=\frac{1500+1460}{1500}=1.973$$

将 $T_B=-1.5T_N$、$T_m=-\lambda_m T_N$ 代入式（6—117）得

$$s_{mx}=s_c\left[\frac{T_{mx}}{T_{emx}}\pm\sqrt{\left(\frac{T_{mx}}{T_{emx}}\right)^2-1}\right]=1.973\times\left[\frac{-2.8T_N}{-1.5T_N}\pm\sqrt{\left(\frac{-2.8T_N}{-1.5T_N}\right)^2-1}\right]=\begin{cases}6.8\\0.57\end{cases}$$

图 5-59 中特性 1 和特性 2 都符合要求，故上述两个值都满足要求。

取 $s_{m1}=6.8$ 时

$$R_{\Omega1}=\left(\frac{s_{m1}}{s_{mN}}-1\right)R_2=\left(\frac{6.8}{0.1445}-1\right)\times0.053\Omega=2.44\Omega$$

取 $s_{m2}=0.57$ 时

$$R_{\Omega2}=\left(\frac{s_{m2}}{s_{mN}}-1\right)R_2=\left(\frac{0.58}{0.1445}-1\right)\times0.053\Omega=0.16\Omega$$

如果要求整个制动过程中的最大制动转矩为 $T_L=0.8T_N$，显然 $s_{m2}=0.57$ 不满足要求，因为所对应的特性 2 在 B 点之后制动转矩大于 $T_L=0.8T_N$，故将 s_{m2} 舍去。

取特性 1 所对应的 $s_{m1}=6.8$

$$R_{\Omega1}=\left(\frac{s_{m1}}{s_{mN}}-1\right)R_2=\left(\frac{6.8}{0.1445}-1\right)\times0.053\Omega=2.44\Omega$$

解法二：

考虑机械特性为直线，有

$$s_m=2\lambda_m s_N=2\times2.8\times0.0267=0.149$$

$$s_{mx}=\frac{2T_m}{T_x}s_x=\frac{-2\times2.8T_N}{-1.5T_N}\times1.973=7.37$$

$$R_\Omega=\left(\frac{s_{mx}}{s_{mN}}-1\right)R_2=\left(\frac{7.37}{0.149}-1\right)\times0.053\Omega=2.57\Omega$$

可见与解法一中要求开始的制动转矩等于 $T_L=0.8T_N$ 时比较，取 $s_{m1}=6.8$ 时结果相近，但是漏掉取 $s_{m2}=0.57$ 时的值。与解法一中要求整个制动过程中的最大制动转矩为 $T_L=0.8T_N$ 时比较，取 $s_{m1}=6.8$ 时结果相近。

（2）解法一：

$$s_c=\frac{n_1-n_c}{n_1}=\frac{1500-\ (-400)}{1500}=1.27$$

将 $T_B=0.8T_N$、$T_m=\lambda_m T_N$ 代入式（9—117）得

$$s_{mx}=s_B\left[\frac{T_{mx}}{T_{emx}}\pm\sqrt{\left(\frac{T_{mx}}{T_{emx}}\right)^2-1}\right]=1.27\times\left[\frac{2.8T_N}{0.8T_N}\pm\sqrt{\left(\frac{2.8T_N}{0.8T_N}\right)^2-1}\right]=\begin{cases}8.6995\\0.1852\end{cases}$$

由于 $s_{m2}=0.1852$ 对于工作点在非线性区，电机不能稳定运行，故将此值舍去。

取 $s_{m1}=8.6995$ 时

$$R_{\Omega 3}=\left(\frac{s_{m1}}{s_{mN}}-1\right)R_2=\left(\frac{8.6995}{0.1445}-1\right)\times0.053\Omega=3.138\Omega$$

解法二：

考虑机械特性为直线，有

$$s_m=2\lambda_m s_N=2\times2.8\times0.0267=0.149$$

$$s_{mx}=\frac{2T_m}{T_x}s_x=\frac{2\times2.8T_N}{0.8T_N}\times1.27=8.89$$

$$R_{\Omega 3}=\left(\frac{s_{mx}}{s_{mN}}-1\right)R_2=\left(\frac{8.89}{0.149}-1\right)\times0.053\Omega=3.11\Omega$$

可见，与解法一中的结果相近。

本 章 小 结

三相异步电动机的机械特性为 $n=f(T_{em})$ 或 $s=f(T_{em})$，它反映了当电动机的电磁转矩变化时转速的变化情况。三相异步电动机的机械特性有三种不同形式的表达式，它们是：

物理表达式
$$T_{em}=C_{TJ}\Phi_m I_2\cos\varphi_2$$

参数表达式
$$T_{em}=\frac{m_1}{\Omega_1}\frac{U_1^2\dfrac{R_2'}{s}}{\left(R_1+\dfrac{R_2'}{s}\right)^2+(x_{1\sigma}+x_{2\sigma}')^2}$$

实用表达式
$$T_{em}=\frac{2T_m}{\dfrac{s}{s_m}+\dfrac{s_m}{s}}$$

三种表达式的形式不同，用途也不同。物理表达式适用于对电动机的运行性能作定性分析；参数表达式能直接反映异步电动机的机械特性与有关参数之间的关系，可分析改变某些参数对电动机的性能与特性的影响，并从中找出改善电动机特性与性能的途径；实用表达式可用于绘制机械特性或进行工程计算。

异步电动机机械特性上的同步速点、临界点和起动点是表征电动机运行的重要特征点，所对应的表达式可用来分析电动机在起动、制动及调速时的运行性能。机械特性的区域分为线性区和非线性区，电动机稳定运行在线性区域。

满足 $U_1=U_{1N}$，$f_1=50Hz$，定、转子不外串电阻、电感和电容，按规定方式接线条件时的机械特性称为固有机械特性；人为地改变电动机的一个或几个参数而得到的机械特性称为人为机械特性。

三相异步电动机起动时要求起动转矩 T_{st} 足够大，以保证生产机械能正常起动。在保证一定大小的 T_{st} 的前提下，希望起动电流 I_{st} 要尽量小，以免过大的冲击电流会引起电网电压瞬间下降，影响接在同一电网上的其他电动机或电气设备的正常运行。但是，三相异步电动机的固有起动特性是起动电流大而起动转矩小。因此，三相异步电动机起动时的关键问题是限制起动电流，提高起动转距，从而改善电动机的起动性能。应根据电动机容量和负载的大小，正确选择起动方式。

一般功率小于或等于 7.5kW 的电动机轻载起动时，因其起动电流小，对电网的冲击不大，故可以采用直接起动的方法，如果供电变压器的容量相对于电动机的容量来讲足够大的话，中、大容量的异步电动机也可直接起动。

对于大、中容量的笼型异步电动机，当负载较轻时可以采用减压起动的方法，包括定子电路串接电阻或电抗的减压起动、自耦变压器减压起动、丫-△起动和延边三角形起动等。由于起动时，定子相电流与定子相电压成正比，而起动转矩与电压的二次方成正比，因此减压起动在减小了起动电流的同时也降低了起动转矩。各种减压起动时，其起动电流、起动转矩与直接起动相比有着不同程度的减小。为了解决上述起动中存在着二次冲击电流、对负载产生冲击转矩、使得起动过程不平滑等问题，可以采用软起动的方式。

为了解决普通笼型异步电动机减压起动时，在降低起动电流的同时，起动转矩也不同程度地下降的问题，从改进笼型电动机的转子结构入手，生产出高起动性能的笼型电动机，即深槽式异步电动机及双笼型异步电动机。其工作原理是利用"集肤效应"使起动时转子电阻增加，既减小了起动电流又增加了起动转矩，改善了起动性能。当转速上升时，转子电阻随转速上升而自动减小，又不影响电动机的正常运行。

对于绕线转子异步电动机可采用两种起动方法，即转子回路中串电阻分级起动和转子串频敏变阻器起动。这两种方法均可达到既增大起动转矩又减小起动电流的目的。从而较好地改善了异步电动机的起动性能，解决了较大容量异步电动机重载起动的问题。

三相异步电动机的调速方法大致可分为三大类，即变极调速、变频调速及改变转差率调速。

变极调速是通过改变定子绕组的接线方式来改变定子极对数，从而改变转速，常用的变极调速线路有丫-丫丫及△-丫丫，丫-丫丫接法为恒转矩调速，△-丫丫接法为近似恒功率调速。变极调速属于有级调速，无法实现平滑调速。变极调速适用于笼型异步电动机，因笼型转子的极数随定子而定。在改变极对数的同时要改变定子绕组的相序，以免变极调速前后电动机的转向改变。变极调速由于降低了同步转速，故低速时的人为特性较硬，静差率较高，经济性能好。

变频调速是目前应用最为广泛的调速方法，在变频调速中，普遍采用频率和电压的配合是：基频下调时，为了保持电动机的主磁通 $\Phi_m = \Phi_{mN}$，频率和电压成比例的调节，即 $\dfrac{U_1}{f_1} = \dfrac{U_{1N}}{f_N}$；基频上调时，保持电压 $U_1 = U_{1N}$ 不变，仅靠改变定子频率来调速。当基频下调时，随着频率减小（转速下降），其同步转速下降、最大转矩下降、转速降不变，因此，其机械特性近似平行下移。因为调速过程中容许输出转矩不变，所以其调速性质是恒转矩调速方式。基频上调时，随着频率的增加（转速升高），其同步速上升、转速降仍不变，这时最大转矩下降较多，但容许输出功率不变，因此，调速性质是恒功率调速方式。变频调速适用于笼型异步电动机，调速范围大、平滑性好，低速特性较硬，静差小，可实现恒转矩调速，也可实现恒功率调速。缺点是目前变频调速装置的价格昂贵。

改变转差率的调速包括：改变定子电压的调压调速、绕线转子电动机转子回路串电阻的调电阻调速、双馈及串极调速和利用电磁转差离合器的调速等。

异步电动机减压调速必须采用闭环控制才能得到良好的调速性质。绕线转子电动机串电阻调速低速时，转子所串电阻大，使得 p_{Cu2} 大、效率 η 低、特性软、静差率大，因而调速范围小，平滑性差，是有级调速（用接触器一段一段地切除电阻）。但方法简单方便，初投资小。

双馈及串极调速的指导思想是利用转差功率且提高调速性能。通过在绕线转子电动机转子回路中串入与转子感应电动势同频率的外加电压 $\dot{U}_{2s}$，调节 $\dot{U}_{2s}$ 的相位和大小可以使得转速改变。当 $\dot{U}_{2s}$ 与 $\dot{E}_{2s}$ 同相位时，U_{2s} 增加时使得同步速上升、最大转矩增加。转速随着 U_{2s} 的增加而上升，有可能超过固有特性的同步转速，所以称为"超同步双馈调速"。$\dot{U}_{2s}$ 与 $\dot{E}_{2s}$ 反相位时，U_{2s} 增加时使得同步转速下降、最大转矩减小。转速随着 U_{2s} 的增加而下降，不可能超过固有特性时的同步速，所以称为"低同步双馈调速"。双馈和串极调速系统可将转差功率回馈电网，使得系统的效率较高，机械特性较硬，转速的稳定性好，可以做到无级调速。

三相异步电动机的制动的方法有三种，即反接制动、回馈制动及能耗制动。

反接制动分为定子两相反接制动及转速反向的反接制动两种方式。定子两相反接制动是通过定子两相反接操作，使得电动机的电磁转矩反向后与转速的方向相反，成为制动转矩的。其反接制动状态对应于机械特性的第二象限。这种制动方式可用于反抗性负载快速停车或反转，也可使位能性负载高速稳定下放。转速反向的反接制动通过在转子中串入一个足够大的电阻，使得转速反向后与电动机的电磁转矩方向相反，电动机进入制动状态，其反接制动状态对应于机械特性的第四象限。这种制动方式可用于位能性负载稳速下放。两种反接制动的转差率范围均是 $s > 1$，这时，电动机既从电网吸收电磁功率，又从轴上吸收机械功率，全部消耗在转子回路的总电阻上，这种制动方式能量消耗较大。

回馈制动的标志是 $|n| > |n_1|$，n 和 n_1 同方向。据此，电动机工作于回馈制动状态对应机械特性的第二象限和第四象限。回馈制动状态一般出现在位能性负载稳速下放（第四象限）或变频、变极调速时（第二象限）的过渡过程中。回馈制动时转差率范围均是 $s < 0$，这时，电动机从转子吸收机械能量，并将它转换成电能，一小部分消耗在电动机中，大部分有功功率回馈电网，但是同时电动机从电网吸收无功功率建立耦合磁场，实现能量转换。

能耗制动时，将电动机的三相定子绕组从电网断开的同时将其任意两相接到外加直流电源上。转子绕组切割气隙静止磁场而产生感应电动势和电流，电流与磁场互相作用而产生制动电磁转矩，电动机在制动电磁转矩和负载转矩的共同作用下准确停车。欲用三相异步电动机的理论分析能耗制动时的机械特性，首先要进行能耗制动"异步化"处理，即根据等效前后定子磁动势幅值不变，且定子磁动势与转子之间的相对速度不变的等效原则，用一个等效的三相异步电动机代替能耗制动时的异步电动机，然后，借助于等效电路和相量关系推导出能耗制动时的机械特性。其机械特性曲线位于第二、四象限。调节外加直流电流和转子外串电阻的大小可以改变机械特性的形状，从而改变制动的快慢。能耗制动主要用于反抗性负载准确停车和位能性负载稳速下放。

思 考 题

6-1　为什么三相笼型异步电动机的起动电流大而起动转矩小？

6-2　三相异步电动机减压起动（包括定子串电抗器、利用自耦变压器、Y—△起动及延边三角形起动）时，各种减压起动时的电流和转矩是直接起动的多少倍？

6-3 什么是软起动？软起动与传统的减压起动相比较有什么优点？

6-4 当负载为额定值时，三相异步电动机能在低于额定电压下长期运行吗？为什么？

6-5 深槽式异步电动机和双笼型异步电动机为什么能改善起动性能？

6-6 某三相异步电动机的定子绕组额定电压为 660V/380V，接到电压为 380V 的电源上，可以采用Y－△起动吗？为什么？

6-7 为什么绕线式异步电动机转子串入起动电阻以后，起动电流减小而起动转矩反而增大？如果串电抗，会不会有同样的效果？

6-8 三相异步电动机变极调速时，为什么变极的同时要换电源的相序？若不改变电源的相序，变极调速前后会出现什么现象？

6-9 带恒转矩负载时，异步电动机仅用减压的办法降速，会出现什么问题？

6-10 三相异步电动机拖动恒转矩负载进行变频调速，基频下调时，为什么变频的同时要调压？

6-11 利用滑差离合器调速时，若增加励磁绕组的直流励磁电流，负载的转速将如何变化？

6-12 绕线式异步电动机采用双馈调速，在超同步和低同步调速下，当附加电势 U_{2s} 增加时，其转速 n、最大转矩 T_m 如何变化？

6-13 试分析电动机反接制动及回馈制动过程中的功率流向情况。

6-14 一台三相绕线式异步电动机，定子绕组接在频率为 50Hz 的三相对称电源上，负载是位能性负载（如起重机），现运行在高速匀速下放重物，转速 n 大于同步转速 n_1，试求：

1) 气隙磁通势的旋转方向和同步速及转差率 s 大小怎样？

2) 气隙磁通势在定、转子中感应电动势的频率是多少？相序如何？

3) 电磁转矩是拖动转矩还是制动转矩？

4) 电动机处于什么运行状态？

练 习 题

6-1 一台三相绕线式异步电动机的数据如下：$P_N = 75kW$，$U_{1N} = 380V$，$n_N = 720r/min$，$I_{1N} = 148A$，$\eta_N = 90.5$，$\cos \varphi_N = 0.85$，$\lambda_m = 2.4$，$E_{2N} = 213V$，$I_{2N} = 220A$，试用机械特性的实用表达式绘制：

1) 电动机的固有机械特性。

2) 转子串入 0.04Ω 电阻时的人为特性。

6-2 某三相笼型异步电动机的额定数据如下：$P_N = 300kW$，$U_{1N} = 380V$，$I_{1N} = 527A$，$n_N = 1450r/min$，起动电流倍数 $k_{st} = I_{1st}/I_{1N} = 6.7$，起动转矩倍数 $\lambda_{st} = T_{st}/T_N = 1.5$，过载能力 $\lambda_m = 2.5$。定子绕组采用△接法。试求：

1) 直接起动时的电流与转矩。

2) 若供电变压器要求起动电流≤1800A，采用定子串对称电抗器起动，能带动 1000N·m 的恒转矩负载起动吗？为什么？

3) 如果采用Y－△起动，能带动 1000N·m 的恒转矩负载起动吗？为什么？

4) 为使得起动时的最大电流≤1800A，且起动转矩超过 1000N·m，采用自耦变压减压起动。已知起动用自耦变压器的抽头分别为55%、64%和73%三档，试问应取哪一档抽头电压？在所取的这一档抽头电压下起动时的起动转矩和起动电流各为多少？

5）此电机（普通的异步电动机）可以进行延边三角形减压起动吗？

6-3 已知某绕线式异步电动机的额定数据如下：$P_N = 11\text{kW}$，$E_{2N} = 163\text{V}$，$I_{2N} = 47.2\text{A}$，$n_N = 715\text{r/min}$，起动最大转矩与额定转矩之比$\dfrac{T_1}{T_N} = 1.8$，负载转矩$T_L = 98\text{N·m}$。

试求：起动级数和起动的各级分段电阻。

6-4 一台三相绕线式异步电动机，其额定数据如下：$P_N = 75\text{kW}$，$U_N = 380\text{V}$，$n_N = 720\text{r/min}$，$I_{1N} = 148\text{A}$，$I_{2N} = 220\text{A}$，$E_{2N} = 213\text{V}$，定子绕组采用Y形联结，过载能力$\lambda_m = 2.4$。试求：

1）电动机拖动位能性负载（$T_L = T_N$），要求以$n = 300\text{r/min}$速度提升重物，转子应串入多大的电阻？

2）电动机拖动位能性负载（$T_L = T_N$），要求以$n = 300\text{r/min}$的速度下放重物，转子应串入多大的电阻？

3）电动机在额定状态下运行，拖动系统采用反接制动停车，若要求制动转矩在起始时为额定转矩的2倍，求转子每相应串入的外加电阻值。

4）电动机在额定状态下运行，拖动系统采用反接制动停车，若要求制动转矩在整个制动过程中不超过额定转矩的2倍，求转子每相应串入的外加电阻值。与3）中的结果相比较有何不同？

6-5 某台绕线式三相异步电动机额定数据如下：$P_N = 40\text{kW}$，$U_N = 380\text{V}$，$n_N = 1464\text{r/min}$，$f_N = 50\text{Hz}$，$\lambda_m = 2.2$，转子电阻$R_2 = 0.06\Omega$。电动机拖动起重机的重物提升和下放，试求：

1）提升重物时负载转矩$T_L = T_2 = 261\text{N·m}$，要求有高速、低速两档，且高速时转速$n_A$为工作在固有特性上的转速，低速时转速$n_B = 0.25n_A$，工作于转子回路串电阻的特性上。求两档转速及转子回路应串入的电阻值。

2）下放重物时负载转矩$T_L = T_1 = 208\text{N·m}$，要求有高速、低速二档，且高速时转速$n_C$为工作在负序电源的固有机械特性上的转速，低速时转速$n_D = -n_B$，仍然工作于转子回路串电阻的特性上。求两档转速及转子应串入的电阻值。说明电动机运行在哪种状态。

3）下放重物时，若要求高速时转速不变，可以采用串电阻的方法达到吗？若要求低速时转速也不变，可以采用负序电源的反接制动方式吗？

6-6 某三相异步电动机数据为：$P_N = 20\text{kW}$，$U_N = 380\text{V}$，$n_N = 960\text{r/min}$，$\lambda_m = 2$，$E_{2N} = 208\text{V}$，$I_{2N} = 76\text{A}$，Y联结。此电动机拖动起重机升降某重物，负载转矩$T_L = 0.72T_N$，忽略T_0，试求：

1）电动机在固有机械特性上运行时的转子转速。

2）转子回路每相串入$R_\Omega = 0.88\Omega$时的转子转速。

3）转速为-430r/min时转子回路每相串入的电阻值。

4）转子回路每相所串电阻值和3）中相同，当负载转矩$T_L = 0.5T_N$时，转速为多少？电机工作于什么状态？

6-7 某三相绕线式异步电动机的额定数据如下：$P_N = 75\text{kW}$，$U_N = 380\text{V}$，$n_N = 1460\text{r/min}$，

$I_{1N}=144A$，$\lambda_m=2.8$，$E_{2N}=399V$，$I_{2N}=116A$，定子绕组采用丫联结。试求：

1）该电动机用于拖动起重机负载，设转子每转过 35.4 转，起重主钩上升 1m。若负载的转矩为 $T_L=T_N$，重物以 8m/min 的速度上升，求转子回路应串入的电阻值。

2）为了减小起动时的机械冲击，转子回路一般串入预备级电阻。若要求串入预备级电阻后，电动机的起动转矩为额定转矩的 0.5 倍，求预备级电阻值。

3）若转子所串电阻与 2）中相同，用反接制动使位能性负载下放，负载的转矩为 $T_L=0.8T_N$，求负载下放时电动机的转速。

275

第7章 三相同步电机

【内容简介】

本章首先介绍三相同步电机的结构、工作原理与额定数据；然后，详细分析三相同步电机的内部电磁关系及方程式，如电枢反应、电动势平衡方程式、等效电路与相量图。对于三相同步电机的两条重要特性，即矩角特性和 V 形曲线进行重点讨论；针对三相同步电机不能自行起动的问题，最后简要介绍三相同步电机的起动方法。

【本章重点】

三相同步电机的工作原理及额定数据；电枢反应；基本方程式与向量图；三相同步电机的矩角特性和 V 形曲线。

【本章难点】

三相同步电机的电枢反应；三相同步电机的矩角特性和 V 形曲线。

三相同步电机也是一种三相交流电机，它的转子转速 n 和定子电流频率 f 之间满足方程式

$$n = \frac{60f}{p}$$

同步电机主要作为发电机使用，世界上各发电厂和电站所发出的三相交流电能，几乎都是由三相同步发电机发出的。

同步电机也可作为电动机用，但是当定子电流的频率 f 和电机的极对数 p 不变时，转速 n 是不变的。其应用不如三相异步电机广泛，主要用来拖动功率较大、转速不需要调节的生产机械，如空气压缩机、矿井送风机、球磨机及电动发电机组等。大功率的同步电机和同容量的异步电机相比，具有如下优点：

1) 同步电机的功率因数较高，且可以做到是超前的，故运行时能够改善电网的功率因数；而异步电机的功率因数只能是滞后的，不能改善电网的功率因数。

2) 对大功率、低转速的电机，同步电机的体积比异步电机的要小些。

随着交流调速技术和稀土永磁材料的发展，同步电机将得到更加广泛的应用。

7.1 三相同步电机的结构、工作原理及额定数据

7.1.1 三相同步电机的结构

三相同步电机也是一种旋转电机，主要由定子、转子及气隙组成。

1. 定子

三相同步电机的定子结构与三相异步电动机的定子相同，也是由定子铁心、定子绕组、机座和端盖等部件组成。定子铁心用 0.5mm 厚的硅钢片冲制叠压而成，当定子冲片外圆直

径大于 1m 时，由于硅钢片标准尺寸所限，只能冲制成扇形片，叠装时沿圆周拼合；定子绕组嵌放在定子铁心的槽内，一般采用三相双层短距分布绕组；机座和端盖起支撑和固定作用。同步电机的定子铁心和绕组是进行机电能量转换的枢纽，所以又将同步电机的定子称为电枢。

2. 转子

同步电机的转子结构与异步电机不同，它有两种结构形式，即凸极式和隐极式，如图 7-1 所示。

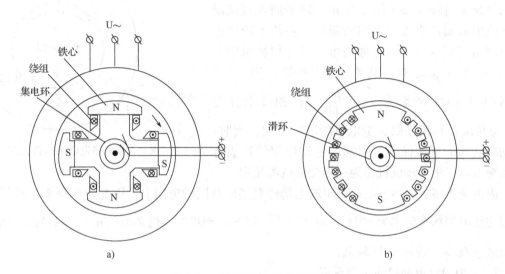

图 7-1　三相同步电机的转子结构
a）凸极式转子　b）隐极式转子

凸极式转子圆周上安装有若干对凸出的磁极，定、转子之间的空气隙是不均匀的，如图 7-1a 所示。磁极铁心用 1～3mm 厚的薄钢板冲制叠压而成，磁极铁心固定在转子磁轭上。磁极铁心上放置有集中励磁绕组，它的两个出线端接在固定于转轴的两个集电环上，通过电刷与直流励磁电源相连，通入直流励磁电流时，在转子上形成 N 与 S 交替排列的磁极。凸极式转子同步电机的结构简单、制造方便，但机械强度较低，宜用于低速电机。水轮发电机和柴油发电机的转子一般都制成凸极式，由于起动等方面的原因，同步电机一般也采用凸极式结构。

隐极式转子的铁心呈圆柱体状，没有明显的磁极形状，定、转子间的气隙均匀，如图 7-1b 所示。隐极式转子一般都采用整块的、高机械强度和良好导磁性能的合金钢锻制而成，并与转轴连成一体。圆周上约有 2/3 的部分开有槽和齿，槽内嵌放同心式直流励磁绕组，励磁绕组也是通过集电环和电刷与直流励磁电源相连，通入直流电流以建立磁场。隐极式转子同步电机的制造工艺比较复杂，但机械强度较高，宜用于大容量高速电机。汽轮发电机多采用隐极式结构。

同步电机的励磁电源一般有两种，一种由一台同轴的直流发电机供给，另一种是由整流电源供给。

同步电机是一种定子边用交流电流励磁以建立旋转磁场，转子边用直流电流励磁构成旋转磁极的双边励磁的交流电机。

7.1.2 三相同步电机的工作原理

三相同步电机具有可逆性，即接在同一电网上的同步电机可以运行在发电机状态，也可以运行在电动机状态或是同步调相机状态。其工作原理分述如下。

1. 三相同步发电机的工作原理

同步电机工作在发电机状态时，由原动机（可以是汽轮机、水轮机、柴油机或汽油机等）拖动转子以恒速 n_1 旋转，如图 7-2 所示，转子通入直流励磁电流励磁而产生固定方向的磁极，在转子旋转过程中磁场切割定子三相对称绕组，在三相绕组中产生三相对称电动势，其有效值相等，为 $E = 4.44fN_1K_{w1}\Phi$；频率为 $f = \dfrac{pn_1}{60}$；在相位上互差 120°电角度；其相序取决于电机的旋转方向。此时，原动机输入的机械能通过内部的电磁作用转换成电功率输出，三相同步电机作为三相交流电源使用。

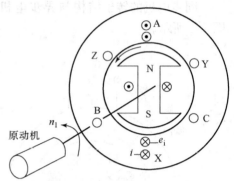

图 7-2　三相同步发电机运行原理

因为绝大多数同步发电机产生的电动势要接到共同的电网上，因此对频率要求很严格，我国交流电网标准频率为 50Hz，由 $f = \dfrac{pn_1}{60}$ 可知，同步发电机必须以 n_1 恒速运转，发电机的极数 p 越多，转速 n_1 应越低。

2. 三相同步电动机的工作原理

同步电机工作在电动机状态时，如图 7-3a 所示，定子边接三相交流电源，转子边通过电刷和集电环装置接直流电源，转子轴上联结机械负载。

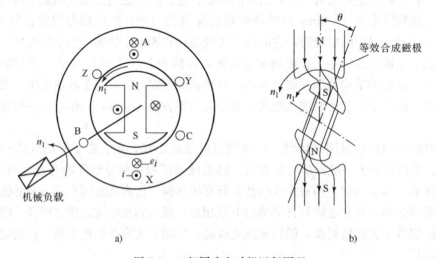

a)

b)

图 7-3　三相同步电动机运行原理

为分析简单起见，设极对数 $p = 1$。根据旋转磁场的理论，同步电动机的定子对称三相绕组接到三相电源上，绕组中通过三相对称电流时，产生一个在空间以同步速 n_1 旋转的旋转磁动势 $\bar{F}_a$。

同步电动机的转子绕组接在直流电源上，通一直流励磁电流，产生一个励磁磁动势 $\overline{F_{\mathrm{f}}}$，其极对数与定子相同。

假设同步电动机以某种方式使转子升至同步速 n_1（7.7节将说明，同步电动机不能自行起动，可用其他的方法起动），这时定子磁动势 $\overline{F_{\mathrm{a}}}$ 和转子磁动势 $\overline{F_{\mathrm{f}}}$ 均以同步速 n_1 旋转，在空间相对静止，忽略高次谐波，其基波合成磁动势 $\overline{F_{\delta}} = \overline{F_{\mathrm{a}}} + \overline{F_{\mathrm{f}}}$ 以同步速 n_1 在气隙中旋转。如用等效合成磁极模拟气隙合成磁动势 $\overline{F_{\delta}}$，见图7-3b，则等效合成磁极将与转子磁极异性相吸，转子在气隙合成磁极的磁拉力下以同步速 n_1 旋转。同步电动机将输入的电功率转换成机械功率输出，拖动机械负载运转。

由图7-3b可见，转子磁极的轴线滞后于异性气隙合成磁极的轴线 θ 空间角度，此角度由转子轴上负载转矩的大小决定，当负载转矩改变时，θ 的大小随之改变。

由于转子的转速始终与定子旋转磁场的同步速 n_1 相同，故称为同步电动机。

3. 三相同步调相机的工作原理

若同步电机的定子边加三相交流电，转子边接直流电源励磁，转子轴上未带任何机械负载，则同步电机将工作在同步调相机状态，如图7-4所示。此时，通过调节同步调相机的转子直流励磁电流，便可以改变向电网输出无功功率的大小和性质。

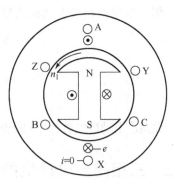

图7-4　三相同步调相机运行原理

7.1.3　三相同步电机的额定数据

同步电机的额定数据是正确选择和使用电机的依据，同步电机在额定状态下可以获得最佳运行性能，额定数据主要有：

1）额定功率 $P_{\mathrm{N}}(\mathrm{kW})$：对于同步电动机，额定功率是指额定状态下转子轴上输出的机械功率；对于同步发电机，额定功率是指额定状态下定子侧输出的有功功率。

2）额定电压 $U_{\mathrm{N}}(\mathrm{V}\ \text{或}\ \mathrm{kV})$：额定状态下定子绕组的线电压。

3）额定电流 $I_{\mathrm{N}}(\mathrm{A}\ \text{或}\ \mathrm{kA})$：额定状态下定子绕组的线电流。

4）额定功率因数 $\cos\varphi_{\mathrm{N}}$：额定状态下定子侧的功率因数。

5）额定频率 $f_{\mathrm{N}}(\mathrm{Hz})$：我国的额定频率为50Hz。

6）额定转速 $n_{\mathrm{N}}(\mathrm{r/min})$：额定状态下转子的转速，即同步转速。

7）额定效率 η_{N}：额定状态下同步电机的输出功率与输入功率之比。

除此之外，同步电机铭牌上还标有额定励磁电压和额定励磁电流等数据。额定数据之间满足以下关系式：

对于三相同步电动机

$$P_{\mathrm{N}} = \sqrt{3} U_{\mathrm{N}} I_{\mathrm{N}} \cos\varphi_{\mathrm{N}} \eta_{\mathrm{N}}$$

对于三相同步发电机

$$P_{\mathrm{N}} = \sqrt{3} U_{\mathrm{N}} I_{\mathrm{N}} \cos\varphi_{\mathrm{N}}$$

7.1.4 三相同步电动机的型号

常用国产同步电动机的型号有：

1）TD 系列是防护式，卧式结构，可拖动通风机、水泵、电动发电机组等。

2）TDK 系列一般为开启式，也有防爆型或管道通风型拖动压缩机用的同步电动机，可用于拖动空压机和磨煤机等。

3）TDZ 系列一般是管道通风，卧式结构轧钢用同步电动机，可用于拖动各类轧钢设备。

4）TDG 系列是封闭式轴向分区通风隐极结构的高速同步电动机，用于化工、冶金或电力部门拖动空气压缩机、水泵等设备。

5）TDL 系列是立式、开启式自冷通风同步电动机，用于拖动立式轴流泵或离心式水泵。

例：某国产同步电动机的型号 TD118/41－6，其含义如下：

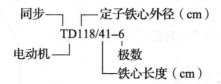

此同步电动机极数为 6（同步速为 1000 r/min），定子铁心外径为 118cm，铁心长度为 41cm。

7.2 三相同步电动机的电枢反应

与直流电动机相似，同步电动机也是双边励磁的电机，也存在着电枢反应的问题。空载时电枢电流为零，气隙磁场是由转子通以直流电流而产生的励磁磁动势产生，负载后电枢绕组中有了三相对称电流而产生了电枢磁动势，这时，气隙磁场是转子励磁磁动势和电枢磁动势共同产生的。

7.2.1 三相同步电动机空载时的磁场

同步电动机空载时，电枢（定子）电流基本为零，若转子通以直流励磁电流 I_f，则产生磁动势 $F_f = N_f I_f$，称为励磁磁动势，它产生的磁场称为主磁场。电动机旋转时，气隙中只有一个以同步速 n_1 旋转的转子励磁磁动势 F_f，此磁动势产生交链磁极（转子）和电枢（定子）的主磁通 $\dot{\Phi}_0$ 以及只交链磁极的漏磁通 $\dot{\Phi}_\sigma$，其磁场分布如图 7-5 所示。气隙中

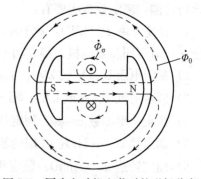

图 7-5 同步电动机空载时的磁场分布

的主磁通磁密分布波形不是正弦波，由于电动机的特性主要是由基波磁场决定的，如仅考虑基波分量，主磁通 $\dot{\Phi}_0$ 也是随时间按正弦规律变化的，$\dot{\Phi}_0$ 以同步速切割定子绕组，在其中产生感应电动势 $\dot{E}_0$。按照电动机行业的惯例规定各个参量的正方向，这时电功率趋向于流入电动机，如图 7-7a 所示（图中 $\dot{E}_\sigma$ 和 $\dot{E}_a$ 的含义在后面的章节中介绍），由于这些电动势的正方向均与电流方向相反，所以均为反电动势，而电流的正方向与磁通的正方向仍符合右螺旋

关系，则有

$$\dot{E}_0 = j4.44 f_1 N_1 k_{w1} \dot{\Phi}_0 \tag{7-1}$$

$$f_1 = p\frac{n_1}{60} \tag{7-2}$$

式中　　N_1, k_{w1}——定子绕组的匝数和绕组系数；

　　　　f_1——$\dot{E}_0$ 的频率。

　　磁动势和磁场是空间分布函数，磁通、电动势和电流是
时间函数。由于只考虑基波分量，因此，可以分别用空间矢
量和时间相量表示。又因为二者有相同的角速度，所以可以
将两者画在同一坐标平面图上，这种图称为时空相量图，如
图 7-6 所示。图中，+A 表示 A 相绕组的轴线，为空间矢量
参考轴，+j 表示时间参考轴。通常将转子轴线定义为 d 轴
（又称为直轴），与 d 轴垂直的轴线（即两主磁极 N、S 之间
的轴线）定义为 q 轴，也称为交轴，它们均与转子一起以同
步速旋转。

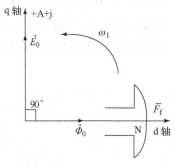

图 7-6　同步电动机空载时
的时空相量图

7.2.2　三相同步电动机负载时的电枢反应

　　三相同步电动机带上负载后，定子绕组中有了对称三相电流，产生了一个幅值不变、转
速为同步转速 n_1 的旋转磁动势 $\bar{F}_a$，电枢磁动势 $\bar{F}_a$ 的出现将改变原有空载时由励磁磁动势 $\bar{F}_f$
单独产生的气隙主磁场的分布状况和大小。通常，把定子电枢磁动势 $\bar{F}_a$ 对主磁场的影响称
为电枢反应，相应的电枢磁动势 $\bar{F}_a$ 又称为电枢反应磁动势。

　　转子励磁磁动势 $\bar{F}_f$ 和定子电枢磁动势 $\bar{F}_a$ 虽由不同的电流产生，但在气隙中都以同步转
速 n_1 旋转，彼此在空间相对静止，只是相位不同，故可以将两个磁动势叠加起来而得到气
隙合成磁动势 $\bar{F}_\delta$，即

$$\bar{F}_\delta = \bar{F}_f + \bar{F}_a \tag{7-3}$$

　　电枢反应对同步电动机的运行性能有很大的影响，分析表明，电枢反应与电动机的主磁
路饱和程度有关；与电枢磁动势 $\bar{F}_a$ 和主磁动势 $\bar{F}_f$ 之间的空间相对位置有关，这一空间相对
位置又与主磁极产生的励磁感应电动势 $\dot{E}_0$ 和电枢电流 $\dot{I}_a$ 之间的夹角 ψ（称为内功率因数）有
关，随着 ψ 的不同，电枢反应所起的作用也不尽相同。为了便于分析，设电动机的磁路不饱
和，认为作用在电动机磁路上的各个磁动势，在磁路中单独产生各自的磁通，并在定子绕组
中感应相应的电动势。下面以同步电动机为例，分述 ψ 为三种不同情况下的电枢反应。

1. 电枢电流 $\dot{I}_a$ 与励磁电动势 $\dot{E}_0$ 同相位时的电枢反应（即 $\psi = 0$）

　　图 7-7b 所示为一台两极三相同步电动机的示意图，为简单起见，图中电枢绕组用等效
集中绕组代替，当转子通以直流电流且以同步转速 n_1 逆时针旋转时，气隙中便产生以同步
转速逆时针旋转的转子励磁磁动势 $\bar{F}_f$ 和主磁场，在定子电枢绕组中产生感应电动势 $\dot{E}_0$。当
定子通以三相对称交流电流且轴上带上机械负载时，在电枢中有了电枢电流 $\dot{I}_a$。当转子磁极

轴线转至水平位置时，A相绕组的感应电动势达到最大值，方向由右手定则判定。在 $\dot{I}_a$ 和 $\dot{E}_0$ 同相位的情况下，A相绕组的电枢电流同时也达到最大值，但由于 $\dot{I}_a$ 与 $\dot{E}_0$ 的正方向相反，故 i_a 与 e_0 相反，如图7-7b所示，根据交流旋转磁场的理论，定子三相电流产生旋转磁动势的幅值轴线总是与电流达到最大值时的绕组轴线相重合，所以此时电枢磁动势 $\bar{F}_a$ 的幅值位于A相绕组的轴线处，它与主磁极磁动势 $\bar{F}_f$ 相垂直，称为交轴电枢磁动势，此时的电枢反应称为交轴电枢反应。由于 $\bar{F}_f$ 和 $\bar{F}_a$ 均与转子一起以同步速旋转，它们的相对位置保持不变，所以任何瞬间两种磁动势在空间都是正交的。

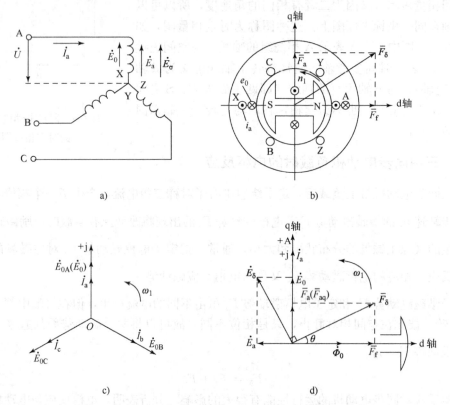

图7-7　电枢电流 $\dot{I}_a$ 与励磁电动势 $\dot{E}_0$ 同相位时的电枢反应

a）参量正方向　b）空间矢量图　c）时间相量图　d）时空相量图

将 $\bar{F}_f$ 和 $\bar{F}_a$ 两矢量相加，便可得到合成磁动势 $\bar{F}_\delta$，如图7-7b所示。将空间矢量图7-7b和时间相量图7-7c合成，则可得到时空相量图7-7d。

由图7-7d可知，同步电动机的交轴电枢反应使得气隙合成磁动势 $\bar{F}_\delta$ 从主磁极轴线（d轴）顺转向偏移了一个 θ 电角度，且合成磁动势 $\bar{F}_\delta$ 的幅值有所增加。

2. 电枢电流 $\dot{I}_a$ 滞后于励磁电动势 $\dot{E}_0$ 一个锐角 ψ 时的电枢反应（$\psi > 0$）

在图7-8a所示瞬间，A相绕组感应电动势 $\dot{E}_0$ 达最大值时，电枢电流 $\dot{I}_a$ 在时间上经过 ψ 电角度后达到最大值，即 $\dot{I}_a$ 逆转向（顺时针）偏移 $\dot{E}_0$ 一个 ψ 时间电角度，如图7-8b所示。

根据旋转磁场理论，电流在时间上经过多少时间电角度，旋转磁场就在空间上转过多少空间电角度。因此，电枢磁动势 $\bar{F}_a$ 也逆转向偏移 q 轴 ψ 空间电角度，如图 7-8a 所示。

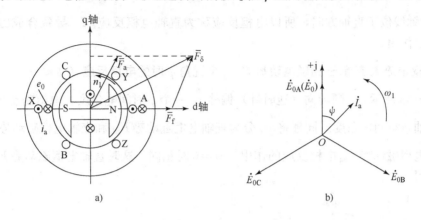

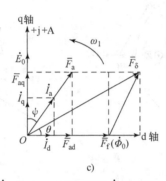

图 7-8　电枢电流 $\dot{I}_a$ 滞后于励磁电动势 $\dot{E}_0$ 一个锐角 ψ 时的电枢反应

a）空间矢量图　b）时间相量图　c）时空相量图

$\bar{F}_a$ 可根据双反应理论将其分解为直轴电枢磁动势 $\bar{F}_{ad}$ 和交轴电枢磁动势 $\bar{F}_{aq}$ 两个分量。交轴电枢磁动势 $\bar{F}_{aq}$ 电枢反应的作用与 $\psi=0$ 时相同，直轴电枢磁动势 $\bar{F}_{ad}$ 对主磁极起助磁作用。这时电枢磁动势 $\bar{F}_a$ 可表示为

$$\bar{F}_a = \bar{F}_{ad} + \bar{F}_{aq} \tag{7-4}$$

其中

$$\begin{cases} F_{ad} = F_a\sin\psi \\ F_{aq} = F_a\cos\psi \end{cases} \tag{7-5}$$

相应的电流分量为

$$\dot{I}_a = \dot{I}_d + \dot{I}_q \tag{7-6}$$

其中

$$\begin{cases} I_d = I_a\sin\psi \\ I_q = I_a\cos\psi \end{cases} \tag{7-7}$$

将主极励磁磁动势 $\bar{F}_f$ 和电枢磁动势 $\bar{F}_a$ 合成即可得到合成磁动势 $\bar{F}_\delta$，见图 7-8c，气隙合成磁动势 $\bar{F}_\delta$ 仍从主磁极轴线（d 轴）顺转向偏移了一个 θ 电角度，电枢磁动势除了一部分产

生交轴电枢反应外，还有一部分产生直轴助磁作用。

当 $\psi = 90°$ 时，电枢磁动势 $\bar{F}_a$ 与主极励磁磁动势 $\bar{F}_f$ 方向相同，无交轴分量，这时电枢磁动势 $\bar{F}_a$ 的轴线位于直轴方向，所以电枢反应称为直轴电枢反应。$\bar{F}_a$ 导致合成磁动势 $\bar{F}_\delta$ 增加，呈助磁作用。

3. 电枢电流 $\dot{I}_a$ 超前于励磁电动势 $\dot{E}_0$ 一个锐角 ψ 时的电枢反应（$\psi < 0$）

如图 7-9a 所示，$\dot{I}_a$ 顺转向（逆时针）偏移 $\dot{E}_0$ 一个 ψ 时间电角度，电枢磁动势 $\bar{F}_a$ 也顺转向偏移 q 轴 ψ 空间电角度。同理将 $\bar{F}_a$ 分为直轴电枢磁动势 $\bar{F}_{ad}$ 和交轴电枢磁动势 $\bar{F}_{aq}$ 两个分量。交轴电枢磁动势 $\bar{F}_{aq}$ 电枢反应的作用与 $\psi = 0$ 时相同，这时直轴电枢磁动势 $\bar{F}_{ad}$ 对主磁极起去磁作用。

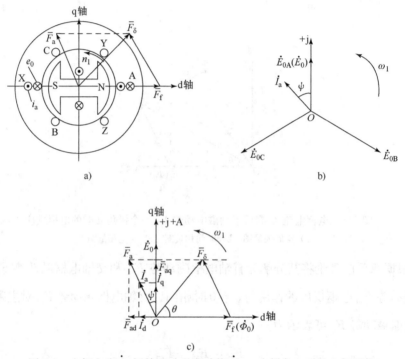

图 7-9　电枢电流 $\dot{I}_a$ 超前于励磁电动势 $\dot{E}_0$ 一个锐角 ψ 时的电枢反应

a) 空间矢量图　b) 时间相量图　c) 时空相量图

将主极励磁磁动势 $\bar{F}_f$ 和电枢磁动势 $\bar{F}_a$ 进行矢量相加，便可得到合成磁动势 $\bar{F}_\delta$，如图 7-9c 所示，气隙合成磁动势 $\bar{F}_\delta$ 仍从主磁极轴线（d 轴）顺转向偏移了一个 θ 电角度，电枢磁动势除了一部分产生交轴电枢反应外，还有一部分产生直轴去磁作用。

当 $\psi = -90°$ 时，电枢磁动势 $\bar{F}_a$ 与主极励磁磁动势 $\bar{F}_f$ 方向相反，无交轴分量，这时电枢磁动势 $\bar{F}_a$ 的轴线也与直轴轴线重合，故反应也称为直轴电枢反应。$\bar{F}_a$ 导致合成磁动势 $\bar{F}_\delta$ 减少，呈去磁作用。

进一步分析可知，同步发电机的电枢反应与同步电动机是类似的，但是气隙合成磁动势 $\bar{F}_\delta$ 逆转子转向偏移主磁极 $\bar{F}_f$ 一个 θ 电角度。

4. 双反应理论

由以上分析可知，同步电机的转子磁动势 $\dot{F}_\mathrm{f}$ 总是作用于直轴方向，而电枢磁动势 $\dot{F}_\mathrm{a}$ 和转子磁动势 $\dot{F}_\mathrm{f}$ 的相对位置取决于 $\dot{I}_\mathrm{a}$ 与 $\dot{E}_0$ 的相位差 ψ，而 ψ 又是随电动机的运行情况改变而改变的。

对于隐极式同步电机，转子的结构是圆柱体，励磁绕组为分布绕组形式，电机的气隙 δ 是均匀的，气隙各处的磁阻相同，电枢反应磁密波形及每极磁通量与 $\dot{F}_\mathrm{a}$ 作用于转子的任何位置无关。已知同步电机的电枢磁动势 $\dot{F}_\mathrm{a}$ 后，忽略铁心中的磁压降，其磁密的波形和磁通量可根据气隙磁阻求出，从而进行电枢反应计算。

对于凸极式同步电机，气隙是不均匀的，在主磁极面下（d 轴方向）的气隙小，而两极间（q 轴方向）的气隙大，所以沿电枢圆周方向各点的磁阻是变化的。相同大小的磁动势作用在空间不同位置时，所产生的电枢反应磁密波形和磁通量均将不同，难以计算电枢反应。为了解决这一问题，可以采用法国学者勃朗德提出的双反应理论，将电枢磁动势 $\dot{F}_\mathrm{a}$ 按式（7-4）分解成直轴分量 $\dot{F}_\mathrm{ad}$ 和交轴分量 $\dot{F}_\mathrm{aq}$，如图 7-10 所示，分别计算出直轴和交轴电枢反应，然后再将结果叠加起来，即可得到不计饱和影响时凸极式同步电动机的电枢反应结果。

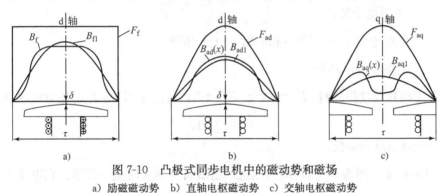

图 7-10 凸极式同步电机中的磁动势和磁场
a）励磁磁动势 b）直轴电枢磁动势 c）交轴电枢磁动势

同步电动机空载时主磁通由励磁磁动势 $\dot{F}_\mathrm{f}$ 所产生，其磁密 B_f 及基波 B_f1 的分布波形如图 7-10a 所示；图 7-10b、c 分别为直轴电枢磁动势 $\dot{F}_\mathrm{ad}$ 和交轴电枢磁动势 $\dot{F}_\mathrm{aq}$ 所产生的磁密 B_ad、B_aq 及其基波磁密的分布波形。由图 7-10b、c 可见，虽然直轴和交轴电枢反应磁动势都是正弦波，但由于气隙不均匀，它们所产生的电枢反应磁密波形不再是正弦波，直轴电枢磁动势 $\dot{F}_\mathrm{ad}$ 所产生的磁密波形基本上是斗笠帽形的；而交轴电枢磁动势 $\dot{F}_\mathrm{aq}$ 所产生的磁密波形基本上是马鞍形的。直轴电枢磁密的基波幅值 B_ad1 比交轴电枢磁密的基波幅值 B_aq1 大得多。

7.3 三相同步电动机的电动势平衡方程式、等效电路与相量图

本节将分别分析隐极式和凸极式同步电动机的数学模型。

7.3.1 三相隐极式同步电动机的电动势平衡方程式、等效电路与相量图

由以上分析可知电枢磁动势 $\dot{F}_\mathrm{a}$ 与励磁磁动势 $\dot{F}_\mathrm{f}$ 在空间以同步转速 n_1 旋转，与转子绕组

均无相对运动，均不会在转子绕组中产生感应电动势，因而只讨论定子绕组的电动势平衡方程式。由于三相绕组电动势对称，故只讨论一相绕组的电枢平衡方程式。

忽略磁路饱和的影响，励磁磁动势 $\bar{F}_f$ 和电枢磁动势 $\bar{F}_a$ 分别产生相应的励磁主磁通 $\dot{\Phi}_0$ 和电枢反应磁通 $\dot{\Phi}_a$，并在定子每相绕组中分别产生相应的励磁电动势 $\dot{E}_0$ 和电枢反应电动势 $\dot{E}_a$，另外还有 $\bar{F}_a$ 所产生的漏磁通 $\dot{\Phi}_\sigma$ 在定子每相绕组中产生漏感应电动势 $\dot{E}_\sigma$，以及电枢电流 $\dot{I}_a$ 在定子每相绕组电阻 r_a 上的压降 $r_a\dot{I}_a$，其电磁关系如图 7-11 所示。

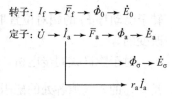

图 7-11 隐极式同步电动机的电磁关系

1. 隐极式同步电动机的电动势平衡方程式及等效电路

由图 7-11 所示的电磁关系及图 7-7 所规定的定子各电动势的正方向，根据基尔霍夫电压定律，可写出定子一相的电动势平衡方程式

$$\dot{U} = \dot{E}_0 + \dot{E}_a + \dot{E}_\sigma + \dot{I}_a r_a \tag{7-8}$$

式中 $\dot{U}$ ——定子一相绕组的端电压；

$\dot{E}_0$ ——励磁电动势；

$\dot{I}_a r_a$ ——电枢电流 $\dot{I}_a$ 在定子一相电阻 r_a 上的压降；

$\dot{E}_a$ ——电枢反应电动势。

在不考虑饱和及铁损耗时，$E_a \propto \Phi_a \propto F_a \propto I_a$，且由于 $\dot{E}_a$ 与 $\dot{I}_a$ 的正方向相反，则有

$$\dot{E}_a = jx_a\dot{I}_a \tag{7-9}$$

式中 x_a ——电枢反应电抗。

x_a 是与电枢反应磁通 $\dot{\Phi}_a$ 相对应的电抗，当磁路不饱和时是一常数。在电流大小相同的情况下，x_a 越大，说明电枢磁动势 $\bar{F}_a$ 产生的磁通越强，电枢反应电动势 $\dot{E}_a$ 也就越大，因此 x_a 的大小反映了电枢反应的强弱。

$\dot{E}_\sigma$ 为定子漏电动势，仿照电枢反应电动势 $\dot{E}_a$ 的分析方法，同样可以写成漏电抗压降的形式，即

$$\dot{E}_\sigma = jx_\sigma\dot{I}_a \tag{7-10}$$

式中 x_σ ——定子漏电抗，它与电枢漏磁通 $\dot{\Phi}_\sigma$ 相对应。

将式 (7-9) 和式 (7-10) 代入式 (7-8)，得

$$
\begin{aligned}
\dot{U} &= \dot{E}_0 + r_a\dot{I}_a + jx_\sigma\dot{I}_a + jx_a\dot{I}_a \\
&= \dot{E}_0 + r_a\dot{I}_a + j(x_\sigma + x_a)\dot{I}_a \\
&= \dot{E}_0 + r_a\dot{I}_a + jx_t\dot{I}_a
\end{aligned}
\tag{7-11}
$$

式中，$x_t = x_\sigma + x_a$ 又称为隐极式同步电机的同步电抗。它是表征了电枢反应磁通 $\dot{\Phi}_a$ 和电枢漏磁通 $\dot{\Phi}_\sigma$ 这两个效应的一个综合参数，当磁路不饱和时为一常数，是同步电机的一个重要参数。

根据式（7-11）可以画出隐极式同步电动机的等效电路，如图 7-12 所示。

图 7-12　隐极式同步
电动机等效电路

2. 隐极式同步电动机的相量图

当电枢电流 $\dot{I}_a$ 超前于电网电压 $\dot{U}$ 角度为 φ 时，根据式（7-11）可画出隐极式同步电动机的相量图，如图 7-13 所示。相量图的作图方法依下列步骤进行：

1）先作出 $\dot{U}$，根据功率因数角 φ（假定 $\varphi > 0$）作出 $\dot{I}_a$。

2）根据电动势平衡方程式 $\dot{U} = \dot{E}_0 + r_a\dot{I}_a + jx_t\dot{I}_a$ 作出时间相量图，如图 7-13a 所示。

3）由式 $\dot{E}_0 = j4.44 f_1 N_1 k_{w1}\dot{\Phi}_0$ 作出 $\dot{\Phi}_0$（$\dot{\Phi}_0$ 滞后于 $\dot{E}_0$ 90°电角度），再根据 $\bar{F}_\delta = \bar{F}_f + \bar{F}_a$ 作出完整的时空相量图，如图 7-13b 所示。

图中，ψ 为励磁电动势 $\dot{E}_0$ 与电枢电流 $\dot{I}_a$ 的夹角，称作同步电动机的内功率因数角；φ 为定子端电压 $\dot{U}$ 与电枢电流 $\dot{I}_a$ 的夹角，称作同步电动机的功率因数角；θ 称作同步电动机的功率角，它具有双重身份，既是定子端电压 $\dot{U}$ 与励磁电动势 $\dot{E}_0$ 的时间相位差，又是气隙合成磁动势 $\bar{F}_\delta$ 与励磁磁动势 $\bar{F}_f$ 的空间电角度。

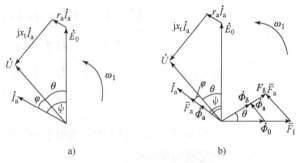

a)　　　　　　　　　b)

图 7-13　隐极式同步电动机的相量图
a）时间相量图　b）时空相量图

这是由于励磁电动势 $\dot{E}_0$ 是由励磁磁动势 $\bar{F}_f$ 所建立的磁通所产生的，而电压 $\dot{U}$ 在忽略电枢电阻和漏磁通的情况下，可以看成是气隙合成磁动势 $\bar{F}_\delta$ 所建立的磁通所产生的。

7.3.2　三相凸极式同步电动机的电动势平衡方程式、等效电路与相量图

当磁路不饱和时，凸极式同步电动机的电枢磁动势 $\bar{F}_a$ 可用双反应理论分解成直轴电枢反应磁动势 $\bar{F}_{ad}$ 和交轴电枢反应磁动势 $\bar{F}_{aq}$，由它们分别产生直轴磁通 $\dot{\Phi}_{ad}$ 和交轴磁通 $\dot{\Phi}_{aq}$ 及相应的直轴电枢反应电动势 $\dot{E}_{ad}$ 和交轴电枢反应电动势 $\dot{E}_{aq}$，其电磁关系可用图 7-14 表示。

转子：$I_f \rightarrow \bar{F}_f \rightarrow \dot{\Phi}_0 \rightarrow \dot{E}_0$

定子：$\dot{U} \rightarrow \dot{I}_a \rightarrow \bar{F}_a \begin{cases} \bar{F}_{ad} \rightarrow \dot{\Phi}_{ad} \rightarrow \dot{E}_{ad} \\ \bar{F}_{aq} \rightarrow \dot{\Phi}_{aq} \rightarrow \dot{E}_{aq} \end{cases}$
$\rightarrow \dot{\Phi}_\sigma \rightarrow E_\sigma$
$\rightarrow \dot{I}_a r_a$

图 7-14　凸极式同步电动机
的电磁关系

1. 凸极式同步电动机的电动势平衡方程式

按图 7-7 所规定的定子各相电动势的正方向，将式（7-8）中的电枢反应电动势 $\dot{E}_a$ 分解为直轴电枢反应电动势 $\dot{E}_{ad}$ 和交轴电枢反应电动势 $\dot{E}_{aq}$，即可得到凸极式同步电动机的电动势平衡方程式为

$$\dot{U} = \dot{E}_0 + \dot{E}_{ad} + \dot{E}_{aq} + \dot{E}_\sigma + \dot{I}_a r_a \tag{7-12}$$

在不考虑饱和及铁损耗时，有

$$\begin{cases} \dot{E}_{ad} \propto \dot{\Phi}_{ad} \propto \dot{F}_{ad} \propto \dot{I}_d \\ \dot{E}_{aq} \propto \dot{\Phi}_{aq} \propto \dot{F}_{aq} \propto \dot{I}_q \end{cases} \qquad (7\text{-}13)$$

由于 $\dot{E}_a$ 与 $\dot{I}_a$ 的正方向相反，则有

$$\begin{cases} \dot{E}_{ad} = \mathrm{j}x_{ad}\dot{I}_d \\ \dot{E}_{aq} = \mathrm{j}x_{aq}\dot{I}_q \end{cases} \qquad (7\text{-}14)$$

式中　x_{ad}——直轴电枢反应电抗；

x_{aq}——交轴电枢反应电抗。

它们分别是表征直轴电枢反应磁通 $\dot{\Phi}_{ad}$ 和交轴电枢反应磁通 $\dot{\Phi}_{aq}$ 的一个综合参数，当磁路不饱和时，直轴磁路的磁阻小于交轴磁路的磁阻，故有 $x_{ad} > x_{aq}$。

将式（7-14）代入式（7-12）得凸极式同步电动机的电动势平衡方程式为

$$\begin{aligned} \dot{U} &= \dot{E}_0 + r_a\dot{I}_a + \mathrm{j}x_\sigma(\dot{I}_d + \dot{I}_q) + \mathrm{j}x_{ad}\dot{I}_d + \mathrm{j}x_{aq}\dot{I}_q \\ &= \dot{E}_0 + r_a\dot{I}_a + \mathrm{j}(x_\sigma + x_{ad})\dot{I}_d + \mathrm{j}(x_\sigma + x_{aq})\dot{I}_q \\ &= \dot{E}_0 + r_a\dot{I}_a + \mathrm{j}x_d\dot{I}_d + \mathrm{j}x_q\dot{I}_q \\ & x_d = x_\sigma + x_{ad} \\ & x_q = x_\sigma + x_{aq} \end{aligned} \qquad (7\text{-}15)$$

式中　x_d——凸极式同步电动机的直轴同步电抗；

x_q——交轴同步电抗。

它们分别反映了直轴、交轴电枢反应磁通和电枢漏磁通所经过的磁路情况。如图 7-15 所示为交、直轴同步电抗物理意义的示意图，由于 $x_{ad} > x_{aq}$，所以 $x_d > x_q$。对于隐极式同步电动机，由于气隙均匀，各处的电抗相同，故有 $x_d = x_q = x_t$。

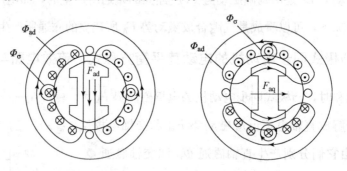

图 7-15　交、直轴同步电抗物理意义

2. 凸极式同步电动机的相量图

在作凸极式同步电动机的相量图时，需要将 $\dot{I}_a$ 分为直轴分量 $\dot{I}_{ad}$ 和交轴分量 $\dot{I}_{aq}$。为此，需要先求出内功率因数 ψ，方法如下：

1）先作出 $\dot{U}$，当电枢电流 $\dot{I}_a$ 超前于电网电压 $\dot{U}$ 的角度为 φ 时，根据功率因数角 $\varphi(\varphi > 0)$ 作出 $\dot{I}_a$。

2）求 ψ，将式（7-15）右边加上一项 $\mathrm{j}x_q\dot{I}_d$ 再减去一项 $\mathrm{j}x_q\dot{I}_d$，得

$$\dot{U} = \dot{E}_0 + r_a\dot{I}_a + jx_d\dot{I}_d + jx_q\dot{I}_q + jx_q\dot{I}_d - jx_q\dot{I}_d$$

整理得

$$\dot{U} - r_a\dot{I}_a - jx_q\dot{I}_q = \dot{E}_0 + j\dot{I}_d(x_d - x_q) \tag{7-16}$$

由式（7-16）左边部分相量 $\dot{U} - r_a\dot{I}_a - jx_q\dot{I}_q$ 求出右边部分相量 $\dot{E}_0 + j\dot{I}_d(x_d - x_q)$，由于 $\dot{E}_0$ 与 $\dot{I}_d$ 垂直，故 $\dot{E}_0$ 和 $j\dot{I}_d(x_d - x_q)$ 在同一条直线上。这条直线与 $\dot{I}_a$ 的夹角即为内功率因数角 ψ。

3）根据 ψ 将 $\dot{I}_a$ 分为直轴分量 $\dot{I}_{ad}$ 和交轴分量 $\dot{I}_{aq}$。

4）由式 $\dot{U} = \dot{E}_0 + r_a\dot{I}_a + jx_d\dot{I}_d + jx_q\dot{I}_q$ 作出时间相量图，如图 7-16a 所示。

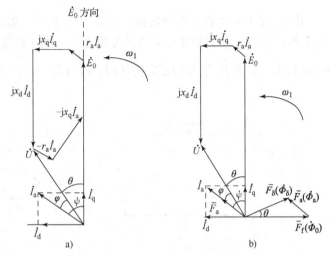

图 7-16　凸极式同步电动机的相量图
a）时间相量图　b）时空相量图

5）由式 $\dot{E}_0 = j4.44f_1N_1k_{w1}\dot{\Phi}_0$ 作出 $\dot{\Phi}_0$（$\dot{\Phi}_0$ 滞后于 $\dot{E}_0$ 90°电角度），再根据 $\bar{F}_\delta = \bar{F}_f + \bar{F}_a$ 作出完整的时空相量图，如图 7-16b 所示。

7.4　三相同步发电机的电动势平衡方程式、等效电路与相量图

对于三相同步发电机，可按照发电机惯例规定各个参量的正方向。这时电功率趋向于流出电机，如图 7-17 所示，与同步电动机惯例所规定的各参量正方向图 7-7a 相比较，只是电枢电流 $\dot{I}_a$ 改变了方向。考虑到这个改变，仿照同步电动机的分析方法，可得出三相同步发电机的电动势平衡方程式、等效电路与相量图。

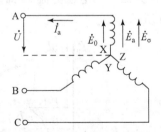

图 7-17　按照发电机惯例规定各参量正方向

7.4.1　三相隐极式同步发电机的电动势平衡方程式、等效电路与相量图

根据图 7-17 所示的发电机各参量的正方向，考虑到 $\dot{E}_a = -jx_a\dot{I}_a$ 及 $\dot{E}_\sigma = -jx_\sigma\dot{I}_a$，便可

获得隐极式同步发电机的电动势平衡方程式为

$$\dot{U} = \dot{E}_0 - r_a \dot{I}_a - jx_t \dot{I}_a$$

整理得

$$\dot{E}_0 = \dot{U} + r_a \dot{I}_a + jx_t \dot{I}_a \tag{7-17}$$

由式 (7-17) 可得其等效电路，如图 7-18a 所示，假定电枢电流 $\dot{I}_a$ 滞后于定子端电压 $\dot{U}$ 一个时间电角度 φ，仿照同步电动机的分析方法，便可得隐极式同步发电机的时空相量图，如图 7-18b 所示。由于 $\dot{E}_a$ 与 $\dot{I}_a$ 的正方向相同，故有 $\dot{E}_0 = -j4.44 f_1 N_1 k_{w1} \dot{\Phi}_0$，$\dot{E}_0$ 滞后于 $\dot{\Phi}_0$ 90° 电角度。

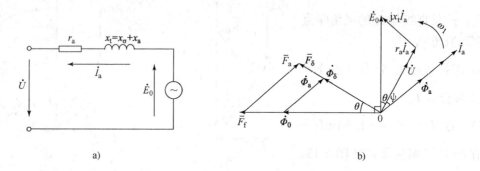

图 7-18　隐极式同步发电机的等效电路及相量图
a）等效电路　b）时空相量图

7.4.2　三相凸极式同步发电机的电动势平衡方程式与相量图

根据图 7-17 所示的发电机各参量的正方向，利用凸极式同步电动机的分析方法，便可获得凸极式同步发电机的电动势平衡方程式为

$$\dot{U} = \dot{E}_0 - r_a \dot{I}_a - jx_d \dot{I}_d - jx_q \dot{I}_q$$

整理得

$$\dot{E}_0 = \dot{U} + r_a \dot{I}_a + jx_d \dot{I}_d + jx_q \dot{I}_q \tag{7-18}$$

仿照凸极式同步电动机的分析方法，当电枢电流 $\dot{I}_a$ 滞后于定子端电压 $\dot{U}$ 时，凸极式同步发电机的时空相量图如图 7-19 所示。

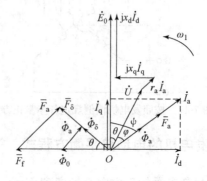

图 7-19　凸极式同步发电机的时空相量图

7.5 三相同步电动机的矩角特性

在定子电压 $\dot{U}$ 一定、转子外加直流励磁电流 I_f 一定的条件下，电磁转矩 T_{em} 与功率角 θ 之间的关系称为矩角特性，即 $T_{em} = f(\theta)$。

矩角特性反映了负载改变时电磁转矩的变化情况，它相当于三相异步电动机的机械特性 $T_{em} = f(s)$，功率角 θ 相当于三相同步电动机的转差率 s。

7.5.1 功率和转矩关系

同步电动机的定子绕组从电网吸收电功率 P_1，除去一小部分变成定子绕组的铜损耗 p_{Cu1} 以外，其余部分作为电磁功率 P_{em} 通过气隙传给转子，故有

$$P_1 = p_{Cu1} + P_{em} \tag{7-19}$$

电磁功率 P_{em} 扣除定子铁损耗 p_{Fe}、机械损耗 p_{mec} 和附加损耗 p_s，剩下的就是电动机轴上输出的机械功率 P_2，即

$$P_{em} = P_2 + (p_{Fe} + p_{mec} + p_s) = P_2 + p_0 \tag{7-20}$$
$$p_0 = p_{Fe} + p_{mec} + p_s$$

式中 p_0——空载损耗。

说明如下：

1）转子的绕组也有铜损耗，但它是由直流励磁电源单独供电的，与三相交流主电源无关。

2）因为电机运行时定子和转子产生的磁场与转子均以同步转速 n_1 同方向运转，三者之间无相对运动，故转子铁心中无铁损耗。

将式（7-20）两边同除以同步角速度 Ω_1，便可得到转矩平衡方程式为

$$\frac{P_{em}}{\Omega_1} = \frac{P_2}{\Omega_1} + \frac{P_0}{\Omega_1}$$

即

$$T_{em} = T_2 + T_0 \tag{7-21}$$

式中的电磁转矩 T_{em} 为拖动转矩；负载转矩 T_2 和空载转矩 T_0 为制动转矩。

7.5.2 功角特性和矩角特性

一般同步电机的定子电枢电阻远小于同步电抗，故定子电枢电阻 r_a 可忽略不计。在忽略 r_a 的情况下，凸极式同步电动机的相量图如图 7-20 所示。

忽略定子绕组的铜损耗 p_{Cu1} 后，式（7-19）变为

$$\begin{aligned} P_{em} \approx P_1 &= mUI_a\cos\varphi = mUI_a\cos(\psi - \theta) \\ &= mUI_a\cos\psi\cos\theta + mUI_a\sin\psi\sin\theta \\ &= mU(I_q\cos\theta + I_d\sin\theta) \end{aligned} \tag{7-22}$$

由相量图 7-20 可知

$$I_q x_q = U\sin\theta$$

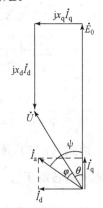

图 7-20 忽略 r_a 时，凸极式同步电动机的相量图

$$I_{\text{d}}x_{\text{d}} = E_0 - U\cos\theta$$

从而得

$$\begin{cases} I_{\text{q}} = \dfrac{U\sin\theta}{x_{\text{q}}} \\[2mm] I_{\text{d}} = \dfrac{E_0 - U\cos\theta}{x_{\text{d}}} \end{cases} \tag{7-23}$$

将式（7-23）代入式（7-22），整理得

$$P_{\text{em}} = \frac{mE_0U}{x_{\text{d}}}\sin\theta + \frac{1}{2}mU^2\left(\frac{1}{x_{\text{q}}} - \frac{1}{x_{\text{d}}}\right)\sin2\theta \tag{7-24}$$

式（7-24）称为凸极式同步电机的功角特性。

将式（7-24）两边同除以同步角速度 Ω_1，便可得到凸极式同步电机的矩角特性为

$$\begin{aligned} T_{\text{em}} = \frac{P_{\text{em}}}{\Omega_1} &= \frac{mE_0U}{x_{\text{d}}\Omega_1}\sin\theta + \frac{1}{2}\,\frac{mU^2}{\Omega_1}\left(\frac{1}{x_{\text{q}}} - \frac{1}{x_{\text{d}}}\right)\sin2\theta \\ &= T'_{\text{em}} + T''_{\text{em}} \end{aligned} \tag{7-25}$$

由此可见，对于给定的电机，在确定的电网电压和频率下，若励磁电流维持不变，即励磁电动势 E_0 不变，那么电磁转矩 T_{em} 只与功率角 θ 有关。将式（7-25）所对应的特性曲线画在坐标图上，如图 7-21 所示。

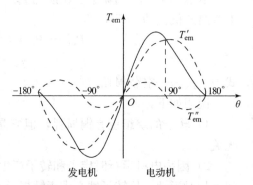

图 7-21 凸极式同步电机的矩角特性

在图 7-21 中的第一象限，θ 为正且 T_{em} 为正，这时气隙合成磁场超前于转子励磁磁场 θ 电角度，根据两个电磁场异性相吸的原理，转子所产生的电磁转矩与转子转动方向相同，为拖动转矩，同步电机运行于电动状态，如图 7-22a 所示；在图 7-21 中的第三象限，θ 为负且 T_{em} 为负，这时气隙合成磁场滞后于转子励磁磁场 θ 电角度，表示转子磁场拖动合成磁场，电磁转矩与转子转动方向相反，为制动转矩，同步电机运行于发电机状态，如图 7-22b 所示。

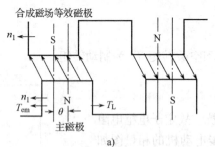
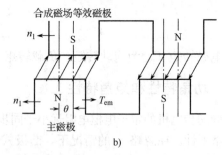

图 7-22 同步电机不同运行状态下的功率角 θ 和电磁转矩 T_{em}

a) 电动机运行（$\theta > 0, T_{\text{em}} > 0$）　b) 发电机运行（$\theta < 0, T_{\text{em}} < 0$）

由式（7-25）及图 7-21 可知，凸极式同步电机的电磁转矩 T_{em} 由两部分组成：一部分为基本电磁转矩 $T'_{\text{em}} = \dfrac{mE_0U}{x_{\text{d}}\Omega_1}\sin\theta$，它是由转子直流励磁磁动势和定子气隙磁场相互作用产生的；另一部分为附加电磁转矩 $T''_{\text{em}} = \dfrac{1}{2}\,\dfrac{mU^2}{\Omega_1}\left(\dfrac{1}{x_{\text{q}}} - \dfrac{1}{x_{\text{d}}}\right)\sin2\theta$，它是由于凸极式同步电机 d 轴电抗 x_{d} 和 q 轴电抗 x_{q} 不同（又称为凸极效应）引起的，也称为磁阻转矩。由于凸极式同步

电机的气隙不均匀，因而其直轴方向和交轴方向的磁阻不相等。而磁力线总是力图通过磁阻最小的路径而闭合，两种情况下磁力线的路径如图 7-23 所示。

当 $\theta=0$ 时，如图 7-23a 所示，气隙磁场和转子磁场轴线重合，磁力线不扭曲，磁路最短，转子上受到径向磁拉力，而无切向磁拉力，所以不产生切向转矩，即无磁阻转矩。

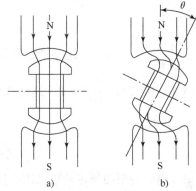

当气隙磁场超前于转子励磁磁场轴线 θ 电角度，且 $0<\theta<45°$ 时，如图 7-23b 所示，磁力线被扭曲，由于磁路较长使得磁阻较大，转子上除受到径向磁拉力外，还受到切向磁拉力，因而受到磁阻转矩 T''_{em}。且 θ 愈大，切向磁拉力愈大，磁阻转矩 T''_{em} 愈大。当 $\theta=45°$ 时，磁阻转矩 T''_{em} 取最大值，其对应特性见图 7-21 第一象限的对应曲线。

图 7-23 附加电磁转矩 T''_{em} 的物理模型
a) $\theta=0$ 时　b) $0<\theta<45°$ 时

对于隐极式同步电机，由于 d 轴和 q 轴磁阻相同，则电抗也相同，即 $x_d=x_q=x_t$，将其代入式（7-25），便可获得隐极式同步电机的功角特性为

$$P_{em}=\frac{mE_0U}{x_t}\sin\theta \tag{7-26}$$

上式两边除以同步角速度 Ω_1，便可获得隐极式同步电机的矩角特性为

$$T_{em}=\frac{mE_0U}{x_t\Omega_1}\sin\theta=T_{emax}\sin\theta \tag{7-27}$$

与式（7-25）对比可见，隐极式同步电动机的矩角特性为凸极式电机的第一项基本电磁转矩，其对应的特性曲线如图 7-24 所示。

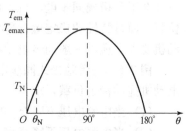

图 7-24　隐极式同步电机的矩角特性

7.5.3　同步电动机的稳定运行区与过载能力

以隐极式同步电动机为例，分别讨论稳定和不稳定两个区域，其矩角特性如图 7-25 所示。

（1）当 $0\leqslant\theta<90°$ 时

假定系统原平衡运行在 A 点，$T_{emA}=T_L$ 且 $\theta=\theta_A$。

假设负载转矩波动到 T'_L，由于 $T_{emA}<T'_L$ 使得转速 n 瞬时下降，功率角 θ 增大，电磁转矩 T_{em} 也增加（如图 7-25 所示），直到 $T_{emA'}=T'_L$，$\theta=\theta_A'$，系统在 A' 点稳定运行。当干扰消除后，负载转矩回到 T_L，系统能够回到 A 点。由电力拖动系统稳定运行的概念可知，A 点为稳定运行点。

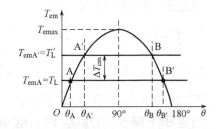

图 7-25　隐极式同步电动机的稳定运行区域

可见在 $0\leqslant\theta<90°$ 区域为稳定运行区域。

（2）当 $90°<\theta\leqslant180°$ 时

假定系统原平衡运行在 B' 点，$T_{emB'}=T_L$ 且 $\theta=\theta_{B'}$。

假设负载转矩波动到 T'_L，由于 $T_{emB'}<T'_L$ 使得转速 n 瞬时下降，功率角 θ 增大，电磁转矩 T_{em} 反而减小（如图 7-25 所示），使转速 n 进一步下降，θ 进一步增大，同步电动机进入失步状态。所以 B' 点为不稳定运行点。

可见在 $90° < \theta \leqslant 180°$ 区域为不稳定运行区域。

由图 7-25 可知，同步电动机稳定运行的条件是

$$\frac{\mathrm{d}T_{\mathrm{em}}}{\mathrm{d}\theta} > 0$$

当 $\frac{\mathrm{d}T_{\mathrm{em}}}{\mathrm{d}\theta} < 0$ 时，系统不能稳定运行。

当 $\theta = 90°$ 时，$\frac{\mathrm{d}T_{\mathrm{em}}}{\mathrm{d}\theta} = 0$，这是系统稳定和不稳定运行的临界点，这时电磁转矩取得最大值 T_{emax}，即

$$T_{\mathrm{em}} = T_{\mathrm{emax}} = \frac{mE_0 U}{x_t \Omega_1} \tag{7-28}$$

最大电磁转矩与额定转矩之比，称为过载能力倍数，用 λ_{m} 表示，对于隐极式同步电机有

$$\lambda_{\mathrm{m}} = \frac{T_{\mathrm{emax}}}{T_{\mathrm{N}}} = \frac{1}{\sin\theta_{\mathrm{N}}} \tag{7-29}$$

一般情况下，隐极式同步电动机额定运行的功率角 $\theta = 20° \sim 30°$，此时 $\lambda_{\mathrm{m}} = 2 \sim 3$。由式(7-28)和式(7-29)可知，当转子励磁电流 I_{f} 增加时，励磁电动势 E_0 增加，最大转矩 T_{emax} 也增加，从而使得过载倍数 λ_{m} 增加，进而提高电动机的静态稳定性。

对于凸极式同步电动机，由于附加转矩的存在，最大转矩 T_{emax} 有所增大，处在 $\theta < 90°$ 位置，而且特性的稳定运行部分变陡，这说明凸极式同步电动机的过载能力比隐极式同步电动机要大，所以一般同步电动机都做成凸极式。

例 7-1 一台隐极式同步电动机，其最大转矩与额定转矩之比为 2，不计定子电阻，该电动机拖动额定负载，求：

(1) 当电源电压下降至 $80\% U_{\mathrm{N}}$ 时，同步电动机能否稳定运行？

(2) 当电源电压下降至多少时，电动机将开始失步？

解：

(1) 由题意知

$$\lambda_m = \frac{T_{\mathrm{emax}}}{T_{\mathrm{N}}} = \frac{1}{\sin\theta_{\mathrm{N}}} = 2$$

从而得

额定运行时功率角 $\theta_{\mathrm{N}} = 30°$

$U = U_{\mathrm{N}}$ 时，$\qquad\qquad T_{\mathrm{emax}} = \frac{m_1 U_{\mathrm{N}} E_0}{x_t \Omega_1}$

$U' = 80\% U_{\mathrm{N}}$ 时，$\qquad\qquad T'_{\mathrm{emax}} = \frac{m_1 (0.8 U_{\mathrm{N}}) E_0}{x_t \Omega_1}$

$T'_{\mathrm{emax}} = 0.8 T_{\mathrm{emax}} > T_{\mathrm{N}} = 0.5 T_{\mathrm{emax}}$

当电压下降至 $80\% U_{\mathrm{N}}$ 时，电动机能够稳定运行，如图 7-26 中特性 2 的 A 点所示。

(2) 设当 $U = U''$ 时，电动机开始失步。

这时最大转矩为 $\qquad\qquad T''_{\mathrm{emax}} = \frac{m_1 U'' E_0}{x_t \Omega_1}$

额定转矩为 $\qquad\qquad T_{\mathrm{N}} = \frac{m_1 U_{\mathrm{N}} E_0}{x_t \Omega_1} \sin\theta_{\mathrm{N}}$

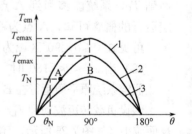

图 7-26 例 7-1 的附图

电压下降则引起最大转矩下降，当最大转矩 $T''_{emax}=T_N$ 时，电动机开始失步，如图 7-26 中特性 3 的 B 点所示。

即

$$T''_{emax}=\frac{m_1 U'' E_0}{x_t \Omega_1}=\frac{m_1 U_N E_0}{x_t \Omega_1}\sin\theta_N$$

$$U''=U_N\sin\theta_N=U_N\sin 30°=\frac{1}{2}U_N$$

当电压下降至额定电压的一半时，电动机开始失步。

例 7-2 一台三相丫联结的凸极同步电动机并联在电网上运行，电动机的数据为 $U_N=380V$，$f=50Hz$，$x_d=50.4\Omega$，$x_q=31.5\Omega$，$I_1=21.71A$，$\cos\varphi_N=0.8$（超前），忽略定子绕组电阻，试求：

（1）画出运行时的电动势向量图。

（2）额定负载下的功率角 θ、励磁电势 E_0 及电磁功率 P_{em}。

解：（1）忽略定子绕组电阻，则凸极同步电动机的相量图如图 7-27 所示。

（2）图中功率因数角为

$$\varphi=\arccos(0.8)=36.87°$$

由图 7-27 可得

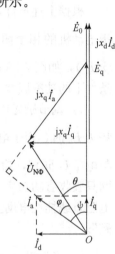

图 7-27　例 7-2 图

$$\psi=\arctan\left(\frac{U_{N\varphi}\sin\varphi+x_q I_a}{U_{N\varphi}\cos\varphi}\right)=\arctan\frac{(380/\sqrt{3})\times\sin 36.87°+11\times 21.71}{(380/\sqrt{3})\times 0.8}$$

$$=64.61°$$

功率角为

$$\theta=\psi-\varphi=64.61°-36.87°=27.74°$$

交、直轴电流为

$$I_q=I_a\cos\psi=21.71\times\cos 64.61°A=9.31A$$

$$I_d=I_a\sin\psi=21.71\times\sin 64.61°A=19.61A$$

励磁电动势为

$$E_0=U_{N\varphi}\cos\theta+x_d I_d=[(380/\sqrt{3})\times\cos 27.74°+15\times 19.61]V=488.87V$$

电磁功率为

$$P_{em}=\frac{mE_0 U_{N\varphi}}{x_d}\sin\theta+\frac{1}{2}mU_{N\varphi}^2\left(\frac{1}{x_q}-\frac{1}{x_d}\right)\sin 2\theta$$

$$=\left[\frac{3\times 488.87\times(380/\sqrt{3})}{15}\times\sin 27.74°+\frac{1}{2}\times 3\times(^3 80/)2\times\left(\frac{1}{11}-\frac{1}{15}\right)\times\sin(2\times 27.74°)\right]W$$

$$=11461W=11.46kW$$

7.6　三相同步电动机的功率因数调节与 V 形曲线

7.6.1　功率因数的调节

工矿企业的大部分用电设备都是感性负载，如变压器、异步电动机和感应炉等。它们从电网吸收滞后的无功电流，使得电网的功率因数降低。电网的无功功率增大，会影响有功功率的传输，使占用的输变电设备容量不能充分利用。所以功率因数太低，电力部门是不允许的。而调节同步电动机的直流励磁电流，就可让同步电动机吸收超前的无功功率，从而提高电网的功率因数。

现以隐极式同步电动机为例，分析同步电动机功率因数的调节，分析的结果同样适用于凸极式同步电动机。

在 $U = U_N$、$f_1 = f_N$，以及输出功率（或输出转矩）维持不变的条件下，如果忽略调节励磁电流时各种损耗的变化，可认为电磁功率和输入功率均维持不变，即

$$P_{em} = \frac{mE_0 U}{x_t}\sin\theta = 常数$$

$$P_1 = mUI_a\cos\varphi = 常数$$

由于电网电压 U 和同步电抗 x_t 都为常数，由此得

$$\begin{cases} E_0\sin\theta = 常数_1 \\ I_a\cos\varphi = 常数_2 \end{cases} \tag{7-30}$$

根据上述条件，绘制出不同励磁电流时隐极式同步电动机的相量图（忽略定子电阻压降，$\dot{U} \approx \dot{E}_0 + jx_t\dot{I}_a$），如图 7-28 所示。下面分析三种不同转子励磁条件下的功率因数。

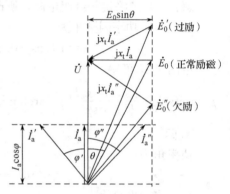

图 7-28 不同励磁电流时隐极式同步电动机的相量图

1）调节励磁电流 I_f 为某一定值，定子励磁电动势为 $\dot{E}_0$ 时，定子电流为 $\dot{I}_a$ 且最小，没有无功分量，$\dot{I}_a$ 与电压 $\dot{U}$ 同相，功率因数 $\cos\varphi = 1$。这时电动机从电网只吸收有功功率，不吸收无功功率，电动机相当于电阻负载挂在电网上，称这时的励磁状态为"正常励磁"。

2）当调节 I_f 大于正常励磁时，定子励磁电动势为 $\dot{E}'_0$，由于 I_f 增加使得 E_0 增加，这时 $E'_0 > E_0$，定子电流为 $\dot{I}'_a$，$\dot{I}'_a$ 在相位上超前于 $\dot{U}$ 一个 φ' 电角度，$\dot{I}'_a$ 除了有功分量外，还有超前的无功分量。这时电动机除从电网吸收有功功率外，还吸收超前的无功功率，电动机相当于容性负载挂在电网上，从而提高了电网的功率因数，称这时的励磁状态为"过励"。

3）当调节 I_f 小于正常励磁时，定子励磁电动势为 $\dot{E}''_0$，这时 $E''_0 < E_0$，定子电流为 $\dot{I}''_a$，$\dot{I}''_a$ 在相位上滞后于 $\dot{U}$ 一个 φ 电角度，$\dot{I}''_a$ 除了有功分量外，还有滞后的无功分量。这时电动机除从电网吸收有功功率外，还吸收滞后的无功功率。电动机相当于感性负载，使得电网的功率因数更低，称这时的励磁状态为"欠励"。

由上分析可知，调节同步电动机的励磁电流 I_f 可以改变定子电流的无功分量和功率因数。正常励磁时，同步电动机从电网只吸收有功功率；欠励时，同步电动机除了从电网吸收有功功率外，还吸收滞后的无功功率；过励时，同步电动机除了从电网吸收有功功率外，还吸收超前的无功功率；若调节同步电动机的励磁电流，使之工作在过励状态，则可以改善电网的功率因数。

7.6.2 同步电动机的 V 形曲线

在 $U=U_N$、$f_1=f_N$ 以及电磁功率（或电磁转矩）一定的条件下，定子电枢电流 I_a 与转子励磁电流 I_f 之间的关系曲线称为同步电动机的 V 形曲线。

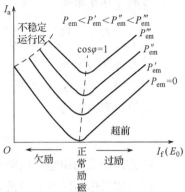

V 形曲线可由实验测得，如图 7-29 所示。对于输出功率一定的同步电动机，其定子电枢电流 I_a 与转子直流励磁电流 I_f 之间的变化曲线呈 "V 字" 形，V 形曲线由此而得名。

由 V 形特性曲线可知：

1）对应于某一条特性（P_{em} 为某一定值），当转子直流励磁电流 I_f 由小到大（即由欠励→正常励磁→过励）变化时，定子电枢电流 I_a 首先逐渐减小，至正常励磁时降为最低；然后电枢电流又逐渐增加，与图 7-28 所讨论的结果一致。

图 7-29　同步电动机的 V 形特性曲线

2）对于每一条特性，都存在着一个最小电枢电流 I_{amin}，这时 $\cos\varphi = 1$，将各条最小电枢电流 I_{amin} 时的点连接起来，便可得到 $\cos\varphi = 1$ 曲线，相应的励磁状态为正常励磁，$\cos\varphi = 1$ 曲线的左边为欠励状态，右边为过励状态。

3）当 P_{em} 一定时，调节励磁电流 I_f 的大小，可使同步电动机功率因数的大小和性质发生变化。为了改善电网的功率因数，提高电动机的过载能力和运行的稳定性，同步电动机一般都运行在过励状态。当励磁电流 I_f 不变，仅改变负载功率，则电枢电流随之改变。

4）在欠励区，若 I_f 减小到一定程度，E_0 随之很小，功率角 θ 增至 90° 后，电动机将失步，所以欠励区中存在不稳定运行区。

若同步电动机在空载状态下运行，且转子处于励磁过励，同步电动机可以从电网吸收超前无功功率，有利于改善电网的功率因数，通常将工作在这一状态下的同步电动机称为"同步调相机"（或同步补偿机）。

例 7-3 某工厂电力设备所消耗的总有功功率为 2100kW，$\cos\varphi = 0.7$(滞后)，现欲增加一台 400kW 的电动机，试分析下列两种情况下工厂的总的视在功率和功率因数各为多少？（计算时可忽略电动机的损耗）

解：

（1）选用一台 400kW、$\cos\varphi = 0.7$(滞后)的感应电动机。

（2）选用一台 400kW、$\cos\varphi = 0.7$(超前)的同步电动机。

解：工厂原来所损耗功率的情况如下：

有功功率为

$$P = 2100\text{kW}$$

视在功率为

$$S = \frac{P}{\cos\varphi} = \frac{2100}{0.7} = 3000\text{kV·A}$$

无功功率为

$$Q = S\sin\varphi = 3000\sqrt{1-\cos^2\varphi} = 2142\text{Kvar}(\text{滞后})$$

功率因数为 $\cos\varphi = 0.7$（滞后）

（1）如果选用感应电动机，则：

总的有功功率为

$$P = (2100 + 400)\text{kW} = 2500\text{kW}$$

总的无功功率为

$$Q = 2142 + \frac{400}{\cos\varphi} \cdot \sin\varphi = \left(2142 + \frac{400}{0.7} \times 0.714\right)\text{Kvar} = 2550\text{Kvar}$$

总的视在功率为

$$S = \sqrt{P^2 + Q^2} = \sqrt{2500^2 + 2550^2}\,\text{kV·A} = 3571\text{kV·A}$$

总的功率因数为

$$\cos\varphi = \frac{P}{S} = \frac{2500}{3571} = 0.7（滞后）$$

可见，如果选用感应电动机，功率因数没有得到提高。

（2）如果选用同步电动机，则：

总的有功功率为

$$P = (2100 + 400)\text{kW} = 2500\text{kW}$$

总的无功功率为

$$Q = 2142 - \frac{400}{\cos\varphi} \cdot \sin\varphi = \left(2142 - \frac{400}{0.7} \times 0.714\right)\text{Kvar} = 1734\text{Kvar}$$

总的视在功率为

$$S = \sqrt{P^2 + Q^2} = \sqrt{2500^2 + 1734^2}\,\text{kV·A} = 3042\text{kV·A}$$

总的功率因数为

$$\cos\varphi = \frac{P}{S} = \frac{2500}{3042} = 0.822（滞后）$$

可见，采用过励运行的同步电动机可以使总的功率因数提高。仅从提高电网功率因数的角度来考虑这种方法比较好。

7.7　三相同步电动机的起动

同步电动机仅在同步转速下才能产生恒定的同步电磁转矩。当转子的转速与合成磁场的转速 n_1 不相等时，功率角 θ 随时间而变化，其表达式为

$$\theta = (\Omega_1 - \Omega_2)t + \theta_0 \tag{7-31}$$

式中　Ω_1 ——合成磁场的角速度；

　　　Ω_2 ——转子的角速度，且 $\Omega_1 \neq \Omega_2$；

　　　θ_0 ——初始功率角。

将式（7-31）代入凸极式同步电动机矩角特性式（7-25），同步电动机所产生的瞬时电磁转矩为

$$\tau_{\text{em}} = \frac{mE_0 U}{x_\text{d}\Omega_1}\sin[(\Omega_1 - \Omega_2)t + \theta_0] + \frac{1}{2}\frac{mU^2}{\Omega_1}\left(\frac{1}{x_\text{q}} - \frac{1}{x_\text{d}}\right)\sin2[(\Omega_1 - \Omega_2)t + \theta_0]$$

平均电磁转矩为

$$T_{\text{em}} = \frac{1}{T}\int_0^T \tau_{\text{em}}dt = 0$$

可见，只要 $\Omega_1 \neq \Omega_2$，作用在转子上的同步电磁转矩是交变的脉振转矩，其平均值为零。如果将同步电动机励磁后，直接投入电网，这时定子旋转磁场的转速为同步转速 n_1，而转子处于静止状态（$n_2 = 0$），定、转子磁场之间以同步转速做相对运动。因此，同步电动机不会起动，必须借助其他方法。

同步电动机的主要起动方法有异步起动法、辅助电动机起动法和变频起动法。

7.7.1 异步起动法

目前，异步起动法的应用最为广泛。采用异步起动法时，在凸极式同步电动机磁极极靴上开有若干个槽，槽中装有黄铜导条，在两个磁极端面上，各用一个铜环将导条连接起来，构成一个不完整的笼型绕组（又称起动绕组或阻尼绕组）如图 7-30 所示。起动步骤为：

1) 首先将双向开关 K_2 投向起动侧，转子直流励磁绕组通过电阻 R_{st}（阻值大约为励磁绕组电阻的 $5\sim10$ 倍）闭合。

2) 然后闭合 K_1，将定子绕组投入到三相电源上，此时定子电流在气隙中产生旋转磁场，此磁场切割起动绕组在其中产生感应电动势和感应电流，此电流与气隙磁场相互作用产生电磁转矩，从而使同步电动机异步起动，此过程与三相异步电动机的工作原理相同。如同三相异步电动机起动时那样，可以采用自耦变压器、Y-△起动或串电抗器等减压起动方法。

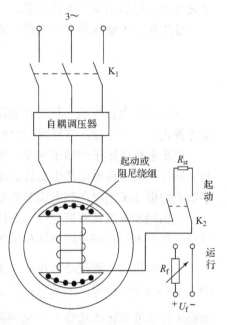

图 7-30　同步电动机异步起动的线路

3) 当转子转速升至 $0.95n_1$ 左右时，再将 K_2 投向运行侧，转子励磁绕组切换至直流励磁电源上，产生转子励磁磁场，此时气隙磁场与转子励磁磁场的转速非常接近，利用这两个磁场之间的相互作用所产生的牵入同步转矩，将转子牵入同步，完成起动。

注意异步起动时，要求转子直流励磁绕组不能开路，以避免因转子励磁绕组匝数较多，造成感应电动势较高而引起绕组绝缘击穿。直流励磁绕组也不能直接短路，如果直接短路，励磁绕组会产生较大的单相电流，与气隙合成磁场相互作用而产生较大的单轴转矩，使合成转矩特性在 $0.5n_1$ 附近产生明显的凹陷，导致电动机可能会在此转速附近运转，不再升速，使异步起动失败。

隐极式同步电动机的转子本身能起到一定起动绕组的作用，所以一般可不装起动绕组。采用凸极式同步电动机时，由于存在磁阻转矩，比较容易牵入同步，因此，从改善起动性能考虑，同步电动机大多采用凸极式结构。

同步电动机的起动过程都是用自动控制线路完成的，目前广泛采用晶闸管整流励磁装置。

7.7.2 辅助电动机起动法

通常选用一台和同步电动机极数相同的感应电动机作为辅助电动机，其功率约为主机容量的 $10\%\sim15\%$，当辅助电动机带动主机的转速接近同步速时，再在同步电动机转子绕组中加入直流励磁电流，利用牵入同步转矩将转子牵入同步。然后再卸掉辅助电动机。该方法投资大很不经济、占地面积大，不适合带负载起动，所以其应用受到限制。

7.7.3 变频起动法

起动前，首先将同步电动机的转子绕组通以直流励磁电流，使定子变频电源的频率从零逐渐增加，直到额定频率，从而使定子旋转磁场和转子转速随之逐渐升高，直至转子达到同步速为止，最后切换至电网供电。

变频起动方法需要变频电源，通常在需要变频调速的系统中，变频电源已经具备。

本 章 小 结

三相同步电机也是一种三相交流电机，它的转子转速 n 和定子电流的频率 f 之间严格满足方程式 $n = 60f/p$，与负载的大小无关。

同步电机由定子和转子两部分组成。定子结构与三相异步电机相同，其上有三相交流绕组，通以三相对称电流产生旋转磁场；转子的结构有凸极式和隐极式两种，这两种结构的转子绕组均借助于集电环和电刷装置通以直流电产生直流励磁，因此同步电机属于双边励磁。

三相同步电机具有可逆性，即接在同一电网上的同步电机可以运行在电动机状态，也可以运行在发电机状态或同步调相机状态。

同步电机的气隙磁场是由转子直流励磁磁动势 $\bar{F}_f$ 和电枢反应磁动势 $\bar{F}_a$ 共同作用产生的。三相同步电机带上负载后，定子绕组中有了对称三相电流，产生了一个幅值不变、转速为同步转速的旋转磁动势 $\bar{F}_a$。电枢磁动势 $\bar{F}_a$ 的出现，将改变原有空载时由励磁磁动势 $\bar{F}_f$ 单独产生的气隙主磁场的分布状况和大小。通常，把定子电枢磁动势 $\bar{F}_a$ 对主磁场的影响称为电枢反应；相应的电枢磁动势 $\bar{F}_a$ 又称为电枢反应磁动势。电枢反应对同步电机的运行性能有很大影响，分析表明，电枢反应与电机的主磁路饱和程度有关；与电枢磁动势 $\bar{F}_a$ 和主磁动势 $\bar{F}_f$ 之间的空间相对位置有关，这一空间相对位置又与主磁极产生的励磁感应电动势 $\dot{E}_0$ 和电枢电流 $\dot{I}_a$ 之间的夹角 ψ（称为内功率因数）有关。随着 ψ 的不同，电枢反应所起的作用也不尽相同，它们对主磁场的影响分别呈现出交磁、去磁和助磁等不同性质。

对于隐极式同步电机，转子的结构是圆柱体，气隙各处的磁阻相同，电枢反应磁密波形和每极磁通量与 $\bar{F}_a$ 作用于转子的任何位置无关。已知同步电机的电枢磁动势 $\bar{F}_a$ 后，忽略铁心中的磁压降，其磁密的波形和磁通量可根据气隙磁阻求出，从而进行电枢反应计算。对于凸极式同步电机，气隙是不均匀的，沿电枢圆周方向各点的磁阻变化。相同大小的磁动势作用在空间不同位置时，所产生的电枢反应磁密和磁通量均将不同，难以计算电枢反应。为了解决这一问题，采用双反应理论将电枢磁动势 $\bar{F}_a$ 按式（7-4）分解成直轴分量 $\bar{F}_{ad}$ 和交轴分量 $\bar{F}_{aq}$，分别计算出直轴和交轴电枢反应，然后再把效果叠加起来，即可得到不计饱和影响时，凸极式同步电机的电枢反应结果。

根据同步电机的电磁关系，分别分析了隐极式和凸极式同步电动机的电动势平衡方程式、等效电路与相量图。

当定子电压 $\dot{U}$ 一定、转子外加直流励磁电流 I_f 一定的条件下，电磁转矩 T_{em} 与功率角 θ 之间的关系称为矩角特性，即 $T_{em} = f(\theta)$。矩角特性反映了负载改变时电磁转矩的变化情况。矩角特性是同步电动机的重要特性之一，它相当于三相异步电动机的机械特性 $T_{em} = f(s)$。功率角 θ 相当于三相异步电动机的转差率 s。与异步电动机类似，同步电动机也存在稳定运行区域和不稳定运行区域。由矩角特性可以看出：对隐极式同步电动机，$0 \leqslant \theta < 90°$ 为稳定运行区域；$90° < \theta \leqslant 180°$ 为不稳定运行区域，一旦进入不稳定运行区域，同步电动机将会"失步"。

在 $U = U_N$、$f_1 = f_N$ 以及电磁功率（或电磁转矩）一定的条件下，定子电枢电流 I_a 与转子励磁电流 I_f 之间的关系曲线称为同步电动机的 V 形曲线。调节同步电动机的直流励磁电流可以改变定子电流的无功分量和功率因数。正常励磁时，同步电动机从电网只吸收有功功率；欠励时，同步电动机从电网吸收有功功率和滞后的无功功率；过励时，同步电动机从电网吸收有功功率和超前的无功功率；若调节同步电动机的励磁电流，使之工作在过励状态，可以改善电网的功率因数。同步电动机之所以具有良好的功率因数特性，主要归功于同步电动机采用的是双边励磁。由于可以通过转子直流励磁建立主磁场，而不需像变压器或异步电动机那样由电网从一次侧或定子侧提供励磁并建立主磁场，因而其定子侧的功率因数可以超前。这也是同步电动机优于异步电动机的一个重要原因。

同步电动机仅在同步转速下才能产生恒定的同步电磁转矩。当转子的转速与合成磁场的转速 n_1 不相等时，作用在转子上的同步电磁转矩是交变的脉振转矩，其平均值为零。因此，同步电动机不能自行起动，必须借助于其他的起动方法，比较常用的起动方法有：异步起动法、辅助电动机起动法和变频起动法，其中异步起动法的应用最为广泛。

思 考 题

7-1 如何从外形上区别同步电机是隐极式还是凸极式？为什么前者适用于高速，而后者适用于低速？

7-2 试分别说明同步电动机及异步电动机转子的转速与定子绕组的通电频率（或旋转磁场）之间保持什么关系？为什么？

7-3 三相同步电动机电枢反应的性质主要取决于哪些因素？电枢反应的去磁或助磁出现在什么情况下？

7-4 交轴和直轴同步电抗的物理意义是什么？同步电抗与电枢反应电抗有什么关系？下列情况变化对同步电抗有何影响？1）气隙加大；2）电枢绕组的匝数减少；3）铁心饱和程度增加；4）励磁绕组匝数减少。

7-5 一台同步电机是工作在电动机状态还是发电机状态由什么参数来决定？

7-6 一台同步电动机原在某稳定转速下工作，当机械负载增加时（在稳定运行范围内），其他条件不变，试分析稳定后同步电动机的转速 n、功率角 θ 与电磁转矩 T_{em} 是如何变化的？

7-7 试分析磁阻式同步电动机为什么必须做成凸极式的？它能否单独作为发电机给电阻或电感供电？它还能改善电网功率因数吗？

7-8 并联于电网上运行的某同步电机拖动一定的负载，当励磁电流从零到大增加时，说明定子侧的电枢电流、功率因数及功率角各会发生怎样的变化？同步电动机将经过哪几种状态？

7-9 为什么同步电动机不能自行起动？可采用哪些起动方法？

7-10 同步电动机异步起动时，试解释其励磁绕组既不能开路、也不能直接短路的原因。

练 习 题

7-1 有一台同步电动机带动某负载工作，在额定电压及额定频率时其功率角 $\theta = 35°$，现因电网发生故障，其端电压及频率都下降了 10%，设在励磁电流保持不变的情况下（忽略定子绕组电阻和凸极效应），试求：

1）负载转矩保持不变，功率角 θ 为多少？

2）负载功率保持不变，功率角 θ 为多少？

7-2 一台三相同步电动机的数据为额定功率 $P_N = 2000\text{kW}$、定子绕组丫形接法、额定电压 $U_N = 3000\text{V}$、同步电抗 $x_t = 1.5\Omega$、额定功率因数 $\cos\varphi_N = 0.9$（超前）、额定效率 $\eta_N = 80\%$，忽略定子绕组电阻。当电动机的电流为额定值，$\cos\varphi = 1$ 时，励磁电流为 6A。试求：

1）空载电动势 $\dot{E}_0$。

2）若电流变为 $0.9I_N$，$\cos\varphi = 0.8$（超前），求此时的励磁电流（设电动机工作在空载特性的线性区域）。

7-3 一台星形联结的三相隐极式同步发电机的数据为额定容量 $S_N = 50\text{kV·A}$、额定电压 $U_N = 440\text{V}$、频率为 50Hz、同步电抗 $x_t = 3.04\Omega$，忽略定子绕组电阻。当转子过励，$\cos\varphi = 0.8$（滞后），$S = 38\text{kV·A}$ 时，试求：

1）作同步发电机运行时，画出相量图，求 E_0 及功率角 θ。

2）作同步电动机运行，转子直流励磁电流保持不变，电磁功率同 1），忽略各种损耗，画出相量图，求定子电流及功率角 θ。

3）作同步电动机运行时，机械功率保持不变，电磁功率同 1），使 $\cos\varphi_1 = 1$，画出相量图，求 E_0 及功率角 θ。

7-4 一台三相四极丫联结的隐极式同步电动机的数据为 $U_N = 6000\text{V}$、$f = 50\text{Hz}$、$I_N = 71.5\text{A}$、$\cos\varphi_N = 0.9$（超前）、同步电抗 $x_t = 48.5\Omega$，忽略定子绕组电阻。当这台电动机额定运行时，试求：

1）功率角 θ 及每相空载电势 E_0。

2）电磁转矩 T_{em} 及过载倍数 λ_m。

7-5 某工厂原由一台同步发电机给一感性负载供电，负载上的有功功率为 900kW，功率因数为 $\cos\varphi = 0.6$（滞后）。为了改善功率因数，在负载端并联了一台不带机械负载的同步电动机，试求：

1）发电机单独供电时的总容量（视在功率）。

2）若要同步电动机全部补偿无功功率，则同步电动机和同步发电机容量各为多少？

3）若将发电机的功率因数由 $\cos\varphi = 0.6$（滞后）提高到 $\cos\varphi = 0.8$（滞后），此时同步

电动机和同步发电机的容量各为多少?

    4) 将发电机的功率因数提高到 $\cos\varphi=1$,此时同步电动机和同步发电机的容量又各为多少?

    5) 当发电机的功率因数提高时,设备总容量如何变化?

    7-6   一台三相隐极式同步电动机的数据为额定电压 $U_N=380\text{V}$、定子绕组 Y 联结、同步电抗 $x_t=5\Omega$,当功率角 $\theta=30°$时,电磁功率 $P_{em}=16\text{kW}$,忽略定子绕组电阻,保持励磁电流不变,试求:

    1) 绘出相量图。

    2) 空载电动势及最大电磁转矩。

    3) 电枢电流及电机吸收的无功功率。

    7-7   三相隐极式同步电动机,过载能力为 2,该电动机拖动额定负载。忽略电枢电阻,试求:

    1) 若保持额定励磁电流不变,当外加电压降至多少时,电动机开始失步?

    2) 若保持额定电压不变,当励磁电流降至多少时,电动机开始失步?(设电动机工作在空载特性的线性区域)。

    7-8   一台凸极同步电动机接到无穷大电网上,同步电抗 $x_d^*=0.8$、$x_q^*=0.5$、$\cos\varphi_N=0.9$(超前),忽略定子绕组电阻,磁路不饱和。试求:

    1) 该机在额定电压、额定电流、额定负载运行时的功率角 θ 及空载电动势 E_0^*。

    2) 该机在 1) 中条件下的电磁转矩 T_{em} 及过载倍数 λ_m。

    3) 若保持额定运行时的有功功率不变,把励磁电流增加 20%,求此时的电枢电流 I_a^* 及功率因数 $\cos\varphi$。

    4) 若保持额定运行时的励磁电流不变,有功功率减小至额定值的一半,求此时的电枢电流 I_a^* 及功率因数 $\cos\varphi$。

第8章 控制电机

【内容简介】

本章将介绍几种在控制系统中常用的控制电机，主要对这些电机的结构、工作原理及运行特性进行分析，了解其应用场合以便在控制系统中正确地使用这类控制元件。

【本章重点】

几种常用控制电机的基本结构、工作原理和运行特性。

控制电机能在自动控制系统中完成一些特定的功能，如执行、检测和解算等。可用于带动控制系统的机构运行；用于测量机械转角或转速；用于进行三角函数的运算、微积分运算等。就基本工作原理而言，控制电机与普通旋转电机没有本质上的差别，但后者着重于对电机力能指标的要求，而前者注重对特性高精度、高可靠性和快速响应方面的要求，以满足控制系统的需要。

随着现代科学技术的迅速发展，控制电机已经成为现代工业自动化系统、现代军事装备和现代科技领域中不可缺少的重要元件，它的应用范围十分广泛。例如从医疗设备、录音、录像、打印、复印、传真机以及计算机外围设备等办公机械的自动控制系统，到机床加工过程的自动控制和自动显示、阀门的遥控，以及火炮、船舰、飞机的自动操作等，都需要用到各种各样的控制电机，如一枚洲际导弹或一架飞机就需要用几百台控制电机，在一台火炮指挥仪中就要用几十台控制电机。因此，控制电机在自动控制系统中是不可缺少的重要元件。

8.1 伺服电动机

伺服电动机是在自动控制系统中完成执行功能的电动机，它在自动控制系统中作为执行元件，将输入的电压信号转换成转轴的角位移或角速度输出。输入的电压信号称为控制信号或控制电压，改变控制电压可以改变伺服电动机的转速及转向。伺服电动机具有可控性好、稳定性高和快速响应的特点。

伺服电动机按其使用的电源性质，可分为直流伺服电动机和交流伺服电动机两大类。由于直流伺服电动机具有良好的调速性能、较大的起动转矩及快速响应等优点，首先在自动控制系统中获得了广泛应用；交流伺服电动机结构简单、运行可靠、维护方便。下面分别介绍直流伺服电动机和交流伺服电动机。

8.1.1 直流伺服电动机

直流伺服电动机的基本结构与普通小型直流电动机相同，其励磁磁场可以采用电励磁式，也可以采用永磁式。直流伺服电动机的基本工作原理与普通直流电动机相同。输入电能就输出机械能，即按照输入的电信号完成所需的动作。

直流伺服电动机按照控制方式的不同，分为磁场控制和电枢控制两种。电枢控制是将电

枢电压 U_a 作为控制信号来控制电动机的转速；磁场控制是将控制信号加在励磁绕组上，通过控制磁通 Φ 来控制电动机的转速。

1. 电枢控制时直流伺服电动机的特性

直流伺服电动机的特性主要指机械特性和调节特性。下面对电枢控制时电机的机械特性和调节特性进行分析。根据直流电动机的机械特性方程式

$$n = \frac{U_a}{C_e\Phi} - \frac{R_a}{C_eC_T\Phi^2}T_{em} = n_0 - \beta T_{em} \tag{8-1}$$

式中　R_a——电枢回路总电阻；

　　　n——转速；

　　　Φ——每极主磁通；

　　　C_e——电动势常数；

　　　C_T——转矩常数；

　　　n_0——理想空载转速。

因控制电压加在电枢绕组上，所以上式中的 U_a 即为控制电压，用 U_c 表示；该式表明：改变电枢电压 U_c 可以改变电动机的转速。这种方式叫作电枢控制。

如图 8-1 所示，在励磁回路上加恒定不变的励磁电压 U_f，以保证控制过程中磁通 Φ 不变，电枢绕组加控制电压信号 U_c。当电动机的负载转矩 T_L 不变时，升高电枢电压 U_c，电动机的转速就升高；反之降低电枢电压 U_c，转速就降低；当 $U_c = 0$ 时，电动机不转；当电枢电压改变极性时，电动机反转。因此将电枢电压作为控制信号，就可实现对电动机的转速和转向的控制。

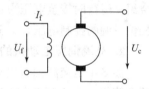

图 8-1　电枢控制原理图

由式（8-1）可绘制出不同控制电压 U_c 下的机械特性曲线，如图 8-2 所示。特性曲线的斜率为 $\beta = \frac{R_a}{C_eC_T\Phi^2}$，是由电动机本身参数决定的常数，因此对应于不同的控制电压 U_{c1}，U_{c2}，U_{c3}，…，可以得到一组相互平行的机械特性曲线，如图 8-2 所示。

为了更清楚地表明电动机转速随控制信号变化的关系，往往采用调节特性。直流电动机的调节特性是指在输出转矩一定的情况下，电动机转速与控制电压之间的关系曲线 $n = f(U_c)$。

当负载转矩 T_L 保持不变时，电动机轴上的总转矩 $T_s = T_L + T_0$ 也不变，因此电动机稳态运行时，其电磁转矩 T_{em} 为常数。

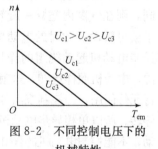

图 8-2　不同控制电压下的机械特性

由式（8-1）得

$$n = \frac{U_a}{C_e\Phi} - \frac{T_{em}R_a}{C_eC_T\Phi^2} = \frac{U_c}{C_e\Phi} - \frac{T_LR_a}{C_eC_T\Phi^2} = k_1U_c - A \tag{8-2}$$

$$k_1 = \frac{1}{C_e\Phi}$$

$$A = \frac{T_{em}R_a}{C_eC_T\Phi^2}$$

式中　k_1——特性曲线的斜率；

　　　A——由负载转矩决定的常数。

当 $T_{em} = T_L$ 为常数时，式（8-2）所表达的是一直线方程。图 8-3 为调节特性曲线，调节特性为一上翘的直线。

特性曲线的斜率 $k_1 = \dfrac{1}{C_e \Phi}$，是由电机本身参数决定的常

数，与负载无关。因此对应于不同的负载转矩 T_{L1}，T_{L2}，

T_{L3}，…，可以得到一组相互平行的调节特性，如图 8-3 所示。

由以上分析可见，电枢控制时直流伺服电动机的机械特性和调节特性均为线性特性，这种线性特性是理想的特性曲线，可实现高精度控制。

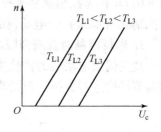

图 8-3　不同负载时的调节特性

2. 磁场控制时直流伺服电动机的特性

磁场控制是指在电枢绕组加恒定电压 U_a，而励磁回路加控制电压。尽管磁场控制也可达到改变控制电压来改变转速的大小和旋转方向的目的，但因随着控制信号减弱，其机械特性变软，调节特性为非线性的，故这种控制方式很少采用。

8.1.2　交流伺服电动机

交流伺服电动机的基本结构和普通异步电动机相似，常用的转子结构有两种，笼型转子和非磁性空心杯转子。定子一般为两相绕组，它们在空间相差 90° 电角度。其中一相绕组为励磁绕组，运行时接至电压为 U_f 的交流电源上；另一相则为控制绕组，施加与 U_f 同频率、大小或相位可调的控制电压 U_c，通过改变 U_c 的大小或相位来控制伺服电动机的起、停及运行转速。

1. 交流伺服电动机的工作原理

图 8-4 是交流伺服电动机原理图，图中 C 和 f 为装在定子上的两个绕组，在空间互差 90° 电角度。绕组 f 为励磁绕组，采用定值交流电压励磁；绕组 C 为控制绕组，接控制信号源，转子为笼型转子。

交流伺服电动机的工作原理与单相异步电动机相似，励磁绕组接单相交流电励磁，若控制电压 U_c 为零，则电动机气隙内的磁场为脉振磁场，电动机无起动转矩，转子不转；若有控制电压加在控制绕组上，且控制绕组中流过的电流与励磁绕组中流过的电流相位不同，则在气隙内建立一旋转磁场，从而使电动机具有起动转矩，转

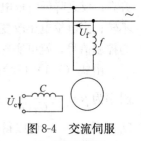

图 8-4　交流伺服电动机原理图

子就可转动。此时的电动机就电磁过程而言，相当于一台分相式单相异步电动机，但是单相异步电动机起动绕组的作用是解决起动问题，一旦电动机起动后，定子起动绕组可脱离电源，电动机照样运转，这就存在一个"自转"的问题；而伺服电动机在自动控制系统中作为执行元件使用，即控制绕组加入控制电压信号后电动机就要转动，一旦信号去掉电动机应能立即停转。所以单相异步电动机不能作为交流伺服电动机运行，控制电压 U_c 只能控制电动机的起动，不能控制电动机的停止，因为电动机一旦转动即使在单相交流电流的作用下仍能继续转动，这样电动机就失去控制功能，电动机的这种因失控而继续旋转的现象称为"自转"现象。

如果消除了"自转"现象，电动机就能达到可控目的。为了实现无"自转"现象，由单相异步电动机的工作原理可知，电动机必须具有足够大的转子电阻。

图 8-5 所示为对应不同转子电阻值时单相供电的机械特性曲线，当转子电阻较小时，单相运行的机械特性如图 8-5a 所示，在电机作为电动机运行的转差范围内（即 $0 < s < 1$ 时），$T_+ > T_-$，合成转矩 $T_{em} = T_+ - T_- > 0$。当突然切除控制电压，即令 $U_c = 0$ 时，若单相脉振磁场对应的合成转矩 T_{em} 大于负载转矩 T_L 即 $T_{em} > T_L$，电动机仍能继续转动。可见，当转子电阻较小，无控制信号时，电机无法停转，造成失控，这种现象就是所谓的"自转"现象。

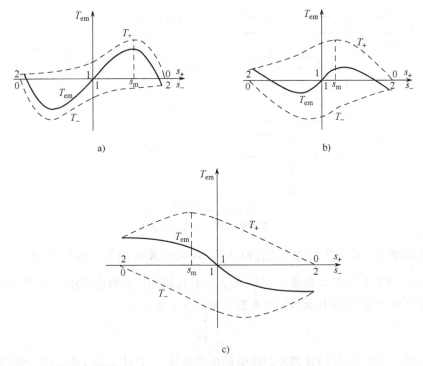

图 8-5 自转现象与转子电阻的关系

增大转子电阻，正、反向旋转磁场产生最大转矩所对应的临界转差率将增大，相应的 T_+、T_- 及合成转矩 T_{em} 如图 8-5b 所示，可见电机的合成转矩随之减少。若合成转矩 T_{em} 仍大于 T_L，电机将稳定运行，仍存在自转现象，只是转速较低。

如果转子电阻足够大，致使正向旋转磁场产生最大转矩对应的转差率 $s_{m+} > 1$，则可使单相运行时电机的合成电磁转矩在电动机运行范围内均为负值，即 $T_{em} < 0$，如图 8-5c 所示。当控制电压 U_c 消失后，由于电磁转矩为制动性转矩，在电磁转矩和负载转矩的共同作用下，将使电动机迅速停止旋转。可见，在这种条件下，电动机不会产生自转现象。因此，增大转子电阻是克服两相伺服电动机"自转"现象的有效措施。

2. 交流伺服电动机的控制方式

交流伺服电动机运行时，其励磁绕组接到电压为 U_f 的交流电源上，通过改变控制绕组电压 U_c 控制伺服电动机的起、停及运行转速。由电机学原理可知，无论改变控制电压的大小还是它与励磁绕组电压之间的相位角，都能使两相绕组在电动机气隙中产生旋转磁场的椭圆度发生变化，从而改变电动机的转矩-转速特性及一定负载转矩下的转速。所以交流伺服电动机的控制方式有三种：幅值控制、相位控制和幅值-相位控制。这三种控制方式的实质都是通过改变旋转磁场的椭圆度，以改变正转和反转电磁转矩的大小，从而达到改变合成转矩和电动机转速的目的。下面分别对这三种控制方式下电动机的运行特性进行分析。

（1）幅值控制时的特性

采用幅值控制时，励磁绕组电压始终为额定励磁电压 U_{fN}，控制电压 U_c 的相位不变，仅改变控制电压幅值来改变电动机的转速，控制电压 $\dot{U}_c$ 与励磁电压 $\dot{U}_f$ 之间的相位角始终保持 90°电角度，其原理电路和电压相量图如图 8-6 所示。当控制电压 $\dot{U}_c = 0$ 时，电动机停转。

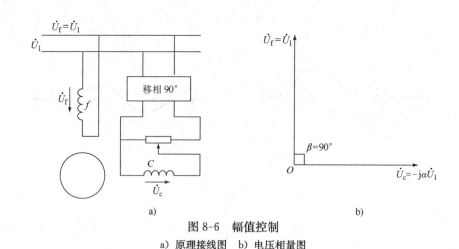

图 8-6 幅值控制

a) 原理接线图　　b) 电压相量图

因幅值控制时，励磁绕组直接接在电压为 $\dot{U}_1$ 的交流电源上，即 $\dot{U}_f = \dot{U}_1$，控制绕组电压 $\dot{U}_c$ 在相位上滞后 $\dot{U}_1$ 90°电角度，而 U_c 的大小是可调的，若取电源电压 U_1 为电压基值，则控制电压 U_c 的标幺值称为电压的信号系数，常用 α 表示，有

$$\alpha = \frac{U_c}{U_1} \tag{8-3}$$

通常将控制电压 U_c 与归算到控制绕组的电源电压 U_1' 之比 α_e 称为幅值控制时的有效信号系数，即有

$$\alpha_e = \frac{U_c}{U_1'} \tag{8-4}$$

由旋转磁场理论可知，为使两相感应伺服电动机获得圆形旋转磁场，应使负序电流为零。所以交流伺服电动机获得圆形旋转磁场的条件是有效信号系数 α_e 等于 1，此时控制电压 $U_c = U_1'$。当 $0 < \alpha_e < 1$ 时，电动机中气隙合成磁场为椭圆形旋转磁场，随着有效信号系数 α_e 逐渐减小，磁场的椭圆度逐渐增大，电动机的转速逐渐降低，而当控制电压为零时，有效信号系数 $\alpha_e = 0$，此时伺服电动机仅励磁绕组一相供电，产生的磁场为脉振磁场。

当改变控制电压时，有效信号系数相应改变，取 $\alpha_e = 1$、0.75、0.5 和 0.25 时的一组机械特性曲线如图 8-7 所示，T_{em}^* 为标幺值。图中转速采用标幺值表示，转速基值取同步转速 n_1，则转速标幺值 $n^* = n/n_1$。可见随着控制电压的降低，电动机转速降低，实现了对电动机速度的控制。图 8-8 为幅值控制时交流伺服电动机的调节特性，表示输出转矩一定的情况下，电动机转速与有效信号系数之间的关系曲线 $n^* = f(\alpha_e)$。

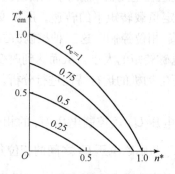

图 8-7　幅值控制时的机械特性

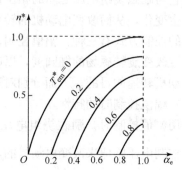

图 8-8　幅值控制时的调节特性

（2）相位控制时的特性

采用相位控制时，控制电压 $\dot{U}_\mathrm{c}$ 的大小始终保持与归算到控制绕组的电源电压 U_1' 相等，即 $U_\mathrm{c}=U_1'$。通过调节控制电压的相位，即改变控制电压与励磁电压之间的相位角 β，以实现对电动机的控制。相位控制时的原理电路和电压相量图如图 8-9 所示。当 $\beta=0°$ 时，两相绕组产生的气隙合成磁场为脉振磁场，电动机停转。

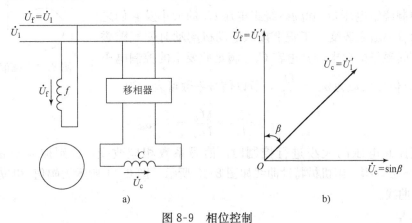

图 8-9　相位控制

a）原理电路图　b）电压相量图

若采用有效信号系数表示时，如 U_c 与归算到控制绕组的电源电压 U_1' 大小相等，控制电压应取 U_c 滞后于 U_1' 90°电角度的分量 $U_\mathrm{c}\sin\beta$，所以有效信号系数为

$$\alpha_\mathrm{e}=\frac{U_\mathrm{c}\sin\beta}{U_1'}=\sin\beta \tag{8-5}$$

$\beta=0°$ 时，有效信号系数 $\alpha_\mathrm{e}=0$，为脉振磁场；当 $0°<\beta<90°$ 时，电动机中气隙合成磁场为椭圆形旋转磁场；$\beta=90°$ 时，有效信号系数 $\alpha_\mathrm{e}=1$，为圆形旋转磁场。

当改变控制电压相位时，有效信号系数相应改变，分别取 $\sin\beta=1$、0.75、0.5 和 0.25 时的一组机械特性曲线如图 8-10 所示，图 8-11 为相位控制时的一组调节特性曲线。

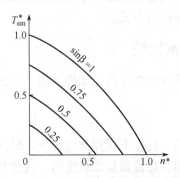

图 8-10　相位控制时的机械特性

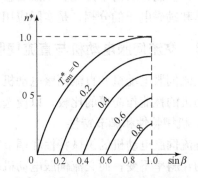

图 8-11　相位控制时的调节特性

（3）幅值-相位控制时的特性

这种控制方式一般要在励磁绕组串联电容 C_a 进行分相，如图 8-12 所示。此时励磁绕组上的电压 $\dot{U}_\mathrm{f}$ 不等于电源电压 $\dot{U}_1$，而控制绕组电压 $\dot{U}_\mathrm{c}$ 的相位始终与 $\dot{U}_1$ 相同，通过调节控制电压 $\dot{U}_\mathrm{c}$ 的幅值来改变电动机的转速。

当调节控制绕组电压的幅值以改变电动机的转速时，若控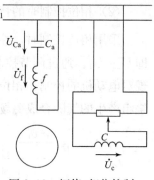
制电压 $\dot{U}_c$ 与电源电压 $\dot{U}_1$ 之比为信号系数 $\alpha = \dfrac{U_c}{U_1}$，由于幅值-
相位控制时，当电动机转速改变时励磁绕组电流 $\dot{I}_f$ 会发生变
化，从而使励磁绕组电压 $\dot{U}_f$ 及串联电容上的电压 $\dot{U}_{Ca}$ 也随之改
变，因此控制绕组电压 $\dot{U}_c$ 和励磁绕组电压 $\dot{U}_f$ 的大小及它们之
间的相位角 β 都随之改变，工程上按照电动机起动时使气隙磁
场为圆形旋转磁场的要求选择电容 C_a，满足此要求的控制电压

图 8-12 幅值-相位控制

为 U_{c0}，此时信号系数为 $\alpha_{e0} = \dfrac{U_{c0}}{U_1}$，所以信号系数可表示为

$$\alpha = \frac{U_c}{U_1} \times \frac{U_{c0}}{U_{c0}} = \frac{U_c}{U_{c0}} \alpha_{e0} \tag{8-6}$$

当改变控制电压的大小进行控制时，信号系数相应改变，分别取 $\alpha = \alpha_{e0}$、$0.75\,\alpha_{e0}$、
$0.5\,\alpha_{e0}$、$0.25\,\alpha_{e0}$，得一组机械特性曲线如图 8-13 所示，图 8-14 所示为幅值-相位控制时的一
组调节特性曲线。

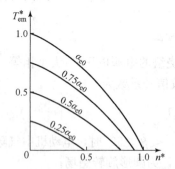

图 8-13 幅值-相位控制时的机械特性

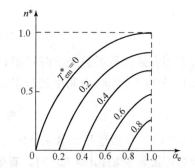

图 8-14 幅值-相位控制时的调节特性

这种控制方式简单方便、不需要移相装置，利用串联电容就能在单相交流电源上实现控
制电压和励磁电压的分相，是实际应用中最常见的一种控制方式。

8.1.3 交流伺服电动机与直流伺服电动机的性能比较

交流伺服电动机和直流伺服电动机均在自动控制系统中作为执行元件使用，下面对这两
种电动机的性能作简要的比较，以便选用时参考。

1. 机械特性和调节特性

直流伺服电动机的机械特性和调节特性都是线性的，且在不同控制电压下，机械特性是
平行的，斜率不变；而交流伺服电动机的机械特性和调节特性都是非线性的，这种非线性特
性将影响系统的动态精度。

2. "自转"现象

交流伺服电动机若参数选择不当或制造工艺不良，可能使电动机（在单相状态下）产生
"自转"现象，而直流伺服电动机不存在"自转"问题。

3. 体积、重量和效率

为了满足控制系统对电动机性能的要求，交流伺服电动机的转子电阻很大，因此其损耗

大、效率低；而且电动机常运行在椭圆形旋转磁场下，负序电流和反向旋转磁场的存在，一方面产生制动转矩，使电磁转矩减小，另一方面也进一步增加了电动机的损耗，降低了电动机的利用率。因此当输出功率相同时，交流伺服电动机要比直流伺服电动机体积大、重量大、效率低，所以交流伺服电动机只适用于功率为 $0.5\sim100W$ 的小功率系统，对于功率较大的控制系统，则较多地采用直流伺服电动机。

4. 结构、运行可靠性及对系统的干扰等

由于直流伺服电动机存在电刷和换向器，给它带来了一系列问题：电动机结构复杂而且维护比较麻烦；由于电刷和换向器为滑动接触，增加了电动机的阻转矩，并且会影响电动机运行的稳定性；存在换向火花问题，会对其他仪器和无线电通信等产生干扰。

交流伺服电动机结构简单、运行可靠、维护方便、使用寿命长，特别适宜于在不易检修的场合使用。

8.2 测速发电机

测速发电机是一种测量转速的信号元件，具有检测功能，它将输入的机械转速转换为电压信号输出。其输出电压与转速成正比关系，即

$$U_a = Kn \tag{8-7}$$

由于这种正比例关系可用于测量加速或减速信号，根据自动控制系统的精度要求，测速发电机的输出电压应与转速成严格线性关系，且输出特性斜率要大，以满足精度和灵敏度要求；转动惯量要小，以保证其快速响应性。

按结构和工作原理的不同，测速发电机分为直流测速发电机和交流测速发电机两大类。

8.2.1 直流测速发电机

按励磁方式不同，直流测速发电机可分为电磁式和永磁式两大类。其结构和工作原理与直流伺服电动机基本相同，图 8-15 是电磁式直流测速发电机的原理电路，测速发电机与被测电机同轴连接。

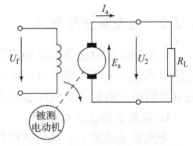

图 8-15　直流测速发电机原理图

1. 输出特性

直流测速发电机的输出特性是指输出电压 U_2 与输入转速 n 之间的函数关系。

当直流测速发电机的输入转速为 n，且励磁磁通恒定不变，电机空载时，由直流发电机的电压平衡方程式得输出电压 U_2 为

$$U_2 = E_a = C_e n\Phi = K_e n \tag{8-8}$$

即输出电压与转速成正比。

当接负载时，电压平衡方程式为

$$U_2 = E_a - I_a R_a \tag{8-9}$$

由于负载电流 $I_a = U_2/R_L$，代入式（8-9）并整理，得

$$U_2 = E_a/(1 + R_a/R_L) \tag{8-10}$$

或

$$U_2 = \frac{C_e \Phi}{1 + \dfrac{R_a}{R_L}} n \tag{8-11}$$

式（8-11）是负载输出电压与转速的关系。可以看出，只要保持 Φ、R_a 和 R_L 不变，输出电压 U_2 与 n 成严格线性关系。负载 R_L 变化将使输出特性斜率发生变化。如图 8-16 所示是不同负载时的理想输出特性。显然，当负载 R_L 的阻值减少时，在同一转速下，其输出电压将降低。

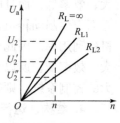

图 8-16 不同负载时的理想输出特性

2. 直流测速发电机的误差分析

测速发电机在实际运行中，输出电压与转速之间并不能严格地保持正比关系，输出特性曲线如图 8-17 中的虚线所示，即出现线性误差。产生误差的主要原因有以下几点。

（1）电枢反应的影响

当发电机带上负载后，电枢中有电流 I_a 通过，故产生电枢磁场，由于电枢磁场的存在产生电枢反应。因电枢反应对主磁场有去磁效应，所以即使电机励磁电流不变，带负载后气隙合成磁通 Φ 将减小。所以式（8-11）中 Φ 是变化的，且负载电阻值越小或转速越高，负载电流就越大，磁通被减弱得越多，使输出特性偏离直线越远，非线性误差越大。

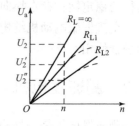

图 8-17 实际输出特性曲线

（2）电刷接触压降的影响

由于电枢回路总电阻 R_a 包括电刷与换向器的接触电阻，而接触电阻是随着负载电流变化而变化的，因此接触电阻也是破坏 $U_2 = f(n)$ 线性关系的因素之一。

（3）温度的影响

在电磁式测速发电机中，因励磁绕组长期通电，其阻值也相应增大，使励磁电流减小，从而引起磁通下降，造成线性误差。

8.2.2 交流测速发电机

交流测速发电机分同步测速发电机和异步测速发电机两大类。因异步测速发电机定子输出绕组的感应电动势频率恒为励磁电源的频率，与转速无关，其大小与转速成正比，所以交流异步测速发电机广泛应用在自动控制系统中，因此本节只介绍交流异步测速发电机。

1. 基本结构及工作原理

交流异步测速发电机的结构与交流伺服电动机相同，定子上有两相正交绕组，其中一相接电源励磁，另一相则用来输出电压信号。转子有笼型和非磁性空心杯形两种。笼型转子交流测速发电机的输出斜率大，但转动惯量大，一般只用在精度要求不高的场合。为了提高系统的快速响应性和灵敏度，转子采用空心杯型结构，由于杯形转子结构的惯量小、精度高、快速响应性好，适合使用在小功率伺服系统和解算装置中，是目前应用最广泛的一种交流异步测速发电机。

杯形转子交流异步测速发电机的转子通常采用高电阻率的磷青铜、硅锰青铜和锡锌青铜等非磁性材料做成的空心杯形。常把励磁绕组放在外定子上，输出绕组放在内定子上，空间仍保持相差 90° 电角度。杯形转子交流测速发电机的结构如图 8-18 所示。

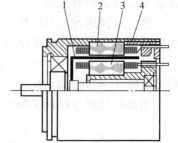

图 8-18 杯形转子交流异步测速发电机结构图

1—杯形转子　2—外定子铁心
3—内定子铁心　4—机壳

空心杯形转子交流异步测速发电机的工作原理如图 8-19 所示。图中 N_f 为励磁绕组，N_2 为输出绕组，两绕组空间互差 90°电角度。

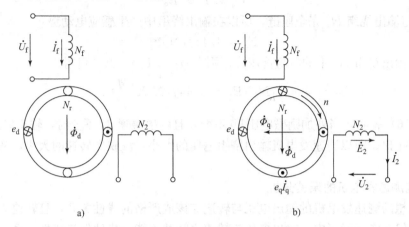

图 8-19　杯形转子交流异步测速发电机工作原理
a）转子静止　b）转子旋转

当励磁绕组外加恒定的交流电压 $\dot{U}_f$ 时，便有电流 $\dot{I}_f$ 流过，产生频率为 f 的直轴脉振磁通 $\dot{\Phi}_d$。由图 8-19a 可见，当转子静止时 $n = 0$，直轴脉振磁通 $\dot{\Phi}_d$ 除在励磁绕组中感应电动势 e_f 外，还在转子中感应出变压器电动势 $e_d = -N_r \dfrac{\mathrm{d}\Phi_d}{\mathrm{d}t}$，并由此产生直轴方向的磁通。所以当电机不转时，电机气隙中只有直轴磁通，而输出绕组 N_2 与直轴磁通 $\dot{\Phi}_d$ 无匝链，故不会在输出绕组中产生感应电动势，输出绕组电压为零。所以当输入转速 $n = 0$ 时，输出电压 U_2 为零，没有信号电压输出。

当转子以转速 n 旋转时，转子导体中仍有感应变压器电动势 e_d。此外，由于转子旋转，转子导体切割励磁磁场还产生电动势 e_q，e_q 方向由右手定则判定，如图 8-19b 所示。为分析方便，上、下半个圆周上的导条分别用一根导体代替，则转子导体切割励磁磁场产生的旋转电动势为

$$e_q = B_d l v = l \frac{\pi D n}{60} B_{dm} \sin\omega t = C n \Phi_d \sin\omega t = \sqrt{2} E_q \sin\omega t \tag{8-12}$$

$$E_q = \frac{C\Phi_d}{\sqrt{2}} n \tag{8-13}$$

式中　C ——常数；

　　　D ——转子直径；

　　　E_q ——旋转电动势有效值。

由于电动势 $E_q \propto \Phi_d n$，励磁磁通又是以电源频率 f_1 在 N_f 轴上脉振的交变磁通，所以转子旋转电动势是以 f_1 为频率的交变电动势。若转子旋转方向为顺时针，则旋转电动势 e_q 的方向如图 8-19b 所示，上半为流入纸面，下半为流出纸面。由于杯形转子相当于导条端部短路的转子绕组，在旋转电动势 e_q 的作用下，导条中有电流 $\dot{I}_q$ 产生，该转子电流 $\dot{I}_q$ 又产生磁场，按右手螺旋定则，由 $\dot{I}_q$ 产生磁通 Φ_q 在空间的方向为与 Φ_d 正交，即输出绕组 N_2 轴上，

由 $\dot{I}_q$ 产生磁通 Φ_q 也是交变磁通。其大小

$$\Phi_q \propto I_q \propto E_q \tag{8-14}$$

交变的 Φ_q 与输出绕组 N_2 完全匝链,所以在输出绕组中产生感应电动势

$$E_2 = 4.44 f_1 N_2 \Phi_q \tag{8-15}$$

若忽略输出绕组 N_2 中的漏阻抗压降,则有 $U_2 \approx E_2 \propto \Phi_q$,可得

$$U_2 = 4.44 f_1 N_2 K E_q = 4.44 f_1 N_2 K \frac{C\Phi_d}{\sqrt{2}} n = C'n \tag{8-16}$$

式(8-16)表明,当外加励磁电压 U_f 不变,且励磁磁通 Φ_d 不变时,输出绕组的电压 U_2 与转速 n 成正比。所以测速发电机输出绕组电压的大小,反映了转速的大小,从而实现了测速的目的。

2. 交流测速发电机的误差分析

一台理想的测速发电机的输出电压与转速应该成严格的线性关系,且转速为零时,输出电压为零。但在实际运行中,输出电压与转速之间并不能严格地保持线性关系,产生的误差主要有线性误差、相位误差和剩余电压。

(1)线性误差

由式(8-16)可见,当磁通 Φ_d 不变时,输出电压与转速成严格的线性关系,但在推导此公式时忽略了定子漏阻抗 Z_f,即励磁绕组的阻抗,以及忽略了转子杯导条的漏阻抗 Z_r,若考虑这些因素,直轴磁通 Φ_d 的大小是变化的,因此产生了线性误差。

(2)相位误差

交流测速发电机输出电压 $\dot{U}_2$ 与励磁电压 $\dot{U}_f$ 之间的相位差是励磁绕组内的漏阻抗压降引起的,可以借助图8-20所示的相量图进行分析。图中以 $\dot{\Phi}_d$ 为参考量,$\dot{E}_f$ 为磁通 $\dot{\Phi}_d$ 在励磁绕组中所产生的变压器电动势,其相位比 $\dot{\Phi}_d$ 落后90°电角度,$\dot{E}_q$ 为转子导体切割磁通 $\dot{\Phi}_d$ 产生的旋转电动势,其相位与磁通 $\dot{\Phi}_d$ 相同。在 $\dot{E}_q$ 的作用下,产生落后于 $\dot{E}_q \alpha$ 电角度的转子电流 $\dot{I}_q$,由 $\dot{I}_q$ 产生的磁通 $\dot{\Phi}_q$ 应与 $\dot{I}_q$ 同相位。由于磁通 $\dot{\Phi}_q$ 的交变,在输出绕组中产生电动势 $\dot{E}_2$,其相位应比 $\dot{\Phi}_q$ 落后90°,输出电压 $\dot{U}_2$ 等于 $-\dot{E}_2$。再根据励磁绕组电压平衡方程式,$-\dot{E}_f$ 加上励磁绕组的阻抗压降 $\dot{I}_f Z_f$ 就是电源电压 $\dot{U}_f$,假定 $\dot{I}_f$ 与 $-\dot{E}_f$ 的夹角为 β,由图8-20可以看出,这时输出绕组产生的输出电压 $\dot{U}_2$ 与加在励磁绕组上的电源电压 $\dot{U}_f$ 的相位不同,它们之间存在着输出相位移 φ。由于励磁绕组存在阻抗 Z_f,电流 $\dot{I}_f$ 的大小和相位都随转速而变,所以输出电压 $\dot{U}_2$ 与励磁电压 $\dot{U}_f$ 之间的相位移 φ 也随转速的变化而变化。

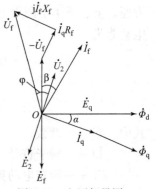

图 8-20 电压相量图

(3)剩余电压

理想的测速发电机在转速为零时输出电压应为零,但实际上,当交流测速发电机加入励磁电压后,即使转速为零输出电压并不为零,这时转子输出绕组中所产生的电压 U_r 称为剩

余电压。

产生剩余电压的原因很多，主要有两个方面：一是制造工艺问题，如两相绕组在空间不完全成 90°、定子内孔椭圆以及转子杯壁厚不一致等，都会使励磁绕组与输出绕组存在耦合作用；二是导磁材料的磁导率不均匀以及非线性，产生高次谐波磁场，这些谐波磁场将在输出绕组中感应出高次谐波电动势。

上述是对交流测速发电机所产生的主要误差分析，应采取适当措施尽量减小这种误差。

8.3 无刷直流电动机

直流电动机具有良好的机械特性和调节特性，因此被广泛应用于驱动装置及伺服系统中。但是普通直流电动机都有换向器和电刷装置，所以存在换向问题，使电动机的寿命、运行的可靠性、维护等问题较为突出。无刷直流电动机利用电子开关线路和位置传感器，取代了电刷和换向器，使得无刷直流电动机既具有直流电动机的机械特性和调节特性，又具有交流电动机的运行可靠性、维护方便等优点，现已得到越来越广泛的应用，如用于军事工业、家用电器、精密机床及载人飞船等高精度伺服控制系统中。

无刷直流电动机由电动机、转子位置传感器和电子开关线路三部分组成，其原理框图如图 8-21 所示。

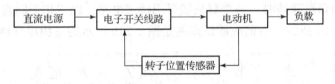

图 8-21 无刷直流电动机原理框图

8.3.1 无刷直流电动机的基本结构

无刷直流电动机就电动机本身而言是一种采用永磁体励磁的同步电动机，所以也称为无刷永磁直流伺服电动机。它的定子结构与普通同步电动机基本相同，铁心中嵌有多相对称绕组，而转子则由永磁体取代了电励磁同步电动机的转子励磁绕组。图 8-22 所示为嵌入式转子结构，永磁体嵌入转子铁心表面的槽中。

位置传感器是无刷直流电动机的重要部分，其作用是检测转子磁场相对于定子绕组的位置，并发出相应的信号控制开关线路，使定子绕组中的电流换向，从而控制电动机转动。位置传感器常见的结构形式有电磁式、光电式和霍尔元件。

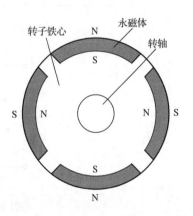

图 8-22 嵌入式转子结构

8.3.2 无刷直流电动机的工作原理

无刷直流电动机本质上类似于一台反装式直流电动机，为便于理解其运行原理，先简单回顾一下直流电动机的工作原理。在直流电动机中，通常磁极装在定子上，电枢绕组位于转子上。由电源向电枢绕组提供的电流为直流，而为了使电动机能产生大小、方向均保持不变的电磁转矩，应保持每一主磁极下电枢绕组中的电流方向不变，但因每一元件边均随转子的旋转而轮流经过 N、S 极，故每一元件边中的电流方向必须相应交替变化，所以通过电刷和机械换向器使转子绕组中的电流方向随时改变，即所谓换向。如图 8-23 所示为直流电动机工作原理图，由于电刷位于几何中性线处，使 F_f 与 F_a 始终相互垂直，从而保证电动机在最大电磁转矩下运行。

无刷直流电动机是将直流电动机反装，即将永磁体磁极放在转子上，而电枢绕组成为静止的定子绕组。为了使定子绕组中的电流方向能随其线圈边所在处的磁场极性交替变化，需将定子绕组与电力电子器件构成的逆变器连接，并安装转子位置检测器，以检测转子磁极的空间位置，并根据转子磁极的空间位置控制逆变器中功率开关器件的通断，从而控制电枢绕组的导通情况及绕组电流的方向，使电枢绕组产生的磁动势 F_a 与主极磁动势 F_f 保持一定角度，从而产生电磁转矩，完成换向器直流电动机的换向功能。

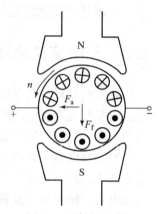

图 8-23　直流电动机
工作原理图

电子开关线路的作用是根据转子位置适时地给相应的定子绕组通电。目前最常见的无刷直流电动机定子绕组为三相。定子绕组可以采用星形联结，也可以采用角形（或称封闭形）联结。当绕组为星形联结时，其逆变器可以采用桥式电路，也可以采用半桥电路；当绕组为角形联结时，逆变器只能采用桥式电路。以三相无刷直流电动机为例，三种连接方式如图 8-24 所示，目前应用最多的是图 8-24b 所示的三相星形桥式电路。

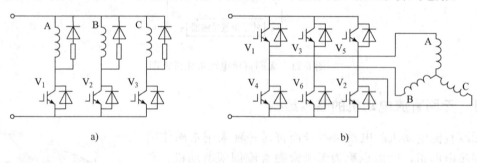

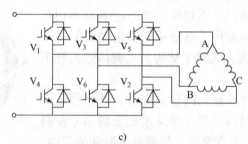

图 8-24　三相无刷直流电动机的绕组连接方式
a) 半桥电路　b) 绕组星形联结的桥式电路　c) 绕组角形联结的桥式电路

下面以图 8-25 所示的星形全桥接法三相无刷直流电动机为例，对无刷直流电动机的工作情况作进一步分析。

图 8-26 表示电动机转子在几个不同位置时，定子绕组的通电情况，根据电枢磁动势与转子磁动势的相互作用，分析电动机所产生的转矩。当晶闸管 V_1、V_6 导通时转子处于图

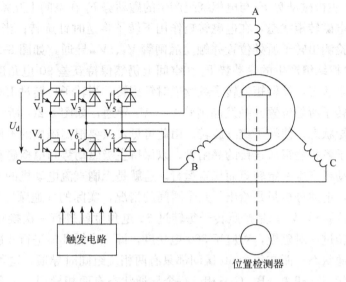

图 8-25　三相无刷直流电动机原理图

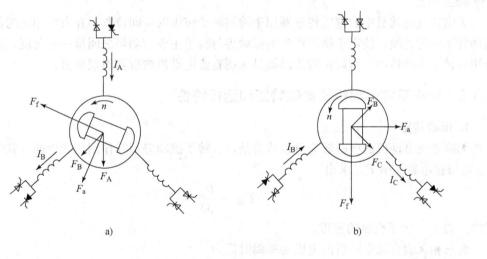

a)　　　　　　　　　　　　　　b)

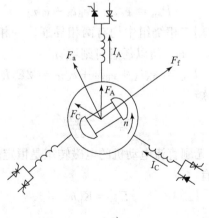

c)

图 8-26　电枢磁动势与转子磁动势的相互关系
a) V_1、V_6 导通　　b) V_3、V_2 导通　　c) V_5、V_4 导通

8-26a 所示位置，主极磁动势 F_f 与电枢绕组产生的磁动势 F_a 在空间上互差 90°电角度，电动机处于产生最大电磁转矩状态，在电磁转矩作用下转子将逆时针旋转；当转子转过 120°时，转子位置检测器检测出转子所处位置并触发晶闸管 V_3、V_2 导通，如图 8-26b 所示，此时主极磁动势 F_f 与电枢绕组产生的磁动势 F_a 在空间上仍然保持互差 90°电角度，电动机仍处于产生最大电磁转矩状态，该转矩使转子继续逆时针旋转；当转子再转过 120°时，转子位置检测器检测出此时转子所处位置并触发晶闸管 V_5、V_4 导通，如图 8-26c 所示，电动机仍处于产生最大电磁转矩状态，使转子继续旋转。由此可见，只要根据磁极的不同位置，以适当顺序导通和关断定子各相绕组所连接的晶闸管，以保持主极磁动势与电枢磁动势之间具有一定角度，便可使电动机产生一定转矩而稳定运行。这就是无刷直流电动机的工作原理。

为方便起见，上述分析只是给出了几个瞬间的情况，实际的导通顺序为 $V_6V_1 \rightarrow V_1V_2 \rightarrow V_2V_3 \rightarrow V_3V_4 \rightarrow V_4V_5 \rightarrow V_5V_6$，是按照转子每转过 60°电角度就进行一次换相，一个循环通电状态完成后转子转过一对磁极，对应于 360°电角度，即一个循环需进行 6 次换相，相应地定子绕组有 6 种导通状态，而在每个 60°区间都只有两相绕组同时导通，这种工作方式常称为两相导通三相六状态。即 A、B、C 三相，每个导通状态有两相导通，一个循环定子绕组有 6 种导通状态。

无刷直流电动机中的位置传感器用来检测转子磁极的空间位置，并发出相应的信号控制晶闸管元件的通断，使定子绕组产生的磁动势与转子主极磁动势之间呈一定角度，产生电磁转矩使转子连续转动。所以位置传感器是无刷直流电动机的重要组成部分。

8.3.3 无刷直流电动机的电磁转矩和运行特性

1. 电磁转矩

无刷直流电动机的电磁转矩可以认为是定、转子磁动势相互作用所产生的，其电磁转矩 T_{em} 可根据电磁功率 P_{em} 求出

$$T_{em} = \frac{P_{em}}{\Omega} \tag{8-17}$$

式中　　Ω——转子机械角速度。

而三相无刷直流电动机的电磁功率瞬时值为

$$P_{em} = e_A i_A + e_B i_B + e_C i_C \tag{8-18}$$

在理想情况下，任意时刻三相绕组中均有两相导通，一相电动势为 E_p、电流为 I_d；另一相电动势为 $-E_p$、电流为 $-I_d$。所以任意时刻均有

$$P_{em} = e_A i_A + e_B i_B + e_C i_C = 2E_p I_d \tag{8-19}$$

则电动机的瞬时电磁转矩

$$T_{em} = \frac{2E_p I_d}{\Omega} \tag{8-20}$$

由此可见，理想情况下无刷直流电动机的电磁转矩是恒定的。考虑到绕组感应电动势幅值 E_p 与转速成正比，则应有

$$E_p = K_p n \tag{8-21}$$

式中　　n——转速（r/min）；

　　K_p——与电动机结构有关的常数。

则可得

$$T_{em} = \frac{2K_p n I_d}{\Omega} = \frac{60}{\pi} K_p I_d = K_t I_d \qquad (8-22)$$

$$K_t = \frac{60}{\pi} K_p, \ \Omega = \frac{2\pi}{60} n$$

式中 K_t——电动机的转矩系数。

式（8-22）表明，无刷直流电动机的电磁转矩公式与普通有刷直流电动机相同，若不计电枢反应磁动势对气隙磁场的影响，转矩系数 K_t 为常数，电磁转矩与定子电流成正比，通过控制定子电流大小就可以控制电磁转矩，因此无刷直流电动机具有与有刷直流电动机同样优良的控制性能。

2. 运行特性

由图 8-26 可见，在任意时刻电路连接情况均为同时导通的两相绕组串联后跨接在直流电源电压 U_d 两端，若不考虑电枢绕组电感的影响，且忽略功率开关的管压降，根据基尔霍夫定律得直流回路的电压平衡方程式为

$$U_d = 2R_s I_d + 2E_p \qquad (8-23)$$

式中 R_s——定子绕组每相电阻。

因为 $E_p = K_p n$，将其代入上式可得无刷直流电动机的转速公式为

$$n = \frac{U_d - 2R_s I_d}{2K_p} = \frac{U_d}{2K_p} - \frac{R_s}{K_p} I_d \qquad (8-24)$$

又因 $T_{em} = K_t I_d$，代入上式可得机械特性方程式

$$n = \frac{U_d}{2K_p} - \frac{R_s}{K_p K_t} T_{em} \qquad (8-25)$$

可见，无刷直流电动机的机械特性方程式同他励直流电动机在形式上完全一致。图 8-27 为不同 U_d 下的机械特性曲线。根据式（8-25），对应不同负载转矩时，可得到无刷直流电动机的调节特性曲线如图 8-28 所示。

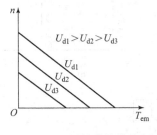

图 8-27   机械特性曲线

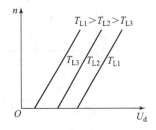

图 8-28   调节特性曲线

由以上分析可见，无刷直流电动机的机械特性和调节特性均为线性，可通过调节电源电压 U_d 实现无级调速，因此无刷直流电动机与有刷直流电动机一样，具有优良的伺服控制性能。

8.3.4   无刷直流电动机的 PWM 控制方式

由机械特性方程式可知，要调节无刷直流电动机的转速，需改变直流电压 U_d。因加到定子绕组的电压是施加到同时导通的两相定子绕组间的线电压，可以在直流电压 U_d 一定的情况下，通过对逆变器的功率开关进行 PWM 控制，连续地调节施加到电动机绕组的平均电压和电流，从而实现转速调节，无刷直流电动机大多采用这种控制方式，此时逆变器同时承担换相控制和 PWM 电压或电流调节两种任务。

由前述无刷直流电动机工作原理的分析可知，对工作于两相导通三相六状态的三相无刷直流电动机，在每个60°区间均有两相绕组同时导通，其中一相绕组通过上桥臂开关与直流电源正极相接，另一相绕组通过下桥臂开关与电源负极相接。进行PWM控制时，可以对上、下桥臂两只功率开关同时进行PWM通、断控制，也可以只对其中之一进行通断控制，而另一只功率开关保持连续导通状态（仅进行换相控制，不进行PWM控制），前者称为反馈斩波方式，后者称为续流斩波方式。下面说明这两种斩波方式的具体工作情况。

根据换相逻辑，在0～60°区间V_1、V_6处于工作状态，其他功率开关关断。当采用反馈斩波方式时，在PWM导通期间，V_1、V_6导通，电流通路如图8-29a所示，施加到A、B两相绕组的电压为U_d，绕组电流为$i_A = I_d, i_B = -I_d$；在PWM关断期间，V_1、V_6同时关断，由于电感的存在，绕组电流不能突变，V_1、V_6关断后，电流将经VD_4、VD_3流通，如图8-29b所示，施加在A、B两相绕组的电压为$-U_d$，在此阶段实际上是电动机向直流电源回馈能量。反馈斩波方式时的绕组电压波形如图8-30a所示。若PWM周期为T，每个开关周期中导通时间为t_{on}，则施加到定子绕组的电压平均值为

$$U'_d = \frac{1}{T}[t_{on}U_d + (T - t_{on})(-U_d)] = (2\alpha - 1)U_d \tag{8-26}$$

$$\alpha = t_{on}/T$$

式中　　α ——导通占空比。

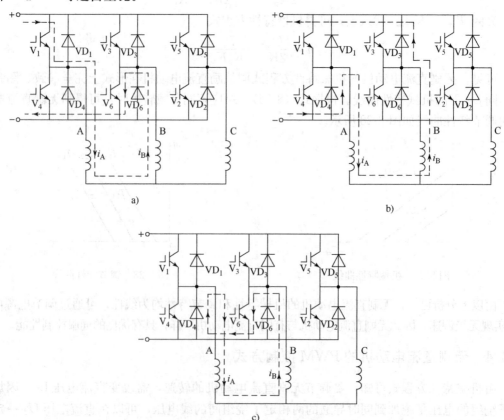

a)　　　　　　　　　　b)

c)

图8-29　PWM控制时的电流路径

a) PWM导通期间的电流路径　b) 反馈斩波方式时PWM关断期间的电流路径

c) 续流斩波方式时PWM关断期间的电流路径

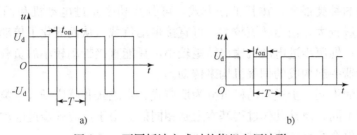

图 8-30 不同斩波方式时的绕组电压波形

a) 反馈斩波方式时的绕组电压波形 b) 续流斩波方式时的绕组电压波形

当采用续流斩波方式时，只对 V_1 或 V_6 进行 PWM 控制，另一只功率开关始终导通（只受换相信号控制）。以对 V_1 进行斩波控制为例，在 PWM 导通期间 V_1 导通，则 V_1、V_6 同时导通，电流路径与图 8-29a 所示的反馈斩波方式下相同，绕组电压为 U_d；在 PWM 关断期间，V_1 关断，而 V_6 持续导通，电流路径如图 8-29c 所示，电流经 VD_4、V_6 续流，A、B 两相绕组短路，电压为零，施加到定子绕组的电压波形如图 8-30b 所示，此时定子绕组电压平均值为

$$U'_d = \frac{t_{on}}{T} U_d = \alpha U_d \tag{8-27}$$

可见采用 PWM 方式时，在直流电压 U_d 一定的条件下，通过改变 PWM 信号的占空比 α，就可以改变加到无刷直流电动机定子绕组的电压平均值，从而调节电动机的转速，此时式（8-24）、式（8-25）中的 U_d 应代入 U'_d。

无刷直流电动机是电子学与旋转电机相结合的一种新型伺服电机。由于电动机本身采用无刷结构，维护简单，可在恶劣环境中长期运行，电动机的使用寿命长；调速性能好，电动机从零到额定转速可实现无级调速；控制方便，对变化的负载能进行稳定的运行和随时增加转速的控制，并能连续地进行正、反转运行；控制装置时间常数小，快速响应性好，控制精度高，运行可靠性高，被广泛应用于控制系统中。

8.4 步进电动机

步进电动机属于一种特殊运行方式的同步电动机。它由专门电源提供电脉冲，并将输入的脉冲电信号变换为角位移或直线位移，也就是给一个脉冲信号，电动机就转一个角度，因此这种电动机叫作步进电动机。因为它输入的既不是正弦交流，也不是恒定直流，而是脉冲电流，所以又叫作脉冲电动机，是数字控制系统中的一种重要执行元件。

由于发出一个脉冲电信号，步进电动机就转过一个角度或前进一步，因而电动机转速与脉冲频率成正比。通过改变脉冲频率的高低就可以在很大范围内调节电动机的转速，并能快速起动、制动和反转。步进电动机的步距角变动范围较大，在小步距角的情况下，可以低速平稳运行。在负载能力范围内，电动机的步距角和转速大小不受电压波动和负载变化的影响，也不受环境条件，如温度、气压、冲击和振动等影响，它只与脉冲频率有关。因此这类电动机特别适合在开环系统中使用，使整个系统结构简单、运行可靠。当采用了速度和位置检测装置后，它也可以用于闭环系统中。目前步进电动机广泛用于计算机外围设备、机床的程序控制及其他数字控制系统，如软盘驱动器、绘图机、打印机、自动记录仪表、数模转换装置和钟表等装置或系统中。

步进电动机的种类很多，按其工作方式，可分为功率步进电动机和伺服步进电动机两类。前者体积一般较大，输出转矩较大，可直接带动负载，从而简化了传动系统的结构，提高了系统的精度；伺服步进电动机输出转矩较小，只能直接带动较小的负载，对较大负载需与液压力矩放大器一起构成的伺服机构来传动。

按励磁方式的不同，步进电动机可分为反应式、永磁式和感应子式三类。它们产生电磁转矩的原理虽然不同，但其动作过程基本上是相同的。由于反应式步进电动机结构简单，应用较广泛，本节仅介绍反应式步进电动机。

8.4.1 反应式步进电动机的基本结构和工作原理

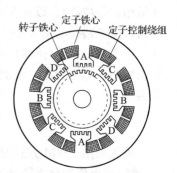

图 8-31 所示为反应式步进电动机的典型结构图。这是一台四相八极反应式步进电动机，定、转子铁心由硅钢片叠压而成，定子上有八个磁极，在面向气隙的定、转子铁心表面有齿距相等的小齿。定子为凸极结构，每极上套有一个集中绕组，相对两极的绕组串联构成一相。转子只有齿槽没有绕组，系统工作要求不同，转子齿数也不同，图中转子齿数为 50，定子每个磁极上有 5 个小齿，这是为了适应不同步距角的要求。

图 8-32 所示为一台四相八极反应式步进电动机示意图，定子铁心无小齿，相对两极的绕组串联成一相，转子只有 6 个齿，齿宽等于定子极靴的宽度。反应式步进电动机的工作原理是利用凸极转子的交轴与直轴磁阻不相等产生反应转矩而转动的。

图 8-31 反应式步进电动机的结构

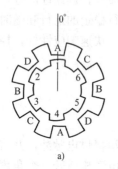 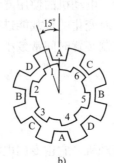 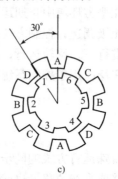 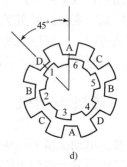

图 8-32 四相单四拍运行

a) A 相通电　b) C 相通电　c) B 相通电　d) D 相通电

当 A 相控制绕组通电，B、C 与 D 相都不通电时，由于磁通力图走磁阻最小的路径，所以转子齿 1 和 4 的轴线与定子 A 极轴线对齐，如图 8-32a 所示；当断开 A 相接通 C 相时，在反应转矩作用下，使转子齿 3 和 6 的轴线与 C 极轴线对齐，转子便按逆时针方向转过 15°，如图 8-32b 所示；同样当断开 C 相接通 B 相时，则转子又转过 15°，如图 8-32c 所示；再断开 B 相接通 D 相，转子又转过 15°，如图 8-32d 所示。经过了 A、C、B、D 一个通电循环后电动机逆时针转过了一个齿距的距离。若使步进电动机按顺时针方向连续运转，各相绕组的通电顺序为 A→D→B→C。不难看出步进电动机要完成步进运行必须满足"自动错位"的要求，如在图 8-32a 通电状态时，A 相控制绕组通电、转子齿 1 和 4 的轴线与定子 A 极轴线对齐，此时 B、C、D 极下的齿分别与转子齿错开一定角度即为"自动错位"，只有这样，当改变定子通电状态时才能完成步进运行。

由图 8-32 可知，电源每切换一次，步进电动机转子就旋转 15°，这种电源的通电方式每变换一次，称为一拍，每一拍转子所转过的角度称为步距角，用 θ_s 表示。电源每切换四次后开始重复，即一个循环为四拍，每次只接通一相绕组的四相供电方式称为"四相单四拍运行"。如果每次同时接通两相绕组，如 AC→CB→BD→DA，也是四拍一个循环，则这种供电方式称为"四相双四拍运行"，不难看出，这种方式与四相单四拍供电方式的步距角相等。

除了以上这两种运行方式外，四相步进电动机还可以四相八拍运行，它的供电方式是上述单拍和双拍的组合，即按 A→AC→C→CB→B→BD→D→DA 的顺序通电。这时，每一循环换接八次，总共有八种通电状态，所以称为"四相八拍运行"。四相八拍运行时转子每步转过的角度比四相四拍运行时要小一半，因此一台步进电动机采用不同的供电方式，步距角可以有两种不同的数值。

以上讨论的是一台简单的四相反应式步进电动机的工作原理。但是这种步进电动机每走一步所转过的角度比较大，很难满足生产实际中提出的位移量小的要求，所以实际步进电动机大多采用如图 8-31 所示的结构，该结构转子齿数较多、定子磁极上带有若干小齿，使步距角很小。下面进一步说明这种步进电动机的工作原理。

设步进电动机为四相单四拍运行，即通电方式为 A→C→B→D。当图 8-31 中的 A 相控制绕组通电时，产生了沿 A 极轴线方向的磁通，使转子齿轴线和定子磁极 A 上的齿轴线对齐。因为转子共有 50 个齿，每个齿距角 $\theta_t = 7.2°$，定子一个极距所占的齿数为 $50/(2 \times 4) = 6.25$，不是整数，因此当 A 极下的定、转子齿轴线对齐时，相邻两对磁极 C 极和 D 极下的齿和转子齿必然错开 1/4 齿距角，即 1.8°。如果断开 A 相而接通 C 相，在反应转矩的作用下，转子按逆时针方向转过 1.8°，使转子齿轴线和定子磁极 C 下的齿轴线对齐，这时 A 极和 B 极下的齿与转子齿又错开 1.8°，以此类推。控制绕组按 A→C→B→D 顺序循环通电时，转子就一步一步连续地转动起来，每换接一次通电状态，转子就转过 1/4 齿距角，经过了 A、C、B、D 一个通电循环后，电动机逆时针转过了一个齿距的距离 $\theta_t = 7.2°$。显然，如果要使步进电动机反转，只要改变通电顺序即可，即按 A→D→B→C 顺序循环通电时，转子便按顺时针方向一步一步地转动起来。如果运行方式改为四相八拍，其通电方式为 A→AC→C→CB→B→BD→D→DA，其步距角为四相单四拍运行时的一半。

由上述工作原理可见，每输入一个脉冲电信号，转子转过的角度称为步距角，用符号 θ_s 表示。经过了一个通电循环后，转子转过了一个齿距的距离，因齿距角可表示为 $\theta_t = \dfrac{360°}{Z_r}$（式中 Z_r 为转子齿数）。所以转子每步转过的空间角度（机械角度）即步距角为

$$\theta_s = \frac{\theta_t}{N} = \frac{360°}{NZ_r} \text{（机械角度）} \qquad (8\text{-}28)$$

$$N = km \, (k = 1, 2)$$

式中　N——运行拍数；

　　　m——电动机相数。

为提高工作精度，就要求步距角很小。由式（8-28）可见，要减小步距角可以增加拍数 N，因相数增加相当于拍数增加，但相数越多，电源及电动机的结构也越复杂。对同一电动机，当采用单拍或双拍运行方式时 $k = 1$；采用单拍和双拍混合运行方式时 $k = 2$，此种供电方式步距角较 $k = 1$ 时减小一半，所以一台步进电动机可有两种步距角。

另外，增加转子齿数 Z_r，步距角也可减小。所以反应式步进电动机的转子齿数一般是很多的，通常反应式步进电动机的步距角为零点几度到几度。

反应式步进电动机的转子齿数 Z_r 基本上是根据步距角的要求设计的，但是还必须同时满足"自动错位"的要求，所以转子齿数的设计应符合下列条件

$$Z_r = 2p\left(K \pm \frac{1}{m}\right) \tag{8-29}$$

式中　K——任意整数。

　　$2p$——电动机的定子极数。

反应式步进电动机改变一次通电状态就走一步，所以当脉冲频率很高时，步进电动机不是一步一步地转动，而是连续转动。因步距角 $\theta_s = \dfrac{\theta_t}{N} = \dfrac{360°}{NZ_r}$，所以每输入一个脉冲，转子转过的角度是整个圆周角的 $1/(Z_r N)$，也就是转过 $1/(Z_r N)$ 转，因此每分钟转子所转过的圆周数，即转速 n（r/min）为

$$n = \frac{60f}{Z_r N} \tag{8-30}$$

式中　f——控制脉冲的频率，即每秒输入的脉冲数。

由上式可见，反应式步进电动机的转速取决于脉冲频率、转子齿数和拍数，而与电压、负载、温度等因素无关。当转子齿数一定时，转子速度与输入脉冲频率成正比，改变脉冲频率可以改变转速，故可实现无级调速。

当不改变通电状态时，电动机可以保持在固定的位置上，即停在该脉冲控制的角位移的终点位置上，具有自锁能力。因此步进电动机可以实现停车时的转子定位。

综上所述，由于步进电动机工作时的步数或转速既不受电压波动和负载变化的影响（在允许负载范围内），也不受环境条件（温度、压力、冲击和振动等）变化的影响，而只与控制脉冲同步，同时它又能按照控制的要求，进行起动、停止、反转或改变转速。因此步进电动机被广泛地应用于各种数字控制系统中，且更多地应用于开环控制系统中。

8.4.2　步进电动机的运行特性

了解步进电动机的运行特性对正确使用步进电动机具有重要意义。反应式步进电动机的运行特性有三种，分别为静态运行特性、步进运行特性和连续脉冲运行特性，下面分别介绍。

1. 静态运行特性

当控制脉冲停止时，步进电动机一相或几相通入恒定不变的直流电流，这时转子将固定于某一位置上保持不动，称为静止状态。静态运行特性是指在静止状态下，电磁转矩与转子失调角 θ_e 之间的函数关系 $T_{em} = f(\theta_e)$，简称距角特性。它是分析步进电动机的基本特性。

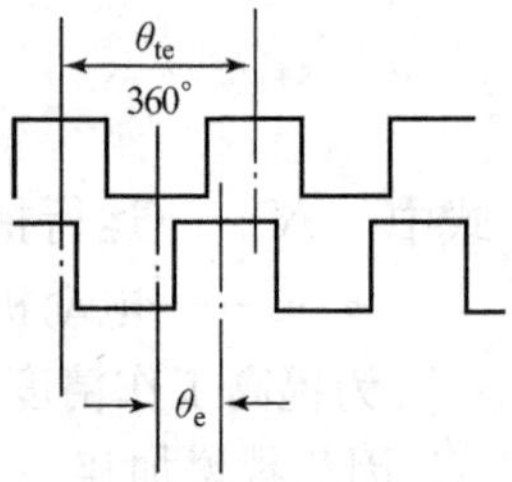

单相通电时，通电相极下所有齿都产生转矩，由于同一相极下所有定子齿和转子齿相对应的位置都相同，因而电动机总转矩为通电相极下各定子齿所产生的转矩之和。在讨论静态特性时，可以用一对定、转子齿的相对位置来表示转子位置。

图 8-33 所示为定、转子齿的相对位置。定子齿轴线与转子齿轴线之间的夹角为失调角 θ_e，它表示定子齿轴线与转子齿轴线之间的电

图 8-33　定、转子齿的相对位置

角度，并规定一个齿距的距离为 360° 电角度，即 $\theta_{\mathrm{te}} = 2\pi$，其中 θ_{te} 为用电角度表示的齿距角。

图 8-34 表示步进电动机的转矩与转角之间的关系。当失调角 $\theta_{\mathrm{e}} = 0$ 时，电动机转子上无切向磁拉力，电磁转矩为零，该位置为稳定平衡位置，如图 8-34a 所示；当出现失调角后，随着 θ_{e} 的增加，分解出的切向力越大，对应产生的电磁转矩越大，其作用是使得失调角减小，当 $\theta_{\mathrm{e}} = 90°$ 时产生最大转矩，如图 8-34b 所示；当 $\theta_{\mathrm{e}} > 90°$ 时由于磁阻显著增大，使电磁转矩减小，直到 $\theta_{\mathrm{e}} = 180°$ 时电磁转矩为零，此时两个定子齿对转子齿的磁拉力相互抵消，如图 8-34c 所示；如 $\theta_{\mathrm{e}} > 180°$，则转子齿将受到另一个定子齿的作用，出现与 $\theta_{\mathrm{e}} < 180°$ 时相反的电磁转矩，如图 8-34d 所示。

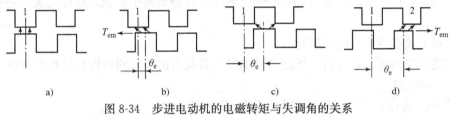

图 8-34　步进电动机的电磁转矩与失调角的关系

a) $\theta_{\mathrm{e}}=0$　b) $\theta_{\mathrm{e}}=90°$　c) $\theta_{\mathrm{e}}=180°$　d) $\theta_{\mathrm{e}}>180°$

由此可见，电磁转矩 T_{em} 随 θ_{e} 作周期变化，变化的周期是一个齿距即 2π 电弧度，下式为 $T_{\mathrm{em}} = f(\theta_{\mathrm{e}})$ 的关系式

$$T_{\mathrm{em}} = -T_{\mathrm{sm}}\sin\theta_{\mathrm{e}} \tag{8-31}$$

式中　T_{sm}——最大静态转矩，它与通电状态及绕组内电流大小有关。

对应的曲线如图 8-35 所示。

如电动机空载运行，转子的稳定平衡点在 $\theta_{\mathrm{e}} = 0$ 处，如瞬间偏离此位置，且失调角 θ_{e} 在 $0° < \theta_{\mathrm{e}} < 180°$ 范围内，则转子都能在 T_{em} 的作用下转到稳定平衡点，当 $\theta_{\mathrm{e}} = \pm\pi$ 时，尽管 $T_{\mathrm{em}} = 0$，但 $\theta_{\mathrm{e}} < -\pi$ 或 $\theta_{\mathrm{e}} > \pi$ 后，静态转矩与 θ_{e} 的方向一致，驱使转子背离稳定平衡点，故 $\theta_{\mathrm{e}} = \pm\pi$ 的位置称为不稳定平衡点，且两个不稳定平衡点之间的区域称为静稳定区。需要说明的是图 8-35 所示是单相通电状态时的矩角特性，如两相、三相同时通电时，矩角特性是两个或三个单相矩角特性的合成。

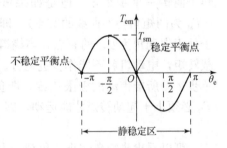

图 8-35　步进电动机的矩角特性

2. 步进运行特性

步进运行状态是指脉冲频率很低，下一个脉冲到来之前转子已走完一步，且转子已经停止的状态。在这种运行状态下，研究步进电动机的运行特性主要是对动稳定区和最大负载能力的分析。

（1）动稳定区和稳定裕度

动稳定区是指步进电动机从一种通电状态切换到另一种通电状态，不致引起失步的区域。

如步进电动机空载，当 A 相通电时，步进电动机处于如图 8-36 所示的矩角特性曲线 A，转子处于稳定平衡点 O_{A} 处，当 A 相断电 B 相通电后，矩角特性变为图 8-36 中的特性曲线 B，矩角特性向前移一个步距角 θ_{se}（θ_{se} 是用电角度表示的步距角），稳定平衡点为 O_{B}，相对应的静稳定区为 $(-\pi+\theta_{\mathrm{se}}) < \theta_{\mathrm{e}} < (\pi+\theta_{\mathrm{se}})$，只要转子起始位置在此区间内，转子就能向 O_{B}

点运动，最终达到该稳定平衡位置。因此把区域 $(-\pi+\theta_{se})<\theta_e<(\pi+\theta_{se})$ 称为动稳定区。显然，步距角 θ_{se} 越小，动稳定区越接近静稳定区。

把矩角特性曲线 A 的稳定平衡点 O_A 距离曲线 B 的不稳定平衡点 $(-\pi+\theta_{se})$ 的距离，称为"稳定裕度"，用 θ_r 表示，有

$$\theta_r = \pi - \theta_{se} = \pi - \frac{2\pi}{m} = \frac{\pi}{m}(m-2) \quad (8\text{-}32)$$

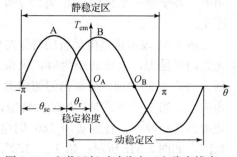

图 8-36 空载运行时动稳定区和稳定裕度

式中 θ_{se} ——单拍制运行时的步距角。

由式（8-32）可知，步进电动机相数 m 越多，步距角越小，稳定裕度越大，运行的稳定性越好。

（2）最大负载能力（起动转矩）

步进电动机在步进运行时，所能带动的最大负载可由相邻两条矩角特性交点所对应的电磁转矩 T_{st} 来确定。

由图 8-37 看出：当电动机所带负载转矩 $T_L<T_{st}$ 时，在 A 相通电时矩角特性为曲线 A，转子处在失调角为 θ'_{ea} 的平衡点 a 上，当 A 相断电 B 相通电瞬间，矩角特性跃变为曲线 B，对应于角度 θ'_{ea} 的电磁转矩 $T_B>T_L$，于是在 (T_B-T_L) 作用下沿曲线 B 向前走过一步到达新的平衡点 b。这样每切换一次脉冲，转子便转一个步距角。但是如果负载转矩 $T'_L>T_{st}$ （ T_{st} 为两矩角特性曲线的交点），即当 A 相通电时转

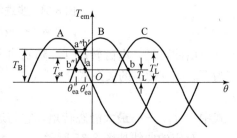

图 8-37 最大负载能力的确定

子处于失调角为 θ''_{ea} 的 a'' 点，当绕组切换为 B 相通电后，对应于角度 θ''_{ea} 的电磁转矩小于负载转矩，电动机就不能作步进运行。所以各相矩角特性的交点所对应的转矩 T_{st} 是电动机作单步运动所能带动的极限负载，即负载能力，也称为起动转矩。实际上电动机所带的负载 T_L 必须小于起动转矩才能运动，即

$$T_L < T_{st} \tag{8-33}$$

可以看出步矩角越小，负载能力越大，所以增加相数和供电拍数都将减小步距角，使起动转矩 T_{st} 提高，从而增大了电动机带负载的能力。

3. 连续脉冲运行特性

当步进电动机输入脉冲频率 f 较高时，步进电动机已不是一步步地运行，而是进入连续转动状态，当脉冲频率恒定时电动机做恒速转动。这种运行状态称作连续脉冲运行状态。

当步进电动机在高频恒频运转时，产生的平均转矩小于静态转矩。频率越高，电动机的转速越快，平均转矩越低。电动机的转速和频率之间的关系称为矩频特性，如图 8-38 所示。

由图 8-38 可见，电动机的转矩随频率的上升而下降。其原因是由于定子绕组电感有延缓电流变化的特性，频率越高，周期越短，电流来不及变化使电流减小，转矩大大下降，负载能力降低。

矩频特性表明，在一定控制脉冲频率范围内，随着频率升

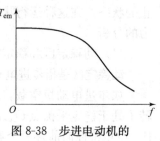

图 8-38 步进电动机的矩频特性

高，功率和转速都相应提高，超出该范围则随频率升高转矩下降，步进电动机带负载的能力也逐渐下降，到某一频率以后，就带不动任何负载，而且只要受到一个很小的扰动，就会振荡、失步以至停转。所以当电动机处于连续运转状态时，应根据负载的增加，适当降低脉冲频率，以使步进电动机能够连续稳定地运行。

8.5 自整角机

自整角机是一种对角位移或角速度的偏差能自动整步的控制电机，它是一种将转角变换成电压信号或将电压信号变换成转角，以实现角度传输、变换和指示的元件。自整角机可以用于测量或控制远距离设备的角度位置，也可以在伺服系统中用作机械设备之间的角度联动装置，以使机械上互不相连的两根或两根以上的转轴保持同步偏转或旋转。在自动控制系统中，自整角机总是两台或多台组合使用的。

8.5.1 自整角机的结构及分类

自整角机的基本结构与一般同步电机类似，定、转子铁心均由高磁导率、低损耗的优质硅钢片叠压而成，定子铁心上嵌有互成120°电角度的三相绕组，称为整步绕组，转子采用单相励磁绕组，经集电环和电刷引出，与静止外电路接通，其转子结构形式分隐极式和凸极式两种，如图8-39所示为转子采用凸极式自整角机的结构示意图，也可根据需要采用定、转子绕组反装的结构，即三相整步绕组放在转子上，励磁绕组放在定子上。

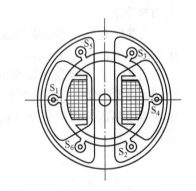

图8-39　自整角机结构示意图

按工作原理以及在自动控制系统中的作用不同，自整角机可分为力矩式和控制式两大类，力矩式自整角机具有执行功能，主要用于指示系统中，以实现转角的传输；控制式自整角机具有检测功能，主要用于传输系统中，将角度信号变换成电压信号输出。

力矩式自整角机系统为开环系统，其接收机的转轴直接带动负载，它只适用于接收机轴上负载很轻（如指针、刻度盘等），且角度传输精度要求不高的系统，如远距离指示液面的高度、阀门的开度、电梯和矿井提升机的位置以及变压器的分接开关位置等。

控制式自整角机主要用于由自整角机和伺服机构组成的伺服系统中。其接收机的转轴不直接带动负载，即没有力矩输出，当发送机和接收机转子之间存在角度差（即失调角）时，接收机将输出与失调角呈正弦函数规律的电压，将此电压加给伺服放大器，用放大后的电压来控制伺服电动机，再驱动负载。控制式自整角机系统为闭环系统，它应用于负载较大及精度要求高的伺服系统。

按供电电源相数不同，自整角机有单相和三相之分。在自动控制系统中通常使用的自整角机，均由单相交流电源供电，故又称为单相自整角机。常用的电源频率有50Hz和400Hz两种。此外，按极数多少，自整角机可分为单对极和多对极；按有无集电环和电刷的滑动接触，可分为接触式和非接触式；按工作原理，可分为旋转式和固态式（利用电力电子器件、微电子器件组成的非旋转式数字型自整角机，适用于伺服系统的数字量控制）等。

8.5.2 力矩式自整角机的工作原理

图 8-40 所示为力矩式自整角机接线图，其中 ZLF 为发送机，ZLJ 为接收机，它们的励
磁绕组接入同一单相交流电源，三相整步绕组按相序
对应相接，发送机励磁绕组轴线与整步绕组 S_1 轴线之
间的夹角为 θ_1，接收机励磁绕组轴线与整步绕组 S_1' 轴
线之间的夹角为 θ_2，两者相对偏转角为 $\delta = \theta_1 - \theta_2$，
也称为失调角。当发送机与接收机之间存在失调角
后，发送机和接收机对应的整步绕组感应电动势不
等，产生电流，从而产生整步转矩，该整步转矩力图
使失调角为零。因为发送机转子与主令轴相接，因此
整步转矩使接收机跟随发送机转过同一角度，一旦失
调角为零，发送机和接收机对应整步绕组感应电动势
相等，整步转矩为零，使两者同步旋转。

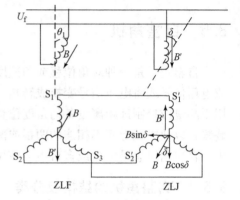

图 8-40　力矩式自整角机接线图

如发送机由主令轴带动转过 θ_1，$\theta_2 = 0$。下面来分析定子合成磁场及输出电压与失调角
之间的关系。

为简明起见，忽略磁路饱和的影响，应用叠加原理分别考虑 ZLF 的励磁磁通和 ZLJ 的
励磁磁通的作用，并假设这一对自整角机的结构相同、参数一样。

当 ZLF 的励磁绕组接交流电源励磁后，便产生一个在其轴线上脉振的磁场 B，该脉振
磁场的磁通与定子各相绕组匝链，所以在各相绕相中感应出同相位的变压器电动势。各相中
电动势的幅值与绕组在空间的位置有关，在发送机 ZLF 定子各绕组中的感应电动势有效
值为

$$\begin{cases} E_{F1} = E\cos\theta_1 \\ E_{F2} = E(\cos\theta_1 - 120°) \\ E_{F3} = E(\cos\theta_1 + 120°) \end{cases} \tag{8-34}$$

当 ZLJ 的励磁绕组接交流电源励磁后，也产生一个在其轴线上脉振的磁场 B'，该脉振磁
场的磁通与定子各相绕组匝链，所以在各相绕相中感应出同相位的变压器电动势。各相中电动
势的幅值与绕组在空间的位置有关，在接收机 ZLJ 定子各绕组中的感应电动势有效值为

$$\begin{cases} E_{J1} = E\cos\theta_2 \\ E_{J2} = E(\cos\theta_2 - 120°) \\ E_{J3} = E(\cos\theta_2 + 120°) \end{cases} \tag{8-35}$$

上述两式中 $E = 4.44 f N_S \Phi_m$，表示定子某相绕组轴线与励磁绕组轴线重合时的电动势
有效值，其中 N_S 为定子绕组每相的有效匝数。

发送机和接收机各相绕组中的合成电动势为

$$\begin{cases} \Delta E_1 = E_{J1} - E_{F1} = E(\cos\theta_2 - \cos\theta_1) = 2E\sin\dfrac{\theta_2 + \theta_1}{2}\sin\dfrac{\delta}{2} \\[2mm] \Delta E_2 = E_{J2} - E_{F1} = E[\cos(\theta_2 - 120°) - \cos(\theta_1 - 120°)] = 2E\sin\left(\dfrac{\theta_2 + \theta_1}{2} - 120°\right)\sin\dfrac{\delta}{2} \\[2mm] \Delta E_3 = E_{J3} - E_{F3} = E[\cos(\theta_2 + 120°) - \cos(\theta_1 + 120°)] = 2E\sin\left(\dfrac{\theta_2 + \theta_1}{2} + 120°\right)\sin\dfrac{\delta}{2} \end{cases}$$

由于 ZLF 与 ZLJ 的整步绕组相互对应连接，这些电动势必定在定子绕组回路中产生电流，各相电流为

$$\begin{cases} I_1 = \dfrac{\Delta E}{2Z} = \dfrac{E}{Z}\sin\dfrac{\theta_2 + \theta_1}{2}\sin\dfrac{\delta}{2} \\[3mm] I_2 = \dfrac{\Delta E}{2Z} = \dfrac{E}{Z}\sin\left(\dfrac{\theta_2 + \theta_1}{2} - 120°\right)\sin\dfrac{\delta}{2} \\[3mm] I_3 = \dfrac{\Delta E}{2Z} = \dfrac{E}{Z}\sin\left(\dfrac{\theta_2 + \theta_1}{2} + 120°\right)\sin\dfrac{\delta}{2} \end{cases}$$

式中 Z ——整步绕组每相阻抗。

当整步绕组中有电流通过时便产生整步转矩，下面对这种整步能力进行简要论述。

当 ZLF 和 ZLJ 同时励磁，且发送机由主令轴带动转过 θ_1，$\theta_2 = 0$ 时，由图 8-40 可见，ZLF 和 ZLJ 定子绕组同时产生磁场 B、B'，因此定子绕组所产生的合成磁场应该是 B 和 B' 的叠加。现在讨论 ZLJ 是如何产生转矩的。

为分析方便，把 ZLJ 中的 $\overset{\frown}{B}$ 向量分解成两个分量：一个分量与转子绕组轴线一致，其长度用 $B\cos\delta$ 表示，另一个分量与转子绕组轴线垂直，其长度用 $B\sin\delta$ 表示。因此在转子绕组轴线方向上，此定子合成磁通向量的长度为 $B' - B\cos\delta$。因为 $B' = B$，所以 $B' - B\cos\delta = B(1 - \cos\delta)$，其方向与 ZLJ 励磁磁通向量 B' 相反，起去磁作用。

定子合成磁场与转子电流相互作用可认为是定子磁场的直轴分量 $B(1 - \cos\delta)$ 与转子电流 i_f 以及其交轴分量 $B\sin\delta$ 与转子电流 i_f 之间相互作用的结果。从图 8-41a 可以看出，磁场的直轴分量 $B(1 - \cos\delta)$ 与 i_f 相互作用产生电磁力，但不产生转矩；交轴分量 $B\sin\delta$ 与 i_f 相互作用产生转矩，如图 8-41b 所示，转矩的方向为顺时针，即该转矩使 ZLJ 转子向失调角减小的方向转动。当失调角 δ 减小到零时，磁场的交轴分量 $B\sin\delta$ 为零，即转矩为零，使 ZLJ 转子轴线停止在与 ZLF 转子轴线一致的位置上，即达到协调位置。这种使自整角机转子自动转向协调位置的转矩称做整步转矩。可见，ZLJ 是在整步转矩作用下，实现其自动跟随作用的。

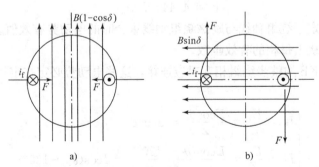

图 8-41 转子电流与定子磁场相互作用产生转矩

力矩式自整角机的接收机转子在处于失调位置时，将产生转矩使接收机转子转动到失调角为零，该转矩是由电磁作用产生的，由于其起整步作用，故称之为整步转矩 T，T 的大小与 $B\sin\delta$ 成正比，即 $T = K\sin\delta$。当失调角 δ 很小时，$\sin\delta \approx \delta$，则

$$T = K\delta \tag{8-36}$$

根据上述分析可知，当出现失调时，ZLF 中也会产生整步转矩。整步转矩的方向也是向着失调角 δ 减小的方向。

8.5.3 控制式自整角机的工作原理

图 8-42 所示为控制式自整角机接线图。图中 ZKF 为控制式自整角机的发送机，ZKB 为接收机，也称为自整角变压器，与力矩式自整角机的不同点在于其接收机不直接驱动机械负载，只输出一个与失调角有关的电压信号。图中 ZKF 的转子励磁绕组接交流电源励磁，ZKF 和 ZKB 的整步绕组对应连接。ZKB 的转子绕组向外输出电压，该电压通常接到放大器的输入端，经放大后再加到伺服电动机的控制绕组来驱动负载转动的。同时，伺服电动机还经过减速装置带动 ZKB 的转子随同负载一起转动，使失调角减小，ZKB 的输出电压随之减小。当达到协调位置时，ZKB 的输出电压为零，伺服电动机停止转动。

在控制式自整角机中，将发送机和接收机转子绕组轴线相互垂直的位置作为协调位置，此时失调角 δ 为零。发送机 S_1 相绕组轴线与励磁绕组轴线之间的夹角作为转子的位置角。由图 8-42 可见，当发送机转子顺时针转过 θ_1 时，出现失调角 δ。下面来分析定子合成磁场及输出电压与失调角 δ 之间的关系。

当 ZKF 的励磁绕组接交流电源励磁且转子转过 θ_1 时，便产生一个在其轴线上脉振的磁场 B，该脉振磁场的磁通与定子各相绕组匝链，分别在

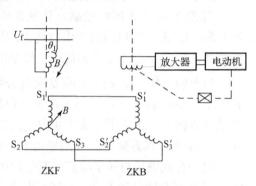

图 8-42 控制式自整角机接线图

定子三相绕组中感应电动势，这种感应电动势是由于线圈中磁通交变所引起的，所以也称为变压器电动势，在 ZKF 定子各绕组中的感应电动势有效值为

$$\begin{cases} E_1 = E\cos\theta_1 \\ E_2 = E(\cos\theta_1 + 120°) \\ E_3 = E(\cos\theta_1 - 120°) \end{cases} \tag{8-37}$$

$$E = 4.44 f N_S \Phi_m$$

式中　E ——某相定子绕组轴线与励磁绕组轴线重合时的电动势有效值。

N_S ——定子绕组每相的有效匝数。

由于 ZKF 与 ZKB 的整步绕组相互对应连接，这些电动势必定在定子绕组回路中产生电流，各相电流为

$$\begin{cases} I_1 = \dfrac{E_1}{Z} = \dfrac{E\cos\theta_1}{Z} = I\cos\theta_1 \\[2mm] I_2 = \dfrac{E_2}{Z} = \dfrac{E\cos(\theta_1 - 120°)}{Z} = I\cos(\theta_1 + 120°) \\[2mm] I_3 = \dfrac{E_3}{Z} = \dfrac{E\cos(\theta_1 + 120°)}{Z} = I\cos(\theta_1 - 120°) \end{cases} \tag{8-38}$$

其中 Z 为 ZKF 相绕组的阻抗 Z_F、ZKB 相绕组的阻抗 Z_B 和连接线的阻抗 Z_L 之和，即 $Z = Z_F + Z_B + Z_L$；$I = \dfrac{E}{Z}$ 为相电流幅值。

很显然，定子三相电流在时间上同相位，各自在自己的相轴上产生一个脉振磁场，磁场的幅值正比于各相电流，即 $B_m = K\sqrt{2}I$，于是三个脉振磁场可写成

$$\begin{cases} B_1 = B_m \cos\theta_1 \sin\omega t \\ B_2 = B_m \cos(\theta_1 + 120°) \sin\omega t \\ B_3 = B_m \cos(\theta_1 - 120°) \sin\omega t \end{cases} \tag{8-39}$$

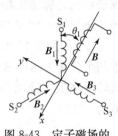

图 8-43 定子磁场的
分解与合成

ZKF 定子各相绕组脉振磁场的磁通密度用向量 B_1、B_2 和 B_3 表示，如图 8-43 所示，此时发送机的转子轴线相对定子 S_1 轴线的夹角为 θ_1。

为得到合成磁场的大小和位置，可沿励磁绕组轴线作 x 轴，并作 y 轴与之正交，先把 B_1、B_2 和 B_3 分解为 x 轴分量和 y 轴分量，然后再合成，有

$$\begin{cases} B_{1x} = B_1 \cos\theta_1 \\ B_{1y} = -B_1 \sin\theta_1 \\ B_{2x} = B_2 \cos(\theta_1 + 120°) \\ B_{2y} = -B_2 \sin(\theta_1 + 120°) \\ B_{3x} = B_3 \cos(\theta_1 - 120°) \\ B_{3y} = -B_3 \sin(\theta_1 - 120°) \end{cases} \tag{8-40}$$

x 轴方向总磁通密度为

$$B_x = B_{1x} + B_{2x} + B_{3x} = B_1 \cos\theta_1 + B_2 \cos(\theta_1 + 120°) + B_3 \cos(\theta_1 - 120°)$$

将式（8-39）代入上式得

$$B_x = B_m \left[\cos^2\theta_1 + \cos^2(\theta_1 + 120°) + \cos^2(\theta_1 - 120°) \right] \sin\omega t$$

利用三角公式 $\cos^2\theta = \dfrac{1 + \cos(2\theta)}{2}$，得

$\cos^2\theta_1 + \cos^2(\theta_1 + 120°) + \cos^2(\theta_1 - 120°) = \dfrac{3}{2}$，则有

$$B_x = \frac{3}{2} B_m \sin\omega t \tag{8-41}$$

同理得 y 轴方向总磁通密度为

$$B_y = B_{1y} + B_{2y} + B_{3y} = -B_1 \sin\theta_1 - B_2 \sin(\theta_1 + 120°) - B_3 \sin(\theta_1 - 120°)$$

$$= \frac{B_m}{2} \left[\sin(2\theta_1) + \sin2(\theta_1 + 120°) + \sin2(\theta_1 - 120°) \right] \sin\omega t$$

利用三角公式可证明上式方括号内三项之和等于零，所以 $B_y = 0$。合成磁场为

$$B = B_x + B_y = \frac{3}{2} B_m \sin\omega t \tag{8-42}$$

由上面的分析结果，可得出结论：定子合成磁场仍为脉振磁场。对此说明如下：

1）合成磁场总是位于励磁绕组轴线上，即与励磁磁场在同一轴线上。

2）合成磁场磁通密度的幅值为 $\dfrac{3}{2} B_m$，合成磁场空间位置不变，磁场大小为时间的函数，所以定子合成磁场仍为脉振磁场。

从物理本质上可这样理解，ZKF 相当于一台变压器，励磁绕组为一次侧，三相对称定子绕组为二次侧，一、二次侧的电磁关系类似变压器。定子合成磁场必定对励磁磁场起去磁作用，当励磁电流的瞬时值增加时，定子合成磁场也增加，但方向与励磁磁场方向相反，如图 8-44 所示。

因为接收机 ZKB 的三相绕组与 ZKF 的三相绕组中流过的是同一电流，故 ZKB 的定子合成磁场也是脉振磁场，其大小与 ZKF 的定子合成磁场相等、轴线与 S_1' 相绕组轴线的夹角也为 $\theta_1 = \delta$，如图 8-44 所示。将 B 分解为直轴和交轴两个分量 $B\cos\delta$ 和 $B\sin\delta$，则合成磁场在接收机转子绕组（输出绕组）中感应电动势的有效值为

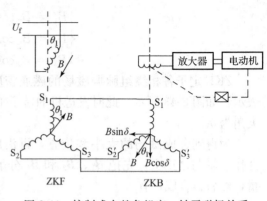

图 8-44　控制式自整角机定、转子磁场关系

$$E_2 = E_{2\max}\sin\delta \qquad (8\text{-}43)$$

式中　$E_{2\max}$——定子合成磁场轴线与输出绕组轴线重合时的感应电动势。

当自整角发送机的励磁电压一定，且一对自整角机的参数一定时，$E_{2\max}$ 为常数。式（8-43）表明 ZKB 的输出电动势 E_2 与失调角 δ 的正弦成正比，其相应的曲线如图 8-45 所示。

由于系统的自动跟随作用，失调角 δ 一般很小，可近似认为 $\sin\delta = \delta$，ZKB 的输出电压为

$$U_2 = E_2 = E_{2\max}\delta \qquad (8\text{-}44)$$

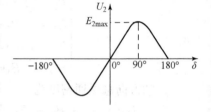

图 8-45　ZKB 的输出电动势

式中，δ 用弧度表示。这样输出电压的大小直接反映发送机轴与接收机轴转角差值的大小。当 $\delta \leqslant 10°$ 时，所造成的误差不大于 0.6%。

8.5.4　自整角机的应用举例

图 8-46 表示一个液面位置指示器，浮子随液面的高度升降，通过滑轮带动自整角发送机 ZLF 的转子转动，将液面位置转换成发送机转子的转角。发送机与接收机之间通过导线远距离连接起来，于是接收机转子就带动指针准确地跟随发送机转子的转角变化而偏转，从而实现了远距离位置的指示。这种指示系统还可以用于电梯和矿井提升机位置的指示及核反应堆中的控制棒指示器等装置中。

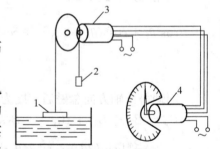

图 8-46　液面位置指示器

1—浮子　2—平衡锤
3—自整角发送机　4—自整角接收机

8.6　旋转变压器

旋转变压器是一种精密控制微电机。从物理本质上看，可以认为是一种可以旋转的变压器，这种变压器的一、二次绕组分别放置在定子和转子上。当旋转变压器的一次侧施加交流电压励磁时，其二次侧输出的电压将与转子的转角保持某种严格的函数关系，从而实现角度的检测、解算或传输等功能。

8.6.1　旋转变压器的结构及分类

旋转变压器有多种分类方法，按输出电压与转子转角间的函数关系，可以分为正余弦旋

转变压器、线性旋转变压器和比例式旋转变压器等。

旋转变压器的基本结构与隐极转子的控制式自整角机相似，只是绕组形式不同。其定子、转子铁心采用高磁导率的铁镍软磁合金片或高导磁性硅钢片冲剪叠压而成，在定子铁心内圆周和转子铁心外圆周都有均匀分布的齿槽，里面放置两组空间轴线互相垂直、结构完全相同的定、转子绕组。旋转变压器的结构示意如图 8-47a 所示，其中 S_1-S_2 为定子励磁绕组，S_3-S_4 为定子交轴绕组，两绕组结构上完全相同，在定子槽中互差 90°，对称放置；R_1-R_2 为转子余弦输出绕组，R_3-R_4 为转子正弦输出绕组，如图 8-47b 所示。

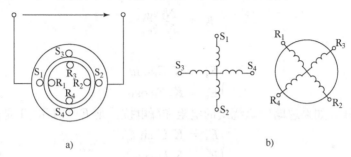

图 8-47 旋转变压器定、转子绕组

a）结构示意图 b）绕组原理图

8.6.2 正余弦旋转变压器

就工作原理而言，旋转变压器与普通变压器一样，定子绕组相当于变压器的一次侧，转子绕组相当于变压器的二次侧，利用定子绕组和转子绕组之间的电磁耦合进行工作。不同点在于变压器是静止器件，而旋转变压器是旋转器件，定子绕组和转子绕组之间的耦合程度随转子转角的改变而改变，正余弦旋转变压器输出绕组的电压与转子转角成正弦和余弦函数关系。

1. 正余弦旋转变压器的工作原理

（1）空载运行

为便于理解，先分析空载时的输出电压。设输出绕组 R_1-R_2 和 R_3-R_4 以及定子交轴绕组 S_3-S_4 开路，在励磁绕组 S_1-S_2 上施加交流励磁电压 U_f，此时气隙中将产生一个脉振磁场 B_f，脉振磁场的轴线在定子励磁绕组 S_1-S_2 的轴线上，如图 8-48 所示。

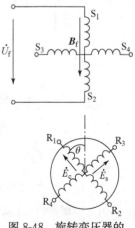

图 8-48 旋转变压器的
工作原理

与自整角机一样，脉振磁场 B_f 将在转子输出绕组 R_1-R_2 和 R_3-R_4 中分别感应变压器电动势，这些电动势在时间上是同相位的，其有效值与该绕组的位置有关。

设定子绕组 S_1-S_2 轴线和余弦输出绕组 R_1-R_2 轴线的夹角为 θ，仿照在自整角机中所得出的公式（8-35），就可以写出旋转变压器励磁磁通 Φ_f 在励磁绕组 S_1-S_2 和正、余弦输出绕组 R_3-R_4 和 R_1-R_2 中感应的电动势 E_f、E_s 和 E_c：

$$\begin{cases} E_f = 4.44 f N_1 k_{W1} \Phi_m \\ E_c = 4.44 f N_2 k_{W2} \Phi_m \cos\theta \\ E_s = 4.44 f N_2 k_{W2} \Phi_m \cos(90° - \theta) = 4.44 f N_2 k_{W2} \Phi_m \sin\theta \end{cases} \tag{8-45}$$

式中　Φ_m ——脉振磁通的幅值。

　　　　E_s ——在输出绕组 R_3-R_4 中的感应电动势。

　　　　E_c ——在输出绕组 R_1-R_2 中的感应电动势。

　　$N_1 k_{w1}$ ——定子绕组的有效匝数。

　　$N_2 k_{w2}$ ——转子绕组的有效匝数。

将转子绕组的有效匝数 $N_2 k_{w2}$ 与定子绕组的有效匝数 $N_1 k_{w1}$ 之比定义为旋转变压器的变比 K_u，有

$$K_u = \frac{N_2 k_{w2}}{N_1 k_{w1}} \qquad (8-46)$$

则得

$$\begin{cases} E_s = K_u E_f \sin\theta \\ E_c = K_u E_f \cos\theta \end{cases} \qquad (8-47)$$

与变压器一样，如果忽略励磁绕组的电阻和漏电抗，则 $E_f = U_f$，于是式（8-47）变成

$$\begin{cases} E_s = K_u U_f \sin\theta \\ E_c = K_u U_f \cos\theta \end{cases} \qquad (8-48)$$

由上式可见，当电源电压不变时，输出电动势与转子转角 θ 有严格的正、余弦关系。

（2）负载运行

在实际使用中，旋转变压器要接上一定的负载，如图 8-49 所示。实验表明，一旦输出绕组 R_3-R_4 带上负载以后，其输出电压不再是转角的正、余弦函数，且负载电流越大，二者的差别也越大。图 8-50 表示旋转变压器空载和负载时输出特性的对比，这种输出特性偏离正、余弦规律的现象称为输出特性的畸变。

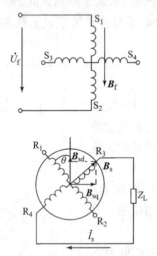

图 8-49　正弦绕组接负载 Z_L

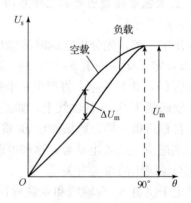

图 8-50　输出特性的畸变

产生畸变的原因是由于出现了交轴磁动势，由图 8-49 可见，当转子正弦输出绕组 R_3-R_4 接上负载 Z_L 时，绕组中便有电流 I_s 流过，并在气隙中产生相应的脉振磁场。设该磁场的磁通密度沿定子内圆作正弦分布，正弦曲线的幅值位于绕组 R_3-R_4 的轴线上，所以用位于 R_3-R_4 轴线上的磁通密度空间向量 $\boldsymbol{B}_s$ 来表示。为分析方便，把 $\boldsymbol{B}_s$ 看作转子电流达到最大值时的磁通密度空间向量，并把它分解成两个分量：一个分量与励磁绕组 S_1-S_2 轴线一致，称为直

轴分量，即 $B_{sd} = B_s \sin\theta$；另一个分量与 S$_1$-S$_2$ 轴线正交即与励磁绕组 S$_3$-S$_4$ 轴线一致，称为交轴分量，即 $B_{sq} = B_s \cos\theta$。直轴分量所对应的直轴磁通对励磁绕组 S$_1$-S$_2$ 来说，相当于变压器二次绕组所产生的磁通。按变压器磁动势平衡关系，当二次侧接上负载流过电流 I_2 时，为维持磁动势平衡，一次侧电流必将增加一负载分量 I_L，以维持主磁通 Φ_m 和感应电动势 E_1 基本不变。但由于一次侧电流增加会引起一次侧阻抗压降的增加，因此实际上感应电动势 E_1 和主磁通 Φ_m 均略有减小。同理，在旋转变压器中，二次侧电流所产生的直轴磁场对一次侧电动势 E_f 及主磁通 Φ_f 的影响也是如此。所不同的是，在变压器中，当二次侧负载不变时，电动势 E_1 和 E_2 是不变的；但在旋转变压器中，由于二次侧电流及其所产生的直轴磁场不仅与负载有关，而且还与转角 θ 有关，因此旋转变压器中直轴磁通对 E_f 的影响也随转角 θ 的变化而变化，但由于直轴磁通对 E_f 的影响本身就很小，所以直轴磁通对输出电压畸变的影响也很小，可以忽略不计。因此，仍可认为直轴脉振磁通与空载时近似相等，它在各输出绕组中的感应电动势 E_s 和 E_c 仍如式（8-48）所示。

然而，交轴分量 B_{sq} 并不相同，由于一次侧电流不能产生交轴磁动势以抵消转子负载电流磁动势中的交轴分量，所以 B_{sq} 将存在于气隙磁场中，交轴磁通 Φ_{sq} 与励磁绕组正交并不匝链，也就不会在励磁绕组中感应电动势，而 Φ_{sq} 与正弦输出绕组的轴线夹角为 θ，因此 Φ_{sq} 将在其中感应电动势，有

$$
\begin{aligned}
E_{sqs} &= 4.44 f N_2 k_{W2} \Phi_{sq} \cos\theta \\
&= 4.44 f N_2 k_{W2} \Phi_s \cos^2\theta \\
&= 4.44 f N_2 k_{W2} \Lambda F_s \cos^2\theta \\
&= 2\pi f (N_2 k_{W2})^2 \Lambda I_s \cos^2\theta \\
&= I_s x_m \cos^2\theta
\end{aligned}
\tag{8-49}
$$

其中，x_m 为绕组电抗 $x_m = 2\pi f (N_2 k_{W2})^2 \Lambda$；$\Lambda$ 为磁路的磁导率。

感应电动势 E_{sqs} 落后于 Φ_{sq} 90°，而 Φ_{sq} 与 I_s 同相，因此 E_{sqs} 写成相量形式为

$$
\dot{E}_{sqs} = -j \dot{I}_s x_m \cos^2\theta
\tag{8-50}
$$

由此得出正弦输出回路的电压平衡方程式为

$$
\dot{E}_s + \dot{E}_{sqs} = \dot{U}_{Ls} + \dot{I}_s Z_s
\tag{8-51}
$$

其中，$\dot{U}_{Ls}$ 为正弦输出绕组负载时的输出电压，$\dot{U}_{Ls} = \dot{I}_s Z_L$；$Z_s$ 为正弦绕组的阻抗。

将式（8-50）和 $\dot{U}_{Ls} = \dot{I}_s Z_L$ 代入式（8-51）得

$$
\dot{I}_s = \frac{\dot{E}_s}{Z_L + Z_s + j x_m \cos^2\theta}
\tag{8-52}
$$

而 $E_s = K_u U_f \sin\theta$，可得到正弦输出绕组负载时的输出电压为

$$
\dot{U}_{Ls} = \frac{K_u U_f \sin\theta}{1 + \dfrac{Z_s}{Z_L} + j \dfrac{x_m}{Z_L} \cos^2\theta} \approx \frac{K_u U_f \sin\theta}{1 + j \dfrac{x_m}{Z_L} \cos^2\theta}
\tag{8-53}
$$

可以看出，带负载时由于交轴磁场的存在，在输出电压中多出 $j \dfrac{x_m}{Z_L} \cos^2\theta$ 项，使旋转变压器的输出特性发生了畸变，不再是转角的正弦函数。并且负载阻抗 Z_L 越小，畸变越严重。

2. 输出特性的补偿

旋转变压器带负载时的输出特性的畸变，主要是由交轴磁通引起的。为了消除畸变，就必须设法消除交轴磁通的影响。消除畸变的方法，称为输出特性的补偿。补偿的方法有二次侧补偿、一次侧补偿及一、二次侧补偿三种。

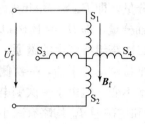

（1）二次侧补偿的正、余弦旋转变压器

当正、余弦旋转变压器的一个输出绕组工作，另一个输出绕组作补偿时，称为二次侧补偿。为了补偿因正弦输出绕组中负载电流所产生的交轴磁通，可在余弦输出绕组上接一适当的负载阻抗 Z'，使余弦输出绕组中也有电流 I_c 流过，利用其产生磁场的交轴分量 B_{cq} 抵消正弦输出绕组产生的交轴磁场 B_{sq}，其接线如图 8-51 所示。当励磁绕组 S_1-S_2 接励磁电压 U_f 后，S_3-S_4 开路，此时正余弦输出绕组中分别产生感应电动势 E_s 和 E_c，并且产生电流 I_s 和 I_c，电流 I_s 和 I_c 分别产生磁场 B_s 和 B_c，为分析方便把 B_s 和 B_c 分别分解成直轴和交轴分量，如图 8-51 所示。

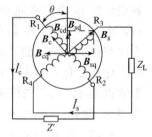

图 8-51　二次侧补偿的正、余弦旋转变压器

若 B_s 和 B_c 所产生的交轴分量互相抵消，则旋转变压器中就不存在交轴磁通，也就消除了由交轴磁通引起的输出特性的畸变。

下面讨论当转子两相所产生的交轴分量互相抵消达到完全补偿时，余弦输出绕组应满足的条件。

当接入励磁电压 U_f 后，要达到完全补偿，正、余弦输出绕组中感应电动势的大小和相位应与空载时一样，即

$$\begin{cases} E_s = K_u U_f \sin\theta \\ E_c = K_u U_f \cos\theta \end{cases} \tag{8-54}$$

此时，转子绕组中的电流 I_s 和 I_c 为

$$\begin{cases} I_s = \dfrac{E_s}{Z_s + Z_L} = \dfrac{K_u U_f \sin\theta}{Z_s + Z_L} \\ I_c = \dfrac{E_c}{Z_c + Z'} = \dfrac{K_u U_f \cos\theta}{Z_c + Z'} \end{cases} \tag{8-55}$$

式中　Z_s 和 Z_c ——正、余弦绕组的阻抗；

　　　Z_L 和 Z' ——负载阻抗和补偿阻抗。

由 I_c 在余弦绕组中产生的磁场 $B_c = KI_c$，得其交轴分量为

$$B_{cq} = B_c \sin\theta = K \dfrac{K_u U_f \cos\theta}{Z_c + Z'} \sin\theta \tag{8-56}$$

同理，由 I_s 在正弦绕组中产生的磁场 $B_s = KI_s$，其交轴分量为

$$B_{sq} = B_s \cos\theta = K \dfrac{K_u U_f \sin\theta}{Z_s + Z_L} \cos\theta \tag{8-57}$$

要获得完全补偿，应该使 B_{cq} 与 B_{sq} 大小相等、方向相反，由图 8-51 可知二者相位相反，所以只要 B_{cq} 与 B_{sq} 相等即可，即

$$K \dfrac{K_u U_f \cos\theta}{Z_c + Z'} \sin\theta = K \dfrac{K_u U_f \sin\theta}{Z_s + Z_L} \cos\theta \tag{8-58}$$

由此得到 $Z_c + Z' = Z_s + Z_L$，而正、余弦绕组是两相对称绕组，即 $Z_c = Z_s$，则有 $Z' = Z_L$。

上述分析表明，在带负载情况下，只要使 $Z' = Z_L$，则 B_s 和 B_c 所产生的交轴分量互相抵消，旋转变压器中就不存在交轴磁通，也就消除了由交轴磁通引起的输出特性的畸变。

采用二次侧补偿的方法，若要达到完全补偿，必须保证在任何条件下两输出绕组的负载阻抗总是相等，当负载阻抗 Z_L 变化时，补偿阻抗 Z' 也应作相应的变化，这在实际使用中存在一定难度，这是二次侧补偿存在的缺点，对于变化的负载阻抗最好采用一次侧补偿的方法。

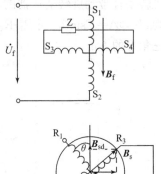
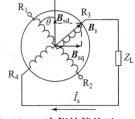

图 8-52　一次侧补偿的正、余弦旋转变压器

（2）一次侧补偿的正、余弦旋转变压器

除采取二次侧补偿方法来消除交轴磁通的影响以外，还可以用一次侧补偿的方法。其旋转变压器的接线如图 8-52 所示，励磁绕组 S_1-S_2 加交流励磁电压 U_f，S_3-S_4 绕组接阻抗 Z，转子绕组 R_3-R_4 接负载 Z_L，绕组 R_1-R_2 开路。由图 8-52 可知，定子交轴绕组 S_3-S_4 对交轴磁通来说是一个阻尼线圈。因为交轴磁通在绕组 S_3-S_4 中要产生感应电流，根据楞次定理，该电流所产生的磁通是反交轴磁通变化的，因而对交轴磁通起去磁作用，从而达到补偿的目的。可以证明，当 Z 等于励磁电源内阻抗 Z_{in} 时，由转子电流所引起的特性畸变可以得到完全的补偿。因一般电源内阻抗很小，所以常把交轴绕组直接短路。

比较两种补偿方法，可以看出采用二次侧补偿时，补偿用阻抗 Z' 的数值和旋转变压器所带负载 Z_L 的大小有关，且只有随负载阻抗 Z_L 的变化而变化才能做到完全补偿；而采用一次侧补偿时，交轴绕组短路而与负载阻抗无关，因此一次侧补偿易于实现。

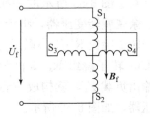
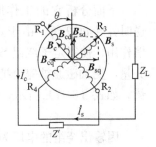

图 8-53　一、二次侧同时补偿的正、余弦旋转变压器

（3）一、二次侧同时补偿的正、余弦旋转变压器

正、余弦旋转变压器在实际应用过程中，为了得到更好的补偿，常常采用一次侧和二次侧同时补偿的方法，其原理接线如图 8-53 所示，在正、余弦输出绕组中分别接入负载 Z_L 和 Z'，一次侧交轴绕组直接短接，采用一、二次侧同时补偿；二次侧接不变的阻抗 Z'，负载变动时二次侧未补偿的部分由一次侧补偿，从而达到全补偿的目的。

3. 旋转变压器的应用

旋转变压器被广泛应用于高精度伺服系统中，作角度信号传输元件；在解算装置中作解算元件以及在计算机或数字装置中作轴角编码等。

旋转变压器用于进行解算的简单实例是求解直角三角形。图 8-54 所示为用旋转变压器求解直角三角形的原理图，已知直角三角形的斜边 C 和对边 A，求解邻边 B 和 θ 角。

将与斜边 C 成正比的电压 U_C 加到定子 S_1-S_2 上作为励磁电压，将与边 A 成正比的电压 U_A 加到转子的正弦绕组 R_3-R_4 两端，$A = C\sin\theta$，并将 U_A 与 R_3-R_4 绕组中感应电动势的差值作为信号加入放大器。该信号经放大器放大后加入交流伺服电动机的控制绕组，伺服电动机转动且带动旋转变压器的转子一同旋转直到信号电压为零时止，此时 R_3-R_4 绕组输出电压为 $U_A \propto A = C\sin\theta$，而 R_1-R_2 绕组输出电压为 $U_B \propto B = C\cos\theta$，转子转过的角度即为该直角三角形的 θ 角。

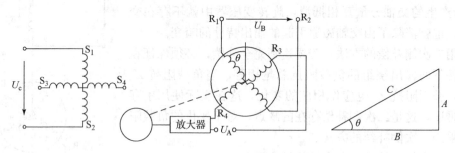

图 8-54　求解直角三角形原理图

8.6.3　线性旋转变压器

　　将正、余弦旋转变压器的定子和转子绕组进行改接，就可变成线性旋转变压器。线性旋转变压器输出绕组的输出电压与转子转角成线性关系，所以称为线性旋转变压器。

　　对于图 8-52 所示的一次侧补偿的正、余弦旋转变压器，将定子绕组 S_1-S_2 与转子绕组 R_1-R_2 串联后施加励磁电压 U_f，转子绕组 R_3-R_4 仍为输出绕组接输出负载 Z_L，就构成一台线性旋转变压器，如图 8-55 所示。

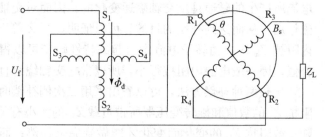

图 8-55　线性旋转变压器原理图

　　下面分析它的工作原理。若转子逆时针转过 θ 角，由于定子绕组的补偿作用，使得定子绕组 S_1-S_2 及转子绕组 R_1-R_2 的绕组合成磁动势所产生的磁通仅存在直轴分量，交轴磁通被完全抵消，则直轴磁通 Φ_d 将在 S_1-S_2、R_1-R_2 和 R_3-R_4 绕组中分别感应电动势，如式（8-47）所示。若不计 S_1-S_2 和 R_1-R_2 绕组的漏阻抗压降，根据电动势平衡关系可得

$$U_f = E_f + K_u E_f \cos\theta = E_f(1 + K_u\cos\theta) \tag{8-59}$$

　　因输出绕组的电压为 $U_L = E_s = K_u E_f \sin\theta$，则

$$\frac{U_L}{U_f} = \frac{K_u E_f \sin\theta}{E_f(1 + K_u\cos\theta)} = \frac{K_u\sin\theta}{1 + K_u\cos\theta} \tag{8-60}$$

　　所以旋转变压器输出绕组的电压为

$$U_L = \frac{K_u\sin\theta}{1 + K_u\cos\theta}U_f \tag{8-61}$$

　　根据上式，可绘制出输出电压与转子转角 θ 的关系曲线，如图 8-56 所示。

　　由图 8-56 可见，在转角较小时，即在 $\theta = \pm 60°$ 范围内其输出电压可以看成是随转角 θ 作线性变化的，将这种线性关系与理想直线关系进行比较，其误差在 0.1% 范围内。根据计算，满足线性关系变比 K_u 的最佳值是 0.55，通常设计的变比 K_u 选为 0.54～0.57。当要求在更大的角度范围内得到与转角成线性关系的输出电压时，直接使用正、余弦旋转变压器就不能满足要求了。

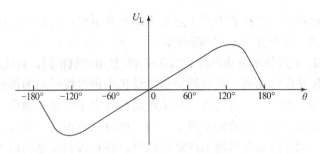

图 8-56　线性旋转变压器输出特性曲线

8.7　直线电动机

直线电动机就是可作直线运动的电动机，直线电动机是由旋转电动机演变而来的，其工作原理与旋转电动机相同。原则上，各种形式的旋转电动机均可演变成相应的直线电动机，如异步电动机、直流电动机、同步电动机及步进电动机等。

直线电动机可用于高速地面运输系统及各种直线传动设备，如起重机、传送带、开关自动开闭装置、电动门、生产自动线上的机械手、冲床和磁悬浮列车等。由于不需要中间传动机构，使拖动系统简化，系统效率高，精度高，振动和噪声小，且省去了中间传动机构的惯量，使电动机的加速和减速时间缩短，快速响应性好。下面主要介绍常用的直线异步电动机和直线直流电动机。

8.7.1　直线异步电动机

将旋转异步电动机在任意半径上切开并展成一个平面，就成为一台直线异步电动机，如图 8-57 所示。

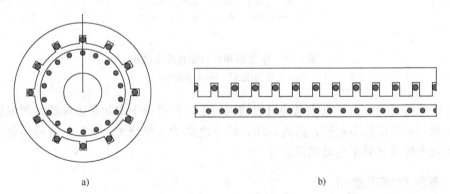

a)　　　　　　　　　　　　　　　　b)

图 8-57　将旋转电动机展开成直线电动机
a）旋转电动机　b）直线电动机

装有三相绕组并与电源相接的一侧称为一次侧，另一侧称为二次侧。一次侧通入对称三相交流电流，产生三相合成磁动势和气隙磁场，此磁场不是旋转的，而是沿 A、B、C 相序作直线运动，这种磁场称为行波磁场。行波磁场的线速度为

$$v_\mathrm{s} = \omega R = \frac{2\pi n_\mathrm{s}}{60}\frac{D}{2} = \frac{2\pi}{60}\frac{60 f_1}{p}\frac{D}{2} = \frac{2\pi D}{2p}f_1 = 2\tau f_1（其中，\tau = \frac{\pi D}{p}） \tag{8-62}$$

该行波磁场切割动子，并在其中产生感应电动势和电流，进而产生电磁力，使动子跟随行波磁场作直线运动，其速度为 v，则转差率 $s = (v_s - v)/v_s$。

从上述分析可知，直线异步电动机的工作原理与旋转电动机相同，只是运动方式不同而已。

为了区别于旋转异步电动机，将直线异步电动机中做直线运动的部分称为动子。直线运动是一种有起点和终点的运动，若将直线异步电动机的定子与动子做得一样长，则动子与定子之间有时会完全失去耦合，导致动子停止运动，所以二者不能一样长，长的部件必须有足够长度保证一、二次侧在所需行程范围内耦合良好。在直线异步电动机中，电枢绕组装在一次侧，采用长动子、短定子成本较低。

旋转电动机的定子绕组沿定子铁心是连续的，而直线异步电动机的一次侧是断开的。绕组无法从一端连到另一端，所以必须增加槽数以嵌放下层边，会出现有几个槽只放一层绕组的情况。由旋转电动机演变成的直线电动机仅有一个一次侧，如图 8-58a 所示，称为单边型。单边型电动机运行时，定子和动子之间出现很强的纵向磁拉力。在某些场合如磁悬浮列车，可利用磁拉力抵消一部分负荷重力，从而减小前进中的摩擦力。但大多数场合中不希望这种磁拉力存在，可在二次侧两侧都装上一次绕组，如图 8-58b 所示，两边纵向磁拉力互相抵消，此种结构称为双边型。

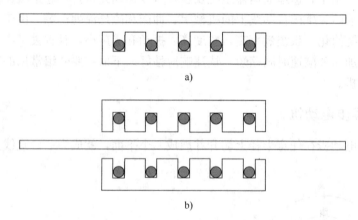

图 8-58　单边型和双边型直线电动机

a）单边型　b）双边型

由上述分析可见，由于直线电动机的结构特点，使得位于中间和边缘的线圈电感值相差较大，出现三相电流的不对称；另外，定、动子之间的气隙较大，所以直线异步电动机的功率因数和效率较旋转异步电动机低。

8.7.2　直线直流电动机

直线直流电动机按励磁方式可分为永磁式和电磁式两大类。前者多用于驱动功率较小的场合，如自动控制仪器、仪表等；后者则用于驱动功率较大的场合。下面分别进行简要介绍。

1. 永磁式直线直流电动机

永磁式直线直流电动机的磁极由永久磁钢做成，按照它的结构特征可分为动圈式和动铁式两种。

动圈式在实际中用得较多，其原理结构如图 8-59 所示。永久磁钢在气隙中产生磁场，当可移动线圈中通入直流电流时，便产生电磁力，线圈就沿着滑轨做直线运动，改变线圈中直流电流的大小和方向，即可改变电磁力的大小和方向。

动铁式永磁直线直流电动机的结构如图 8-60 所示，在一个软铁框架上套有线圈，线圈长度应包括整个行程。为了降低电能的消耗，可将绕组的外表面进行加工使导体裸露出来，通过安装在磁极上的电刷把电流引入线圈中。这样，当磁钢移动时，电刷跟着滑动，只让线圈的工作部分通电，电动机的运行效率可以提高。

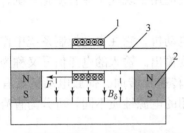

图 8-59　动圈式直线永磁直流电动机结构图

1—移动线圈　2—永久磁钢　3—软铁

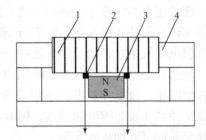

图 8-60　动铁式直线永磁直流电动机

1—固定线圈　2—电刷　3—永久磁钢　4—软铁

2. 电磁式直线直流电动机

当功率较大时，采用电磁方式，图 8-61 所示为电磁式动圈型直线直流电动机的典型结构。当励磁线圈通电后产生磁通如图中虚线所示，当电枢绕组通电后，载流导体与磁通相互作用，在每极上产生轴向推力，磁极就沿轴向作往复运动。

图 8-62 所示为电动门原理示意图，直线异步电动机的一次绕组为定子，电动门为直线电动机的二次线圈（动子）。当一次绕组通电后，在二次线圈电动门钢板中产生电流，从而产生推力驱动电动门在道轨上作往复运动，以完成打开和关闭电动门的功能。

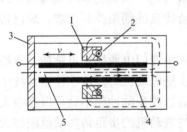

图 8-61　电磁式动圈型直线直流电动机

1—极靴　2—励磁绕组　3—非磁性端板

4—电枢绕组　5—电枢铁心

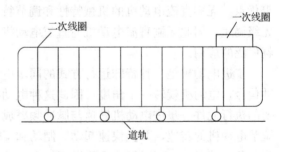

图 8-62　用直线电动机驱动电动门示意图

本 章 小 结

本章在对普通交、直流电机进行基本分析的基础上，介绍了在控制系统中常用的几种控制电机。

控制电机在自动控制系统中完成执行、检测和解算等特定功能。控制电机的种类很多，按照其在控制系统中的作用可分为执行元件和测量元件两大类。

执行元件主要有交、直流伺服电动机，无刷直流电机，步进电机，直线电机等。这些电机具有执行功能，它们可以将输入的电信号转换成相应的转速或角位移，用以驱动控制对象完成动作指令。

检测元件主要有旋转变压器，自整角机，交、直流测速发电机等。这些电机具有检测和解算功能，它们能够将检测到的角位移、转角差或转角和以及转速转换成信号量输出，以驱动电动机完成校正或解算任务。

与普通电机相比，控制电机具有高精度、高可靠性和快速响应的特点，以满足控制系统需要。随着现代科学技术的迅速发展，控制电机已广泛应用于现代工业自动化系统、现代军事装备和现代科技领域及新兴的 IT 产业中。

伺服电动机是在自动控制系统中完成执行功能的电动机。它在自动控制系统中作为执行元件，将输入的电压信号转换成转轴的角位移或角速度输出。输入的电压信号又称为控制信号或控制电压，改变控制电压可以改变伺服电动机的转速及转向。伺服电动机具有可控性好、稳定性高和快速响应的特点。伺服电动机按其使用的电源性质不同，可分为直流伺服电动机和交流伺服电动机两大类。

直流伺服电动机的机械特性和调节特性都是线性的，且在不同控制电压下机械特性是平行的，斜率不变；而交流伺服电动机的机械特性和调节特性都是非线性的，这种非线性特性将影响系统的动态精度。交流伺服电动机若参数选择不当或制造工艺不良，可能使电动机产生"自转"现象，而直流伺服电动机不存在"自转"问题。

测速发电机是一种测量转速的信号元件，具有检测功能，它将输入的机械转速转换为电压信号输出。按结构和工作原理的不同，测速发电机分为直流测速发电机和交流测速发电机两大类，目前应用较为广泛的是交流异步测速发电机。

无刷直流电动机利用电子开关线路和位置传感器，取代了电刷和换向器，使得无刷直流电动机既具有直流电动机的机械特性和调节特性，又具有交流电动机的运行可靠、维护方便等优点。无刷直流电动机的机械特性和调节特性均为线性的，可通过调节电源电压 U_d 实现无级调速，因此无刷直流电动机与直流电动机一样具有优良的伺服控制性能，现已得到越来越广泛的应用。

步进电动机是一种特殊运行方式的同步电动机。它由专门电源提供电脉冲，每给一个脉冲信号，电动机就转一个角度，因此这种电动机叫作步进电动机，是数字控制系统中一种重要的执行元件。步进电动机转速与脉冲频率成正比，通过改变脉冲频率就可以在很大范围内调节电动机的转速，并能快速起动、制动和反转。步进电动机的步距角变动范围较大，在小步距角的情况下，可以低速平稳运行。在负载能力范围内，电动机的步距角和转速大小不受电压波动和负载变化的影响，也不受环境条件，如温度、气压、冲击和振动等影响，只与脉冲频率有关。因此这类电动机特别适合在开环系统中使用，整个系统结构简单、运行可靠。目前步进电动机广泛用于计算机外围设备、机床的程序控制及其他数字控制系统，如软盘驱动器、绘图机、打印机、自动记录仪表、数模转换装置和钟表工业等装置或系统中。

步进电动机的种类很多，按励磁方式的不同，步进电动机可分为反应式、永磁式和感应子式三类。由于反应式步进电动机结构简单，应用较广泛。

自整角机是一种对角位移或角速度的偏差能自动整步的控制电机，它是一种将转角转换成电压信号或将电压信号转换成转角，以实现角度传输、变换和指示的元件。它可以用于测量或控制远距离设备的角度位置，也可以在随动系统中用作机械设备之间的角度联动装置，以使机械上互不相连的两根或两根以上转轴保持同步偏转或旋转。在自动控制系统中，自整角机总是两台或多台组合使用。自整角机可分为控制式和力矩式两大类，力矩式自整角机具有执行功能，主要用于指示系统中，以实现转角的传输；控制式自整角机具有检测功能，主要用于传输系统中，将角度信号转换成电压信号输出。

旋转变压器是自动控制装置中的一类精密控制微电机。当旋转变压器的一次侧施加交流电压励磁时，其二次侧输出电压将与转子的转角保持某种严格的函数关系，从而实现角度的检测、解算或传输等功能。旋转变压器分为正、余弦旋转变压器，线性旋转变压器和比例式旋转变压器等。旋转变压器被广泛应用于高精度伺服系统中，作角度信号传输元件；在解算装置中作解算元件，具有强大的解算功能，可用来进行加、减、乘、除以及微积分的运算；在计算机或数字装置中作轴角编码等。

直线电动机就是可作直线运动的电动机，原则上各种形式的旋转电动机均可演变成相应的直线电动机，如异步电动机、直流电动机、同步电动机及步进电动机等。如需要驱动直线运动的负载选用直线电动机，可直接进行驱动，减少了传动机构，使电动机的驱动效率大大提高。直线电动机可用于高速地面运输系统及各种直线传动设备，如起重机、传送带、开关自动开闭装置、电动门、生产自动线上的机械手、冲床和磁悬浮列车等。由于不需要中间传动机构，使拖动系统简化，系统效率高，精度高，振动和噪声小，且省去了中间传动机构的惯量，使电动机的加速和减速时间短，快速响应性好。

思考题与练习题

8-1 若直流伺服电动机的励磁电压下降，对电动机的机械特性和调节特性有何影响？

8-2 两相交流伺服电动机的转子电阻为什么要选得相当大？转子电阻是不是越大越好？为什么？

8-3 什么叫"自转"现象？对两相交流伺服电动机，应该采取哪些措施来克服"自转"现象？为了实现无"自转"现象，单相供电时应具有怎样的机械特性？

8-4 如何改变两相交流伺服电动机的转向？为什么？

8-5 转子不动时，交流测速发电机为何没有电压输出？转动时，为何输出电压与转速成正比，但频率却与转速无关？

8-6 何为交流测速发电机的线性误差、相位误差、剩余电压和输出斜率？

8-7 无刷永磁电动机伺服系统主要由哪几部分组成？试说明各部分的作用及它们之间的相互关系。

8-8 为什么说无刷直流电动机既可以看作是直流电动机，又可以看作是一种自控变频同步电动机？

8-9 简述工作于二相导通三相六状态的三相无刷直流电动机的工作原理。

8-10 为什么说在无刷直流电动机中，转子位置检测器和逆变器起到了"电子换向器"的作用？

8-11 简述反应式步进电动机的结构特点与基本工作原理。

8-12 何谓步距角？有几种表示法？相互关系如何？

8-13 影响步距角大小的因素有哪些？步距角大小对电机性能有哪些影响？

8-14 静态转矩最大值与哪些因素有关？试求三相、四相和六相步进电动机两相通电和一相通电时最大静转矩的比值。

8-15　一台三相反应式步进电动机，转子齿数为50，试求步进电动机三相三状态和三相六状态运行时的步距角？

8-16　自整角机有什么用途？控制式和力矩式各有什么特点及应用范围？

8-17　如果一对自整角机定子整步绕组的三根连线中有一根断线，或接触不良，试问能不能同步转动？

8-18　正、余弦旋转变压器带负载时的输出电压为什么会发生畸变？

8-19　正、余弦旋转变压器采用二次侧补偿和一次侧补偿各有哪些特点？

8-20　请用脉振磁场感应产生变压器电动势的原理，阐明正、余弦旋转变压器的工作原理。

8-21　直线电动机的结构特点是什么？其行波磁场和运行速度如何确定？

第 9 章 电动机容量的选择

【内容简介】

本章主要介绍电力拖动系统中拖动电动机的容量选择；分析电动机的发热和冷却过程，着重讨论按发热观点的平均损耗法与等效法的原理；在此基础上分别介绍连续工作制、短时工作制及断续周期工作制下电动机容量的选择问题。从工程应用出发，介绍选择电动机功率的工程方法（统计法或类比法），简要介绍电动机种类、型式、额定电压与额定转速的选择方法等。

【本章重点】

连续工作制、短时工作制及断续周期工作制下电动机容量的选择。

【本章难点】

平均损耗法及各种等效法，使用时应注意的应用条件。

9.1 概述

要使电力拖动系统经济且可靠地运行，必须正确选择系统中的拖动电动机，这包括电动机的种类、型式、额定电压、额定转速和功率的确定。本章主要讨论电动机容量的确定。电动机的容量若选得过小，会使电机长期过载而过早地损坏；电动机容量选得太大，不仅会造成设备浪费，而且效率低且感应电动机的功率因数降低。因此，正确选择电动机的容量是非常必要的。电动机容量的选择必须从生产机械的工艺过程、负载转矩的性质、电动机的工作制、工作环境及经济性等几方面进行综合考虑。其中应重点考虑电动机在运行中的发热和温升、允许短时过载的能力以及起动能力这三个因素。一般情况下，发热问题是选择电动机容量的基础。

任何一台电动机在实现机电能量转换的过程中，总有一部分能量损耗在电动机内部，并转化为热能。这些热量一部分向周围介质散发出去，另一部分为电机本身所吸收，使电机的温度升高，损耗功率的大小可表示为

$$\Delta p = p_0 + p_{Cu} = P_0 + I^2 R \tag{9-1}$$

式中　　p_0、p_{Cu}——电动机的空载损耗（不变损耗）和铜损耗（可变损耗）。

I——电动机负载电流（对于直流电动机是电枢电流，对于异步电动机是定子或转子电流）。

由这些损耗在单位时间内所产生的热量为

$$Q = \Delta p \tag{9-2}$$

其中 Q 的单位为焦/秒（J/s），Δp 的单位为瓦（W）。

由式（9-1）和式（9-2）可知，一台电动机所带的负载越大，其输出电流就越大，使得损耗 Δp 增加，电动机的发热就越严重。从电动机的结构看，耐热最差的是电机的绝缘材料。由于电机所用绝缘材料的允许最高温度是有限度的，当电动机运行中的实际温度超过了

这个限度，会使绕组的绝缘材料加速老化、变脆、进而缩短电机的使用寿命，严重时甚至使绝缘材料碳化、变质、失去绝缘性能，使电机损坏。因此，确定电动机额定功率的依据是：保证电动机运行中的最高温度不超过绝缘材料的最高允许温度。

国家规定电机所用的各种绝缘材料的最高允许温度见表 9-1。

表 9-1　电机中使用的各级绝缘材料的最高允许温度

绝缘等级	A	E	B	F	H	C
最高允许温度/℃	105	120	130	155	180	180 以上

在分析电动机发热情况时，通常是考虑电动机的温升。所谓温升是指电动机带负载后，其实际温度和周围环境温度之差。国家规定环境温度为 40℃时为标准环境温度。

选择电动机功率时，除要考虑发热外，有时还要考虑电动机的过载能力，因为各种电动机的短时过载能力都是有限的，校验电动机过载能力的条件为

$$T_{max} \leqslant K_T T_N$$

$$K_T = T_{max}/T_N$$

式中　T_{max} ——电动机在工作中承受的最大转矩。

　　　　T_N ——电动机额定转矩。

　　　　K_T ——电动机的转矩允许过载倍数。

对于异步电动机，K_T 受最大转矩的限制，考虑到电网电压的下降，一般取

$$K_T = (0.80 \sim 0.85)\lambda_m$$

$$\lambda_m = T_m/T_N$$

式中　λ_m ——异步电动机最大转矩 T_m 对额定转矩 T_N 的倍数。

对于直流电动机，过载能力受换向所允许的最大电流值限制，电动机在额定磁通下的转矩过载倍数为

$$K_T = (1.5 \sim 2)$$

同步电动机的转矩过载倍数为

$$K_T = (2.5 \sim 3)$$

当过载校验不能通过时，应另选过载能力较大的电动机或功率较大的电动机来满足过载条件。对于笼型异步电动机，有时还需进行起动能力的校验，如果所选电动机的起动转矩 T_{st} 在起动时不大于负载转矩 T_L，则应另选起动转矩较大的异步电动机或加大电动机的功率来满足起动要求。

9.2　电动机的发热与冷却规律

9.2.1　电动机的热平衡方程式

由于电动机是由多种材料（铜、铁、绝缘材料等）构成的复杂物体（不均匀体），所以其发热过程很复杂，电机各个部分的发热情况不同，热容量也不同，并且电机内部各部分在不同时间的热流方向也不相同。而电机的散热有辐射、对流和传导等不同方式。如果在研究电动机的发热时考虑所有这些因素，是相当困难和复杂的。为了简化分析过程，特作如下假定：

1) 将电机看成一个均匀的物体，各个部分的热容量相等，表面各部分的散热系数相等，

且为常数。

2）电机的散热量与温差（电机本身的温度与周围介质温度的差值）成正比，不受温度数值大小的影响。

电机在工作时内部损耗所产生的热量，一部分散发到周围介质中去，另一部分则积存在电机内部，使温度升高。根据能量平衡关系，在任何一段时间内，电动机产生的热量总是等于电动机本身用于温度升高所吸收的热量与散发到周围介质中去的热量之和。据此可写出电动机的热平衡方程式

$$Q\mathrm{d}t = A\tau\mathrm{d}t + C\mathrm{d}\tau \tag{9-3}$$

式中　Q——电动机在单位时间内产生的热量，单位为焦/秒（J/s）。

A——电动机的散热率，即当电动机温度与周围环境温度相差1℃时，每秒钟内散发到周围介质中去的热量，单位为焦/秒·度（J/s·℃）。

C——电动机的热容量，即电动机温度升高 1℃时所吸收的热量，单位为焦/度（J/℃）。

τ——电动机的温升，即电动机的温度与周围环境温度差。

9.2.2　电动机的发热过程

当电动机从空载加上负载或正常运行中负载增加时，其电流增加，使得损耗随之增加，从而使电动机的温度升高，经过一段时间后达到稳定温度，稳定的温度高于起始温度，这个过程称为电动机的发热过程。

将式（9-3）两边同除以 $A\mathrm{d}t$，并令 $T = C/A$，$\tau_\mathrm{w} = Q/A$，且考虑到初始条件为：$t = 0$ 时，起始温升为 τ_Q，则得方程的解为

$$\tau = \tau_\mathrm{w}(1 - \mathrm{e}^{-t/T}) + \tau_\mathrm{Q}\mathrm{e}^{-t/T} \tag{9-4}$$

若电机投入时的温度等于周围环境温度，即 $t = 0$ 时，起始温升 $\tau_\mathrm{Q} = 0$，则式（9-4）变为

$$\tau = \tau_\mathrm{w}(1 - \mathrm{e}^{-t/T}) \tag{9-5}$$

式中　T——电动机的发热时间常数。它是表征电动机温度升高快慢程度的一个物理量。

T 的大小与电动机尺寸及散热条件有关，电动机的体积越大，其热容量 C 越大，因而 T 也越大；散热系数 A 与电动机外表面面积及冷却方式有关，散热条件越好，A 越大，则 T 越小。电动机的发热时间常数 T 的数值较大，一般以分或小时计。

$\tau_\mathrm{w} = Q/A$ 为电动机的稳定温升。τ_w 的大小取决于电动机的发热量 Q 和散热系数 A，而与热容量 C 无关。当散热条件不变时，负载越大，损耗越大，则 τ_w 越高；若改善散热条件，如在电动机外壳加散热筋或带风扇，都可使稳定温升 τ_w 降低。在图 9-1 中绘出了对应式（9-4）（特性1）及式（9-5）（特性2）的 $\tau = f(t)$ 曲线。

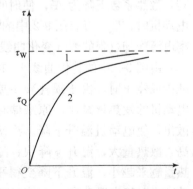

图 9-1　电动机发热过程的温升曲线

由图 9-1 可知，电动机发热时其温升是一个按指数规律上升的过程。开始时由于温升 τ 低，即电动机与周围环境的温度差小，故往外散发的热量少，大部分热量被电动机所吸收，使得电动机的温度升得快。随着 τ 的升高，散热量增多，而发热量 Q 不变，所以被电动机所

吸收的热量减小，温升增长变慢。最后当发热量与散热量相等时，由式（9-3）可知，$\mathrm{d}\tau = 0$，温升不再增长，电动机温升稳定数值为 τ_W。

只要电动机的稳定温升 τ_W 控制在绝缘材料所允许的最高温升之内，电动机就可以长期运行而不会过热。

设电动机带额定负载长期运行时，所达到的稳定温升为

$$\tau_{WN} = \frac{Q_N}{A} = \frac{\Delta P_N}{A} = \frac{P_N}{A}\left(\frac{1 - \eta_N}{\eta_N}\right)$$

由上式得

$$P_N = \frac{A\eta_N\tau_{WN}}{(1 - \eta_N)}$$

由上式可知，对于同样尺寸的电动机，欲使其额定功率提高，可采取如下措施：

1）降低电动机的损耗以提高其效率 η_N。

2）提高绝缘材料的等级以提高稳定温升 τ_{WN}。

3）通过加装冷却风扇或采用带散热筋的机壳等改善散热条件，以提高散热系数 A。

9.2.3 电动机的冷却过程

电动机的冷却可能有两种情况，一是负载减小，电动机损耗减少，使温升降低；二是电动机自电网断开，损耗为零，电动机稳定后的温度与环境温度相同，即温升为零。

仿照电动机发热过程的分析方法，得到的电动机冷却过程的温升变化方程式与式（9-4）相同，其中 τ_Q 为冷却开始时的温升，而 τ_W 为降低负载后的稳定温升。这种情况下的温升变化曲线如图 9-2 中的特性曲线 1 所示。

当电动机自电网断开后，$\Delta P = Q = 0$，使 $\tau_W = 0$，则停机过程的温升表达式为

$$\tau = \tau_Q \mathrm{e}^{-t/T'} \tag{9-6}$$

式中 T'——冷却过程的散热时间常数，与电动机通电时的时间常数 T 不同。

这是因为当电动机由电网断开后，电动机停转，在采用自扇冷式的电动机上，风扇不转，散热系数下降为 A'，使时间常数增大为 $T' = C/A'$，T' 可达 $(2\sim3)T$，在采用他扇冷式电动机时，$T' = T$。图 9-2 中的特性曲线 2 表示电动机脱离电源冷却过程的温升变化曲线。

由图 9-2 中的特性曲线 1 和特性曲线 2 可知，在负载减少或停车时，由于损耗减少或为零，导致单位时间内电动机的发热量减小，原来储存在电动机中的热量逐渐散出，使电动机温升下降。冷却开始时，电动机的温度高，散热量大，温升下降快；随着温度的不断下降，散热量越来越小，温升下降变得平缓，最后趋于稳定，负载减小时稳定温升为 τ_W，停车时的稳定温升为零。

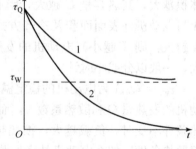

图 9-2   电动机冷却过程的温升曲线

9.2.4 电动机的工作方式

电动机发热与冷却过程的温升不仅与负载大小有关，还与负载持续时间的长短有关。按负载持续时间的不同，可将电动机分为连续工作制、短时工作制和断续周期工作制，现分别

介绍如下。

1. 连续工作制

连续工作制也称为长期工作制,其特点是电动机的连续工作时间 $t_\mathrm{g} \geqslant (3 \sim 4)T$,运行中电动机的温升可以达到稳定值 τ_W。属于这类生产机械的有水泵、鼓风机及机床主拖动等,其典型的负载图和温升曲线如图9-3所示。

2. 短时工作制

短时工作制电动机的特点是工作时间较短,$t_\mathrm{g} < (3 \sim 4)T$,停车时间较长 $t_0 > (3 \sim 4)T'$,即工作时间内电动机温升达不到稳定值,而停车时温升可下降到零。属于这类生产机械的有水闸闸门启闭机、机床夹紧装置等,其典型的负载图和温升曲线如图9-4所示。

从图9-4中可见,在工作时间 t_g 结束时,电动机实际达到的最高温升 τ_m 小于稳定温升 τ_W。因此对于规定为短时工作制的电动机,我们取在规定的工作时间 t_g 内,电动机带负载运行达到的实际最高温升恰好等于绝缘材料允许的最高温升,将这时的输出功率作为电动机的额定功率。我国生产的短时工作制电动机,其铭牌额定功率是按 30min、60min 和 90min 三种标准工作时间来规定的。

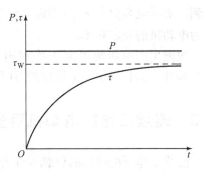

图 9-3 连续工作制的负载图和温升曲线

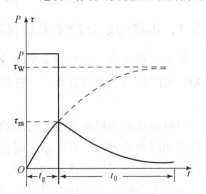

图 9-4 短时工作制的负载图和温升曲线

3. 断续周期工作制

断续周期工作制也称作重复短时工作制。其工作特点是工作时间 t_g 和停歇时间 t_0 周期性轮流交替,而且两段时间都较短 $t_\mathrm{g} < (3 \sim 4)T$,$t_0 < (3 \sim 4)T'$。这类生产机械有起重机、电梯及轧钢辅助机械等,其典型的负载图和温升曲线如图9-5所示。由图可见,工作时间内电动机的温升不能达到稳定温升,停车时间内温升还未下降到零,下一个周期即已开始。这样每经过一个周期,温升便有所上升,经过若干个周期后,电动机的温升将稳定在某一范围内上下波动。

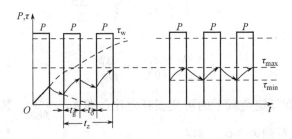

图 9-5 断续周期工作制的负载图和温升曲线

在断续周期工作制中,负载工作时间与整个周期之比称为负载持续率 $ZC\%$,即

$$ZC\% = \frac{t_\mathrm{g}}{t_\mathrm{g} + t_0} \times 100\% \tag{9-7}$$

对于规定为断续周期工作制的电动机，我们取在规定的负载持续率下，电动机负载运行达到的实际最高温升 τ_{max}（即温升稳定波动的最大值）恰好等于允许最高温升时的输出功率，作为电动机的额定功率。

我国生产的断续周期工作制电动机，规定的标准负载持续率有 15％、25％、40％、60％四种，同时规定一个周期的总时间 $t_g + t_0 \leqslant 10min$。

9.3 连续工作制电动机容量的选择

连续工作制电动机的负载可分为两类，即恒定负载与周期性变化负载。连续工作制电动机容量的选择，主要从发热方面考虑。

9.3.1 连续恒定负载下电动机容量的选择

因为一般连续工作制就是按连续恒定负载设计的，因此，在计算出负载功率 P_L 后，若电动机实际运行条件符合规定（标准的散热条件和标准的环境温度 40℃），则只要保证

$$P_N \geqslant P_L$$

即可保证电动机在长期运行时的实际稳定温升 τ_W 低于绝缘材料的最高允许温升 τ_m。电动机起动时电流较大，但起动时间较短，对温升影响不大，可不予考虑。如果选用笼型异步电动机，一般还需校验其起动能力。

如果电动机周围的环境温度 θ_0 不是标准温度 40℃，为了充分和可靠地利用电动机，应修正预选电动机的额定功率 P_N。其方法如下：

设电动机在环境温度为 40℃ 额定运行时的功率为 P_N，总损耗为 Δp_N，热流量为 Q_N，稳定温升为 τ_{WN}；当环境温度为 θ_0 时，电动机允许输出的功率为 P，总损耗为 Δp，热流量为 Q，稳定温升为 τ_W。为了充分利用电动机容量，电动机在不同环境温度时，都应达到该机绝缘材料所允许的最高温度 θ_m，即

$$\tau_{WN} + 40℃ = \tau_W + \theta_0 = \theta_m$$

由上式得

$$\theta_m - 40℃ = \tau_{WN} = \frac{Q_N}{A} = \frac{\Delta p_N}{A}$$

$$\theta_m - \theta_0 = \tau_W = \frac{Q}{A} = \frac{\Delta p}{A}$$

将上两式相除，得

$$\frac{\theta_m - \theta_0}{\theta_m - 40℃} = \frac{\Delta p}{\Delta p_N} \tag{9-8}$$

设 k 为不变损耗和额定负载下的可变损耗之比，即 $k = \dfrac{p_0}{p_{CuN}}$，其值因电动机的不同而异，一般在 0.4～1.1 范围内变化。则有

$$\Delta p_N = p_0 + p_{CuN} = (k+1)p_{CuN}$$

$$\Delta p = p_0 + p_{Cu} = \left(k + \frac{p_{Cu}}{p_{CuN}}\right)p_{CuN} = \left(k + \frac{I^2}{I_N^2}\right)P_{CuN}$$

将上两式相除，得

$$\frac{\Delta p}{\Delta p_N} = \frac{k + \dfrac{I^2}{I_N^2}}{k+1} \tag{9-9}$$

如果电动机的主磁通保持不变（对异步电动机 $\cos\varphi_2$ 也不变），则电动机的电磁转矩 T 和电流 I 成正比，若转速也不变，则功率近似与转矩成正比，将式（9-9）代入式（9-8），并考虑到 $T \propto I$ 及 $P \propto T$，则有

$$\frac{\theta_m - \theta_0}{\theta_m - 40°\!C} = \frac{\Delta p}{\Delta p_N} = \frac{k + \dfrac{I^2}{I_N^2}}{k+1} = \frac{k + \dfrac{T^2}{T_N^2}}{k+1} = \frac{k + \dfrac{P^2}{P_N^2}}{k+1}$$

由上式得

$$P = P_N \sqrt{\frac{\theta_m - \theta_0}{\theta_m - 40°\!C}(k+1) - k} \tag{9-10}$$

由式（9-10）可计算出电动机在实际环境温度为 θ_0 时的允许输出功率 P。

由式（9-10）可见：

1）当 $\theta_0 < 40°C$ 时，$P > P_N$，电动机的实际输出功率可以高于额定功率使用。

2）当 $\theta_0 > 40°C$ 时，$P < P_N$，电动机的实际输出功率只能低于额定功率使用。

在工程实践中，有时为了简化计算，当周围环境温度不为标准温度 $40°C$ 时，可粗略按表 9-2 中的对应关系来修正电动机的功率。

表9-2 不同环境温度下电动机容量的修正

环境温度/℃	30	35	40	45	50	55
电动机功率增减的百分比	+8%	+5%	0	−5%	−12.5	−25%

必须指出，电动机在高原空气稀薄的地区工作时，以对流散热方式为主的电动机，其散热条件将恶化。规定在海拔 1000m 以上不超过 4000m 的环境下，电动机绝缘最高温升随海拔升高而降低，其降低率为在 1000m 的基础上每超过 100m，下降原有温升值的 1%。

9.3.2 连续周期变化负载时电动机容量的选择

电动机在变动负载下运行时，其输出功率是不断变化的，因而电动机的损耗以及它所产生的热量也在不断变化。电动机的发热和温升也在波动，但经过一段时间之后，其温升即达到一种稳定的波动状态，如图 9-6 所示。

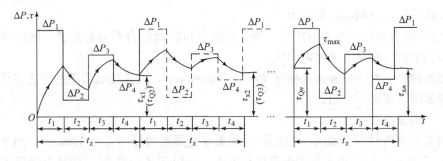

图9-6 周期变化负载下的损耗曲线及温升曲线

原则上讲，在变动负载下，可以根据生产机械的负载情况预选一台电动机，然后根据电

动机的数据，绘制出该电动机拖动这一负载运行时的发热曲线，从而校验温升的最大值是否超过电动机温升的容许值，即可确定电动机容量是否选得合适。但是，用这种绘制温度曲线的方法来校验电动机，计算上非常繁琐，而且电动机的发热时间常数 T 与散热系数 A 这类参数，在一般产品目录上难以查到，所以，温升曲线的实际绘制有着较大的困难。在工程实践中校验电动机的发热，通常不用绘制温升曲线的方法，而采用间接的方法来进行。

在连续周期变化负载下，电动机容量选择的一般步骤如下：

1）首先根据生产工艺过程，作出生产机械的负载图（折算到电动机轴上），这种负载图大多用机械负载功率负载图 $P_L = f(t)$ 或机械负载转矩负载图 $T_L = f(t)$。利用生产机械的负载图可以求负载的平均功率 P_{Ld} 或平均转矩 T_{Ld}，即：

$$P_{Ld} = \frac{P_{L1}t_1 + P_{L2}t_2 + \cdots + P_{Ln}t_n}{t_1 + t_2 + \cdots + t_n} = \frac{\sum\limits_{i=1}^{n} P_{Li}t_i}{\sum\limits_{i=1}^{n} t_i} \tag{9-11}$$

$$T_{Ld} = \frac{T_{L1}t_1 + T_{L2}t_2 + \cdots + T_{Ln}t_n}{t_1 + t_2 + \cdots + t_n} = \frac{\sum\limits_{i=1}^{n} T_{Li}t_i}{\sum\limits_{i=1}^{n} t_i} \tag{9-12}$$

2）按经验公式预选电动机。其额定功率（单位为 kW）可选为

$$P_N = (1.1 \sim 1.6)P_{Ld}$$

$$P_N = (1.1 \sim 1.6)\frac{T_{Ld}n_N}{9550}$$

式（9-11）和式（9-12）均未考虑电动机运行时的过渡过程，由于可变损耗和电流的二次方成正比，过渡过程中电流一般比较大，故可变损耗大，电动机的发热严重。考虑到这种影响，当过渡过程在整个工作过程中占较大比例时，系数应选取（1.1~1.6）中的较大值。

3）作预选电动机的负载图 $\Delta p = f(t)$ 或 $I = f(t)$ 或 $T = f(t)$ 或 $P = f(t)$。如作电动机的损耗负载图 $\Delta p = f(t)$，按式 $\Delta p = \dfrac{P_{Li}}{\eta_i} - P_{Li}$ 计算出各工作段的损耗 Δp_1，Δp_2，…，Δp_n，如图 9-6 所示，其中各工作段的效率 η_i 可查预选电动机的效率曲线。

4）进行发热校验。选择一种合适的校验方法，算出平均损耗 Δp_d 或电流的等效值 I_{dx} 或转矩的等效值 T_{dx} 或功率的等效值 P_{dx}。如果计算值小于或等于预选电动机的额定值，则发热校验通过，预选电动机合格；如果计算值大于预选电动机的额定值，则需另选电动机，重新进行发热校验，直到满足要求为止。

5）过载能力和起动能力的校验。若过载能力和起动能力不满足要求，则应重新选择过载能力和起动能力满足要求的电动机。

上述步骤中，发热校验是选择电动机最重要的环节，发热校验常用的方法有平均损耗法和各种等效法。现逐一介绍。

（1）平均损耗法

在周期变化负载下（如图 9-6 所示），如果变化周期较短（$t_z \ll 10\text{min}$），而发热时间常数较大（$T \gg t_z$）时，稳定后的温升变化不大，可以用平均温升 τ_d 代替电动机工作稳定后的最高温升 τ_{max}。如果 $\tau_d \leqslant \tau_{WN}$（$\tau_{WN}$ 为预选电动机的额定温升），则 $\tau_{max} \leqslant \tau_{WN}$，温升校验合格。直接用温升校验发热不是很方便，可以用电动机的损耗来代替温升校验发热。当电动

的温升稳定后，有

$$\tau_d = \frac{Q_d}{A} = \frac{\Delta p_d}{A}$$

而电动机的额定温升为

$$\tau_{WN} = \frac{Q_N}{A} = \frac{\Delta p_N}{A}$$

从上两式可见，在电动机的散热率 A 不变的条件下，只要满足

$$\Delta p_d \leqslant \Delta p_N$$

则有

$$\tau_d \leqslant \tau_{WN}$$

这样就可以用平均损耗功率 Δp_d 代替平均温升 τ_d，来校验电动机的发热。具体方法为

1）先由电动机的损耗负载图（如图 9-6 所示）计算平均损耗

$$\Delta p_d = \frac{\sum\limits_{i=1}^{n} \Delta p_i t_i}{\sum\limits_{i=1}^{n} t_i} \tag{9-13}$$

2）若 Δp_d 略小于 Δp_N，则发热校验通过，而且电动机得到充分利用。

3）若 $\Delta p_d > \Delta p_N$，说明预选电动机功率太小，发热校验没有通过，应重选额定功率大的电动机再检验。

4）若 $\Delta p_d \ll \Delta p_N$，预选电动机功率太大，电动机得不到充分利用，可重选额定功率小的电动机再检验。

平均损耗法可用于各种电动机大多数工作情况的发热校验，但计算步骤较为复杂，一般情况下可采用下列各种等效法。

（2）等效电流法

等效电流法是从平均损耗法推导而来的，它的基本原理是用一个不变的等效电流 I_{dx} 来代替实际变化的电流，而在一个周期 t_z 内等效电流产生的热量 Q_{dx}，与实际变化的电流所产生的热量 $\sum\limits_{i=1}^{n} Q_i t_i$ 相等，即

$$Q_{dx} t_z = \sum_{i=1}^{n} Q_i t_i$$

将式（9-2）代入上式，得

$$\Delta P_{dx} t_z = \sum_{i=1}^{n} \Delta p_i t_i \tag{9-14}$$

对于图 9-6 所示的连续变化负载，其第 i 级的损耗可表示为

$$\Delta p_i = p_0 + C I_i^2 \tag{9-15}$$

式中 p_0——空载损耗；

I_i——第 i 级负载电流；

C——由绕组电阻和电路形式所决定的常数。

而等效电流 I_{dx} 在一个周期内对应的损耗为

$$\Delta p_{dx} = p_0 + C I_{dx}^2 \tag{9-16}$$

将式（9-15）、式（9-16）代入式（9-14），得

$$p_0 + CI_{dx}^2 = p_0 + \frac{C\sum\limits_{i=1}^{n} I_i^2 t_i}{t_z}$$

整理得

$$I_{dx} = \sqrt{\frac{\sum\limits_{i=1}^{n} I_i^2 t_i}{t_z}} \qquad (9\text{-}17)$$

只要上式中的等效电流 I_{dx} 略小于预选电动机的额定电流 I_N，电动机的发热校验即可通过。

使用等效电流法时，不仅要满足平均损耗法必须遵循的条件，而且还必须满足空载损耗 p_0 及与绕组电阻有关的系数 C 不变的条件。对于深槽式与双笼型异步电动机，在经常起动、制动与反转时，其电阻与铁损耗都要变化，所以不能用等效电流法来校验温升，只能用平均损耗法。

（3）等效转矩法

如果电动机的转矩与电流成正比（即当直流电动机的磁通不变，或异步电动机的主磁通 Φ_m 及 $\cos\varphi_2$ 不变时），则式（9-17）可以写成转矩形式

$$T_{dx} = \sqrt{\frac{\sum\limits_{i=1}^{n} T_i^2 t_i}{t_z}} \qquad (9\text{-}18)$$

式中　　T_{dx} ——等效转矩；

　　　　T_i ——第 i 级的转矩。

如果 T_{dx} 略小于 T_N，则发热校验通过。等效转矩法计算比较方便，应用最广泛。

使用等效转矩法时，除了必须满足等效电流法的条件，还要满足直流电动机的主磁通不变及异步电动机的 Φ_m 及 $\cos\varphi_2$ 不变的条件。因此，直流串励电动机、他励直流电动机的弱磁调速，或笼型异步电动机起、制动频繁时，均不能应用等效转矩法。

如果他励直流电动机的负载图中只有一段是弱磁，其他各段均是额定磁通，则将弱磁段的转矩略加修正之后，仍可应用等效转矩法。修正方法如下：

设第 i 段为弱磁，其转矩为 T_i，修正后的转矩为 T_i'，折算关系为

$$T_i' = T_i \frac{\Phi_N}{\Phi}$$

式中　　Φ、Φ_N ——减弱后的磁通和额定磁通。

（4）等效功率法

如果整个工作期间转速基本不变，由式 $P = \dfrac{Tn}{9550}$ 可知，输出功率 P 与转矩 T 成正比，则式（9-18）可表示为

$$P_{dx} = \sqrt{\frac{\sum\limits_{i=1}^{n} P_i^2 t_i}{t_z}} \qquad (9\text{-}19)$$

式中　　P_i ——电动机功率负载图中第 i 段的功率。

如果 P_{dx} 略小于 P_N，则发热校验通过。

应用等效功率法除了必须满足等效转矩法条件之外，还必须满足转速基本不变的条件。

在起动和制动过程中，不能满足 n 不变的要求，如图 9-7 中所示的 t_1 与 t_3 时间段的转速，如果这时仍用等效功率法，则必须对功率进行修正。设第 i 段的转速为 n，在此 $n < n_N$，其功率为 P_i，修正后的功率为 P'_i，折算关系为

$$P'_i = P_i \frac{n_N}{n}$$

式中　　n、n_N——分别为变化时的转速和额定转速。

（5）平均损耗法和等效法的冷却恶化修正

对于自扇冷式电动机，如果在一个周期内包含有起动、制动和停机等过程，则由于在起动、制动和停机时电动机的散热条件变差，实际温升要高一些。为此，必须考虑起动、制动与停机过程中冷却条件的变差对电动机温升的影响，故需对式（9-13）、式（9-17）、式（9-18）和式（9-19）进行修正，通常是在这些公式的分母中加恶化系数 α，对于起动和制动时间（见图 9-7 中的 t_1 和 t_3时间段）乘以小于 1 的起制动冷却恶化系数 α；而对于停机时间（见图 9-7 中的 t_0 时间段）乘以小于 1 的停机冷却恶化系数 α_0。对于如图 9-7 所示的电流负载图，其修正后的等效电流公式为

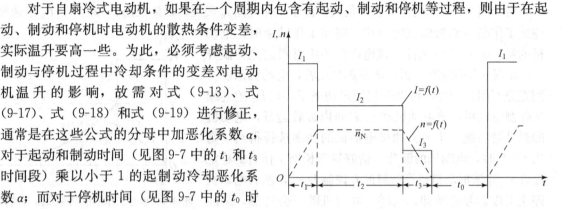

图 9-7　有起动、制动和停歇时间的变化负载电流图

$$I_{dx} = \sqrt{\frac{I_1^2 t_1 + I_2^2 t_2 + I_3^2 t_3}{\alpha t_1 + t_2 + \alpha t_3 + \alpha_0 t_0}} \tag{9-20}$$

式中　　t_1、t_2、t_3、t_0——起动、稳定运行、制动、停歇时间；

　　　　I_1、I_2、I_3——起动、稳定运行、制动时的电动机电流。

其他等效法和平均损耗法的冷却恶化修正方法仿照式（9-20）。

（6）等效法在非恒值负载下的应用

在使用等效法校验发热时，如遇到电动机负载图中某段负载不为常值时，如图 9-8 所示的电动机负载图 $I = f(t)$ 中，t_1、t_2 及 t_4 各段中的电流不为常数，在使用等效电流法校验发热前，应首先求出这三段电流的有效值，再代入式（9-17）求出整个周期的等效电流进行发热校验。如对于图 9-8 中对应 t_1 时间段内三角形电流的有效值为

$$I'_1 = \sqrt{\frac{1}{t_1} \int_0^{t_1} \left(\frac{I_1}{t_1} t\right)^2 dt} = \frac{I_1}{\sqrt{3}}$$

同样，可求出对应 t_2 时间段内梯形电流的有效值为

$$I'_2 = \sqrt{\frac{1}{t_2} \int_0^{t_2} \left(I_1 - \frac{I_1 - I_2}{t_2} t\right)^2 dt} = \sqrt{\frac{I_1^2 + I_1 I_2 + I_2^2}{3}}$$

其他各变化电流段，电流的有效值均可按上述方法求得。使用等效转矩法与等效功率法进行发热校验时，若某一段的转矩或功率不为常数，可按同样的方法处理。

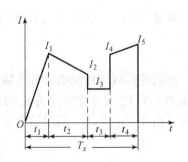

图 9-8　某段为变化负载的电流负载图

9.4 短时工作制电动机容量的选择

对于短时工作方式，可以选用为长期工作而设计的连续工作制电动机，也可以选用专门为短时工作方式而设计的短时工作制电动机。

9.4.1 选用连续工作制电动机

对于图 9-9 所示的短时工作负载，由于工作时间 t_g 很短，如果根据 P_N 略大于 P_g 来选择连续工作制电动机的额定功率，则在工作结束时，电动机的实际温升 τ'_g 显然低于该电动机绝缘材料的允许温升 τ_m，如图 9-9 曲线 2 所示，从发热观点看，电动机未能得到充分利用。为此，可以选用额定功率 $P_N < P_g$ 的连续工作制电动机，使电动机在 t_g 时间内过载运行，电动机的温升沿曲线 1 上升。如果电动机的功率选择得当，则当 $t = t_g$ 时，电动机的温升 τ_g 恰好等于长期工作时的稳定稳升 τ_w 即该电动机绝缘材料的允许温升 τ_m，然后电动机停止工作，开始冷却。这样，电动机既不会过热，又能在发热上得到充分利用。

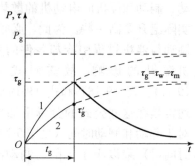

图 9-9 短时工作制的功率及温升曲线

由以上分析可知，选择电动机额定功率 P_N 的依据是

$$\tau_g = \tau_W = \tau_m$$

将式 (9-5) 代入上式，得

$$\tau_g = \frac{\Delta p_g}{A}(1 - e^{-t_g/T}) = \tau_W = \frac{\Delta p_N}{A} \tag{9-21}$$

式中，Δp_g、Δp_N 相当于功率为 P_g、P_N 时的损耗功率。

由于

$$\Delta p_N = p_0 + p_{CuN} = (k+1)p_{CuN} \tag{9-22}$$

$$\Delta p_g = p_0 + p_{Cu} = \left(k + \frac{p_{Cu}}{p_{CuN}}\right)p_{CuN} = \left(k + \frac{I_g^2}{I_N^2}\right)P_{CuN} \tag{9-23}$$

假定电动机电流和功率成正比，即

$$\frac{I_g}{I_N} = \frac{P_g}{P_N} \tag{9-24}$$

将式 (9-22) 至式 (9-24) 代入式 (9-21)，得

$$P_N = P_g \sqrt{\frac{1 - e^{-t_g/T}}{1 + ke^{-t_g/T}}} \tag{9-25}$$

所选用连续工作制电动机的额定功率要略大于由式 (9-25) 所计算出的值。至此，对于负载功率为 P_g 且工作时间为 t_g 的短时工作负载，可按式 (9-25) 选用合适的连续工作制电动机。由于 $P_N < P_g$，所以该电动机在工作时处于短时过载状态，其功率过载倍数 λ_Q 为

$$\lambda_Q = \frac{P_g}{P_N} = \sqrt{\frac{1 + ke^{-t_g/T}}{1 - e^{-t_g/T}}} \tag{9-26}$$

上式表明，$\frac{t_g}{T}$ 越小，则 λ_Q 越大，当短时负载 P_g 不变时，所选连续工作制电动机的额定

功率 P_N 就越小。如果 $\dfrac{t_g}{T} \leqslant 0.3$ 时，$\lambda_Q > 2.5$，超过一般电动机的短时允许过载倍数 $\lambda_m = \dfrac{T_m}{T_N}$，这时不能再按式（9-26）来选择电动机的容量，而必须根据电动机的允许过载倍数 λ_m 来选取，即

$$P_N \geqslant \frac{P_g}{\lambda_m}$$

按过载能力所选电动机的功率较大，发热方面有裕度，因而不必进行温升校验。

9.4.2　选用专为短时工作方式而设计的电动机

我国电机制造工业部门，专门为短时工作方式设计制造了短时工作制电动机，其工作时间规定为 30min、60min 和 90min，每一种又有不同的功率和不同的转速。因此可以根据生产机械的功率、工作时间及转速要求，从产品目录中直接选用不同规格的电动机。

如果实际工作时间 t_{gx} 与标准工作时间 t_g 相同，则只需按式 $P_N \geqslant P_g$ 选择，不必再校核发热。

如果短时负载是一种变动的负载，应该首先算出变动负载的等效功率，然后选取额定功率略大于等效功率的电动机，并校验电动机的过载能力与起动能力，专供短时工作制使用的电动机一般具有较大的过载能力与起动能力。

如果实际工作时间 t_{gx} 与标准工作时间 t_g 不相同，则应进行功率换算，将 t_{gx} 下的功率 P_x 换算为 t_g 下的功率 P_g，再按 P_g 的大小选择规格合适的电动机。

换算的原则是：电动机在实际工作时间 t_{gx} 与标准工作时间 t_g 下的发热相同，也就是要求两种情况下的损耗相等。假设在 t_{gx} 与 t_g 下的损耗分别为 Δp_x 与 Δp，都可分为可变损耗和不变损耗，如果在标准工作时间 t_g 下可变损耗和不变损耗的比值是 $k = \dfrac{p_0}{p_{Cu}}$，并考虑到可变损耗（即铜损耗）与电动机电流的二次方成正比，且假设电动机的电流又与其功率成正比，则 t_{gx} 下的可变损耗为 $p_{Cu} \left(\dfrac{p_x}{p_g} \right)^2$，所以有

$$\left[p_0 + p_{Cu} \left(\frac{p_x}{p_g} \right)^2 \right] t_{gx} = [p_0 + p_{Cu}] t_g$$

整理得

$$\left[k + \left(\frac{p_x}{p_g} \right)^2 \right] t_{gx} = (k+1) t_g$$

由上式可得

$$P_g = \frac{p_x}{\sqrt{\dfrac{t_g}{t_{gx}} + k \left(\dfrac{t_g}{t_{gx}} - 1 \right)}} \tag{9-27}$$

当 t_g 与 t_{gx} 相差不太大时，可将 $k \left(\dfrac{t_g}{t_{gx}} - 1 \right)$ 忽略不计，得

$$P_g \approx P_x \sqrt{\frac{t_{gx}}{t_g}} \tag{9-28}$$

换算时，应选取与 t_{gx} 最相近的 t_g 代入上式，然后选取短时工作制电动机的额定功率略大于由式（9-28）所计算出的值即可。

9.5　断续周期工作制电动机容量的选择

断续周期工作制下的电动机的工作和停歇是交替进行的。在工作时间内电动机的温升上升，但达不到稳定温升，而在停歇时间内电动机的温升下降，但达不到零。经过若干个周期后，电动机的温升达到一个稳定的波动状态，即在最高温升 τ_{max} 与最低温升 τ_{min} 之间波动，如图 9-5 所示。从图中可以看出，最高温升 τ_{max} 比电动机在相同负载下作长期运转时所达到的稳定温升 τ_w 要低一些，所以可选用一台额定功率比负载所需功率小的连续工作制电动机，只要它在工作时所达到的最高温升等于或接近电动机所允许的温升就可以了。其指导思想和具体方法均与短时负载下选用连续工作制电动机相似，在此不再赘述。现仅介绍选用断续周期工作制电动机的方法。

由于电动机拖动断续周期负载的情况很多，特别是在冶金企业中，因此电动机制造厂专门设计了断续周期工作制的电动机。这种电动机的特点是起动能力强、过载能力强、机械结构的强度大、飞轮惯量 GD^2 较小，其负载持续率 $ZC\%$（ $ZC\% = \frac{t_g}{t_g + t_0} \times 100\%$ ）规定为 15%、25%、40% 和 60%。对于一台具体的电动机，在不同负载持续率下，其允许输出功率的大小不同，$ZC\%$ 值越小，则 P_N 越大，因而 I_N 也越大，其数值在产品目录中可以查到。

断续周期工作制电动机容量的选择和连续工作制变化负载下的功率选择相似，一般步骤如下：

1) 计算负载转矩或负载功率，初步确定负载持续率 $ZC\%$，据负载功率及 $ZC\%$ 预选一台断续周期工作制电动机。如果实际的负载持续率 $ZC_x\%$ 与标准的负载持续率 $ZC\%$ 相同，可按下式预选电动机的额定功率

$$P_N = (1.1 \sim 1.6) \frac{\sum_{i=1}^n P_{Li} t_i}{t_g}$$

然后作出该预选电动机的负载图 $P = f(t)$ 或 $T = f(t)$。

2) 选择合适的方法（平均损耗法或各种等效法）进行发热校验。如果在工作时间内负载是变化的，则可以采用平均损耗法或等效法，但不要把停歇时间算进去，因为它已被考虑在 $ZC\%$ 值内。对于有起动、制动和停歇时，在 $ZC\%$ 的计算公式中，分母的起、制动时间应乘以冷却恶化系数 α，但停歇时间不乘停歇冷却恶化系数 α_0，这是因为在设计断续周期工作制电动机时，已经考虑了停歇对散热的影响。

3) 如果实际的负载持续率 $ZC_x\%$ 与标准值 $ZC\%$ 不同，应把实际负载持续率 $ZC_x\%$ 的等效功率 P_x 换算成最接近标准负载持续率 $ZC\%$ 时的功率 P，然后再选择电动机，最后进行发热校验（平均损耗法或各种等效法）。

换算的依据是实际持续率 $ZC_x\%$ 时的损耗与 $ZC\%$ 相等，发热也相等。由于换算前、后一个周期时间不变，则有 $t_{gx}/t_g = ZC_x\%/ZC\%$，并考虑到可变损耗（即铜损耗）与电动机电流的二次方成正比，则假设电动机的电流又与其功率成正比，所以有

$$\left[p_0 + p_{Cu} \left(\frac{p_x}{p} \right)^2 \right] ZC_x\% = (p_0 + p_{Cu}) ZC\%$$

由上式得

$$P = \frac{p_x}{\sqrt{\dfrac{ZC\%}{ZC_x\%} + k\left(\dfrac{ZC\%}{ZC_x\%} - 1\right)}} \tag{9-29}$$

当 $ZC_x\%$ 与 $ZC\%$ 很接近时，则得简化的换算公式为

$$P \approx P_x \sqrt{\frac{ZC_x\%}{ZC\%}} \tag{9-30}$$

如果实际负载持续率 $ZC_x\% < 10\%$，可按短时工作制选择电动机；如果 $ZC_x\% > 70\%$，可按连续工作制选择电动机。

如果工作过程中某一阶段的负载较大，应进行过载能力校验。对笼型异步电动机，还要进行起动能力的校验。

例 9-1 图 9-10 所示为具有尾绳和摩擦轮的矿井提升机示意图。电动机直接与摩擦轮 1 相连，摩擦轮旋转，靠摩擦力带动绳子及罐笼 3（内有矿车及矿物 G）提升或下放。尾绳 4 系在两罐笼之下，以平衡提升机左右两边绳子的重量。已知下列数据：

1) 井深 $H = 915\text{m}$。
2) 负载重量 $G = 58800\text{N}$。
3) 每个罐笼（内有一空矿车）重量 $G_3 = 77150\text{N}$。
4) 主绳与尾绳每米重量 $G_4 = 106\text{N/m}$。
5) 摩擦轮直径 $d_1 = 6.44\text{m}$。
6) 摩擦轮飞轮力矩 $GD_1^2 = 2730000\text{N·m}^2$。
7) 导轮直径 $d_2 = 5\text{m}$。
8) 导轮飞轮力矩 $GD_2^2 = 584000\text{N·m}^2$。
9) 额定提升速度 $v_N = 16\text{m/s}$。
10) 提升加速度 $a_1 = 0.89\text{m/s}^2$。
11) 提升减速度 $a_2 = 1\text{m/s}^2$。
12) 周期长 $t_z = 89.2\text{s}$。

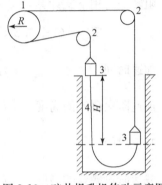

图 9-10 矿井提升机传动示意图
1—摩擦轮 2—导轮 3—罐笼 4—尾绳

且已知罐笼与导轨的摩擦阻力使负载重量增加 20%。试选择拖动电动机功率。

解：（1）计算负载功率

$$P_L = k\frac{(1+0.2)G \cdot v_N}{1000} = 1.2 \times \frac{1.2 \times 58800 \times 16}{1000}\text{kW} \approx 1355\text{kW}$$

式中 $k = 1.2 \sim 1.25$，是考虑起动和制动过程中加速转矩而使电动机转矩增加的系数。上式中取 $k = 1.2$。

（2）预选电动机功率

由于负载功率较大，系统又经常处于起、制动状态，为了减少系统的飞轮力矩 GD^2 以缩短过渡过程时间及减少过渡过程损耗，拟采用双电动机拖动，预选电动机为他励直流电动机。选取每个电动机的功率为 700kW，为连续工作方式，过载倍数 $\lambda_m = 1.8$，自扇冷式。

电动机的转速为

$$n_N = \frac{60v_N}{\pi d_1} = \frac{60 \times 16}{\pi \times 6.44}\text{r/min} = 47.5\text{r/min}$$

对于功率为 700kW、转速为 47.5r/min 的电动机，其飞轮力矩 $GD_d^2 = 1065000\text{N·m}^2$，

两台电动机的飞轮力矩 $GD_D^2 = 1065000 \times 2 \text{ N} \cdot \text{m}^2 = 2130000 \text{N} \cdot \text{m}^2$

电动机的总额定转矩为

$$T_N = 9550 \frac{P_N}{n_N} = 9550 \frac{2 \times 700}{47.5} \text{N} \cdot \text{m}^2 = 281474 \text{N} \cdot \text{m}^2$$

(3) 绘制电动机的负载图

矿井提升电动机在整个工作过程中的转速曲线 $n = f(t)$ 如图 9-11 所示。

在第一段时间 t_1 内电动机起动，转速从零加速到 $n = 47.5 \text{r/min}$，罐笼上升高度为 h_1；第二段时间 t_2 内电动机恒速运行，$n = 47.5 \text{r/min}$，罐笼上升高度为 h_2；第三段时间 t_3 内电动机制动，转速从 $n = 47.5 \text{r/min}$ 减速到零，此段时间内罐笼仍在上升，上升高度为 h_3；总的上升高度应为 $H = h_1 + h_2 + h_3$，第四段时间 t_0 内电动机停歇，在这段时间内一个罐笼卸载，另一个罐笼装载，总的周期 $t_z = t_1 + t_2 + t_3 + t_0 = 89.2 \text{s}$ 为四段时间之和。

阻转矩可用下式计算

$$T_L = (1 + 0.2)G \frac{d_1}{2} = 1.2 \times 58800 \times \frac{6.44}{2} \text{N} \cdot \text{m} = 227203 \text{N} \cdot \text{m}$$

加速时间 $\qquad t_1 = \dfrac{v_N}{a_1} = \dfrac{16}{0.89} = 18 \text{s}$

加速阶段罐笼的高度 $\qquad h_1 = \dfrac{1}{2} a_1 t_1^2 = \dfrac{1}{2} \times 0.89 \times 18^2 \text{m} = 144.2 \text{m}$

减速时间 $\qquad t_3 = \dfrac{v_N}{a_3} = \dfrac{16}{1} = 16 \text{s}$

减速阶段罐笼的高度 $\qquad h_3 = \dfrac{1}{2} a_3 t_3^2 = \dfrac{1}{2} \times 1 \times 16^2 \text{m} = 128 \text{m}$

稳定速度罐笼的高度 $\qquad h_2 = H - h_1 - h_3 = (915 - 144.2 - 128) \text{m} = 642.8 \text{m}$

稳定速度运行时间 $\qquad t_2 = \dfrac{h_2}{v_N} = \dfrac{642.8}{16} \text{s} = 40.2 \text{s}$

停歇时间 $\qquad t_0 = t_z - t_1 - t_2 - t_3 = (89.2 - 18 - 40.2 - 16) \text{s} = 15 \text{s}$

为了计算加速转矩，必须求出折算到电动机轴上的系统总的飞轮力矩 GD^2

$$GD^2 = GD_a^2 + GD_b^2$$

式中　GD_a^2 ——系统中转动部分折算到电动机轴上的飞轮力矩。

GD_b^2 ——系统中直线运动部分折算到电动机轴上的飞轮力矩。

导轮转速 $n_2 = \dfrac{60 v_N}{\pi d_2} = \dfrac{60 \times 16}{\pi \times 5} \text{r/min} = 61 \text{r/min}$

转动部分折算到电动机轴上的飞轮力矩 GD_a^2 为

$$GD_a^2 = GD_D^2 + GD_1^2 + 2GD_2^2 \left(\frac{n_2}{n_1}\right)^2$$

$$= \left[2130000 + 2730000 + 2 \times 584000 \left(\frac{61}{47.5}\right)^2\right] \text{N} \cdot \text{m}^2$$

$$= 6786262 \text{N} \cdot \text{m}^2$$

系统直线运动部分总重

$$G' = G + 2G_3 + G_4(2H + 90)$$

$$= [58800 + 2 \times 77150 + 106(2 \times 915 + 90)] \text{N}$$

$$= 416620 \text{N}$$

式中，90m 是绕摩擦轮及两导轮的绳长。

系统直线运动部分重量折算到电动机轴上的飞轮力矩 GD_b^2 为

$$GD_b^2 = \frac{365 G' v_N^2}{n_N^2} = \frac{365 \times 416620 \times 16^2}{47.5^2} \text{N} \cdot \text{m}^2 = 17253838 \text{N} \cdot \text{m}^2$$

系统总飞轮力矩为

$$GD^2 = GD_a^2 + GD_b^2 = (6786262 + 17253838) \text{N} \cdot \text{m}^2 = 24040100 \text{N} \cdot \text{m}^2$$

加速阶段的动态转矩为

$$T_{a1} = \frac{GD^2}{375} \left(\frac{\mathrm{d}n}{\mathrm{d}t}\right)_1 = \frac{GD^2}{375} \left(\frac{n_N}{t_1}\right) = \frac{24040100}{375} \times \frac{47.5}{18} \text{N} \cdot \text{m} = 169171 \text{N} \cdot \text{m}$$

加速阶段的电磁转矩为　　$T = T_L + T_{a1} = (227203 + 169171) \text{N} \cdot \text{m} = 396374 \text{N} \cdot \text{m}$

减速阶段的动态转矩为

$$T_{a2} = \frac{GD^2}{375} \left(\frac{\mathrm{d}n}{\mathrm{d}t}\right)_3 = -\frac{GD^2}{375} \left(\frac{n_N}{t_3}\right) = -\frac{24040100}{375} \times \frac{47.5}{16} \text{N} \cdot \text{m} = -190317 \text{N} \cdot \text{m}$$

减速阶段的电磁转矩为　　$T = T_L + T_{a3} = (227203 - 190317) \text{N} \cdot \text{m} = 36886 \text{N} \cdot \text{m}$

根据上列数据绘制出电动机的转矩负载图，如图 9-11 所示。

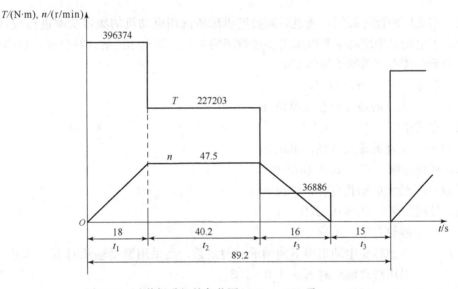

图 9-11　矿井提升机的负载图　$T = f(t)$ 及 $n = f(t)$

（4）发热校验

设散热恶化系数 $\alpha_1 = 0.75$、$\alpha_0 = 0.5$，则等效转矩 T_{dx} 为

$$
\begin{aligned}
T_{dx} &= \sqrt{\frac{T_1^2 t_1 + T_2^2 t_2 + T_3^2 t_3}{\alpha t_1 + t_2 + \alpha t_3 + \alpha_0 t_0}} \\
&= \sqrt{\frac{396374^2 \times 18 + 227203^2 \times 40.2 + 36886^2 \times 16}{0.75 \times 18 + 40.2 + 0.75 \times 16 + 0.5 \times 15}} \text{N} \cdot \text{m} \\
&= 259386 \text{N} \cdot \text{m}
\end{aligned}
$$

由于 $T_{dx} < T_N$（$T_N = 281474 \text{N} \cdot \text{m}$），所以发热校验通过。

（5）过载能力校验

由图 9-11 可知，电动机的最大转矩为 $T_{max} = 396374 \text{N} \cdot \text{m}$，则 $\frac{T_{max}}{T_N} = \frac{396374}{281474} = 1.41 <$

1.8，过载能力校验通过。

由以上计算可知，电动机的发热与过载能力的校验都通过，且又未造成容量的浪费，所以，预选的电动机是合适的。

9.6 电动机容量选择的工程方法

在前面几节中，以电动机的单机发热理论为基础，介绍了电动机容量选择的原则和基本方法，这些方法是很重要的。但是其中存在着两个问题：一是计算方法比较繁杂，需要根据生产机械的负载图预选电动机，并作出电动机的负载图，进行发热校验，如果发热校验不通过，还要重复前面的全过程；二是原始数据有时很难非常准确，这就使得在用前述方法选择电动机的容量时比较困难（如作电动机的负载图），从而影响了选择电动机容量的正确性。人们在生产实践中总结出了某些生产机械的电动机容量选择的工程方法，这些方法简单且实用，常用的方法有统计法和类比法。

9.6.1 用统计法选择电动机容量

机床制造厂的设计部门，通过对同类型机床所选用电动机的额定功率进行统计和分析，从中找出了电动机额定功率和机床主要参数间的关系，得出相应的计算公式，这些用统计法确定的经验公式有（功率单位为 kW）：

(1) 车床　$P = 36.5D^{1.54}$

式中　D——工件的最大直径，单位 m。

(2) 立式车床　$P = 20D^{0.88}$

式中　D——工件的最大直径，单位 m。

(3) 摇臂钻床　$P = 0.0646D^{1.19}$

式中　D——最大的钻孔直径，单位 mm。

(4) 外圆磨床　$P = 0.1KB$

式中　B——砂轮宽度，单位 mm。

　　　K——考虑砂轮主轴采用不同轴承时的系数，当采用滚动轴承时 $K = 0.8\sim1.1$，当采用滑动轴承时 $K = 1.0\sim1.3$。

(5) 卧式镗床　$P = 0.004D^{1.7}$

式中　D——镗杆直径，单位 mm。

(6) 龙门铣床　$P = \dfrac{B^{1.15}}{166}$

式中　B——工作台宽度，单位 mm。

上述经验公式虽然是从实践中总结而来，且又方便简单，但又都带有一定的局限性，如有些发展中的因素一时很难估计在内，例如新型机械及新型电动机，需要根据实际情况不断对其经验公式做必要的修正。

9.6.2 用类比法选择电动机容量

所谓类比法，就是根据生产工艺给出的静态功率，计算出所需要的电动机容量并预选电动机；然后与其他厂矿经过长期运行考验的、同类型或相近的生产机械所采用的电动机容量进行比较；再考虑不同工作条件等因素的影响，最后确定电动机的容量。

9.7 电动机种类、额定电压、额定转速和型式的选择

除了前面介绍的选择电动机的额定功率外，还需要根据生产机械对技术和经济方面的要求，对电动机种类、额定电压、额定转速和型式进行选择。

9.7.1 电动机种类的选择

为生产机械选择电动机的种类，首先要考虑的是电动机性能应能满足生产机械的要求，例如过载能力、起动能力、调速性能指标及各种运转状态等。在此前提下，再优先选用结构简单、运行可靠、价格低廉、维护方便的电动机。

一般要求调速指标不高的生产机械应尽量优先选用三相笼型异步电动机，普通的笼型异步电动机广泛应用于切削机床、水泵、通风机、轻工业和农副业加工设备以及其他一般机械等领域；高起动转矩的笼型异步电动机应用于要求起动转矩较大的生产机械，如空气压缩机、带式运输机、某些纺织机械等；多速异步电动机应用于要求有级调速的生产机械，如电梯、某些机床等。

起动、制动比较频繁，起动、制动转矩要求较大的生产机械，如起重机、矿井提升机及不可逆轧钢机等，大多使用绕线型异步电动机。

无调速要求、需要转速恒定或要求改善功率因素的情况下，可选择同步电动机，例如中、大容量的空气压缩机、各种泵等。

要求调速范围很大、调速要求平滑且准确的位置控制以及对拖动系统过渡过程有特殊要求的较大功率生产机械，如高精度数控机床、龙门刨床、可逆轧钢机和造纸机等，使用他励直流电动机。

要求起动转矩大、机械特性软的生产机械，如电车、电气机车和重型起重机等，使用串励或复励直流电动机。

9.7.2 电动机额定电压的选择

对于交流电动机，其额定电压应选得与供电电网电压一致。一般车间低压电网为380V，因此，中、小型异步电动机的额定电压大多是380V。当电动机功率较大时，可根据供电高压电源，选用3000V或6000V的高压电动机，使用高压电动机可以节省铜材并减小电动机的体积。

直流电动机额定电压要与供电电压一致，一般直流电动机的额定电压为110V、220V和440V。当直流电动机由晶闸管变流装置直接供电而省略整流变压器时，为了配合不同的整流电路，新改型的直流电动机除了原来的电压等级，还增设了160V（配合单相全波整流）及440V（配合三相桥式整流）等新的电压等级，国外还专门为大功率晶闸管变流装置设计了额定电压为1200V的直流电动机。

9.7.3 电动机额定转速的选择

对于额定功率相同的电动机，其额定转速越高，电动机体积、重量和造价就越低，因此，选用高速电动机比较经济。但是当生产机械速度一定时，电动机转速越高，则势必增大

传动机构的速比，使传动机构复杂。

一般来说，电动机额定转速越高，其飞轮惯量 GD^2 越小，额定转速和 GD^2 影响到电动机过渡过程的持续时间和能量损耗。GD^2 越小，则过渡过程越快，能量损耗越小。

因此对于电动机额定转速的选择需要根据生产机械具体情况（如电动机是否连续工作、起制动和反转是否频繁、过渡过程持续时间对生产率影响的大小等），综合考虑各个因素来确定。

9.7.4 电动机型式的选择

电动机有立式和卧式两种。一般情况下多用卧式，立式价格较贵，往往是为了简化传动装置又必须垂直运转时才采用（如立式深井泵等）。

电动机有单端轴伸和双端轴伸两种。多数情况下用单端轴伸，特殊情况（如需同时拖动两台生产机械等）用双端轴伸。

电动机按防护方式分类主要有：开启式、防护式、封闭式和防爆式四种。

开启式电动机：价格便宜，散热条件好，在定子两侧与端盖上开有较大的通风口，容易进入水气、灰尘、水滴、铁屑和油垢等杂物。通常只在清洁、干燥的环境中使用。

防护式电动机：在机座下面开有通风口，散热较好，能防止水滴、铁屑等从上方落入电动机，但不能防止潮气及灰尘侵入。一般在较清洁干净的环境下都可用防护式电动机。

封闭式电动机：这类电动机又可分为自冷扇式、他冷扇式及密封式三种。前两种可用在潮湿、多尘埃、有腐蚀性气体、易受风雨等较恶劣的环境中使用；第三种可浸在液体中使用，如潜水泵，水和潮气均不能侵入。

防爆式电动机：应用在有易燃、易爆气体的环境下，如矿井、油库和煤气站等。

本 章 小 结

电动机作为机电能量转换元件，在负载运行中，会由于内部的损耗而发热，其热量一部分散发到周围介质中，其余部分被电动机吸收，使电动机的温度升高。当电动机发出的热量全部散发出去时，电动机的温度达到一定的稳定值，只要电动机的稳定温度接近但不超过电动机绝缘材料所允许的最高温度，电动机便得到充分利用而不会过热。因此，在选择电动机时，最为重要的是对电动机进行发热校验。

为了在实际工程应用中合理地应用电动机，制造出了连续工作制、短时工作制及断续周期工作制电动机。选择电动机的额定功率时，要考虑电动机工作方式的不同。

连续工作制电动机所带的负载为恒定负载或连续周期变化负载。电动机带恒定负载时，在计算出负载功率 P_L 后。若电动机实际运行条件符合规定（标准的散热条件和环境温度 $40℃$），则只要保证 $P_N \geqslant P_L$，即可保证电动机在长期运行时的实际稳定温升 τ_w 低于绝缘材料的最高允许温升 τ_m，发热不会有问题。如果电动机周围的环境温度 θ_0 不是标准温度 $40℃$，为了充分并可靠地利用电动机，预选电动机的额定功率 P_N 应进行修正。电动机带连续周期变化负载时，首先根据生产机械的负载图预选电动机，然后作出电动机的负载图并进行发热校验。发热校验的方法有：平均损耗法、等效电流法、等效转矩法和等效功率法。推导其计算公式的依据是：在变化周期负载下，电动机达到发热稳态时的平均温升小于并接近于绝缘材料所允许的最高温升，使用时应注意各种方法的应用条件。最后进行过载能力和起动能力的校验。

对于短时工作制，可以选用连续工作制电动机或选用短时工作制电动机。选用连续工作制电动机额定功率的依据是：当短时工作时间结束（$t = t_g$）时，电动机的温升 τ_g 恰好等于长期工作时的稳定温升，即该电动机绝缘材料的允许温升 τ_m，然后电动机停止工作，开始冷却。这样，电动机既不会过热，又能在发热方面得到充分利用。对于负载功率为 P_g 且工作时间为 t_g 的短时工作负载，可按 P_N 略大于 $P_g \sqrt{\dfrac{1 - e^{-t_g/T}}{1 + k e^{-t_g/T}}}$ 选用合适的连续工作制电动机。选用短时工作制电动机时，如果实际工作时间 t_{gx} 与标准工作时间 t_g 相同，只需按 P_N 略大于 P_g 选择即可，不必再校核发热。如果实际工作时间 t_{gx} 与标准工作时间 t_g 不相同，则应按 P_N 略大于 $\dfrac{p_x}{\sqrt{\dfrac{t_g}{t_{gx}} + k\left(\dfrac{t_g}{t_{gx}} - 1\right)}}$ 进行功率换算，将 t_{gx} 下的功率 P_x 换算为 t_g 下的功率 P_g。

对应断续周期性工作制，可以选用连续工作制电动机或选用断续周期工作制电动机。选择连续工作制电动机的方法与短时工作制时类似。选择断续周期工作制电动机时，先根据负载预选电动机，如果实际负载持续率 $ZC_x\%$ 与预选电动机的标准值 $ZC\%$ 不同，要根据式 $P = \dfrac{p_x}{\sqrt{\dfrac{ZC\%}{ZC_x\%} + k\left(\dfrac{ZC\%}{ZC_x\%} - 1\right)}}$ 折算后再进行发热校验。

工程上常用统计法和类比法选择电动机容量，这种方法在传统的机械上是可行的，但对于新型机械和新型电动机还需要进一步的完善。

电动机的选择还包括种类、型式、额定电压及额定转速的选择。

思 考 题

9-1 电动机的温度、温升以及环境温度三者之间有什么关系？

9-2 为什么电动机的发热过程是按指数规律变化？发热时间常数的物理意义何在？

9-3 为什么说电动机运行时的稳定温升取决于负载的大小？

9-4 电动机的三种工作制是如何划分的，负载持续率 $ZC\%$ 表示什么意思？

9-5 一般生产机械的运行速度是比较低的，为什么不把电动机也做成低速的，以便直接拖动生产机械？这样是否可以省去中间传动装置？

9-6 为什么选择电动机容量时，要着重考虑电动机的发热？

9-7 请指出等效电流法、等效转矩法、等效功率法以及平均损耗法的共同点和不同点，它们各适用于何种情况？

9-8 试比较 $ZC\% = 15\%$ 时，$P_N = 33\text{kW}$ 和 $ZC\% = 60$ 时，$P_N = 26\text{kW}$ 的两台断续周期工作制电动机，哪一台容量大，为什么？

练 习 题

9-1 一台离心式水泵，流量为 $720\text{m}^3/\text{h}$，排水高度 $H = 21\text{m}$，转速为 1000r/min，水泵效率 $\eta_B = 0.78$，水的密度 $\gamma = 9810\text{N/m}^3$，传动机构效率 $\eta = 0.98$，电动机与水泵同轴连

接。现有一电动机，其功率 $P_N = 55\text{kW}$，定子电压 $U_N = 380\text{V}$，额定转速 $n_N = 980\text{r/min}$，是否能用？

9-2 某台电动机 $P_N = 10\text{kW}$，已知标准的环境温度为 $40℃$，允许最高温升为 $85℃$。设可变损耗与不变损耗均为全部损耗的 50%，求在下列环境温度下电动机的额定功率应修正为多少？

1）环境温度为 $50℃$。

2）环境温度为 $25℃$。

9-3 某他励直流电动机的数据为 $P_N = 5.6\text{kW}$，$U_N = 220\text{V}$，$I_N = 31\text{A}$，$n_N = 1000\text{r/min}$，一个周期的负载图如图 9-12 所示，其中第 1、4 两段为起动，第 3、6 两段为制动，起、制动各段及第 2 段的电动机励磁均为额定值 Φ_N，而第 5 段的电动机励磁则为额定值的 75%，该电动机为自扇冷式，试校验发热。

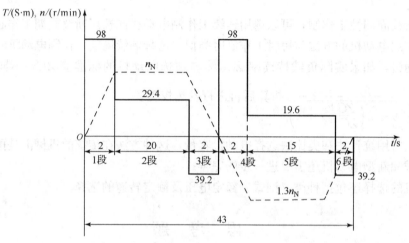

图 9-12　练习题 9-3 附图

9-4 某他励直流电动机：$P_N = 7.5\text{kW}$，$n_N = 1000\text{r/min}$，电动机标准环境温度为 $40℃$，可变损耗与不变损耗各占全部损耗的一半，绝缘材料允许稳升为 $65℃$。某一个周期的转矩负载图如图 9-13 所示。分别对他扇冷式和自扇冷式两种情况进行发热校验。若发热不能通过，则在环境温度为多少度时电动机才能连续运行？

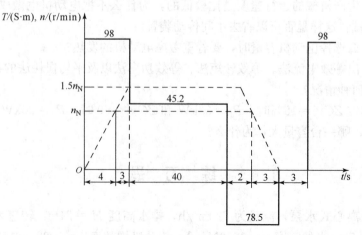

图 9-13　练习题 9-4 附图

9-5　某他励直流电动机：$P_N=22\mathrm{kW}$，$n_N=1100\mathrm{r/min}$，由单独的晶闸管整流装置供电，通过改变晶闸管整流装置的输出电压来调节电动机的转速。电动机的输出功率曲线 $P=f(t)$ 和 $n=f(t)$ 如图9-14所示。随转速变化的恶化系数按式 $\alpha=0.5+0.5\dfrac{n}{n_N}$ 规律变化。试校验电动机的发热。

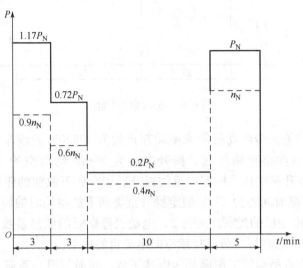

图9-14　练习题9-5附图

9-6　一台他励直流电动机：$P_N=15\mathrm{kW}$，$n_N=1000\mathrm{r/min}$，其 $P=f(t)$ 及 $n=f(t)$ 如图9-15所示。试校验在自扇冷式与他扇冷式时电动机的发热。

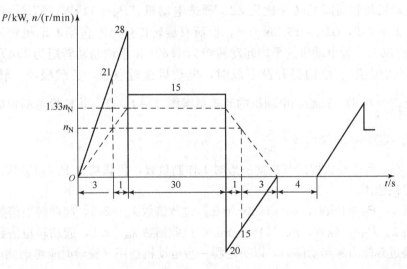

图9-15　练习题9-6附图

9-7　一台他励直流电动机：$P_N=16\mathrm{kW}$，$ZC\%=40\%$，其 $P=f(t)$ 及 $n=f(t)$ 如图9-16所示，电动机用机械制动。如果用 k 表示不变损耗和可变损耗的比值（当 $ZC\%=40\%$ 时），$k=\dfrac{p_0}{p_{Cu}}=1$，试校验电动机的发热。

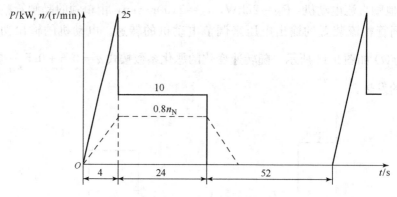

图 9-16　练习题 9-7 附图

9-8　一台绕线转子异步电动机用来拖动起重量为 19620N 的绞车,绞车的工作情况如下:以 120r/min 的速度将重物吊起,提升高度为 20m,然后空钩下放。空钩的重量为 981N,下降速度和提升速度几乎相等,重物提升后和空钩下放前的停歇时间以及空钩下放后和重物提升前的停歇时间各为 28s。假定提升重物和下放空钩时的传动损耗相等,各为绞车有效功率的 6%,电动机的过载能力为 2,电动机停歇时的散热系数为全速时的一半。如不考虑起、制动过程,求在标准负载持续率时电动机的功率。

9-9　一桥式起重机吊钩的工作循环为空钩下放、重载提升、重载下放和空钩提升四个阶段。已知数据为起重量 49000N,提升及下放速度均为 10.5r/min,提升高度为 16m,空钩重量为 2943N,负载持续率为 30%。设提升负载效率为 0.85,下放负载效率为 0.84,提升空钩效率为 0.37,下放空钩效率为 0.1,电动机经传动装置带动卷筒旋转,卷筒直径为 0.38m,电动机与卷筒间的转速比为 82。预选电动机:$P_N = 11kW$($ZC\% = 25\%$),$n_N = 715r/min$,$\lambda_m = 2.9$,$GD_d^2 = 18.2N \cdot m^2$,设所有旋转部件(不包括电动机转子)的飞轮力矩为 GD_d^2 的 30%。设电动机的平均起动转矩为 $1.6T_N$,平均制动转矩为 $1.4T_N$(起、制动过程中转矩为恒值)。空钩提升及下放时,电动机接近空载,负载极小,转矩可修正为 $0.6T_N$(设 $\frac{I_0}{I_{1N}} = 0.6$)。试绘制电动机的转矩负载图 $T = f(t)$,并校验电动机的发热与过载能力(设当 $ZC\% = 25\%$ 时,$k = \frac{p_0}{p_{Cu}} = 1$)。

9-10　有一台电动机拟用其拖动一短时工作制负载,负载功率 $P_L = 18kW$。现有下列两台电动机可供选用。

电动机 1:$P_N = 10kW$,$n_N = 1460r/min$,过载倍数 $\lambda_m = 2.5$,起动转矩倍数 $K_{st} = 2$。

电动机 2:$P_N = 14kW$,$n_N = 1460r/min$,过载倍数 $\lambda_m = 2.8$,起动转矩倍数 $K_{st} = 2$。

试校验过载能力和起动能力,以决定哪一台电动机适用(校验时应考虑到电网电压可能降低 10%)。

参 考 文 献

[1] 顾绳谷. 电机及拖动基础：上册 [M]. 3 版. 北京：机械工业出版社，2004.
[2] 顾绳谷. 电机及拖动基础：下册 [M]. 3 版. 北京：机械工业出版社，2004.
[3] 李发海，王岩. 电机与拖动基础 [M]. 3 版. 北京：清华大学出版社，2005.
[4] 陈伯时. 电力拖动自动控制系统——运动控制系统 [M]. 3 版. 北京：机械工业出版社，2004.
[5] 许实章. 电机学：上册 [M]. 北京：机械工业出版社，1990.
[6] 许实章. 电机学：下册 [M]. 北京：机械工业出版社，1990.
[7] 周鄂. 电机学 [M]. 3 版. 北京：中国电力出版社，1993.
[8] 刘锦波，张承慧. 电机与拖动 [M]. 北京：清华大学出版社，2006.
[9] 汤蕴璆，胡颂尧，等. 电机学 [M]. 西安：西安交通大学出版社，1993.
[10] 任兴权. 电力拖动基础 [M]. 北京：冶金工业出版社，1989.
[11] 吴浩烈. 电机及电力拖动基础 [M]. 3 版. 重庆：重庆大学出版社，2004.
[12] 任礼维，林瑞光. 电机与拖动基础 [M]. 杭州：浙江大学出版社，1994.
[13] 侯恩奎. 电机与拖动 [M]. 北京：机械工业出版社，1991.
[14] A E Fitzgerald，Charles Kingsley，Jr. Stephen D Umans. 电机学 [M]. 刘新正，等译. 6 版. 北京：电子工业出版社，2004.
[15] Bimal K Bose. 现代电力电子学与交流传动 [M]. 王聪，等译. 北京：机械工业出版社，2006.
[16] 宋银斌. 电机拖动基础 [M]. 北京：冶金工业出版社，2003.
[17] 彭鸿才. 电机原理与拖动 [M]. 北京：机械工业出版社，2002.
[18] 孙旭东，王善铭. 电机学学习指导 [M]. 北京：清华大学出版社，2007.
[19] 辜承林，等. 电机学 [M]. 武汉：华中科技大学出版社，2006.
[20] 孙克军. 新编电机学题解 [M]. 武汉：华中科技大学出版社，2007.
[21] 杨渝钦. 控制电机 [M]. 北京：机械工业出版社，1981.
[22] 许大中，贺益康. 电机的电子控制及其特性 [M]. 北京：机械工业出版社，1988.